Norbert Henze
Günter Last

Mathematik für Wirtschaftsingenieure und naturwissenschaftlich-technische Studiengänge Band 1

Aus dem Programm
Mathematik

Stochastik für Einsteiger
von Norbert Henze

Mathematik für Wirtschaftsingenieure 1
von Norbert Henze und Günter Last

Mathematik für Wirtschaftsingenieure 2
von Norbert Henze und Günter Last

Einführung in die angewandte Wirtschaftsmathematik
von Jürgen Tietze

Übungsbuch zur angewandten Wirtschaftsmathematik
von Jürgen Tietze

Einführung in die Finanzmathematik
von Jürgen Tietze

Übungsbuch zur Finanzmathematik
von Jürgen Tietze

Operations Research
von Hans-Jürgen Zimmermann

vieweg

Norbert Henze
Günter Last

Mathematik für Wirtschaftsingenieure
und für naturwissenschaftlich-
technische Studiengänge
Band 1

**Grundlagen, Analysis, Stochastik,
Lineare Gleichungssysteme**

2., überarbeitete und erweiterte Auflage

Bibliografische Information Der Deutschen Bibliothek
Die Deutsche Bibliothek verzeichnet diese Publikation in der Deutschen Nationalbibliografie;
detaillierte bibliografische Daten sind im Internet über <http://dnb.ddb.de> abrufbar.

Prof. Dr. Norbert Henze
Prof. Dr. Günter Last
Universität Karlsruhe (TH)
Institut für Mathematische Stochastik
76128 Karlsruhe

E-Mail: n.henze@math.uni-karlsruhe.de
            last@math.uni-karlsruhe.de

1. Auflage April 2003
2., überarbeitete und erweiterte Auflage Mai 2005

Alle Rechte vorbehalten
© Friedr. Vieweg & Sohn Verlag/GWV Fachverlage GmbH, Wiesbaden 2005

Lektorat: Ulrike Schmickler-Hirzebruch / Petra Rußkamp

Der Vieweg Verlag ist ein Unternehmen von Springer Science+Business Media.
www.vieweg.de

Umschlaggestaltung: Ulrike Weigel, www.CorporateDesignGroup.de

Gedruckt auf säurefreiem und chlorfrei gebleichtem Papier.

ISBN-13: 978-3-528-13190-6   e-ISBN-13: 978-3-322-83196-5
DOI: 10.1007/978-3-322-83196-5

Vorwort

Dieses Buch bildet den ersten Teil einer zweibändigen Einführung in die Höhere Mathematik. Es ist aus Vorlesungen und Übungen entstanden, die seit vielen Jahren an der Universität Karlsruhe (TH) für Studierende der Fachrichtung Wirtschaftsingenieurwesen gehalten werden.

Behandelt werden Elemente der Logik, Mengenlehre, Abbildungen und Relationen, die Zahlbereiche, Kombinatorik, Stochastik, Folgen und Reihen, die Differential– und Integralrechnung einer Variablen sowie Theorie und Praxis linearer Gleichungssysteme und Matrizen.

Unser Leitmotiv beim Verfassen dieses Werkes war die erfolgreiche Karlsruher Tradition, den Studierenden des Wirtschaftsingenieurwesens eine fundierte, systematische und *nachhaltige* mathematische Grundausbildung zu bieten.

Da Mathematik als Basis von Hochtechnologie eine Schlüsselwissenschaft für die Zukunft darstellt und mathematische Methoden und Algorithmen zunehmend unseren Alltag bestimmen, wird es immer wichtiger, dass Mathematik im Studium nicht als seelenlose Aneinanderreihung von Begriffen und Formeln erfahren wird. In einer Zeit, in der routinemäßige Rechnungen von immer leistungsfähigeren Computern übernommen werden, kommt es zunehmend darauf an, mathematische Methoden kritisch und kreativ anzuwenden, weiterzuentwickeln und gegebenenfalls auch selbständig modellbildend zu arbeiten.

Tatsächlich findet man etwa im sogenannten *Financial Engineering*, im *Risikomanagement* oder in den *Aktuarswissenschaften* zahlreiche Beispiele für die wachsende Bedeutung mathematischer Methoden in der beruflichen Praxis. Die hierzu erforderliche Mathematik geht sogar weit über das hinaus, was innerhalb einer mathematischen Grundausbildung vermittelt werden kann.

Vor diesem Hintergrund zeichnet sich dieses Buch gegenüber vielen anderen Einführungen in die Höhere Mathematik durch folgende Eigenschaften aus:

- Es wird bewusst auf ein „Denken in Schubladen" wie *Analysis*, *Lineare Algebra* und *Stochastik* verzichtet.

- Der im Wirtschaftsleben immer wichtiger werdende Bereich Stochastik ist als unverzichtbarer Bestandteil einer fundierten mathematischen Grundausbildung integriert.

- Der mathematischen Modellbildung kommt besondere Bedeutung zu. Ausführlich behandelt werden unter anderem das Cox–Ross–Rubinstein–Modell der Finanzmathematik sowie Modelle für Bediensysteme und stochastische Netzwerke.

- Die Darstellung beschränkt sich nicht auf die Vermittlung grundlegender mathematischer Techniken wie etwa Differentiations– und Integrationsregeln oder das Lösen linearer Gleichungssysteme, sondern fördert das Verständnis für strukturelle mathematische Zusammenhänge durch die Bereitstellung vollständiger Beweise aller zentralen mathematischen Sätze.

Von dieser Konzeption her wendet sich dieses Buch nicht nur an Studierende des Wirtschaftsingenieurwesens, sondern auch an Studierende der Wirtschaftswissenschaften, der Informatik, der Wirtschafts– und Technomathematik und des klassischen Diplomstudiengangs Mathematik. Obwohl (fast) keine mathematischen Kenntnisse vorausgesetzt werden, sollte der Leser die Rechengesetze der reellen Zahlen sowie einige geometrische Grundbegriffe (wie Gerade, Ebene, Winkel und Flächeninhalt) beherrschen. Viel wichtiger als umfangreiche Vorkenntnisse ist aber die Bereitschaft, sich den gebotenen Stoff *aktiv* anzueignen und hierfür gelegentlich auch einmal Bleistift und Papier zur Hand zu nehmen (Klavier spielen lernt man auch nicht ausschließlich durch Noten lesen!).

Der gründlichen Erarbeitung des Stoffes im Selbststudium dienen sowohl viele, das Verständnis unterstützende Beispiele als auch zahlreiche Abbildungen, die das Vorstellungsvermögen anregen sollen. Die Lernzielkontrollen am Ende eines jeden Kapitels laden dazu ein, das erworbene Wissen kritisch zu überprüfen. Für weitere Informationen und Hilfen steht unter der Webadresse

$$http://mspcdip.mathematik.uni-karlsruhe.de/{\sim}online$$

ein Online–Service zum Buch zur Verfügung.

Hinweise für Studierende:

Für ein Verständnis mathematischer Methoden und Schlussweisen ist eine gewisse Vertrautheit mit der Sprache der Mathematik unverzichtbar. Aus diesem Grund stellt das erste Kapitel eine Einführung in die mathematische Logik und die Mengenlehre dar. Auch Kapitel 2 und 3 besitzen grundlegenden Charakter. Bei aufkommender Ungeduld können diese Kapitel zunächst nur „quer gelesen" werden, um baldmöglichst mit Kapitel 4 bzw. 5 fortzufahren. Bei Bedarf kann dann immer noch auf die ersten drei Kapitel zurückgegriffen werden.

Die Kapitel 5, 6 und 7 bauen aufeinander auf und sollten mit wenigen Ausnahmen vollständig bearbeitet werden. Die ersten 7 Abschnitte von Kapitel 8 (Lineare Gleichungssysteme und Matrizen) können unabhängig von den vorangehenden Kapiteln erarbeitet werden.

Das Themenfeld Stochastik zieht sich, beginnend mit der in Abschnitt 3.5 behandelten Kombinatorik, wie ein roter Faden durch das Buch. Trotzdem könnte auch Kapitel 4 (diskrete Stochastik) weggelassen werden, ohne das Verständnis der folgenden Kapitel (mit Ausnahme der Abschnitte 5.4–5.5, 7.6 und 8.8–8.9) zu gefährden.

Der folgende „Abhängigkeitsgraph" zeigt, welche Kapitel bzw. Abschnitte aufeinander aufbauen. Um etwa die Abschnitte 5.4 und 5.5 lesen zu können, müssen vorher alle Wege (über die gerichteten Pfeile) durchlaufen worden sein, die in 5.4 – 5.5 ankommen; man muss also hierfür die ersten vier Kapitel sowie die Abschnitte 5.1 bis 5.3 gelesen haben.

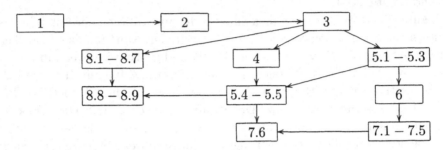

Beweise bilden einen zentralen Teil des Buches. Ihr Verständnis ist ein ganz wesentlicher Schritt zur inhaltlichen Durchdringung mathematischer Aussagen. Lassen Sie sich hier von etwaigen anfänglichen Schwierigkeiten nicht entmutigen! Für das Studium aller Wissenschaften gilt, dass erfolgreiches Lernen ein aktiver und kreativer Prozess ist!

Abschnitte, deren Darstellung vergleichsweise kompakt und anspruchsvoll sind, wurden mit einem * gekennzeichnet. Man kann dieses Symbol aber auch durchaus als Ansporn auffassen, sich die dahinter verborgenen Rosinen nicht entgehen zu lassen!

Hinweise für Dozentinnen und Dozenten:
Dieses Buch enthält etwas mehr Stoff, als in zwei Semestern in jeweils vierstündigen Vorlesungen behandelt werden kann. Möglichkeiten zum Kürzen gibt es in der Stochastik (sie ist ja an vielen Universitäten Gegenstand einer eigenen Lehrveranstaltung) oder in den sehr ausführlich gehaltenen ersten drei Kapiteln.

In der Analysis werden ausgehend von Folgen und unendlichen Reihen die Standardinhalte der Differential- und Integralrechnung einer Variablen behandelt. Der Charakter einer Einführung und die beschränkte Seitenzahl brachten es allerdings mit sich, dass an manchen Stellen auf die eine oder andere wünschenswerte Ergänzung verzichtet werden musste. Die konsequente Einbeziehung von Potenzreihen erlaubt es, das Arsenal an interessanten Funktionen schon frühzeitig erheblich zu erweitern. Außerdem können so die Exponentialfunktion und die trigonometrischen Funktionen ohne Verweis auf die Elementargeometrie exakt definiert sowie die bekannten Additionstheoreme und Ableitungseigenschaften unmittelbar hergeleitet werden. Natürlich sollte man aber auf die geometrische Anschauung nicht verzichten. Band 2 wird unter anderem die Differential- und Integralrechnung für Funktionen mehrerer Variablen, den Ausbau der Wahrscheinlichkeitstheorie, die komplexen Zahlen, Fourierreihen sowie Differential– und Differenzengleichungen zum Gegenstand haben.

Die Lineare Algebra wird hier nur insoweit behandelt, wie sie zum strukturellen Verständnis linearer Gleichungssysteme und der Matrizenrechnung notwendig ist. Die Theorie der Eigenwerte, Determinanten und allgemeiner Vektorräume wird in Band 2 entwickelt.

Zu guter Letzt möchten wir allen danken, die uns während der Entstehungsphase dieses Buches eine wertvolle Hilfe waren. Herr Dr. Martin Folkers hat das Projekt von Anfang an mit wohlwollender Kritik und großem Sachverstand begleitet. Seine Hinweise haben an zahlreichen Stellen Eingang gefunden. Herr Dipl.-Math. oec. Volker Baumstark, Herr Dipl.-Math. Matthias Heveling, Herr Priv.-Doz. Dr. Dieter Kadelka, Herr Priv.-Doz. Dr. Manfred Krtscha, Herr Dr. Frank Miller, Herr Dr. Martin Moser und Frau Michaela Taßler lasen Teile des Manuskriptes und machten unzählige Verbesserungsvorschläge. Zwei Studenten der Fachrichtung Wirtschaftsingenieurwesen, Herr Michael Keßler und Herr Philipp Koziol, haben das vollständige Manuskript mit großer Geduld gelesen. Sie überzeugten uns immer wieder davon, dass bisweilen ein Punkt einem Komma vorzuziehen ist und regten zahlreiche zusätzliche Beispiele und Abbildungen an. Schließlich gilt unser Dank dem Verlag und ganz besonders Frau Schmickler–Hirzebruch für die vertrauensvolle Zusammenarbeit.

Karlsruhe, im Februar 2003   Norbert Henze, Günter Last

Vorwort zur zweiten Auflage

Im Vergleich zur ersten Auflage haben wir einige Umstellungen und Ergänzungen vorgenommen, zusätzliche Graphiken eingefügt und die uns bekannt gewordenen Druckfehler beseitigt. Insbesondere wurde das sechste Kapitel um die Themenkreise affine und quadratische Funktionen, Konvergenz von arithmetischen und geometrischen Mitteln und den Zwischenwertsatz für Ableitungen erweitert. Zudem wurde der Diskussion der Eigenschaften trigonometrischer Funktionen deutlich mehr Platz eingeräumt.

Karlsruhe, im März 2005   Norbert Henze, Günter Last

Inhaltsverzeichnis

Kapitel 1

Grundlagen

Die Mathematiker sind eine Art Franzosen; redet man zu ihnen, so übersetzen sie es in ihre Sprache, und dann ist es alsobald ganz etwas anders.

Johann Wolfgang von Goethe

Da Mathematik unter anderem mit dem Studium struktureller Eigenschaften von abstrakten Objekten zu tun hat, ist ein Wesensmerkmal dieser Wissenschaft in der Tat der Gebrauch einer eigenen fremdländisch anmutenden Sprache, die überdies nicht unbedingt mit Symbolen geizt. Abstraktheit und Symbolismus sind jedoch keinesfalls Selbstzweck zur Abschottung vermeintlich introvertierter Zeitgenossen, sondern im Hinblick auf eine universelle Anwendbarkeit mathematischer Methoden und die Darstellbarkeit komplexer Zusammenhänge geradezu unverzichtbar.

Kennzeichnend für die mathematische Vorgehensweise ist auch, dass neue Erkenntnisse immer innerhalb logisch abgeschlossener Systeme gewonnen werden, und dass der Wahrheitsgehalt dieser Erkenntnisse nur von sauberen logischen Schlussweisen abhängt. Eine *inhaltliche* (semantische) Definition auftretender Begriffe wie etwa *Gerade*, *Ebene* oder *Wahrscheinlichkeit* erfolgt nicht. In diesem einführenden Kapitel lernen wir Elemente der Logik und der Mengenlehre, d.h. der Sprache, in der heute Mathematik geschrieben wird, kennen. Außerdem machen wir uns mit den wichtigsten Beweisverfahren vertraut.

1.1 Elemente der Aussagenlogik

Ein zentraler Aspekt der Mathematik ist die konsequente Verwendung *axiomatischer Methoden*. Eine axiomatische Methode geht von gewissen *Grundpostulaten* (*Axiomen*) für den Umgang mit den jeweils interessierenden abstrakten Objekten aus. Diese Axiome bilden den Ausgangspunkt für die Entwicklung einer mathematischen *Theorie*, die durch die Definition neuer Objekte und die – gewissen logischen Regeln folgende – Herleitung von Eigenschaften dieser Objekte entsteht. Dabei beruht die „Sicherheit" und die Allgemeingültigkeit einer mathematischen Theorie auf der nachvollziehbaren Anwendung klarer *logischer* Schlussregeln.

Als Begründer der Logik, der Wissenschaft von den Gesetzen und Formen des Denkens, gilt Aristoteles[1]. Die mathematische Logik begann mit Leibniz[2]; sie erlebt heute durch Anwendungen in der Informatik einen erneuten Aufschwung. In diesem Abschnitt geben wir eine kurze Einführung in die (zweiwertige) Aussagenlogik, welche Grundlage aller mathematischen Logik ist. Allerdings werden wir später auf starren Formalismus immer dann verzichten, wenn klare verbale Formulierungen eine anschauliche Beschreibung mathematischer Aussagen erlauben.

1.1.1   Aussagen

Eine *Aussage* beschreibt einen Sachverhalt, der entweder *wahr* oder *falsch* ist, also weitere Möglichkeiten kategorisch ausschließt (sog. *Prinzip vom ausgeschlossenen Dritten*). Außerdem soll *genau eine* der beiden Möglichkeiten *wahr* (kurz: 1) oder *falsch* (kurz: 0) zutreffen (sog. *Prinzip vom ausgeschlossenen Widerspruch*).

Formal ist eine Aussage ein grammatikalisch korrekter Satz, dem ein *Wahrheitswert* (1 oder 0) zugeordnet werden kann. In diesem Sinne ist „64 ist eine Quadratzahl" sicherlich eine (wahre) Aussage. Die Feststellung „Morgen ist Sonntag" ist eine Aussage, deren Wahrheitswert davon abhängt, ob sie an einem Samstag gemacht wird oder nicht. Hingegen ist die Beschreibung „Die Konjunktur ist schlecht" nur dann eine Aussage, wenn ausschließlich die Möglichkeiten „schlecht" und „nicht schlecht" zugelassen werden. Ein zusätzliches Problem kann darin bestehen, dass sich verschiedene Politiker unter Umständen nicht einig darin wären, ob diese Aussage wahr oder falsch ist.

Wir werden in der Folge an mathematischen Aussagen interessiert sein. In diesem Zusammenhang werden Axiome eines jeweiligen Axiomensystems zu dem Regelwerk gehören, mit dessen Hilfe Wahrheitswerte festgelegt werden.

Es ist üblich, Aussagen mit großen lateinischen Buchstaben aus dem vorderen Teil des Alphabetes, also mit A, B oder C, zu bezeichnen. Sind A und B Aussagen,

---

[1]Aristoteles (384–322 v.Chr.), griechischer Philosoph, Schüler Platons und Erzieher Alexanders des Großen. Aristoteles war vielleicht die wirkungsmächtigste Gestalt der antiken Philosophie. Die von ihm überlieferten Werke umfassen Logik, Metaphysik, Naturphilosophie, Ethik, Politik, Psychologie, Poetik und Kunsttheorie. Die logischen Probleme werden im „Organon" behandelt.

[2]Gottfried Wilhelm Leibniz (1646–1716), Universalgelehrter. Leibniz war vorwiegend im Dienst des Herzogs von Hannover tätig. Er schuf unabhängig von Newton die Grundlagen der Analysis. In seinen Arbeiten finden sich zum ersten Mal das Integralzeichen $\int$ und die Bezeichnung dx. Mit der Entwicklung der Staffelwalzenmaschine (1672–1674) gelang ihm ein wichtiger Schritt hin zur Entwicklung der modernen Rechenmaschinen. Das einzige noch existierende Exemplar steht in der Niedersächsischen Landesbibliothek in Hannover.

so können mit Hilfe *logischer Verknüpfungen* kompliziertere Aussagen gebildet werden. Dabei legen sogenannte *Wahrheitstafeln* (vgl. z.B. Tabelle 1.1) fest, in welcher Weise der Wahrheitswert der „zusammengesetzten" Aussage durch die Werte der „Teil–Aussagen" (Komponenten) bestimmt ist.

1.1.2 Verknüpfungen von Aussagen

(i) Die *Negation* $\neg A$ („nicht A") der Aussage A ist wahr, wenn A falsch ist, und falsch, wenn A wahr ist.

(ii) Die *Konjunktion* $A \wedge B$ („A und B") zweier Aussagen A und B ist wahr, wenn A und B beide wahr sind. Andernfalls ist sie falsch.

(iii) Die *Disjunktion* $A \vee B$ („A oder B") der Aussagen A und B ist falsch, wenn sowohl A als auch B falsch ist. Sonst ist sie wahr.

(iv) Die *Implikation* $A \Longrightarrow B$ *von A nach B* ist falsch, wenn A wahr und B falsch ist. Andernfalls ist sie wahr. Sprechweisen für $A \Longrightarrow B$ sind „Aus A folgt B" bzw. „A impliziert B" bzw. „A ist hinreichend für B" bzw. „B ist notwendig für A". In diesem Zusammenhang nennt man A auch die *Prämisse* und B die *Konklusion*. Statt von einer Implikation spricht man auch von einer *logischen Folgerung*.

(v) Die *Äquivalenz* $A \Longleftrightarrow B$ zweier Aussagen A und B ist wahr, wenn A und B denselben Wahrheitswert besitzen. Sonst ist sie falsch. Sprechweisen für $A \Longleftrightarrow B$ sind „A genau dann, wenn B" bzw. „A dann und nur dann, wenn B". Zwei Aussagen A und B heißen *äquivalent*, wenn $A \Longleftrightarrow B$ eine wahre Aussage ist. In diesem Fall ist A sowohl eine hinreichende als auch eine notwendige Bedingung für B und umgekehrt.

Diese Begriffsbildungen sind in der folgenden Wahrheitstafel veranschaulicht:

A	B	$\neg A$	$A \wedge B$	$A \vee B$	$A \Longrightarrow B$	$A \Longleftrightarrow B$
0	0	1	0	0	1	1
0	1	1	0	1	1	0
1	0	0	0	1	0	0
1	1	0	1	1	1	1

Tabelle 1.1: Wahrheitstafel für aussagenlogische Verknüpfungen

Man beachte, dass das „Oder-Symbol" $\vee$ nicht im ausschließenden Sinne des „entweder – oder", sondern im Sinne „und/oder" verwendet wird. Das umgangssprachliche „entweder – oder" wird durch die Aussage

$$(A \wedge \neg B) \vee (\neg A \wedge B)$$

beschrieben. Diese ist genau dann wahr, wenn A wahr und B falsch ist oder wenn B wahr und A falsch ist. Die obige Notation geht dabei stillschweigend davon aus, dass die Negation *am stärksten bindet*, d.h. immer zuerst ausgeführt wird (eigentlich hätten wir $(A \wedge (\neg B)) \vee ((\neg A) \wedge B)$ schreiben müssen).

Am gewöhnungsbedürftigsten im Zusammenhang mit der Definition aussagenlogischer Verknüpfungen ist vielleicht die Festsetzung des Wahrheitswertes 1 für eine Implikation $A \Longrightarrow B$, deren Prämisse A *falsch* ist (vgl. die erste und die zweite Zeile in Tabelle 1.1). Insofern existiert ein großer Unterschied zwischen einer Implikation und der landläufigen Vorstellung von einer „logischen Folgerung", die man immer mit einer wahren Prämisse verbindet (man soll ja wohl von bekannten wahren Aussagen auf neue wahre Aussagen schließen). Die Implikation „Karlsruhe liegt in Bayern, also gilt ..." ist aber unabhängig von der konkreten Ausgestaltung der Konklusion richtig, weil die Prämisse falsch ist. Aus etwas Falschem kann man also alles folgern! Im Hinblick auf spätere Überlegungen notieren wir noch die Äquivalenz

$$(A \Longrightarrow B) \Longleftrightarrow (\neg A \vee B), \tag{1.1}$$

deren Nachweis über die Aufstellung einer Wahrheitstafel geführt werden kann.

1.1.3   Beispiele von Aussagen

Es bezeichnen A und B die Aussagen, dass ein Produkt auf Maschine 1 bzw. auf Maschine 2 bearbeitet wird (wobei es weitere Maschinen geben mag). C sei die Aussage „Alle Maschinen sind intakt". Dann ist

(i) $\neg A$ die Aussage „Das Produkt wird *nicht* auf Maschine 1 bearbeitet".

(ii) $A \vee B$ die Aussage „Das Produkt wird auf Maschine 1 oder auf Maschine 2 (oder auf beiden) bearbeitet".

(iii) $\neg A \vee \neg B$ die Aussage „Das Produkt wird auf höchstens einer der beiden Maschinen 1 und 2 bearbeitet".

(iv) $\neg A \wedge \neg B$ die Aussage „Das Produkt wird weder auf Maschine 1 noch auf Maschine 2 bearbeitet".

(v) $\neg C$ die Aussage „Nicht alle Maschinen sind intakt" oder äquivalent dazu „Mindestens eine Maschine ist nicht intakt". Man beachte, dass die Aussage „Alle Maschinen sind nicht intakt" *nicht* die Negation von C ist.

(vi) $A \Longrightarrow B$ die Aussage „Wenn das Produkt auf Maschine 1 bearbeitet wird, dann wird es auch auf Maschine 2 bearbeitet".

(vii) $A \Longrightarrow \neg B$ die Aussage „Wenn das Produkt auf Maschine 1 bearbeitet wird, dann wird es nicht auf Maschine 2 bearbeitet".

1.1.4 Tautologie und Kontradiktion (Widerspruch)

Setzen wir in die Aussage $A \vee \neg A$ nacheinander die möglichen Wahrheitswerte 0 und 1 für A ein, so ergibt sich anhand der Definition der Disjunktion (vgl. 1.1.2 (iii)), dass $A \vee \neg A$ in jedem Fall den Wahrheitswert 1 annimmt. In gleicher Weise nimmt die Aussage $A \wedge \neg A$ stets, d.h. für jede Wahl eines Wahrheitswertes für A, den Wert 0 an. Folglich sind $A \vee \neg A$ eine Tautologie und $A \wedge \neg A$ eine Kontradiktion im Sinne der folgenden Definition:

(i) Eine Aussage, die für jede Wahl der Wahrheitswerte ihrer *Komponenten* wahr ist, heißt eine *Tautologie.*

(ii) Eine Aussage, die für jede Wahl der Wahrheitswerte ihrer Komponenten falsch ist, heißt eine *Kontradiktion* bzw. ein *Widerspruch.*

Offenbar ist jede der Aussage $\neg A$, $A \wedge B$, $A \vee B$, $A \implies B$ und $A \iff B$ weder eine Tautologie noch eine Kontradiktion, da jede der Spalten in Tabelle 1.1 sowohl mindestens eine 0 als auch mindestens eine 1 enthält.

Es seien A, B und C Aussagen. Die folgenden Gesetze liefern wichtige Beispiele für Tautologien:

(a) *Gesetz vom ausgeschlossenen Dritten:*

$$A \vee \neg A.$$

(b) *Gesetz von der doppelten Verneinung:*

$$A \iff \neg(\neg A).$$

(c) *Kommutativgesetze:*

$$A \wedge B \iff B \wedge A,$$
$$A \vee B \iff B \vee A,$$
$$(A \iff B) \iff (B \iff A).$$

(d) *Assoziativgesetze:*

$$A \wedge (B \wedge C) \iff (A \wedge B) \wedge C,$$
$$A \vee (B \vee C) \iff (A \vee B) \vee C,$$
$$(A \iff (B \iff C)) \iff ((A \iff B) \iff C).$$

(e) *Distributivgesetze:*

$$A \wedge (B \vee C) \iff (A \wedge B) \vee (A \wedge C),$$
$$A \vee (B \wedge C) \iff (A \vee B) \wedge (A \vee C).$$

(f) *Regeln von De Morgan:*

$$\neg(A \wedge B) \Longleftrightarrow \neg A \vee \neg B,$$
$$\neg(A \vee B) \Longleftrightarrow \neg A \wedge \neg B.$$

(g) *Kontraposition:*

$$(A \Longrightarrow B) \Longleftrightarrow (\neg B \Longrightarrow \neg A).$$

Der Nachweis, dass diese Aussagen Tautologien sind, kann für jeden einzelnen Fall mit Hilfe einer Wahrheitstafel erbracht werden. In Tabelle 1.2 ist diese Vorgehensweise exemplarisch für die beiden Regeln von De Morgan[3] veranschaulicht. Da in den Spalten 3 und 4 bzw. 5 und 6 dieser Tabelle stets gleiche Wahrheitswerte auftreten, sind die Regeln von De Morgan bewiesen. Analog geht man für jede der übrigen Tautologien vor.

A	B	$\neg(A \wedge B)$	$\neg A \vee \neg B$	$\neg(A \vee B)$	$\neg A \wedge \neg B$
0	0	1	1	1	1
0	1	1	1	0	0
1	0	1	1	0	0
1	1	0	0	0	0

Tabelle 1.2: Überprüfung der Regeln von De Morgan anhand einer Wahrheitstafel

Ist A eine beliebige Aussage, so sind $A \wedge \neg A$ und $A \Longleftrightarrow \neg A$ Beispiele für Kontradiktionen. Sie bilden einen wichtigen Baustein des sogenannten *indirekten Beweises* (siehe S. 22).

1.2 Aussageformen und Quantoren

1.2.1 Aussageformen

Die Aussage „Wenn x eine ungerade Zahl ist, dann ist auch x^2 ungerade" ist sicher wahr, ja sie stellt sogar eine inhaltlich wahre Folgerung dar. Oder ... ?! Offenbar kann die Prämisse „x ist eine ungerade Zahl" keine Aussage in unserem Sinn sein, da der Wahrheitswert dieser Aussage von der Wahl der „Variablen" x abhängt

---

[3]Augustus De Morgan (1806–1871), seit 1828 Professor für Mathematik am University College London, 1866 Mitbegründer und erster Präsident der London Mathematical Society. De Morgan wurde vor allem mit seinen Arbeiten zu den Grundlagen der Mathematik und zur mathematischen Logik bekannt.

und unter Umständen gar nicht definiert ist. Setzen wir für x die Zahl 11 ein, wird die Aussage „x ist eine ungerade Zahl" richtig, für die Wahl $x = 6$ hingegen falsch. Für den Fall $x = 3.3$ macht diese Aussage nicht einmal einen Sinn! Da man in der Mathematik aber gerade mit Sätzen wie „Die Summe der ersten n natürlichen Zahlen ist $n(n + 1)/2$" arbeiten möchte, stellt sich das Problem, den Begriff der Aussage sinnvoll zu erweitern. Diesem Zweck dient die nachfolgende Begriffsbildung.

Eine *Aussageform* ist eine sprachliche Konstruktion, die formal wie eine Aussage aussieht, also entweder wahr oder falsch ist, aber eine oder mehrere Variable enthält.

Dabei bezeichnet der Begriff *Variable* einen Namen für eine Leerstelle in einem logischen oder mathematischen Ausdruck. Anstelle der Variablen kann ein konkretes Objekt eingesetzt werden; es ist nur darauf zu achten, dass überall dort, wo die Variable auftritt, auch das gleiche Objekt benutzt wird. Wir legen noch fest, dass für eine Variable ausschließlich solche Objekte eingesetzt werden dürfen, für welche die entstehende Aussage sinnvoll ist, also dieser Aussage einer der beiden Wahrheitswerte wahr oder falsch zugeordnet werden kann. Die Objekte dürfen also nur aus einem gewissen *zulässigen Objektbereich* gewählt werden. Für die Aussageform „x ist eine ungerade Zahl" enthält der zulässige Objektbereich die Zahlen $1, 2, 3, \ldots$

Wie Aussagen werden auch Aussageformen mit den Symbolen A, B oder C bezeichnet, jedoch mit dem Unterschied, dass die auftretende(n) Variable(n) innerhalb von Klammern angehängt werden. Der Ausdruck $A(x)$ beschreibt also eine Aussageform, in der x als einzige Variable auftritt. In gleicher Weise steht $B(x, y)$ für eine Aussageform mit zwei Variablen x und y. Sind etwa die zulässigen Objektbereiche für x bzw. für y die Punkte bzw. die Geraden einer Ebene, so ist $B(x, y) = $ „x liegt auf y" eine Aussageform. Da eine Aussageform $A(x)$ mit einer Variablen x eine *Eigenschaft* beschreibt, die dem für x einzusetzenden Objekt gleichkommt, erhält x ein sogenanntes *Prädikat*. Aus diesem Grund wird die Theorie der Aussageformen auch als *Prädikatenlogik* bezeichnet.

1.2.2 Quantoren

Aussageformen mit gleichem zulässigen Objektbereich können wie Aussagen logisch miteinander verknüpft werden, indem man ausgehend von $A(x)$ und $B(x)$ die Aussageformen $\neg A(x)$, $A(x) \wedge B(x)$, $A(x) \vee B(x)$ usw. bildet. Ferner können für eine Aussageform $A(x)$ mit Hilfe von *Quantoren* neue Aussagen gebildet werden:

(i) Ist $A(x)$ für jedes x aus dem zulässigen Objektbereich eine wahre Aussage, so sagt man „für alle x gilt: $A(x)$" und schreibt hierfür kurz

$$\forall x : A(x) \quad \text{bzw.} \quad \bigwedge_{x} A(x). \tag{1.2}$$

Die Zeichen $\forall$ und $\bigwedge$ symbolisieren beide den sogenannten Allquantor.

(ii) Ist die Aussage $A(x)$ für mindestens ein x aus dem zulässigen Objektbereich wahr, so sagt man „für mindestens ein x gilt: $A(x)$" und schreibt hierfür kurz

$$\exists x : A(x) \quad \text{bzw.} \quad \bigvee_{x} A(x). \tag{1.3}$$

Hier steht jedes der Zeichen $\exists$ und $\bigvee$ für den sogenannten Existenzquantor. Anstelle der Sprechweise „für mindestens ein x gilt $A(x)$" sagen wir im Weiteren auch oft „es gibt (bzw. es existiert) ein x mit $A(x)$".

Durch die Quantifizierung mit Hilfe der Wörter „für alle" bzw. „es gibt" wird die ursprünglich freie Variable x in einer Aussageform $A(x)$ *gebunden*. Zumindest von außen betrachtet enthalten die Aussagen (1.2) und (1.3) keine Variablen mehr. Sie besitzen jeweils entweder den Wahrheitswert 1 oder 0 und sind somit Aussagen im Sinne der auf Seite 2 getroffenen Vereinbarung.

Um festzustellen, ob die Aussage (1.2) wahr ist, würde man versuchen, nacheinander jedes der zulässigen Objekte in $A(x)$ einzusetzen und jeweils den Wahrheitswert zu bestimmen. Diese Vorgehensweise ist grundsätzlich möglich, wenn es nur endlich viele zulässige Objekte gibt. Sie versagt jedoch immer dann, wenn der zulässige Objektbereich unendlich viele Objekte enthält. Wie man in derartigen Fällen vorgeht, wird in Abschnitt 1.4 gezeigt. Anstelle von „für alle x" sagen wir in der Folge auch oft „für *jedes* x".

Die „All–Aussage" (1.2) wird falsch, wenn es auch nur ein einziges x im zulässigen Objektbereich gibt, für welches die Aussage $A(x)$ falsch wird. Die Negation von (1.2) ist folglich die Aussage

$$\exists x : \neg A(x) \quad \text{bzw.} \quad \bigvee_{x} \neg A(x). \tag{1.4}$$

Die „Existenz–Aussage" (1.3) wird falsch, wenn es kein (einziges) x im zulässigen Objektbereich gibt, für welches die Aussage $A(x)$ wahr wird oder – anders ausgedrückt – wenn für jedes x im Objektbereich die Aussage $\neg A(x)$ wahr ist. Somit ist die Negation von (1.3) die Aussage

$$\forall x : \neg A(x) \quad \text{bzw.} \quad \bigwedge_{x} \neg A(x). \tag{1.5}$$

Eine Aussage, in der (unter Umständen mehrere) Quantoren auftreten, wird also negiert, indem die Quantoren $\forall$ und $\exists$ durchgängig vertauscht werden und jede Aussageform negiert wird.

1.3 Mengen

Offenbar ist es eine grundlegende Fähigkeit des menschlichen Geistes, gegebene Objekte gedanklich zu einem Ganzen zusammenfassen zu können. So bildet etwa die Menge der zehn Feldspieler plus Torwart eine *Fußballmannschaft*, eine Menge von Abgeordneten einer Partei eine *Fraktion* oder eine Menge von 32 Spielkarten ein *französisches Blatt*.

Mengen gehören zu den wichtigsten mathematischen Objekten. Wir begnügen uns mit der nachfolgenden nicht ganz strengen Definition, die auf Georg Cantor[4] zurückgeht.

1.3.1 Mengendefinition nach G. Cantor

Eine Menge ist eine Zusammenfassung von bestimmten wohlunterscheidbaren Objekten unserer Anschauung oder unseres Denkens (welche die Elemente der Menge genannt werden) zu einem Ganzen.

Der im Vergleich zu einer mathematisch exakten Definition etwas naive Charakter obiger Begriffsbildung rührt daher, dass die Begriffe „Zusammenfassung" und „Objekt unserer Anschauung" zu unbestimmt sind. Für unsere Zwecke reicht es jedoch aus, in der Cantorschen Definition eine Beschreibung zu sehen, von der wir uns anschaulich leiten lassen können.

Es ist üblich, Mengen mit großen lateinischen Buchstaben aus dem vorderen oder mittleren Teil des Alphabetes, also mit A, B, C,... oder K, L, M,..., zu *bezeichnen*. Getreu dem Motto „Namen sind Schall und Rauch" wird dabei die *Bezeichnung* (Namensgebung, Identifizierung) von Aussagen, Mengen, Zahlen usw. in der Mathematik sehr flexibel gehandhabt. So ist es manchmal *zweckmäßig*, Mengen auch durch die Verwendung anderer Symbole wie z.B. griechischen Buchstaben zu identifizieren. Wir betonen an dieser Stelle auch, dass ein und dasselbe Objekt mit verschiedenen Symbolen bezeichnet werden kann. So stehen etwa sowohl 1.0 als auch 10^0 für die natürliche Zahl 1.

Sind M eine Menge (genauer: *Bezeichnet M eine Menge*) und x ein Objekt, so schreiben wir

$$x \in M \quad \text{bzw.} \quad x \notin M,$$

falls x Element von M bzw. x nicht Element von M ist. Die später oft verwendete abkürzende Schreibweise $x, y \in M$ steht für die Aussage $x \in M \wedge y \in M$.

Häufig ist eine Menge M mit konkreten geometrischen Vorstellungen verbunden. So spricht man z.B. von einer *Zahlengeraden*, einer *Ebene* oder einem *Inter-*

---

[4]Georg Ferdinand Ludwig Philipp Cantor (1845–1918), seit 1872 Professor für Mathematik an der Universität Halle, 1890 Mitbegründer der Deutschen Mathematiker Vereinigung (DMV) und deren erster Vorsitzender. Cantors Arbeitsgebiet war die Analysis, berühmt ist er aber vor allem als Begründer der Mengenlehre.

vall. In diesen (und anderen) Fällen werden die Elemente von M auch als *Punkte* von M bezeichnet.

1.3.2   Darstellungsformen für Mengen, leere Menge

Eine Menge M kann auf verschiedene Weisen beschrieben werden. Eine Möglichkeit besteht darin, M durch explizite Angabe (sog. *Aufzählen*) aller Elemente festzulegen, also etwa

$$A := \{\text{rot, gelb, grün}\}$$

oder

$$B := \{\text{Karlsruhe, Berlin, Hannover, Bonn, Braunschweig}\}$$

zu setzen. Dabei soll hier und im Folgenden die Schreibweise := bedeuten, dass das auf der linken Seite des Gleichheitszeichens stehende Symbol (in den obigen Fällen eine Bezeichnung für eine Menge) durch den Ausdruck auf der rechten Seite *definiert* (erklärt) wird. In gleicher Weise wird später auch die Schreibweise =: verwendet. Wir haben also die aus den Elementen *rot*, *gelb* und *grün* bestehende Menge (abkürzend) mit A bezeichnet, hätten ihr aber ebenso gut andere Namen wie etwa *FARBMENGE*, *RGG*, C_1 oder *xyz* geben können.

Eine andere Möglichkeit zur Beschreibung einer Menge M ist die Angabe von *Eigenschaften*, welche die Elemente von M charakterisieren, z.B.

$$A := \{x : x \text{ ist ganze Zahl und } 1 < x < 7\} \tag{1.6}$$

oder

$$B := \{x : x \text{ ist Europäischer Staat und Mitglied der UNO}\}.$$

Dabei ist allgemein die „Doppelpunkt-Notation"

$$M := \{x : x \text{ besitzt die Eigenschaft } E\}$$

wie folgt zu lesen: M ist die Menge aller x, die die Eigenschaft E besitzen oder kürzer: M ist die Menge aller x mit der Eigenschaft E. In (1.6) ist also A die Menge aller ganzen Zahlen, die die Eigenschaft besitzen, größer als 1 und kleiner als 7 zu sein. An diesem Beispiel wird auch ein enger Zusammenhang zwischen der Beschreibung von Mengen mit Hilfe charakteristischer Eigenschaften und dem auf Seite 7 eingeführten Begriff der Aussageform deutlich: Betrachten wir etwa die Aussageformen $B(x) := $ „x ist eine ganze Zahl" und $C(x) := $ „Es gilt $1 < x < 7$", wobei die reellen Zahlen der zulässige Objektbereich seien, so ist die in (1.6) definierte Menge A die Menge derjenigen reellen Zahlen x, für welche die Aussage $B(x) \wedge C(x)$ wahr ist.

Bereits aus der Schule bekannte Beispiele von Mengen liefern die verschiedenen Zahlbereiche, also die Menge der natürlichen Zahlen

$$\mathbb{N} := \{1, 2, 3, 4, \ldots\},$$

die *Menge der ganzen Zahlen*

$$\mathbb{Z} := \{0, 1, -1, 2, -2, 3, -3, \ldots\},$$

die *Menge der rationalen Zahlen* (Brüche)

$$\mathbb{Q} := \{p/q : p \in \mathbb{Z}, q \in \mathbb{N}\}$$

sowie die mit dem Symbol $\mathbb{R}$ bezeichnete *Menge der reellen Zahlen.*

Wir werden diese Mengen in Kapitel 3 noch genauer studieren. Vorläufig ist es völlig ausreichend, sich die reellen Zahlen geometrisch als Punkte auf einer Zahlengeraden vorzustellen. Jedem Punkt der Zahlengeraden, die mit einem Nullpunkt und einer von dort nach rechts abgetragenen Einheitsstrecke versehen ist, entspricht genau eine reelle Zahl und umgekehrt jeder reellen Zahl genau ein Punkt auf dieser Zahlengeraden.

Durch den Rückgriff auf bekannte Mengen kann die Definition neuer Mengen oft vereinfacht werden. So lässt sich etwa die durch (1.6) definierte Menge auch als

$$A = \{x \in \mathbb{Z} : 1 < x < 7\}$$

schreiben. Hier wird der Bereich der möglichen Elemente von A bereits vor dem Doppelpunkt auf die ganzen Zahlen $\mathbb{Z}$ eingeschränkt. Wir werden solche abkürzenden Schreibweisen oft verwenden.

In der Cantorschen Definition einer Menge ist es durchaus zugelassen, dass *nichts* zu einem Ganzen zusammengefasst wird, also eine Menge entsteht, die kein Element enthält. Diese (eindeutig bestimmte) Menge heißt die *leere Menge*; sie wird üblicherweise mit $\emptyset$ oder mit $\{\ \}$ bezeichnet. Es gilt z.B.

$$\emptyset = \{x \in \mathbb{R} : x \neq x\}.$$

1.3.3 Teilmengenbeziehungen, Gleichheit von Mengen

Im Folgenden werden wir verschiedene Mengen vergleichen und mit Hilfe mengentheoretischer Verknüpfungen aus gegebenen Mengen neue Mengen gewinnen.

Sind A und B Mengen, so heißt A eine *Teilmenge* von B, in Zeichen $A \subset B$, wenn jedes Element von A auch Element von B ist, also die „All–Aussage"

$$\forall x : \ x \in A \Longrightarrow x \in B \tag{1.7}$$

wahr ist. In diesem Fall nennt man B auch eine *Obermenge* von A und schreibt $B \supset A$. Ist A keine Teilmenge von B, so schreibt man $A \not\subset B$.

Für die Mengen

$$A := \{\text{rot, gelb, grün}\}, \quad B := \{\text{grün, gelb, rot}\}, \quad C := \{\text{gelb}\} \tag{1.8}$$

gelten etwa die Aussagen $A \subset B$, $B \subset A$, $C \subset A$ und $B \not\subset C$. Die Mengen $\mathbb{N}$, $\mathbb{Z}$, $\mathbb{Q}$ und $\mathbb{R}$ sind über die Teilmengenbeziehungen $\mathbb{N} \subset \mathbb{Z}$, $\mathbb{Z} \subset \mathbb{Q}$ und $\mathbb{Q} \subset \mathbb{R}$ ineinander „verschachtelt".

Da die leere Menge $\emptyset$ kein Element enthält, ist sie Teilmenge *jeder* Menge B (für den Nachweis der Teilmengenbeziehung (1.7) beachte man, dass im Fall der leeren Menge für jedes x die Prämisse $x \in A$ falsch und somit nach Definition der Implikation die in (1.7) stehende Implikation wahr ist).

Die *Gleichheit* $A = B$ zweier Mengen A und B ist durch

$$A = B \iff A \subset B \wedge B \subset A$$

definiert.

Um die Beziehung $A = B$ nachzuweisen, muss demnach gezeigt werden, dass jedes Element von A auch Element von B ist, und umgekehrt jedes Element von B auch zur Menge A gehört. Zwei Mengen A und B sind also genau dann gleich, wenn die Aussage

$$\forall x: \ x \in A \iff x \in B \tag{1.9}$$

wahr ist. Die Verschiedenartigkeit zweier Mengen A und B, also die Negation der Aussage $A = B$, wird durch die Schreibweise $A \neq B$ ausgedrückt. Es gilt also

$$A \neq B \iff A \not\subset B \vee B \not\subset A.$$

A heißt *echte Teilmenge* von B, wenn $A \subset B$ und zugleich $A \neq B$ gilt.

Für die in (1.8) eingeführten Mengen gilt demnach $A = B$ und $A \neq C$; weiter ist C eine echte Teilmenge von A.

1.3.4 Verknüpfungen von Mengen

Sind A und B Mengen, so können mit Hilfe der aussagenlogischen Symbole $\wedge$ (und) und $\vee$ (oder) wie folgt neue Mengen gebildet werden:

(i) Die *Vereinigung* $A \cup B$ von A und B ist die Menge

$$A \cup B := \{x: \ x \in A \ \vee \ x \in B\}.$$

(ii) Der *Durchschnitt* $A \cap B$ von A und B ist die Menge

$$A \cap B := \{x: \ x \in A \ \wedge \ x \in B\}.$$

(iii) Die *Differenz* $A \setminus B$ von A und B ist die Menge

$$A \setminus B := \{x: x \in A \ \wedge \ x \notin B\}.$$

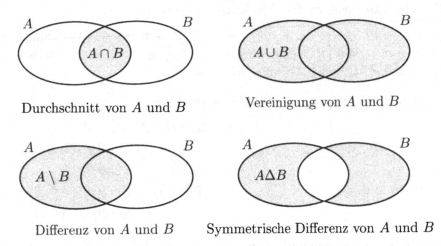

Durchschnitt von A und B Vereinigung von A und B

Differenz von A und B Symmetrische Differenz von A und B

Bild 1.1: Mengentheoretische Verknüpfungen

(iv) Die *symmetrische Differenz* von A und B ist die Menge

$$A\triangle B := \{x : (x \in A \ \wedge \ x \notin B) \vee (x \in B \ \wedge \ x \notin A)\}.$$

Diese mengentheoretischen Verknüpfungen sind in Bild 1.1 veranschaulicht.

Die Menge $A \cup B$ enthält alle Objekte, die *mindestens* einer der Mengen A und B als Elemente angehören (Zur Erinnerung: Das logische Oder–Symbol $\vee$ ist nicht-ausschließend, vgl. Tabelle 1.1). Der Durchschnitt $A \cap B$ enthält alle Objekte, die Elemente sowohl von A als auch von B sind. Die Differenz $A \setminus B$ enthält alle Elemente von A, die nicht gleichzeitig zu B gehören. Zur symmetrischen Differenz $A\triangle B$ von A und B ($=A \setminus B \cup B \setminus A$) gehören alle Objekte, die Element von genau einer der Mengen A und B sind; es gilt also $A\triangle B = A \cup B \setminus A \cap B$. Für die Mengen $A := \{1, 2, 3, 4\}$ und $B := \{3, 4, 5\}$ gilt etwa $A \cup B = \{1, 2, 3, 4, 5\}$, $A \cap B = \{3, 4\}$, $A \setminus B = \{1, 2\}$ und $A\triangle B = \{1, 2, 5\}$.

1.3.5 Disjunktheit von Mengen

Zwei Mengen A und B heißen *disjunkt*, wenn sie kein gemeinsames Element enthalten, wenn also die Beziehung

$$A \cap B = \emptyset \tag{1.10}$$

erfüllt ist.

Sind A und B zwei beliebige Mengen, so sind A und $B \setminus A$ disjunkt. Analog sind auch B und $A \setminus B$ disjunkt. Ferner gilt

$$A \cup B = A \cup (B \setminus A) = (A \setminus B) \cup B = (A \setminus B) \cup (B \setminus A) \cup (A \cap B).$$

1.3.6 Rechengesetze für Verknüpfungen

Für die mengentheoretischen Verknüpfungen „$\cup$" und „$\cap$" gelten in völliger Analogie zu den in 1.1.4 (c)–(e) aufgeführten Tautologien die folgenden Rechengesetze. Darin sind A, B und C beliebige Mengen.

Kommutativgesetze:

$$A \cap B = B \cap A,$$
$$A \cup B = B \cup A.$$

Assoziativgesetze:

$$A \cap (B \cap C) = (A \cap B) \cap C,$$
$$A \cup (B \cup C) = (A \cup B) \cup C.$$

Distributivgesetze:

$$A \cap (B \cup C) = (A \cap B) \cup (A \cap C),$$
$$A \cup (B \cap C) = (A \cup B) \cap (A \cup C).$$

Insbesondere die Kommutativ– und Assoziativgesetze mögen mehr oder weniger offensichtlich erscheinen. Für jeden einzelnen Fall muss jedoch nachgewiesen werden, dass jedes Element der links stehenden Menge auch Element der rechts stehenden Menge ist und umgekehrt.

1.3.7 Potenzmenge und Komplement

Der sichere Umgang mit Mengen und deren Verknüpfungen ist insbesondere bei der Modellierung und Analyse stochastischer (zufälliger) Vorgänge wichtig. In diesem Zusammenhang sind alle auftretenden Mengen Teilmengen einer sogenannten *Grundmenge*, die üblicherweise mit dem Symbol Ω (lies: (groß) Omega) bezeichnet wird. Diese Grundmenge symbolisiert (modelliert) die Menge der möglichen verschiedenen Ergebnisse eines Vorgangs mit zufälligem Ausgang. Für die Elemente von Ω verwenden wir das Symbol ω (lies: (klein) Omega).

Die mit

$$\mathcal{P}(\Omega) := \{A : A \subset \Omega\}$$

bezeichnete Menge *aller* Teilmengen von Ω heißt die *Potenzmenge* von Ω.

Für den Fall $\Omega = \{1, 2, 3\}$ gilt etwa

$$\mathcal{P}(\Omega) = \{\emptyset, \{1\}, \{2\}, \{3\}, \{1,2\}, \{1,3\}, \{2,3\}, \{1,2,3\}\}.$$

Sind A und B Teilmengen von Ω, so sind auch die mit Hilfe der mengentheoretischen Verknüpfungen $A \cup B$, $A \cap B$, $A \setminus B$ oder $A \triangle B$ gebildeten Mengen Teilmengen von Ω. Ein wichtiger Spezialfall der mengentheoretischen Differenzbildung $A \setminus B$ entsteht, wenn die Menge A die Grundmenge Ω selbst ist. In diesem Fall heißt die Menge

$$B^c := \Omega \setminus B = \{\omega : \omega \in \Omega \wedge \omega \notin B\}$$

das *Komplement* der Menge B bzw. die *Komplementärmenge* zu B. Für die Komplementbildung gelten analog zu 1.1.4 (f) die *De Morganschen Regeln*

$$(A \cap B)^c = A^c \cup B^c, \tag{1.11}$$

$$(A \cup B)^c = A^c \cap B^c. \tag{1.12}$$

Das Komplement eines Durchschnitts von Mengen ist also die Vereinigung der einzelnen Komplementärmengen. In gleicher Weise ist das Komplement einer Vereinigung von Mengen der Durchschnitt der einzelnen Komplementärmengen.

1.3.8 Verallgemeinerung auf den Fall von mehr als zwei Mengen

Vereinigung und Durchschnitt können nicht nur für zwei, sondern für beliebig viele Mengen gebildet werden. Wir wollen uns auf den Fall beschränken, dass alle auftretenden Mengen *Teilmengen einer gegebenen Menge* Ω sind. Sei hierzu I eine nichtleere als *Indexmenge* dienende Menge. Jedem $i \in I$ sei eine mit A_i bezeichnete Teilmenge von Ω zugeordnet. Ist etwa $I = \{1, 2, \ldots, n\}$, so liegen n Teilmengen $A_1, A_2, \ldots, A_n$ von Ω vor.

Die *Vereinigung* der Mengen A_i, $i \in I$, ist die Menge aller ω aus Ω, die Element von mindestens einer der Mengen A_i sind, d.h.

$$\bigcup_{i \in I} A_i := \Big\{ \omega : \bigvee_{i \in I} \omega \in A_i \Big\}. \tag{1.13}$$

In (1.13) sind wir der Konvention gefolgt, den zulässigen Objektbereich für die Variable i, also in unserem Fall die Menge I, unterhalb des Existenzquantors kenntlich zu machen (vgl. auch (1.3)). Anschaulich ergibt sich die Vereinigung irgendwelcher Mengen, indem man alle Elemente der Mengen in einen „Topf" schüttet. Dabei darf jedoch ein Element ω, das in mehreren dieser Mengen vorkommt, nur einmal in diesen „Topf" gelegt werden. Nach der auf Seite 9 gegebenen Cantorschen Definition einer Menge müssen deren Elemente nämlich *wohlunterscheidbar* sein.

Im Fall endlich vieler Mengen $A_1, A_2, \ldots, A_n$ (also $I = \{1, 2, \ldots, n\}$) bzw. unendlich vieler Mengen $A_1, A_2, \ldots$ (also $I = \{1, 2, \ldots\} = \mathbb{N}$) bezeichnen wir die Vereinigung in (1.13) auch mit

$$\bigcup_{i=1}^{n} A_i \quad \text{oder} \quad A_1 \cup A_2 \cup \ldots \cup A_n$$

bzw. mit

$$\bigcup_{i=1}^{\infty} A_i \quad \text{oder} \quad A_1 \cup A_2 \cup \ldots$$

Analog zu (1.13) ist der Durchschnitt der Mengen A_i, $i \in I$, die Menge aller ω aus Ω, die in *jeder* der Mengen A_i mit $i \in I$ enthalten sind, also

$$\bigcap_{i \in I} A_i := \Big\{ \omega : \bigwedge_{i \in I} \omega \in A_i \Big\}.$$

Im Fall endlich vieler Mengen $A_1, A_2, \ldots, A_n$ bzw. unendlich vieler Mengen $A_1, A_2, \ldots$ bezeichnen wir diesen Durchschnitt analog zu oben mit

$$\bigcap_{i=1}^{n} A_i \quad \text{oder} \quad A_1 \cap A_2 \cap \ldots \cap A_n$$

bzw. mit

$$\bigcap_{i=1}^{\infty} A_i \quad \text{oder} \quad A_1 \cap A_2 \cap \ldots$$

Die De Morganschen Regeln (1.11) und (1.12) lauten jetzt in ihrer allgemeinen Fassung:

$$\Big(\bigcap_{i \in I} A_i \Big)^c = \bigcup_{i \in I} A_i^c, \qquad \Big(\bigcup_{i \in I} A_i \Big)^c = \bigcap_{i \in I} A_i^c.$$

Hierbei sei grundsätzlich vereinbart, dass die Komplementbildung stärker bindet als die Vereinigungs- und die Durchschnittsbildung (es ist also z.B. $\cap_{i \in I} A_i^c = \cap_{i \in I} (A_i^c)$).

1.3.9   Kartesische Produkte von Mengen

Wir sind es von der Schule her gewohnt, einen Punkt in der Ebene durch zwei Koordinaten, also ein Paar (x, y) reeller Zahlen, festzulegen. In gleicher Weise wird in der räumlichen Geometrie ein Punkt in der Form (x, y, z), also durch drei Koordinaten, beschrieben. Die nachfolgende Begriffsbildung ist eine direkte Verallgemeinerung dieser Vorgehensweise.

Sind $A_1, A_2, \ldots, A_n$ nichtleere Mengen, so nennt man jede Zusammenstellung

$$(a_1, a_2, \ldots, a_n) \tag{1.14}$$

von Elementen $a_1 \in A_1$, $a_2 \in A_2, \ldots, a_n \in A_n$ ein n-Tupel aus $A_1, A_2, \ldots, A_n$. Dabei heißt a_j in (1.14) die j-te Komponente des n-Tupels ($j = 1, 2, \ldots, n$). Für kleine Werte von n sind spezielle Namen für n-Tupel gebräuchlich. So heißt ein 2-Tupel auch *geordnetes Paar*, ein 3-Tupel auch Tripel und ein 4-Tupel ein Quadrupel.

Zwei n-Tupel $(a_1, a_2, \ldots, a_n)$ und $(b_1, b_2, \ldots, b_n)$ sind definitionsgemäß gleich, wenn sie *komponentenweise übereinstimmen*, wenn also $a_j = b_j$ für jedes $j =$

$1, 2, \ldots, n$ gilt. Ein n-Tupel $(a_1, a_2, \ldots, a_n)$ muss somit strikt von der *Menge* seiner Komponenten, also von $\{a_1, a_2, \ldots, a_n\}$, unterschieden werden! So gilt zum Beispiel $\{3, 7, 4\} = \{3, 4, 7\}$, aber $(3, 7, 4) \neq (3, 4, 7)$. Zudem ist etwa die Menge der Komponenten des Tripels $(1, 1, 1)$ die einelementige Menge $\{1\}$.

Das *kartesische Produkt* der Mengen $A_1, A_2, \ldots, A_n$ ist die Menge

$$\underset{j=1}{\overset{n}{\bigtimes}} \, A_j := \{(a_1, a_2, \ldots, a_n) : a_1 \in A_1 \wedge a_2 \in A_2 \wedge \ldots \wedge a_n \in A_n\}$$

aller n-Tupel aus $A_1, A_2, \ldots, A_n$. Alternativ wird dieses kartesische Produkt auch mit $A_1 \times \ldots \times A_n$ bezeichnet. Dabei schreibt man im Spezialfall gleicher Mengen $A_1, \ldots, A_n$, also im Fall $A_1 = \ldots = A_n =: A$, kurz

$$A^n := \underset{j=1}{\overset{n}{\bigtimes}} \, A_j \text{ mit } A_j = A \text{ für jedes } j = 1, 2, \ldots, n, \tag{1.15}$$

und nennt A^n das *n-fache kartesische Produkt der Menge A mit sich selbst*.

Im Fall $n = 2$ setzt man

$$A_1 \times A_2 := \underset{j=1}{\overset{2}{\bigtimes}} \, A_j = \{(a_1, a_2) : a_1 \in A_1 \text{ und } a_2 \in A_2\}.$$

In diesem Fall ist das kartesische Produkt $A_1 \times A_2$ also die Menge aller geordneten Paare (a_1, a_2) mit $a_1 \in A_1$ und $a_2 \in A_2$.

1.1 Beispiel.
Es seien $A := \{1, 2, 3\}$ und $B := \{x, y\}$. Dann gilt

$$A \times B = \{(1, x), (1, y), (2, x), (2, y), (3, x), (3, y)\},$$
$$B \times A = \{(x, 1), (x, 2), (x, 3), (y, 1), (y, 2), (y, 3)\}.$$

Sind A und B Teilmengen von $\mathbb{R}$, so lässt sich das kartesische Produkt $A \times B$ graphisch als Menge von Punkten in einer Ebene darstellen. Der Spezialfall $A := \{1, 2, 3, 4, 5\}$ und $B := \{1, 2, 3, 4\}$ ist in Bild 1.2 dargestellt.

1.4   Mathematische Schlussweisen

In diesem Abschnitt beleuchten wir einige im Zusammenhang mit der Formulierung mathematischer Resultate wichtige Begriffsbildungen wie *Vermutung, Satz* oder *Lemma* und stellen grundlegende mathematische Beweismethoden vor.

Eine *Vermutung* ist eine Aussage, von der (noch) nicht bekannt ist, ob sie wahr oder falsch ist. So ist etwa die folgende Aussage eine Vermutung: „Keine

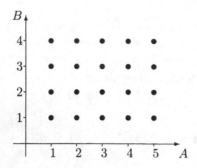

Bild 1.2:
Kartesisches Produkt
$\{1,2,3,4,5\} \times \{1,2,3,4\}$

natürliche Zahl mit mindestens zwei Ziffern, die wie etwa 111 oder 1111111 nur aus Einsen gebildet ist, kann als dritte Potenz einer natürlichen Zahl dargestellt werden".

Als *Beweis* einer Aussage bezeichnet man eine Folge von logischen Schlüssen, die zeigt, dass die Aussage wahr ist. Eine wahre Aussage wird auch als *Satz* oder *Theorem* bezeichnet. Der Begriff *Hauptsatz* beschreibt einen besonders bedeutenden Satz, wohingegen ein *Lemma* ein *Hilfssatz* ist, der meist innerhalb einer Folge logischer Schlüsse beim Beweis eines Satzes helfen soll. Ein *Korollar* ist eine *Folgerung* aus einem zuvor bewiesenen Satz.

Die übliche Form eines mathematischen Satzes ist die Implikation $A \Longrightarrow B$, welche meist noch mit Quantoren versehen ist. Dabei heißt A die *Voraussetzung* des Satzes. Solange $A \Longrightarrow B$ nicht bewiesen ist, wird B auch *Behauptung* genannt; nach dem Beweis heißt B eine *Folgerung aus der Voraussetzung*. Das Ende eines mathematischen Beweises wird durch das Symbol „□" gekennzeichnet. Häufig ist hier auch die Abkürzung „w.z.b.w." (*was zu beweisen war*) oder deren lateinisches Pendant „q.e.d." (*quod erat demonstrandum*) anzutreffen.

1.4.1   Ein Beispiel

Wir betrachten die Aussage

Für jede natürliche Zahl n gilt: Ist n gerade, so ist auch n^2 gerade,

welche durch Einführung der Menge

$$G := \{k \in \mathbb{N} : \exists m \in \mathbb{N} \ \text{ mit } \ k = 2m\}$$

aller geraden (durch 2 teilbaren) natürlichen Zahlen in der Sprache der Prädikatenlogik durch

$$\bigwedge_{n \in \mathbb{N}} (n \in G \Longrightarrow n^2 \in G) \tag{1.16}$$

beschrieben werden kann. Dabei haben wir einer auf Seite 15 gemachten Konvention folgend den zulässigen Objektbereich für die Variable n unterhalb des Allquantors kenntlich gemacht.

Wie könnte ein Beweis der Aussage (1.16) aussehen? Offenbar ist es ja nicht möglich, für jede der unendlich vielen geraden Zahlen $2, 4, 6, \ldots$ einzeln nachzuprüfen, ob auch deren Quadrat gerade ist. Die Vorgehensweise besteht darin, ein *beliebiges* Element $n \in G$ zu wählen und nachzuweisen, dass auch $n^2 \in G$ gilt. Dabei bedeutet die Wortwahl *beliebig*, dass nur solche Kenntnisse über dieses Element benutzt werden dürfen, die wir auch von jedem anderen Element aus G besitzen.

Ist $n \in G$ beliebig, so liefert die folgende Schlusskette die Behauptung:

$$n \in G \implies \exists m : \; m \in \mathbb{N} \wedge n = 2 \cdot m$$
$$\implies \exists m : \; m \in \mathbb{N} \wedge n^2 = 2 \cdot (m \cdot 2 \cdot m)$$
$$\implies \exists k : \; k \in \mathbb{N} \wedge n^2 = 2 \cdot k$$
$$\implies n^2 \in G.$$

Dabei haben wir für die erste und die letzte Implikation die Definition der Menge G der geraden Zahlen und für die zweite Implikation die Assoziativität der Multiplikation (siehe 3.1.3) benutzt. Die dritte Implikation folgt, weil mit m auch $m \cdot 2 \cdot m$ eine natürliche Zahl ist, die wir zu k „umgetauft" haben. $\qquad \square$

1.4.2 Der direkte Beweis

Sind $A(x)$ und $B(x)$ Aussageformen mit einer Variablen x, deren zulässiger Objektbereich eine mit M bezeichnete nichtleere Menge ist, so ist die in (1.16) stehende Aussage ein Spezialfall der Aussage

$$\bigwedge_{x \in M} (A(x) \implies B(x)) \tag{1.17}$$

(in Worten: *Für jedes x aus M folgt aus der Gültigkeit von $A(x)$ auch die Gültigkeit von $B(x)$*). Bei einem sogenannten *direkten Beweis* von (1.17) wird in dem oben beschriebenen Sinne zunächst ein *beliebiges* Element x aus M gewählt. Unter der Voraussetzung, dass die Aussage $A(x)$ wahr ist, wird dann versucht, durch Aneinanderreihung korrekter logischer Schlüsse das Ergebnis „$B(x)$ ist wahr" zu erhalten. Der Hintergrund dieser Beweisführung ist zum einen die auch als *Abtrennungsregel* bezeichnete Tautologie

$$(A \wedge (A \implies B)) \implies B, \tag{1.18}$$

zum anderen die als *Kettenschluss* bezeichnete Tautologie

$$((A \implies B) \wedge (B \implies C)) \implies (A \implies C). \tag{1.19}$$

Dass sowohl (1.18) als auch (1.19) wirklich Tautologien darstellen, ist unmittelbar einzusehen: Ist $A \wedge (A \implies B)$ eine wahre Aussage (andernfalls ist (1.18) nach Definition der Implikation ohnehin wahr), so sind sowohl A als auch $A \implies B$ nach Definition der Konjunktion wahre Aussagen. Hieraus folgt, dass die Aussage B und somit auch (1.18) wahr ist. In gleicher Weise kann der Nachweis von (1.19) erfolgen.

Die Tautologie (1.19) wird immer dann benutzt, wenn der Nachweis einer Implikation $A \implies B$ in kleinen, jeweils leicht einzusehenden Beweisschritten erfolgt. In (1.19) sind diese Beweisschritte die Implikationen $A \implies B$ und $B \implies C$; die Verallgemeinerung von (1.19) auf mehr als zwei Beweisschritte ist offensichtlich.

1.4.3 Das Prinzip der Fallunterscheidung

Manchmal ist es bei der Durchführung eines direkten Beweises von (1.17) oder auch im Zusammenhang mit anderen Beweismethoden zweckmäßig, eine sogenannte *Fallunterscheidung* durchzuführen. Eine Fallunterscheidung besteht darin, die Menge M in endlich viele nichtleere Mengen $M_1, \ldots, M_k$ zu *zerlegen*, so dass jedes $x \in M$ in genau einer dieser Mengen liegt. Für ein beliebiges x trifft also genau einer von k „Fällen" zu. Formal bedeutet die Zerlegung der Menge M, dass die Mengen $M_1, M_2, \ldots, M_k$ zum einen (*paarweise*) *disjunkt* sind, d.h. es gilt $M_i \cap M_j = \emptyset$ für je zwei verschiedene Werte i und j. Zum anderen müssen die Mengen $M_1, M_2, \ldots, M_k$ die Menge M in dem Sinne „voll ausschöpfen", dass

$$M = M_1 \cup M_2 \cup \ldots \cup M_k \tag{1.20}$$

gilt.

Im Falle der Gültigkeit von (1.20) ist (1.17) gleichbedeutend mit der Aussage

$$\bigwedge_{j \in \{1, \ldots, k\}} \bigwedge_{x \in M_j} (A(x) \implies B(x)). \tag{1.21}$$

Um nachzuweisen, dass diese Aussage wahr ist, muss man nacheinander jeden der k Fälle $j = 1, j = 2, \ldots, j = k$ einzeln behandeln, also für jedes $j = 1, \ldots, k$ den Nachweis führen, dass für beliebiges $x \in M_j$ die Implikation $A(x) \implies B(x)$ eine wahre Aussage ist. Die Aussage (1.21) bleibt auch dann wahr, wenn man auf die Forderung nach der paarweisen Disjunktheit der Mengen $M_1, M_2, \ldots, M_k$ verzichtet. Es ist nur wichtig, dass die Vereinigung dieser Mengen M ergibt. Damit ist gesichert, dass die Fallunterscheidung auch tatsächlich alle Fälle erfasst.

Fallunterscheidungen werden insbesondere im Zusammenhang mit Ungleichungen häufig durchgeführt. Als Beispiel betrachten wir die Aussage „jede reelle Zahl x erfüllt die Ungleichung $x \leq 1 + x^2$", also formal

$$\bigwedge_{x \in \mathbb{R}} \left(x \leq 1 + x^2 \right),$$

welche von der im Vergleich zu (1.17) einfacheren Gestalt

$$\bigwedge_{x \in M} A(x)$$

ist. Eine Fallunterscheidung danach, ob $x \le 1$ oder $x > 1$ gilt, also die Zerlegung $\mathbb{R} = M_1 \cup M_2$ mit $M_1 := \{x \in \mathbb{R} : x \le 1\}$ und $M_2 := \{x \in \mathbb{R} : x > 1\}$, liefert schnell die Behauptung:

$$x \in M_1 \Longrightarrow x \le 1 \Longrightarrow x \le 1 + x^2$$
$$x \in M_2 \Longrightarrow 1 < x \Longrightarrow 1 \cdot x < x \cdot x \Longrightarrow x \le x^2 \Longrightarrow x \le 1 + x^2.$$

Hier haben wir „ganz selbstverständlich" erscheinende Aussagen wie $0 \le x^2$ und „aus $a \le b$ und $c \le d$ folgt $a + c \le b + d$" benutzt (vgl. Kapitel 3).

1.4.4 Widerlegung einer Behauptung durch ein Gegenbeispiel

Mit einer Behauptung wie (1.17) verhält es sich manchmal wie mit dem Wetterbericht: Sie kann richtig sein oder auch nicht. Um nachzuweisen, dass (1.17) eine falsche Aussage ist, muss gezeigt werden, dass die Negation dieser Aussage, also die Aussage

$$\bigvee_{x \in M} \neg (A(x) \Longrightarrow B(x)), \tag{1.22}$$

wahr ist. Wegen $\neg(A \Longrightarrow B) \Longleftrightarrow (A \land \neg B)$ (benutze (1.1) und die zweite De Morgansche Regel 1.1.4 (f)) ist (1.22) gleichbedeutend mit der Aussage

$$\bigvee_{x \in M} (A(x) \land \neg B(x)). \tag{1.23}$$

Letztere ist wahr, wenn es ein $x \in M$ gibt, so dass $A(x)$ wahr und $B(x)$ falsch ist. Um die Behauptung (1.17) zu widerlegen, genügt also die Angabe eines (einzigen) Objektes x im zulässigen Objektbereich, für welches die Voraussetzung $A(x)$ wahr und die Behauptung $B(x)$ falsch ist.

Die Behauptung *„Für jede natürliche Zahl n ist $n^2 + n + 41$ eine Primzahl"* wird etwa dadurch widerlegt, dass sie für $n = 41$ als falsch nachgewiesen wird. Die Behauptung ist übrigens für jede der natürlichen Zahlen $1, 2, \ldots, 40$ richtig!

1.4.5 Beweis durch Kontraposition

Ein *Beweis durch Kontraposition* beruht auf der Tautologie

$$(A \Longrightarrow B) \Longleftrightarrow (\neg B \Longrightarrow \neg A)$$

(vgl. 1.1.4 (g)). Er wird stets dann angewandt, wenn es leichter erscheint, aus der Aussage $\neg B$ logische Schlüsse zu ziehen als aus der Aussage A. Um (1.17) zu zeigen, ist es demnach gleichwertig, die Aussage

$$\bigwedge_{x \in M} (\neg B(x) \Longrightarrow \neg A(x)) \tag{1.24}$$

als wahr nachzuweisen. Ein Beweis durch Kontraposition ist somit ein direkter Beweis unter Benutzung der Tautologie 1.1.4 (g).

1.4.6   Beispiel eines Beweises durch Kontraposition

Wir betrachten die Aussage „Für jede natürliche Zahl n gilt: Ist n^2 eine gerade Zahl, so ist auch n eine gerade Zahl", welche (vgl. Beispiel 1.4.1) kurz in der Form

$$\bigwedge_{n \in \mathbb{N}} (n^2 \in G \Longrightarrow n \in G) \tag{1.25}$$

geschrieben werden kann. Unter Verwendung der Tautologie der Kontraposition ist (1.25) gleichbedeutend mit

$$\bigwedge_{n \in \mathbb{N}} (n \notin G \Longrightarrow n^2 \notin G) . \tag{1.26}$$

Für einen direkten Beweis von (1.26) sei $n \in \mathbb{N}$ beliebig gewählt. Schreibt man kurz $\mathbb{N}_0 := \mathbb{N} \cup \{0\} = \{0, 1, 2, \ldots\}$, so folgt die Behauptung aus der Schlusskette

$$
\begin{aligned}
n \notin G &\Longrightarrow \exists\, k : k \in \mathbb{N}_0 \,\wedge\, n = 2 \cdot k + 1 \\
&\Longrightarrow \exists\, k : k \in \mathbb{N}_0 \,\wedge\, n^2 = 4 \cdot k^2 + 4 \cdot k + 1 \\
&\Longrightarrow \exists\, k : k \in \mathbb{N}_0 \,\wedge\, n^2 = 2 \cdot (2 \cdot k^2 + 2 \cdot k) + 1 \\
&\Longrightarrow \exists m : m \in \mathbb{N}_0 \,\wedge\, n^2 = 2 \cdot m + 1 \\
&\Longrightarrow n^2 \notin G.
\end{aligned}
$$

Dabei wurde für die erste und die letzte Implikation die Definition einer ungeraden (nicht geraden) Zahl benutzt.

1.4.7   Der indirekte Beweis

Ein *indirekter Beweis* oder *Beweis durch Widerspruch* einer Implikation $A \Longrightarrow B$ verwendet die Tautologie

$$(A \Longrightarrow B) \Longleftrightarrow \neg(A \wedge \neg B).$$

Er ist ein direkter Beweis dafür, dass die Aussage $A \wedge \neg B$ eine Kontradiktion darstellt, also stets falsch ist. Diese Vorgehensweise ist immer dann angebracht, wenn sich weder die Aussage A noch die Aussage $\neg B$ allein eignen, um „leicht" von A auf B bzw. von $\neg B$ auf $\neg A$ (Kontraposition) schließen zu können.

Ein indirekter Beweis startet mit der Voraussetzung, A sei wahr und der *zusätzlichen* Annahme, $\neg B$ sei ebenfalls wahr (d.h. die zu beweisende Behauptung B sei *falsch*) und leitet durch eine logische Schlusskette aus der wahren Aussage $A \wedge \neg B$ eine falsche Aussage, einen sogenannten *Widerspruch*, her. Da aus einer wahren Aussage jedoch kein Widerspruch folgen kann, muss nach dem Prinzip vom ausgeschlossenen Dritten (vgl. Seite 2) die getroffene Annahme, $\neg B$ sei wahr, falsch sein, was bedeutet, dass B wahr sein muss.

1.4.8 Beispiel eines indirekten Beweises

Eine klassische indirekte Beweisführung ist der Nachweis der *Irrationalität von* $\sqrt{2}$, also der Nachweis, dass sich eine reelle Zahl x mit der Eigenschaft $x^2 = 2$ nicht als rationale Zahl (Bruch) darstellen lässt. Setzen wir kurz

$$A(x) := (x^2 = 2), \qquad B(x) := \bigwedge_{p,q \in \mathbb{N}} \left(x \neq \frac{p}{q} \right),$$

so nimmt die zu beweisende Aussage die Form

$$\bigwedge_{x \in \mathbb{R}} (A(x) \Longrightarrow B(x)) \tag{1.27}$$

an. Zum Beweis von (1.27) sei $x \in \mathbb{R}$ beliebig gewählt. Um $A(x) \Longrightarrow B(x)$ zu zeigen, nehmen wir (Beweis durch Widerspruch!) an, es gelte sowohl $x^2 = 2$ (d.h. $A(x)$ sei wahr) als auch $\neg B(x)$. Wegen

$$\neg B(x) = \bigvee_{p,q \in \mathbb{N}} \left(x = \frac{p}{q} \right)$$

gibt es dann natürliche Zahlen p und q mit der Eigenschaft $x = p/q$. Der springende Punkt ist nun, dass wir noch zusätzlich annehmen können, dass p und q keinen gemeinsamen Teiler besitzen, also die Aussage

$$C := \text{„} p \text{ und } q \text{ besitzen keinen gemeinsamen Teiler"}$$

wahr ist. Das bedeutet, dass es keine natürliche Zahl gibt, die einerseits größer oder gleich 2 ist und die andererseits sowohl p als auch q (ohne Rest) teilt. (Sollten etwaige gemeinsame Teiler vorhanden sein, kürzen wir sie einfach vorher heraus). Aus der Gleichung $x = p/q$ folgt durch Quadrieren und Hochmultiplizieren von q^2 das Ergebnis $2q^2 = p^2$. Folglich sind die natürliche Zahl p^2 und damit nach Beispiel 1.4.6 auch die Zahl p gerade. Es gibt somit ein $k \in \mathbb{N}$ mit der Eigenschaft

$p = 2k$. Es folgt $p^2 = 4k^2$, also wegen $2q^2 = p^2$ auch $2q^2 = 4k^2$ und somit $q^2 = 2k^2$. Folglich ist auch q^2 und damit nach Beispiel 1.4.6 auch q durch 2 teilbar. Wir haben also erhalten, dass die als wahr angenommene Aussage C falsch ist, denn p und q besitzen ja den gemeinsamen Teiler 2. Dieser Widerspruch zeigt, dass die Aussage $B(x)$ wahr ist, w.z.b.w.

Lernziel–Kontrolle

- Wie sind die Disjunktion und die Konjunktion zweier Aussagen definiert?

- Wann ist eine Implikation $A \Longrightarrow B$ wahr und wann falsch?

- Welches ist die Negation der Aussage „*jedes* Biotech-Unternehmen hatte im vergangenen Jahr eine Steigerung des Umsatzes in Höhe von mindestens 5% im Vergleich zum Vorjahr zu verzeichnen"?

- Ist die Aussage $A \vee (\neg A \wedge B)$ eine Tautologie bzw. ein Widerspruch?

- Wozu dient eine Wahrheitstafel?

- Was ist eine Aussageform?

- Was bedeutet die Aussage $\exists x : x \in \mathbb{R} \wedge x^2 = 3$ in Worten?

- Wie lautet die Aussage „jede natürliche Zahl ist entweder gerade oder ungerade" in der Sprache der Prädikatenlogik?

- Welcher Zusammenhang besteht zwischen der Durchschnitts– und Vereinigungsbildung von Mengen und aussagenlogischen Verknüpfungen?

- Wann sind zwei Mengen gleich?

- Wann sind zwei Mengen disjunkt?

- Wie ist die mengentheoretische Differenz $A \setminus B$ definiert?

- Können Sie die Distributivgesetze der Mengenlehre beweisen?

- Welche Gestalt besitzt die Potenzmenge der Menge $\{1, 2, 3, 4\}$?

- Wie lautet die De Morgansche Regel $(A \cap B)^c = A^c \cup B^c$ in Worten?

- Wie ist das kartesische Produkt der Mengen M_1, M_2 und M_3 definiert?

- Was ist der Unterschied zwischen einem direkten Beweis, einem Beweis durch Kontraposition und einem Beweis durch Widerspruch?

- Was ist eine Fallunterscheidung? Warum werden in Beweisen häufig Fallunterscheidungen durchgeführt?

Kapitel 2

Abbildungen und Relationen

y = f(x): Das ist die Urgestalt aller Eindrücke ...

Oswald Spengler

Ganz gleich, ob Informationen codiert, Volatilitäten von Aktien bestimmt oder Tilgungsraten für ein Darlehen berechnet werden müssen: im Kern spielen immer Anweisungen eine Rolle, in welcher Weise einem Objekt ein anderes Objekt zuzuordnen ist. Wenn wir verschiedene Handlungsalternativen, etwa bezüglich der Wahl des nächsten Urlaubsortes oder einer von mehreren Werbestrategien, gegeneinander abwägen oder einen Größenvergleich von Zahlen anstellen: letztlich handelt es sich stets darum, verschiedene Objekte in einer bestimmten Relation zueinander zu vergleichen. In diesem Kapitel lernen wir mit den Begriffsbildungen *Abbildung* und *Relation* zwei mathematische Grundbegriffe für das Studium der strukturellen Eigenschaften von Zuordnungsvorschriften und Objekt–Beziehungen kennen.

2.1 Abbildungen

Vielen naturwissenschaftlichen, technischen oder wirtschaftlichen Vorgängen ist gemeinsam, dass eine gewisse interessierende Größe von einer oder mehreren anderen Größen abhängt. Beispiele sind die Abhängigkeit des zurückgelegten Weges von der Zeit eines mit konstanter Geschwindigkeit fahrenden Autos, die Abhängigkeit der zu entrichtenden Einkommensteuer vom zu versteuernden Einkommen oder die Abhängigkeit des Zinssatzes für ein Hypothekendarlehen von der Laufzeit des Darlehens. Die zentrale mathematische Begriffsbildung zur Beschreibung derartiger Abhängigkeiten ist der *Abbildungs-* oder *Funktions–Begriff*.

2.1.1 Definition von Abbildungen

(i) Es seien M und N nichtleere Mengen. Eine $\boxed{Abbildung}$ f von M in N ist eine Vorschrift, die jedem Element von M genau ein Element von N zuordnet. Man schreibt $f : M \to N$ und nennt M den $\boxed{Definitionsbereich}$ und N den $\boxed{Wertebereich}$ von f.

(ii) Es sei $f : M \to N$ eine Abbildung. Ordnet f dem Element $x \in M$ das Element $y \in N$ zu, so schreibt man $f(x) := y$ und nennt y das $\boxed{Bild}$ von x (*unter* f). Die Abbildung f wird dann auch mit $f : M \to N,\ x \mapsto f(x)$, bezeichnet.

Eine Abbildung $f : M \to N,\ x \mapsto f(x)$, besteht aus drei Bausteinen, dem *Definitionsbereich* M, dem *Wertebereich* N und der *Zuordnungsvorschrift* f. Dementsprechend sind zwei Abbildungen $f_1 : M_1 \to N_1$ und $f_2 : M_2 \to N_2$ genau dann gleich, wenn gilt:

$$M_1 = M_2,\ N_1 = N_2 \text{ und } f_1(x) = f_2(x) \text{ für jedes } x \in M_1\ (= M_2).$$

Ordnet die Abbildung f jedem $x \in M$ das gleiche Bild zu, gibt es also ein $y_0 \in N$ mit $f(x) = y_0$ für jedes $x \in M$, so schreiben wir hierfür kurz $f \equiv y_0$.

Was den Wertebereich N einer Abbildung betrifft, verlangt die obige Definition offenbar nur, dass die Menge N alle Bilder $f(x)$, $x \in M$, als Elemente enthalten, also eine Obermenge der als *Bild von* f bezeichneten Menge

$$\text{Bild}(f) := \{y \in N : \text{es gibt ein } x \in M \text{ mit } f(x) = y\} \qquad (2.1)$$

sein muss. Anstelle von N kann somit grundsätzlich auch jede Obermenge von N ein möglicher Wertebereich von f sein.

In gleicher Weise ist prinzipiell auch jede Teilmenge von M ein möglicher „kleinerer" Definitionsbereich einer Abbildung: Ist $A \subset M$ eine Teilmenge des Definitionsbereichs von f, so ist die *Einschränkung von* f *auf* A diejenige Abbildung $g : A \to N$, die auf A mit f übereinstimmt, d.h. für die $g(x) = f(x)$ für jedes $x \in A$ gilt. Wenn keine Verwechslungen zu befürchten sind, bezeichnen wir diese Abbildung auch einfach mit $f : A \to N$.

2.1.2 Beispiele von Abbildungen

2.1 Beispiel.

Fährt ein Auto mit konstanter Geschwindigkeit v (km/h), so gibt die Zuordnungsvorschrift $t \mapsto v \cdot t$ den in der Zeitspanne t (gemessen in Stunden) zurückgelegten Weg an. Obwohl die Zuordnung $t \mapsto v \cdot t$ rein rechentechnisch für jede reelle Zahl t definiert ist, würde man aufgrund des physikalischen Hintergrundes sowohl für den Definitionsbereich als auch für den Wertebereich die Menge $M = N := \{t \in \mathbb{R} : t \geq 0\}$ der nichtnegativen reellen Zahlen wählen.

2.2 Beispiel.
Wird ein zum Zeitpunkt $t = 0$ vorhandenes Anfangskapital K_0 jährlich mit dem *Zinssatz p%* verzinst, so beträgt das Endkapital (mit Zinseszinsen) nach n Jahren

$$K_n = K_0 \cdot \left(1 + \frac{p}{100}\right)^n.$$

Die Zuordnungsvorschrift $n \mapsto K_n$ besitzt den Definitionsbereich $M = \mathbb{N}$ und den Wertebereich $N = \{x \in \mathbb{R} : x \geq 0\}$.

2.3 Beispiel.
Die Zuordnung $x \mapsto x^2 + 1$ definiert eine Abbildung f von der Menge $M = \mathbb{R}$ der reellen Zahlen in die Menge $N = \mathbb{R}$. Offenbar treten als Bilder $f(x) = x^2 + 1$ genau diejenigen reellen Zahlen auf, die größer oder gleich 1 sind, weshalb das Bild von f durch Bild$(f) = \{x \in \mathbb{R} : x \geq 1\}$ gegeben ist. Die Einschränkung dieser Abbildung auf die Menge $\mathbb{Z}$ besitzt das Bild

$$\{x^2 + 1 : x \in \mathbb{Z}\} = \{1, 2, 5, 10, 17, 26, \ldots\}.$$

2.4 Beispiel.
Es sei $M = N := \{1, 2, 3, 4, 5\}$. Die durch die Zuordnungsvorschrift

$$1 \mapsto f(1) := 1, \ 2 \mapsto f(2) := 1, \ 3 \mapsto f(3) := 3,$$
$$4 \mapsto f(4) := 4, \ 5 \mapsto f(5) := 4$$

definierte Abbildung $f : M \to N$ lässt sich durch das linke Zuordnungsdiagramm in Bild 2.1 beschreiben. Der Wertebereich der Abbildung f ist die Menge N, obwohl die Elemente 2 und 5 aus N nicht als Bilder auftreten (vgl. die Diskussion auf Seite 26). Dagegen ist durch die in Bild 2.1 rechts beschriebene Zuordnungsvorschrift g keine Abbildung definiert, da das Element $2 \in M$ zwei verschiedene Bilder erhält. Außerdem wird dem Element $3 \in M$ unter g überhaupt kein Element aus der Menge N zugeordnet.

2.1.3 Der Graph einer Abbildung

Ist $f : M \to N$, $x \mapsto f(x)$, eine Abbildung, so heißt die Menge

$$\mathrm{Graph}(f) := \{(x, f(x)) : x \in M\} \subset M \times N$$

der *Graph* von f.

Als Teilmenge des kartesischen Produktes $M \times N$ besteht der Graph aus geordneten Paaren (x, y) mit $x \in M$ und $y \in N$, wobei jedes $x \in M$ als erste Komponente eines geordneten Paares nur in Kombination mit seinem per Abbildungsvorschrift $x \mapsto f(x)$ in eindeutiger Weise zugeordneten Wert $y = f(x)$ auftritt. Dies bedeutet, dass dem Graphen von f keine zwei verschiedenen Paare der Form (x, y_1) und (x, y_2) angehören können.

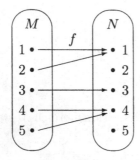 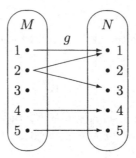

Bild 2.1: f ist eine Abbildung, g hingegen nicht!

2.5 Beispiel.
Es seien $M := \{-1, -2, 0, 1, 2\}$, $N := \mathbb{Z}$ und $f : M \to N$, $x \mapsto f(x) := x^2$. Dann gilt $\text{Bild}(f) = \{0, 1, 4\}$ und

$$\text{Graph}(f) = \{(-1, 1), (-2, 4), (0, 0), (1, 1), (2, 4)\}.$$

Der Graph der Abbildung f ist in Bild 2.2 veranschaulicht.

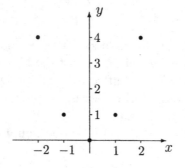

Bild 2.2:
Graph von $x \mapsto x^2$
mit Definitionsbereich
$M = \{-2, -1, 0, 1, 2\}$

Eine Abbildung f wird häufig als *Funktion* bezeichnet, und zwar insbesondere dann, wenn sowohl Wertebereich als auch Bildbereich Teilmengen der reellen Zahlen sind. In diesem Fall spricht man auch von einer *Funktion einer Veränderlichen*. Die Vorstellung ist, dass die *Variable* x im Ausdruck $f(x)$ verschiedene Werte annehmen kann. Jedem konkreten Wert x der Veränderlichen wird dann durch die Abbildungsvorschrift f eine Zahl $f(x)$ zugewiesen. Dabei heißt x auch das *Argument* von $f(x)$.

Es ist durchaus üblich, eine Abbildung $x \mapsto f(x)$ kurz mit $f(x)$ zu bezeichnen. So spricht man z.B. von *der Funktion x^2*. Falls keine Missverständnisse zu befürchten sind, werden auch wir von dieser etwas ungenauen, aber sehr bequemen Schreibweise Gebrauch machen.

Sind sowohl der Definitionsbereich M als auch der Wertebereich N einer Abbildung f Teilmengen von $\mathbb{R}$, so kann der Graph der Funktion bequem in einem *kartesischen Koordinatensystem* mit einer horizontalen Achse, der sog. *Abszisse*, und einer vertikalen Achse, der sog. *Ordinate*, veranschaulicht werden. Eine solche Darstellung heißt *Schaubild* der Funktion f. Ist $x \in M$ und $y := f(x)$ gesetzt, so wird der Punkt $(x, y) \in \text{Graph}(f)$ durch die beiden *Koordinaten* x und y eindeutig festgelegt (siehe Bild 2.2).

Vielfach ist der Definitionsbereich der Abbildung f ein (reelles) *Intervall* $I \subset \mathbb{R}$. Ein Intervall I hat die Eigenschaft, dass mit je zwei Punkten $x, y \in I$ mit der Eigenschaft $x < y$ auch „jeder Punkt zwischen x und y", also jede reelle Zahl z mit der Eigenschaft $x < z < y$, dem Intervall angehört. Danach sind auch die leere Menge $\emptyset$ und Mengen der Form $I = \{x\}$ $(x \in \mathbb{R})$ Intervalle. Sind $a, b \in \mathbb{R}$ Zahlen mit der Eigenschaft $a \leq b$, so haben sich die folgenden Bezeichnungen und Sprechweisen eingebürgert. Die Mengen

$$(a, b) := \{x \in \mathbb{R} : a < x < b\},$$
$$(a, \infty) := \{x \in \mathbb{R} : a < x\},$$
$$(-\infty, b) := \{x \in \mathbb{R} : x < b\},$$
$$(-\infty, \infty) := \mathbb{R}$$

heißen *offene Intervalle*, die Mengen

$$[a, b] := \{x \in \mathbb{R} : a \leq x \leq b\},$$
$$[a, \infty) := \{x \in \mathbb{R} : a \leq x\},$$
$$(-\infty, b] := \{x \in \mathbb{R} : x \leq b\}$$

heißen *abgeschlossene Intervalle*, und die Mengen

$$[a, b) := \{x \in \mathbb{R} : a \leq x < b\},$$
$$(a, b] := \{x \in \mathbb{R} : a < x \leq b\}$$

heißen *halboffene Intervalle*. Hierbei bezeichnen die Symbole ∞ („unendlich") bzw. $-\infty$ („minus unendlich") noch keine eigenständigen Objekte. Vielmehr sind (a, ∞) bzw. $(-\infty, b)$ Bezeichnungen für die links stehenden Mengen.

2.6 Beispiel.
Es seien $M = N := \mathbb{R}$ und $f : M \to N$, $x \mapsto f(x) := x^3 + 3 \cdot x^2 + 3 \cdot x + 21$. Wegen

$$x^3 + 3 \cdot x^2 + 3 \cdot x + 21 = (x + 1)^3 + 20$$

gilt $\text{Bild}(f) = \mathbb{R}$. Der Graph der Funktion f ist in Bild 2.3 veranschaulicht. Dieses Schaubild bildet nur eine Teilmenge des Graphen ab, nämlich

$$\{(x, f(x)) : x \in I\}$$

für ein bestimmtes Intervall $I \subset \mathbb{R}$. Außerdem ist zu beachten, dass die beiden
Koordinatenachsen unterschiedliche Skalen aufweisen. Sowohl hier als auch in
späteren Bildern wurde die Skalierung dem Graphen angepasst.

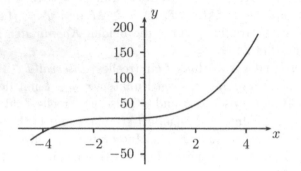

Bild 2.3:

Graph der Funktion
$x \mapsto (x+1)^3 + 20$

2.7 Beispiel.
Es seien $M := \mathbb{R}^2$, $N := \mathbb{R}$ und $f : \mathbb{R}^2 \to \mathbb{R}$, $(x,y) \mapsto x^2 + y^2$. Wegen $x^2 + y^2 \geq 0$
für alle $(x,y) \in \mathbb{R}^2$ gilt Bild$(f) \subset [0, \infty)$. Der Graph der Funktion f ist in Bild
2.4 in einem *dreidimensionalen* kartesisches Koordinatensystem veranschaulicht.
Jeder Punkt $(x,y,z) \in$ Graph(f) ist durch seine Koordinaten (x,y,z) eindeutig
festgelegt. Dabei ist (x,y) ein Element des Definitionsbereichs, und $z = f(x,y)$ ist
das entsprechende Bild. Natürlich gibt auch dieses Schaubild nur einen Ausschnitt
von Graph(f) wieder.

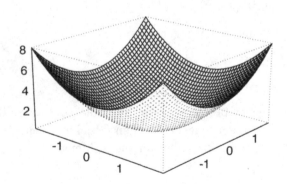

Bild 2.4:

Graph der Abbildung
$(x,y) \mapsto x^2 + y^2$

2.1.4   Injektivität, Surjektivität, Bijektivität

(i) Eine Abbildung $f : M \to N$, $x \mapsto f(x)$, heißt *injektiv,* falls für alle $x, x' \in$
     M mit $x \neq x'$ gilt: $f(x) \neq f(x')$.

(ii) Eine Abbildung $f : M \to N$, $x \mapsto f(x)$, heißt *surjektiv,* falls es zu jedem $y \in N$ (mindestens) ein $x \in M$ gibt mit $y = f(x)$, falls also Bild$(f) = N$ gilt.

(iii) Eine Abbildung $f : M \to N$, $x \mapsto f(x)$, heißt *bijektiv,* falls sie sowohl injektiv als auch surjektiv ist. Eine bijektive Abbildung heißt auch *Bijektion.*

Eine Abbildung ist injektiv (von lat.: *inicere* = hineinwerfen), wenn verschiedene Elemente x stets verschiedene Bilder $f(x)$ besitzen. Injektivität schließt somit aus, dass zwei verschiedenen x, x' aus dem Definitionsbereich M das gleiche Bild zugeordnet wird, also $f(x) = f(x')$ gilt. Die Abbildung $x \mapsto (x+1)^3 + 20$ aus Beispiel 2.6 ist injektiv (aus $(x+1)^3 + 20 = (x'+1)^3 + 20$ folgt $x = x'$). Hingegen ist die Abbildung $(x, y) \mapsto x^2 + y^2$ aus Beispiel 2.7 nicht injektiv, da etwa $(-1, 4)$ und $(1, 4)$ das gleiche Bild $(= 17)$ besitzen.

Eine injektive Abbildung wird manchmal auch *eineindeutig* oder *umkehrbar eindeutig* genannt. Die auf den ersten Blick vielleicht unverständliche Terminologie „*ein*eindeutig" rührt daher, dass zwar jede Abbildung eine *eindeutige* Zuordnungsvorschrift darstellt (jedem $x \in M$ wird genau ein $f(x) \in N$ zugeordnet), aber nur die injektiven Abbildungen die zusätzliche eindeutige Rückidentifizierung von x gestatten, wenn das Bild $f(x)$ gegeben ist. Injektive Abbildungen sind also „eindeutig–eindeutig" oder kurz „eineindeutig".

Wohingegen die Frage der Injektivität einer Abbildung durch die Zuordnungsvorschrift $x \mapsto f(x)$ beantwortet wird, kommt es für die Surjektivität (von lat. *subicere* = unterordnen, unterwerfen) nur darauf an, ob der Wertebereich N so „klein" gewählt wurde, dass jedes $y \in N$ als Bild mindestens eines $x \in M$ auftritt. Für die Surjektivität einer Abbildung ist also entscheidend, dass sich der Wertebereich N von f dem Bild von f in dem Sinne „unterwirft", dass $N = $ Bild(f) gilt. In diesem Fall sagt man auch, dass f eine Abbildung von M *auf* N ist.

Die Abbildung $x \mapsto f(x) := (x+1)^3 + 20$ aus Beispiel 2.6 ist surjektiv, da jedes $y \in \mathbb{R}$ als Bild (genau) eines x, nämlich von $(y - 20)^{1/3} - 1$, auftritt. Die Abbildung $(x, y) \mapsto x^2 + y^2$ aus Beispiel 2.7 ist nur deshalb nicht surjektiv, weil der „zu große" Wertebereich $N := \mathbb{R}$ gewählt wurde. Surjektivität wird hier durch die Wahl des „kleinstmöglichen" Wertebereiches $N := [0, \infty)$ erreicht.

Bild 2.5 und Bild 2.6 veranschaulichen die sich aus den Begriffen Injektivität und Surjektivität ergebenden vier Möglichkeiten: Die Abbildung f in Bild 2.5 ist zwar surjektiv (bei jedem Element des Wertebereiches $\{1, 2, 3, 4\}$ „kommt *mindestens* ein Zuordnungspfeil an"), aber wegen $f(4) = f(5)$ nicht injektiv. Die Abbildung g in Bild 2.5 ist injektiv (bei jedem Element des Wertebereiches $\{1, 2, 3, 4\}$ „kommt *höchstens* ein Zuordnungspfeil an"), aber wegen $5 \notin g(M)$ nicht surjektiv. Die Abbildung f in Bild 2.6 ist weder injektiv noch surjektiv (es gilt z.B. $f(1) = f(2)$ sowie $1 \notin f(M)$). Hingegen ist die Abbildung g aus Bild 2.6 sowohl injektiv als auch surjektiv und somit bijektiv.

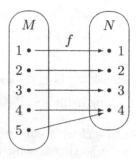 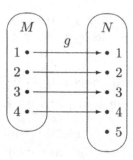

Bild 2.5: f ist surjektiv, aber nicht injektiv. g ist injektiv, aber nicht surjektiv.

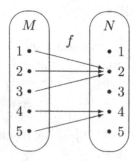 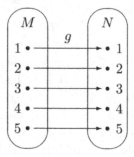

Bild 2.6: f ist weder injektiv noch surjektiv. g ist bijektiv.

2.1.5   Bild und Urbild von Mengen

Es seien M, N nichtleere Mengen und $f : M \to N$, $x \mapsto f(x)$, eine Abbildung.

(i) Für eine Teilmenge $A \subset M$ heißt die Menge

$$f(A) := \{y \in N : \text{es gibt ein } x \in A \text{ mit } f(x) = y\}$$

das *Bild von A* unter f.

(ii) Für eine Teilmenge $B \subset N$ heißt die Menge

$$f^{-1}(B) := \{x \in M : f(x) \in B\}$$

das *Urbild von B* unter f.

Das Bild einer Menge A unter f ist nichts anderes als die Menge der Bilder $f(x)$ mit $x \in A$, also $f(A) = \{f(x) : x \in A\}$. In dieser neuen Terminologie ist somit das in (2.1) eingeführte Bild einer Abbildung f die Menge $f(M)$. Man beachte den Unterschied zwischen $f(x)$ (Element von N) und $f(\{x\})$ ($= \{f(x)\}$)

(Teilmenge von N)! Die „Urbild-Abbildung" f^{-1} ordnet jeder Teilmenge B des Wertebereiches die Menge $f^{-1}(B)$ aller x aus M zu, die auf ein Element aus B abgebildet werden. In der Veranschaulichung von f durch ein Zuordnungsdiagramm besteht die Menge $f^{-1}(B)$ aus allen $x \in M$, deren Zuordnungspfeile bei einem y in der Menge B „ankommen". Die nachfolgenden Beispiele sollen zur weiteren Illustration der Begriffsbildung dienen.

2.8 Beispiel.
Es seien $M = N := \mathbb{Z}$ und $f : \mathbb{Z} \to \mathbb{Z}$, $n \mapsto f(n) := n^2$. Dann gilt z.B.

$$f(\{-1, -2, 0, 1, 2, 3\}) = f(\{0, 1, 2, 3\}) = \{0, 1, 4, 9\},$$
$$f^{-1}(\{1, 2, 3, 4, 5\}) = f^{-1}(\{1, 4\}) = \{-1, +1, -2, +2\}.$$

2.9 Beispiel.
Es seien $M = N := \{1, 2, 3, 4, 5\}$. Die beiden Abbildungen f bzw. g seien durch die Zuordnungsdiagramme in Bild 2.7 definiert. Hier gilt

$$f(\{1\}) = f(\{1, 2, 3\}) = \{2\}, \qquad g(\{1, 4\}) = \{1, 3\},$$
$$f(\{1, 4\}) = \{2, 4\}, \qquad\qquad g(\{4, 5\}) = \{3, 5\},$$
$$f^{-1}(\{2\}) = f^{-1}(\{1, 2\}) = \{1, 2, 3\}, \qquad g^{-1}(\{1, 2, 3\}) = \{1, 2, 3, 4\},$$
$$f^{-1}(\{4\}) = \{4\}, \qquad\qquad g^{-1}(\{2, 3\}) = \{3, 4\},$$
$$g^{-1}(\{1\}) = \{1, 2\}.$$

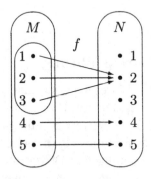 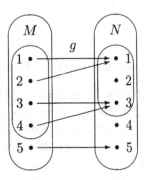

Bild 2.7: Bilder und Urbilder von Mengen unter einer Abbildung

Die „Bild-Abbildung" $A \mapsto f(A)$ ordnet jeder Teilmenge von M eine Teilmenge von N zu. Umgekehrt ist $B \mapsto f^{-1}(B)$ eine Zuordnungsvorschrift, die jeder Teilmenge von N eine Teilmenge von M zuordnet. Ist das Urbild des Bildes einer Teilmenge A von M, also die Menge $f^{-1}(f(A))$, stets gleich der Ausgangsmenge A? Ist das Bild des Urbildes einer Teilmenge B von N, also $f(f^{-1}(B))$, stets gleich der Ausgangsmenge B? Bild 2.8 zeigt, dass diese Fragen negativ beantwortet werden müssen. Stattdessen gelten die Inklusionen

$$A \subset f^{-1}(f(A)), \qquad A \subset M,$$
$$f(f^{-1}(B)) \subset B, \qquad B \subset N.$$

Man kann sich diese beiden Aussagen anhand der beiden Zuordnungsdiagramme in Bild 2.8 klar machen. Den formalen Beweis überlassen wir dem Leser als Übungsaufgabe.

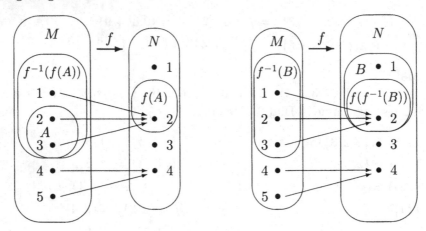

Bild 2.8: Es gilt $A \subset f^{-1}(f(A))$ und $f(f^{-1}(B)) \subset B$

2.1.6 Komposition oder Hintereinanderausführung

Es kommt häufig vor, dass mehrere Abbildungen hintereinander ausgeführt werden, wobei als „Komposition" eine neue Abbildung entsteht. So ergibt die Hintereinanderausführung der Zuordnungsvorschriften $x \mapsto f(x) := x^2$ und $y \mapsto g(y) := y + 1$ für reelle Zahlen in der Reihenfolge „erst f und dann g anwenden" die Zuordnungsvorschrift $x \mapsto g(f(x)) = x^2 + 1$. Die nachfolgende Definition stellt den Begriff „Komposition von Abbildungen" in einem allgemeinen Rahmen bereit.

Es seien M, N, K nichtleere Mengen und

$$f : M \to N, \ x \mapsto y = f(x) \quad \text{sowie} \quad g : N \to K, \ y \mapsto z = g(y),$$

Abbildungen. Dann nennt man die durch Hintereinanderausführung entstehende Abbildung

$$g \circ f : M \to K, \quad x \mapsto z = (g \circ f)(x) := g(f(x))$$

die *Komposition* von f mit g.

Die Abbildung $g \circ f$ lässt sich in übersichtlicher Weise durch das folgende Diagramm darstellen:

$$g \circ f : \begin{cases} M & \to & N & \to & K \\ x & \mapsto & y = f(x) & \mapsto & z = g(y) = g(f(x)) \end{cases}$$

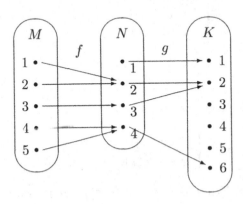

Bild 2.9: Diagramme der Abbildungen f und g aus Beispiel 2.10

2.10 Beispiel.

In den Bildern 2.9 und 2.10 ist die Hintereinanderausführung $g \circ f$ der beiden Abbildungen

$$f : \{1, 2, 3, 4, 5\} \to \{1, 2, 3, 4\},$$
$$f(1) = f(2) := 2, \ f(3) := 3, \ f(4) = f(5) := 4,$$
$$g : \{1, 2, 3, 4\} \to \{1, 2, 3, 4, 5, 6\},$$
$$g(1) := 1, \ g(2) = g(3) := 2, \ g(4) := 6,$$

veranschaulicht. Man beachte, dass im Gegensatz zur Komposition von f mit g, also der Hintereinanderausführung *zuerst* f und *danach* g, die Komposition von g mit f, also die Hintereinanderausführung *zuerst* g und *danach* f, nicht möglich ist, da der Wertebereich K der Abbildung g das Element 6 enthält, welches nicht zum Definitionsbereich M von f gehört.

Eine spezielle Situation ergibt sich für den Fall $M = N = K$, da dann sowohl die Komposition

$$g \circ f : \begin{cases} M & \to & M & \to & M \\ x & \mapsto & f(x) & \mapsto & g(f(x)) \end{cases}$$

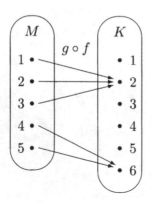

Bild 2.10:
Zuordnungsdiagramm der
Komposition $g \circ f$

von f mit g als auch die Komposition

$$f \circ g : \begin{cases} M & \to & M & \to & M \\ x & \mapsto & g(x) & \mapsto & f(g(x)) \end{cases}$$

von g mit f definiert ist. Wie das folgende Beispiel zeigt, gilt aber in der Regel

$$g \circ f \neq f \circ g,$$

was bedeutet, dass die Komposition von Abbildungen *nicht kommutativ* ist.

2.11 Beispiel.
Es seien $M = N = K := \mathbb{R}$ und

$$f : \mathbb{R} \to \mathbb{R}, \ x \mapsto f(x) := x^2, \quad \text{sowie} \ g : \mathbb{R} \to \mathbb{R}, \ x \to g(x) := x - 1.$$

Einerseits gilt

$$(f \circ g)(x) = f(g(x)) = f(x - 1) = (x - 1)^2, \quad \text{also z.B.} \ (f \circ g)(2) = 1,$$

und andererseits

$$(g \circ f)(x) = g(f(x)) = g(x^2) = x^2 - 1, \quad \text{also z.B.} \ (g \circ f)(2) = 3.$$

Es macht eben einen Unterschied, ob von einer Zahl zuerst 1 subtrahiert und die dann entstehende Zahl quadriert wird, oder ob man zuerst quadriert und dann die entstehende Zahl um 1 vermindert!

2.1.7   Assoziativität der Komposition

Es seien M, N, K, L Mengen und

$$f : M \to N, \quad g : N \to K, \quad h : K \to L$$

Abbildungen. Dann gilt das *Assoziativgesetz*

$$h \circ (g \circ f) = (h \circ g) \circ f. \tag{2.2}$$

Dabei bedeutet die Gleichheit der Abbildungen $h \circ (g \circ f)$ und $(h \circ g) \circ f$ die Gültigkeit der Aussage

$$\bigwedge_{x \in M} (h \circ (g \circ f))(x) = ((h \circ g) \circ f)(x).$$

Das Assoziativgesetz (2.2) hat zur Folge, dass die Komposition von Abbildungen *klammerfrei* notiert werden kann. Man schreibt also

$$(h \circ g \circ f)(x) = ((h \circ g) \circ f)(x) = (h \circ (g \circ f))(x) = h(g(f(x))).$$

2.1.8 Die Identität

Ist M eine nichtleere Menge, so definiert die Zuordnungsvorschrift

$$\mathrm{id}_M : M \to M, \quad x \mapsto \mathrm{id}_M(x) := x$$

die sogenannte *Identität* auf M.

Die Identität bildet jedes Element der Menge M auf sich selbst ab. Sie ist eine bijektive Abbildung, und es gilt

$$\mathrm{id}_M \circ \mathrm{id}_M = \mathrm{id}_M.$$

Ist N eine weitere nichtleere Menge, so gelten für jede Abbildung $f : M \to N$, $x \mapsto f(x)$, die Beziehungen

$$\mathrm{id}_N \circ f = f \quad \text{und} \quad f \circ \mathrm{id}_M = f.$$

Im Spezialfall $N = M$ gilt also

$$\mathrm{id}_M \circ f = f \circ \mathrm{id}_M. \tag{2.3}$$

2.1.9 Wiederholte Hintereinanderausführung

Ist $f : M \to M$ eine Abbildung, für die Definitions- und Wertebereich übereinstimmen, so kann die Komposition von f mit f gebildet werden. Dafür schreibt man $f^2 := f \circ f$. Für diese Abbildung lässt sich wieder die Komposition mit f bilden. Fährt man so fort, so ergibt sich die *n-fache Hintereinanderausführung* von f:

$$f^n := \underbrace{f \circ f \circ \ldots \circ f}_{n-\text{mal}}, \qquad n \in \mathbb{N}.$$

2.12 Beispiel. (Auf– und Abzinsung)

Es sei $M := (0, \infty)$ die Menge der positiven reellen Zahlen. Die Funktion $f : M \to M$ sei durch $f(x) := c \cdot x$ definiert. Dabei ist c eine positive Konstante. Bei n-facher Hintereinanderausführung von f ergibt sich das Resultat

$$f^n(x) = c^n \cdot x. \tag{2.4}$$

Das Potenzgesetz (2.4) hat vielfältige Anwendungen: Wird etwa ein Kapital der Höhe K_0 zu einem Zinssatz von $p\%$ angelegt, so beträgt das Endkapital nach n Jahren (*Aufzinsung* mit Zinseszinsen)

$$\left(1 + \frac{p}{100}\right)^n \cdot K_0. \tag{2.5}$$

Der *Kapitalwert* eines in n Jahren fälligen Kapitals der Höhe K_0, also der Betrag, der heute zu einem Zinssatz von $p\%$ angelegt werden muss, um in n Jahren den Betrag K_0 zu erhalten, ergibt sich durch *Abzinsen* des Endbetrages zu

$$\left(1 + \frac{p}{100}\right)^{-n} \cdot K_0. \tag{2.6}$$

Sowohl (2.5) als auch (2.6) sind von der Form (2.4) mit

$$c = \left(1 + \frac{p}{100}\right) \quad \text{bzw.} \quad c = 1 \Big/ \left(1 + \frac{p}{100}\right).$$

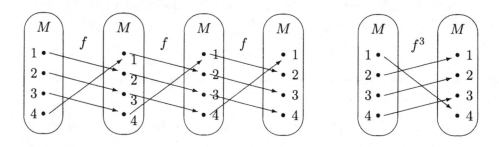

Bild 2.11: Dreifache Hintereinanderausführung einer Abbildung

2.13 Beispiel.

Es seien $M := \{1, 2, 3, 4\}$ und $f : M \to M$ mit

$$f(1) := 2, \ f(2) := 3, \ f(3) := 4, \ f(4) := 1.$$

Die Abbildung f ist offensichtlich bijektiv; sie vertauscht die Reihenfolge der Zahlen $1, 2, 3, 4$. Im Bild 2.11 ist die dreifache Hintereinanderausführung von f und das daraus resultierende Zuordnungsdiagramm für die Abbildung f^3 dargestellt. Offensichtlich gilt

$$f^4 = \mathrm{id}_M, \ f^5 = f, \ f^6 = f^2, \ f^7 = f^3 \text{ usw.}$$

2.1.10 Die Umkehrabbildung

Sind M, N nichtleere Mengen und $f : M \to N$, $x \mapsto f(x)$, eine *bijektive* Abbildung, so gibt es zu jedem $y \in N$ genau ein $x \in M$ mit $y = f(x)$. Dieser Umstand erlaubt, die folgende Abbildung zu definieren:

$$f^{-1} : N \to M, \quad y \mapsto f^{-1}(y) := x.$$

Ist $f : M \to N$ bijektiv, so heißt $f^{-1} : N \to M$ die *Umkehrabbildung* von f oder die *zu f inverse Abbildung*.

Die Umkehrabbildung einer bijektiven Abbildung f darf keinesfalls mit der in Punkt 2.1.5 eingeführten *Urbildabbildung* verwechselt werden. Die Urbildabbildung existiert immer, d.h. für jede Abbildung $f : M \to N$, und sie ordnet gemäß der Vorschrift $f^{-1}(B) = \{x \in M : f(x) \in B\}$ jeder *Teilmenge von N* eine *Teilmenge von M* zu. Die inverse Abbildung existiert nur dann, wenn f bijektiv, also injektiv und surjektiv, ist. Natürlich gibt es einen engen Zusammenhang zwischen beiden Begriffsbildungen: Ist f bijektiv, so gilt nämlich für jedes $y \in N$ die Gleichung

$$f^{-1}(\{y\}) = \{f^{-1}(y)\}.$$

Dabei steht das Symbol f^{-1} auf der linken Seite des Gleichheitszeichens für die Urbildabbildung, auf der rechten Seite für die inverse Abbildung.

Sind M und N Teilmengen von $\mathbb{R}$, so lässt die Umkehrabbildung die folgende geometrische Deutung zu: Ordnet die Abbildung f dem auf der Abszisse gekennzeichneten Wert x den auf der Ordinate aufgetragenen Funktionswert $y = f(x)$ zu, gehört also der Punkt (x, y) zum Graphen von f, so ordnet die Umkehrabbildung f^{-1} dem durch Spiegelung an der Winkelhalbierenden entstehenden, auf der horizontalen Achse aufgetragenen Wert y den Funktionswert $x = f^{-1}(y)$ zu (siehe Bild 2.12). Der Punkt (y, x) gehört also zum Graphen der Umkehrfunktion f^{-1}. Da man diese Überlegung für jedes Paar $(x, y) \in \mathrm{Graph}(f)$ durchführen kann, ergibt sich der Graph von f^{-1} durch Spiegelung des Graphen von f an der Winkelhalbierenden $\{(x, x) : x \in \mathbb{R}\}$.

Sind M, N nichtleere Mengen und $f : M \to N$, $x \mapsto f(x)$, eine bijektive Abbildung, so gelten für die Umkehrabbildung von f die Beziehungen

$$f^{-1} \circ f = \mathrm{id}_M, \qquad f \circ f^{-1} = \mathrm{id}_N,$$

also speziell

$$f^{-1} \circ f = f \circ f^{-1} = \mathrm{id}_M \tag{2.7}$$

für den Spezialfall einer bijektiven Abbildung $f : M \to M$, $x \mapsto f(x)$, von M auf sich selbst.

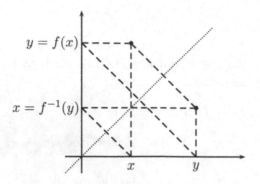

Bild 2.12:
Spiegelung an der
Winkelhalbierenden
ergibt den Graphen
der Umkehrfunktion

Die n-fache Hintereinanderausführung von f^{-1} wird mit

$$f^{-n} := \underbrace{f^{-1} \circ f^{-1} \circ \ldots \circ f^{-1}}_{n-\text{mal}}, \qquad n \in \mathbb{N},$$

bezeichnet. Führt man noch die Bezeichnung $f^0 := \text{id}_M$ ein, so haben wir im Fall einer bijektiven Abildung $f : M \to M$, $x \mapsto f(x)$, die „Potenz–Abbildungen" f^n für beliebige ganze Zahlen $n \in \mathbb{Z}$ definiert.

2.14 Beispiel. (Fortsetzung von Beispiel 2.13)
Aus Bild 2.11 liest man ab, dass die inverse Abbildung f^{-1} durch die Zuordnungsvorschrift

$$f^{-1}(1) = 4, \; f^{-1}(2) = 1, \; f^{-1}(3) = 2, \; f^{-1}(4) = 3$$

gegeben ist. Da diese Zuordnungsvorschrift mit derjenigen von f^3 identisch ist (vgl. Bild 2.11), folgt $f^3 = f^{-1}$, $f^2 = f^{-2}$, $f = f^{-3}$ usw.

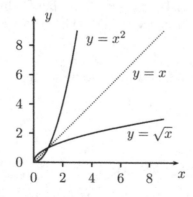

Bild 2.13:
Funktion $y = x^2$, $x \geq 0$,
und Umkehrfunktion
$y = \sqrt{x}$, $x \geq 0$

2.15 Beispiel.

Es seien $M := [0, \infty)$ die Menge der nichtnegativen reellen Zahlen und $f : M \to M$, $x \mapsto y = f(x) := x^2$. Diese Abbildung ist bijektiv (ein formaler Beweis dieser Aussage kann erst zu einem späteren Zeitpunkt geführt werden). Die Umkehrfunktion von f ist die Wurzelfunktion

$$f^{-1} : M \to M, \quad y \mapsto x = f^{-1}(y) = \sqrt{y},$$

deren Schaubild aus dem Graphen von f durch Spiegelung an der Winkelhalbierenden $y = x$ hervorgeht (Bild 2.13).

Wählt man als Definitionsbereich der Abbildung $f(x) = x^2$ die Menge $M = \mathbb{R}$ und als Wertebereich ebenfalls die Menge $N = \mathbb{R}$, so entsteht eine Abbildung, welche weder injektiv noch surjektiv ist. Wegen $f(-1) = (-1)^2 = +1 = f(1)$ ist die Eigenschaft der Injektivität verletzt, und wegen $-1 \notin f(\mathbb{R})$ ist die Abbildung f auch nicht surjektiv.

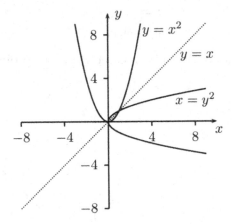

Bild 2.14:
Graphen von
$y = x^2$, $y = x$ und $x = y^2$

Anhand von Bild 2.14 wird deutlich, dass die aus der *Parabel* $y = x^2$ durch Spiegelung an der Winkelhalbierenden $y = x$ entstehende Kurve $x = y^2$ nicht mehr der Graph einer Funktion ist (jedem $x > 0$ sind zwei verschiedene y-Werte zugeordnet!). Um eine bijektive Abbildung zu erhalten, müssen sowohl der Definitionsbereich als auch der Wertebereich verkleinert werden. Schränkt man zunächst den Definitionsbereich auf die Menge der nichtnegativen reellen Zahlen ein, so entsteht eine injektive Abbildung. Um jetzt auch noch die Surjektivität zu garantieren, muss der Wertebereich eingeschränkt werden auf das genaue Bild der Abbildung f, also auf die Menge $f([0,\infty)) = [0,\infty)$. Auf dieser Menge lässt sich jetzt die Umkehrfunktion der Abbildung $f(x) = x^2$ definieren.

2.1.11   Signum–, Betrags–, Floor– und Ceil–Funktion

2.16 Beispiel. (Die Signumfunktion)
Die Abbildung

$$\text{sgn} : \mathbb{R} \to \mathbb{R}, \qquad x \mapsto \text{sgn}(x) := \begin{cases} 1, & \text{falls } x \text{ positiv,} \\ 0, & \text{falls } x = 0, \\ -1, & \text{falls } x \text{ negativ,} \end{cases}$$

heißt *Signumfunktion* oder *Vorzeichenfunktion*. Ihr Graph ist im linken Bild 2.15 dargestellt. Dabei bedeuten die beiden offenen Kreise auf der Abszisse, dass die Punkte $(0, -1)$ und $(0, 1)$ nicht zu Graph(f) gehören. Der gefüllte Kreis bedeutet hingegen, dass der Punkt $(0, 0)$ zu Graph(f) gehört.

2.17 Beispiel. (Die Betragsfunktion)
Die Abbildung

$$x \mapsto |x| := \begin{cases} x, & \text{falls } x \text{ positiv,} \\ 0, & \text{falls } x = 0, \\ -x, & \text{falls } x \text{ negativ,} \end{cases}$$

von $\mathbb{R}$ in $\mathbb{R}$ heißt *Betragsfunktion*. Ihr Graph ist im rechten Bild 2.15 veranschaulicht.

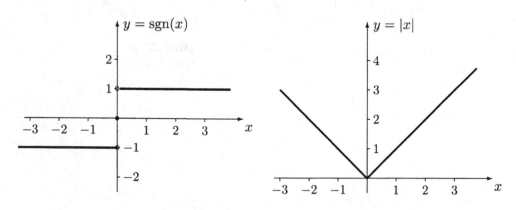

Bild 2.15: Graphen der Signum– und der Betragsfunktion

2.18 Beispiel. (Die Ceil-Funktion)
Die Abbildung

$$\text{ceil} : \mathbb{R} \to \mathbb{R},$$

$$x \mapsto \text{ceil}(x) := \text{die kleinste } \textit{ganze} \text{ Zahl, die größer oder gleich } x \text{ ist,}$$

heißt *Ceil–Funktion* (engl. *ceiling* = Decke). Beispielsweise gilt ceil(2.3) = 3 und ceil(−17.8) = −17. Der Graph der Ceil–Funktion ist im linken Bild 2.16 veranschaulicht.

2.19 Beispiel. (Die Floor–Funktion)
Die Abbildung

$$\text{floor} : \mathbb{R} \to \mathbb{R},$$

$$x \mapsto \text{floor}(x) := \text{die größte } \textit{ganze} \text{ Zahl, die kleiner oder gleich } x \text{ ist,}$$

heißt *Floor–Funktion* (floor, engl. für Boden). Es gilt z.B. floor(1.6) = 1 und floor(−2.5) = −3. Der Graph der Floor–Funktion ist im rechten Bild 2.16 dargestellt.

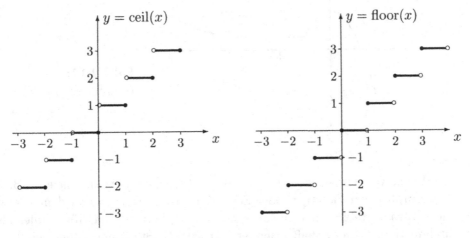

Bild 2.16: Graphen der Ceil– und der Floor–Funktion

2.1.12 Höhenlinien einer Abbildung

Es seien M eine nichtleere Menge, $f : M \to \mathbb{R}$, $x \mapsto f(x)$, eine Abbildung und $a \in \mathbb{R}$ eine reelle Zahl. Dann heißt das Urbild von $\{a\}$ unter der Abbildung f, also die Menge

$$H_f(a) := f^{-1}(\{a\}) = \{x \in M : f(x) = a\},$$

die *Höhenlinie von f zum Niveau a.*

2.20 Beispiel.
In Bild 2.17 ist das Schaubild des Graphen der Funktion

$$f : \mathbb{R} \to \mathbb{R}, \quad x \mapsto f(x) := \begin{cases} -x^2 + 3/2, & \text{falls } x \leq 1, \\ 1/2, & \text{falls } 1 < x \leq 4, \\ \sqrt{x} - 3/2, & \text{falls } 4 < x \end{cases} \qquad (2.8)$$

skizziert. Die Höhenlinie von f zum Niveau $a := 1/2$ lautet

$$H_f(1/2) = f^{-1}(\{1/2\}) = [1,4] \cup \{-1\}.$$

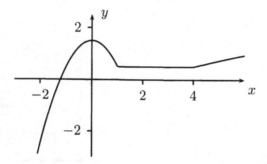

Bild 2.17:
Graph der in (2.8)
definierten Funktion.

Höhenlinien von Funktionen $f : \mathbb{R}^2 \to \mathbb{R}$, $(x,y) \mapsto f(x,y)$, spielen z.B. in der Topographie von Gebirgen oder Seen eine große Rolle. So wird man etwa eine neue Straße stets so planen, dass sich ihr Verlauf an den Höhenlinien der zu durchquerenden Landschaft orientiert, um starke Steigungen und Gefälle zu vermeiden.

2.21 Beispiel.
Betrachtet wird die durch

$$(x,y) \mapsto f(x,y) = \frac{1}{1.28\pi} \exp\left(-\frac{1}{1.28}(x^2 - 1.2xy + y^2)\right) \qquad (2.9)$$

definierte Funktion $f : \mathbb{R}^2 \to \mathbb{R}$. Dabei bezeichnet $z \mapsto \exp(z)$, $z \in \mathbb{R}$, die Exponentialfunktion (siehe Abschnitt 5.3). Der Graph von f besitzt die Gestalt eines längs gestreckten Gebirges (Bild 2.18 links). Die zu verschiedenen Niveaus kartierten Höhenlinien von f sind Ellipsen (Bild 2.18 rechts).

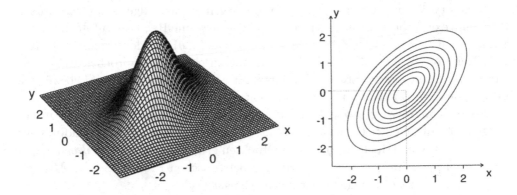

Bild 2.18: Graph und Höhenlinien der in (2.9) definierten Funktion

2.2 Relationen

Viele Tätigkeiten des täglichen Lebens haben in irgendeiner Weise etwas mit *Sortieren, Ordnen, Vergleichen oder Klassifizieren* zu tun. So werden z.B. Einträge in einem Wörterbuch lexikografisch angeordnet, Bewerber(innen) um eine zu besetzende Stelle nach verschiedenen Kriterien miteinander verglichen oder die vermutlichen Konsequenzen verschiedener Richtungsentscheidungen für ein Unternehmen gegeneinander abgewogen. Der Tabellenplatz einer Fußballmannschaft in einer Liga richtet sich nach einem Vergleich aller Mannschaften hinsichtlich der jeweils erzielten Punkte und des Torverhältnisses, und Einträge in Datenbanken werden im Hinblick auf die problemlose Bereitstellung der jeweils gewünschten Information nach verschiedenen Gesichtspunkten klassifiziert.

Als gemeinsamer Kern dieser Beispiele stellt sich heraus, dass verschiedene Objekte aus einer Objekt–Menge nach einem gewissen (objektiven oder subjektiven) Kriterium miteinander in Beziehung (*in Relation*) gesetzt werden. Der folgende mathematische Relationsbegriff stellt einen abstrakten Rahmen für das Studium derartiger Objekt–Beziehungen bereit.

2.2.1 Der mathematische Relationsbegriff

Es seien M eine nichtleere Menge und

$$M \times M = \{(x, y) : x, y \in M\}$$

das kartesische Produkt von M mit sich selbst (vgl. 1.3.9).

Jede Teilmenge $R \subset M \times M$ heißt (zweistellige) *Relation* auf der Menge M. Ist $R \subset M \times M$ eine Relation auf M, und gilt für zwei Elemente $x, y \in M$ die Beziehung $(x, y) \in R$, so sagt man: x *steht in Relation zu* y.

Offenbar ist der mathematische Relationsbegriff derart allgemein gefasst, dass auch eine exotische Teilmenge wie die leere Menge $\emptyset$ eine Relation auf M darstellt. Bezüglich dieser Relation gibt es jedoch kein Paar (x, y) mit der Eigenschaft, dass x in Relation zu y steht, was die leere Menge zu einer ausgesprochen uninteressanten Relation macht. Ebenso uninteressant ist die Relation $M \times M$, bezüglich derer jedes x mit jedem y in Relation steht.

Das in Klammern gesetzte Attribut *zweistellig* rührt allein daher, dass in der obigen Definition einer Relation *Paare* (x, y) betrachtet werden. Das Studium der Beziehungen von Tripeln (x, y, z) von Objekten erfolgt mit Hilfe von *dreistelligen* Relationen, also Teilmengen des dreifachen kartesischen Produktes $M \times M \times M$. Dabei sind weitere Verallgemeinerungen offensichtlich.

2.22 Beispiel.
Ist M eine Menge von Zahlen, so lässt sich jede Relation auf M als Menge von Punkten in einer Ebene darstellen. Für den Fall $M := \{1, 2, 3, 4, 5\}$ und

$$R := \{(1,1), (1,3), (2,1), (2,4), (2,5), (3,5), (4,1), (4,5), (5,3), (5,4), (5,5)\}$$

ist diese Relation in Bild 2.19 veranschaulicht.

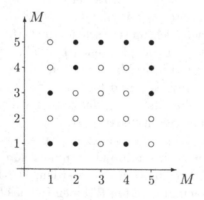

Bild 2.19:
Veranschaulichung einer
Relation als Punktmenge

Ist $R \subset M \times M$ eine Relation auf der Menge M, so notiert man die Aussage $(x, y) \in R$ oft in der Form xRy (sprich: x steht in der Relation R zu y). Diese Schreibweise hat für spezielle Arten von Relationen viele Vorteile, wie schon das folgende Beispiel zeigt.

2.23 Beispiel. (Gleichheitsrelation)
Ist M eine nichtleere Menge, so ist durch die Festsetzung

$$R := \{(x, x) : x \in M\}$$

eine Relation auf M definiert. Diese Relation heißt die *Gleichheitsrelation* auf M. Zwei Elemente $x, y \in M$ stehen genau dann in der Relation R zueinander, also xRy, falls $x = y$ gilt. Die Gleichheitsrelation ist in Bild 2.20 veranschaulicht.

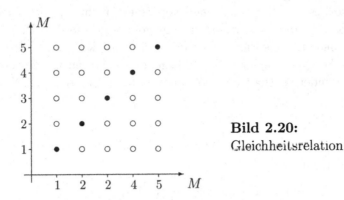

Bild 2.20:
Gleichheitsrelation

2.2.2 Eigenschaften von Relationen

Wir definieren jetzt die wichtigsten Eigenschaften, die eine Relation $R \subset M \times M$ auf der nichtleeren Menge M besitzen kann.

(i) R heißt *reflexiv*, falls gilt:

$$\forall x \in M : (x, x) \in R.$$

(ii) R heißt *transitiv*, falls gilt:

$$\forall x, y, z \in M : ((x, y) \in R \land (y, z) \in R) \Longrightarrow (x, z) \in R.$$

(iii) R heißt *symmetrisch*, falls gilt:

$$\forall x, y \in M : (x, y) \in R \Longrightarrow (y, x) \in R.$$

(iv) R heißt *antisymmetrisch*, falls gilt:

$$\forall x, y \in M : ((x, y) \in R \land (y, x) \in R) \Longrightarrow x = y.$$

(v) R heißt *vollständig*, falls gilt:

$$\forall x, y \in M : (x, y) \in R \lor (y, x) \in R.$$

Für den Fall, dass M eine Menge von Zahlen ist und somit die Relation R als Menge von Punkten in einer Ebene dargestellt werden kann, bedeutet die Eigenschaft der Reflexivität von R, dass alle Punkte der Diagonale zur Relation gehören. Die Symmetrie–Eigenschaft ist dann gegeben, wenn mit jedem Punkt von R auch der an der Diagonale gespiegelte Punkt zu R gehört. Die Eigenschaft der Antisymmetrie besagt, dass ausgehend von einem nicht auf der Diagonale liegenden Punkt aus R *nie* auch der an der Diagonale gespiegelte Punkt zu R gehört. Schließlich bedeutet die Eigenschaft der Vollständigkeit von R, dass von je zwei bezüglich der Diagonale spiegelbildlich liegenden Punkten mindestens einer zu R gehört. Insbesondere enthält eine vollständige Relation stets die Diagonale, d.h. sie ist reflexiv.

2.24 Beispiel.

Es seien A eine nichtleere Menge und M die Menge aller Funktionen $f : A \to \mathbb{R}$. Durch die Festsetzungen

$$fR_1g :\Longleftrightarrow \forall a \in A : f(a) \le g(a),$$
$$fR_2g :\Longleftrightarrow \exists a \in A : f(a) \le g(a)$$

werden Relationen R_1 und R_2 auf M definiert. Dabei bedeutet das Symbol $:\Longleftrightarrow$ (Sprechweise: *definitionsgemäß genau dann, wenn*), dass die links von diesem Symbol stehende Aussage genau dann wahr sein soll, wenn die rechte wahr ist. Die Relation R_1 ist reflexiv, transitiv und antisymmetrisch. Die Relation R_2 ist ebenfalls reflexiv, aber weder transitiv noch antisymmetrisch, wenn die Menge A mindestens zwei Elemente besitzt.

2.25 Beispiel.

Die Herstellung eines Maschinenteils erfordert 7 Arbeitsgänge. Nach Arbeitsgang 1, mit dem die Herstellung stets beginnt, folgen 4 Arbeitsgänge (Arbeitsgänge 2,3,4,5), die in beliebiger Reihenfolge durchgeführt werden können. Eine weitere Bearbeitung ist aber erst nach Abschluss der ersten fünf Arbeitsgänge möglich. Die Reihenfolge der restlichen Arbeitsgänge 6 und 7 ist wiederum beliebig. Auf der Menge $M := \{1, 2, 3, 4, 5, 6, 7\}$ der Arbeitsgänge werde die folgende Relation definiert:

$$R := \{(x, y) \in M \times M : y \text{ kann nicht vor } x \text{ ausgeführt werden}\}.$$

Diese Relation ist in Bild 2.21 als Punktmenge dargestellt.

Die Relation R ist reflexiv (die Diagonale $\{(x, x) : x \in M\}$ ist Teilmenge von R!) und antisymmetrisch (es liegt kein Punkt „rechts unterhalb" der Diagonale!), aber nicht symmetrisch (es gilt etwa $(1, 3) \in R$, aber $(3, 1) \notin R$) und auch nicht vollständig (es gilt weder $(2, 3) \in R$ noch $(3, 2) \in R$). Wir überlegen uns noch, dass R die Eigenschaft der Transitivität besitzt: Da nur Punkte (x, y) mit der

Eigenschaft $x \leq y$ in R liegen und die Implikation $((x,y) \in R \wedge (y,z) \in R) \implies$ $(x,z) \in R$ stets wahr ist, wenn $y = x$ oder $y = z$ gilt, können wir uns auf Paare (x,y) sowie (y,z) mit $x < y < z$ beschränken. Die einzigen Paare mit dieser Eigenschaft, für die die Prämisse $(x,y) \in R \wedge (y,z) \in R$ erfüllt ist, sind nachstehend in tabellarischer Form spaltenweise aufgeführt. Da in jedem dieser Fälle das darunter stehende Paar (x,z) (letzte Zeile) zu R gehört, ist die Eigenschaft der Transitivität von R bewiesen.

(x,y)	$(1,2)$	$(1,2)$	$(1,3)$	$(1,3)$	$(1,4)$	$(1,4)$	$(1,5)$	$(1,5)$
(y,z)	$(2,6)$	$(2,7)$	$(3,6)$	$(3,7)$	$(4,6)$	$(4,7)$	$(5,6)$	$(5,7)$
(x,z)	$(1,6)$	$(1,7)$	$(1,6)$	$(1,7)$	$(1,6)$	$(1,7)$	$(1,6)$	$(1,7)$

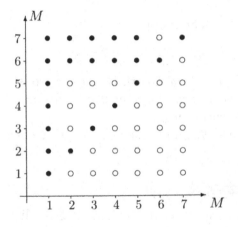

Bild 2.21:
Darstellung der Relation R
aus Beispiel 2.25

Das folgende Beispiel zeigt, dass man selbst in scheinbar einfachen Situationen vor Überraschungen nicht sicher ist.

2.26 Beispiel. (Nichttransitive Würfel)
Die Seiten dreier Würfel A, B und C seien mit Zahlen zwischen 1 und 9 beschriftet, wobei gegenüberliegende Seiten jeweils dieselbe Zahl tragen. Würfel A trägt die Zahlen $3, 4, 8$, Würfel B die Zahlen $2, 6, 7$ und Würfel C die Zahlen $1, 5, 9$. Wie groß sind die Chancen, dass man mit Würfel A eine größere Zahl als mit Würfel B erzielt? Um diese Frage zu beantworten, haben wir offenbar die Anzahl der geordneten Paare (a, b) aus dem kartesischen Produkt $\{3, 4, 8\} \times \{2, 6, 7\}$ zu zählen, für die $a > b$ ist. Von diesen Paaren gibt es 5, nämlich $(3, 2)$, $(4, 2)$, $(8, 2)$, $(8, 6)$ und $(8, 7)$. Die Gewinnchancen für Würfel A betragen also $5 : 4$. In der Sprache von Kapitel 4 heißt das, dass Würfel A mit *Wahrscheinlichkeit* $5/9$ die höhere Zahl zeigt. Analog ergibt sich, dass Würfel B im Vergleich zu Würfel C die Gewinnchance $5 : 4$ besitzt. Vergleicht man schließlich Würfel C mit Würfel

A, so ergibt sich „paradoxerweise", dass Würfel C ebenfalls eine Gewinnchance von $5 : 4$ besitzt. Die Relation, die zwei Würfel genau dann in Beziehung setzt, wenn der erste Würfel größere Gewinnchancen als der zweite hat, ist also nicht transitiv!

Die Nichttransitivität der Gewinnchancen kann zur Konstruktion unfairer Spiele genutzt werden. Stellen Sie sich etwa vor, ein Betrüger böte Ihnen an, sich einen der drei Würfel auszusuchen, um anschließend mit einem der verbleibenden beiden Würfel gegen Sie anzutreten. Egal, wie Sie sich entscheiden: Ihr Gegner kann immer einen Würfel wählen, der größere Gewinnchancen aufweist!

2.2.3 Äquivalenzrelationen

Eine Relation $R \subset M \times M$ heißt *Äquivalenzrelation* auf M, falls R reflexiv, transitiv und symmetrisch ist.

Ist R eine Äquivalenzrelation, so schreibt man meist

$$x \sim y \; :\Longleftrightarrow \; (x, y) \in R$$

und sagt, dass $\sim$ *eine Äquivalenzrelation auf M definiert*. Gilt $x \sim y$, so ist die Sprechweise *das Element x ist äquivalent zu dem Element y* gebräuchlich. Die Negation von $x \sim y$ wird durch $x \nsim y$ beschrieben.

Ist R eine Äquivalenzrelation auf M, so heißt für ein Element $x \in M$ die Menge

$$[x] := \{y \in M : x \sim y\}$$

aller zu x äquivalenten Elemente die *Äquivalenzklasse* von x.

Wegen der Reflexivität einer Äquivalenzrelation gilt für jedes $x \in M$ die Beziehung $x \in [x]$.

2.27 Beispiel.
Die im Bild 2.22 veranschaulichte Punktmenge stellt eine Äquivalenzrelation auf der Menge $M = \{1, 2, 3, 4, 5\}$ dar, wie man durch Nachweis der Reflexivität, der Symmetrie und der Transitivität zeigen kann. Wegen $1 \sim 1$ und $1 \sim 4$, aber $1 \nsim 2$, $1 \nsim 3$ und $1 \nsim 5$ besteht die Äquivalenzklasse von 1 aus den Elementen 1 und 4, d.h. es gilt $[1] = \{1, 4\}$. In gleicher Weise ergibt sich

$$[1] = [4] = \{1, 4\}, \quad [2] = [5] = \{2, 5\}, \quad [3] = \{3\}.$$

Die drei Äquivalenzklassen $[1]$, $[2]$ und $[3]$ sind paarweise disjunkt, und es gilt

$$M = \{1, 2, 3, 4, 5\} = [1] \cup [2] \cup [3],$$

d.h. die Äquivalenzklassen „zerlegen" die Menge M in drei paarweise disjunkte Teilmengen. Das folgende wichtige Resultat zeigt, dass diese Eigenschaften nicht zufällig auf dieses Beispiel beschränkt sind.

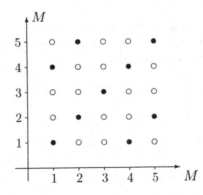

Bild 2.22:
Punktmenge der
Äquivalenzrelation
aus Beispiel 2.27

2.28 Satz. (Äquivalenzrelationen liefern Klasseneinteilungen)
Es seien $M \neq \emptyset$ eine Menge und $R \subset M \times M$ eine Äquivalenzrelation auf M.

(i) *Für alle $x, y \in M$ gilt die Äquivalenz $x \sim y \iff [x] = [y]$.*

(ii) *Für alle $x, y \in M$ gilt entweder $[x] = [y]$ oder $[x] \cap [y] = \emptyset$.*

(iii) *Die Menge M ist die Vereinigung aller Äquivalenzklassen, d.h. es gilt*

$$M = \bigcup_{x \in M} [x].$$

BEWEIS: (i) Es gelte zunächst $[x] = [y]$. Nach Definition der Äquivalenzklassen folgt dann $y \in [y] = [x]$ und damit $x \sim y$.

Es gelte jetzt umgekehrt $x \sim y$. Um die Mengengleichheit $[x] = [y]$ zu zeigen, sind die beiden Inklusionen $[x] \subset [y]$ und $[y] \subset [x]$ nachzuweisen. Sei hierzu $c \in [x]$ beliebig gewählt. Nach Definition der Äquivalenzklassen bedeutet dies $c \sim x$. Aus der Voraussetzung $x \sim y$ und der Transitivität ergibt sich $c \sim y$, also $c \in [y]$. Da das Element c beliebig in der Klasse $[x]$ gewählt war, folgt $[x] \subset [y]$. Eine Vertauschung der Rollen von x und y liefert völlig analog $[y] \subset [x]$, also insgesamt $[x] = [y]$.

(ii) Es seien $x, y \in M$, und für die zugehörigen Äquivalenzklassen gelte $[x] \cap [y] \neq \emptyset$. Zu zeigen ist die Mengengleichheit $[x] = [y]$. Es sei $c \in [x] \cap [y]$. Dann gilt $c \sim x$ und $c \sim y$. Aus der Symmetrie folgt $x \sim c$ und $c \sim y$, und da die Relation transitiv ist, ergibt sich $x \sim y$, also $[x] = [y]$.

(iii) Diese Behauptung ist wegen $x \in [x]$ für jedes $x \in M$ unmittelbar klar. $\square$

Die Botschaft von Satz 2.28 ist, dass jede Äquivalenzrelation auf der Menge M eine *Klasseneinteilung* auf M, d.h. eine Zerlegung von M in paarweise disjunkte Äquivalenzklassen, bewirkt. Dabei heißt ganz allgemein eine Darstellung einer Menge M als Vereinigung von nichtleeren paarweise disjunkten Teilmengen eine *Klasseneinteilung* oder *Zerlegung* von M.

Wie der folgende Satz aussagt, gilt auch die Umkehrung von Satz 2.28.

2.29 Satz. (Klasseneinteilungen liefern Äquivalenzrelationen)
Es sei M eine nichtleere Menge. Weiter seien I eine nichtleere Indexmenge und
K_i, *$i \in I$, nichtleere Teilmengen von M mit den Eigenschaften*

$$K_i \cap K_j = \emptyset \quad \text{für alle } i, j \in I \text{ mit } i \neq j$$

und

$$M = \bigcup_{i \in I} K_i.$$

Definieren wir für je zwei Elemente $x, y \in M$

$$x \sim y, \text{ falls gilt: } \exists j \in I : x, y \in K_j,$$

so ist die Relation $R := \{(x, y) \in M \times M : x \sim y\}$ eine Äquivalenzrelation auf
der Menge M mit den Äquivalenzklassen K_i, $i \in I$.

BEWEIS: Es sind die drei Eigenschaften einer Äquivalenzrelation nachzuweisen.

(i) R ist reflexiv: Wegen $M = \bigcup_{i \in I} K_i$ gibt es zu jedem $x \in M$ einen Index $j \in I$ mit
$x \in K_j$, also folgt $x \sim x$ für jedes $x \in M$. Dieser Index j ist eindeutig bestimmt, da die
Äquivalenzklassen paarweise disjunkt sind.

(ii) R ist symmetrisch: Diese Aussage folgt sofort aus der Definition der Relation R.

(iii) R ist transitiv: Es seien $x, y, z \in M$, und es gelte $x \sim y$ und $y \sim z$. Dann gibt es ein
$i \in I$ mit $x, y \in K_i$, und es gibt ein $j \in I$ mit $y, z \in K_j$, also insbesondere $y \in K_i \cap K_j$.
Wegen $K_i \cap K_j = \emptyset$ für $i \neq j$ muss $i = j$ gelten, und dies bedeutet: es gibt ein $i \in I$ mit
$x, y, z \in K_i$. Also gilt insbesondere $x \sim z$.

Es bleibt zu zeigen, dass die Äquivalenzrelation R die Äquivalenzklassen K_i, $i \in I$,
besitzt. Sei hierzu $x \in M$ beliebig. Für die Äquivalenzklasse $[x]$ von x gilt

$$[x] = \{y \in M : y \sim x\} = K_j,$$

wobei $j \in I$ der eindeutig bestimmte Index mit der Eigenschaft $x \in K_j$ ist. $\square$

Klasseneinteilungen spielen im Alltag eine wichtige Rolle. Sie werden sehr oft
durchgeführt, ohne dass man sich darüber im Klaren ist. So hat sich in großen
Bibliotheken das Verfahren bewährt, zunächst verschiedene *Fachgruppen* zu definieren und dann jedes einzelne Buch genau einer dieser Fachgruppen zuzuordnen.
Die Mathematische Fakultätsbibliothek der Universität Karlsruhe (etwa 65000
Bände) kennt u.a. die Fachgruppen *Lehrbücher, Grundlagen, Analysis, Geometrie, Stochastik, Numerik, Unternehmensforschung, Zahlentheorie, Algebra, Physik, Mechanik* und *Geschichte*. Diese Fachgruppen sind in getrennten Regalen
aufgestellt, was den Vorteil hat, dass man schnell ein Buch zu einem speziellen
Thema auffinden kann. Fordert ein Benutzer ein Buch an, so wird zunächst die
Fachgruppe dieses Buches bestimmt und danach in dem betreffenden Fachgrup-
penregal gesucht. Durch diese Fachgruppeneinteilung ist mathematisch eine Äquivalenzrelation auf der Menge der Bücher der Bibliothek definiert. Zwei Bücher
sind äquivalent, wenn sie zu derselben Fachgruppe gehören.

2.2.4 Ordnungsrelationen

Eine Relation $R \subset M \times M$ auf der nichtleeren Menge M heißt *Ordnungsrelation* auf M, falls R reflexiv, transitiv und antisymmetrisch ist. In diesem Fall schreibt man meistens $a \leq b \; :\Longleftrightarrow \; (a, b) \in R$ und sagt, dass die Menge M *durch die Relation $\leq$ geordnet* ist. Eine Ordnungsrelation R auf M heißt *vollständig* oder eine *Totalordnung,* falls R vollständig ist (vgl. 2.2.2).

2.30 Beispiel. (Natürliche Ordnung)
Auf der Menge $M = \mathbb{N}$ (bzw. $M = \mathbb{Z}$, $M = \mathbb{Q}$ oder $M = \mathbb{R}$) ist durch die *natürliche Ordnung $a \leq b$, $a, b \in M$*, d.h. die Kleiner–Gleich–Relation zwischen Zahlen, eine Totalordnung definiert.

2.31 Beispiel. (Teilbarkeitsordnung)
Auf der Menge $M = \mathbb{N}$ der natürlichen Zahlen ist durch die Relation

$$n \mid m, \text{falls es ein } q \in \mathbb{N} \text{ mit } m = q \cdot n \text{ gibt,}$$

(d.h., falls n *Teiler* von m ist) eine Ordungsrelation definiert. Diese Ordungsrelation ist aber keine Totalordnung, denn z.B. sind die Zahlen 5 und 6 bezüglich der Teilbarkeit nicht miteinander vergleichbar.

2.32 Beispiel. (Lexikographische Ordnung)
Es sei M eine nichtleere Menge, welche durch die Relation $\leq$ geordnet ist. Wir schreiben $x < y$, falls sowohl $x \leq y$ als auch $x \neq y$ gilt. Dann wird durch $(x_1, x_2, \ldots, x_n) \leq (y_1, y_2, \ldots, y_n)$ genau dann wenn,

$$(x_1, x_2, \ldots, x_n) = (y_1, y_2, \ldots, y_n)$$
$$\text{oder } (x_1 < y_1)$$
$$\text{oder } (x_1 = y_1 \text{ und } x_2 < y_2)$$
$$\text{oder } (x_1 = y_1 \text{ und } x_2 = y_2 \text{ und } x_3 < y_3)$$
$$\text{oder} \ldots$$
$$\text{oder } (x_1 = y_1 \text{ und} \ldots \text{ und } x_{n-1} = y_{n-1} \text{ und } x_n < y_n)$$

eine Ordnungsrelation auf dem n-fachen kartesischen Produkt M^n definiert. Diese Ordnungsrelation nennt man die *lexikographische Ordnung* auf M^n. Ist die Menge M durch $\leq$ totalgeordnet, so ist auch die lexikographische Ordnung auf M^n eine Totalordnung.

Die lexikographische Ordnung kennt jeder von Karteikartensystemen z.B. in Bibliotheken. Alle Bücher werden (innerhalb einer Fachgruppe) nach Verfassernamen sortiert aufgestellt, zuerst die Verfasser, deren Namen mit dem Buchstaben a beginnen, dann diejenigen, deren Namen mit dem Buchstaben b beginnen, usw.

Die Menge M ist hier also das Alphabet, die Totalordnung auf M die natürliche Reihenfolge der Buchstaben im Alphabet. Der „Parameter" n wird durch den längsten Namen bestimmt. Dabei kann man sich kürzere Namen durch den „Buchstaben" $\emptyset$ ergänzt denken, wobei vereinbart wird, dass $\emptyset$ allen anderen Buchstaben im Alphabet vorangehen soll.

Stimmen die Anfangsbuchstaben zweier Autoren überein, so entscheidet der zweite Buchstabe des Namens über die Einsortierung der Bücher. Fährt man so fort, erhält jedes Buch einen Platz im Regal und kann anhand der Kartei schnell wieder aufgefunden werden. Offenbar liegt in diesem Beispiel keine Totalordnung auf der Menge der Bücher vor, da z.B. viele Bücher in mehreren Exemplaren vorhanden sind oder derselbe Autor mehrere Bücher verfasst hat. Um eine Totalordnung zu erreichen, könnte man etwa als weiteres Ordnungsinstrument die Inventarnummern heranziehen.

2.2.5   Präferenzrelationen

Eine Relation $R \subset M \times M$ auf der nichtleeren Menge M heißt *Präferenzrelation,* falls R reflexiv, transitiv und vollständig ist. In diesem Fall schreibt man $a \preceq b$ und sagt: a ist *höchstens so gut wie* b, oder b ist *mindestens so gut wie* a.

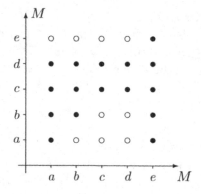

Bild 2.23:
Präferenzrelation
aus Beispiel 2.33

2.33 Beispiel.
Es sei $M := \{a, b, c, d, e\}$. Durch die Festlegungen $a \preceq b$, $b \preceq c$, $c \preceq d$, $d \preceq c$ und $e \preceq a$ wird eine Präferenzrelation auf M erzeugt, wenn man wegen der verlangten Eigenschaften der Reflexivität und der Transitivität zusätzlich die Beziehungen

$$a \preceq a,\ b \preceq b,\ c \preceq c,\ d \preceq d,\ e \preceq e$$

und

$$a \preceq c,\ a \preceq d,\ b \preceq d,\ e \preceq b,\ e \preceq c,\ e \preceq d$$

fordert. Die entstehende Relation ist in Bild 2.23 dargestellt.

2.34 Beispiel. (Nutzen von Güterbündeln)
Es seien M eine (nichtleere) Menge von Güterbündeln und $u : M \to \mathbb{R}$ eine
Funktion. Wir interpretieren den Zahlenwert $u(x)$ als „geldwerten" *Nutzen* des
Güterbündels $x \in M$ und definieren für je zwei Güterbündel $x, y \in M$

$$x \preceq y \; :\Longleftrightarrow \; u(x) \leq u(y),$$

sehen also ein Güterbündel x als höchstens so gut wie ein Güterbündel y an, wenn
der Nutzen von x kleiner oder gleich dem Nutzen von y ist. Offenbar entsteht
durch diese Festsetzung eine Präferenzrelation $\preceq$ auf M.

Für den Fall, dass ein Güterbündel ein n-Tupel nichtnegativer reeller Zahlen
ist, also $x = (x_1, x_2, \ldots, x_n)$ und $M = [0, \infty) \times \ldots \times [0, \infty)$ (n-faches kartesisches
Produkt) gilt, könnte eine Nutzenfunktion z.B. die Gestalt

$$u(x) = x_1 + x_2 + \ldots + x_n$$

besitzen. Man beachte, dass im Fall $n \geq 2$ keine Ordnungsrelation ensteht, da
die Forderung der Antisymmetrie nicht erfüllt ist (z.B. gilt für $n = 2$ sowohl
$(3, 7) \preceq (7, 3)$ als auch $(7, 3) \preceq (3, 7)$, es ist aber $(3, 7) \neq (7, 3)$). Identifiziert
man jedoch alle Güterbündel mit gleichem Wert der Nutzenfunktion mit Hilfe
der Festsetzung $x \sim y$, falls $u(x) = u(y)$, so ist $\sim$ eine Äquivalenzrelation auf M.
Auf der Menge der Äquivalenzklassen der Relation $\sim$ lässt sich dann durch die
Festsetzung $[x] \preceq [y]$ falls $u(x) \leq u(y)$, eine Totalordnung definieren.

2.2.6 Abbildungen als Relationen

Sind M eine nichtleere Menge und $f : M \to M$ eine Abbildung, so kann die
Menge

$$R := \operatorname{Graph}(f) = \{(x, f(x)) : x \in M\} \subset M \times M$$

als Relation auf M interpretiert werden. Diese Relation ist in dem Sinne *funktional*, dass es zu jedem $x \in M$ genau ein $y \in M$ mit $(x, y) \in R$ gibt (nämlich
$y = f(x)$). Für jedes $x \in M$ und alle $y, y' \in M$ gilt also die Implikation

$$(x, y) \in R \wedge (x, y') \in R \Longrightarrow y = y'.$$

Ist umgekehrt R eine beliebige funktionale Relation auf M, so liefert die Definition

$$y = f(x) \; :\Longleftrightarrow \; (x, y) \in R$$

eine Funktion $f : M \to M$. In diesem Sinne können die funktionalen Relationen
auf M mit Funktionen von M in M identifiziert werden.

Der Relationsbegriff kann in einfacher Weise verallgemeinert werden. Ist N eine weitere nichtleere Menge, so nennt man eine Teilmenge $R \subset M \times N$ auch *Relation zwischen M und N*. Eine solche Relation heißt *funktional*, wenn es zu jedem $x \in M$ genau ein $y \in N$ mit $(x, y) \in R$ gibt. Erneut gibt es einen eineindeutigen Zusammenhang zwischen Abbildungen von M in N und den funktionalen Relationen zwischen M und N.

Lernzielkontrolle

- Was ist eine Abbildung?

- Was ist der Unterschied zwischen dem Bild und dem Graphen einer Abbildung?

- Geben Sie ein Beispiel für eine Abbildung an, die injektiv, aber nicht surjektiv ist!

- Geben Sie ein Beispiel einer surjektiven, aber nicht injektiven Abbildung an!

- Was ist eine Bijektion?

- Wie sind Bilder und Urbilder von Mengen unter einer Abbildung definiert?

- Welche Eigenschaft muss eine Abbildung erfüllen, damit die Umkehrabbildung existiert?

- Zeigen Sie anhand zweier Beispiele, dass die Komposition von Abbildungen nicht unbedingt kommutativ ist.

- Skizzieren Sie die Schaubilder der Floor- und Ceil-Funktion.

- Welche geometrische Gestalt haben die Höhenlinien der auf $\mathbb{R} \times \mathbb{R}$ definierten Funktion $(x, y) \mapsto x^2 + y^2$?

- Was ist eine Relation?

- Gibt es eine Relation, die zugleich symmetrisch und antisymmetrisch ist?

- Welche Eigenschaften zeichnen eine Äquivalenzrelation aus?

- Warum liefert eine Äquivalenzrelation eine Klasseneinteilung einer Menge?

- Auf welche Weise liefert eine Klasseneinteilung einer Menge eine Äquivalenzrelation?

Kapitel 3

Zahlen und Rechengesetze

He say 'One and One and One is Three'.

John Lennon & Paul McCartney

In diesem Kapitel lernen wir den Aufbau des Zahlensystems von den natürlichen Zahlen über die ganzen Zahlen und die rationalen Zahlen bis hin zu den reellen Zahlen kennen. Außerdem machen wir uns mit den Grundbegriffen der Kombinatorik und den wichtigsten Zählprinzipien vertraut.

3.1   Die natürlichen Zahlen

Da jede Art von Rechnen *Zählen* voraussetzt, beginnt dieses Kapitel mit den seit frühester Kindheit so vertrauten natürlichen Zahlen $1, 2, 3, \ldots$. Dabei haben wir schon in Kapitel 1 und 2 etwas unbefangen die Menge $\mathbb{N} = \{1, 2, 3, \ldots\}$ benutzt. Was heißt aber 3, ...? Nun, Sie mögen sagen, dass man ja zu jeder natürlichen Zahl durch Addition der 1 eine neue, größere Zahl erhält, also aus der 3 die 4, aus der 4 die 5 usw. Wie kann aber eine Menge von offenbar unendlich vielen Zahlen exakt definiert werden, wenn man mit ihrer Konstruktion nie fertig wird? Das folgende, auf G. Peano[1] zurückgehende Axiomensystem zur Definition der Menge $\mathbb{N}$ der natürlichen Zahlen macht in entscheidender Weise von der Zuordnungsvorschrift „addiere 1" Gebrauch.

3.1.1   Das Axiomensystem von Peano

$\mathbb{N}$ ist eine Menge, für die die folgenden Axiome erfüllt sind:

---

[1]Giuseppe Peano (1858–1932), seit 1890 Professor an der Universität Turin. Peanos Hauptarbeitsgebiete waren die Grundlagen der Analysis und die Theorie der Differentialgleichungen, in denen er bahnbrechende Arbeiten schrieb.

(P1) Es gilt $1 \in \mathbb{N}$.

(P2) Es gibt eine *injektive* Funktion $\nu : \mathbb{N} \to \mathbb{N}$.

(P3) Es gilt $1 \notin \nu(\mathbb{N})$.

(P4) Für jede Teilmenge $A \subset \mathbb{N}$ gilt:

$$1 \in A \wedge \bigwedge_{n \in \mathbb{N}} (n \in A \Rightarrow \nu(n) \in A) \Longrightarrow A = \mathbb{N}.$$

Das Axiom (P1) bedeutet für sich allein genommen zunächst nur, dass die Menge $\mathbb{N}$ nichtleer ist; sie enthält ja ein mit dem Symbol 1 („Eins") bezeichnetes Element. Hinzu kommt jedoch das Axiom (P2), welches die Existenz einer Funktion ν, der sogenannten *Nachfolgerfunktion*, garantiert, die verschiedene Elemente m und n aus $\mathbb{N}$ auf verschiedene, ebenfalls zu $\mathbb{N}$ gehörende Elemente $\nu(m)$ und $\nu(n)$ abbildet. Nun mögen Sie sagen, alles gut und schön, aber (P2) schließt doch nicht aus, dass ν die Identität auf $\mathbb{N}$ ist, und das würde ja nicht der Annahme widersprechen, dass die Menge $\mathbb{N}$ einelementig ist, also $\mathbb{N} = \{1\}$ gilt!

Wenn das Axiom (P3) nicht wäre, hätten Sie zweifellos Recht! Nach diesem Axiom und der Definition des Bildes unter einer Abbildung gilt jedoch $\nu(1) \neq 1$, so dass (weil ν den Wertebereich $\mathbb{N}$ besitzt) $\nu(1) =: 2$ ein von 1 verschiedenes Element aus $\mathbb{N}$ ist. Natürlich stellt sich sofort die Frage, ob $\nu(2)$ ein neues, drittes Element aus $\mathbb{N}$ ist. Der Fall $\nu(2) = 1$ ist wegen (P3) offenbar nicht möglich, und auch die Annahme $\nu(2) = 2$ führt sofort zu einem Widerspruch, denn dann wäre die Abbildung ν wegen $1 \neq 2$ und $\nu(1) = \nu(2)$ nicht injektiv, und dieser Umstand würde Axiom (P2) widersprechen. Also ist $3 := \nu(2)$ ein weiteres Element von $\mathbb{N}$. Wenden wir die soeben angestellte Überlegung auf $\nu(3)$ an, so erhalten wir ein neues, viertes Element $4 := \nu(3)$ von $\mathbb{N}$ usw.

Halt, was heißt hier usw.? Sie werden sagen, ich sehe ja jetzt ein, dass die Menge $\mathbb{N}$ mehr als jede vorgegebene endliche Anzahl von Elementen enthält, aber erhalte ich bei der fortgesetzten „Nachfolger–Bildung" $n \mapsto \nu(n)$ auch wirklich jedes Element von $\mathbb{N}$? Dass diese Frage bejaht werden kann, liegt an Axiom (P4), demzufolge jede Teilmenge von $\mathbb{N}$, welche 1 enthält und die Eigenschaft besitzt, mit jeder natürlichen Zahl n auch deren Nachfolger zu enthalten, gleich der Menge $\mathbb{N}$ selbst ist. Das Axiom (P4) besagt somit lediglich, dass man im Prozess des fortgesetzten Zählens jede natürliche Zahl erreicht.

3.1.2 Das Prinzip der vollständigen Induktion

Das vierte Peanosche Axiom beschreibt zugleich das *Prinzip der vollständigen Induktion*, eine grundlegende Beweismethode in der Mathematik. In der Sprache der Prädikatenlogik lautet dieses Prinzip wie folgt: Ist $A(n)$ eine Aussageform mit zulässigem Objektbereich $\mathbb{N}$, so gilt die logische Äquivalenz

$$\bigwedge_{n \in \mathbb{N}} A(n) \iff A(1) \wedge \bigwedge_{n \in \mathbb{N}} (A(n) \Rightarrow A(n+1)).$$

Ist also für jedes $n \in \mathbb{N}$ eine Aussage $A(n)$ formuliert, so kann ein Beweis der Aussage, dass $A(n)$ *für jedes* $n \in \mathbb{N}$ gilt, wie folgt geführt werden:

1. Man zeigt, dass die Aussage $A(1)$ wahr ist.

2. Man wählt ein beliebiges $n \in \mathbb{N}$ und schließt aus der Prämisse, die Aussage $A(n)$ sei wahr (sog. *Induktionsvoraussetzung*), dass auch $A(n+1)$ eine wahre Aussage ist (*Dominoeffekt!*).

Dabei heißt Teil 1 der Beweisführung der *Induktionsanfang* und Teil 2 der *Induktionsschluss*.

3.1.3 Addieren und Multiplizieren in $\mathbb{N}$

Ganz im Einklang mit dem Prinzip der vollständigen Induktion wird für jede feste natürliche Zahl m die *Addition* $m + n$ durch die Vorschrift

$$m + 1 := \nu(m) \tag{3.1}$$

sowie die *Rekursionsformel*

$$m + \nu(n) := \nu(m + n), \qquad n \in \mathbb{N}, \tag{3.2}$$

definiert. Analog hierzu legt man für jedes $m \in \mathbb{N}$ die *Multiplikation* $m \cdot n$ durch

$$m \cdot 1 := m \tag{3.3}$$

sowie die *Rekursionsformel*

$$m \cdot \nu(n) := m + m \cdot n, \qquad n \in \mathbb{N}, \tag{3.4}$$

fest. Hierbei haben wir die übliche Regel „Punkt vor Strich" angewendet.

Sowohl die Addition als auch die Multiplikation natürlicher Zahlen bauen somit nur auf der Nachfolgerfunktion ν, d.h. auf dem Prozess des sukzessiven Zählens, auf. Um etwa die Summe 6+3 zu berechnen, wird zunächst nach (3.1)

$$6 + 1 := \nu(6)$$

gebildet, woraus sich zusammen mit (3.2)

$$6 + \nu(1) := \nu(6 + 1) = \nu(\nu(6))$$

und nach nochmaliger Nachfolgerbildung das Resultat

$$6 + \nu(\nu(1)) := \nu(6 + \nu(1)) = \nu(\nu(\nu(6))) = \nu^3(6)$$

ergibt. Da 3 der Nachfolger des Nachfolgers von 1 ist, erhält man das Ergebnis der Addition von 6 und 3 durch dreimalige Hintereinanderausführung der Nachfolgerfunktion, angewandt auf die Zahl 6. Diese Vorgehensweise ist nichts anderes als die Formalisierung des „Zählens mit den Fingern" in der Grundschule.

Durch (3.1)–(3.4) entstehen Abbildungen $+ : \mathbb{N} \times \mathbb{N} \to \mathbb{N}$ und $\cdot : \mathbb{N} \times \mathbb{N} \to \mathbb{N}$ mit den nachstehenden Eigenschaften. Darin sind l, m, n beliebige natürliche Zahlen.

Assoziativgesetze:	$l + (m + n) = (l + m) + n,$
	$l \cdot (m \cdot n) = (l \cdot m) \cdot n.$
Kommutativgesetze:	$m + n = n + m,$
	$m \cdot n = n \cdot m.$
Distributivgesetz:	$l \cdot (m + n) = l \cdot m + l \cdot n.$

Die Gültigkeit dieser grundlegenden *Rechengesetze* für das Addieren und Multiplizieren natürlicher Zahlen kann mit Hilfe des Prinzips der vollständigen Induktion bewiesen werden.

Aus den Assoziativgesetzen lässt sich folgern, dass beliebige mehrfache Summen oder Produkte stets ohne Klammern geschrieben werden können. So ist etwa die Summe $m + n + k + l$ *wohldefiniert* (d.h. eindeutig festgelegt), weil sie bei jeder der drei möglichen „Beklammerungen"

$$(m + n) + (k + l), \qquad (m + (n + k)) + l \quad \text{und} \quad m + ((n + k) + l)$$

den gleichen Wert ergibt. Weiter kommt es aufgrund der Kommutativität der Addition und der Multiplikation grundsätzlich nicht auf die Reihenfolge der Summanden bzw. der Faktoren an.

3.1.4   Potenzrechnung in $\mathbb{N}$

Die mit n^k bezeichnete *k-te Potenz* einer natürlichen Zahl n ist durch

$$n^1 := n, \qquad n \in \mathbb{N},$$

sowie die Rekursionsformel

$$n^{\nu(k)} := n^k \cdot n, \qquad k, n \in \mathbb{N},$$

definiert.

In gleicher Weise, wie die Multiplikation als wiederholte Addition angesehen werden kann, stellt somit das Potenzieren eine wiederholte Multiplikation einer natürlichen Zahl n mit sich selbst dar: Es gilt $n^2 = n \cdot n$, $n^3 = n \cdot n \cdot n$ usw.

Für den Umgang mit Potenzen gelten die folgenden Rechengesetze; dabei sind k, l, m und n beliebige natürliche Zahlen:

$$(m \cdot n)^k = m^k \cdot n^k,$$
$$n^{k+l} = n^k \cdot n^l,$$
$$(n^k)^l = n^{k \cdot l}.$$

3.1.5 Anordnung, Prinzip des kleinsten Täters

Zwei natürliche Zahlen m und n können nicht nur addiert und multipliziert, sondern auch hinsichtlich ihrer Größe miteinander *verglichen* werden. So setzt man

$$m < n \quad :\Longleftrightarrow \quad \exists l : l \in \mathbb{N} \wedge m + l = n$$

(Sprechweise: m ist kleiner als n) sowie

$$m \leq n \quad :\Longleftrightarrow \quad m < n \vee m = n$$

(Sprechweise: m ist kleiner oder gleich n). Anstelle von $m < n$ bzw. $m \leq n$ sind auch die Schreibweisen $n > m$ („n ist größer als m") bzw. $n \geq m$ („n ist größer oder gleich m") gebräuchlich. Wichtige Rechengesetze im Umgang mit der Kleiner–Relation $<$ sind

$$m < n \implies k \cdot m < k \cdot n, \qquad k, m, n \in \mathbb{N},$$

$$m < n \wedge k \leq l \implies m + k < n + l, \qquad k, l, m, n \in \mathbb{N}.$$

Die Kleiner–Relation $<$ beschreibt die *natürliche oder lineare Anordnung*

$$1 < 2 < 3 < 4 < 5 < \dots$$

der natürlichen Zahlen. Aus dieser Anordnung von $\mathbb{N}$ und den Axiomen von Peano ergibt sich folgendes wichtige Beweisprinzip. Mit Satz 3.11 werden wir später ein allgemeineres Prinzip herleiten.

3.1 Satz. (Prinzip des kleinsten Täters)
Jede nichtleere Teilmenge T von $\mathbb{N}$ besitzt ein kleinstes Element, d.h. es existiert ein $m \in T$ mit der Eigenschaft

$$m \leq k \qquad \text{für jedes } k \in T.$$

3.2 Beispiel.
Um das Prinzip der vollständigen Induktion im Zusammenhang mit der Anordnungseigenschaft von $\mathbb{N}$ anzuwenden, betrachten wir die Aussageform

$$A(n) \ : \ 2^n \geq n$$

mit der Variablen $n \in \mathbb{N}$ und behaupten die Gültigkeit der Aussage

$$\bigwedge_{n \in \mathbb{N}} A(n). \qquad\qquad (3.5)$$

Nach dem Prinzip der vollständigen Induktion ist zunächst die Gültigkeit der Aussage $A(1)$ nachzuweisen (Induktionsanfang). In unserem Beispiel ist $A(1)$: $2^1 \geq 1$, was wegen $2^1 = 2$ offensichtlich eine richtige Aussage darstellt. Im zweiten Schritt, dem Induktionsschluss, ist zu zeigen, dass für ein beliebiges $n \in \mathbb{N}$ die Implikation $A(n) \implies A(n+1)$ eine wahre Aussage ist. In unserem Fall gehen wir also von der Induktionsvoraussetzung $2^n \geq n$ aus und schließen wie folgt auf die Gültigkeit von $A(n+1)$:

$$2^n \geq n \implies 2^{n+1} = 2 \cdot 2^n \geq 2 \cdot n \geq n+1.$$

Damit ist für jedes $n \in \mathbb{N}$ die Implikation $A(n) \implies A(n+1)$ gezeigt, woraus zusammen mit dem Induktionsanfang die Behauptung (3.5) folgt. $\qquad\Box$

3.2   Die ganzen Zahlen

Es gibt offenbar keine natürliche Zahl x mit der Eigenschaft $17 + x = 8$. Dieses Defizit wird durch die Einführung der *ganzen Zahlen*

$$\mathbb{Z} := \{\ldots, -3, -2, -1, 0, 1, 2, 3, \ldots\}$$

behoben; die Lösung der obigen Gleichung ist *definitionsgemäß* $x = -9$.

Die ganzen Zahlen bilden also eine Erweiterung der natürlichen Zahlen um die Zahl 0 und die negativen Zahlen $-1, -2, -3, \ldots$. Die Zahl 0 wurde ab etwa 500 n.Chr. von indischen Mathematikern benutzt, sie setzte sich in Europa aber erst ab dem 14. Jahrhundert durch. Im Vergleich zu der bis dahin gebräuchlichen Darstellung von Zahlen mit Hilfe der römischen Zahlzeichen I (für 1), V (für 5), X (für 10), L (für 50), C (für 100), D (für 500) und M (für 1000) bedeutete die Einführung der Null einen grundlegenden Fortschritt im Umgang mit Zahlen. So stehen die vier Ziffern 3078 für das Ergebnis der Rechenoperationen

$$3 \cdot 1000 + 0 \cdot 100 + 7 \cdot 10 + 8,$$

also die Zahl dreitausendachtundsiebzig. Die gleiche Zahl stellt sich mit Hilfe der römischen Zahlzeichen ungleich komplizierter in der Form

$$\text{MMMLXXVIII}$$

dar. Zur Verwendung dieser Zahlzeichen ist zu beachten, dass sich jede Zahl additiv aus den Zeichen I,V,X,L,C,D und M zusammensetzt, wobei man immer dann nur eines dieser Zeichen und danach das der Größe nach folgende schreibt, wenn vier gleiche Zeichen aufeinander folgen (also z.B. IV := 4, XLIX := 49).

3.2.1 Addieren und Multiplizieren in $\mathbb{Z}$

Die Erweiterung der Addition und der Multiplikation auf den Bereich der ganzen Zahlen geschieht mit Hilfe der Definitionen

$$0 + x = x + 0 := x, \qquad x \in \mathbb{Z}, \tag{3.6}$$

$$1 \cdot x = x \cdot 1 := x, \qquad x \in \mathbb{Z}, \tag{3.7}$$

$$0 \cdot x = x \cdot 0 := 0, \qquad x \in \mathbb{Z},$$

$$m + (-m) = (-m) + m := 0, \qquad m \in \mathbb{N}, \tag{3.8}$$

$$m \cdot (-n) = (-n) \cdot m := -(m \cdot n), \qquad m, n \in \mathbb{N},$$

$$(-m) \cdot (-n) := m \cdot n, \qquad m, n \in \mathbb{N},$$

$$(-m) + (-n) := -(m + n), \qquad m, n \in \mathbb{N}$$

sowie folgender Vereinbarung: Sind $m, n \in \mathbb{N}$ mit $m < n$, so sei

$$n + (-m) := l, \qquad m + (-n) := -l$$

gesetzt. Dabei ist l die (eindeutig bestimmte) natürliche Zahl mit der Eigenschaft $m + l = n$.

Durch diese Vereinbarungen wird der Definitionsbereich der Verknüpfungen $(x, y) \mapsto x + y$ und $(x, y) \mapsto x \cdot y$ von $\mathbb{N} \times \mathbb{N}$ auf die Menge $\mathbb{Z} \times \mathbb{Z}$ erweitert, wobei die grundlegenden Rechenregeln aus 3.1.3 (Assoziativ- und Kommutativgesetze, Distributivgesetz) gültig bleiben.

Definitionsgemäß gibt es zu jedem $x \in \mathbb{N}$ eine Zahl $-x \in \mathbb{Z}$. Diese Definition wird durch die Festlegungen

$$-x := \begin{cases} 0, & \text{falls } x = 0, \\ m, & \text{falls } x = -m \text{ für ein } m \in \mathbb{N} \end{cases}$$

ergänzt. Dann ist die Beziehung (3.8) für alle $m \in \mathbb{Z}$ richtig. Deswegen nennt man $-x$ das *entgegengesetzte* oder *inverse* Element von x (in $\mathbb{Z}$) bezüglich der Addition. Anschaulich ergibt sich $-x$ durch Spiegelung von x am Nullpunkt der

Zahlengeraden. So ist etwa $-(-7) = 7$. Für $x, y \in \mathbb{Z}$ schreibt man $x-y := x+(-y)$ und nennt $x - y$ die *Differenz* von x und y.

Eigenschaft (3.6) besagt, dass Addition der Zahl 0 keine Veränderung bewirkt. Aus diesem Grund heißt die Zahl 0 auch das *neutrale Element* von $\mathbb{Z}$ bezüglich der Addition. In gleicher Weise besagt Beziehung (3.7), dass die Zahl 1 die Rolle eines *neutralen Elementes bezüglich der Multiplikation* besitzt.

3.2.2 Potenzrechnung in $\mathbb{Z}$

Wie für natürliche Zahlen definiert man Potenzen ganzer Zahlen mit *Exponenten* $k \in \mathbb{N}$ durch

$$z^k := \underbrace{z \cdot z \cdot \ldots \cdot z}_{k \text{ Faktoren}}.$$

Für $n \in \mathbb{N}$ folgt speziell $(-n)^k = (-1)^k \cdot n^k$, wobei

$$(-1)^k = \begin{cases} 1, & \text{falls } k \text{ gerade,} \\ -1, & \text{falls } k \text{ ungerade.} \end{cases}$$

Zusätzlich definiert man Potenzen zum Exponenten Null durch

$$z^0 := 1, \qquad z \in \mathbb{Z}.$$

Mit diesen Festlegungen bleiben die Potenzgesetze von Seite 61 gültig, wenn m und n beliebige ganze Zahlen und die Exponenten k und l aus $\mathbb{N}_0$ sind.

3.2.3 Anordnung der ganzen Zahlen

Auch die Kleiner/Gleich– bzw. Kleiner–Beziehungen $\leq$ und $<$ lassen sich in natürlicher Weise von $\mathbb{N}$ auf die Menge $\mathbb{Z}$ erweitern: Für $m, n \in \mathbb{Z}$ schreibt man $m \leq n$, falls es ein $k \in \mathbb{N}_0$ mit $m + k = n$ gibt. Analog setzt man $m < n$, falls ein $k \in \mathbb{N}$ mit $m + k = n$ existiert. Hierdurch entsteht die natürliche Anordnung

$$\ldots < -3 < -2 < -1 < 0 < 1 < 2 < 3 < \ldots$$

der ganzen Zahlen.

Im Gegensatz zu den natürlichen Zahlen gibt es Teilmengen von $\mathbb{Z}$ wie z.B. $\{-2, -4, -6, \ldots\}$, die kein kleinstes Element besitzen. Das Prinzip des kleinsten Täters gilt also nicht für die Menge der ganzen Zahlen!

3.3 Die rationalen Zahlen

Im Bereich der ganzen Zahlen lässt sich zwar die Gleichung $3 \cdot x = 18$, aber nicht die Gleichung $5 \cdot x = 11$ lösen. Die Menge

$$\mathbb{Q} := \left\{ \frac{p}{q} : p, q \in \mathbb{Z} \wedge q \neq 0 \right\}$$

der sogenannten *rationalen Zahlen* (Brüche) bildet eine Erweiterung der Menge $\mathbb{Z}$, die diesen Mangel behebt; es ist *definitionsgemäß*

$$5 \cdot \frac{11}{5} = 11.$$

Anstelle von $\frac{p}{q}$ schreiben wir in der Folge auch p/q und nennen p den *Zähler* sowie q den *Nenner* von p/q. Mit der Festsetzung

$$\frac{m}{1} =: m, \qquad m \in \mathbb{Z}, \tag{3.9}$$

bilden die ganzen Zahlen eine Teilmenge von $\mathbb{Q}$. Wir definieren noch

$$\frac{a}{b} = \frac{c}{d}, \qquad \text{falls } a \cdot d = c \cdot b \text{ gilt},$$

sehen also zwei Brüche a/b und c/d als gleich an, wenn sie „nach Erweiterung auf den Hauptnenner den gleichen Zähler besitzen". Zwei rationale Zahlen sind somit gleich, wenn sie wie etwa $1/2$ und $9/18$ *im Verhältnis von Zähler zu Nenner übereinstimmen*. Insbesondere gilt

$$\frac{a}{a} = \frac{1}{1} = 1, \qquad \text{für jedes } a \in \mathbb{Z} \setminus \{0\}.$$

3.3.1 Addition, Multiplikation und Division in $\mathbb{Q}$

Die Addition und die Multiplikation zweier rationaler Zahlen a/b und c/d wird durch

$$\frac{a}{b} + \frac{c}{d} := \frac{a \cdot d + c \cdot b}{b \cdot d} \tag{3.10}$$

bzw. durch

$$\frac{a}{b} \cdot \frac{c}{d} := \frac{a \cdot c}{b \cdot d} \tag{3.11}$$

erklärt. Zusammen mit der Festsetzung (3.9) werden hierdurch die Definitionsbereiche der Verknüpfungen $(x, y) \mapsto x + y$ und $(x, y) \mapsto x \cdot y$ von $\mathbb{Z} \times \mathbb{Z}$ auf $\mathbb{Q} \times \mathbb{Q}$ erweitert. Zum Beispiel gilt nach (3.10)

$$\frac{m}{1} + \frac{n}{1} = \frac{m \cdot 1 + n \cdot 1}{1 \cdot 1} = \frac{m + n}{1}, \qquad m, n \in \mathbb{Z}.$$

Aus den Definitionen (3.10) und (3.11) folgt auch, dass die grundlegenden Rechengesetze (Kommutativ- und Assoziativgesetze, Distributivgesetz, vgl. Seite 60) auch für das Addieren und Multiplizieren rationaler Zahlen gelten. So ergibt sich z.B. das Kommutativgesetz für die Addition aus der Gleichungskette

$$\frac{a}{b} + \frac{c}{d} = \frac{a \cdot d + c \cdot b}{b \cdot d} = \frac{c \cdot b + a \cdot d}{d \cdot b} = \frac{c}{d} + \frac{a}{b}.$$

Dabei folgen das erste und dritte Gleichheitszeichen aus der Definition (3.10) der Addition rationaler Zahlen und das zweite Gleichheitszeichen aus der Kommutativität der Addition und Multiplikation im Bereich der *ganzen Zahlen*.

Der entscheidende Vorteil beim Übergang vom Zahlbereich $\mathbb{Z}$ zum erweiterten Zahlbereich $\mathbb{Q}$ besteht darin, dass rationale Zahlen nicht nur addiert, subtrahiert und multipliziert werden können, sondern auch die *Division* (durch Zahlen $\neq 0$) uneingeschränkt ausführbar ist. Sind nämlich p/q und a/b rationale Zahlen mit der Eigenschaft $p/q \neq 0$, also $p \neq 0$, so besitzt die Gleichung

$$x \cdot \frac{p}{q} = \frac{a}{b}$$

die durch „Division von p/q" entstehende Lösung

$$x = \frac{a \cdot q}{b \cdot p},$$

denn es gilt

$$\frac{a \cdot q}{b \cdot p} \cdot \frac{p}{q} = \frac{(a \cdot q) \cdot p}{(b \cdot p) \cdot q} = \frac{a \cdot (q \cdot p)}{b \cdot (p \cdot q)} = \frac{a \cdot (p \cdot q)}{b \cdot (p \cdot q)} = \frac{a}{b},$$

insbesondere also

$$\frac{q}{p} \cdot \frac{p}{q} = 1.$$

Die Zahl q/p heißt *Inverses* von $y := p/q$ *bezüglich der Multiplikation* und wird mit y^{-1} bezeichnet. Ist z eine weitere rationale Zahl, so wird der *Quotient* von z und y durch $z : y := z \cdot y^{-1}$ definiert. Alternativ schreibt man $z/y := z : y$

3.3.2   Potenzrechnung in $\mathbb{Q}$

Die *k-te Potenz* einer rationalen Zahl p/q ist durch

$$\left(\frac{p}{q}\right)^k := \frac{p^k}{q^k}, \qquad k \in \mathbb{N},$$

sowie für *negative* Exponenten durch

$$\left(\frac{p}{q}\right)^{-k} := \frac{1}{\left(\dfrac{p^k}{q^k}\right)} = \frac{q^k}{p^k}, \qquad k \in \mathbb{N},$$

definiert. Setzt man noch $z^0 := 0$, $z \in \mathbb{Q}$, so bleiben die Potenzgesetze von Seite 61 gültig, wenn m und n beliebige rationale Zahlen und die *Exponenten* k und l *beliebige ganze Zahlen* sind.

3.3.3 Anordnungseigenschaft von $\mathbb{Q}$

Die für natürliche und ganze Zahlen existierende Kleiner/Gleich–Relation $\leq$ kann durch die Definition

$$\frac{a}{b} \leq \frac{c}{d} :\Longleftrightarrow a \cdot d \leq c \cdot b, \qquad a, c \in \mathbb{Z}, \; b, d \in \mathbb{N}$$

auf die Menge $\mathbb{Q}$ erweitert werden. In diesem Sinne gilt also $2/7 \leq 3/10$. Weiter setzt man $a/b < c/d :\Longleftrightarrow a/b \leq c/d \wedge a/b \neq c/d$. Die Relation $\leq$ auf $\mathbb{Q}$ ist offenbar reflexiv (es gilt $x \leq x$ für jedes $x \in \mathbb{Q}$), transitiv (aus $x \leq y$ und $y \leq z$ folgt stets $x \leq z$) und vollständig (für je zwei rationale Zahlen x und y gilt $x \leq y$ oder $y \leq x$). Die Relation $\leq$ ist aber auch antisymmetrisch, denn mit $x := p/q$ und $y := a/b$ ($a, p \in \mathbb{Z}$, $b, q \in \mathbb{N}$) folgt aus der Prämisse $x \leq y \wedge y \leq x$, also

$$p \cdot b \leq a \cdot q \wedge a \cdot q \leq p \cdot b,$$

die Gleichheit $p \cdot b = a \cdot q$ und somit $x = p/q = a/b = y$. Nach der auf Seite 53 gegebenen Definition stellt die Kleiner/Gleich–Relation somit eine *Totalordnung* auf $\mathbb{Q}$ dar. Diese Relation besitzt die weiteren grundlegenden Eigenschaften

$$\text{Aus } x \leq y \text{ folgt } x + z \leq y + z \text{ für jedes } z \in \mathbb{Q}$$

und

$$\text{Aus } x \leq y \text{ und } 0 \leq z \text{ folgt stets } x \cdot z \leq y \cdot z. \tag{3.12}$$

Dabei soll exemplarisch Eigenschaft (3.12) bewiesen werden: Es sei hierzu $x := p/q$, $y := a/b$ und $z := m/n$ gesetzt, wobei $p, a, m \in \mathbb{Z}$ und $q, b, n \in \mathbb{N}$ gelten. Aus der Voraussetzung $x \leq y$ und $0 \leq z$ folgt

$$p \cdot b \leq a \cdot q \text{ und } 0 \leq m$$

und somit $p \cdot b \cdot (m \cdot n) \leq a \cdot q \cdot (m \cdot n)$, was gleichbedeutend mit $x \cdot z \leq y \cdot z$ ist.

3.3.4 Körper

Die in 3.3.1 diskutierten Eigenschaften rationaler Zahlen geben Anlass zu der folgenden allgemeinen Definition.

Sind $\mathbb{K}$ eine nichtleere Menge und $+ : \mathbb{K} \times \mathbb{K} \mapsto \mathbb{K}$ sowie $\cdot : \mathbb{K} \times \mathbb{K} \mapsto \mathbb{K}$ zwei im Folgenden *Addition* bzw. *Multiplikation* genannte Verknüpfungen, so nennt man das Tripel $(\mathbb{K}, +, \cdot)$ einen *Körper*, falls es in $\mathbb{K}$ mindestens zwei Elemente 0 und

1 gibt und folgende Axiome gelten:

$(K1)$ (i) $(x + y) + z = x + (y + z), \qquad x, y, z \in \mathbb{K}.$

          (ii) $x + y = y + x, \qquad x, y \in \mathbb{K}.$

          (iii) $0 + x = x, \qquad x \in \mathbb{K}.$

          (iv)   Zu jedem $x \in \mathbb{K}$ gibt es ein $y \in \mathbb{K}$ mit $y + x = 0.$

$(K2)$ (i) $(x \cdot y) \cdot z = x \cdot (y \cdot z), \qquad x, y, z \in \mathbb{K}.$

          (ii) $x \cdot y = y \cdot x, \qquad x, y \in \mathbb{K}.$

          (iii) $1 \cdot x = x, \qquad x \in \mathbb{K}.$

          (iv)   Zu jedem $x \neq 0$ gibt es ein $z \in \mathbb{K}$ mit $z \cdot x = 1.$

$(K3)$ $x \cdot (y + z) = x \cdot y + x \cdot z, \qquad x, y, z \in \mathbb{K}.$

Die Eigenschaften (i) und (ii) in (K1) und (K2) besagen, dass die Addition und die Multiplikation *assoziative* und *kommutative* Verknüpfungen sind. Man nennt $x + y$ die *Summe* und $x \cdot y$ das *Produkt* von x und y. Das Element $0 \in \mathbb{K}$ heißt *neutrales Element bezüglich der Addition*. In gleicher Weise heißt 1 das *neutrale Element bezüglich der Multiplikation*.

Das in (K1) (iv) auftretende Element y heißt das *additive Inverse* zu x. Es ist eindeutig bestimmt. Genügen nämlich $y, z \in \mathbb{K}$ den Gleichungen $y + x = 0$ und $z + x = 0$, so liefert die Addition von z zu beiden Seiten der ersten Gleichung die Beziehung

$$(y + x) + z = z.$$

Wegen des Kommutativ- und Assoziativgesetzes gilt $(y + x) + z = (z + x) + y$, so dass die vorausgesetzte Gleichung $z + x = 0$ die gewünschte Gleichheit $y = z$ liefert. In Anlehnung an das Rechnen mit Zahlen wird das additive Inverse zu x mit $-x$ bezeichnet.

Das in (K2) (iv) auftretende Element z heißt das *multiplikative Inverse* zu x. Es ist eindeutig bestimmt und man schreibt $x^{-1} := z$ oder auch $1/x := z$.

Im *Distributivgesetz* (K3) wurde unterstellt, dass die Multiplikation stärker bindet als die Addition, d.h. die Regel „Punkt vor Strich" gilt. Wegen (K2) (ii) ist dieses Axiom äquivalent zum Distributivgesetz

$$(x + y) \cdot z = x \cdot z + y \cdot z, \qquad x, y, z \in \mathbb{K}.$$

Die *Differenz* zweier reeller Zahlen x und y erklärt man durch $x - y := x + (-y)$. Diese Differenz ist die eindeutige Lösung $z \in \mathbb{K}$ der Gleichung $y + z = x$.

Für $y \neq 0$ wird der *Quotient* von x und y durch $x : y := x \cdot (y^{-1})$ definiert. Alternativ wird auch die Bruchschreibweise $x/y := x : y$ benutzt. Dieser Quotient ist die eindeutige Lösung z der Gleichung $y \cdot z = x$.

Die Körpereigenschaften abstrahieren vom konkreten Rechnen mit Zahlen, indem sie ausschließlich die *Regeln* im Umgang mit den Verknüpfungen $+$ und $\cdot$

festlegen, jedoch nicht inhaltlich auf die Bedeutung dieser Verknüpfungen sowie der Menge $\mathbb{K}$ eingehen. Die rationalen Zahlen bilden somit nur ein *Beispiel für einen Körper* in dem Sinne, dass mit der Festsetzung $\mathbb{K} := \mathbb{Q}$ die oben aufgeführten Axiome (K1)–(K3) gelten.

Aus (K1)–(K3) können die vertrauten Regeln der *Arithmetik* abgeleitet werden. So folgt zum Beispiel die Gleichung

$$0 \cdot x = 0, \quad x \in \mathbb{K}$$

aus $0 \cdot x = x \cdot 0 = x \cdot (0 + 0) = x \cdot 0 + x \cdot 0$. Die Regel

$$-x = (-1) \cdot x, \quad x \in \mathbb{K},$$

ergibt sich aus der Gleichung $(-1) \cdot x + x = (-1) \cdot x + 1 \cdot x = ((-1) + 1) \cdot x = 0 \cdot x = 0$. Schließlich ergibt sich die Formel

$$(-1)^2 = 1$$

aus $0 = (-1) \cdot ((-1) + 1) = (-1)^2 + (-1) \cdot 1 = (-1)^2 - 1$.

3.3.5 Angeordnete Körper

Der Körper $(\mathbb{Q}, +, \cdot)$ der rationalen Zahlen ist ein *angeordneter Körper* im Sinne der folgenden Definition.

Ein Körper $(\mathbb{K}, +, \cdot)$ heißt *angeordnet*, falls es eine Relation $\leq$ auf $\mathbb{K}$ mit folgenden Eigenschaften gibt:

(O1) Die Relation $\leq$ ist eine Totalordnung, also reflexiv, transitiv, antisymmetrisch und vollständig.

(O2) Aus $x \leq y$ folgt $x + z \leq y + z$ für jedes $z \in \mathbb{K}$.

(O3) Aus $x \leq y$ und $0 \leq z$ folgt stets $x \cdot z \leq y \cdot z$.

Die Axiome (O1) und (O2) arbeiten zwei wesentliche Aspekte der bekannten Kleiner/Gleich–Relationen zwischen Zahlen heraus, nämlich, dass eine *Ungleichung* $x \leq y$ erhalten bleibt, wenn auf beiden Seiten die gleiche Zahl addiert oder auf beiden Seiten mit der gleichen *nichtnegativen* Zahl „durchmultipliziert wird".

3.3.6 Der Körper $GF(2)$

Der Körper der rationalen Zahlen ist in einem gewissen Sinne der einfachste Körper mit unendlich vielen Elementen. Demgegenüber besitzt der einfachste *endliche* Körper, das sog. *Galois–Feld*[2] $GF(2)$, nur zwei Elemente. Es sei $\mathbb{K} :=$ $\{0,1\}$. Die Verknüpfungen $+ : \mathbb{K} \times \mathbb{K} \to \mathbb{K}$ und $\cdot : \mathbb{K} \times \mathbb{K} \to \mathbb{K}$ seien durch die folgenden Tabellen definiert:

+	0	1
0	0	1
1	1	0

$\cdot$	0	1
0	0	0
1	0	1

Es ist also etwa $1 + 1 := 0$ und $0 \cdot 1 := 0$. Mit diesen Festlegungen bildet das Tripel $(\mathbb{K}, +, \cdot)$ einen Körper mit dem neutralen Element 0 bezüglich der Addition und dem neutralen Element 1 bezüglich der Multiplikation. Dieser Körper, das sogenannte *Galois–Feld* $GF(2)$, stellt die arithmetische Grundlage für die Digitaltechnik dar. Deutet man die Symbole 1 und 0 als Wahrheitswerte für „wahr" bzw. „falsch", so lassen sich die Verknüpfungen $+$ und $\cdot$ mit Hilfe der aussagenlogischen Symbole $\neg$, $\wedge$ und $\vee$ (vgl. Seite 3) in der Form

$$a + b = (a \wedge \neg b) \vee (b \wedge \neg a), \qquad a \cdot b = a \wedge b$$

$(a, b \in \{0, 1\})$ ausdrücken. Die Operationen $+$ und $\cdot$ entsprechen also dem ausschließenden Oder bzw. der Disjunktion.

Im Gegensatz zu $(\mathbb{Q}, +, \cdot)$ kann der Körper $GF(2)$ nicht angeordnet werden. Eine Totalordnung $\leq$ auf $GF(2)$ müsste die Bedingungen $0 \leq 0$ und $1 \leq 1$ sowie entweder $0 \leq 1$ oder $1 \leq 0$ erfüllen (beides ist wegen der Antisymmetrieeigenschaft unmöglich). In jedem dieser Fälle wäre die Relation $\leq$ sowohl transitiv als auch vollständig, also eine Totalordnung. Im Fall der Festsetzung $0 \leq 1$ müsste nach dem Axiom (O2) auch $0 + 1 \leq 1 + 1$ gelten, was jedoch wegen $0 + 1 = 1$ und $1 + 1 = 0$ die Beziehung $1 \leq 0$ zur Folge haben würde. Umgekehrt hätte die Festsetzung $1 \leq 0$ aufgrund von (O2) $1 + 1 \leq 0 + 1$, also $0 \leq 1$ zur Folge. In beiden Fällen führt das Axiom (O2) also dazu, dass sowohl $0 \leq 1$ als auch $1 \leq 0$ gelten würde, was unmöglich ist.

3.4 Die reellen Zahlen

3.4.1 Dichtheit von $\mathbb{Q}$ und Irrationalzahlen

Nach der Grundüberzeugung der Pythagoreer[3] waren „Zahlen" letztlich *natürliche* Zahlen. Gemäß dieser Philosophie mussten sich die Längen x und y zweier

---

[2]Évariste Galois (1811–1832), stand mit seinen epochemachenden Arbeiten zur Auflösungstheorie algebraischer Gleichungen am Beginn einer methodologischen Neuorientierung der Algebra. Galois führte u.a. den Terminus *Gruppe* ein und begründete die Theorie der heute als *Galois-Felder* bezeichneten endlichen Körper. Der volle Gehalt seiner mathematischen Arbeiten wurde erst gegen Ende des 19. Jahrhunderts verstanden.

[3]Anhänger des Pythagoras (570?–497? v.Chr.)

Strecken A und B stets wie zwei geeignete natürliche Zahlen m und n zueinander verhalten, d.h. es musste $x : y = m : n$ und somit $x : m = y : n$ gelten. Dies bedeutet, dass es eine dritte Strecke C der Länge $z := x : m$ gibt, so dass $x = m \cdot z$ und $y = n \cdot z$ gilt. Die Strecken A und B sind somit in dem Sinne *kommensurabel*, als sie mit derselben Einheitsstrecke C gemessen werden können.

Es ist eine Ironie des Schicksals, dass gerade aus dem mathematischen Satz des Pythagoras sehr leicht die Existenz nicht kommensurabler Strecken folgt. So wurde in 1.4.8 bewiesen, dass sich die Gleichung

$$x^2 = 2 \tag{3.13}$$

im Bereich der rationalen Zahlen nicht lösen lässt, also die Länge der Diagonalen im Einheitsquadrat keine rationale Zahl ist (Abbildung 3.1). Diese Tatsache bedeutet ganz allgemein, dass die Seite eines Quadrates und seine Diagonale niemals kommensurabel sein können, eine Entdeckung, die ausgerechnet von einem Pythagoreer, Hippasos von Metapont (5. Jahrh. v. Chr.), gemacht wurde.

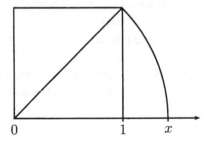

Bild 3.1:
Die Länge x der Diagonalen
ist keine rationale Zahl

In der Folge wurden weitere *irrationale*, d.h. nicht rationale, Zahlen entdeckt. So ist etwa der Umfang 2π eines Kreises mit Radius 1 eine irrationale Zahl, und auch der Rauminhalt $4 \cdot \pi/3$ einer Kugel mit Radius 1 kann nicht durch eine ganze Zahl beschrieben werden. Obwohl die Grundrechenarten Addition, Subtraktion, Multiplikation und Division (durch Zahlen $\neq 0$) innerhalb des Körpers $(\mathbb{Q}, +, \cdot)$ uneingeschränkt ausführbar sind, besitzen die rationalen Zahlen somit einen wesentlichen „Makel": Sie hinterlassen bei Anordnung auf der Zahlengeraden zahlreiche „punktuelle Lücken". Die Betonung liegt hier auf dem Adjektiv „punktuell". Sind nämlich a/b und $m/n \in \mathbb{Q}$, und gilt $a/b < m/n$, so ist das arithmetische Mittel von a/b und m/n wieder eine rationale Zahl, und wie man leicht mit Hilfe der in 3.3.3 gegebenen Definition der Kleiner–Relation $<$ überprüft, gilt

$$\frac{a}{b} < \frac{1}{2} \cdot \left(\frac{a}{b} + \frac{m}{n} \right) < \frac{m}{n}.$$

Da man dieses Verfahren der Mittelbildung wiederholt anwenden kann, folgt, dass zwischen je zwei verschiedenen rationalen Zahlen stets *unendlich viele* weitere

rationale Zahlen existieren. In diesem Sinne liegen die rationalen Zahlen „dicht"
auf dem Zahlenstrahl.

Die zahlreichen „Punkt–Lücken", die die rationalen Zahlen auf der Zahlengeraden hinterlassen, können dadurch geschlossen werden, dass man zur Menge $\mathbb{Q}$
die „Grenzwerte" von Folgen rationaler Zahlen hinzunimmt. Das Ergebnis dieser
„Vervollständigung" sind dann die reellen Zahlen. Diese Idee lässt sich mathema-
tisch präzisieren; sie bedarf aber einer etwas langatmigen Umsetzung. Aus diesem
Grund bevorzugen wir hier einen *axiomatischen Zugang* zur Menge $\mathbb{R}$ der reellen
Zahlen. Wir beschreiben $\mathbb{R}$ durch ein System von Axiomen, welche die reellen
Zahlen bis auf *Isomorphie* (d.h. strukturelle Eindeutigkeit) festlegen.

Zu diesem Zweck setzen wir zunächst nur voraus, dass das Tripel $(\mathbb{R}, +, \cdot)$
bezüglich der Relation $\leq$ ein angeordneter Körper ist. Mit der Festsetzung $\mathbb{K} := \mathbb{R}$
gelten also die Körperaxiome (K1)–(K3) in 3.3.4. Das additive Inverse zu x wird
mit $-x$ bezeichnet; für das multiplikative Inverse zu x ($x \neq 0$) schreiben wir x^{-1}
bzw. $1/x$. Das Multiplikationszeichen wird häufig weggelassen, d.h. wir schreiben
xy anstelle von $x \cdot y$. Des Weiteren gelten die Ordnungsaxiome (O1)–(O3) in 3.3.4.
Anstelle von $x \leq y$ (Sprechweise: x ist *kleiner oder gleich* y) schreiben wir in der
Folge auch $y \geq x$ (Sprechweise: y ist *größer oder gleich* x). Gilt $x \leq y$ und $x \neq y$,
so schreibt man $x < y$ (Sprechweise: x ist *echt* (oder *strikt*) *kleiner* als y) bzw.
$y > x$ (Sprechweise: y ist *echt* (oder *strikt*) *größer* als x). Gilt $x > 0$ bzw. $x < 0$,
so nennt man x *positiv* bzw. *negativ*.

Wir geben zunächst einige grundlegende Regeln im Umgang mit Ungleichungen
für reelle Zahlen an, die *allein* aus den Körperaxiomen (K1)–(K3) sowie den
Anordnungsaxiomen (O1)–(O3) folgen.

3.4.2 Rechengesetze für Ungleichungen

Für beliebige reelle Zahlen x, y, z, w gilt:

(i) Aus $x \leq y$ folgt $-x \geq -y$.

(ii) Aus $x \leq y$ und $z \leq 0$ folgt $x \cdot z \geq y \cdot z$.

(iii) Für jedes $x \in \mathbb{R}$ gilt $x^2 \geq 0$.

(iv) Es gilt $1 > 0$.

(v) Aus $x \leq y$ und $z \leq w$ folgt $x + z \leq y + w$.

(vi) Aus $x \leq y$, $y \geq 0$ und $0 \leq z \leq w$ folgt $x \cdot z \leq y \cdot w$.

(vii) Aus $x > 0$ und $y > 0$ (bzw. $y < 0$) folgt $x \cdot y > 0$ (bzw. $x \cdot y < 0$).

(viii) Aus $x < y$ und $z > 0$ (bzw. $z < 0$) folgt $x \cdot z < y \cdot z$ (bzw. $x \cdot z > y \cdot z$).

(ix) Aus $0 < x < y$ folgt $0 < y^{-1} < x^{-1}$.

BEWEIS: (i): Es sei $x \leq y$. Aus (O2) ergibt sich

$$x + (-x - y) \leq y + (-x - y)$$

und damit $-y \leq -x$.

(ii): Es sei $x \leq y$ sowie $z \leq 0$. Nach (i) gilt $-z \geq 0$, und aus (O3) folgt

$$x \cdot (-z) \leq y \cdot (-z).$$

Wegen $x \cdot (-z) = -x\,z$ und $y \cdot (-z) = -y\,z$ erhalten wir aus (i) $x \cdot z \geq y \cdot z$.

(iii): Es sei $x \in \mathbb{R}$. Ist $x \geq 0$, so folgt aus (O3) die Ungleichung $x^2 \geq x \cdot 0 = 0$. Ist dagegen $x \leq 0$, so folgt aus (i) $-x \geq 0$ und damit aus (O3) $(-x) \cdot (-x) = x^2 \geq 0$. (Man beachte $-x = (-1) \cdot x$ sowie $(-1)^2 = 1$.)

(iv): Aus (iii) folgt $1 = 1^2 \geq 0$ und somit wegen $1 \neq 0$ auch $1 > 0$.

(v)–(viii): Der Beweis dieser Aussagen ist eine einfache Übungsaufgabe.

(ix): Es gelte $0 < x < y$. Aus $1 = x^{-1} \cdot x > 0$ und (vii) folgt $x^{-1} > 0$. (Im Fall $x^{-1} < 0$ wäre $1 < 0$.) Analog erhalten wir $y^{-1} > 0$. Multipliziert man die Ungleichungen $0 < x < y$ mit y^{-1}, so ergibt sich aus (viii)

$$0 < x \cdot y^{-1} < y \cdot y^{-1} = 1$$

und nach Multiplikation mit x^{-1} das Resultat $0 < y^{-1} < x^{-1}$. $\square$

3.4.3 $\mathbb{N}$, $\mathbb{Z}$ und $\mathbb{Q}$ als Teilmengen von $\mathbb{R}$

Wenn wir wollen, können wir „unbelastet" von allen bisherigen Kenntnissen über natürliche, ganze und rationale Zahlen die Mengen $\mathbb{N}$, $\mathbb{Z}$ und $\mathbb{Q}$ allein aufgrund der Axiome (K1)–(K3) und (O1)–(O3), denen der Körper $(\mathbb{R}, +, \cdot)$ genügt, „wiederentdecken". Zunächst wissen wir nur, dass es mindestens zwei reelle Zahlen 0 und 1 gibt, wobei nach 3.4.2 (iv) $0 < 1$ gilt. Addiert man auf beiden Seiten dieser Ungleichung 1 hinzu, so folgt mit 3.4.2 (v) und der Tatsache, dass 0 neutrales Element bezüglich der Addition ist, die Ungleichung $1 \leq 1 + 1$. Da weder $1 + 1 = 0$ noch $1 + 1 = 1$ gelten kann (im ersten Fall würde $1 \leq 0$ folgen, was der Ungleichung $0 < 1$ widerspricht, im zweiten Fall würde sich durch Addition des Additiv–Inversen zu 1 auf beiden Seiten der Gleichung $1 + 1 = 0$ der Widerspruch $1 = 0$ ergeben), muss $1 + 1$ ein von 0 und 1 verschiedenes Element von $\mathbb{R}$ sein. Bezeichnen wir dieses Element mit $2 := 1 + 1$ und setzen $3 := 2 + 1$, $4 := 3 + 1$ usw., so ergibt sich mit den gleichen Überlegungen wie oben, dass durch fortgesetzte Addition von 1 lauter verschiedene reelle Zahlen $1, 2, 3, \ldots$ entstehen, die *strukturell* (d.h. bezüglich der Addition, der Multiplikation und der Anordnung) nicht von der Menge $\mathbb{N}$ der natürlichen Zahlen zu unterscheiden sind.

Selbst eine offensichtlich erscheinende Aussage wie

$$\text{Für jedes } n \in \mathbb{N} \text{ gilt entweder } n = 1 \text{ oder } n \geq 2 \tag{3.14}$$

erfordert aber einen erneuten Beweis, da von der auf $\mathbb{R}$ definierten Relation $\leq$ nur die Axiome (O1)–(O3) benutzt werden dürfen. Wir müssen an dieser Stelle sozusagen „vergessen", dass wir früher für natürliche Zahlen eine mit dem gleichen Symbol $\leq$ bezeichnete Relation durch die Festsetzung „$m \leq n$, falls $m + l = n$ für ein $l \in \mathbb{N}_0$" definiert haben. Für einen Nachweis von (3.14) beachte man, dass die Behauptung offenbar für $n = 1$ und $n = 2 = 1 + 1$ richtig ist. Die allgemeine Aussage folgt dann aus 3.4.2 (v) und vollständiger Induktion.

Die negativen ganzen Zahlen sind die additiv–inversen $-1, -2, \ldots$ der soeben „wiederentdeckten" natürlichen Zahlen, und eine rationale Zahl p/q wird als $q^{-1} \cdot p$ „wiederentdeckt". Dabei sind p und q zwei „wiederentdeckte" ganze Zahlen mit $q \neq 0$, und q^{-1} ist das multiplikative inverse Element zu q, welches nach dem Körperaxiom (K2) existiert. Insofern können wir die Mengen $\mathbb{N}$, $\mathbb{Z}$ und $\mathbb{Q}$ als Teilmengen von $\mathbb{R}$ ansehen. Auch selbstverständlich erscheinende Aussagen wie

$$\text{Ist } n \in \mathbb{Z}, \text{ so gibt es kein } m \in \mathbb{Z} \text{ mit } n < m < n + 1 \qquad (3.15)$$

bedürfen streng genommen eines Beweises. Hier liefert die Annahme $n < m < n + 1$ mit $m, n \in \mathbb{Z}$ durch Addition von $-(n - 1)$ aufgrund des Axioms (O2) die Ungleichung $1 < m - n + 1 < 2$. Wegen $m > n$ gilt aber $m - n \in \mathbb{N}$ (auch diese Aussage müsste eigentlich zunächst bewiesen werden) und somit auch $m - n + 1 \in \mathbb{N}$. Letzteres steht wegen $1 < m - n + 1 < 2$ aber im Widerspruch zu (3.14).

Bevor wir auf den wesentlichen Aspekt beim Übergang von $\mathbb{Q}$ zum erweiterten Zahlbereich $\mathbb{R}$ eingehen, sollen noch eine wichtige Eigenschaft des *arithmetischen Mittels* $(x + y)/2$ zweier reeller Zahlen x und y sowie die grundlegende Dreiecksungleichung vorgestellt werden.

3.3 Satz.
Sind x und y reelle Zahlen, so folgt aus $x < y$ die Ungleichungskette

$$x < \frac{x + y}{2} < y.$$

BEWEIS: Es gelte $x < y$. Aus $x \neq y$ folgt zunächst

$$x = \frac{x}{2} + \frac{x}{2} \neq \frac{x}{2} + \frac{y}{2} = \frac{x + y}{2}.$$

Wegen $1/2 > 0$ (verwende 3.4.2 (ix) und (3.14)) sowie $x/2 < y/2$ (benutze 3.4.2 (viii)) liefert das Axiom (O2)

$$x = \frac{x}{2} + \frac{x}{2} \leq \frac{x}{2} + \frac{y}{2} = \frac{x + y}{2}$$

und damit $x < (x + y)/2$. Analog folgt $(x + y)/2 < y$. $\qquad \square$

3.4.4 Die Dreiecksungleichung

Die in Beispiel 2.17 eingeführte Betragsfunktion $x \mapsto |x|$ mit $|x| := x$, falls $x \geq 0$ und $|x| := -x$, sonst, besitzt die Eigenschaft $|x| \geq 0$, $x \in \mathbb{R}$. Dabei ist $|x| = 0$ genau dann, wenn $x = 0$ gilt. Ferner genügt die Betragsfunktion den folgenden einfachen aber gleichwohl sehr wichtigen Ungleichungen:

3.4 Satz. (Dreiecksungleichungen)
Für alle $x, y \in \mathbb{R}$ gilt

$$|x + y| \leq |x| + |y|, \tag{3.16}$$

$$||x| - |y|| \leq |x - y|. \tag{3.17}$$

BEWEIS: Aus der Definition der Betragsfunktion folgt zunächst $x \leq |x|$ und $y \leq |y|$. Mit 3.4.2 (v) ergibt sich

$$x + y \leq |x| + |y|. \tag{3.18}$$

Analog erhält man aus $-x \leq |x|$ und $-y \leq |y|$ die Ungleichung

$$-(x + y) \leq |x| + |y|,$$

was zusammen mit (3.18) Ungleichung (3.16) liefert. Aus (3.16) folgt

$$|x| = |x - y + y| \leq |x - y| + |y| \qquad \text{sowie} \qquad |y| = |y - x + x| \leq |x - y| + |x|.$$

Subtrahiert man in diesen Ungleichungen $|y|$ bzw. $|x|$, so folgt (3.17). $\square$

3.4.5 Obere und untere Schranke, Beschränktheit

Da der Körper der rationalen Zahlen ebenfalls den Axiomen (K1)–(K3) und (O1)–(O3) genügt, fehlt zur vollständigen Beschreibung der reellen Zahlen mindestens ein weiteres Axiom, welches die Tatsache widerspiegeln sollte, dass die Menge der reellen Zahlen auf der Zahlengeraden keine „Lücken hinterlässt", also in einem gewissen Sinn *vollständig* ist. Für die Fomulierung dieses sogenannten *Vollständig-keitsaxioms* benötigen wir noch eine Begriffsbildung.

Es sei $M \subset \mathbb{R}$ eine nichtleere Menge. Eine Zahl $y \in \mathbb{R}$ heißt *obere Schranke* von M, falls gilt:

$$x \leq y \qquad \text{für jedes } x \in M.$$

Besitzt M eine obere Schranke, so heißt M *nach oben beschränkt*. Eine Zahl $y \in \mathbb{R}$ heißt *untere Schranke* von M, falls gilt:

$$x \geq y \qquad \text{für jedes } x \in M.$$

Eine Menge M heißt *nach unten beschränkt*, wenn sie eine untere Schranke besitzt. Eine Menge M heißt *beschränkt*, falls sie sowohl nach oben als auch nach unten beschränkt ist.

3.4.6   Supremum und Infimum

Ist y eine obere Schranke einer nach oben beschränkten Menge M, so ist offenbar auch jede Zahl z mit der Eigenschaft $y \leq z$ eine obere Schranke von M. Eine analoge Aussage gilt für untere Schranken. Diese Beobachtung motiviert die folgenden Definitionen.

(i) Eine obere Schranke s von M heißt *Supremum* von M, falls sie die *kleinste obere Schranke* von M ist, d.h. falls die Ungleichung $s \leq y$ für jede obere Schranke y von M gilt. In diesem Fall schreibt man

$$\sup M := s.$$

(ii) Eine untere Schranke t von M heißt *Infimum* von M, falls sie die *größte untere Schranke* von M ist, d.h. falls die Ungleichung $y \leq t$ für jede untere Schranke y von M gilt. In diesem Fall schreibt man

$$\inf M := t.$$

Die Schreibweise in (i) ist dadurch gerechtfertigt, dass die Zahl s eindeutig bestimmt ist. Wäre nämlich s' eine weitere kleinste obere Schranke von M, so würde sowohl $s \leq s'$ gelten (da s die kleinste und s' *eine* obere Schranke ist) als auch (unter Vertauschung der Rollen von s und s') die Ungleichung $s' \leq s$ erfüllt sein, was nach dem Axiom (O1) die Gleichheit $s = s'$ zur Folge hat. Auch das Infimum einer Menge ist eindeutig bestimmt.

3.5 Beispiel.

Es sei $y \in \mathbb{R}$. Das Intervall $M := (-\infty, y)$, also die Menge $\{x \in \mathbb{R} : x < y\}$, ist nach oben beschränkt, denn y ist eine obere Schranke von M. Anschaulich ist klar, dass y als rechter Endpunkt des Intervalls die kleinste obere Schranke von M sein sollte. Setzen wir $s := \sup M$, so folgt nach Definition des Supremums zunächst die Ungleichung $s \leq y$. Es gilt aber auch die umgekehrte Ungleichung $s \geq y$, denn wäre $s < y$, so gelte für die Zahl $z := (s+y)/2$ wegen Satz 3.3 sowohl $s < z$ als auch $z \in M$, was im Widerspruch zur Annahme steht, dass s eine obere Schranke von M ist.

3.6 Beispiel.

Die Menge

$$M := \{x \in \mathbb{Q} : x \geq 0 \land x^2 < 2\}$$

rationaler Zahlen ist nach oben beschränkt. Ist nämlich $y \in \mathbb{R}$ mit $y \geq 0$ und $y^2 > 2$, so folgt $x^2 < y^2$ und damit auch $x < y$ für jedes $x \in M$. Für die kleinste obere Schranke s von M (sofern diese überhaupt existiert) muss $s \geq 0$ und $s^2 = 2$ gelten, was nach den in Beispiel 1.4.8 angestellten Überlegungen zumindest für $s \in \mathbb{Q}$ unmöglich ist. In diesem Sinne sind also die rationalen Zahlen „lückenhaft".

3.7 Beispiel.
Nach dem Prinzip des kleinsten Täters ist die Menge $\mathbb{N}$ der natürlichen Zahlen
nach unten beschränkt, und es gilt $1 = \inf \mathbb{N}$ (siehe auch (3.14)).

3.4.7 Das Vollständigkeitsaxiom

Die Situation von Beispiel 3.6 ruft geradezu nach einem Grundpostulat, welches
garantiert, dass Mengen wie die dort angegebene Menge M rationaler Zahlen
zumindest im Zahlbereich $\mathbb{R}$ eine kleinste obere Schranke besitzen. Dieses sogenannte *Vollständigkeitsaxiom* lautet wie folgt:

(O4) Jede nichtleere und nach oben beschränkte Teilmenge von $\mathbb{R}$ besitzt ein
   Supremum.

Das Axiom (O4) garantiert nicht nur die Existenz des Supremums einer nach
oben beschränkten Menge, sondern auch die des Infimums einer nichtleeren und
nach unten beschränkten Menge. Ist nämlich $M \neq \emptyset$ eine nach unten beschränkte
Menge, so ist die Menge

$$-M := \{-x : x \in M\}$$

nach oben beschränkt, und es gilt $\sup(-M) = -\inf(M)$.

Man kann zeigen (siehe z.B. Schmersau und Koepf, 2000) dass es „bis auf No-
menklaturunterschiede" nur *einen* angeordneten angeordneten Körper $(\mathbb{K}, +, \cdot)$
gibt, der zusätzlich zu den Ordnungsaxiomen (O1)–(O3) in 3.3.4 auch noch dem
Vollständigkeitsaxiom (O4) genügt. Damit liefert die folgende Definition eine
vollständige Beschreibung der reellen Zahlen:

Die *reellen Zahlen* sind ein dem Vollständigkeitsaxiom (O4) genügender angeordneter Körper $(\mathbb{R}, +, \cdot)$.

3.4.8 Das Prinzip des Archimedes

Der Beweis des nachfolgenden Resultats über die Unbeschränktheit der Menge
der natürlichen Zahlen sowie des daraus resultierenden Prinzips des Archimedes[4]
benutzt erstmalig das Vollständigkeitsaxiom (O4).

3.8 Satz. (Unbeschränktheit der natürlichen Zahlen)
Die Menge $\mathbb{N}$ der natürlichen Zahlen ist nicht nach oben beschränkt.

BEWEIS: Wir nehmen indirekt an, die Menge $\mathbb{N}$ sei nach oben beschränkt. Nach dem
Axiom (O4) existiert dann die reelle Zahl $y := \sup \mathbb{N}$. Da y die *kleinste* obere Schranke

---

[4]Archimedes (287(?)–212 v. Chr.). Archimedes war der bedeutendste antike Mathematiker,
von seinem Leben ist aber nur wenig bekannt. Erhalten sind 11 seiner Werke zu den drei The-
mengebieten *Inhaltsbestimmung krummliniger Flächen und Körper*, *Geometrische Statik und
Hydrostatik* und *arithmetische Probleme*.

von $\mathbb{N}$ ist, kann wegen $y - 1 < y$ die Zahl $y - 1$ keine obere Schranke von $\mathbb{N}$ sein. Es gibt also ein $n \in \mathbb{N}$ mit der Eigenschaft $y - 1 < n$. Damit ist $y < n + 1$, und wegen $n + 1 \in \mathbb{N}$ kann y keine obere Schranke von $\mathbb{N}$ sein, was jedoch der Definition von y widerspricht. □

3.9 Satz. (Prinzip des Archimedes)
Sind x, y positive reelle Zahlen, so gibt es ein $n \in \mathbb{N}$ mit $n \cdot x > y$.

BEWEIS: Wir nehmen an, dass die Behauptung nicht richtig ist. Dann gilt $n \cdot x \leq y$ für jedes $n \in \mathbb{N}$, was bedeutet, dass die Zahl y/x eine obere Schranke der Menge $\mathbb{N}$ ist. Dieser Widerspruch zu Satz 3.8 beweist den Satz. □

3.10 Folgerung.
Besitzt die Zahl $x \geq 0$ die Eigenschaft $x \leq 1/n$ für jedes $n \in \mathbb{N}$, so folgt $x = 0$.

BEWEIS: Wäre $x > 0$, so gäbe es nach dem Prinzip des Archimedes ein $n \in \mathbb{N}$ mit $n \cdot x > 1$, also $x > 1/n$ im Widerspruch zur Voraussetzung. □

3.4.9   Maximum und Minimum

Es sei $M \subset \mathbb{R}$ eine nichtleere Menge. Gibt es eine obere Schranke y von M mit der Eigenschaft $y \in M$, so heißt y *größtes Element* von M oder *Maximum* von M, und man setzt

$$\max M := y.$$

Eine untere Schranke z von M mit der Eigenschaft $z \in M$ heißt *kleinstes Element* von M oder auch *Minimum* von M, und man schreibt

$$\min M := z.$$

Ist $M = \{x_1, \ldots, x_n\}$ eine endliche Menge reeller Zahlen (vgl. 3.5.1), so schreibt man auch

$$\max(x_1, x_2, \ldots, x_n) := \max M$$
$$\min(x_1, x_2, \ldots, x_n) := \min M.$$

Zum Beispiel ist $\max(3, 7, 2) = 7$.

Besitzt eine Menge $M \subset \mathbb{R}$ ein Maximum, so ist dieses eindeutig bestimmt. Außerdem gilt dann

$$\sup M = \max M.$$

Ebenso ist das Minimum einer Menge M im Falle seiner Existenz eindeutig bestimmt, und es gilt $\inf M = \min M$.

Es gibt beschränkte Teilmengen von $\mathbb{R}$ wie etwa das *offene* Intervall $(a, b) := \{x \in \mathbb{R} : a < x < b\}$, die zwar nach dem Vollständigkeitsaxiom (O4) sowohl ein

Supremum als auch ein Infimum, aber weder ein Maximum noch ein Minimum besitzen. Nimmt man jedoch zum Intervall (a, b) die Endpunkte a und b hinzu, so besitzt das so entstehende *abgeschlossene* Intervall $[a, b] := \{x \in \mathbb{R} : a \le x \le b\}$ das Minimum a und das Maximum b.

Das folgende Resultat zur Existenz größter bzw. kleinster Elemente verallgemeinert das Prinzip des kleinsten Täters.

3.11 Satz. (Existenz maximaler und minimaler Elemente)
Jede nach oben bzw. nach unten beschränkte nichtleere Teilmenge von $\mathbb{Z}$ besitzt ein größtes bzw. ein kleinstes Element.

BEWEIS: Wir zeigen die zweite Aussage und nehmen dazu an, dass $M \subset \mathbb{Z}$ eine nach unten beschränkte Menge mit $M \ne \emptyset$ ist. Ist $y \in \mathbb{R}$ eine untere Schranke von M, so liefert das Prinzip des Archimedes die Existenz eines $m \in \mathbb{Z}$ mit der Eigenschaft $m + 1 \le y$. (Warum?) Dann ist auch $m + 1$ eine untere Schranke von M, und es folgt $x - m \ge 1$ für jedes $x \in M$. Ist dann z ein kleinstes Element von $\{x - m : x \in M\}$, so ist $z + m$ ein kleinstes Element von M. Wir können also $M \subset \mathbb{N}$ voraussetzen.

Wir nehmen jetzt an, dass M kein kleinstes Element besitzt und zeigen mittels vollständiger Induktion, dass daraus für jedes $n \in \mathbb{N}$ die Ungleichung

$$n < m, \qquad m \in M, \tag{3.19}$$

folgt. Für $n = 1$ ist (3.19) richtig. Andernfalls wäre nämlich $1 \in M$, d.h. 1 wäre ein kleinstes Element von M. Jetzt nehmen wir an, dass (3.19) für ein $n \in \mathbb{N}$ richtig ist. Daraus folgt $n + 1 \le m$ für jedes $m \in M$, was bedeutet, dass $n + 1$ eine untere Schranke von M ist. Weil wir angenommen haben, dass M kein kleinstes Element besitzt, folgt $n + 1 \notin M$, also $n + 1 < m$ für jedes $m \in \mathbb{N}$. Somit gilt (3.19) auch für $n + 1$ und folglich für jedes $n \in \mathbb{N}$, was jedoch wegen $M \ne \emptyset$ nicht möglich ist. Diese Überlegungen zeigen, dass M ein kleinstes Element besitzt. $\qquad\square$

3.4.10 *g*-adische Darstellung reeller Zahlen

Wegen Satz 3.11 ist die in Beispiel 2.19 eingeführte Funktion $x \mapsto \text{floor}(x)$ wohldefiniert. Für jedes $x \in \mathbb{R}$ gilt

$$x = n + r$$

mit $n = \text{floor}(x) \in \mathbb{Z}$ und $0 \le r < 1$. Diese Darstellung ist eindeutig. Ist nämlich $x = m + s$ für ein $m \in \mathbb{Z}$ und $0 \le s < 1$ und nehmen wir etwa $n > m$ an, so folgt

$$0 < n - m = s - r \le s < 1$$

im Widerspruch zur Aussage (3.14). Es gibt also genau ein $n \in \mathbb{Z}$ mit der Eigenschaft $n \le x < n + 1$. Etwas allgemeiner gilt:

3.12 Satz. (Division mit Rest)

Es sei $a \in \mathbb{R}$ mit $a > 0$. Dann besitzt jedes $x \in \mathbb{R}$ eine eindeutige Darstellung der Gestalt

$$x = n \cdot a + r$$

mit $n \in \mathbb{Z}$ und $0 \leq r < a$.

BEWEIS: Es gibt ein eindeutig bestimmtes $n \in \mathbb{Z}$ mit $n \leq x/a < n+1$, d.h. $na \leq x < (n+1)a$. Mit der Festsetzung $r := x - na$ folgt dann

$$0 \leq r < (n+1) \cdot a - n \cdot a = a$$

und somit die gewünschte eindeutige Darstellung von x.   □

3.13 Satz. (g-adische Entwicklung)

Es seien $g \in \mathbb{N}$ mit $g \geq 2$ und $x \in \mathbb{R}$ mit $x > 0$. Dann gibt es ein eindeutig bestimmtes $k \in \mathbb{Z}$ mit $g^k \leq x < g^{k+1}$ sowie eindeutig bestimmte Zahlen $c_k, c_{k-1}, c_{k-2}, \ldots$ aus $\{0, 1, \ldots, g-1\}$ mit $c_k \neq 0$, so dass für jedes $l \in \mathbb{Z}$ mit $l \leq k$ die folgenden Ungleichungen gelten:

$$x \geq c_k g^k + c_{k-1} g^{k-1} + \ldots + c_l g^l, \tag{3.20}$$

$$x < c_k g^k + c_{k-1} g^{k-1} + \ldots + c_l g^l + g^l. \tag{3.21}$$

BEWEIS: Wie in Beispiel 3.2 beweist man mittels vollständiger Induktion die Ungleichung $g^n \geq n$, $n \in \mathbb{N}$. Zusammen mit dem Prinzip des Archimedes folgt, dass die Menge $M := \{n \in \mathbb{Z} : g^{n+1} > x\}$ nichtleer ist. Das Archimedische Prinzip liefert auch die Existenz eines $m \in \mathbb{N}$ mit $x > m^{-1} \geq g^{-m}$. Aus $n \in M$, d.h. $g^{n+1} > x$, folgt $n+1 \geq -m$ (andernfalls wäre $g^{n+1} \leq g^{-m} \leq x$), was bedeutet, dass $-m-1$ eine untere Schranke von M darstellt. Bezeichnen wir das nach Satz 3.11 existierende eindeutig bestimmte kleinste Element von M mit k, so gilt einerseits $g^{k+1} > x$ und andererseits $g^k \leq x$, also $g^k \leq x < g^{k+1}$. Verwenden wir jetzt den soeben bewiesenen Satz über die Division mit Rest, wobei wir in der dort verwendeten Bezeichnung $a := g^k$ setzen, so folgt die eindeutige Darstellung

$$x = c_k \, g^k + x_k$$

mit $c_k \in \mathbb{Z}$ und $0 \leq x_k < g^k$. Dabei gelten $c_k \neq 0$ (wegen $g^k \leq x$) sowie $c_k \leq g-1$ (wegen $x < g^{k+1}$).

   Wir unterscheiden jetzt die beiden Fälle $x_k = 0$ und $x_k \neq 0$. Im ersten Fall sind wir fertig, da (3.20) und (3.21) mit der Festsetzung $c_{k-j} := 0$ für jedes $j \geq 1$ gelten. Für den Fall $x_k \neq 0$ benutzen wir den Satz von der Division mit Rest mit $a := g^{k-1}$ sowie x_k anstelle von x und erhalten die eindeutige Darstellung

$$x_k = c_{k-1} \, g^{k-1} + x_{k-1}$$

mit $c_{k-1} \in \mathbb{Z}$ und $0 \leq x_{k-1} < g^{k-1}$. Wegen $0 \leq x_k < g^k$ gilt $c_{k-1} \in \{0, \ldots, g-1\}$. Induktiv finden wir jetzt für jedes $j \in \mathbb{N}$ eindeutig bestimmte Zahlen $c_{k-j} \in \{0, \ldots, g-1\}$ und x_{k-j} mit $0 \leq x_{k-j} < g^{k-j}$, so dass gilt:

$$x_{k-j} = c_{k-j} \, g^{k-j} + x_{k-j}, \qquad j \in \mathbb{N}.$$

Nach Konstruktion von $c_k, c_{k-1}, \ldots$ gelten die Ungleichungen (3.20) und (3.21). $\quad\square$

Für $g = 10$ erhält man die *Dezimaldarstellung* und für $g = 2$ die *Dualdarstellung* von x. Ist x eine natürliche Zahl, so gilt $c_i = 0$ für $i < 0$. Auch die Umkehrung dieser Aussage ist richtig. Es kann nicht vorkommen, dass $c_{k-i} = g-1$ *für fast alle* $i \in \mathbb{N}$, d.h. es gibt kein $j \in \mathbb{N}$ mit $c_{k-i} = g-1$ für jedes $i \geq j$. Im Dezimalsystem kann es also keine „9-er Perioden" geben. Verantwortlich dafür ist die sogenannte geometrische Reihe, die wir in 5.2.2 kennen lernen werden.

Ist x eine rationale Zahl, so gilt entweder $c_{k-i} = 0$ für fast alle $i \in \mathbb{N}$ oder die g-adische Darstellung ist *periodisch*. Letzteres bedeutet, dass sich ein bestimmtes „endliches Ziffernmuster" immer wiederholt.

3.4.11 Die Bernoulli–Ungleichung

Es sei x eine reelle Zahl mit der Eigenschaft $x > -1$. Dann gilt für jedes $n \in \mathbb{N}$ die mit $A(n)$ bezeichnete Aussage

$$(1 + x)^n \geq 1 + nx.$$

Der Beweis dieser nach dem Schweizer Mathematiker Jakob Bernoulli[5] benannten Ungleichung wird mittels vollständiger Induktion geführt. Der Induktionsanfang besteht im Nachweis der Gültigkeit von $A(1)$. In der Tat gilt für jedes $x \in \mathbb{R}$

$$(1 + x)^1 = 1 + x \geq 1 + x.$$

Mit dem Induktionsschluss ist nachzuweisen, dass für jede beliebige natürliche Zahl n die Implikation $A(n) \implies A(n + 1)$ richtig ist. Unter der Voraussetzung der Gültigkeit von $A(n)$ folgt für jede reelle Zahl x mit der Eigenschaft $x > -1$, also $1 + x > 0$, die Gleichungs–Ungleichungskette

$$(1 + x)^{n+1} = (1 + x)^n \cdot (1 + x) \geq (1 + nx) \cdot (1 + x)$$
$$= 1 + nx + x + nx^2 \geq 1 + (n + 1)x$$

und somit die Gültigkeit von $A(n + 1)$. $\quad\square$

3.4.12 Summen– und Produktzeichen

Sind $a_1, \ldots, a_n$ reelle Zahlen, so steht die Notation

$$\sum_{j=1}^{n} a_j := a_1 + a_2 + \ldots + a_n \tag{3.22}$$

---

[5]Jakob Bernoulli (1654–1705), ab 1687 Professor in Basel. Jakob Bernoulli (Jakob I) steht am Anfang einer großen Schweizer Gelehrtendynastie und gilt als einer der bedeutendsten Mathematiker seiner Zeit. Von herausragender Bedeutung ist seine 1713 posthum veröffentlichte *Ars conjectandi.*

für die *Summe* der Zahlen $a_1, a_2, \ldots, a_n$. In gleicher Weise steht

$$\prod_{j=1}^{n} a_j := a_1 \cdot a_2 \cdot \ldots \cdot a_n \qquad (3.23)$$

abkürzend für das *Produkt* der Zahlen $a_1, a_2, \ldots, a_n$.

In Verallgemeinerung von (3.22) und (3.23) setzt man für $k, m \in \mathbb{Z}$ mit $k \leq m$

$$\sum_{j=k}^{m} a_j := a_k + a_{k+1} + a_{k+2} + \ldots + a_{m-1} + a_m, \qquad (3.24)$$

$$\prod_{j=k}^{m} a_j := a_k \cdot a_{k+1} \cdot a_{k+2} \cdot \ldots \cdot a_{m-1} \cdot a_m. \qquad (3.25)$$

Dabei sind $a_k, a_{k+1}, \ldots, a_m$ reelle Zahlen. Die Zahlen k und m heißen die *untere* bzw. die *obere Grenze* der Summation bzw. Produktbildung, der Buchstabe j der *Laufindex*. Im Falle der Summation nennt man j auch den *Summationsindex*.

Für das Verständnis dieser Notationen ist es hilfreich, den links stehenden Ausdruck in (3.24) als *Laufanweisung* aufzufassen. Ein MAPLE–Programm zur Berechnung der Summe der Zahlen $a_3, a_4, \ldots, a_{11}$ hat die folgende Gestalt:

$$k := 3; \qquad m := 11; \qquad x := 0;$$

for j from k to m do

x $:= x + a[j]$

od:

Das Programm verwendet die Variable x für die zu berechnende Summe und setzt zunächst den Wert dieser Summe als 0 an. Danach wird dem Laufindex j der Wert des unteren Summationsindex, also in diesem Fall 3, zugewiesen und zum aktuellen Wert x der Summe (also 0) die Zahl a_3 addiert. Sodann wird der Summationsindex j um 1, also in unserem Fall auf den Wert 4, erhöht. Solange der Wert von j kleiner oder gleich m (in unserem Fall 11) ist, wird nun eine Schleife durchlaufen, deren Durchlauf bewirkt, dass zum jeweils aktuellen Wert x der Summe die Zahl a_j addiert wird. So beträgt etwa der aktuelle Wert der Summe nach dem vierten Schleifendurchlauf $a_3 + a_4 + a_5 + a_6$. Hat der Summationsindex nach neunmaliger Erhöhung den Wert 12 (> 11) erreicht, endet das Programm mit dem Verlassen der Schleife. Der Wert der Summe beträgt dann $a_3 + \ldots + a_{11}$.

Um das Produkt $a_3 \cdot a_4 \cdot \ldots \cdot a_{11}$ zu berechnen, muss das eben vorgestellte Programm an nur zwei Stellen abgeändert werden. In der ersten Zeile ist 0 durch 1 zu ersetzen (das zu berechnende Produkt wird zu Beginn auf 1 gesetzt), und in der dritten Zeile muss das Summationszeichen + durch das Produktzeichen · ersetzt werden.

Oft liegen auch andere Indexmengen als $\{1, \ldots, n\}$ vor. Ist I eine nichtleere Menge mit n Elementen, und ist $A = \{a_i : i \in I\}$ eine Menge reeller Zahlen, so definiert man

$$\sum_{i \in I} a_i := \sum_{i=1}^{n} a_{f(i)},$$

wobei f eine beliebige Bijektion von $\{1, \ldots, n\}$ auf A ist. Wegen der Kommutativität der Addition ist diese Definition unabhängig von der speziellen Wahl von f. Analog definiert man das Produkt

$$\prod_{i \in I} a_i := \prod_{i=1}^{n} a_{f(i)}.$$

Ist etwa $I = \{2, 7, 9, 10\}$, so ist

$$\sum_{i \in I} a_i = a_2 + a_7 + a_9 + a_{10}.$$

Schließlich definiert man die *leere Summe* und das *leere Produkt* durch

$$\sum_{i \in \emptyset} a_i := 0, \qquad \prod_{i \in \emptyset} a_i := 1$$

bzw. durch *unmögliche Laufanweisungen* wie z.B.

$$\sum_{j=1}^{0} a_j := 0, \qquad \sum_{j=15}^{-2} a_j := 0, \qquad \prod_{j=2}^{0} a_j := 1, \qquad \prod_{j=7}^{4} a_j := 1.$$

3.5   Elemente der Kombinatorik

Auf wie viele Weisen kann man aus 12 Personen einen vierköpfigen Ausschuss bilden? Wie viele verschiedene Tippreihen gibt es beim Zahlenlotto 6 aus 49? In wie vielen sechsstelligen Zahlen tritt genau zweimal die Ziffer 4 auf? Wie viele Möglichkeiten gibt es, 10 Kabel mit 10 Anschlüssen zu verbinden?

Diese Fragen haben eine wesentliche Gemeinsamkeit: Es geht immer darum, die *Anzahl der Elemente einer endlichen Menge*, etwa der Menge aller vierköpfigen Ausschüsse aus 12 Personen, zu bestimmen. Derartige Probleme bereiten erfahrungsgemäß Schwierigkeiten, da zusätzlich zu dem Aspekt des *Abzählens* der Elemente einer Menge vorab ein weiteres Problem zu lösen ist, nämlich die verbal beschriebenen Möglichkeiten *mathematisch zu fassen* (zu „modellieren"), also etwa einen vierköpfigen Ausschuss aus 12 Personen in der Sprache der Mathematik zu beschreiben.

Die „Kunst des geschickten Abzählens" wird *Kombinatorik* genannt. In diesem Abschnitt lernen wir die Grundbegriffe und wichtigsten Prinzipien dieser mathematischen Teildisziplin kennen.

3.5.1 Endliche Mengen, Kardinalzahlen

Für jedes $n \in \mathbb{N}$ bezeichne

$$N_n := \{k \in \mathbb{N} : k \leq n\} = \{1, 2, \ldots, n\}$$

die Menge aller natürlichen Zahlen, die kleiner oder gleich n sind.

(i) Eine nichtleere Menge A heißt *endlich*, wenn ein $n \in \mathbb{N}$ sowie eine bijektive Abbildung $f : N_n \to A$ existieren. In diesem Fall heißt n *Kardinalzahl* (oder *Kardinalität*) von A, und man schreibt

$$\operatorname{card} A := n \qquad \text{bzw.} \qquad |A| := n.$$

(ii) Eine nichtleere Menge A heißt *unendlich*, wenn sie nicht endlich ist. In diesem Fall schreibt man

$$\operatorname{card} A := \infty \qquad \text{bzw.} \qquad |A| := \infty.$$

Es ist zweckmäßig, auch die leere Menge $\emptyset$ als *endlich* zu bezeichnen. Ferner setzt man

$$\operatorname{card} \emptyset = |\emptyset| := 0.$$

Ist A eine endliche Menge mit $\operatorname{card} A = n \in \mathbb{N}_0$, so spricht man auch von einer *n-elementigen Menge*. Die Zahl n wird die *Anzahl der Elemente* von A genannt.

Ist $f : N_n \to A$ eine Bijektion, und setzt man $f(k) =: a_k$, so gilt $A = \{a_1, \ldots, a_n\}$ mit $a_i \neq a_j$ für $i \neq j$, d.h. die Elemente von A sind von 1 bis n „durchnummeriert". Im Folgenden werden wir meist mit der Menge $N_n = \{1, 2, \ldots, n\}$ als *Prototyp* einer Menge mit n Elementen arbeiten.

3.5.2 Fundamentalprinzipien des Zählens

Alle Gesetze der Kombinatorik beruhen auf zwei intuitiv einleuchtenden Grundregeln des Zählens, der *Additionsregel* und der *Multiplikationsregel*. Die Additions- und Multiplikationsregel besagen im einfachsten Fall, dass die Anzahl der Elemente der Vereinigung zweier endlicher *disjunkter* Mengen die Summe der Elementanzahlen der beiden Mengen ist, und dass es $m \cdot n$ geordnete Paare (a, b) gibt, wenn a aus einer m-elementigen und b aus einer n-elementigen Menge gewählt werden können (s.a. Bild 1.2). In allgemeinerer Form lauten die Additions- und die Multiplikationsregel für Kardinalzahlen wie folgt:

3.14 Satz. (Additions- und Multiplikationsregel für Kardinalzahlen)
Es seien $B_1, \ldots, B_k$ $(k \geq 2)$ endliche Mengen.

(i) *Sind* $B_1, \ldots, B_k$ *paarweise disjunkt, so folgt*

$$\text{card}\left(\bigcup_{j=1}^{k} B_j\right) = \sum_{j=1}^{k} \text{card}\, B_j. \tag{3.26}$$

(ii) *Es gilt*

$$\text{card}\left(\bigtimes_{j=1}^{k} B_j\right) = \prod_{j=1}^{k} \text{card}\, B_j. \tag{3.27}$$

BEWEIS: Es reicht, beide Aussagen für den Fall $k = 2$ zu beweisen; der allgemeine Fall ergibt sich dann durch Induktion. Zum Nachweis von (i) sei $m := |B_1|$ und $n := |B_2|$. Es gibt Bijektionen $f : N_m \to B_1$ und $g : N_n \to B_2$. Dann ist die durch $h(j) := f(j)$, falls $j \in \{1, \ldots, m\}$ und $h(j) := g(j - m)$, falls $j \in \{m+1, \ldots, m+n\}$, eine Bijektion von N_{m+n} auf $B_1 \cup B_2$, was (i) beweist. Der Nachweis von (ii) erfolgt bei fixierter Menge B_1 durch Induktion über $n := |B_2|$. □

Da das kartesische Produkt $\bigtimes_{j=1}^{k} B_j$ der Mengen $B_1, \ldots, B_k$ die Menge aller k-Tupel $(b_1, b_2, \ldots, b_k)$ mit $b_j \in B_j$ $(j = 1, \ldots, k)$ ist, steht die Kardinalzahl von $\bigtimes_{j=1}^{k} B_j$ für die Anzahl der Möglichkeiten, die Komponenten eines k-Tupels so zu wählen, dass es für die j-te Komponente $|B_j|$ Möglichkeiten gibt. Insbesondere bei der mathematischen Modellierung von Prozessabläufen erfolgt die Wahl der Komponenten *sequentiell*, d.h. erst Wahl von b_1, *danach* Wahl von b_2 usw. In derartigen Fällen kann die Menge der für die Wahl von b_j zur Verfügung stehenden Komponenten von den zuvor gewählten Komponenten $b_1, \ldots, b_{j-1}$ abhängen. In der Folge verwenden wir auch häufig die anschauliche Formulierung, dass die k „Plätze" eines k-Tupels „besetzt werden". In Verallgemeinerung der Multiplikationsregel (3.27) gilt das folgende Resultat, dessen Beweis völlig analog zum Nachweis von (3.27) mit Hilfe vollständiger Induktion geführt werden kann.

3.15 Satz. (Erweiterte Multiplikationsregel für Kardinalzahlen)
Es sollen k-Tupel $(b_1, b_2, \ldots, b_k)$ gebildet werden, indem man die k Plätze des Tupels nacheinander von links nach rechts besetzt.

Gibt es	j_1	*Möglichkeiten für die Wahl von*	b_1,
gibt es (dann)	j_2	*Möglichkeiten für die Wahl von*	b_2,
	$\vdots$		
gibt es (dann)	j_{k-1}	*Möglichkeiten für die Wahl von*	b_{k-1}, *und*
gibt es (dann)	j_k	*Möglichkeiten für die Wahl von*	b_k,

so lassen sich insgesamt $\prod_{l=1}^{k} j_l = j_1 \cdot j_2 \cdot \ldots \cdot j_{k-1} \cdot j_k$ verschiedene k-Tupel bilden.

3.5.3   Fußballtoto und Zahlenlotto

Als Beispiel für die Anwendung der Multiplikationsregel (3.27) betrachten wir
die Ergebnisse der *11er Wette* im deutschen *Fußball-Toto*. Bei der *11er Wette*
kann an jedem Wochenende für 11 im voraus bekannte Spielpaarungen jeweils
eine der Möglichkeiten „1" ($\hat{=}$ Heimsieg), „0" ($\hat{=}$ Unentschieden) oder „2" ($\hat{=}$
Auswärtssieg) angekreuzt werden. Die Ergebnisse stellen sich hier als 11–Tupel
dar, wobei an jeder Stelle des Tupels eine der drei Möglichkeiten 0,1 oder 2 stehen
kann. Nach der Multiplikationsregel (3.27) (mit $k = 11$ und $B_j = \{0, 1, 2\}$ für
$j = 1, \ldots, 11$) ist die Anzahl dieser 11–Tupel durch $3^{11} = 177\,147$ gegeben.

Ein Beispiel für die Erweiterte Multiplikationsregel bilden die Ziehungen im
Zahlenlotto 6 aus 49. Der Ziehungsvorgang besteht darin, einer Trommel mit 49
Kugeln *nacheinander* 6 Kugeln als Gewinnzahlen zu entnehmen (wobei von der
Zusatzzahl abgesehen wird). Betrachten wir die Ziehung der 6 Zahlen *in zeitlicher
Reihenfolge* und besetzen die j-te Stelle eines 6–Tupels mit der j-ten gezogenen
Zahl b_j, so gibt es

$$
\begin{array}{llll}
        & 49 \text{ Möglichkeiten für die Wahl von} & b_1, \\
(\text{dann}) & 48 \text{ Möglichkeiten für die Wahl von} & b_2, \\
(\text{dann}) & 47 \text{ Möglichkeiten für die Wahl von} & b_3, \\
(\text{dann}) & 46 \text{ Möglichkeiten für die Wahl von} & b_4, \\
(\text{dann}) & 45 \text{ Möglichkeiten für die Wahl von} & b_5, \\
(\text{dann}) & 44 \text{ Möglichkeiten für die Wahl von} & b_6,
\end{array}
$$

insgesamt also $49 \cdot 48 \cdot 47 \cdot 46 \cdot 45 \cdot 44 = 10\,068\,347\,520$ Möglichkeiten für den
Ziehungsverlauf *in zeitlicher Reihenfolge*. Dabei kommt es für die Anzahl der
Möglichkeiten bei der Wahl von b_j im Fall $j \geq 2$ nicht darauf an, *welche* $j - 1$
Gewinnzahlen vorher gezogen wurden, sondern nur darauf, dass vor dem j–ten
Zug noch $49 - (j - 1)$ Zahlen zur Verfügung stehen.

3.5.4   Permutationen

Ist M eine n-elementige Menge, so heißt ein k-Tupel $(a_1, a_2, \ldots, a_k)$ mit Komponenten aus M eine *k-Permutation aus M mit Wiederholung* (von lateinisch
permutare: wechseln, vertauschen).

Die Menge aller k-Permutationen aus M (mit Wiederholung) ist somit das in
1.3.9 definierte k-fache kartesische Produkt

$$
M^k = \{(a_1, a_2, \ldots, a_k) : a_j \in M \text{ für } j = 1, \ldots, k\}.
$$

Das optionale Attribut *mit Wiederholung* bedeutet, dass Elemente aus M im k-
Tupel $(a_1, a_2, \ldots, a_k)$ mehrfach auftreten dürfen (aber nicht müssen!). Im Sinne
dieser neuen Terminologie sind die Ergebnisse der 11er Wette 11-Permutationen
aus $\{0, 1, 2\}$ mit Wiederholung.

Gewisse Permutationen zeichnen sich durch besondere Eigenschaften aus:

Ist $(a_1, a_2, \ldots, a_k)$ eine k-Permutation aus M mit verschiedenen Komponenten, gilt also $a_i \neq a_j$ für $i \neq j$, so nennt man $(a_1, \ldots, a_k)$ eine *k-Permutation aus M ohne Wiederholung*

Permutationen ohne Wiederholung gibt es nur im Fall $k \leq n$. In diesem Sinne haben wir in 3.5.3 die Ermittlung der 6 Gewinnzahlen im zeitlichen Ziehungsverlauf als 6-Permutation aus $\{1, 2, \ldots, 49\}$ ohne Wiederholung modelliert.

Falls nichts anderes vereinbart ist, werden wir im Folgenden stets den Prototyp $M = \{1, 2, \ldots, n\}$ einer n-elementigen Menge wählen und dann auch von k-Permutationen (mit bzw. ohne Wiederholung) der *Zahlen* $1, 2, \ldots, n$ sprechen. Die Menge aller k-Permutationen mit (bzw. ohne) Wiederholung aus $\{1, 2, \ldots, n\}$ sei mit $\mathrm{Per}_k^n(mW)$ (bzw. $\mathrm{Per}_k^n(oW)$) bezeichnet, also

$$\mathrm{Per}_k^n(mW) := \{(a_1, \ldots, a_k) : a_j \in \{1, \ldots, n\} \text{ für } j = 1, \ldots, k\},$$
$$\mathrm{Per}_k^n(oW) := \{(a_1, \ldots, a_k) \in \mathrm{Per}_k^n(mW) : a_i \neq a_j \text{ für } 1 \leq i \neq j \leq k\}.$$

Aus der Multiplikationsregel (3.27) bzw. aus der Erweiterten Multiplikationregel (Satz 3.15) ergeben sich die folgenden Anzahlformeln für k-Permutationen. Dabei verwenden wir die allgemeine abkürzende Notation

$$x^{\underline{l}} := x \cdot (x-1) \cdot (x-2) \cdot \ldots \cdot (x-l+1) \tag{3.28}$$

$(x \in \mathbb{R}, \; l \in \mathbb{N}; \; x^{\underline{0}} := 1)$ (sogenannte *l-te untere Faktorielle von x*).

3.16 Satz. (Anzahl der Permutationen mit und ohne Wiederholung)
Es gilt:

(a) $\mathrm{card}\,\mathrm{Per}_k^n(mW) = n^k$,

(b) $\mathrm{card}\,\mathrm{Per}_k^n(oW) = n^{\underline{k}}, \qquad k \leq n.$

Wir möchten abschließend noch einen wichtigen Spezialfall hervorheben. Ist M eine n-elementige Menge, so heißen die n-Permutationen aus M ohne Wiederholung kurz *Permutationen* von M. Begrifflich äquivalent hierzu ist die Definition der Permutation als *bijektive Abbildung* f der Menge M auf sich selbst. Im Fall $M = \{1, \ldots, n\}$ kann die Abbildungsvorschrift $j \mapsto f(j)$ $(j = 1, \ldots, n)$ kompakt in Form des n-Tupels $(f(1), f(2), \ldots, f(n))$ beschrieben werden. Häufig findet man hier auch die Darstellung

$$\begin{pmatrix} 1 & 2 & 3 & \ldots & n-1 & n \\ f(1) & f(2) & f(3) & \ldots & f(n-1) & f(n) \end{pmatrix},$$

d.h. man schreibt das Bild $f(j)$ von j *unter* die Zahl j.

Nach Satz 3.16 (b) (mit $k := n$) gibt es $n \cdot (n-1) \cdot (n-2) \cdot \ldots \cdot 2 \cdot 1$ Permutationen einer n-elementigen Menge, also z.B. 6 $(= 3 \cdot 2 \cdot 1)$ Permutationen der

Menge $\{1, 2, 3\}$ (nämlich (1,2,3), (1,3,2), (2,1,3), (2,3,1) (3,1,2) und (3,2,1)). Zum begrifflichen Verständnis dieses Resultats sei noch einmal an die Entstehung der Erweiterten Multiplikationsregel erinnert: Eine bijektive Abbildung der Menge $\{1, 2, \ldots, n\}$ auf sich selbst ist eindeutig durch das n-Tupel $(f(1), f(2), \ldots, f(n))$ von Zahlen beschrieben. Wegen der Injektivität von f treten im Tupel keine gleichen Zahlen auf, was insbesondere zur Folge hat, dass jede der Zahlen $1, 2, \ldots, n$ genau einmal vorkommt. Für die erste Komponente des Tupels, d.h. für $f(1)$, gibt es n Möglichkeiten, nämlich jede der Zahlen $1, 2, \ldots, n$, *danach* für die zweite Komponente, d.h. für $f(2)$, noch $n - 1$ Möglichkeiten usw.

Ist $n \in \mathbb{N}$, so wird das Produkt der ersten n natürlichen Zahlen mit

$$n! := 1 \cdot 2 \cdot \ldots \cdot n$$

(lies: „n Fakultät" [6]) bezeichnet. Ferner setzt man $0! := 1$.

Die Fakultät kann induktiv mittles $0! := 1$ und

$$(n + 1)! := n! \cdot (n + 1), \qquad n \in \mathbb{N}_0.$$

definiert werden.

Die eingangs gestellte Frage nach der Anzahl der Möglichkeiten, 10 Kabel mit 10 Anschlüssen zu verbinden, kann jetzt schnell beantwortet werden. Denken wir uns die 10 Anschlüsse und die 10 Kabel jeweils von 1 bis 10 durchnummeriert, so ist eine *Verbindung* in eindeutiger Weise durch eine Permutation $(b_1, b_2, \ldots, b_{10})$ festgelegt (mit der Deutung $b_j :=$ Nummer des Kabels, das mit Anschluss Nr. j verbunden wird). Die Anzahl aller möglichen Anschlüsse ist somit $10! = 3\,628\,400$, eine wahrlich große Zahl!

3.5.5 Kombinationen

Stellen Sie sich vor, 9 nicht unterscheidbare Würfel würden gleichzeitig geworfen. Einer der Würfel zeige eine 1, keiner eine 2, zwei eine 3, zwei eine 4, keiner eine 5 und vier der Würfel eine 6. Eine natürliche Möglichkeit, diese Information in eindeutiger Weise kompakt darzustellen, bildet das gemäß der Kleiner–Gleich–Relation angeordnete 9-Tupel $(1, 3, 3, 4, 4, 6, 6, 6, 6)$. Im Sinne der nachstehenden Terminologie handelt es sich hierbei um eine *9-Kombination der Zahlen $1, 2, \ldots, 6$ mit Wiederholung.*

Jede k-Permutation $(a_1, \ldots, a_k)$ der Zahlen $1, 2, \ldots, n$ mit der Anordnungs-Eigenschaft $a_1 \leq a_2 \leq \ldots \leq a_k$ heißt *k-Kombination aus $\{1, 2, \ldots, n\}$ mit Wiederholung*.

---

[6]Die Bezeichnung $n!$ wurde 1808 von dem Straßburger Arzt und Mathematiker Christian Kramp (1760–1826), seit 1809 Professor in Straßburg, eingeführt.

Wie bei Permutationen besitzt auch hier der Fall besonderes Interesse, dass alle Komponenten des k-Tupels verschieden sind, was wiederum nur für $k \leq n$ möglich ist:

Jede k-Permutation $(a_1, \ldots, a_k)$ der Zahlen $1, 2, \ldots, n$ mit $a_1 < a_2 < \ldots < a_k$ heißt *k-Kombination aus* $\{1, 2, \ldots, n\}$ *ohne Wiederholung*.

Soll etwa aus 12 von 1 bis 12 durchnummerierten Personen ein vierköpfiger Ausschuss mit den Personen Nr. 3, 4, 8 und 10 gebildet werden, so kann man diese Ausschuss-Zusammenstellung in *eindeutiger* Weise durch die 4-Kombination $(3, 4, 8, 10)$ beschreiben. Äquivalent dazu kann die Zusammenstellung auch durch die Angabe der *Teilmenge* $\{3, 4, 8, 10\}$ von $\{1, 2 \ldots, 12\}$ beschrieben werden.

Wir schreiben

$$\mathrm{Kom}_k^n(mW) := \{(a_1, \ldots, a_k) : 1 \leq a_1 \leq a_2 \leq \ldots \leq a_k \leq n\},$$
$$\mathrm{Kom}_k^n(oW) := \{(a_1, \ldots, a_k) : 1 \leq a_1 < a_2 < \ldots < a_k \leq n\}$$

für die Menge der k-Kombinationen aus $\{1, 2, \ldots, n\}$ mit bzw. ohne Wiederholung. Zur Formulierung eines Resultates über die Anzahl solcher Kombinationen benötigen wir die folgende Begriffsbildung.

Für $m, l \in \mathbb{N}_0$ mit der Eigenschaft $l \leq m$ ist der *Binomialkoeffizient* [7] „m über l" durch

$$\binom{m}{l} := \frac{m!}{l! \cdot (m-l)!} \tag{3.29}$$

definiert.

Eine für praktische Berechnungen zweckmäßigere Darstellung des Binomialkoeffizienten ist

$$\binom{m}{l} = \frac{m \cdot (m-1) \cdot \ldots \cdot (m-l+1)}{1 \cdot 2 \cdot \ldots \cdot l} = \frac{m^l}{l!}.$$

Es gilt also z.B. $\binom{5}{2} = (5 \cdot 4)/(1 \cdot 2) = 10$.

3.17 Satz. *Es gilt:*

(a) $\mathrm{card}\,\mathrm{Kom}_k^n(mW) = \binom{n+k-1}{k}$,

(b) $\mathrm{card}\,\mathrm{Kom}_k^n(oW) = \binom{n}{k}$, $\qquad k \leq n$.

---

[7] Binomialkoeffizienten finden sich in der 1544 erschienenen *Arithmetica integra* des evangelischen Pfarrers und Mathematikers Michael Stifel (1487?–1567). Die *Namensgebung* Binomialkoeffizient tritt auf bei dem Mathematiker und Schriftsteller Abraham Gotthelf Kästner (1719–1800), Professor in Leipzig und später in Göttingen, ab 1763 Leiter der Göttinger Sternwarte. Die heute übliche *Notation* führte 1826 der Physiker und Mathematiker Andreas Freiherr von Ettingshausen (1796–1878) ein. Von Ettingshausen übernahm 1853 das von Johann Christian Doppler (1803–1853) gegründete Physikalische Institut der Universität Wien.

BEWEIS: Wir beweisen zunächst die Gültigkeit der Aussage b). Da die Komponenten jeder k-Kombination $(a_1, a_2, \ldots, a_k)$ ohne Wiederholung aufgrund der Erweiterten Multiplikationsregel auf $k!$ verschiedene Weisen vertauscht werden können und somit zu $k!$ verschiedenen k-*Permutationen* von $\{1, 2, \ldots, n\}$ führen, und da andererseits jede k-Permutation ohne Wiederholung durch eine (eventuelle) Permutation ihrer nach aufsteigender Größe sortierten Komponenten erhalten werden kann, folgt

$$| \operatorname{Kom}_k^n(oW)| = \frac{1}{k!} \cdot |\operatorname{Per}_k^n(oW)| = \frac{n^{\underline{k}}}{k!} = \binom{n}{k}.$$

Um (a) zu zeigen, verwenden wir die soeben bewiesene Aussage sowie einen kleinen Trick. Wir werden nämlich darlegen, dass es genauso viele k-Kombinationen mit Wiederholung aus $\{1, 2, \ldots, n\}$ wie k-Kombinationen *ohne* Wiederholung aus $\{1, 2, \ldots, n + k - 1\}$ gibt. Da letztere Anzahl aus Teil b) bekannt ist, folgt dann wie behauptet

$$| \operatorname{Kom}_k^n(mW)| = |\operatorname{Kom}_k^{n+k-1}(oW)| = \binom{n + k - 1}{k}. \tag{3.30}$$

Sei hierzu $a = (a_1, a_2, \ldots, a_k)$ eine beliebige Kombination aus $Kom_k^n(mW)$, also $1 \leq a_1 \leq a_2 \leq \ldots \leq a_k \leq n$. Wir transformieren die eventuell gleichen Komponenten dieser Kombination in eine strikt aufsteigende Zahlenfolge, indem wir sie „auseinanderziehen" und

$$b_j := a_j + j - 1 \qquad j = 1, \ldots, k, \tag{3.31}$$

setzen. Offensichtlich gilt jetzt nämlich

$$1 \leq b_1 < b_2 < \ldots < b_k \leq n + k - 1, \tag{3.32}$$

d.h. $b = (b_1, b_2, \ldots, b_k)$ ist eine k-Kombination aus $\{1, 2, \ldots, n + k - 1\}$ ohne Wiederholung. Da bei der durch (3.31) definierten Zuordnung verschiedene a's in verschiedene b's übergehen und da andererseits jedes b mit (3.32) durch die zu (3.31) inverse „Zusammenzieh–Abbildung"

$$a_j := b_j - j + 1 \qquad j = 1, \ldots, k,$$

in ein a aus $\operatorname{Kom}_k^n(mW)$ transformiert wird, ist das erste Gleichheitszeichen in (3.30) gezeigt und somit Behauptung a) bewiesen. $\square$

3.5.6   Bedeutung der Binomialkoeffizienten

Der Binomialkoeffizient $\binom{n}{k}$ gibt die Anzahl aller k-elementigen Teilmengen einer n-elementigen Menge A (o.B.d.A. sei $A = \{1, 2, \ldots, n\}$) an, formal:

$$\binom{n}{k} = \operatorname{card}\left(\{B : B \subset \{1, 2, \ldots, n\} \wedge \operatorname{card} B = k\}\right). \tag{3.33}$$

Hierbei ist wegen $\binom{n}{0} = 1$ auch der Fall $k = 0$, d.h. die leere Menge, mit eingeschlossen.

Es gibt also zum Beispiel 6 $(= \binom{4}{2})$ 2-elementige Teilmengen von $\{1,2,3,4\}$, nämlich $\{1,2\}$, $\{1,3\}$, $\{1,4\}$, $\{2,3\}$, $\{2,4\}$ und $\{3,4\}$, und $\binom{12}{4} = 495$ vierköpfige Ausschüsse aus 12 Personen sowie $\binom{49}{6} = 13\,983\,816$ verschiedene Tippreihen beim Zahlenlotto 6 aus 49.

Das Resultat (3.33) folgt unmittelbar aus Satz 3.17 b), wenn man sich vor Augen führt, dass jede k-Kombination $(a_1, a_2, \ldots, a_k)$ ohne Wiederholung aus $\{1,2,\ldots,n\}$ in umkehrbar eindeutiger Weise durch die k-elementige Teilmenge $\{a_1, a_2, \ldots, a_k\}$ von $\{1,2,\ldots,n\}$ beschrieben werden kann. Diese Bedeutung der Binomialkoeffizienten spiegelt sich auch in der wichtigen *Rekursionsformel*

$$\binom{n+1}{k} = \binom{n}{k-1} + \binom{n}{k}, \qquad k = 1, 2, \ldots, n, \tag{3.34}$$

wider. Diese folgt *begrifflich* (d.h. ohne formales Ausrechnen aus der Definition der Binomialkoeffizienten), wenn man die linke Seite als Anzahl aller k-elementigen Teilmengen der Menge $\{1, 2, \ldots, n, n+1\}$ deutet. Die beiden Summanden auf der rechten Seite von (3.34) ergeben sich durch Anwendung der Additionsregel (3.26) nach Unterscheidung dieser Teilmengen danach, ob sie das Element $n+1$ enthalten (in diesem Fall müssen noch $k-1$ Elemente aus $\{1,2,\ldots,n\}$ gewählt werden) oder nicht (dann sind k Elemente aus $\{1,2,\ldots,n\}$ auszuwählen).

Die *Anfangsbedingungen*

$$\binom{n}{0} = \binom{n}{n} = 1, \qquad \binom{n}{1} = n,$$

liefern zusammen mit (3.34) das Bildungsgesetz des in Bild 3.2 dargestellten *Pascalschen*[8] *Dreiecks*.

Auch die *binomische Formel*

$$(x+y)^n = \sum_{k=0}^{n} \binom{n}{k} \cdot x^k \cdot y^{n-k} \tag{3.35}$$

ergibt sich *begrifflich* (d.h. ohne Induktionsbeweis), indem man sich die linke Seite in der Form

$$(x+y) \cdot (x+y) \cdot \ldots \cdot (x+y)$$

(n Faktoren) ausgeschrieben denkt. Beim Ausmultiplizieren dieses Ausdrucks entsteht das Produkt $x^k \cdot y^{n-k}$ ($k \in \{0, 1, 2, \ldots, n\}$) immer dann, wenn aus genau k

---

[8]Blaise Pascal (1623–1662), Mathematiker und Physiker. Hauptarbeitsgebiete: Geometrie (Kegelschnitte, Zykloide), Hydrostatik, Wahrscheinlichkeitsrechnung (Lösung des Teilungsproblems von L. Pacioli), Infinitesimalrechnung. Die umfangreichen Rechenaufgaben seines Vaters, der Steuerinspektor in Rouen war, veranlassten ihn zum Bau einer Rechenmaschine (1642), wobei er innerhalb von 2 Jahren 50 Modelle baute, bevor 1652 das endgültige Modell der *Pascaline* fertiggestellt war. 1662 erhielt Pascal ein Patent für die *carrosses à cinq sols*, die erste Pariser Omnibuslinie.

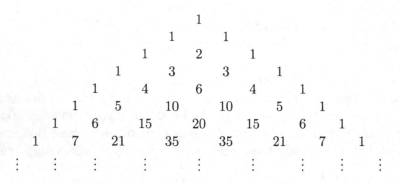

Bild 3.2: Pascalsches Dreieck

der n Klammern x gewählt wurde. Da es $\binom{n}{k}$ Möglichkeiten gibt, k der n Klammern als „x-Klammern" zu deklarieren, folgt (3.35).

Im Pascalschen Dreieck springt die Symmetrieeigenschaft

$$\binom{n}{k} = \binom{n}{n-k} \tag{3.36}$$

ins Auge. Diese folgt *begrifflich*, d.h. ohne Rechnung, wenn man bedenkt, dass jeder k-elementigen Teilmenge B von $\{1,\ldots,n\}$ in eineindeutiger Weise eine $(n-k)$-elementige Teilmenge entspricht, nämlich das Komplement von B.

Außerdem erkennt man, dass die Summe der Binomialkoeffizienten jeder Zeile des Pascalschen Dreiecks eine Potenz von 2 ist. Diese Eigenschaft, also

$$\sum_{k=0}^{n} \binom{n}{k} = 2^n,$$

folgt sofort aus der binomischen Formel (3.35), wenn $x = y = 1$ gesetzt wird. Da es genau $\binom{n}{k}$ k-elementige Teilmengen einer n-elementigen Menge gibt und jede Teilmenge entweder 0-elementig (d.h. die leere Menge) oder 1-elementig oder 2-elementig usw. ist, ergibt sich unmittelbar, dass eine n-elementige Menge 2^n Teilmengen besitzt, also

$$\operatorname{card}(\{B : B \subset A\}) = 2^n, \quad \text{falls } \operatorname{card} A = n. \tag{3.37}$$

Ein weiterer begrifflicher Beweis dieses Resultates benutzt die Tatsache, dass jede Teilmenge von $\{1, 2, \ldots, n\}$ in eineindeutiger Weise einer n-Permutation mit Wiederholung aus $\{0, 1\}$ zugeordnet werden kann, und zwar über die Vorschrift $B \mapsto (a_1, \ldots, a_n)$ mit $a_j := 1$, falls $j \in B$, und $a_j := 0$, sonst. So entspricht etwa der Teilmenge $\{2, 5\}$ der Menge $\{1, 2, 3, 4, 5\}$ das 5-Tupel $(0, 1, 0, 0, 1)$. Da es nach der Multiplikationsregel 2^n n-Tupel mit Komponenten aus $\{0,1\}$ gibt, folgt (3.37).

3.18 Beispiel.

Wir wollen abschließend die eingangs gestellte Frage nach der Anzahl aller sechsstelligen natürlichen Zahlen, in denen genau zweimal die Ziffer 4 vorkommt, beantworten. Dazu benutzen wir die Additions– und Multiplikationsregel. Es sei A die Menge aller sechsstelligen natürlichen Zahlen mit der oben angegebenen Eigenschaft. Bezeichnet für $i,j \in \{1,2,3,4,5,6\}$ mit $i < j$ die Menge $A_{i,j}$ die Menge aller sechsstelligen natürlichen Zahlen, in denen ausschließlich an der i-ten und an der j-ten Stelle (von links nach rechts gelesen) die Ziffer 4 steht, so sind die Mengen $A_{i,j}$ für verschiedene Paare (i,j) und (i',j') disjunkt, so dass die Additionsregel (3.26)

$$\operatorname{card} A = \sum_{i=1}^{5} \left(\sum_{j=i+1}^{6} \operatorname{card} A_{i,j} \right) \tag{3.38}$$

liefert. Die Bestimmung von $\operatorname{card} A_{i,j}$ richtet sich danach, ob die erste Stelle eine 4 ist oder nicht, d.h. ob $i = 1$ oder $i \geq 2$ gilt. Die Menge $A_{1,j}$ besteht aus allen sechsstelligen Zahlen, die ausschließlich an der ersten und an einer weiteren (der j-ten) Stelle die Ziffer 4 aufweisen. Die Festlegung einer solchen Zahl geschieht durch die Angabe der fehlenden vier Ziffern, deren Wahl wir als Belegung der Plätze eines 4-Tupels mit Zahlen aus der 9-elementigen Menge $\{0,1,2,3,5,6,7,8,9\}$ ansehen können. Die Anzahl aller derartigen Tupel ist nach der Multiplikationsregel gleich $9^4 = 6561$. Folglich gilt

$$\operatorname{card} A_{1,j} = 9^4 = 6561, \qquad j = 2,3,4,5,6.$$

Zur Bestimmung von $\operatorname{card} A_{i,j}$ für $i \geq 2$ ist im Unterschied zu oben nur zu beachten, dass die erste Ziffer der Zahl nicht 0 sein darf (sonst wäre die Zahl nicht sechsstellig!). Analog zu oben folgt somit

$$\operatorname{card} A_{i,j} = 8 \cdot 9^3 = 5832, \qquad 2 \leq i < j \leq 6.$$

Da es $\binom{5}{2} = 10$ Paare (i,j) mit $2 \leq i < j \leq 6$ gibt (2-Kombinationen ohne Wiederholung aus einer 5-elementigen Menge!), ergibt sich die gesuchte Anzahl mit (3.38) zu

$$\operatorname{card} A = 5 \cdot 6561 + 10 \cdot 5832 = 91\,125.$$

Lernziel–Kontrolle

- Wie lautet das Axiomensystem von Peano?

- Was besagt das Prinzip der vollständigen Induktion?

- Warum gilt $\sum_{j=1}^{n} j = n(n+1)/2$, $n \in \mathbb{N}$?

- Wie sind die Addition, die Multiplikation und die Division rationaler Zahlen definiert?

- Welche Axiome zeichnen einen Körper aus?

- Wann ist ein Körper angeordnet?

- Wie rechnet man im Körper $GF(2)$?

- Was ist eine Irrationalzahl?

- Wie lautet die Dreiecksungleichung?

- Wann heißt eine Teilmenge des rellen Zahlen beschränkt bzw. nach oben beschränkt?

- Was bedeuten die Bezeichnungen $\sup M$ und $\inf M$?

- Was besagt die Eigenschaft der Vollständigkeit von $\mathbb{R}$?

- Was besagt das Prinzip des Archimedes?

- Was bedeutet „Division mit Rest"?

- Wie erhält man die g-adische Darstellung reeller Zahlen?

- Wie lässt sich $\max(x_1, x_2, \ldots, x_n)$ rekursiv bestimmen?

- Was bedeutet $\sum_{j=5}^{12} a_j$?

- Was besagen die Additions– und die Multiplikationsregel für Kardinalzahlen?

- Welcher Zusammenhang besteht zwischen den k-elementigen Teilmengen einer n-elementigen Menge und der Menge $\mathrm{Kom}_k^n(oW)$?

- Welche Gestalt besitzt das Pascalsche Dreieck?

- Wie würden Sie (ohne Zuhilfenahme eines Taschenrechners) den Binomialkoeffizienten $\binom{12}{4}$ bestimmen?

- Haben Sie die Gestalt der binomischen Formel *verstanden*?

- Wie viele siebenstellige natürliche Zahlen gibt es, die genau drei Mal die Ziffer 4 und genau ein Mal die Ziffer 9 aufweisen?

Kapitel 4

Elemente der Stochastik

Je mehr man altert, desto mehr überzeugt man sich, dass Seine heilige Majestät der Zufall gut drei Viertel der Geschäfte dieses miserablen Universums besorgt.

Friedrich II. der Große

In diesem Kapitel geben wir eine Einführung in die *Stochastik*, die „Mathematik des Zufalls". Stochastische Methoden treten in vielen Bereichen auf, so etwa in der *Medizin* (Therapievergleiche unter Unsicherheit), im *Versicherungswesen* (Prämienkalkulation), in der *Biologie* (Planung und Auswertung von Versuchen), der *Meinungsforschung* (Gewinnung repräsentativer Stichproben, Hochrechnungen) oder der *Ökonomie* (Portfolio–Analyse, „Pricing" von Finanzderivaten).

Ein spezifischer Reiz der Stochastik liegt in der *mathematischen Modellierung* zufallsbehafteter Vorgänge; historisch gesehen waren es gerade irrtümliche Modellvorstellungen bei Karten- und Würfelspielen, welche die Entwicklung dieser Disziplin entscheidend vorangetrieben haben.

4.1 Zufällige Experimente

4.1.1 Ergebnismengen

Die Menge der möglichen Ergebnisse eines stochastischen Vorgangs wird mit dem Symbol Ω bezeichnet und *Ergebnismenge* bzw. *Grundraum* genannt. Als mathematisches Objekt ist Ω eine *Menge*, und die Festlegung von Ω ist immer der erste Schritt einer stochastischen Modellbildung. In diesem Kapitel wird Ω stets eine *endliche* Menge sein.

Da es nur darauf ankommt, die Ausgänge des Experimentes zu *identifizieren*, ist die Wahl von Ω in einer konkreten Situation weitgehend willkürlich. So könnten wir beim Ziehen einer Karte aus einem Kartenspiel mit dem Grundraum $\Omega := \{\Diamond 7, \Diamond 8, \ldots, \clubsuit K, \clubsuit A\}$ arbeiten, aber genausogut $\Omega := \{1, 2, \ldots, 31, 32\}$ wählen, wenn wir alle 32 Karten gedanklich in einer vereinbarten Weise durchnummerieren und z.B. festlegen, dass $\Diamond 7$ der Zahl $1, \ldots, \clubsuit K$ der Zahl 31 und $\clubsuit A$ der Zahl 32 entspricht. Prinzipiell kann jede s-elementige Menge als Ergebnismenge für ein Zufallsexperiment mit s möglichen Ausgängen dienen!

Unter dem Aspekt der Zweckmäßigkeit sollte man jedoch stets die Rahmenbedingungen eines stochastischen Vorgangs in die Wahl von Ω einfließen lassen. So besteht ein derartiger Vorgang oft aus mehreren einzelnen Zufallsexperimenten, die nacheinander stattfinden. Werden n Einzelexperimente durchgeführt, und besitzt das j-te Einzelexperiment die Ergebnismenge Ω_j $(j = 1, \ldots, n)$, so ist das *kartesische Produkt*

$$\Omega_1 \times \Omega_2 \times \ldots \times \Omega_n = \{(a_1, a_2, \ldots, a_n) : a_1 \in \Omega_1, a_2 \in \Omega_2, \ldots, a_n \in \Omega_n\}$$

der Mengen $\Omega_1, \Omega_2, \ldots, \Omega_n$ eine *zweckmäßige* Ergebnismenge für das aus n Einzelexperimenten bestehende *Gesamtexperiment*. Die j-te Komponente a_j steht dann für das Ergebnis des j-ten Einzelexperimentes. Wird etwa ein Würfel dreimal geworfen, so ist die 216-elementige Menge $\Omega := \{(i, j, k) : i, j, k \in \{1, 2, 3, 4, 5, 6\}\}$ ein geeigneter Grundraum für dieses Experiment. Dabei bezeichnet i die Augenzahl des ersten Wurfes usw.

4.1.2 Ereignisse

Häufig interessiert nur, ob der Ausgang ω eines Zufallsexperimentes zu einer gewissen *Teilmenge* von Ω gehört. Jede Teilmenge von Ω heißt *Ereignis*. Für Ereignisse verwenden wir große lateinische Buchstaben aus dem vorderen Teil des Alphabetes, also $A, B, C, \ldots$.

Ist $A \subset \Omega$ ein Ereignis, so besagt die Sprechweise *das Ereignis A tritt ein*, dass das Ergebnis ω des Zufallsexperimentes zur Teilmenge A von Ω gehört. Durch diese Sprechweise identifizieren wir die Menge A als mathematisches Objekt mit dem anschaulichen Ereignis, dass ein Element aus A als Ausgang des Experimentes realisiert wird. Extreme Fälle sind hierbei das *sichere Ereignis* $A = \Omega$ und die leere Menge $A = \emptyset$ als *unmögliches Ereignis*. Jede einelementige Teilmenge $\{\omega\}$ von Ω heißt *Elementarereignis*.

Sind A und B Ereignisse, so können mit Hilfe mengentheoretischer Verknüpfungen (vgl. 1.3.4) neue Ereignisse wie z.B. $A \cap B$ (Durchschnitt) oder $A \cup B$ (Vereinigung) konstruiert werden. Da ω dann und nur dann zu $A \cap B$ gehört, wenn sowohl $\omega \in A$ als auch $\omega \in B$ gilt, tritt das Ereignis $A \cap B$ genau dann ein, wenn *jedes der Ereignisse A und B eintritt*. In gleicher Weise beschreibt $A \cup B$ das Ereignis, dass *mindestens eines der Ereignisse A oder B eintritt*. In direkter Verallgemeinerung hierzu beschreiben

- $A_1 \cap \ldots \cap A_n$ das Ereignis, dass *jedes* der Ereignisse $A_1, \ldots, A_n$ eintritt,

- $A_1 \cup \ldots \cup A_n$ das Ereignis, dass von den Ereignissen $A_1, \ldots, A_n$ *mindestens eines* eintritt.

In Übereinstimmung mit Definition 1.3.5 nennt man zwei Ereignisse A und B *disjunkt* oder *unvereinbar*, falls $A \cap B = \emptyset$ gilt. Disjunkte Ereignisse können somit nie zugleich eintreten. Allgemeiner sind n Ereignisse $A_1, A_2, \ldots, A_n$ (*paarweise*) *disjunkt*, wenn je zwei von ihnen unvereinbar sind, wenn also $A_i \cap A_j = \emptyset$ für jede Wahl von i und j mit $1 \le i, j \le n$ und $i \ne j$ gilt.

Ist A ein Ereignis, so beschreibt das *Komplement* oder *komplementäre Ereignis* $A^c := \{\omega : \omega \in \Omega \wedge \omega \notin A\}$ (vgl. 1.3.7) das Ereignis, dass A *nicht* eintritt.

4.1 Beispiel.
Zur Illustration diene der *zweifache Würfelwurf* mit der Ergebnismenge $\Omega := \{(i,j) : i, j \in \{1,2,3,4,5,6\}\}$, wobei i und j die Augenzahlen des ersten bzw. zweiten Wurfes angeben. Den anschaulichen Ereignissen

- der erste Wurf ergibt eine Fünf,

- die Augensumme aus beiden Würfen ist höchstens fünf,

- der zweite Wurf ergibt eine höhere Augenzahl als der erste Wurf

entsprechen die formalen Ereignisse

$$
\begin{aligned}
A &:= \{(5,1),(5,2),(5,3),(5,4),(5,5),(5,6)\} \\
&= \{(5,j) : 1 \le j \le 6\}, \\
B &:= \{(1,1),(1,2),(1,3),(1,4),(2,1),(2,2),(2,3),(3,1),(3,2),(4,1)\} \\
&= \{(i,j) \in \Omega : i+j \le 5\}, \\
C &:= \{(1,2),(1,3),(1,4),(1,5),(1,6),(2,3),(2,4),(2,5),(2,6),(3,4), \\
&\qquad (3,5),(3,6),(4,5),(4,6),(5,6)\} \\
&= \{(i,j) \in \Omega : i < j\}.
\end{aligned}
$$

Es gilt $A \cap B = \emptyset$, $B \setminus C = \{(1,1),(2,1),(2,2),(3,1),(3,2),(4,1)\}$ und $A \cap C = \{(5,6)\}$. Den komplementären Ereignissen A^c, B^c und C^c entsprechen die anschaulichen Ereignisse

- der erste Wurf ergibt *keine* Fünf,

- die Augensumme aus beiden Würfen ist *größer als* fünf,

- der zweite Wurf ergibt *keine* höhere Augenzahl als der erste Wurf.

4.1.3   Relative Häufigkeiten

Jeder wird die Chance, beim Wurf eines Eurostücks *Zahl* zu erhalten, höher
einschätzen als die Chance, beim Würfelwurf eine *Sechs* zu werfen – vielleicht,
weil es beim Wurf einer Münze nur zwei, beim Würfelwurf hingegen sechs mögliche Ergebnisse gibt. Schwieriger ist die Einschätzung der Chancen schon beim
Wurf einer Reißzwecke mit den beiden möglichen Ergebnissen 1 („Spitze nach
oben") und 0 („Spitze schräg nach unten").

Um ein Gefühl für eine mögliche Präferenz des Zufalls in dieser Situation zu
erhalten, wurde eine Reißzwecke 200 mal geworfen. Tabelle 4.1 zeigt die in zeitlicher Reihenfolge zeilenweise notierten Ergebnisse. Auszählen ergibt, dass 85 mal
„1" und 115 mal „0" auftrat. Aufgrund dieses Ergebnisses würde man vermutlich
bei *dieser* Reißzwecke die Chance für das Auftreten einer „0" im Vergleich zur
„1" bei einem weiteren Versuch etwas höher einschätzen.

```
0  0  0  1  0  0  0  1  1  0      1  1  0  1  1  0  0  0  0  1
0  1  1  0  0  0  1  0  1  1      0  1  1  1  0  0  0  0  1  0
1  0  1  0  0  0  1  0  0  1      1  1  1  0  0  0  0  0  0  1
0  0  0  0  1  1  0  1  0  0      0  0  1  0  0  1  0  0  1  1
1  0  0  0  0  1  0  0  1  1      0  0  0  1  1  0  0  0  1  1
1  1  0  1  0  0  0  0  0  1      1  1  0  0  0  1  0  1  0  1
0  0  0  1  1  1  0  1  0  1      1  0  0  1  0  0  0  0  0  1
1  0  0  1  1  1  1  1  1  0      0  0  1  1  0  1  0  1  1  0
0  1  0  1  0  0  1  0  1  1      0  0  0  0  0  0  1  1  0  1
1  1  0  0  1  1  0  1  0  1      1  0  0  0  0  1  0  0  0  0
```

Tabelle 4.1: Ergebnisse von 200 Würfen mit einer Reißzwecke

Im Folgenden soll der Begriff *Chance* als *Grad der Gewissheit* zahlenmäßig
erfasst werden. Hierzu sei Ω ein Grundraum, der die möglichen Ausgänge eines Zufallsexperimentes beschreibt. Das Experiment werde wiederholt unter gleichen Bedingungen durchgeführt und der jeweilige Ausgang notiert. Bezeichnet a_j
den Ausgang des j-ten Experimentes, so ergibt sich als Ergebnis einer n-maligen
Durchführung das n-Tupel $a := (a_1, \dots, a_n)$.

Zur Bewertung des „Gewissheitsgrades" eines Ereignisses $A \subset \Omega$ ist es nahe
liegend, von der *relativen Häufigkeit*

$$r_{n,a}(A) := \frac{1}{n} \cdot \text{card}\{j \in \{1, \dots, n\} : a_j \in A\} \tag{4.1}$$

des Eintretens von A in den n Versuchen auszugehen. Dabei betont die Schreibweise $r_{n,a}$, dass diese relative Häufigkeit nicht nur von der Anzahl n der Versuche,
sondern auch vom „Daten–Vektor" a abhängt.

Für das Reißzwecken–Beispiel sind $\Omega = \{0,1\}$, $n = 200$ und der Daten–Vektor a das zeilenweise gelesene 200-Tupel aus Tabelle 4.1. Hier gilt

$$r_{200,a}(\{1\}) = \frac{85}{200} = 0.425, \quad r_{200,a}(\{0\}) = \frac{115}{200} = 0.575.$$

Offenbar ist $r_{n,a}(A)$ in (4.1) umso größer (bzw. kleiner), je öfter (bzw. seltener) das Ereignis A in den n Experimenten beobachtet wurde. Die beiden Extremfälle sind dabei $r_{n,a}(A) = 1$ und $r_{n,a}(A) = 0$, falls A in jedem bzw. in keinem der n Versuche eintrat. Selbstverständlich kann nach Durchführung der n Versuche auch jedem anderen Ereignis als Teilmenge von Ω seine relative Häufigkeit zugeordnet werden. Dies bedeutet, dass wir das Ereignis A in (4.1) als *variabel* ansehen und die Bildung der relativen Häufigkeit als *Funktion der Ereignisse* (Teilmengen von Ω) studieren können.

Es ist leicht einzusehen, dass die durch $A \mapsto r_{n,a}(A)$ definierte Funktion $r_{n,a}$: $\mathcal{P}(\Omega) \mapsto \mathbb{R}$ bei gegebenem n-Tupel a folgende Eigenschaften besitzt:

$$0 \le r_{n,a}(A) \le 1, \qquad A \subset \Omega, \tag{4.2}$$

$$r_{n,a}(\Omega) = 1, \tag{4.3}$$

$$r_{n,a}(A \cup B) = r_{n,a}(A) + r_{n,a}(B), \qquad \text{falls } A \cap B = \emptyset. \tag{4.4}$$

Deuten wir $r_{n,a}(A)$ als *empirischen Gewissheitsgrad* für das Eintreten des Ereignisses A aufgrund der im Daten–Vektor a der Länge n enthaltenen Erfahrung über den Zufall, so stellen die Beziehungen (4.2)–(4.4) grundlegende Eigenschaften dieses empirischen Gewissheitsgrades dar.

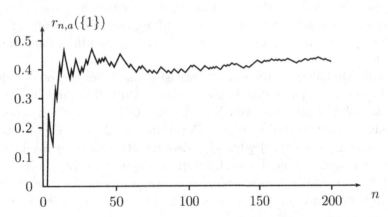

Bild 4.1: Fortlaufend notierte relative Häufigkeiten für „1" beim Reißzweckenversuch

Es ist einsichtig, dass $r_{n,a}(A)$ eine umso stärkere Aussagekraft für den Gewissheitsgrad des Eintretens von A in einem *zukünftigen* Experiment besitzt, je größer die Versuchsanzahl n ist. Dies liegt daran, dass *relative* Häufigkeiten (ganz im Gegensatz zu *absoluten* Häufigkeiten, die sich aus (4.1) durch Multiplikation mit n ergeben) bei einer wachsenden Anzahl von Experimenten, die wiederholt unter gleichen Bedingungen und „unbeeinflusst voneinander" durchgeführt werden, erfahrungsgemäß immer weniger fluktuieren und somit immer *stabiler* werden. Als Beispiel für dieses *empirische Gesetz über die Stabilisierung relativer Häufigkeiten* mögen die Daten aus Tabelle 4.1 dienen. Bild 4.1 zeigt ein Diagramm der in Abhängigkeit von n, $1 \leq n \leq 200$, aufgetragenen relativen Häufigkeiten für das Ereignis $\{1\}$, in dem eine Stabilisierung deutlich zu erkennen ist.

Es ist verlockend, die „Wahrscheinlichkeit" eines Ereignisses A durch denjenigen „Grenzwert" zu *definieren*, gegen den sich die relative Häufigkeit von A bei wachsender Anzahl wiederholter Experimente erfahrungsgemäß stabilisiert. Dieser Versuch einer Axiomatisierung der Stochastik wurde im Jahre 1919 von v. Mises[1] unternommen. Obwohl er nicht zum vollen Erfolg führte, befruchtete er jedoch die weitere Grundlagenforschung erheblich.

4.1.4 Urnen– und Teilchen/Fächer–Modelle

Viele stochastische Vorgänge lassen sich durch *Urnen–* oder durch *Teilchen/Fächer–Modelle* beschreiben. Der Vorteil einer solchen abstrakten Beschreibung besteht darin, dass alle unwesentlichen Aspekte der ursprünglich „eingekleideten" Aufgabe wegfallen. Als Beispiel betrachten wir eine Standard–Situation der *statistischen Qualitätskontrolle*: Eine Werkstatt hat eine Schachtel mit 10 000 Schrauben einer bestimmten Sorte gekauft. Die Lieferfirma behauptet, höchstens 5% der gelieferten Schrauben hielten die vorgeschriebenen Maßtoleranzen nicht ein und seien somit Ausschuss. Bei einer Prüfung von 30 rein zufällig ausgewählten Schrauben fand man 6 unbrauchbare. Sollte die Sendung daraufhin reklamiert werden?

Für die Modellierung dieses Problems ist völlig belanglos, ob es sich um Schrauben, Computerchips, Autozubehörteile oder Ähnliches handelt. Wichtig ist nur, dass eine *Grundgesamtheit* von N ($= 10\,000$) *Objekten* vorliegt, wobei wir uns als Objekte *Kugeln* vorstellen wollen. Der Tatsache, dass es *Objekte zweierlei Typs* (unbrauchbar/brauchbar) gibt, wird dadurch Rechnung getragen, dass *rote* und *schwarze* Kugeln vorhanden sind. Ersetzen wir die Schachtel durch ein im Folgenden *Urne* genanntes undurchsichtiges Gefäß, und schreiben wir r bzw. s für die Anzahl der roten bzw. schwarzen Kugeln in dieser Urne, so besteht der Urnenin-

---

[1]Richard Edler von Mises (1883–1953), ab 1909 Professor in Straßburg. Im 1. Weltkrieg Flugzeugkonstrukteur und Pilot bei der österreichisch–ungarischen Luftwaffe. 1919 Professor in Dresden und ab 1920 Professor und Direktor des neu gegründeten Institutes für Angewandte Mathematik in Berlin. 1933 Emigration in die Türkei und dort Professor in Istanbul. Ab 1939 Professor an der Harvard University, Boston. Hauptarbeitsgebiete: Numerische Mathematik, Mechanik, Hydro– und Aerodynamik, Stochastik.

halt aus insgesamt $N = r+s$ gleichartigen, sich nur in der Farbe unterscheidenden Kugeln.

Wir betrachten hier vier verschiedene Arten, k Kugeln aus einer Urne mit n gleichartigen, von 1 bis n nummerierte Kugeln zu ziehen.

(1) **Ziehen unter Beachtung der Reihenfolge mit Zurücklegen**
Nach jedem Zug wird die Nummer der gezogenen Kugel notiert und diese Kugel wieder in die Urne zurückgelegt. Bezeichnet a_j die Nummer der beim j-ten Zug erhaltenen Kugel, so ist

$$\mathrm{Per}_k^n(mW) = \{(a_1,\ldots,a_k) : 1 \leq a_j \leq n \text{ für } j = 1,\ldots,k\}$$

(k-Permutationen aus $1,2,\ldots,n$ mit Wiederholung, vgl. 3.5.4) ein angemessener Grundraum für dieses Experiment.

(2) **Ziehen unter Beachtung der Reihenfolge ohne Zurücklegen**
Erfolgt das Ziehen mit Notieren wie oben, ohne dass jedoch die jeweils gezogene Kugel wieder in die Urne zurückgelegt wird, so ist mit der Bedeutung von a_j wie oben

$$\mathrm{Per}_k^n(oW) = \{(a_1,\ldots,a_k) \in \{1,2,\ldots,n\}^k : a_i \neq a_j \text{ für } 1 \leq i \neq j \leq k\}$$

(k-Permutationen aus $1,2,\ldots,n$ ohne Wiederholung, vgl. 3.5.4) ein geeigneter Ergebnisraum. Hierbei ist $k \leq n$ vorausgesetzt.

(3) **Ziehen ohne Beachtung der Reihenfolge mit Zurücklegen**
Wird mit Zurücklegen gezogen, aber nach Beendigung aller Ziehungen nur mitgeteilt, *wie oft* jede der n Kugeln gezogen wurde, so wählen wir den Ergebnisraum

$$\mathrm{Kom}_k^n(mW) = \{(a_1,\ldots,a_k) \in \{1,2,\ldots,n\}^k : a_1 \leq \ldots \leq a_k\}$$

(k-Kombinationen aus $1,2,\ldots,n$ mit Wiederholung, vgl. 3.5.5). In diesem Fall besitzt a_j nicht die in (1) und (2) zugewiesene Bedeutung, sondern gibt die j-kleinste der Nummern der gezogenen Kugeln (mit Mehrfach–Nennung) an. So besagt etwa das Ergebnis (1, 3, 3, 6) im Fall $n = 7$ und $k = 4$, dass von den 7 Kugeln die Kugeln Nr. 1 und Nr. 6 je einmal und die Kugel Nr. 3 zweimal gezogen wurden.

(4) **Ziehen ohne Beachtung der Reihenfolge ohne Zurücklegen**
Erfolgt das Ziehen wie in (3), aber mit dem Unterschied, dass (wie beim Lotto) ohne Zurücklegen gezogen wird, so ist

$$\mathrm{Kom}_k^n(oW) = \{(a_1,\ldots,a_k) \in \{1,2,\ldots,n\}^k : a_1 < \ldots < a_k\}$$

(k-Kombinationen aus $1,2,\ldots,n$ ohne Wiederholung, ($k \leq n$), vgl. 3.5.5) ein geeigneter Grundraum. Hier bedeutet a_j die eindeutig bestimmte j-kleinste Nummer der gezogenen Kugeln.

Begrifflich äquivalent zu Urnenmodellen sind *Teilchen/Fächer–Modelle*. Dabei geht es um die Verteilung von k Teilchen (Daten) auf n von 1 bis n nummerierte Fächer (Speicher–Plätze). Die Anzahl der Besetzungen sowie der zugehörige Grundraum hängen davon ab, ob die Teilchen (Daten) unterscheidbar sind und ob Mehrfachbesetzungen (mehr als ein Teilchen pro Fach) zugelassen werden oder nicht. Um diese Anzahlen zu bestimmen, können wir die Besetzungen als geeignetes Urnenmodell mit n Kugeln und k Ziehungen interpretieren. Dazu identifizieren wir die Nummer des Teilchens mit der Nummer der Ziehung und die Nummer des Faches mit der Nummer der Kugel. Dabei entsprechen der Fall von möglichen Mehrfachbesetzungen dem Ziehen mit Zurücklegen und der Fall nicht unterscheidbarer Teilchen dem Ziehen ohne Beachtung der Reihenfolge. Tabelle 4.2 fasst die vier betrachteten Urnen– bzw. Teilchen/Fächer–Modelle schematisch zusammen.

Ziehen von k Kugeln aus einer Urne mit n Kugeln			
Verteilung von k Teilchen auf n Fächer			
Beachtung der Reihenfolge?	*Erfolgt Zurücklegen?*		
Teilchen unterscheidbar?	**Mehrfachbesetzungen erlaubt?**	Modell	Grundraum
Ja	Ja	(1)	$\mathrm{Per}_k^n(mW)$
Ja	Nein	(2)	$\mathrm{Per}_k^n(oW)$
Nein	Ja	(3)	$\mathrm{Kom}_k^n(mW)$
Nein	Nein	(4)	$\mathrm{Kom}_k^n(oW)$

Tabelle 4.2: Ziehen von k Kugeln aus einer Urne mit n Kugeln bzw. Verteilung von k Teilchen auf n Fächer

4.2   Endliche Wahrscheinlichkeitsräume

Die Frage, worauf sich eine „*Mathematik* des Zufalls" gründen sollte, war lange ein offenes Problem; erst 1933 wurde durch A. Kolmogorow[2] eine befriedigende Axiomatisierung der Wahrscheinlichkeitsrechnung erreicht.

---

[2] Andrej Nikolajewitsch Kolmogorow (1903–1987), Professor in Moskau (ab 1930), einer der bedeutendsten Mathematiker der Gegenwart, leistete u. a. fundamentale Beiträge zur Wahrscheinlichkeitstheorie, Mathematischen Statistik, Mathematischen Logik, Topologie, Maß– und Integrationstheorie, Funktionalanalysis, Informations– und Algorithmentheorie.

4.2.1 Das Axiomensystem von Kolmogorow

Der Schlüssel zum Erfolg einer mathematischen Grundlegung der Stochastik bestand darin, Wahrscheinlichkeiten nicht *inhaltlich* als „Grenz"–Werte relativer Häufigkeiten definieren zu wollen, sondern nur festzulegen, welche Eigenschaften Wahrscheinlichkeiten als mathematische Objekte *unbedingt haben sollten*. Wie in anderen mathematischen Disziplinen werden somit auch die Grundbegriffe der Stochastik nicht inhaltlich definiert, sondern nur *implizit durch Axiome* beschrieben.

Nach A.N. Kolmogorow ist ein *endlicher Wahrscheinlichkeitsraum* (kurz: *W-Raum*) ein Paar $(\Omega, \mathbb{P})$, wobei Ω eine nichtleere endliche Menge und $\mathbb{P}$ eine auf der Potenzmenge $\mathcal{P}(\Omega)$ von Ω definierte reellwertige Funktion mit folgenden Eigenschaften ist:

(i) $\mathbb{P}(A) \geq 0, \qquad A \subset \Omega,$ *(Nichtnegativität)*

(ii) $\mathbb{P}(\Omega) = 1,$ *(Normiertheit)*

(iii) $\mathbb{P}(A \cup B) = \mathbb{P}(A) + \mathbb{P}(B), \qquad$ falls $A \cap B = \emptyset.$ *(Additivität)*

Die Funktion $\mathbb{P}$ heißt *Wahrscheinlichkeitsverteilung* (kurz: *W-Verteilung*) bzw. *Wahrscheinlichkeitsmaß* auf Ω (genauer: auf den Teilmengen von Ω). $\mathbb{P}(A)$ heißt die *Wahrscheinlichkeit* (kurz: *W'*) des Ereignisses A.

4.2.2 Diskussion

Das Axiomensystem von Kolmogorow orientiert sich an den Eigenschaften (4.2)–(4.4) relativer Häufigkeiten. Es stellt einen abstrakten mathematischen Rahmen mit drei Axiomen dar, der losgelöst von jeglichen zufälligen Vorgängen angesehen werden kann und bei allen rein logischen Schlüssen aus diesen Axiomen auch so angesehen werden muss. In gewisser Weise bilden die Forderungen 4.2.1 (a), (b) und (c) nur einen Satz elementarer Spielregeln im Umgang mit Wahrscheinlichkeiten als *mathematischen Objekten.*

Was jedoch den Aspekt der Modellbildung für einen stochastischen Vorgang betrifft, sollte der W-Raum $(\Omega, \mathbb{P})$ als Modell die vorliegende Situation möglichst gut beschreiben. Im Fall eines wiederholt durchführbaren Experimentes bedeutet dies, dass die (Modell–)Wahrscheinlichkeit $\mathbb{P}(A)$ eines Ereignisses A als erwünschtes Maß für den Gewissheitsgrad des Eintretens von A in *einem* Experiment nach Möglichkeit der (nur „Meister Zufall" bekannte) „Grenzwert" aus dem empirischen Gesetz über die Stabilisierung relativer Häufigkeiten sein sollte.

Eine Konsequenz dieser Überlegungen ist, dass sich das Aufstellen und das Überprüfen von Modellen anhand von Daten (letztere Tätigkeit ist Aufgabe der *Statistik*) gegenseitig bedingen. Im Hinblick auf Anwendungen sind somit Wahrscheinlichkeitstheorie und Statistik untrennbar miteinander verbunden!

4.2.3   Folgerungen aus den Axiomen

Die folgenden Aussagen bilden „das kleine Einmaleins" im Umgang mit Wahrscheinlichkeiten. Dabei sind $A, B, A_1, A_2, \ldots, A_n$ $(n \geq 2)$ Ereignisse.

(i) $\mathbb{P}(\emptyset) = 0,$

(ii)   Sind $A_1, \ldots, A_n$ disjunkt, so gilt

$\mathbb{P}\left(\bigcup_{j=1}^{n} A_j\right) = \sum_{j=1}^{n} \mathbb{P}(A_j),$ *(Additivität)*

(iii) $0 \leq \mathbb{P}(A) \leq 1,$ *(Wertebereich von $\mathbb{P}$)*

(iv) $\mathbb{P}(A^c) = 1 - \mathbb{P}(A),$ *(komplementäre W')*

(v) $A \subset B \Longrightarrow \mathbb{P}(A) \leq \mathbb{P}(B),$ *(Monotonie)*

(vi) $\mathbb{P}(A \cup B) = \mathbb{P}(A) + \mathbb{P}(B) - \mathbb{P}(A \cap B),$ *(Additionsgesetz)*

(vii) $\mathbb{P}\left(\bigcup_{j=1}^{n} A_j\right) \leq \sum_{j=1}^{n} \mathbb{P}(A_j).$ *(Subadditivität)*

BEWEIS: (i) folgt aus den Axiomen 4.2.1 (b) und 4.2.1 (c), indem $A = \emptyset$ und $B = \Omega$ gesetzt wird. Eigenschaft (ii) ergibt sich durch Induktion aus dem Axiom 4.2.1 (c). Zum Nachweis von (iii) und (iv) benutzen wir das Axiom 4.2.1 (a) sowie die Beziehung

$$1 = \mathbb{P}(\Omega) = \mathbb{P}(A \cup A^c) \qquad \text{(nach 4.2.1 (b))}$$
$$= \mathbb{P}(A) + \mathbb{P}(A^c) \qquad \text{(nach 4.2.1 (c))}.$$

(v) folgt aus der Darstellung $B = A \cup (B \setminus A)$ zusammen mit 4.2.1 (a) und 4.2.1 (c).

Für den Nachweis des Additionsgesetzes (vi) zerlegen wir die Menge $A \cup B$ in die paarweise disjunkten Teilmengen $A \setminus B$, $A \cap B$ und $B \setminus A$. Nach dem schon bewiesenen Teil (ii) gilt dann

$$\mathbb{P}(A \cup B) = \mathbb{P}(A \setminus B) + \mathbb{P}(A \cap B) + \mathbb{P}(B \setminus A). \tag{4.5}$$

Wegen

$$\mathbb{P}(A) = \mathbb{P}(A \cap B) + \mathbb{P}(A \setminus B) \qquad \text{(da } A = (A \cap B) \cup (A \setminus B)),$$
$$\mathbb{P}(B) = \mathbb{P}(A \cap B) + \mathbb{P}(B \setminus A) \qquad \text{(da } B = (B \cap A) \cup (B \setminus A))$$

folgt durch Auflösen dieser Gleichungen nach $\mathbb{P}(A \setminus B)$ bzw. $\mathbb{P}(B \setminus A)$ und Einsetzen in (4.5) die Behauptung. (vii) ergibt sich unter Beachtung von $\mathbb{P}(A \cup B) \leq \mathbb{P}(A) + \mathbb{P}(B)$ (vgl. (vi)) durch Induktion über n. $\square$

4.2.4   Konstruktion von W-Verteilungen

Eine W-Verteilung $\mathbb{P}$ ist eine auf der *Menge aller Teilmengen* von Ω definierte Abbildung. Da schon eine 10-elementige Menge 1024 $(= 2^{10})$ Teilmengen besitzt, möchte man meinen, die Festlegung von $\mathbb{P}(A)$ für *jede* Teilmenge A von Ω unter Beachtung von 4.2.1 (a)–(c) sei bereits bei Grundräumen mit relativ wenigen Elementen ein hoffnungsloses Unterfangen. Dass dies glücklicherweise nicht zutrifft, liegt an Eigenschaft 4.2.3 (ii). Da man nämlich jede nichtleere Teilmenge A von Ω als Vereinigung endlich vieler (disjunkter!) Elementarereignisse in der Form

$$A = \bigcup_{\omega \in \Omega : \omega \in A} \{\omega\}$$

schreiben kann, liefert die Additivitätseigenschaft 4.2.3 (ii)

$$\mathbb{P}(A) = \sum_{\omega \in \Omega : \omega \in A} p(\omega). \tag{4.6}$$

Dabei haben wir der Kürze halber

$$p(\omega) := \mathbb{P}(\{\omega\})$$

geschrieben und werden dies auch weiterhin tun.

Folglich reicht es aus, jedem *Elementarereignis* $\{\omega\}$ eine Wahrscheinlichkeit $p(\omega)$ zuzuordnen. Die Wahrscheinlichkeit eines beliebigen Ereignisses A ergibt sich dann gemäß (4.6) durch Aufsummieren der Wahrscheinlichkeiten der (disjunkten) Elementarereignisse, aus denen das Ereignis A zusammengesetzt ist. Natürlich kann auch die Festlegung der Wahrscheinlichkeiten für die Elementarereignisse nicht völlig willkürlich erfolgen. Ist $\Omega = \{\omega_1, \omega_2, \ldots, \omega_s\}$ eine s-elementige Menge, so gilt ja aufgrund des Axioms 4.2.1 (a) zunächst

$$p(\omega_j) \geq 0, \qquad j = 1, 2, \ldots, s. \tag{4.7}$$

Andererseits folgt aus der Zerlegung $\Omega = \cup_{j=1}^{s} \{\omega_j\}$ zusammen mit Axiom 4.2.1 (b) und der Additivität 4.2.3 (ii) die Beziehung

$$p(\omega_1) + p(\omega_2) + \ldots + p(\omega_s) = 1. \tag{4.8}$$

Die Eigenschaften (4.7) und (4.8) sind somit *notwendige Bedingungen*, die erfüllt sein müssen, damit – von (4.7) und (4.8) ausgehend – die *Definition* von $\mathbb{P}(A)$ über Gleichung (4.6) auch tatsächlich eine Wahrscheinlichkeitsverteilung liefert, d.h. den Kolmogorowschen Axiomen genügt.

Da die Bedingungen (4.7) und (4.8) auch hinreichend dafür sind, dass gemäß (4.6) definierte Wahrscheinlichkeiten die Axiome 4.2.1 (a)–(c) erfüllen, kommt den Wahrscheinlichkeiten $p(\omega_j)$ der Elementarereignisse bei der Konstruktion eines W-Raumes entscheidende Bedeutung zu.

Anschaulich kann $p(\omega)$ als „im Punkt ω angebrachte Wahrscheinlichkeitsmasse" gedeutet werden. Die „Gesamtmasse" (Wahrscheinlichkeit) $\mathbb{P}(A)$ eines Ereignisses ergibt sich nach (4.6) durch Aufsummieren der „Einzel–Massen" der Elemente von A. Es ist üblich, zur grafischen Darstellung dieser „W-Massen" *Stab- oder Balkendiagramme* zu verwenden. Dabei wird über jedem $\omega \in \Omega$ ein Stab (Balken) der Länge $p(\omega)$ aufgetragen (Bild 4.2).

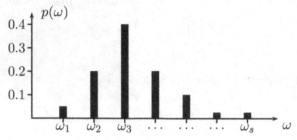

Bild 4.2:
Stabdiagramm
einer W-Verteilung

4.2.5   Laplace–Modelle

Es gibt zahlreiche Zufallsexperimente wie z.B. das Werfen eines exakt gefertigten Würfels, bei denen wir alle Ausgänge als „gleich möglich" ansehen. Eine nahe liegende Modellierung derartiger Experimente besteht darin, allen Elementarereignissen $\{\omega\}$ die gleiche Wahrscheinlichkeit $p(\omega)$ zuzuordnen. Ist $\Omega = \{\omega_1, \omega_2, \dots, \omega_s\}$ eine s-elementige Menge, so muss wegen der Summenbeziehung (4.8) notwendigerweise

$$p(\omega) = \frac{1}{s} = \frac{1}{|\Omega|}, \qquad \omega \in \Omega,$$

und folglich aufgrund der Additivitätseigenschaft 4.2.3 (ii)

$$\mathbb{P}(A) = \frac{|A|}{s} = \frac{|A|}{|\Omega|}, \qquad A \subset \Omega, \tag{4.9}$$

gelten. Die Wahrscheinlichkeit eines Ereignisses A ergibt sich somit als Quotient aus der Anzahl $|A|$ der für das Eintreten von A *günstigen Ergebnisse* zur Anzahl $s = |\Omega|$ aller möglichen Ergebnisse.

Ein Wahrscheinlichkeitsraum $(\Omega, \mathbb{P})$ mit (4.9) heißt *Laplacescher* [3] *W-Raum* (*der Ordnung s*). In diesem Fall heißt $\mathbb{P}$ die (*diskrete*) *Gleichverteilung* oder *Laplace-Verteilung* auf Ω bzw. auf $\omega_1, \dots, \omega_s$.

---

[3]Pierre Simon Laplace (1749–1827), Physiker und Mathematiker. 1773 (bezahltes) Mitglied der Pariser Akademie, 1794 Professor für Mathematik an der École Polytechnique in Paris. 1812 erschien sein Buch *Théorie analytique des probabilités*, eine Zusammenfassung des wahrscheinlichkeitstheoretischen Wissens seiner Zeit. Hauptarbeitsgebiete: Differentialgleichungen, Himmelsmechanik, Wahrscheinlichkeitsrechnung.

Wird die Gleichverteilung auf $\omega_1, \ldots, \omega_s$ zugrunde gelegt, so nennen wir einen stochastischen Vorgang auch *Laplace–Experiment*. Die Annahme eines solchen *Laplace–Modells* drückt sich in Formulierungen wie *homogene (echte) Münze, regelmäßiger (echter) Würfel, rein zufälliges Ziehen* o.Ä. aus.

4.2 Beispiel.

Es wird ein echter Würfel zweimal nach jeweils gutem Schütteln geworfen. Mit welcher Wahrscheinlichkeit tritt die Augensumme 5 auf?

Zur Beantwortung dieser Frage wählen wir den Grundraum $\Omega = \{(i,j) : 1 \leq i, j \leq 6\}$, wobei i (bzw. j) die Augenzahl des ersten (bzw. zweiten) Wurfes angibt. Da wir alle 36 Paare (i,j) als „gleich möglich" ansehen, wird ein Laplace–Modell zugrunde gelegt. Bezeichnet $A_m := \{(i,j) \in \Omega : i + j = m\}$ das Ereignis, dass die Augensumme aus beiden Würfen gleich m ist, so folgt wegen $A_5 = \{(1,4),(2,3),(3,2),(4,1)\}$ das Resultat

$$\mathbb{P}(A_5) = \frac{|A_5|}{|\Omega|} = \frac{4}{36} = \frac{1}{9}.$$

Schreibt man die 36 Elemente von Ω in „Matrix–Form" gemäß

$$
\begin{array}{cccccc}
(1,1) & (1,2) & (1,3) & (1,4) & (1,5) & (1,6) \\
(2,1) & (2,2) & (2,3) & (2,4) & (2,5) & (2,6) \\
(3,1) & (3,2) & (3,3) & (3,4) & (3,5) & (3,6) \\
(4,1) & (4,2) & (4,3) & (4,4) & (4,5) & (4,6) \\
(5,1) & (5,2) & (5,3) & (5,4) & (5,5) & (5,6) \\
(6,1) & (6,2) & (6,3) & (6,4) & (6,5) & (6,6)
\end{array}
$$

auf, so ist die Augensumme auf den von links unten nach rechts oben verlaufenden Diagonalen (wie z.B. $(4,1),(3,2),(2,3),(1,4)$) konstant. Folglich ergibt sich die Verteilung der Augensumme in der tabellarischen Form:

m	2	3	4	5	6	7	8	9	10	11	12
$\mathbb{P}(A_m)$	$\frac{1}{36}$	$\frac{2}{36}$	$\frac{3}{36}$	$\frac{4}{36}$	$\frac{5}{36}$	$\frac{6}{36}$	$\frac{5}{36}$	$\frac{4}{36}$	$\frac{3}{36}$	$\frac{2}{36}$	$\frac{1}{36}$

Die Tücken im Umgang mit Laplace–Modellen werden deutlich, wenn wir das oben beschriebene Experiment leicht abändern und zwei *nicht unterscheidbare Würfel gleichzeitig werfen*. Offensichtlich beobachten wir im Vergleich zur obigen Situation jetzt eine kleinere Zahl *unterscheidbarer* Ergebnisse, die durch den Grundraum

$$\Omega = \{(1,1),(1,2),(1,3),(1,4),(1,5),(1,6),(2,2),(2,3),(2,4),(2,5),$$
$$(2,6),(3,3),(3,4),(3,5),(3,6),(4,4),(4,5),(4,6),(5,5),(5,6),(6,6)\}$$

– mit der Interpretation $(i,j) \stackrel{\wedge}{=}$ „einer der Würfel zeigt i und der andere j"– beschrieben werden können. Wer jedoch meint, auch hier mit der Laplace–Annahme arbeiten zu können, unterliegt dem gleichen Trugschluss wie Leibniz, der glaubte, dass beim Werfen mit zwei Würfeln die Augensummen 11 und 12 mit der gleichen Wahrscheinlichkeit auftreten. Die Gleichwahrscheinlichkeitsannahme ist jedoch nur für die Ergebnispaare (i,j) zweier (z.B. durch unterschiedliche Färbung) *unterscheidbar gemachter* Würfel ein adäquates Modell. Auch große Geister können also irren!

4.3 Zufallsvariablen

Viele Ereignisse lassen sich gerade deshalb so einfach in Worten beschreiben, weil sie sich auf ein bestimmtes *Merkmal* der Ausgänge eines Zufallsexperimentes beziehen. Solche Merkmale sind beispielsweise die größte Augenzahl oder die Summe der Augenzahlen beim wiederholten Würfelwurf. Der anschaulichen Vorstellung von einem Merkmal entspricht im mathematischen Modell für ein Zufallsexperiment der Begriff einer *Zufallsvariablen*.

Eine *Zufallsvariable* ist eine Abbildung

$$X : \Omega \to \mathbb{R}$$

von Ω in die Menge $\mathbb{R}$ der reellen Zahlen.

Die Bezeichnung Zufalls*variable* ist insofern etwas unglücklich, als es sich bei diesem mathematischen Objekt um eine *Funktion mit dem Definitionsbereich* Ω und dem Wertebereich $\mathbb{R}$ handelt. Dabei hat es sich in der Stochastik eingebürgert, Zufallsvariablen mit großen lateinischen Buchstaben „aus dem hinteren Teil des Alphabetes", also $Z, Y, X, \ldots$, und nicht mit vertrauteren Abbildungs–Symbolen wie z.B. f oder g zu bezeichnen.

In der Interpretation von Ω als Menge der möglichen Ergebnisse eines Zufallsexperimentes ist eine Zufallsvariable X eine Vorschrift, die jedem Ausgang ω des Experimentes eine reelle Zahl $X(\omega)$ zuordnet. Der Wert $X(\omega)$ heißt *Realisierung der Zufallsvariablen zum Ausgang* ω. Steht Ω etwa für die Menge der möglichen Ausgänge eines Glücksspiels, so könnte $X(\omega)$ der Gewinn sein, den eine Person beim Ausgang ω des Spiels erhält.

Sind $X : \Omega \to \mathbb{R}$ eine Zufallsvariable und $k \in \mathbb{R}$, so schreiben wir

$$\{X = k\} := \{\omega \in \Omega : X(\omega) = k\} \; = X^{-1}(\{k\}) \tag{4.10}$$

für das Ereignis, dass „X den Wert k annimmt". In gleicher Weise stehen

$$\{X \leq k\} := \{\omega \in \Omega : X(\omega) \leq k\} \; = X^{-1}((-\infty, k]),$$
$$\{X \geq k\} := \{\omega \in \Omega : X(\omega) \geq k\} \; = X^{-1}([k, \infty))$$

für die Ereignisse, dass X einen Wert kleiner oder gleich k bzw. größer oder gleich k annimmt.

4.3 Beispiel.
Wir betrachten den zweifachen Würfelwurf mit der Ergebnismenge $\Omega := \{(i,j) : i, j \in \{1,2,3,4,5,6\}\}$ wie oben. Definiert man

$$X(\omega) := i + j, \qquad \omega = (i,j),$$

so steht die Zufallsvariable X für die *Augensumme* aus beiden Würfen. Offenbar besitzt X das Bild $X(\Omega) = \{2,3,4,\dots,10,11,12\}$.

An diesem Beispiel wird deutlich, dass allein aufgrund der Information über die Realisierung von X, d.h. den beobachteten Wert der Augensumme, der Ausgang ω des Experimentes im Allgemeinen nicht rekonstruierbar ist. Wegen $\{X = 4\} = \{(1,3),(2,2),(3,1)\}$ kann etwa die Augensumme 4 von jedem der Ergebnisse $(1,3)$, $(2,2)$ und $(3,1)$ herrühren. Dies liegt daran, dass die Abbildung X nicht mehr zwischen Ergebnissen ω mit gleicher Augensumme $X(\omega)$ unterscheidet. Weitere mit Hilfe der Zufallsvariablen X beschreibbare Ereignisse sind z.B.

$$\{X \geq 10\} = \{X = 10\} \cup \{X = 11\} \cup \{X = 12\}$$

(*die Augensumme ist mindestens* 10) oder

$$\{3 \leq X \leq 8\} = \bigcup_{k=3}^{8} \{X = k\}$$

(*die Augensumme liegt zwischen* 3 *und* 8).

4.3.1 Arithmetik mit Zufallsvariablen

Mit Zufallsvariablen X und Y auf einem Grundraum Ω ist auch die durch

$$(X + Y)(\omega) := X(\omega) + Y(\omega), \qquad \omega \in \Omega,$$

definierte *Summe von X und Y* eine Zufallsvariable auf Ω. In gleicher Weise, d.h. elementweise auf Ω, sind die *Differenz* $X - Y$, das *Produkt* $X \cdot Y$, das *Maximum* $\max(X,Y)$ und das *Minimum* $\min(X,Y)$ definiert. Für $X \equiv a \in \mathbb{R}$ sind dann insbesondere auch die Zufallsvariablen $a + Y$ und $a \cdot Y$ definiert. Die Gleichung $\min(X,Y) = X$ ist zur Gültigkeit der Gleichungen $X(\omega) \leq Y(\omega)$, $\omega \in \Omega$, äquivalent. In diesem Fall schreiben wir auch $X \leq Y$.

Definieren wir z.B. in der Situation des zweifachen Würfelwurfes von Beispiel 4.3 die Zufallsvariablen X_1 und X_2 durch $X_1(\omega) := i$, $X_2(\omega) := j$, $\omega = (i,j)$, so beschreibt $X = X_1 + X_2$ die Augensumme aus beiden Würfen.

Natürlich ist es auch möglich, in Analogie zu (4.10) Ereignisse zu definieren, die durch mehr als eine Zufallsvariable beschrieben werden. Beispiele hierfür sind

$$\{X \leq Y\} = \{\omega \in \Omega : X(\omega) \leq Y(\omega)\},$$
$$\{X \neq Y\} = \{\omega \in \Omega : X(\omega) \neq Y(\omega)\},$$
$$\{X - 2 \cdot Y > 0\} = \{\omega \in \Omega : X(\omega) - 2 \cdot Y(\omega) > 0\}.$$

4.3.2 Indikatorfunktionen

Besondere Bedeutung besitzen Zufallsvariablen, die das Eintreten von Ereignissen beschreiben.

Ist $A \subset \Omega$ ein Ereignis, so heißt die durch

$$1_A(\omega) := \begin{cases} 1, & \text{falls } \omega \in A, \\ 0, & \text{sonst,} \end{cases}$$

definierte Zufallsvariable $1_A : \Omega \to \mathbb{R}$ die *Indikatorfunktion von* A bzw. der *Indikator von* A (von lat. *indicare: anzeigen*).

Die Realisierung von 1_A gibt an, ob das Ereignis A eingetreten ist ($1_A(\omega) = 1$) oder nicht ($1_A(\omega) = 0$). Für die Ereignisse Ω und $\emptyset$ gilt offenbar $1_\Omega(\omega) = 1$ bzw. $1_\emptyset(\omega) = 0$ für jedes ω aus Ω.

4.3.3 Zählvariablen

Sind Ω ein Grundraum und $A_1, A_2, \ldots, A_n$ Ereignisse, so ist es in vielen Fällen von Bedeutung, *wie viele* dieser Ereignisse eintreten. Diese Information liefert die *Indikatorsumme*

$$X := 1_{A_1} + 1_{A_2} + \ldots + 1_{A_n} . \tag{4.11}$$

Werten wir nämlich die rechte Seite von (4.11) als Abbildung auf Ω an der Stelle ω aus, so ist der j-te Summand gleich 1, wenn ω zu A_j gehört, also das Ereignis A_j eintritt (bzw. gleich 0, wenn ω nicht zu A_j gehört). Die in (4.11) definierte Zufallsvariable X beschreibt somit die Anzahl der eintretenden Ereignisse unter $A_1, A_2, \ldots, A_n$.

Das Ereignis $\{X = k\}$ tritt dann und nur dann ein, wenn genau k der n Ereignisse $A_1, A_2, \ldots, A_n$ eintreten. Die dabei überhaupt möglichen Werte für k sind $0, 1, 2, \ldots, n$, d.h. es gilt $X(\Omega) \subset \{0, 1, 2, \ldots, n\}$. Speziell folgt

$$\{X = 0\} = A_1^c \cap A_2^c \cap \ldots \cap A_n^c, \quad \{X = n\} = A_1 \cap A_2 \cap \ldots \cap A_n.$$

Da X die eintretenden A_j ($j = 1, 2, \ldots, n$) *zählt*, nennen wir Indikatorsummen im Folgenden auch *Zählvariablen*.

4.4 Beispiel.
Das Standardbeispiel einer Zählvariablen ist die in einer Versuchsreihe erzielte *Trefferzahl.* Hierzu stellen wir uns einen Versuch mit den beiden möglichen Ausgängen *Treffer* und *Niete* vor, der n mal durchgeführt werde, etwa einen Münzwurf mit der Festlegung *Treffer:= Zahl* und *Niete := Kopf.* Es kann aber auch sein, dass ein Experiment mit mehr als zwei möglichen Ausgängen zu einem Treffer/Niete–Experiment „vergröbert" wird. So könnte etwa beim Würfelwurf ein „Treffer" bedeuten, eine Sechs zu werfen, wobei jede der anderen Augenzahlen als „Niete" angesehen wird.

Beschreiben wir den Ausgang *Treffer* durch die Zahl 1 und den Ausgang *Niete* durch die Zahl 0, so ist

$$\Omega := \{(a_1, a_2, \ldots, a_n) : a_j \in \{0, 1\} \text{ für } j = 1, \ldots, n\} = \{0, 1\}^n$$

ein adäquater Grundraum für das aus n einzelnen Versuchen bestehende Gesamtexperiment, wenn wir a_j als Ergebnis des j-ten Versuchs ansehen. Da das Ereignis $A_j := \{(a_1, a_2, \ldots, a_n) \in \Omega : a_j = 1\}$ genau dann eintritt, wenn der j-te Versuch einen Treffer ergibt, können wir die Zufallsvariable $X := 1_{A_1} + \ldots + 1_{A_n}$ als Anzahl der in den n Versuchen erzielten Treffer deuten. Aufgrund der speziellen Wahl des Grundraums gilt hier offenbar

$$X(\omega) = a_1 + a_2 + \ldots + a_n \,, \qquad \omega = (a_1, a_2, \ldots, a_n).$$

4.3.4   Verteilung einer Zufallsvariablen

Sind $(\Omega, \mathbb{P})$ ein endlicher W-Raum und $X : \Omega \to \mathbb{R}$ eine Zufallsvariable, so schreiben wir für $x, a, b \in \mathbb{R}$ kurz

$$\mathbb{P}(X = x) := \mathbb{P}(\{X = x\}) = \mathbb{P}(\{\omega \in \Omega : X(\omega) = x\})$$

und analog

$$\mathbb{P}(X \leq b) := \mathbb{P}(\{X \leq b\}),$$
$$\mathbb{P}(a \leq X < b) := \mathbb{P}(\{a \leq X < b\}) \quad \text{usw.}$$

Nimmt X die Werte $x_1, x_2, \ldots, x_k$ an, d.h. gilt $X(\Omega) = \{x_1, x_2, \ldots, x_k\}$, so folgt $\{X = x\} = \emptyset$ und somit $\mathbb{P}(X = x) = 0$ für jedes x mit $x \notin \{x_1, \ldots, x_k\}$. Fassen wir $X(\Omega)$ als Ergebnismenge eines Experimentes auf, bei dem der Wert $X(\omega)$ beobachtet wird, so sind $\{x_1\}, \ldots, \{x_k\}$ gerade die Elementarereignisse dieses Experimentes. Allgemeiner ist jedes Ereignis, welches sich auf den vor Durchführung des Zufallsexperimentes unbekannten Wert von $X(\omega)$ bezieht (ein derartiges Ereignis wird *ein durch X beschreibbares Ereignis* genannt), entweder das unmögliche Ereignis oder eine Vereinigung der Elementarereignisse $\{x_1\}, \ldots, \{x_k\}$. Insofern bilden alle Teilmengen B von $X(\Omega)$ die durch X beschreibbaren Ereignisse.

Die *Verteilung* der Zufallsvariablen X ist das mit $\mathbb{P}^X$ bezeichnete Wahrschein-lichkeitsmaß auf $X(\Omega)$, das einer Teilmenge B von $X(\Omega)$ die Wahrscheinlichkeit

$$\mathbb{P}^X(B) := \sum_{j:x_j\in B} \mathbb{P}(X = x_j) \tag{4.12}$$

zuordnet. Dabei ist die Summe über die leere Menge als 0 definiert.

Da die Verteilung von X durch die Wahrscheinlichkeiten $\mathbb{P}(X = x_j)$, $j = 1,\ldots,k$, festgelegt ist, werden wir im Folgenden diese (Menge von) Wahrschein-lichkeiten synonym als die *Verteilung von X* bezeichnen. Entscheidend ist, dass gemäß (4.12) die Wahrscheinlichkeiten der durch X beschreibbaren Ereignisse berechnet werden können. Setzt man etwa in der Gleichung (4.12) $B := \{x \in \{x_1,\ldots,x_k\} : x \leq b\}$ für ein $b \in \mathbb{R}$, so ergibt sich

$$\mathbb{P}(X \leq b) = \sum_{j:x_j\leq b} \mathbb{P}(X = x_j).$$

Für $B := \{x \in \{x_1,\ldots,x_k\} : a \leq x < b\}$ $(a,b \in \mathbb{R}, a < b)$ folgt analog

$$\mathbb{P}(a \leq X < b) = \sum_{j:a\leq x_j<b} \mathbb{P}(X = x_j).$$

Wir haben bereits in Beispiel 4.2 auf Seite 107 im Zusammenhang mit der ta-bellarischen Aufstellung der Wahrscheinlichkeiten $\mathbb{P}(A_m)$ von der „Verteilung der Augensumme" beim zweifachen Würfelwurf gesprochen. In der Tat ist $\mathbb{P}(A_m) = \mathbb{P}(X = m)$, wobei die Zufallsvariable X in Beispiel 4.3 definiert wurde. Bild 4.3 zeigt das Stabdiagramm der Verteilung von X.

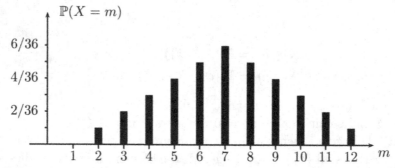

Bild 4.3: Verteilung der Augensumme beim zweifachen Würfelwurf

Eine andere Zufallsvariable im Zusammenhang mit dem zweifachen Würfelwurf ist das durch $Y(\omega) := \max(i,j)$, $\omega = (i,j)$, definierte Maximum der Augenzahlen.

Unter Annahme eines Laplace–Modells gilt

$$\mathbb{P}(Y = 1) = \mathbb{P}(\{(1,1)\}) = \frac{1}{36},$$

$$\mathbb{P}(Y = 2) = \mathbb{P}(\{(1,2),(2,1),(2,2)\}) = \frac{3}{36}$$

und analog $\mathbb{P}(Y = 3) = 5/36$, $\mathbb{P}(Y = 4) = 7/36$, $\mathbb{P}(Y = 5) = 9/36$, $\mathbb{P}(Y = 6) = 11/36$. Bild 4.4 zeigt das Stabdiagramm der Verteilung von Y.

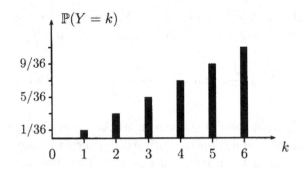

Bild 4.4:
Verteilung der höchsten
Augenzahl beim zweifachen
Würfelwurf

4.4 Der Erwartungswert

4.4.1 Definition und Motivation der Begriffsbildung

Es sei $(\Omega, \mathbb{P})$ ein endlicher W-Raum mit der Ergebnismenge $\Omega = \{\omega_1, \omega_2, \ldots, \omega_s\}$. Ist $X : \Omega \to \mathbb{R}$ eine Zufallsvariable, so heißt die Zahl

$$\mathbb{E}(X) := \sum_{j=1}^{s} X(\omega_j) \cdot \mathbb{P}(\{\omega_j\}) \qquad (4.13)$$

der *Erwartungswert* von X.

Der Begriff *Erwartungswert* entstand historisch gesehen aus der Beschäftigung mit Glücksspielen[4]. Zur Illustration stellen wir uns ein Glücksrad mit den Sektoren $\omega_1, \ldots, \omega_s$ vor. Bleibt nach Drehen des Rades der Zeiger im Sektor ω_j stehen (dies geschehe mit der Wahrscheinlichkeit $\mathbb{P}(\{\omega_j\})$), so gewinnt man $X(\omega_j)$ Euro. Für den Fall, dass der Zeiger des Glücksrades nach n–maliger Wiederholung des Spieles h_j mal im Sektor ω_j stehen geblieben ist ($h_j \geq 0$, $h_1 + \cdots + h_s = n$), erhält

---

[4]Der Begriff *Erwartungwert* (engl.: *expectation*) geht auf Christiaan Huygens (1629–1695) zurück, der in seiner Abhandlung *Van rekeningh in spelen van geluck* (1656) den erwarteten Wert eines Spieles mit „Das ist mir soviel wert" umschreibt. Huygens' Arbeit wurde 1657 von Frans van Schooten (um 1615–1660) ins Lateinische übersetzt, welcher hier zur Verdeutlichung das Wort *expectatio* einführt.

man insgesamt $\sum_{j=1}^{s} X(\omega_j) \cdot h_j$ Euro ausbezahlt; die *durchschnittliche Auszahlung pro Spiel* beträgt also

$$\sum_{j=1}^{s} X(\omega_j) \cdot \frac{h_j}{n}$$

Euro. Da sich nach dem empirischen Gesetz über die Stabilisierung relativer Häufigkeiten (vgl. 4.1.3) der Quotient h_j/n bei wachsendem n der Wahrscheinlichkeit $\mathbb{P}(\{\omega_j\})$ annähern sollte, müsste $\mathbb{E}(X)$ die *auf lange Sicht erwartete Auszahlung pro Spiel* darstellen.

Beschreibt X etwa die Augenzahl beim Wurf eines echten Würfels (in diesem Fall ist $\Omega = \{1, \ldots, 6\}$, $\mathbb{P} =$ Gleichverteilung auf Ω, $X(\omega) = \omega$, $\omega \in \Omega$), so gilt

$$\mathbb{E}(X) = \sum_{j=1}^{6} j \cdot \frac{1}{6} = 3.5. \tag{4.14}$$

Dies zeigt insbesondere, dass $\mathbb{E}(X)$ nicht unbedingt eine mögliche Realisierung von X sein muss. In der Häufigkeitsinterpretation des Erwartungswertes besagt (4.14), dass beim wiederholten Würfelwurf der Wert 3.5 eine gute Prognose für den auf lange Sicht erhaltenen Durchschnitt (arithmetisches Mittel) aller geworfenen Augenzahlen sein sollte.

4.4.2 Grundlegende Eigenschaften

Sind X, Y Zufallsvariablen auf Ω, $a \in \mathbb{R}$ und $A \subset \Omega$ ein Ereignis, so gelten:

(i) $\mathbb{E}(X + Y) = \mathbb{E}(X) + \mathbb{E}(Y)$.

(ii) $\mathbb{E}(a \cdot X) = a \cdot \mathbb{E}(X)$.

(iii) $\mathbb{E}(1_A) = \mathbb{P}(A)$.

(iv) Aus $X \leq Y$, also $X(\omega) \leq Y(\omega)$ für jedes $\omega \in \Omega$, folgt $\mathbb{E}(X) \leq \mathbb{E}(Y)$.

BEWEIS: (i) Mit $\Omega := \{\omega_1, \ldots, \omega_s\}$ folgt

$$\mathbb{E}(X + Y) = \sum_{j=1}^{s} (X + Y)(\omega_j) \cdot \mathbb{P}(\{\omega_j\})$$

$$= \sum_{j=1}^{s} (X(\omega_j) + Y(\omega_j)) \cdot \mathbb{P}(\{\omega_j\})$$

$$= \sum_{j=1}^{s} X(\omega_j) \cdot \mathbb{P}(\{\omega_j\}) + \sum_{j=1}^{s} Y(\omega_j) \cdot \mathbb{P}(\{\omega_j\})$$

$$= \mathbb{E}(X) + \mathbb{E}(Y).$$

Völlig analog erfolgt der Nachweis von (ii).

(iii): Wegen $1_A(\omega) = 1$ für $\omega \in A$ und $1_A(\omega) = 0$ für $\omega \notin A$ ergibt sich

$$\mathbb{E}(1_A) = \sum_{j:\omega_j \in A} 1 \cdot \mathbb{P}(\{\omega_j\}) = \mathbb{P}(A).$$

(iv) Aus $X(\omega) \leq Y(\omega)$ folgt auch $\mathbb{P}(\{\omega\})X(\omega) \leq \mathbb{P}(\{\omega\})Y(\omega)$, $\omega \in \Omega$. Damit ergibt sich die behauptete Ungleichung $\mathbb{E}(X) \leq \mathbb{E}(Y)$ aus der Definition (4.13) und den Rechengesetzen für Ungleichungen. $\quad\square$

Betrachtet man die Erwartungswertbildung $X \mapsto \mathbb{E}(X)$ als Vorschrift, die einer Zufallsvariablen auf Ω deren Erwartungswert zuordnet, so stellen 4.4.2 (i)–(iv) grundlegende *strukturelle* Eigenschaften dieser Zuordnungsvorschrift dar. Sie dienen insbesondere dazu, den Rechenaufwand zur Bestimmung von Erwartungswerten (etwa über die definierende Formel (4.13)) zu vermindern, sofern dies möglich ist. Sind z.B. $X_1, \ldots, X_n$ Zufallsvariablen auf Ω, so folgt aus 4.4.2 (i) durch vollständige Induktion die Additivitätseigenschaft

$$\mathbb{E}\left(\sum_{k=1}^{n} X_k\right) = \sum_{k=1}^{n} \mathbb{E}(X_k). \tag{4.15}$$

Der Erwartungswert einer Zufallsvariablen, die sich als Summe von Zufallsvariablen schreiben lässt, ist somit gleich der Summe der Erwartungswerte der einzelnen Summanden. Ist insbesondere

$$X = \sum_{k=1}^{n} 1_{A_k} \tag{4.16}$$

$(A_k \subset \Omega, \ k = 1, \ldots, n)$ eine Zählvariable, so folgt aus (4.15) und 4.4.2 (iii)

$$\mathbb{E}(X) = \sum_{k=1}^{n} \mathbb{P}(A_k) \tag{4.17}$$

und somit speziell

$$\mathbb{E}(X) = n \cdot p \tag{4.18}$$

im Fall $\mathbb{P}(A_1) = \ldots = \mathbb{P}(A_n) = p$. Der Erwartungswert einer Zählvariablen lässt sich also sehr einfach bestimmen!

4.5 Beispiel.

Wir betrachten die Menge $\Omega = \mathrm{Per}_n^n(oW)$ aller Permutationen der Zahlen von 1 bis n mit der Gleichverteilung $\mathbb{P}$, also den stochastischen Vorgang einer rein zufälligen Permutation der Zahlen $1, 2, \ldots, n$. Bezeichnet

$$A_k := \{(a_1, \ldots, a_n) \in \Omega : a_k = k\}$$

das Ereignis, dass die Zahl k auf sich selbst abgebildet wird, also „Fixpunkt" der Permutation ist, so gibt die in (4.16) eingeführte Zählvariable X die Anzahl der Fixpunkte einer rein zufälligen Permutation der Zahlen $1, \ldots, n$ an. Wegen

$$\mathbb{P}(A_k) = \frac{|A_k|}{|\Omega|} = \frac{(n-1)!}{n!} = \frac{1}{n}, \qquad k = 1, \ldots, n,$$

liefert (4.18) das überraschende Resultat $\mathbb{E}(X) = 1$. In einer rein zufälligen Permutation der Zahlen $1, \ldots, n$ gibt es also unabhängig von n auf Dauer im Mittel genau einen Fixpunkt (Häufigkeitsinterpretation)!

4.4.3 Die Transformationsformel

Es sei $(\Omega, \mathbb{P})$ ein endlicher W-Raum. Nimmt die Zufallsvariable $X : \Omega \to \mathbb{R}$ die verschiedenen Werte $x_1, \ldots, x_k$ an, so gilt

$$\mathbb{E}(X) = \sum_{i=1}^{k} x_i \cdot \mathbb{P}(X = x_i). \tag{4.19}$$

BEWEIS: Es gelte $\Omega = \{\omega_1, \ldots, \omega_s\}$. Die Beweisidee besteht darin, in der definierenden Gleichung (4.13) alle ω_j mit der Eigenschaft $X(\omega_j) = x_i$ zusammenzufassen. Die Ereignisse

$$A_i := \{j \in \{1, \ldots, s\} : X(\omega_j) = x_i\}, \qquad i = 1, \ldots, k,$$

bilden eine Zerlegung von Ω, d.h. sie sind disjunkt und es gilt $\Omega = \cup_{i=1}^{k} A_i$. Es folgt

$$\mathbb{E}(X) = \sum_{j=1}^{s} X(\omega_j) \cdot \mathbb{P}(\{\omega_j\}) = \sum_{i=1}^{k} \left(\sum_{j : \omega_j \in A_i} X(\omega_j) \cdot \mathbb{P}(\{\omega_j\}) \right)$$

$$= \sum_{i=1}^{k} \left(\sum_{j : \omega_j \in A_i} x_i \cdot \mathbb{P}(\{\omega_j\}) \right) = \sum_{i=1}^{k} x_i \left(\sum_{j : \omega_j \in A_i} \mathbb{P}(\{\omega_j\}) \right)$$

$$= \sum_{i=1}^{k} x_i \cdot \mathbb{P}(X = x_i). \qquad \square$$

Formel (4.19) zeigt insbesondere, dass der Erwartungswert einer Zufallsvariablen X *nur von deren Verteilung*, nicht aber von der speziellen Gestalt des zugrunde liegenden W-Raumes $(\Omega, \mathbb{P})$ abhängt: Sind $(\Omega_1, \mathbb{P}_1)$, $(\Omega_2, \mathbb{P}_2)$ W-Räume und $X_i : \Omega_i \to \mathbb{R}$ $(i = 1, 2)$ Zufallsvariablen mit $X_1(\Omega_1) = X_2(\Omega_2) = \{x_1, \ldots, x_k\}$ sowie $\mathbb{P}_1(X_1 = x_j) = \mathbb{P}_2(X_2 = x_j)$, $j = 1, \ldots, k$, so folgt $\mathbb{E}(X_1) = \mathbb{E}(X_2)$.

Aus Formel (4.19) ergibt sich auch die folgende *physikalische Interpretation* des Erwartungswertes: Versieht man auf der als „gewichtslos" angenommenen reellen Zahlengeraden den Massepunkt x_i mit der Masse $\mathbb{P}(X = x_i)$, $i = 1, \ldots, k$, so ergibt sich der *Schwerpunkt* (Massenmittelpunkt) s des so entstehenden Körpers aus der Gleichgewichtsbedingung $\sum_{i=1}^{k}(x_i - s)\,\mathbb{P}(X = x_i) = 0$ zu

$$s = \sum_{i=1}^{k} x_i\,\mathbb{P}(X = x_i) = \mathbb{E}(X) \quad \text{(siehe Bild 4.5)}.$$

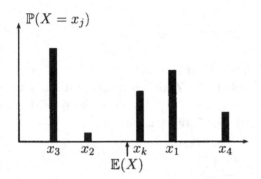

Bild 4.5:
Erwartungswert
als Schwerpunkt

4.6 Beispiel.
Die Zufallsvariable Y bezeichne die größte Augenzahl beim zweifachen Würfelwurf (Laplace–Modell). Da die Verteilung von Y durch

$$\mathbb{P}(Y = i) = \frac{2i - 1}{36}, \qquad i = 1, 2, \ldots, 6,$$

gegeben ist (vgl. Seite 113), folgt nach (4.19)

$$\mathbb{E}(Y) = \sum_{i=1}^{6} i \cdot \frac{2i - 1}{36} = \frac{161}{36} \approx 4.4722.$$

Die Zahl 4.4722 kann also als Schwerpunkt der in Bild 4.4 veranschaulichten Masseverteilung interpretiert werden.

4.4.4   Die hypergeometrische Verteilung

Aus einer Urne mit r roten und s schwarzen Kugeln (Deutung z.B. als defekte/intakte Exemplare einer Warenlieferung) werden rein zufällig *nacheinander ohne Zurücklegen* n $(n \leq r + s)$ Kugeln entnommen. Wie groß ist die Wahrscheinlichkeit, dass diese *Stichprobe* genau k rote Kugeln enthält?

Zur Beantwortung dieser Frage denken wir uns alle Kugeln von 1 bis $r + s$ durchnummeriert und vereinbaren, dass die roten Kugeln die Nummern 1 bis r

und die schwarzen Kugeln die Nummern $r + 1$ bis $r + s$ tragen. Bezeichnet a_j die Nummer der j-ten gezogenen Kugel ($j = 1, \ldots, n$), so ist

$$\Omega := \mathrm{Per}_n^{r+s}(oW)$$
$$= \{(a_1, \ldots, a_n) \in \{1, \ldots, r + s\}^n : a_i \neq a_j \ \text{für} \ 1 \leq i \neq j \leq r + s\}$$

ein natürlicher Ergebnisraum für dieses Experiment (vgl. das Urnenmodell 4.1.4 (2)). Da das Ziehen *rein zufällig* erfolgt, wählen wir das Laplace–Modell

$$\mathbb{P}(A) := \frac{|A|}{|\Omega|} = \frac{|A|}{(r+s)^{\underline{n}}}, \qquad A \subset \Omega. \tag{4.20}$$

Dabei sei an die abkürzende Notation aus (3.28) erinnert.

Durch die getroffene Vereinbarung über die Zuordnung der Farben zu den Kugelnummern ist $A_j := \{(a_1, \ldots, a_n) \in \Omega : a_j \leq r\}$ das Ereignis, dass die j-te entnommene Kugel rot ist ($j = 1, \ldots, n$). Die Zählvariable

$$X := \sum_{j=1}^{n} 1_{A_j} \tag{4.21}$$

beschreibt dann die zufällige Anzahl roter Kugeln beim n-maligen Ziehen *ohne Zurücklegen* aus einer Urne mit r roten und s schwarzen Kugeln.

Die hypergeometrische Verteilung *mit Parametern n, r und s ist die Verteilung der durch* (4.21) *definierten Zufallsvariablen X. Man schreibt $X \sim Hyp(n, r, s)$.*

4.7 Satz. (Hypergeometrische Verteilung)
Für die in (4.21) *eingeführte Zählvariable gilt:*

(i) $\mathbb{E}(X) = n \cdot \frac{r}{r+s}$.

(ii) *Mit der Festlegung* $\binom{m}{l} := 0$, *falls $m < l$, gilt*

$$\mathbb{P}(X = k) = \frac{\binom{r}{k} \cdot \binom{s}{n-k}}{\binom{r+s}{n}}, \qquad k = 0, \ldots, n. \tag{4.22}$$

BEWEIS: (i): Wir überlegen uns zunächst, dass

$$\mathbb{P}(A_j) = \frac{r}{r+s}, \qquad j = 1, \ldots, n \tag{4.23}$$

gilt. Ein intuitives Argument für die Gültigkeit von (4.23) ist, dass jede der $r + s$ Kugeln die gleiche Chance besitzt, als j-te gezogen zu werden. Für einen formalen Beweis müssen wir die Anzahl aller Tupel $(a_1, \ldots, a_n)$ aus Ω mit $a_j \leq r$ bestimmen. Dazu besetzen wir *zuerst die j-te Stelle* des Tupels (hierfür existieren r Möglichkeiten) und danach alle anderen Stellen von links nach rechts (vgl. die Bemerkung am Ende von 3.15). Da es dafür der Reihe nach $r + s - 1, r + s - 2, \ldots, r + s - (n - 1)$ Möglichkeiten gibt, liefert die Erweiterte Multiplikationsregel 3.15 unter Verwendung der in (3.28) eingeführten Notation die Gleichheit $|A_j| = r \cdot (r + s - 1)^{\underline{n-1}}$, und mit (4.20) folgt (4.23). Behauptung (i) ergibt sich jetzt aus (4.23) und (4.21) unter Beachtung von (4.17).

(ii): Das Ereignis $\{X = k\}$ besagt, dass genau k der Ereignisse $A_1, \ldots, A_n$ eintreten. Die hierfür günstigen Tupel $(a_1, \ldots, a_n)$ haben an genau k Stellen Werte (Kugelnummern) $\leq r$. Wir zählen diese Tupel ab, indem wir zuerst aus den n Stellen k auswählen, wofür es nach (3.33) $\binom{n}{k}$ Möglichkeiten gibt. Dann werden *diese* Stellen sukzessive von links nach rechts mit verschiedenen Nummern im Bereich 1 bis r besetzt. Nach Satz 3.16 b) existieren dafür $r^{\underline{k}}$ Möglichkeiten. Da die restlichen $n - k$ Komponenten mit verschiedenen Nummern im Bereich von $r + 1$ bis $r + s$ belegt werden müssen und da die Anzahl der Möglichkeiten hierfür nach Satz 3.16 b) durch $s^{\underline{n-k}}$ gegeben ist, liefern die Erweiterte Multiplikationsregel 3.15 und Gleichung (4.20)

$$\mathbb{P}(X = k) = \binom{n}{k} \cdot \frac{r^{\underline{k}} \cdot s^{\underline{n-k}}}{(r + s)^{\underline{n}}}, \qquad k = 0, \ldots, n. \tag{4.24}$$

Die Äquivalenz von (4.22) und (4.24) folgt unmittelbar aus der Definition der Binomialkoeffizienten. $\qquad \square$

4.4.5 Funktionen von Zufallsvariablen

Häufig hat man es mit Funktionen einer auf einem W-Raum $(\Omega, \mathbb{P})$ definierten Zufallsvariablen zu tun. Ist $f : \mathbb{R} \to \mathbb{R}$ eine Abbildung, so können wir durch die Vorschrift $\omega \mapsto f(X(\omega))$ eine Zufallsvariable $f(X)$ ($= f \circ X$) definieren. Zur Berechnung des Erwartungswertes von $f(X)$ muss man nicht auf die Definition (4.13) zurückgreifen, sondern kann die Verallgemeinerung

$$\mathbb{E}(f(X)) = \sum_{i=1}^{k} f(x_i) \cdot \mathbb{P}(X = x_i) \tag{4.25}$$

der Transformationsformel (4.19) benutzen. Die Darstellung (4.25) lässt sich völlig analog zu (4.19) beweisen. Alternativ könnte man auch Formel (4.19) auf die auf dem W-Raum $(\{x_1, \ldots, x_k\}, \mathbb{P}^X)$ (vgl. (4.12)) definierte Zufallsvariable $x \mapsto f(x)$ anwenden. Wie schon im Spezialfall $f = \mathrm{id}_\mathbb{R}$ zeigt auch (4.25), dass der Erwartungswert von $f(X)$ nicht vom zugrunde liegenden W-Raum, sondern nur von der Verteilung von X abhängt.

4.4.6 Die Varianz

Die *Varianz* einer Zufallsvariablen X ist die Zahl

$$\mathbb{V}(X) := \mathbb{E}\left((X - \mathbb{E}(X))^2\right). \tag{4.26}$$

Neben dem Erwartungswert ist die Varianz eine weitere wichtige Kenngröße (der Verteilung) einer Zufallsvariablen X. Während der Erwartungswert $\mathbb{E}(X)$

den „Schwerpunkt" einer Verteilung bildet und somit deren „grobe Lage" beschreibt, ist die Varianz $\mathbb{V}(X)$ ein Maß für die mittlere quadratische Abweichung von X vom Erwartungswert $\mathbb{E}(X)$.

Nimmt X die Werte $x_1, \ldots, x_k$ an, so liefert (4.25) die Darstellung

$$\mathbb{V}(X) = \sum_{i=1}^{k} (x_i - \mathbb{E}(X))^2 \cdot \mathbb{P}(X = x_i). \tag{4.27}$$

Die Varianz ist also genau dann Null, wenn $\mathbb{P}(X = \mathbb{E}(X)) = 1$ gilt, d.h. wenn X mit Wahrscheinlichkeit 1 nur einen einzigen Wert annehmen kann.

Für eine physikalische Interpretation der Varianz denken wir uns die (als gewichtslos angenommene) reelle Zahlengerade mit konstanter Winkelgeschwindigkeit v um den Schwerpunkt $\mathbb{E}(X)$ der durch $\mathbb{P}(X = x_i)$, $i = 1, \ldots, k$, gegebenen Masseverteilung in den Punkten $x_1, \ldots, x_k$ gedreht. Da der Massepunkt x_i die *Rotationsgeschwindigkeit* $v_i := |x_i - \mathbb{E}(X)|$ und folglich die *Rotationsenergie* $E_i := \frac{1}{2}\mathbb{P}(X = x_i)v_i^2$ besitzt, ist die gesamte Rotationsenergie des Systems durch

$$E := \sum_{i=1}^{k} E_i = \frac{1}{2} v^2 \sum_{i=1}^{k} (x_i - \mathbb{E}(X))^2 \cdot \mathbb{P}(X = x_i)$$

gegeben. Als „Beiwert" von $v^2/2$ kann die Varianz $\mathbb{V}(X)$ somit als *Trägheitsmoment* des Massesystems bezüglich der Rotationsachse um den Schwerpunkt interpretiert werden.

Aus $(X - \mathbb{E}(X))^2 = X^2 - 2 \cdot X \cdot \mathbb{E}(X) + (\mathbb{E}(X))^2$ sowie 4.4.2 (i),(ii) folgt die für rechentechnische Zwecke nützliche Formel

$$\mathbb{V}(X) = \mathbb{E}(X^2) - (\mathbb{E}(X))^2. \tag{4.28}$$

Für die Varianz eines Indikators ergibt sich daraus

$$\mathbb{V}(1_A) = \mathbb{P}(A) - (\mathbb{P}(A))^2 = \mathbb{P}(A)(1 - \mathbb{P}(A)), \qquad A \subset \Omega. \tag{4.29}$$

Eine nützliche Formel für die Berechnung der Varianz ist

$$\mathbb{V}(aX + b) = a^2 \mathbb{V}(X), \qquad a, b \in \mathbb{R}. \tag{4.30}$$

Eine „Verschiebung einer Verteilung" besitzt somit keinerlei Auswirkung auf deren Varianz, wohl aber eine multiplikative Skalenänderung. Wegen $\mathbb{E}(aX + b) = a\mathbb{E}(X) + b$ folgt dabei (4.30) unmittelbar aus (4.26).

4.8 Beispiel.

Die Zufallsvariable X besitze eine Gleichverteilung auf der Menge $\{1, 2, \ldots, n\}$, d.h. es gelte $\mathbb{P}(X = k) = 1/n$ für $k = 1, \ldots, n$. Es folgt

$$\mathbb{E}(X) = \sum_{k=1}^{n} k \cdot \mathbb{P}(X = k) = \frac{1}{n} \cdot \sum_{k=1}^{n} k = \frac{1}{n} \cdot \frac{n(n+1)}{2} = \frac{n+1}{2}$$

sowie unter Benutzung der Summenformel $\sum_{k=1}^{n} k^2 = n(n+1)(2n+1)/6$ (Beweis durch vollständige Induktion!)

$$\mathbb{E}(X^2) = \sum_{k=1}^{n} k^2 \cdot \mathbb{P}(X=k) = \frac{1}{n} \sum_{k=1}^{n} k^2 = \frac{(n+1)(2n+1)}{6}.$$

Nach (4.28) ergibt sich

$$\mathbb{V}(X) = \frac{(n+1)(2n+1)}{6} - \left(\frac{n+1}{2}\right)^2 = \frac{n^2-1}{12}.$$

4.4.7 Die Tschebyschow–Ungleichung

Die folgende, auf Tschebyschow[5] zurückgehende Ungleichung zeigt, wie die Wahrscheinlichkeit einer (betragsmäßigen) Abweichung einer Zufallsvariablen von ihrem Erwartungswert mit Hilfe der Varianz abgeschätzt werden kann.

4.9 Satz. (Tschebyschow–Ungleichung)
Für eine Zufallsvariable X gilt

$$\mathbb{P}(|X - \mathbb{E}(X)| \geq \varepsilon) \leq \frac{\mathbb{V}(X)}{\varepsilon^2}, \qquad \varepsilon > 0. \tag{4.31}$$

BEWEIS: Für die durch

$$g(t) := \begin{cases} 1, & \text{falls } |t - \mathbb{E}(X)| \geq \varepsilon, \\ 0, & \text{sonst,} \end{cases} \qquad h(t) := \frac{(t - \mathbb{E}(X))^2}{\varepsilon^2}, \qquad t \in \mathbb{R},$$

definierten Funktionen $g, h : \mathbb{R} \longrightarrow \mathbb{R}$ gilt $g(t) \leq h(t)$ für jedes $t \in \mathbb{R}$ und folglich $g(X) \leq h(X)$ (Bild 4.6). Die Monotonie der Erwartungswertbildung liefert $\mathbb{E}(g(X)) \leq \mathbb{E}(h(X))$, was gleichbedeutend mit (4.31) ist. $\qquad \square$

4.5 Ein einfaches finanzmathematisches Modell

1973 publizierten Fischer Black und Myron Scholes in der Zeitschrift *Journal of Political Economy* eine bahnbrechende Arbeit über die Bestimmung des fairen Preises von *Optionen*, d.h. von gewissen Finanzinstrumenten, die an der Börse gehandelt werden und zufälligen Schwankungen unterworfen sind. Seither erfolgte

---

[5]Pafnuti Lwowitsch Tschebyschow (1821-1894), ab 1859 Professor in St. Petersburg. Hauptarbeitsgebiete: Zahlentheorie, konstruktive Funktionentheorie, Integrationstheorie, Wahrscheinlichkeitstheorie.

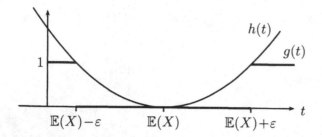

Bild 4.6:
Zum Beweis der
Tschebyschow–
Ungleichung

nicht nur eine spektakuläre Expansion der internationalen Finanzmärkte, sondern auch eine stürmische Entwicklung geeigneter mathematischer Theorien und Modelle. In diesem Zusammenhang kommt der Mathematischen Stochastik eine herausragende Bedeutung zu.

Im Folgenden wird ein Modell für einen sehr einfachen *Finanzmarkt* vorgestellt. In diesem Markt gebe es nur eine in beliebiger Stückzahl handelbare Aktie sowie die Möglichkeit einer Geldanlage mit festem Zins, wobei Reibungsverluste wie z.B. Transaktionskosten oder zusätzliche Auszahlungen wie etwa Dividenden vernachlässigt werden. Zu Beginn einer fest vorgegebenen *Zeitspanne* (zum Beispiel einem Tag) kann Geld zu einem *Zinssatz* $r > 0$ risikolos angelegt oder auch geliehen werden. So könnten etwa aus einer angelegten Geldeinheit (z.B. einem Euro) am Ende der Zeitspanne $1 + r$ Geldeinheiten werden. Die Aktie habe zum gegenwärtigen Zeitpunkt den Preis $S_0 > 0$. Am Ende der Zeitspanne soll der dann gültige Aktienpreis S_1 entweder dS_0 oder uS_0 betragen. Hierbei sind d (für „down") und u (für „up") reelle Zahlen mit den Eigenschaften

$$0 < d < 1 + r < u. \tag{4.32}$$

Die Annahme (4.32) ist ökonomisch vernünftig. Im Fall $1+r \geq u$ würde nämlich eine risikolose Anlage mindestens den gleichen Ertrag wie eine Investition in die (risikobehaftete) Aktie erzielen. Eine Investition in die Aktie wäre dann uninteressant. Gilt dagegen $1 + r \leq d$, so würde die Aktie sogar im schlechtesten Fall mindestens den durch Zinszuwachs zu erzielenden Ertrag ergeben. Die einzig sinnvolle Strategie für einen Marktteilnehmer wäre dann, Geld zu leihen und in die Aktie zu investieren.

Wir nehmen nun an, uns würde in diesem Markt eine sogenannte *Europäische Kaufoption (European Call)* angeboten. Eine solche Option verleiht ihrem Inhaber das Recht, die Aktie *am Ende* der Zeitspanne zu einem vereinbarten Preis K, dem sogenannten *Basis-* oder *Strikepreis*, zu kaufen. Gibt es einen aus heutiger Sicht „fairen" Preis für diese Option, d.h. einen Preis, der den Wert der Option widerspiegelt und bei dem weder Käufer noch Verkäufer einseitig benachteiligt werden?

Zur Beantwortung dieser Frage überlegen wir uns, welcher potenzielle Gewinn mit der Option erzielbar ist. Sollte der Aktienkurs S_1 größer als K sein, so könnten wir die Aktie zum Preis K kaufen und dann am Markt sofort wieder verkaufen, wobei der Gewinn $S_1 - K$ verbliebe. Im Fall $S_1 \leq K$ verbliebe hingegen der Gewinn 0 (wir würden die Option dann nicht wahrnehmen). Insgesamt ergibt sich der Gewinn zu

$$V_1 := \max(S_1 - K, 0).$$

Es erscheint zunächst vernünftig, den im Mittel zu erwartenden Gewinn $\mathbb{E}(V_1)$ als Preis für die Option zu bezahlen. Hierbei bezieht sich der Erwartungswert auf den W-Raum $\Omega := \{d, u\}$ und eine durch $p := \mathbb{P}(\{u\})$ festgelegte W-Verteilung $\mathbb{P}$ auf Ω. Wir können dann S_1 als auf Ω definierte Zufallsvariable auffassen:

$$S_1(\omega) = \begin{cases} dS_0, & \text{falls } \omega = d, \\ uS_0, & \text{falls } \omega = u. \end{cases}$$

Unter der vernünftigen Annahme $uS_0 > K \geq dS_0$ gilt nach (4.13)

$$\mathbb{E}(V_1) = p(uS_0 - K). \tag{4.33}$$

Es wird sich erweisen, dass dieser Erwartungswert die Option nicht „fair" bewertet, wenn auch mit Aktien und Krediten frei gehandelt werden kann. Hierzu betrachten wir das Zahlenbeispiel $S_0 = 100$, $d = 0.7$, $u = 1.2$, $r = 0.05$, $p = 0.4$ und $K = 110$. In diesem Fall liefert (4.33)

$$\mathbb{E}(V_1) = 0.4 \cdot (120 - 110) = 4.00.$$

Sollte uns die Option zu diesem Preis angeboten werden, so könnten wir die in Tabelle 4.3 aufgeführte Strategie verfolgen. Zunächst tätigen wir einen sogenannten *Leerverkauf* von 2 Aktien. Der „Trick" dieses Leerverkaufes ist, dass wir das Geld (200 Geldeinheiten) sofort erhalten, die Aktien aber erst am Ende der Handelsperiode an den Käufer liefern müssen. (Ein Leerverkauf spekuliert also auf einen fallenden Aktienpreis.) Von den 200 Geldeinheiten benutzen wir 40 zum Kauf von 10 Call–Optionen und legen den verbleibenden Rest risikolos an. Die dritte und vierte Spalte zeigen, dass uns – ganz gleich, wie sich der Aktienkurs entwickelt – ein sicherer Gewinn von 28 Geldeinheiten zufällt! Eine solche Möglichkeit, durch eine geschickt gewählte Anlagestrategie einen risikolosen Gewinn zu erzielen, heißt *Arbitrage*.

Man könnte jetzt argumentieren, der Erwartungswert $\mathbb{E}(V_1)$ bewerte die Option nicht richtig, weil der Zinssatz (bzw. die Inflation) r nicht berücksichtigt sei. Deshalb müsse die Zahl $\mathbb{E}(V_1)$ auf den heutigen Zeitpunkt abgezinst werden, und der Preis V_0 der Option ergäbe sich zu

$$V_0 = \frac{1}{1+r} \cdot p \cdot (uS_0 - K), \tag{4.34}$$

Beginn der Zeitspanne		Ende der Zeitspanne	
Aktion	Konto	$\omega = d$	$\omega = u$
Leerverkauf von 2 Aktien	+200.00	-140.00	-240.00
Kauf von 10 Call–Optionen	-40.00	0.00	+100.00
Geldanlage	-160.00	+168.00	+168.00
Saldo	0.00	+28.00	+28.00

Tabelle 4.3: Illustration von Arbitrage

im konkreten obigen Fall also zu $V_0 = 3.81$. Natürlich würden mit diesem im Vergleich zu oben niedrigeren Preis die Arbitrageperspektiven für einen Käufer der Option noch besser.

Zur Bestimmung des fairen Preises V_0 der Option nehmen wir wieder den Standpunkt des Optionskäufers ein und betrachten die in Tabelle 4.4 dargestellte Version von Tabelle 4.3 mit allgemeinen Werten für d, u, S_0, r und K. Dabei wurde $F_0 := \psi_0 S_0 - V_0$ (lies: „Psi") gesetzt. Zu beachten ist, dass die Zahl $\psi_0 \geq 0$

Beginn der Zeitspanne		Ende der Zeitspanne	
Aktion	Konto	$\omega = d$	$\omega = u$
Leerverkauf von ψ_0 Aktien	$\psi_0 \cdot S_0$	$-\psi_0 \cdot d \cdot S_0$	$-\psi_0 \cdot u \cdot S_0$
Kauf einer Call–Option	$-V_0$	0	$u \cdot S_0 - K$
Geldanlage	$-F_0$	$(1 + r) \cdot F_0$	$(1 + r) \cdot F_0$
Saldo	0	0	0

Tabelle 4.4: Bestimmung des Hedge–Portfolios ($F_0 := \psi_0 \cdot S_0 - V_0$)

nicht notwendig ganzzahlig sein muss (die Aktie soll beliebig „gestückelt" werden können). Wenn für jeden der Fälle $\omega = d$ und $\omega = u$ der Kontostand am Ende der Handelsperiode ausgeglichen ist, wenn also ψ_0 und V_0 die Gleichungen

$$- \psi_0 \cdot d \cdot S_0 + (1 + r) \cdot (\psi_0 \cdot S_0 - V_0) = 0, \qquad (4.35)$$

$$- \psi_0 \cdot u \cdot S_0 + (u \cdot S_0 - K) + (1 + r) \cdot (\psi_0 \cdot S_0 - V_0) = 0 \qquad (4.36)$$

erfüllen, kann V_0 als fairer Preis der Option aufgefasst werden. Wäre der tatsächliche Preis V nämlich geringer, so könnten wir die in Tabelle 4.4 dargestellte *Handelsstrategie* benutzen, d.h. ψ_0 Aktien (leer) verkaufen und den Betrag $\psi_0 \cdot S_0 - V_0$ risikolos anlegen. Vom verbleibenden Betrag V_0 erwerben wir die Option. Egal was passiert: es ergäbe sich ein risikoloser Gewinn von $V_0 - V$, den wir zum Zinssatz r anlegen könnten. Wäre der tatsächliche Optionspreis V dagegen größer als V_0, so könnte der Optionsverkäufer einen risikolosen Gewinn erzielen. Dazu muss er nur eine „duale" Strategie verfolgen, d.h. ψ_0 Aktien kaufen und bei der Bank einen Kredit in Höhe von $\psi_0 \cdot S_0 - V_0$ aufnehmen. Dieses *No Arbitrage Prinzip* der Preisbestimmung ist eine grundlegende Methode der Finanzmathematik, auf die wir später zurückkommen werden. Das Paar $(\psi_0, \psi_0 \cdot S_0 - V_0)$ ist das *Portfolio* des Händlers zu Beginn der Zeitspanne. Es ist hier so gewählt, dass am Ende der Zeitspanne der Gewinn aus der Option ausgezahlt werden kann. Deshalb spricht man auch von einem *Hedge* (engl. *to hedge* = s. den Rücken decken, s. rückversichern) oder *Hedge–Portfolio*.

Die Gleichungen (4.35) und (4.36) enthalten die zunächst unbekannten Zahlen ψ_0 und V_0. Subtrahieren wir die zweite Gleichung von der ersten, so folgt

$$\psi_0 = \frac{u \cdot S_0 - K}{(u - d) \cdot S_0}.$$

Wegen der Annahme $u \cdot S_0 > K$ ist dieses sogenannte *Hedge–Verhältnis* positiv. Einsetzen in (4.35) liefert dann

$$V_0 = \frac{1 + r - d}{u - d} \cdot \frac{u \cdot S_0 - K}{1 + r} \tag{4.37}$$

als fairen Preis der Europäischen Call–Option. In dem Tabelle 4.3 zugrunde gelegten Fall ergibt sich dieser Preis zu $V_0 = 6.67$.

Interessanterweise hängt die Preisformel (4.37) nicht von p ab, ist also unabhängig von der W-Verteilung $\mathbb{P}$. Der No–Arbitrage–Preis hat also zunächst nichts mit dem Erwartungswertprinzip zu tun. Setzen wir jedoch

$$p^* := \frac{1 + r - d}{u - d}, \tag{4.38}$$

so ergibt sich

$$V_0 = \frac{1}{1 + r} \cdot p^* \cdot (u \cdot S_0 - K). \tag{4.39}$$

Wegen der Voraussetzung (4.32) gilt $0 < p^* < 1$. Wie ein Vergleich von (4.39) mit (4.34) zeigt, können wir also V_0 auch als *diskontierten* Erwartungswert von V_1 auffassen. Allerdings muss der Erwartungswert nicht bezüglich der W-Verteilung $\mathbb{P}$, sondern bezüglich der durch $\mathbb{P}^*(\{u\}) := p^*$ eindeutig festgelegten Verteilung $\mathbb{P}^*$ gebildet werden. Berechnen wir den Erwartungswert $\mathbb{E}^*(S_1)$ von S_1 bzgl. der W-Verteilung $\mathbb{P}^*$, so folgt die interessante Gleichung

$$\mathbb{E}^*(S_1) = (1 + r) \cdot S_0. \tag{4.40}$$

Unter $\mathbb{P}^*$ besitzen also die Aktie und eine risikolose Anlage im Mittel denselben erwarteten Zuwachs. Deshalb heißt $\mathbb{P}^*$ die *risikoneutrale Verteilung* für S_1. Auch darauf werden wir später zurückkommen.

4.6   Mehrstufige Experimente

4.6.1   Modellierung abhängiger Experimente

Viele stochastische Vorgänge bestehen aus Teilexperimenten (*Stufen*), die der Reihe nach durchgeführt werden. Eine adäquate Modellierung solcher *mehrstufigen Experimente* lässt sich von den folgenden Überlegungen leiten: Die Ergebnisse eines aus insgesamt n Stufen bestehenden Experimentes stellen sich als n-Tupel $\omega = (a_1, a_2, \ldots, a_n)$ dar, wobei a_j den Ausgang des j-ten Teilexperimentes angibt. Bezeichnet Ω_j die Ergebnismenge dieses Teilexperimentes, so ist das kartesische Produkt

$$\Omega := \Omega_1 \times \cdots \times \Omega_n = \{\omega = (a_1, \ldots, a_n) : a_j \in \Omega_j \text{ für } j = 1, \ldots, n\} \quad (4.41)$$

ein angemessener Grundraum für das Gesamt–Experiment.

Die Festlegung einer geeigneten W-Verteilung $\mathbb{P}$ auf Ω ist leicht möglich, wenn wir aufgrund der Rahmenbedingungen des Experimentes eine *Start–Verteilung*

$$p_1(a_1), \quad a_1 \in \Omega_1, \quad (4.42)$$

für den Ausgang des ersten Teilexperimentes angeben können und darüber hinaus für jedes $j = 2, \ldots, n$ und jede Wahl von $a_1 \in \Omega_1, \ldots, a_{j-1} \in \Omega_{j-1}$ die „bedingte" Wahrscheinlichkeit

$$p_j(a_j | a_1, \ldots, a_{j-1}), \quad a_j \in \Omega_j, \quad (4.43)$$

dafür kennen, dass beim j-ten Teilexperiment das Ergebnis a_j auftritt, wenn in den ersten $j - 1$ Teilexperimenten die Ergebnisse $a_1, \ldots a_{j-1}$ aufgetreten sind.

Formal müssen hier $p_1(a_1), a_1 \in \Omega_1$, und $p_j(a_j | a_1, \ldots, a_{j-1})$, $a_j \in \Omega_j$, nichtnegative Zahlen sein, die die Normierungsbedingungen

$$\sum_{a_1 \in \Omega_1} p_1(a_1) = 1, \qquad \sum_{a_j \in \Omega_j} p_j(a_j | a_1, \ldots, a_{j-1}) = 1 \quad (4.44)$$

erfüllen.

Die Wahrscheinlichkeit $p(\omega) := \mathbb{P}(\{\omega\})$ des Ergebnisses $\omega = (a_1, \ldots, a_n)$ des Gesamt–Experimentes wird dann über den *Produkt–Ansatz*

$$p(\omega) := p_1(a_1) \cdot p_2(a_2 | a_1) \cdot p_3(a_3 | a_1, a_2) \cdot \ldots \cdot p_n(a_n | a_1, \ldots, a_{n-1}) \quad (4.45)$$

festgelegt. Dieser in der Schule auch als *erste Pfadregel* bekannte Ansatz (vgl. Beispiel 4.10) ist durch das Rechnen im Zusammenhang mit relativen Häufigkeiten motiviert: Stellt sich etwa bei der oftmaligen Durchführung eines zweistufigen Experimentes für das erste Teilexperiment das Ergebnis a_1 in 40% aller Fälle ein, und ist in 25% *dieser* Fälle mit dem Ergebnis a_2 des zweiten Teilexperimentes zu rechnen, so würde man im Gesamtexperiment in 10% aller Fälle ($0.1 = 0.4 \cdot 0.25$) das Ergebnispaar (a_1, a_2) erwarten.

Dass die gemäß (4.45) definierten Wahrscheinlichkeiten die Normierungsbedingung $\sum_{\omega \in \Omega} p(\omega) = 1$ erfüllen und somit das durch

$$\mathbb{P}(A) := \sum_{\omega \in A} p(\omega), \qquad A \subset \Omega, \tag{4.46}$$

definierte $\mathbb{P}$ eine W-Verteilung auf Ω ist, folgt im Spezialfall $n = 2$ aus

$$
\begin{aligned}
\sum_{\omega \in \Omega} p(\omega) &= \sum_{a_1 \in \Omega_1} \sum_{a_2 \in \Omega_2} p_1(a_1) \cdot p_2(a_2 | a_1) \\
&= \sum_{a_1 \in \Omega_1} p_1(a_1) \cdot \sum_{a_2 \in \Omega_2} p_2(a_2 | a_1) \\
&= \sum_{a_1 \in \Omega_1} p_1(a_1) \cdot 1 \qquad \text{(nach (4.44))} \\
&= 1. \qquad\qquad\qquad \text{(nach (4.44))}
\end{aligned}
$$

Der allgemeine Fall ergibt sich hieraus durch vollständige Induktion.

4.10 Beispiel.
Eine Urne enthalte eine rote und drei schwarze Kugeln. Es werden rein zufällig eine Kugel gezogen und anschließend *diese sowie eine weitere Kugel derselben Farbe* in die Urne zurückgelegt. Nach gutem Mischen wird wiederum eine Kugel gezogen. Mit welcher Wahrscheinlichkeit ist diese rot?

Symbolisieren wir das Ziehen einer roten (schwarzen) Kugel mit „1" (bzw. „0"), so ist $\Omega := \Omega_1 \times \Omega_2$ mit $\Omega_1 = \Omega_2 = \{0, 1\}$ ein geeigneter Grundraum für dieses zweistufige Experiment. Dabei stellt sich das interessierende Ereignis „die beim zweiten Mal gezogene Kugel ist rot" formal als

$$B = \{(1, 1), (0, 1)\} \tag{4.47}$$

dar. Da vor dem ersten Zug eine rote und 3 schwarze Kugeln vorhanden sind, ist die Start–Verteilung durch $p_1(1) = 1/4$ und $p_1(0) = 3/4$ gegeben. Im Fall $a_1 = 1$ bzw. $a_1 = 0$ besteht der Urneninhalt vor dem zweiten Zug aus 2 roten und 3 schwarzen (bzw. einer roten und 4 schwarzen) Kugeln. Dieser Umstand führt zu den „bedingten" Wahrscheinlichkeiten $p(1|1) = 2/5$, $p(0|1) = 3/5$, $p(1|0) = 1/5$, $p(0|0) = 4/5$ und somit über den Produktansatz (4.45) zur Festlegung

$$p(1, 1) := \frac{2}{20}, \quad p(1, 0) := \frac{3}{20} \quad p(0, 1) := \frac{3}{20}, \quad p(0, 0) := \frac{12}{20}. \tag{4.48}$$

Das *Baumdiagramm* in Bild 4.7 veranschaulicht die Situation. In diesem Diagramm stehen an den vom Startpunkt ausgehenden Pfeilen die Wahrscheinlichkeiten für die an den Pfeilenden notierten Ergebnisse der ersten Stufe. Rechts davon finden sich die vom Ergebnis der ersten Stufe abhängenden „bedingten" Wahrscheinlichkeiten zu den Ergebnissen der zweiten Stufe. Da diese „bedingten" Wahrscheinlicheiten etwas mit dem „Übergang vom ersten zum zweiten Teilexperiment" zu tun haben, werden sie manchmal auch als *Übergangswahrscheinlichkeiten* bezeichnet. Offenbar entspricht im Baumdiagramm jedem Ergebnis des Gesamt–Experimentes ein vom Startpunkt ausgehender und entlang der Pfeile verlaufender *Pfad*. Dabei wurden an den Pfadenden die Wahrscheinlichkeiten (4.48) eingetragen. Prinzipiell kann dieser Prozess des Ziehens mit Zurücklegen einer Kugel der gleichen Farbe mit weiteren Stufen fortgesetzt werden, indem z.B. die nach dem zweiten Zug entnommene Kugel zusammen mit einer Kugel derselben Farbe zurückgelegt, anschließend gemischt und neu gezogen wird usw.

Aus (4.48) und (4.47) ergibt sich jetzt die Wahrscheinlichkeit des Ereignisses $B := \{$die zweite gezogene Kugel ist rot$\}$ zu

$$\mathbb{P}(B) = p(1,1) + p(0,1) = \frac{2}{20} + \frac{3}{20} = \frac{1}{4}.$$

Um dieses Resultat „intuitiv" einzusehen, beachten wir, dass der Urneninhalt vor der zweiten Ziehung (in Unkenntnis des Ergebnisses der ersten Ziehung!) aus einer roten und drei schwarzen „normalen" Kugeln sowie einer zusätzlich zurückgelegten „Zusatzkugel" besteht. Wird beim zweiten Zug eine der normalen Kugeln gezogen, so ist die Wahrscheinlichkeit, eine rote Kugel zu ziehen, gleich 1/4. Aber auch für den Fall, dass die Zusatzkugel gezogen wird, ist die Wahrscheinlichkeit für die Farbe Rot gleich 1/4.

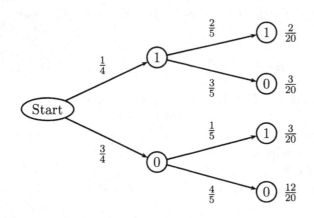

Bild 4.7:
Baumdiagramm
zu Beispiel 4.10

4.6.2 Modellierung unabhängiger Experimente

Ein wichtiger Spezialfall eines mehrstufigen Experimentes liegt vor, wenn n Teilexperimente „unbeeinflusst voneinander ablaufen". Hiermit ist gemeint, dass wir für jedes $j = 2, \ldots, n$ das j-te Teilexperiment ohne Kenntnis der Ergebnisse der früheren $j - 1$ Teilexperimente räumlich oder zeitlich *getrennt* von allen anderen Teilexperimenten durchführen können. Eine alternative Vorstellung wäre, dass die n Teilexperimente *gleichzeitig* ablaufen.

Die mathematische Präzisierung dieser anschaulichen Vorstellung besteht darin, für jedes $j = 2, \ldots, n$ die in (4.43) stehenden Übergangswahrscheinlichkeiten als nicht von den Ergebnissen $a_1, \ldots, a_{j-1}$ der früheren Experimente abhängig anzusehen und

$$p_j(a_j) := p_j(a_j | a_1, \ldots, a_{j-1}) \qquad (4.49)$$

$(a_j \in \Omega_j, a_1 \in \Omega_1, \ldots, a_{j-1} \in \Omega_{j-1})$ zu setzen. Dabei definiert $p_j(\cdot)$ eine W-Verteilung auf Ω_j, d.h. es gelten $p_j(a_j) \geq 0$, $a_j \in \Omega_j$, sowie

$$\sum_{a_j \in \Omega_j} p_j(a_j) = 1.$$

Da mit (4.49) der Ansatz (4.45) die Produktgestalt

$$p(\omega) := p_1(a_1) \cdot p_2(a_2) \cdot p_3(a_3) \cdot \ldots \cdot p_n(a_n) \qquad (4.50)$$

annimmt, werden solche mehrstufigen Experimente auch als *Produktexperimente* bezeichnet. Insbesondere erhält man im Fall

$$\Omega_1 = \Omega_2 = \ldots = \Omega_n \quad \text{und} \quad p_1(\cdot) = p_2(\cdot) = \ldots = p_n(\cdot)$$

mittels (4.41), (4.50) und (4.46) ein stochastisches Modell für die n-malige „unabhängige" Durchführung eines durch die Grundmenge Ω_1 und die Startverteilung (4.42) modellierten Zufallsexperimentes. Dieses Modell trat bereits in Spezialfällen wie etwa dem Laplace–Ansatz für das zweimalige „unabhängige" Werfen eines echten Würfels ($\Omega_1 = \Omega_2 = \{1,2,3,4,5,6\}$, $p_1(i) = p_2(j) = 1/6$, also $p(i,j) = 1/36$ für $i,j = 1, \ldots, 6$) auf.

4.7 Bedingte Wahrscheinlichkeiten

4.7.1 Motivation der Begriffsbildung

In diesem Abschnitt geht es um Fragen der *vernünftigen Verwertung von Teilinformationen über stochastische Vorgänge* und um den Aspekt des *Lernens aufgrund von Erfahrung*. Zur Einstimmung betrachten wir ein Beispiel.

4.11 Beispiel.
Eine Urne enthalte 2 rote, 2 schwarze und 2 blaue Kugeln. Zwei Personen I und II vereinbaren, dass II räumlich von I getrennt rein zufällig ohne Zurücklegen aus dieser Urne Kugeln entnimmt und I mitteilt, bei welchem Zug zum ersten Mal eine blaue Kugel auftritt. Nehmen wir an, II ruft I „im dritten Zug!" zu. Wie würden Sie als Person I die Wahrscheinlichkeit dafür einschätzen, dass die ersten beiden gezogenen Kugeln rot waren?

Das Wesentliche an diesem Beispiel ist, dass wir eine *Teil*information über das Ergebnis eines *bereits abgeschlossenen* stochastischen Vorgangs erhalten. Die mathematische Beschreibung derartiger Teilinformationen geschieht mit Hilfe *bedingter Wahrscheinlichkeiten.* Hierzu betrachten wir ein wiederholt durchführbares Zufallsexperiment, welches durch den W-Raum $(\Omega, \mathbb{P})$ beschrieben sei. Über den Ausgang ω des Experimentes sei nur bekannt, dass ein Ereignis $B \subset \Omega$ eingetreten ist, also $\omega \in B$ gilt. Diese Information werde kurz die *Bedingung B* genannt.

Wir stellen uns die Aufgabe, aufgrund der (für uns) unvollständigen Information über ω eine Wahrscheinlichkeit für das Eintreten eines Ereignisses $A \subset \Omega$ „unter der Bedingung B" festzulegen. Im obigen Beispiel sind A und B die Ereignisse „die beiden ersten gezogenen Kugeln sind rot" bzw. „im dritten Zug tritt zum ersten Mal eine blaue Kugel auf".

Welche Eigenschaften sollte eine im Weiteren mit $\mathbb{P}(A|B)$ bezeichnete (und natürlich noch geeignet zu definierende) bedingte Wahrscheinlichkeit von A unter der Bedingung B besitzen? Sicherlich sollte $\mathbb{P}(A|B)$ als Wahrscheinlichkeit die Ungleichungen $0 \le \mathbb{P}(A|B) \le 1$ erfüllen. Weitere natürliche Eigenschaften wären

$$\mathbb{P}(A|B) = 1, \qquad \text{falls } B \subset A, \tag{4.51}$$

$$\mathbb{P}(A|B) = 0, \qquad \text{falls } A \cap B = \emptyset. \tag{4.52}$$

Eigenschaft (4.51) sollte gelten, weil unter der Bedingung B die Inklusion $B \subset A$ notwendigerweise das Eintreten von A nach sich zieht. (4.52) sollte erfüllt sein, weil das Eintreten von B im Falle der Disjunktheit von A und B das Eintreten von A ausschließt.

Natürlich stellen (4.51) und (4.52) extreme Situationen dar. Allgemein müssen wir mit den drei Möglichkeiten $\mathbb{P}(A|B) > \mathbb{P}(A)$ (das Eintreten von B „begünstigt" das Eintreten von A), $\mathbb{P}(A|B) < \mathbb{P}(A)$ (das Eintreten von B „beeinträchtigt" die Aussicht auf das Eintreten von A) und $\mathbb{P}(A|B) = \mathbb{P}(A)$ (die Aussicht auf das Eintreten von A ist „unabhängig" vom Eintreten von B) rechnen.

Im Folgenden soll die Begriffsbildung *bedingte Wahrscheinlichkeit* anhand relativer Häufigkeiten motiviert werden. Da wir uns Gedanken über die Aussicht auf das Eintreten von A unter der Bedingung des Eintretens von B machen müssen, liegt es nahe, den Quotienten

$$r_n(A|B) := \frac{\text{Anzahl aller Versuche, in denen } A \text{ und } B \text{ eintreten}}{\text{Anzahl aller Versuche, in denen } B \text{ eintritt}} \qquad (4.53)$$

(bei positivem Nenner) als „empirischen Gewissheitsgrad von A unter der Bedingung B" anzusehen. Wegen

$$r_n(A|B) = \frac{r_n(A \cap B)}{r_n(B)}$$

(Division von Zähler und Nenner in (4.53) durch n) sowie der Erfahrungstatsache, dass sich allgemein die relative Häufigkeit $r_n(C)$ des Eintretens eines Ereignisses C in n voneinander unbeeinflussten gleichartigen Versuchen bei wachsendem n um einen bestimmten Wert stabilisiert und dass dieser (nicht bekannte) Wert die „richtige Modell–Wahrscheinlichkeit" $\mathbb{P}(C)$ sein sollte, ist die nachfolgende Begriffsbildung „frequentistisch motiviert".

4.7.2 Definition der bedingten Wahrscheinlichkeiten

Es seien $(\Omega, \mathbb{P})$ ein W-Raum und $A, B \subset \Omega$ mit $\mathbb{P}(B) > 0$. Dann heißt

$$\mathbb{P}(A|B) := \frac{\mathbb{P}(A \cap B)}{\mathbb{P}(B)} \qquad (4.54)$$

die *bedingte Wahrscheinlichkeit* von A unter der Bedingung B (bzw. *unter der Hypothese B*). Wir schreiben auch $\mathbb{P}_B(A) := \mathbb{P}(A|B)$.

Offenbar gelten

$$0 \le \mathbb{P}_B(A) \le 1, \qquad A \subset \Omega,$$
$$\mathbb{P}_B(\Omega) = 1$$

und für *disjunkte* Ereignisse $A_1, A_2 \subset \Omega$

$$\mathbb{P}_B(A_1 \cup A_2) = \mathbb{P}_B(A_1) + \mathbb{P}_B(A_2).$$

Somit ist die bedingte Wahrscheinlichkeit $\mathbb{P}_B(\cdot) = \mathbb{P}(\cdot|B)$ bei einem festen bedingenden Ereignis B eine W-Verteilung auf Ω, welche offenbar die Eigenschaften (4.51) und (4.52) besitzt. Wegen $\mathbb{P}_B(B) = 1$ ist die Verteilung $\mathbb{P}_B(\cdot)$ ganz auf dem bedingenden Ereignis „konzentriert". Setzen wir in (4.54) für das Ereignis A die Elementarereignisse $\{\omega\}$, $\omega \in \Omega$, ein, so folgt

$$p_B(\omega) := \mathbb{P}_B(\{\omega\}) = \begin{cases} \frac{p(\omega)}{\mathbb{P}(B)}, & \text{falls } \omega \in B, \\ 0, & \text{sonst.} \end{cases} \qquad (4.55)$$

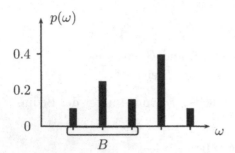
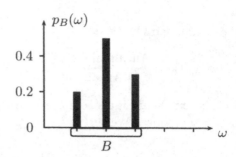

Bild 4.8: Übergang zur bedingten Verteilung

Nach (4.55) können wir uns den Übergang von der W-Verteilung $\mathbb{P}(\cdot)$ zur „bedingten Verteilung" $\mathbb{P}_B(\cdot)$ so vorstellen, dass jedes Elementarereignis $\{\omega\}$ mit $\omega \notin B$ die Wahrscheinlichkeit 0 erhält und dass die ursprünglichen Wahrscheinlichkeiten $p(\omega)$ der in B liegenden Elementarereignisse jeweils um den gleichen Faktor $1/\mathbb{P}(B)$ vergrößert werden (vgl. Bild 4.8).

4.12 Beispiel. (Fortsetzung von Beispiel 4.11)
Zur Beantwortung der in Beispiel 4.11 gestellten Frage nummerieren wir gedanklich alle Kugeln durch, wobei die roten Kugeln die Nummern 1 und 2 und die blauen bzw. schwarzen Kugeln die Nummern 3 und 4 bzw. 5 und 6 tragen. Als W-Raum wählen wir den Grundraum $\Omega = \mathrm{Per}_3^6(oW)$ mit der Gleichverteilung $\mathbb{P}$ auf Ω. In diesem Grundraum stellen sich das Ereignis „die ersten beiden gezogenen Kugeln sind rot" als

$$A = \{(a_1, a_2, a_3) \in \Omega : \{a_1, a_2\} = \{1, 2\}\}$$

und das Ereignis „im dritten Zug tritt zum ersten Mal eine blaue Kugel auf" als

$$B = \{(a_1, a_2, a_3) \in \Omega : a_3 \in \{3, 4\}, \{a_1, a_2\} \subset \{1, 2, 5, 6\}\}$$

dar. Wegen $|A \cap B| = 2 \cdot 1 \cdot 2$ und $|B| = 4 \cdot 3 \cdot 2$ (Multiplikationsregel!) folgt

$$\mathbb{P}(A|B) = \frac{\mathbb{P}(A \cap B)}{\mathbb{P}(B)} = \frac{|A \cap B|/|\Omega|}{|B|/|\Omega|} = \frac{|A \cap B|}{|B|} = \frac{1}{6}.$$

Dieses Ergebnis ist auch intuitiv einzusehen, da bei den beiden ersten Zügen aufgrund der Bedingung B *effektiv aus einer Urne mit 2 roten und 2 schwarzen Kugeln gezogen wird*. Die Wahrscheinlichkeit, dass hierbei zweimal hintereinander „rot" erscheint, ist nach der ersten Pfadregel $(2/4) \cdot (1/3) = 1/6$. Wegen $\mathbb{P}(A) = 1/15$ (nachprüfen!) gilt $\mathbb{P}(A|B) > \mathbb{P}(A)$, d.h. das Eintreten des Ereignisses B erhöht die Aussicht auf das Eintreten von A.

4.7.3   Zusammenhang mit Übergangswahrscheinlichkeiten

In Anwendungen wird meist nicht $\mathbb{P}(A|B)$ aus $\mathbb{P}(B)$ und $\mathbb{P}(A \cap B)$ berechnet, sondern umgekehrt $\mathbb{P}(A \cap B)$ aus $\mathbb{P}(B)$ und $\mathbb{P}(A|B)$ gemäß der *Multiplikationsregel*

$$\mathbb{P}(A \cap B) = \mathbb{P}(B) \cdot \mathbb{P}(A|B). \qquad (4.56)$$

Das Standard–Beispiel hierfür ist ein zweistufiges Experiment, bei dem das Ereignis B (bzw. A) einen Ausgang des ersten (bzw. zweiten) Teilexperimentes beschreibt. Formal ist dann $\Omega = \Omega_1 \times \Omega_2$ und $B = \{a_1\} \times \Omega_2$, $A = \Omega_1 \times \{a_2\}$ mit $a_1 \in \Omega_1, a_2 \in \Omega_2$. Setzen wir $\omega = (a_1, a_2)$, so gilt $A \cap B = \{\omega\}$. Definiert man bei gegebener Start–Verteilung $p_1(a_1)$ und gegebenen Übergangswahrscheinlichkeiten $p_2(a_2|a_1)$ die W–Verteilung $\mathbb{P}$ durch (4.46) und (4.45), so ist (4.56) nichts anderes als (4.45) für den Fall $n = 2$. Diese Betrachtungen zeigen, dass Übergangswahrscheinlichkeiten in gekoppelten Experimenten bedingte Wahrscheinlichkeiten darstellen und dass bedingte Wahrscheinlichkeiten in erster Linie als Bausteine bei der Modellierung zufälliger Phänomene dienen. Diese Einsicht rechtfertigt nachträglich die schon auf Seite 126 verwendete Sprechweise „bedingte" Wahrscheinlichkeit.

Die direkte Verallgemeinerung von (4.56) ist die unmittelbar durch Induktion nach n einzusehende *allgemeine Multiplikationsregel*

$$\mathbb{P}(A_1 \cap \ldots \cap A_n)$$
$$= \mathbb{P}(A_1) \cdot \mathbb{P}(A_2|A_1) \cdot \mathbb{P}(A_3|A_1 \cap A_2) \cdot \ldots \cdot \mathbb{P}(A_n|A_1 \cap \ldots \cap A_{n-1}) \quad (4.57)$$

für n Ereignisse $A_1, \ldots, A_n$ mit der Eigenschaft $\mathbb{P}(A_1 \cap \ldots \cap A_{n-1}) > 0$. Letztere Bedingung garantiert, dass alle anderen Schnittmengen positive Wahrscheinlichkeiten besitzen und dass somit die auftretenden bedingten Wahrscheinlichkeiten definiert sind. Der Standard–Anwendungsfall ist auch hier ein n-stufiges Experiment mit gegebener Start–Verteilung und gegebenen Übergangswahrscheinlichkeiten (vgl. 4.6.2), wobei

$$A_j = \Omega_1 \times \ldots \times \Omega_{j-1} \times \{a_j\} \times \Omega_{j+1} \times \ldots \times \Omega_n$$

das Ereignis bezeichnet, dass beim j-ten Teilexperiment das Ergebnis a_j auftritt $(j = 1, \ldots, n, a_j \in \Omega_j)$. Definieren wir $\mathbb{P}$ über (4.46) und (4.45), so stimmt die bedingte Wahrscheinlichkeit $\mathbb{P}(A_j|A_1 \cap \ldots \cap A_{j-1})$ mit der in (4.43) angegebenen Übergangswahrscheinlichkeit $p_j(a_j|a_1, \ldots, a_{j-1})$ überein, und (4.57) ist nichts anderes als die erste Pfadregel (4.45).

4.7.4   Formel von der totalen Wahrscheinlichkeit, Bayes–Formel

Es seien $(\Omega, \mathbb{P})$ ein W–Raum und $A_1, A_2, \ldots, A_s$ *disjunkte* Ereignisse mit den Eigenschaften $\mathbb{P}(A_j) > 0$ $(j = 1, \ldots, s)$ und $\cup_{j=1}^{s} A_j = \Omega$.

(i) Für jedes Ereignis B gilt die *Formel von der totalen Wahrscheinlichkeit*

$$\mathbb{P}(B) = \sum_{j=1}^{s} \mathbb{P}(A_j) \cdot \mathbb{P}(B|A_j). \tag{4.58}$$

(ii) Für jedes Ereignis B mit $\mathbb{P}(B) > 0$ und für jedes $k = 1, \ldots, s$ gilt die *Bayes[6]-Formel*

$$\mathbb{P}(A_k|B) = \frac{\mathbb{P}(A_k) \cdot \mathbb{P}(B|A_k)}{\sum\limits_{j=1}^{s} \mathbb{P}(A_j) \cdot \mathbb{P}(B|A_j)}. \tag{4.59}$$

BEWEIS: (i) folgt unter Beachtung des Distributivgesetzes und der Additivität von $\mathbb{P}(\cdot)$ aus

$$\begin{aligned}
\mathbb{P}(B) &= \mathbb{P}(\Omega \cap B) \\
&= \mathbb{P}\left((\cup_{j=1}^{s} A_j) \cap B\right) = \mathbb{P}\left(\cup_{j=1}^{s}(A_j \cap B)\right) \\
&= \sum_{j=1}^{s} \mathbb{P}(A_j \cap B) = \sum_{j=1}^{s} \mathbb{P}(A_j) \cdot \mathbb{P}(B|A_j).
\end{aligned}$$

Für den Nachweis von (ii) beachte man, dass nach (i) der in (4.59) auftretende Nenner gleich $\mathbb{P}(B)$ ist. $\qquad\square$

Hauptanwendungsfall für die Formel von der totalen Wahrscheinlichkeit ist ein zweistufiges Experiment, bei dem $A_1, \ldots, A_s$ die Ergebnisse des ersten Teilexperimentes beschreiben und sich B auf ein Ergebnis des zweiten Teilexperimentes bezieht. Bezeichnen wir die möglichen Ergebnisse des ersten Teilexperimentes mit $e_1, \ldots, e_s$, also $\Omega_1 = \{e_1, \ldots, e_s\}$, so sind formal $\Omega = \Omega_1 \times \Omega_2$ und $A_j = \{e_j\} \times \Omega_2$. Die Menge B ist von der Gestalt $B = \Omega_1 \times \{b\}$ mit $b \in \Omega_2$. Definieren wir wieder $\mathbb{P}$ über (4.46) und (4.45), so sind $\mathbb{P}(A_j) = p_1(e_j)$ als Start–Verteilung und $\mathbb{P}(\{b\}|A_j) = p_2(b|e_j)$ als Übergangswahrscheinlichkeit im zweistufigen Experiment gegeben (vgl. 4.7.3 und 4.6.2). Gleichung (4.58) nimmt somit die Gestalt

$$\mathbb{P}(B) = \sum_{j=1}^{s} p_1(e_j) \cdot p_2(b|e_j)$$

an.

Die Bayes–Formel erfährt eine interessante Deutung, wenn die Ereignisse A_j als *Ursachen* oder *Hypothesen* für das Eintreten von B aufgefasst werden. Ordnet

---

[6]Thomas Bayes (1702?–1761), Geistlicher der Presbyterianer, 1742 Aufnahme in die Royal Society. Seine Werke *An Essay towards solving a problem in the doctrine of chances* und *A letter on Asymptotic Series* wurden erst posthum veröffentlicht.

man den A_j vor der Beobachtung eines stochastischen Vorgangs gewisse (unter Umständen subjektive) Wahrscheinlichkeiten $\mathbb{P}(A_j)$ zu, so nennt man $\mathbb{P}(A_j)$ die *a priori–Wahrscheinlichkeit* für A_j. Das Ereignis B trete mit der bedingten Wahrscheinlichkeit $\mathbb{P}(B|A_j)$ ein, falls A_j eintritt, d.h. „Hypothese A_j zutrifft". Tritt nun bei einem stochastischen Vorgang das Ereignis B ein, so ist die „inverse" bedingte Wahrscheinlichkeit $\mathbb{P}(A_j|B)$ die *a posteriori–Wahrscheinlichkeit* dafür, dass A_j „Ursache" von B ist. Da es nahe liegt, daraufhin die a priori–Wahrscheinlichkeiten zu überdenken und den „Hypothesen" A_j gegebenenfalls andere, nämlich die a posteriori–Wahrscheinlichkeiten, zuzuordnen, löst die Bayes–Formel das Problem der Veränderung subjektiver Wahrscheinlichkeiten unter dem Einfluss von Information.

4.7.5   Zur Interpretation medizinischer Tests

Bei medizinischen Labortests zur Erkennung von Krankheiten treten bisweilen sowohl *falsch positive* als auch *falsch negative* Befunde auf. Ein falsch positiver Befund diagnostiziert das Vorhandensein der betreffenden Krankheit, obwohl die Person gesund ist; bei einem falsch negativen Resultat wird eine kranke Person als gesund angesehen. Unter der *Sensitivität* eines Tests versteht man die Wahrscheinlichkeit p_{se}, mit der eine kranke Person als krank erkannt wird. Die *Spezifität* des Tests ist die Wahrscheinlichkeit p_{sp}, dass eine gesunde Person auch als gesund erkannt wird. Diese stark vereinfachenden Annahmen gehen davon aus, dass die Wahrscheinlichkeit p_{se} (bzw. p_{sp}) für jede sich dem Test unterziehende kranke (bzw. gesunde) Person gleich ist; hier wird im Allgemeinen nach Risikogruppen unterschieden. Für Standard–Tests gibt es Schätzwerte für Sensitivität und Spezifität aufgrund umfangreicher Studien. So besitzt etwa der *ELISA–Test* zur Erkennung von Antikörpern gegen die Immunschwäche HIV eine geschätzte Sensitivität und Spezifität von jeweils 0.998 (= 99.8 Prozent).

Nehmen wir an, eine Person habe sich einem Test zur Erkennung einer bestimmten Krankheit K_0 unterzogen und einen positiven Befund erhalten. Mit welcher Wahrscheinlichkeit besitzt sie die Krankheit K_0 wirklich?

Die Antwort auf diese Frage hängt davon ab, wie hoch die a priori–Wahrscheinlichkeit der Person ist, die Krankheit zu besitzen. Setzen wir diese Wahrscheinlichkeit (subjektiv) mit q an, so gibt die Bayes–Formel wie folgt eine Antwort: Wir modellieren obige Situation durch den Raum $\Omega = \{(0,0),(0,1),(1,0),(1,1)\}$, wobei eine „1" bzw. „0" in der ersten (bzw. zweiten) Komponente angibt, ob die Person die Krankheit K_0 hat oder nicht (bzw. ob der Test positiv ausfällt oder nicht). Bezeichnen $K = \{(1,0),(1,1)\}$ das Ereignis, krank zu sein, und $N = \{(1,0),(0,0)\}$ das Ereignis, ein negatives Testergebnis zu erhalten, so führen die Voraussetzungen zu den Modellannahmen

$$\mathbb{P}(K) = q, \quad \mathbb{P}(N^c|K) = p_{se}, \quad \mathbb{P}(N|K^c) = p_{sp}.$$

Nach der Bayes–Formel folgt

$$\mathbb{P}(K|N^c) = \frac{\mathbb{P}(K) \cdot \mathbb{P}(N^c|K)}{\mathbb{P}(K) \cdot \mathbb{P}(N^c|K) + \mathbb{P}(K^c) \cdot \mathbb{P}(N^c|K^c)}$$

und somit wegen $\mathbb{P}(K^c) = 1 - q$ und $\mathbb{P}(N^c|K^c) = 1 - p_{sp}$ das Resultat

$$\mathbb{P}(K|N^c) = \frac{q \cdot p_{se}}{q \cdot p_{se} + (1 - q) \cdot (1 - p_{sp})}.$$

Für den ELISA–Test ($p_{sp} = p_{se} = 0.998$) ist die Abhängigkeit dieser Wahrscheinlichkeit vom Krankheitsrisiko q in Bild 4.9 dargestellt. Das Problem bei der Interpretation von Bild 4.9 für jeden persönlichen Fall ist, wie die betreffende Person mit positivem Testergebnis ihr persönliches „a priori–Krankheitsrisiko" q ansieht. Obwohl innerhalb mehr oder weniger genau definierter Risikogruppen Schätzwerte für q existieren, kann man die einzelne Person (selbst wenn sie hinsichtlich verschiedener Merkmale sehr gut zu einer dieser Risikogruppen „passt") nicht unbedingt als rein zufällig ausgewählt betrachten, da sie sich vermutlich aus einem bestimmten Grund dem Test unterzogen hat.

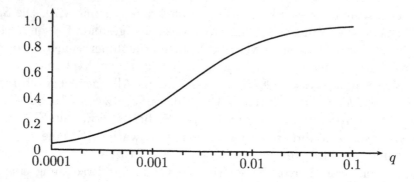

Bild 4.9: Wahrscheinlichkeit für eine HIV–Infektion bei positivem ELISA–Test in Abhängigkeit vom subjektiven a priori–Krankheitsrisiko

4.8 Stochastische Unabhängigkeit

Jeder, der das Spiel *Stein, Schere, Papier* kennt, weiß, wie schwierig es ist, sich eine rein zufällige und *unabhängige* Folge dieser drei Begriffe „auszudenken", um einem Gegner nicht die Möglichkeit zu geben, den jeweils nächsten Begriff zu erraten und durch eine passende Antwort in Vorteil zu gelangen (zur Erinnerung: Stein schlägt Schere, Schere schlägt Papier, Papier schlägt Stein). Hier ist zu erwarten, dass keiner der Spieler einen Vorteil besitzt, wenn beide *unabhängig voneinander rein zufällig* ihre Wahl treffen. Dieser Abschnitt behandelt die *stochastische Unabhängigkeit* als eine weitere zentrale Begriffsbildung der Stochastik.

4.8.1 Motivation

Wir betrachten zunächst den einfachsten Fall zweier Ereignisse A und B in einem W-Raum $(\Omega, \mathbb{P})$, wobei $\mathbb{P}(A) > 0$ und $\mathbb{P}(B) > 0$ vorausgesetzt seien. In Abschnitt 4.7 haben wir die bedingte Wahrscheinlichkeit $\mathbb{P}(A|B)$ von A unter der Bedingung B als den Quotienten $\mathbb{P}(A \cap B)/\mathbb{P}(B)$ definiert. Im Allgemeinen wird die durch das Eintreten des Ereignisses B gegebene Information über den Ausgang ω des durch den W-Raum $(\Omega, \mathbb{P})$ modellierten Zufallsexperimentes dazu führen, dass $\mathbb{P}(A|B)$ verschieden von der „unbedingten" Wahrscheinlichkeit $\mathbb{P}(A)$ ist. Falls jedoch die Gleichung

$$\mathbb{P}(A|B) = \mathbb{P}(A) \tag{4.60}$$

erfüllt ist, nimmt das Eintreten des Ereignisses B *wahrscheinlichkeitstheoretisch* keinen Einfluss auf das Eintreten von A, d.h. durch die Bedingung „B geschieht" erfolgt keine Neubewertung der Wahrscheinlichkeit des Eintretens von A. In gleicher Weise bedeutet die Gleichung

$$\mathbb{P}(B|A) = \mathbb{P}(B), \tag{4.61}$$

dass die Wahrscheinlichkeit des Eintretens von B „unabhängig" von der Information „A geschieht" ist.

Ersetzen wir in (4.60) und (4.61) die bedingten Wahrscheinlichkeiten durch die definierenden Quotienten $\mathbb{P}(A \cap B)/\mathbb{P}(B)$ bzw. $\mathbb{P}(B \cap A)/\mathbb{P}(A)$, so ergibt sich, dass jede der Gleichungen (4.60) und (4.61) äquivalent ist zu

$$\mathbb{P}(A \cap B) = \mathbb{P}(A) \cdot \mathbb{P}(B). \tag{4.62}$$

4.8.2 Unabhängigkeit von 2 Ereignissen

Falls die Gleichung (4.62) erfüllt ist, so nennt man zwei Ereignisse A und B in einem W-Raum $(\Omega, \mathbb{P})$ *(stochastisch)* unabhängig *(bezüglich $\mathbb{P}$)*. Dabei sind auch die Fälle $\mathbb{P}(A) = 0$ oder $\mathbb{P}(B) = 0$ zugelassen.

Die Unabhängigkeit von A und B im Fall $\mathbb{P}(A) > 0$, $\mathbb{P}(B) > 0$ bedeutet, dass A und B *wahrscheinlichkeitstheoretisch* in dem Sinne keinerlei Einfluss aufeinander ausüben, dass jede der beiden Informationen „A geschieht" oder „B geschieht" die Aussicht auf das Eintreten des jeweils anderen Ereignisses unverändert lässt. Dieser Sachverhalt muss strikt von *realer Beeinflussung* unterschieden werden! Zur Illustration betrachten wir das zweimalige rein zufällige Ziehen ohne Zurücklegen aus einer Urne mit zwei roten und einer schwarzen Kugel sowie die Ereignisse A bzw. B, dass die erste bzw. zweite gezogene Kugel rot ist. Hier gelten

$\mathbb{P}(B|A) = 1/2$ und $\mathbb{P}(B) = 2/3$, so dass die Ereignisse A und B nicht unabhängig sind. In diesem Beispiel ist zwar B real von A beeinflusst, aber nicht A von B, da sich B auf den zweiten und A auf den ersten Zug bezieht. Im Gegensatz zu realer Beeinflussung ist der Unabhängigkeitsbegriff symmetrisch in A und B!

Interessanterweise schließen sich reale Beeinflussung und Unabhängigkeit auch nicht gegenseitig aus. Ein Beispiel hierfür sind der zweifache Wurf mit einem echten Würfel und die Ereignisse $A := \{\text{,,die Augensumme ist ungerade``}\}$, $B := \{\text{,,der erste Wurf ergibt eine gerade Augenzahl``}\}$. Hier gelten $\mathbb{P}(A) = \mathbb{P}(B) = 1/2$ sowie $\mathbb{P}(A \cap B) = 1/4$, so dass A und B unabhängig sind, obwohl jedes der beiden Ereignisse das Eintreten des jeweils anderen Ereignisses real mitbestimmt.

Unabhängigkeit darf auch keinesfalls mit *Disjunktheit* verwechselt werden. Disjunkte Ereignisse sind nach (4.62) genau dann unabhängig, wenn mindestens eines von ihnen die Wahrscheinlichkeit 0 besitzt, also „ausgesprochen uninteressant ist``. Ein Kuriosum im Zusammenhang mit dem Unabhängigkeitsbegriff ist schließlich, dass wir in (4.62) auch $B = A$ setzen können und die Gleichung $\mathbb{P}(A) = \mathbb{P}(A) \cdot \mathbb{P}(A)$ als Bedingung der „Unabhängigkeit des Ereignisses $A$ von sich selbst`` erhalten. Diese Gleichung ist jedoch nur für den Fall $\mathbb{P}(A) \in \{0,1\}$, also insbesondere für $A = \emptyset$ und $A = \Omega$ erfüllt. Kein „normales`` Ereignis A mit $0 < \mathbb{P}(A) < 1$ kann somit unabhängig von sich selbst sein!

4.8.3 Unabhängigkeit von mehr als 2 Ereignissen

Ein häufig begangener Fehler im Zusammenhang mit dem Unabhängigkeitsbegriff ist die Vorstellung, die Unabhängigkeit von drei Ereignissen A, B und C sei in sinnvoller Weise durch die naive Verallgemeinerung

$$\mathbb{P}(A \cap B \cap C) := \mathbb{P}(A) \cdot \mathbb{P}(B) \cdot \mathbb{P}(C) \qquad (4.63)$$

von (4.62) beschrieben. Da man anschaulich mit der Unabhängigkeit von A, B und C auch die Vorstellung der Unabhängigkeit von je zweien der drei Ereignisse verbinden würde, wäre (4.63) als Definition für die Unabhängigkeit von A, B und C nur sinnvoll, wenn wir von Gleichung (4.63) ausgehend die Unabhängigkeit von je zweien der drei Ereignisse, also z.B. das Bestehen der Gleichung (4.62), folgern könnten. Das folgende Beispiel zeigt, dass dies allgemein nicht möglich ist.

4.13 Beispiel.
Es sei $\mathbb{P}$ die Gleichverteilung auf der Menge $\Omega := \{1, 2, 3, 4, 5, 6, 7, 8\}$. Für die durch

$$A := \{1, 2, 3, 4\}, \qquad B := C := \{1, 5, 6, 7\}$$

definierten Ereignisse gilt $\mathbb{P}(A) = \mathbb{P}(B) = \mathbb{P}(C) = 1/2$. Wegen $A \cap B \cap C = \{1\}$ ergibt sich $\mathbb{P}(A \cap B \cap C) = 1/8 = \mathbb{P}(A) \cdot \mathbb{P}(B) \cdot \mathbb{P}(C)$. Die Ereignisse B und C sind jedoch nicht unabhängig.

In Verallgemeinerung zu (4.62) ist die Unabhängigkeit von mehr als zwei Ereignissen in einem W-Raum $(\Omega, \mathbb{P})$ wie folgt definiert:

Drei Ereignisse A, B und C heißen stochastisch unabhängig, falls jede der folgenden vier Gleichungen erfüllt ist:

$$\mathbb{P}(A \cap B) = \mathbb{P}(A) \cdot \mathbb{P}(B),$$
$$\mathbb{P}(A \cap C) = \mathbb{P}(A) \cdot \mathbb{P}(C),$$
$$\mathbb{P}(B \cap C) = \mathbb{P}(B) \cdot \mathbb{P}(C),$$
$$\mathbb{P}(A \cap B \cap C) = \mathbb{P}(A) \cdot \mathbb{P}(B) \cdot \mathbb{P}(C).$$

Allgemein heißen n $(n \geq 2)$ Ereignisse $A_1, \ldots, A_n$ (stochastisch) unabhängig falls für jedes $k \in \{2, \ldots, n\}$ und jede Wahl von $i_1, i_2, \ldots, i_k \in \{1, 2, \ldots, n\}$ mit der Eigenschaft $1 \leq i_1 < i_2 < \ldots < i_k \leq n$ gilt:

$$\mathbb{P}\left(\bigcap_{m=1}^{k} A_{i_m}\right) = \prod_{m=1}^{k} \mathbb{P}(A_{i_m}). \tag{4.64}$$

Zum Nachweis der stochastischen Unabhängigkeit von n Ereignissen ist also zu zeigen, dass die Wahrscheinlichkeit des Durchschnittes von *irgendwelchen* der n Ereignisse stets gleich dem Produkt der einzelnen Wahrscheinlichkeiten ist. Da es $2^n - n - 1$ Möglichkeiten gibt, aus n Ereignissen mindestens 2 Ereignisse auszuwählen, wird die Unabhängigkeit von n Ereignissen durch $2^n - n - 1$ Gleichungen beschrieben. Aufgrund der Definition der Unabhängigkeit ist auch klar, dass mit $A_1, \ldots, A_n$ auch jedes Teilsystem $A_{j_1}, A_{j_2}, \ldots, A_{j_l}$ $(l \in \{2, \ldots, n\}$, $1 \leq j_1 < j_2 < \ldots < j_l \leq n)$ von $A_1, \ldots, A_n$ stochastisch unabhängig ist.

4.8.4 Unabhängigkeit und Komplementbildung

Sind A und B unabhängige Ereignisse, so folgt aus

$$\mathbb{P}(A \cap B^c) = \mathbb{P}(A) - \mathbb{P}(A \cap B)$$
$$= \mathbb{P}(A) - \mathbb{P}(A) \cdot \mathbb{P}(B)$$
$$= \mathbb{P}(A) \cdot (1 - \mathbb{P}(B))$$
$$= \mathbb{P}(A) \cdot \mathbb{P}(B^c)$$

die auch anschaulich klare Aussage, dass die Ereignisse A und B^c ebenfalls unabhängig sind. Das gleiche Argument liefert dann auch

$$\mathbb{P}(A^c \cap B^c) = \mathbb{P}(A^c) \cdot \mathbb{P}(B^c),$$

also die Unabhängigkeit von A^c und B^c.

Allgemeiner gilt der folgende Sachverhalt, welcher ebenfalls mit Hilfe der obigen Argumentation durch Induktion über die Anzahl der auftretenden komplementären Ereignisse erfolgen kann (siehe z.B. Henze, 2004, S. 118).

Sind $A_1, \ldots, A_n$ stochastisch unabhängige Ereignisse, so gilt für jedes $k \in \{2, \ldots, n\}$ und jede Wahl von $i_1, i_2, \ldots, i_k \in \{1, 2, \ldots, n\}$ mit der Eigenschaft $1 \le i_1 < i_2 < \ldots < i_k \le n$ die Gleichung

$$\mathbb{P}\left(\bigcap_{m=1}^{k} B_{i_m} \right) = \prod_{m=1}^{k} \mathbb{P}(B_{i_m}). \tag{4.65}$$

Dabei ist für jedes $m = 1, 2, \ldots, k$ entweder $B_{i_m} = A_{i_m}$ oder $B_{i_m} = A_{i_m}^c$.

4.8.5   Unabhängigkeit in Produktexperimenten

Eine große Beispielklasse stochastisch unabhängiger Ereignisse ergibt sich in dem in 4.6.2 eingeführten Modell für ein *Produktexperiment*. Der dort konstruierte W-Raum $(\Omega, \mathbb{P})$ mit $\Omega = \Omega_1 \times \ldots \times \Omega_n$ beschreibt die Situation n „getrennt voneinander ablaufender, sich gegenseitig nicht beeinflussender" (Einzel–)Experimente. Dabei wird das j-te Experiment durch den W-Raum $(\Omega_j, \mathbb{P}_j)$ modelliert. Die W-Verteilung $\mathbb{P}$ ordnet dem Element $\omega = (a_1, \ldots, a_n)$ aus Ω die Wahrscheinlichkeit

$$p(\omega) = p_1(a_1) \cdot p_2(a_2) \cdot \ldots \cdot p_n(a_n) \tag{4.66}$$

zu, wobei wie früher kurz $p(\omega) = \mathbb{P}(\{\omega\})$ und $p_j(a_j) = \mathbb{P}_j(\{a_j\})$, $j = 1, \ldots, n$, geschrieben wird.

Aufgrund unserer Vorstellung von getrennt ablaufenden Einzelexperimenten ist zu erwarten, dass Ereignisse, die sich in einem zu präzisierenden Sinn auf verschiedene Komponenten des Produktexperimentes beziehen, stochastisch unabhängig bezüglich $\mathbb{P}$ sind. Die folgenden, anhand des Falls $n = 2$ angestellten Überlegungen (der allgemeine Fall erfordert nur etwas mehr Schreibaufwand) zeigen, dass diese Vermutung zutrifft.

Ein Ereignis $A \subset \Omega$, welches sich auf das erste Teilexperiment bezieht, ist von der Gestalt $A = A^* \times \Omega_2 = \{(a_1, a_2) \in \Omega : a_1 \in A^*\}$ mit einer Teilmenge $A^* \subset \Omega_1$. In gleicher Weise ist ein Ereignis B, das sich auf das zweite Teilexperiment bezieht, von der Gestalt $B = \Omega_1 \times B^*$ mit $B^* \subset \Omega_2$. Mit (4.66) folgt

$$\mathbb{P}(A) = \sum_{\omega \in A} p(\omega) = \sum_{a_1 \in A^*} \sum_{a_2 \in \Omega_2} p_1(a_1) \cdot p_2(a_2)$$

$$= \left(\sum_{a_1 \in A^*} p_1(a_1) \right) \cdot \left(\sum_{a_2 \in \Omega_2} p_2(a_2) \right) = \mathbb{P}_1(A^*) \cdot \mathbb{P}_2(\Omega_2) = \mathbb{P}_1(A^*)$$

und völlig analog $\mathbb{P}(B) = \mathbb{P}_2(B^*)$. Wegen $A \cap B = A^* \times B^*$ ergibt sich

$$\mathbb{P}(A \cap B) = \sum_{\omega \in A \cap B} p(\omega) = \sum_{a_1 \in A^*} \sum_{a_2 \in B^*} p_1(a_1) \cdot p_2(a_2)$$

$$= \left(\sum_{a_1 \in A^*} p_1(a_1) \right) \cdot \left(\sum_{a_2 \in B^*} p_2(a_2) \right) = \mathbb{P}_1(A^*) \cdot \mathbb{P}_2(B^*) = \mathbb{P}(A) \cdot \mathbb{P}(B),$$

was zu zeigen war.

Im allgemeinen Fall bedeutet die Sprechweise, dass sich ein Ereignis A_j (als Teilmenge von Ω) nur auf das j-te Einzelexperiment bezieht, dass A_j die Gestalt

$$A_j = \{ \omega = (a_1, \ldots, a_n) \in \Omega : a_j \in A_j^* \}$$
$$= \Omega_1 \times \ldots \times \Omega_{j-1} \times A_j^* \times \Omega_{j+1} \times \ldots \times \Omega_n$$

mit einer Teilmenge A_j^* von Ω_j besitzt. Ereignisse $A_1, \ldots, A_n$ dieser Gestalt sind also in einem im W-Raum $(\Omega, \mathbb{P})$ für ein Produktexperiment stochastisch unabhängig.

4.8.6 Unabhängigkeit von Zufallsvariablen

Der Begriff der stochastischen Unabhängigkeit überträgt sich in natürlicher Weise von Ereignissen auf Zufallsvariablen:

Ist $(\Omega, \mathbb{P})$ ein W-Raum, so heißen zwei Zufallsvariablen $X, Y : \Omega \to \mathbb{R}$ (*stochastisch*) *unabhängig*, falls sie ihre Werte unabhängig voneinander annehmen, d.h. falls gilt:

$$\mathbb{P}(X = x, Y = y) = \mathbb{P}(X = x) \cdot \mathbb{P}(Y = y), \qquad x \in X(\Omega), \ y \in Y(\Omega). \qquad (4.67)$$

In Analogie zu früher eingeführten Bezeichnungen wurde oben die Abkürzung

$$\mathbb{P}(X = x, Y = y) := \mathbb{P}(\{X = x\} \cap \{Y = y\})$$

verwendet. Aus (4.65) ergibt sich unmittelbar, dass die Indikatorfunktionen 1_A und 1_B zweier Ereignisse genau dann stochastisch unabhängig sind, wenn die Ereignisse A und B diese Eigenschaft besitzen.

Aus (4.67) folgt mit Hilfe der Additivität von $\mathbb{P}$ die Beziehung

$$\mathbb{P}(X \in C, Y \in D) = \mathbb{P}(X \in C) \cdot \mathbb{P}(Y \in D), \qquad C, D \subset \mathbb{R}, \qquad (4.68)$$

wobei $\mathbb{P}(X \in C) := \mathbb{P}(\{\omega \in \Omega : X(\omega) \in C\})$ usw. gesetzt wurde. Die Unabhängigkeit von X und Y liegt also genau dann vor, wenn die Ereignisse $\{X \in C\}$ und $\{Y \in D\}$ für beliebige Teilmengen C, D von $\mathbb{R}$ unabhängig sind. Daraus erhält man die oft benutzte Tatsache, dass mit X und Y auch beliebige Funktionen $f(X)$ und $g(Y)$ von X bzw. Y (vgl. 4.4.5) stochastisch unabhängig sind.

Eine Verallgemeinerung der Eigenschaft (4.68) unabhängiger Zufallsvariablen liefert das folgende wichtige Resultat:

4.14 Satz. (Produktregel für den Erwartungswert)
Sind X und Y unabhängige Zufallsvariablen, so gilt

$$\mathbb{E}(X \cdot Y) = \mathbb{E}(X) \cdot \mathbb{E}(Y).$$

BEWEIS: Mit $C := (X \cdot Y)(\Omega) \setminus \{0\}$ und $D := X(\Omega) \setminus \{0\}$ folgt aus der Transformationsformel (4.19) und der Additivität von $\mathbb{P}$

$$\mathbb{E}(X \cdot Y) = \sum_{z \in C} z \cdot \mathbb{P}(X \cdot Y = z)$$

$$= \sum_{z \in C} z \sum_{x \in D} \mathbb{P}(X = x, X \cdot Y = z) = \sum_{z \in C} z \sum_{x \in D} \mathbb{P}\left(X = x, Y = \frac{z}{x}\right).$$

Benutzen wir die Unabhängigkeit von X und Y und vertauschen außerdem die Reihenfolge der Summationen, so ergibt sich

$$\mathbb{E}(X \cdot Y) = \sum_{x \in D} x \cdot \mathbb{P}(X = x) \sum_{z \in C} \frac{z}{x} \cdot \mathbb{P}\left(Y = \frac{z}{x}\right). \tag{4.69}$$

Da für jedes $x \in D$ die Abbildung $z \mapsto z/x$ von C nach $Y(\Omega) \setminus \{0\}$ bijektiv ist, liefert die Transformationsformel das Resultat

$$\sum_{z \in C} \frac{z}{x} \cdot \mathbb{P}\left(Y = \frac{z}{x}\right) = \sum_{w \in Y(\Omega)} w \cdot \mathbb{P}(Y = w) = \mathbb{E}(Y).$$

Die behauptete Gleichung folgt jetzt durch Einsetzen in (4.69) und nochmalige Anwendung der Transformationformel. $\qquad\qquad\square$

Zusammen mit (4.28) liefert der soeben bewiesene Satz das folgende Resultat. Der Beweis sei dem Leser als Übungsaufgabe empfohlen.

4.15 Folgerung. (Varianz und Unabhängigkeit)
Sind X und Y unabhängige Zufallsvariablen, so gilt

$$\mathbb{V}(X + Y) = \mathbb{V}(X) + \mathbb{V}(Y).$$

4.8.7 Unabhängigkeit und Blockbildung

Zufallsvariablen $X_1, \ldots, X_n$ heißen (*stochastisch*) *unabhängig* , wenn die Gleichung

$$\mathbb{P}(X_1 \in C_1, \ldots, X_n \in C_n) = \mathbb{P}(X_1 \in C_1) \cdot \ldots \cdot \mathbb{P}(X_n \in C_n) \tag{4.70}$$

für jede Wahl von Mengen $C_1, \ldots, C_n \subset \mathbb{R}$ erfüllt ist.

Weil man in (4.70) stets einige der Mengen C_j gleich $\mathbb{R}$ wählen kann, ist (4.70) zur Unabhängigkeit der Ereignisse $\{X_1 \in D_1\}, \ldots, \{X_n \in D_n\}$ für jede Wahl von $D_1, \ldots, D_n \subset \mathbb{R}$ äquivalent.

Für unabhängige Zufallsvariablen gelten die folgenden Verallgemeinerungen von Satz 4.14 und Folgerung 4.15:

$$\mathbb{E}(X_1 \cdot \ldots \cdot X_n) = \mathbb{E}(X_1) \cdot \ldots \cdot \mathbb{E}(X_n), \tag{4.71}$$

$$\mathbb{V}(X_1 + \ldots + X_n) = \mathbb{V}(X_1) + \ldots + \mathbb{V}(X_n). \tag{4.72}$$

Das folgende Beispiel liefert eine Methode zur Konstruktion unabhängiger Zufallsvariablen.

4.16 Beispiel. (Konstruktion von unabhängigen Zufallsvariablen)
Es sei $(\Omega, \mathbb{P})$ der in 4.6.2 und 4.8.5 eingeführte W-Raum für ein Produktexperiment. Dabei setzen wir zunächst voraus, dass $\Omega_1, \ldots, \Omega_n$ Teilmengen von $\mathbb{R}$ sind. Für jedes $j \in \{1, \ldots, n\}$ definieren wir durch $X_j(a_1, \ldots, a_n) := a_j$ eine den Ausgang des j-ten Teilexperimentes beschreibende Zufallsvariable $X_j : \Omega \to \mathbb{R}$. Aus den in 4.8.5 angestellten Überlegungen ergibt sich, dass (4.70) erfüllt ist, d.h. dass $X_1, \ldots, X_n$ unabhängig sind. Auf Spezialfälle dieses Beispiels werden wir u.a. in den Abschnitten 4.9.1 und 4.9.2 zurückkommen. Sind $\Omega_1, \ldots, \Omega_n$ beliebige (nichtleere) Mengen und ist f_j für jedes $j \in \{1, \ldots, n\}$ eine reellwertige Funktion auf Ω_j, so definiert $Z_j(a_1, \ldots, a_n) := f_j(a_j)$ eine Zufallsvariable $Z_j : \Omega \to \mathbb{R}$. Erneut liefert 4.8.5, dass $Z_1, \ldots, Z_n$ stochastisch unabhängig sind.

Wir wollen noch eine allgemeine und oft stillschweigend verwendete Eigenschaft von unabhängigen Zufallsvariablen $X_1, \ldots, X_n$ herleiten. Dazu seien $I_1, \ldots, I_k$ ($k \geq 2$) nichtleere disjunkte Mengen mit der Eigenschaft $\{1, \ldots, n\} = \bigcup_{j=1}^{k} I_j$. Für jedes $j \in \{1, \ldots, k\}$ sei die Zufallsvariable Y_j eine Funktion der Zufallsvariablen $X_i, i \in I_j$. Ist zum Beispiel $I_1 = \{1, \ldots, m\}$ für ein $m \leq n - 1$, so ist Y_1 von der Gestalt $\omega \mapsto f(X_1(\omega), \ldots, X_m(\omega))$ für eine geeignete Funktion $f : \mathbb{R}^m \to \mathbb{R}$.

4.17 Satz. (Blockbildung)
Unter den obigen Voraussetzungen sind $Y_1, \ldots, Y_k$ stochastisch unabhängig.

BEWEIS: Wir beweisen die Behauptung im Fall $k = 2$. Der allgemeine Fall folgt mittels Induktion. Der Einfachheit halber können wir $I_1 = \{1, \ldots, m\}$ und $I_2 = \{m+1, \ldots, n\}$ für ein $m \leq n-1$ annehmen. Sind Y_1 und Y_2 Funktionen von $X_1, \ldots, X_m$ bzw. $X_{m+1}, \ldots, X_n$, gilt also $Y_1 = f(X_1, \ldots, X_m)$ und $Y_2 = g(X_{m+1}, \ldots, X_n)$ mit $f : \mathbb{R}^m \to \mathbb{R}$ und $g : \mathbb{R}^{n-m} \to \mathbb{R}$, so folgt wegen $\{Y_1 \in C\} = \{(X_1, \ldots, X_m) \in f^{-1}(C)\}$, $\{Y_2 \in D\} = \{(X_{m+1}, \ldots, X_n) \in g^{-1}(D)\}$ $(C, D \subset \mathbb{R})$ und (4.68), dass wir für jedes $A \subset \mathbb{R}^m$ und jedes $B \subset \mathbb{R}^{n-m}$ die Gleichung

$$\mathbb{P}((X_1, \ldots, X_m) \in A, (X_{m+1}, \ldots, X_n) \in B)$$
$$= \mathbb{P}((X_1, \ldots, X_m) \in A) \cdot \mathbb{P}((X_{m+1}, \ldots, X_n) \in B)$$

nachzuweisen haben. Letztere folgt aber leicht aus der vorausgesetzten Unabhängigkeit von $X_1, \ldots, X_n$ und der Additivität von $\mathbb{P}$. Der interessierte Leser ist aufgefordert, die notwendige Rechnung selbständig durchzuführen. $\qquad \square$

4.9   Binomial– und Multinomialverteilung

In diesem Abschnitt lernen wir mit der *Binomialverteilung* und der *Multinomialverteilung* zwei grundlegende Verteilungsgesetze der Stochastik kennen. Beide Verteilungen treten in natürlicher Weise bei Zählvorgängen in unabhängigen und gleichartigen Experimenten auf.

4.9.1   Bernoulli-Kette, Binomialverteilung

Ein Zufallsexperiment mit den beiden möglichen Ausgängen *Treffer* (1) und *Niete* (0) werde n Mal in unabhängiger Folge durchgeführt. Dabei sei die mit p bezeichnete Wahrscheinlichkeit für den Ausgang *Treffer* im j-ten Experiment nicht von j abhängig ($j = 1, \ldots, n$). Diese anschauliche Vorstellung von n unabhängigen gleichartigen Treffer/Niete–Experimenten (Versuchen) modelliert der in 4.6.2 eingeführte W-Raum $(\Omega, \mathbb{P})$ mit dem Grundraum

$$\Omega := \{(a_1, \ldots, a_n) : \ a_j \in \{0, 1\} \text{ für } j = 1, \ldots, n\},$$

wobei wie üblich a_j als Ergebnis des j-ten Versuches interpretiert wird.

Da die Gleichartigkeit der Versuche zu der Annahme einer für jedes Experiment gleichen Trefferwahrscheinlichkeit p führt und da sich p in der Terminologie von 4.6.2 als $p = p_j(1) = 1 - p_j(0)$ darstellt, ist nach (4.66) das adäquate W-Maß $\mathbb{P}$ auf Ω durch die folgenden Gleichungen festgelegt:

$$p(\omega) = \mathbb{P}(\{\omega\}) = \prod_{j=1}^{n} p_j(a_j)$$
$$= p^{\sum_{j=1}^{n} a_j} \cdot (1 - p)^{n - \sum_{j=1}^{n} a_j}, \qquad \omega = (a_1, \ldots, a_n) \in \Omega. \quad (4.73)$$

Die durch den W-Raum $(\Omega, \mathbb{P})$ modellierte Situation n „unabhängiger, gleichartiger Treffer/Niete–Experimente" wird oft als *Bernoulli-Kette der Länge n* und das einzelne Experiment als *Bernoulli-Experiment* bezeichnet. Eine Standard–Einkleidung ist dabei das n-malige rein zufällige Ziehen *mit Zurücklegen* aus einer Urne mit r roten und s schwarzen Kugeln. Man beachte, dass sich das Wort „Gleichartigkeit" aus stochastischer Sicht ausschließlich auf die *Trefferwahrscheinlichkeit p* bezieht; nur diese muss in allen n Versuchen (Einzelexperimenten) gleich bleiben!

Für jedes $j \in \{1, \ldots, n\}$ definieren wir eine Zufallsvariable $X_j : \Omega \to \mathbb{R}$ durch $X_j(a_1, \ldots, a_n) := a_j$. Diese Zufallsvariable ist die Indikatorfunktion des Ereignisses $A_j := \{\omega = (a_1, \ldots, a_n) \in \Omega : a_j = 1\}$ und gibt damit an, ob im j-ten Versuch ein Treffer erzielt wurde oder nicht. Die Zählvariable

$$X := \sum_{j=1}^{n} 1_{\{X_j = 1\}} = \sum_{j=1}^{n} 1_{A_j} \quad (4.74)$$

erfasst die Anzahl der in den n Versuchen insgesamt erzielten Treffer. Die Ereignisse $A_1, \ldots, A_n$ als auch die Zufallsvariablen $X_1, \ldots, X_n$ sind nach den in 4.8.5 und Beispiel 4.16 angestellten Überlegungen stochastisch unabhängig, und es gilt $\mathbb{P}(A_1) = \ldots = \mathbb{P}(A_n) = p$.

Zur Bestimmung der Verteilung von X beachten wir, dass das Ereignis $\{X = k\}$ aus allen Tupeln $\omega = (a_1, \ldots, a_n)$ mit der Eigenschaft $a_1 + \ldots + a_n = k$ besteht. Jedes solche Tupel besitzt nach (4.73) die gleiche Wahrscheinlichkeit $p^k(1-p)^{n-k}$. Da die Anzahl dieser Tupel durch den Binomialkoeffizienten $\binom{n}{k}$ gegeben ist (es müssen von den n Stellen des Tupels k für die Einsen ausgewählt werden!), folgt das Resultat

$$\mathbb{P}(X = k) = \binom{n}{k} \cdot p^k \cdot (1 - p)^{n-k}, \qquad k = 0, 1, \ldots, n. \tag{4.75}$$

Die durch (4.75) gegebene Verteilung heißt *Binomialverteilung* *mit Parametern n und p*. Gilt (4.75), so schreibt man kurz: $X \sim Bin(n, p)$.
Besitzt X die Verteilung $Bin(n, p)$, so gilt wegen (4.18)

$$\mathbb{E}(X) = n \cdot p. \tag{4.76}$$

Dieses Resultat kann natürlich auch durch direkte Rechnung mit Hilfe der Transformationsformel (4.19), also durch Nachweis der Gleichheit

$$\sum_{j=0}^{n} j \cdot \binom{n}{j} p^j \cdot (1 - p)^{n-j} = n \cdot p,$$

erfolgen. Wegen $\mathbb{V}(X_i) = p \cdot (1 - p)$ (vgl. (4.29)) und (4.72) ergibt sich die Varianz von X zu

$$\mathbb{V}(X) = n \cdot p \cdot (1 - p). \tag{4.77}$$

In Bild 4.10 sind für den Fall $n = 10$ die Stabdiagramme der Binomialverteilungen mit $p = 0.1$, $p = 0.3$, $p = 0.5$ und $p = 0.7$ skizziert. Es ist deutlich zu erkennen, dass die Wahrscheinlichkeitsmassen umso stärker „streuen", je näher p bei $1/2$ liegt. Außerdem ist ersichtlich, dass die Stabdiagramme für $p = 0.3$ und $p = 0.7$ durch Spiegelung an der Achse $x = 5$ $(= n/2)$ auseinander hervorgehen.

Zum Abschluss dieser Betrachtungen über die Binomialverteilung sei betont, dass *jede* Zählvariable X der Gestalt $X = \sum_{j=1}^{n} 1_{A_j}$ mit stochastisch unabhängigen Ereignissen $A_1, \ldots, A_n$, welche die gleiche Wahrscheinlichkeit $p := \mathbb{P}(A_j)$ $(j = 1, \ldots, n)$ besitzen, eine Binomialverteilung $Bin(n, p)$ hat. Zur Begründung

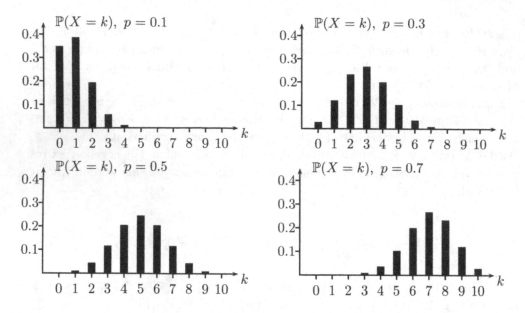

Bild 4.10: Stabdiagramme von Binomialverteilungen ($n = 10$)

muss man nur beachten, dass das Ereignis $\{X = k\}$ eintritt, wenn *genau* k der Ereignisse $A_1, \ldots, A_n$ eintreten und die übrigen $n - k$ nicht eintreten. *Ein* spezieller Fall hierbei ist, dass $A_1, \ldots, A_k$ eintreten und die übrigen Ereignisse nicht. Nach (4.65) gilt

$$\mathbb{P}(A_1 \cap \ldots \cap A_k \cap A_{k+1}^c \cap \ldots \cap A_n^c) = \prod_{j=1}^{k} \mathbb{P}(A_j) \prod_{j=k+1}^{n} \mathbb{P}(A_j^c) = p^k(1 - p)^{n-k}.$$

Da sich unabhängig von der speziellen Auswahl der k eintretenden Ereignisse das gleiche Resultat $p^k(1 - p)^{n-k}$ ergeben würde und es $\binom{n}{k}$ Möglichkeiten gibt, aus $A_1, \ldots, A_n$ diejenigen k Ereignisse auszuwählen, die eintreten sollen, folgt die Behauptung.

4.9.2 Die Multinomialverteilung

In Verallgemeinerung der bisherigen Überlegungen betrachten wir jetzt ein Experiment mit s ($s \geq 2$) möglichen Ausgängen, welche wir aus Gründen der Zweckmäßigkeit mit $1, 2, \ldots, s$ bezeichnen. Der Ausgang k wird im Folgenden als *Treffer k-ter Art* bezeichnet; er trete mit der Wahrscheinlichkeit p_k auf. Dabei sind $p_1, \ldots, p_s$ nichtnegative Zahlen mit $p_1 + \ldots + p_s = 1$. Das Experiment werde n mal in unabhängiger Folge durchgeführt.

Das Standardbeispiel für diese Situation ist der n-malige Würfelwurf; ein Treffer k-ter Art bedeutet dabei, dass die Augenzahl k auftritt. Bei einem echten Würfel würde man $p_1 = p_2 = \ldots = p_6 := 1/6$ setzen. Eine nahe liegende Frage ist hier, mit welcher Wahrscheinlichkeit eine bestimmte Konstellation von Augenzahlen auftritt.

Aufgrund der in 4.6.2 und in 4.8.5 angestellten Überlegungen modellieren wir das eingangs beschriebene n-stufige Experiment als Produktexperiment mit dem Grundraum

$$\Omega := \{(a_1, a_2, \ldots, a_n) : a_j \in \{1, 2, \ldots, s\} \text{ für } j = 1, \ldots, n\}$$

mit der Interpretation $a_j = k$, falls im j-ten Versuch ein Treffer k-ter Art auftritt. Nach (4.50) setzen wir $p(\omega) (= \mathbb{P}(\{\omega\}))$, $\omega = (a_1, \ldots, a_n)$, als Produkt der Einzelwahrscheinlichkeiten von $a_1, a_2, \ldots, a_n$ an. Da a_j die Wahrscheinlichkcit p_k besitzt, wenn $a_j = k$ gilt, also im j-ten Einzelexperiment ein Treffer k-ter Art vorliegt ($k = 1, \ldots, s$), folgt aufgrund der Kommutativität der Multiplikation

$$p(\omega) = p_1^{i_1} \cdot p_2^{i_2} \cdot \ldots \cdot p_s^{i_s}, \tag{4.78}$$

falls im Tupel $\omega = (a_1, \ldots, a_n)$ genau i_1 der $a'_j s$ gleich 1, genau i_2 der $a'_j s$ gleich 2 ... und genau i_s der $a'_j s$ gleich s sind, also genau i_1 mal ein Treffer 1. Art, genau i_2 mal ein Treffer 2. Art ... und genau i_s mal ein Treffer s-ter Art auftritt.

Die Anzahl der Tupel mit dieser Eigenschaft lässt sich leicht abzählen, indem zunächst i_1 aller n Stellen für die 1, *danach* i_2 der restlichen $n - i_1$ Stellen für die 2 usw. ausgewählt werden. Nach der erweiterten Multiplikationsregel und (3.33) ist diese Anzahl durch den Ausdruck

$$\binom{n}{i_1} \binom{n - i_1}{i_2} \cdot \ldots \cdot \binom{n - i_1 - \cdots - i_{s-1}}{i_s} = \frac{n!}{i_1! \cdot i_2! \cdot \ldots \cdot i_s!} \tag{4.79}$$

gegeben. Dabei ergibt sich das letzte Gleichheitszeichen nach Definition der Binomialkoeffizienten und Kürzen der auftretenden Fakultäten $(n - i_1)!$, $(n - i_1 - i_2)!$ usw.

In Verallgemeinerung des Binomialkoeffizienten heißt der auf der rechten Seite von (4.79) stehende Ausdruck

$$\frac{n!}{i_1! \cdot i_2! \cdot \ldots \cdot i_s!}, \qquad i_1, \ldots, i_s \in \mathbb{N}_0, \ i_1 + \cdots + i_s = n$$

Multinomialkoeffizient. An die Stelle der Binomialformel (3.35) tritt jetzt die leicht zu beweisende Multinomialformel

$$(x_1 + \ldots + x_s)^n = \sum_{i_1 + \ldots + i_s = n} \binom{n}{i_1, \ldots, i_s} x_1^{i_1} \cdot \ldots \cdot x_s^{i_s}, \qquad x_1, \ldots, x_s \in \mathbb{R},$$

$$\tag{4.80}$$

wobei hier über alle Tupel $(i_1, \ldots, i_s)$ mit $i_1 + \ldots + i_s = n$ summiert wird.

Wie in Beispiel 4.16 und analog zu 4.9.1 definieren wir für jedes $j \in \{1, \ldots, n\}$ eine Zufallsvariable $X_j : \Omega \to \mathbb{R}$ durch $X_j(a_1, \ldots, a_n) := a_j$. Die Zufallsvariablen $X_1, \ldots, X_n$ sind stochastisch unabhängig. In Verallgemeinerung zu (4.74) beschreibt die Zufallsvariable

$$Y_k := \sum_{j=1}^{n} 1_{\{X_j = k\}}$$

die Anzahl der insgesamt erzielten Treffer k-ter Art. Das Ereignis, genau i_1 mal einen Treffer 1. Art und genau i_2 mal einen Treffer 2. Art ... und genau i_s mal einen Treffer s-ter Art zu erzielen, drückt sich mit Hilfe von $Y_1, \ldots, Y_s$ in der Form

$$\{Y_1 = i_1, Y_2 = i_2, \ldots, Y_s = i_s\} := \bigcap_{j=1}^{s} \{Y_j = i_j\}$$

aus. Wir können die oben angestellten Überlegungen in der Gleichung

$$\mathbb{P}(Y_1 = i_1, \ldots, Y_s = i_s) = \frac{n!}{i_1! \cdot \ldots \cdot i_s!} \cdot p_1^{i_1} \cdot p_2^{i_2} \cdot \ldots \cdot p_s^{i_s} \qquad (4.81)$$

zusammenfassen. Dabei sind $i_1, \ldots, i_s$ nichtnegative ganze Zahlen mit der Eigenschaft $i_1 + i_2 + \ldots + i_s = n$. Letztere Bedingung besagt nur, dass sich die einzelnen Trefferanzahlen zur Anzahl n aller Versuche aufaddieren müssen; andernfalls ist die in (4.81) stehende Wahrscheinlichkeit gleich Null.

Die Menge der durch (4.81) gegebenen Wahrscheinlichkeiten heißt *Multinomialverteilung* mit *Parametern* n und $p_1, \ldots, p_s$. Falls (4.81) erfüllt ist, sagt man auch, die Zufallsvariablen $Y_1, \ldots, Y_s$ seien *multinomialverteilt*, und schreibt hierfür kurz $(Y_1, \ldots, Y_s) \sim Mult(n; p_1, \ldots, p_s)$.

4.10   Ein Binomialmodell der Finanzmathematik*

4.10.1   Das Cox–Ross–Rubinstein Modell

Eine auf Cox, Ross und Rubinstein (1979) zurückgehende Verallgemeinerung des finanzmathematischen Modells 4.5 betrachtet die Preisentwicklung $S_0, S_1, \ldots, S_n$ einer Aktie zu den Zeitpunkten $j = 0, \ldots, n$. Hierbei sind $n \in \mathbb{N}$ ein vorgegebener *Handelshorizont* und S_0 der bekannte heutige Preis der Aktie. Zwischen den Zeitpunkten $j - 1$ und j ($j = 1, \ldots, n$) liegt die j-te *Zeitspanne* oder *Handelsperiode*. Am Ende dieser Zeitspanne kann der Preis S_j nur einen der beiden Werte $d \cdot S_{j-1}$ oder $u \cdot S_{j-1}$ annehmen. Dabei gelte $0 < d < u$. Wir wollen ferner voraussetzen, dass man während jeder Handelsperiode Geld risikolos zum Zinssatz $r > 0$ anlegen kann. Hierbei rechnen wir in einer fixierten Währungseinheit (z.B.

Euro). Eine zum Zeitpunkt 0 angelegte Einheit hat dann zum Zeitpunkt j den Wert $(1+r)^j$. Die endliche Folge $1, (1+r), \dots, (1+r)^n$ wird auch als *Preisprozess eines risikolosen Bonds* bezeichnet. Wie in (4.32) setzen wir $d < 1+r < u$ voraus.

Zur Modellierung der *risikobehafteten* Aktienpreise verwenden wir die in 4.9.1 beschriebene Bernoulli–Kette, betrachten also den W-Raum $\Omega := \{0,1\}^n$ und eine durch (4.73) definierte W-Verteilung $\mathbb{P}$ auf Ω. Für die Erfolgswahrscheinlichkeit $p := \mathbb{P}(\{1\})$ gelte dabei $0 < p < 1$. Für jedes $j = 1, \dots, n$ definiert die Festlegung

$$Z_j((a_1, \dots, a_n)) := \begin{cases} d, & \text{falls } a_j = 0, \\ u, & \text{falls } a_j = 1, \end{cases}$$

eine Zufallsvariable $Z_j : \Omega \to \mathbb{R}$. Ein Erfolg (Treffer) im j-ten Versuch bedeutet somit, dass sich der Aktienpreis in der j-ten Handelsperiode um den Faktor u erhöht; im Fall $S_j = d \cdot S_{j-1}$ liegt ein Misserfolg vor. Damit gilt

$$S_j = S_0 \cdot Z_1 \cdot \ldots \cdot Z_j, \qquad j = 1, \dots, n. \tag{4.82}$$

Bezeichnet Y_j die Anzahl der in den ersten j Versuchen erzielten Treffer, so können wir diese Gleichung auch in der Form

$$S_j = S_0 \cdot u^{Y_j} \cdot d^{j-Y_j} = S_0 \cdot d^j \cdot \left(\frac{u}{d}\right)^{Y_j} \tag{4.83}$$

schreiben.

Neben $\mathbb{P}$ betrachten wir auch noch eine weitere, ebenfalls durch (4.73) festgelegte W-Verteilung $\mathbb{P}^*$ auf Ω, wobei aber an die Stelle von p die durch (4.38) definierte Wahrscheinlichkeit $p^* = (1+r-d)/(u-d)$ tritt. Während $\mathbb{P}$ die tatsächliche stochastische Entwicklung des Aktienkurses beschreiben soll, bezeichnet man $\mathbb{P}^*$ als *risikoneutrale W-Verteilung*. Hintergrund dieser Sprechweise ist die Gleichung

$$\mathbb{E}^*(Z_j) = 1 + r, \qquad j = 1, \dots, n \tag{4.84}$$

(vgl. (4.40) im Fall $j = 1$). Hierbei bezeichnet $\mathbb{E}^*$ den Erwartungswert bzgl. $\mathbb{P}^*$.

4.10.2 Selbstfinanzierende Strategien

Wir versetzen uns jetzt in die Lage eines Marktteilnehmers, der zu jedem Zeitpunkt j auf der Grundlage der ihm dann zur Verfügung stehenden Information Investitionsentscheidungen zu treffen hat. Er bildet ein *Portfolio*, welches aus einem risikolos angelegten Geldbetrag φ_j und einem Anteil ψ_j an der Aktie besteht. Aufgrund der Möglichkeit, Geld zu leihen und/oder Leerverkäufe vorzunehmen, können dabei sowohl φ_j als auch ψ_j negativ sein.

Der Wert des Portfolios *unmittelbar vor Beginn* der $(j+1)$-ten Zeitspanne betrage definitionsgemäß $\varphi_j(1+r)^j + \psi_j S_j$. In dieser Sichtweise besitzt φ_j die

Bedeutung des auf den Zeitpunkt 0 abgezinsten risikolos angelegten Geldbetrages unmittelbar vor Beginn der $(j+1)$-ten Zeitspanne. Der Wert des Portfolios *unmittelbar nach Ende* der $(j+1)$-ten Zeitspanne ist dann $\varphi_j(1+r)^{j+1} + \psi_j S_{j+1}$. Stimmt der letzte Wert mit $\varphi_{j+1}(1+r)^{j+1} + \psi_{j+1}S_{j+1}$ überein, so zieht der Investor zum Zeitpunkt $j+1$ weder Kapital ab noch schießt er Kapital zu. Die Umschichtung des Portfolios erfolgt also wertneutral oder *selbstfinanzierend*.

Für eine mathematische Behandlung dieses Modells müssen wir obige Betrachtungen in formale Definitionen umsetzen.

Eine *Handelsstrategie* H ist ein $2n$-Tupel $(\varphi_0, \ldots, \varphi_{n-1}, \psi_0, \ldots, \psi_{n-1})$ von Zufallsvariablen mit der Eigenschaft, dass φ_j und ψ_j für jedes $j = 0, \ldots, n-1$ nur von den Preisen $S_0, \ldots, S_j$ oder (äquivalent dazu) nur von S_0 und $Z_1, \ldots, Z_j$ abhängen. Das bedeutet zunächst, dass φ_0 und ψ_0 *deterministisch*, d.h. konstant auf Ω sind. Für $j \geq 1$ besagt obige Forderung, dass eine Funktion $f_j : \{0,1\}^j \to \mathbb{R}$ mit der Eigenschaft

$$\varphi_j((a_1, \ldots, a_n)) = f_j((a_1, \ldots, a_j)), \qquad (a_1, \ldots, a_n) \in \Omega,$$

existiert.

Der mit einer Handelsstrategie H verbundene *Wertprozess* ist die durch

$$V_j^H := \begin{cases} \varphi_0 + \psi_0 S_0, & \text{falls } j = 0, \\ \varphi_{j-1}(1+r)^j + \psi_{j-1}S_j, & \text{falls } j \in \{1, \ldots, n\}, \end{cases} \tag{4.85}$$

definierte endliche Folge $V_0^H, V_1^H, \ldots, V_n^H$ von Zufallsvariablen. Dabei ist das *Anfangskapital* V_0^H der Wert des Portfolios vor Beginn der ersten Zeitspanne. Für $j \geq 1$ ist V_j^H dagegen der Wert des Portfolios *nach Ende* der j-ten Zeitspanne.

Die Handelsstrategie H heißt *selbstfinanzierend*, wenn die Gleichungen

$$(\psi_j - \psi_{j-1})S_j + (\varphi_j - \varphi_{j-1})(1+r)^j = 0, \qquad j = 1, \ldots, n-1 \tag{4.86}$$

erfüllt sind. In diesem Fall gilt

$$V_j^H = \varphi_{j-1}(1+r)^j + \psi_{j-1}S_j = \varphi_j(1+r)^j + \psi_j S_j, \qquad j = 1, \ldots, n-1. \tag{4.87}$$

Die Selbstfinanzierungsbedingung (4.86) macht Aussagen über die Zeitpunkte $j = 1, \ldots, n-1$, wenn die j-te Zeitspanne gerade zu Ende gegangen ist, aber die $(j+1)$-te Zeitspanne noch nicht begonnen hat. Zum Zeitpunkt $j = 0$ ist nur die Aufteilung des Anfangskapitals auf die Aktie und die risikolose Anlage relevant. Zum Zeitpunkt n (Handelshorizont) wird kein Handel mehr durchgeführt.

4.10.3 Der faire Preis Europäischer Optionen

Eine *Europäische Option* gibt ihrem Inhaber eine Auszahlung W zum Zeitpunkt n. Hierbei ist W eine auf Ω definierte Zufallsvariable mit der Eigenschaft $W \geq 0$, d.h. $W(\omega) \geq 0$ für jedes $\omega \in \Omega$. Ein wichtiges Beispiel ist die schon in 4.5 behandelte Europäische Calloption $W = \max(S_n - K, 0)$ für ein $K \geq 0$. Wir stellen uns erneut die Frage nach dem fairen Preis einer derartigen Option. Die Antwort basiert wieder auf dem No Arbitrage Prinzip. Eine selbstfinanzierende Handelsstrategie $H = (\varphi_0, \ldots, \varphi_{n-1}, \psi_0, \ldots, \psi_{n-1})$ heißt *Hedge* (oder *Sicherungsstrategie*) von W, falls der zugehörige Wertprozess die Eigenschaften

$$V_j^H \geq 0, \qquad j = 0, \ldots, n-1, \qquad V_n^H \geq W$$

besitzt. Durch einen Hedge kann der Optionsverkäufer bei Einsatz des Anfangskapitals V_0^H die zum Zeitpunkt n fällige Auszahlung W mit Sicherheit abdecken. Außerdem weist sein Portfolio zu keinem Zeitpunkt einen negativen Wert auf. Das kleinstmögliche Anfangskapital mit diesen Eigenschaften, also die Zahl

$$P_W := \inf\{V_0^H : H \text{ ist Hedge von } W\}, \tag{4.88}$$

heißt *Black–Scholes–Preis* von W. Der folgende Sachverhalt ist ein grundlegendes Resultat der Finanzmathematik.

4.18 Satz. (Black–Scholes–Preis[7] einer Europäischen Option)
Im Cox–Ross–Rubinstein Modell ergibt sich der Black–Scholes–Preis P_W einer Europäischen Option W zu

$$P_W = \frac{1}{(1+r)^n} \cdot \mathbb{E}^*(W). \tag{4.89}$$

BEWEIS: Es sei $H = (\varphi_0, \ldots, \varphi_{n-1}, \psi_0, \ldots, \psi_{n-1})$ eine beliebige selbstfinanzierende Handelsstrategie. Aus der Definition (4.85) und der vorausgesetzten Gleichung (4.87) erhalten wir für jedes $j = 1, \ldots, n-1$ die Gleichungskette

$$\begin{aligned}
V_{j+1}^H - V_j^H &= \varphi_j(1+r)^{j+1} + \psi_j S_{j+1} - \varphi_{j-1}(1+r)^j - \psi_{j-1}S_j \\
&= \psi_j(S_{j+1} - S_j) + \varphi_j((1+r)^{j+1} - (1+r)^j) \\
&= \psi_j S_j(Z_{j+1} - 1) + r\varphi_j(1+r)^j.
\end{aligned}$$

Dabei folgt das letzte Gleichheitszeichen aus (4.82). Unter Verwendung von (4.87) ergibt sich dann

$$V_{j+1}^H - V_j^H = \psi_j S_j(Z_{j+1} - 1 - r) + rV_j^H, \tag{4.90}$$

wobei diese Gleichung nach (4.85) auch für $j = 0$ richtig ist. Wir bilden jetzt auf beiden Seiten von (4.90) den Erwartungswert bzgl. $\mathbb{P}^*$. Dabei beachten wir die Eigenschaften 4.4.2 (i)–(iii) sowie die Gleichung

$$\mathbb{E}^*(\psi_j \cdot S_j \cdot Z_{j+1}) = \mathbb{E}^*(\psi_j \cdot S_j) \cdot \mathbb{E}^*(Z_{j+1}),$$

---

[7]Robert Merton (geb. 1944) und Myron S. Scholes (geb. 1941) erhielten 1997 den Nobelpreis für Ökonomie für ihre gemeinsam mit Fisher Black (1938–1995) entwickelte Theorie zur fairen Bewertung von Optionen.

welche eine Konsequenz der stochastischen Unabhängigkeit von $\psi_j S_j$ und Z_{j+1} bzgl. $\mathbb{P}^*$ (vgl. Satz 4.17) und Satz 4.14 darstellt. Wegen (4.84) folgt dann

$$\mathbb{E}^*(V_{j+1}^H - V_j^H) = r\mathbb{E}^*(V_j^H)$$

bzw.

$$\mathbb{E}^*(V_{j+1}^H) = (1+r)\mathbb{E}^*(V_j^H), \qquad j = 0, \ldots, n-1,$$

und damit induktiv

$$\mathbb{E}^*(V_n^H) = (1+r)^n\mathbb{E}^*(V_0^H) = (1+r)^n V_0^H.$$

Nehmen wir jetzt zusätzlich an, dass H ein Hedge von W ist, so liefern $W \leq V_n^H$ und 4.4.2 (iv) die Ungleichung

$$\mathbb{E}^*(W) \leq \mathbb{E}^*(V_n^H) = (1+r)^n V_0^H,$$

welche zeigt, dass $(1+r)^{-n}\mathbb{E}^*(W)$ eine untere Schranke der in (4.88) stehenden Menge ist. Nach Definition des Infimums folgt jetzt $(1+r)^{-n}\mathbb{E}^*(W) \leq P_W$.

Zum Beweis der Ungleichung $(1+r)^{-n}\mathbb{E}^*(W) \geq P_W$ konstruieren wir einen Hedge von W. Dazu definieren wir zunächst wie in Beispiel 4.16 und 4.9.1 die unabhängigen Zufallsvariablen $X_j : \Omega \to \mathbb{R}$ durch $X_j(\omega) := a_j$ für $\omega = (a_1, \ldots, a_n) \in \Omega$. Für jedes $\omega' = (b_1, \ldots, b_n) \in \Omega$ und $j = 0, \ldots, n$ setzen wir

$$W_j(\omega') := \begin{cases} W(\omega'), & j = n, \\ (1+r)^{-(n-j)}\mathbb{E}^*(W(b_1, \ldots, b_j, X_{j+1}, \ldots, X_n)), & 1 \leq j \leq n-1, \qquad (4.91) \\ (1+r)^{-n}\mathbb{E}^*(W), & j = 0. \end{cases}$$

Für $j \in \{1, \ldots, n-1\}$ ist $W_j(\omega')$ der diskontierte erwartete Gewinn aus der Option, wenn die ersten j Ergebnisse $X_1, \ldots, X_j$ (und damit auch $S_1, \ldots, S_j$) bereits bekannt sind. Dabei ist der Erwartungswert der Zufallsvariablen $\omega \to W(b_1, \ldots, b_j, X_{j+1}(\omega), \ldots, X_n(\omega))$ zu bilden. Man beachte, dass $W_j(\omega')$ nicht von den Werten $b_{j+1}, \ldots, b_n$ abhängt. Für jedes $j \in \{1, \ldots, n\}$ definieren wir jetzt ein Element $\omega'_{j,0} = (c_1, \ldots, c_n) \in \Omega$ durch

$$c_k = \begin{cases} b_k, & \text{falls } k \in \{1, \ldots, n\} \setminus \{j\}, \\ 0, & \text{falls } k = j. \end{cases}$$

Analog entsteht $\omega'_{j,1}$ aus $(b_1, \ldots, b_n)$, indem die j-te Komponente b_j dieses Tupels zu 1 festgelegt wird. Für jedes $j \in \{1, \ldots, n-2\}$ erhalten wir aus 4.4.2 (i) und Satz 4.14

$$\mathbb{E}^*(W(b_1, \ldots, b_j, X_{j+1}, \ldots, X_n)) = \mathbb{E}^*(1_{\{X_{j+1}=0\}} W(b_1, \ldots, b_j, 0, X_{j+2}, \ldots, X_n))$$
$$+ \mathbb{E}^*(1_{\{X_{j+1}=1\}} W(b_1, \ldots, b_j, 1, X_{j+2}, \ldots, X_n))$$
$$= (1-p^*)\mathbb{E}^*(W(b_1, \ldots, b_j, 0, X_{j+2}, \ldots, X_n)) + p^*\mathbb{E}^*(W(b_1, \ldots, b_j, 1, X_{j+2}, \ldots, X_n))$$

und somit die (auch für $j = 0$ und $j = n-1$ gültige) Gleichung

$$W_j(\omega') = \frac{1-p^*}{1+r} W_{j+1}(\omega'_{j+1,0}) + \frac{p^*}{1+r} W_{j+1}(\omega'_{j+1,1}). \qquad (4.92)$$

Setzen wir abkürzend

$$\gamma_j(\omega') := \frac{W_{j+1}(\omega') - (1+r)W_j(\omega')}{Z_{j+1}(\omega') - 1 - r}, \qquad \omega' = (b_1, \ldots, b_n) \in \Omega,$$

so liefert eine direkte Rechnung (man unterscheide die Fälle $b_{j+1} = 1$ und $b_{j+1} = 0$)

$$\gamma_j(\omega') = \frac{W_{j+1}(\omega'_{j+1,1}) - W_{j+1}(\omega'_{j+1,0})}{u - d}, \tag{4.93}$$

was zeigt, dass $\gamma_j(\omega')$ nicht von $b_{j+1}, \ldots, b_n$ abhängt. Wir definieren jetzt eine Handelsstrategie $H := (\varphi_0, \ldots, \varphi_{n-1}, \psi_0, \ldots, \psi_{n-1})$ durch die Festlegungen

$$\psi_j(\omega') = \frac{\gamma_j(\omega')}{S_j(\omega')}, \qquad \omega' \in \Omega, \tag{4.94}$$

$$\varphi_0 := W_0 - \psi_0 S_0 = W_0 - \gamma_0 \tag{4.95}$$

sowie durch die rekursive Definition

$$\varphi_j := \varphi_{j-1} + (1+r)^{-j}(\psi_j - \psi_{j-1})S_j, \qquad j = 1, \ldots, n-1. \tag{4.96}$$

Diese Handelsstrategie ist nach (4.96) selbstfinanzierend, und ihr Anfangskapital ergibt sich zu

$$V_0^H = W_0 = (1+r)^{-n} \mathbb{E}^*(W). \tag{4.97}$$

Setzt man die Definition (4.94) in (4.90) ein, so folgt wegen (4.93) für jedes $j = 0, \ldots, n-1$

$$V_{j+1}^H - (1+r)V_j^H = \gamma_j(Z_{j+1} - 1 - r) = W_{j+1} - (1+r)W_j,$$

wobei W_j die Zufallsvariable $\omega \mapsto W_j(\omega)$ bezeichnet. Zusammen mit der Anfangsbedingung (4.97) ergibt sich jetzt rekursiv

$$V_j^H = W_j \geq 0, \qquad j = 0, \ldots, n, \tag{4.98}$$

und insbesondere $V_n^H = W_n = W$. Also stellt H einen Hedge von W dar, was bedeutet, dass $V_0^H = (1+r)^{-n}\mathbb{E}^*(W)$ ein Element der in (4.88) stehenden Menge ist. Damit erhalten wir $P_W \leq (1+r)^{-n}\mathbb{E}^*(W)$. $\qquad\square$

Der soeben geführte Beweis konstruiert insbesondere einen *exakten Hedge* von W, d.h. eine selbstfinanzierende Handelsstrategie H mit den Eigenschaften

$$V_j^H \geq 0, \qquad j = 0, \ldots, n-1, \qquad V_n^H = W.$$

Dieser Hedge kann mit Hilfe der Gleichungen (4.91), (4.93), (4.94), (4.95) und (4.96) bestimmt werden, wobei sich für die praktische Berechnung die Rekursion (4.92) anbietet.

Wie schon in (4.37) hängt der Preis P_W nicht von der Wahrscheinlichkeit p ab, sondern ergibt sich als diskontierter Erwartungswert der Option bezüglich der risikoneutralen W-Verteilung.

Im wichtigen Spezialfall $W = \max(S_n - K, 0)$ eines Europäischen Calls mit Basispreis K hängt W nur vom letzten Preis S_n der Aktie ab. In diesem Fall gilt

$$P_W = \frac{1}{(1+r)^n} \cdot \mathbb{E}^*(\max(S_n - K, 0)).$$

Wegen (4.83) können wir hier die Binomialverteilung von Y_n unter $\mathbb{P}^*$ benutzen. Mit Hilfe der allgemeinen Transformationsformel (4.25) ergibt sich

$$P_W = \frac{1}{(1+r)^n} \sum_{k=0}^n \binom{n}{k} (p^*)^k (1-p^*)^{n-k} \max(S_0 u^k d^{n-k} - K, 0)$$

als fairer Preis des Europäischen Calls.

Abschließend soll der Algorithmus zur Berechnung des fairen Preises und des zugehörigen Hedge–Portfolios noch etwas genauer analysiert werden. Da für $\omega = (a_1, \ldots, a_n) \in \Omega$ und $j \in \{0, \ldots, n-1\}$ der Wert $W_j(\omega)$ nach (4.91) nur von $\omega_1, \ldots, \omega_j$ abhängt, schreiben wir auch $W_j(a_1, \ldots, a_j) := W_j(\omega)$ für $j \geq 1$ und $S_0 := W_0(\omega)$. Analoge Bezeichnungen verwenden wir für die Preise S_j und die durch (4.94) definierten Zufallsvariablen ψ_j. Wegen (4.98) und dem No Arbitrage Prinzip kann $W_j(a_1, \ldots, a_j)$ als fairer Preis der Option W zum Zeitpunkt j interpretiert werden. Dabei wird unterstellt, dass die Ausgänge $a_1, \ldots, a_j$ der ersten j Bernoulli–Experimente bekannt sind. Die Rekursion (4.92) lautet

$$W_j(a_1, \ldots, a_j) = \frac{1-p^*}{1+r} W_{j+1}(a_1, \ldots, a_j, 0) + \frac{p^*}{1+r} W_{j+1}(a_1, \ldots, a_j, 1) \quad (4.99)$$

für $j = 1, \ldots, n-1$ und

$$W_0 = \frac{1-p^*}{1+r} W_1(0) + \frac{p^*}{1+r} W_1(1), \quad\quad\quad (4.100)$$

wobei wir an die Definition $W_n(\omega) := W(\omega)$ erinnern. Beginnend mit $j = n-1$ müssen hier $1 + 2 + \ldots + 2^{n-1} = 2^n - 1$ Gleichungen gelöst werden, um schließlich den fairen Preis $P_W = W_0$ zu erhalten. Für den relativen Anteil ψ_j der Aktie am Hedge–Portfolio zum Zeitpunkt j liefern (4.94) und (4.93)

$$\psi_j(a_1, \ldots, a_j) = \frac{W_{j+1}(a_1, \ldots, a_j, 1) - W_{j+1}(a_1, \ldots, a_j, 0)}{S_{j+1}(a_1, \ldots, a_j, 1) - S_{j+1}(a_1, \ldots, a_j, 0)}$$

$(j = 1, \ldots, n-1)$ und

$$\psi_0 = \frac{W_1(1) - W_0(0)}{S_1(1) - S_1(0)}.$$

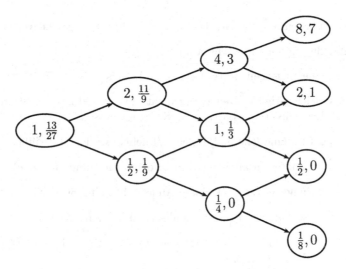

Bild 4.11: Hedgebaum im Fall $n = 3$, $u = 2$, $d = 1/2$, $r = 0$, $S_0 = 1$ und $K = 1$

4.19 Beispiel.
Wir betrachten das Cox–Ross–Rubinstein–Modell mit drei Perioden und dem Anfangspreis $S_0 = 1$ und nehmen an, dass sich in jeder Periode der Preis der Aktie entweder halbiert oder verdoppelt, setzen also $d = 1/2$ und $u = 2$ voraus. Es soll ein Europäischer Call $W = \max(S_3 - 1, 0)$ mit Basispreis 1 bewertet werden, wobei der Zinssatz $r = 0$ angenommen wird. Nach (4.38) ist dann die risikoneutrale Wahrscheinlichkeit durch $p^* = 1/3$ gegeben. Bild 4.11 illustriert die möglichen Entwicklungen des Aktienpreises zusammen mit den sich aus (4.99) und (4.100) rekursiv ergebenden Enwicklungen des Wertes der Optionen bei Kenntnis der Entwicklung des Aktienpreises bis zum jeweiligen Zeitpunkt. Bei jedem Paar a, b steht dabei die erste Komponente für den Aktienpreis und die zweite Komponente für den Wert der Option. So gilt zum Beispiel $W_2(0, 1) = W_2(1, 0) = 1/3$. Der faire Preis der Option zum Zeitpunkt 0 ist $W_0 = 13/27$.

Lernzielkontrolle

- Welche Ergebnismenge ist zur Modellierung eines n-stufigen Experimentes angemessen?

- Was ist ein Ereignis (als mathematisches Objekt)?

- Wann sind Ereignisse disjunkt?

- Was ist die relative Häufigkeit des Eintretens eines Ereignisses in einer Versuchsserie?

- Was besagt das empirische Gesetz über die Stabilisierung relativer Häufigkeiten?

- Wie lautet das Kolmogorowsche Axiomensystem?

- Können Sie die Aussagen (i)–(vii) aus 4.2.3 beweisen?

- Ist für das gleichzeitige Werfen zweier nicht unterscheidbarer Münzen (drei unterscheidbare Ergebnisse) ein Laplace–Modell angemessen?

- Warum sind Urnenmodelle und Teilchen/Fächer–Modelle begrifflich äquivalent?

- Was sind eine Zufallsvariable, eine Indikatorfunktion und eine Zählvariable?

- Welche Verteilung besitzt die kleinste Augenzahl beim zweifachen Würfelwurf?

- Wie ist der Erwartungswert einer Zufallsvariablen definiert?

- Können Sie die grundlegenden Eigenschaften 4.4.2 (i), (ii) und (iii) der Erwartungswert–Bildung beweisen?

- Wie bestimmt man am einfachsten den Erwartungswert einer Zählvariablen?

- Was ist die hypergeometrische Verteilung? In welchem Zusammenhang tritt sie auf?

- Welche Bausteine benötigt man zur Modellierung mehrstufiger Experimente?

- Ist die erste Pfadregel ein mathematischer Satz?

- Motivieren Sie die Definition der bedingten Wahrscheinlichkeit anhand relativer Häufigkeiten!

- Welcher Zusammenhang besteht zwischen bedingten Wahrscheinlichkeiten und Übergangswahrscheinlichkeiten?

- Können Sie die Formel von der totalen Wahrscheinlichkeit und die Bayes-Formel beweisen?

- Wann sind vier Ereignisse stochastisch unabhängig?

- Welche Ereignisse sind in Produktexperimenten stochastisch unabhängig?

- In welchem Zusammenhang treten die Binomial- und die Multinomialverteilung auf?

- Worin besteht das No Arbitrage Prinzip?

- Welches sind die Bestandteile des Cox–Ross–Rubinstein–Modells?

- Was ist eine selbstfinanzierende Strategie?

- Was ist eine risikoneutrale Wahrscheinlichkeitsverteilung?

- Können Sie den Black–Scholes–Preis einer Europäischen Option in Worten beschreiben?

Kapitel 5

Folgen und Reihen

Denn von dem Kleinen gibt es kein Allerkleinstes, sondern immer noch ein Kleineres. Denn es ist unmöglich, dass das Seiende durch Teilung bis ins Unendliche aufhört zu sein.

Anaxagoras

Die Begriffe *Folge* und *Grenzwert* sind von zentraler Bedeutung für die Analysis. So ist etwa die Steigung einer Funktion in einem Punkt der *Grenzwert* der Steigungen einer *Folge* von Sekanten und die Momentangeschwindigkeit der *Grenzwert* von mittleren Geschwindigkeiten über eine *Folge* immer kürzerer Zeitabstände. Der Flächeninhalt eines Kreises ist der *Grenzwert* einer *Folge* von Flächeninhalten einfacherer Bereiche, z.B. dem Kreis einbeschriebener regelmäßiger n-Ecke, wenn n „über alle Grenzen wächst". In diesem Kapitel lernen wir Folgen und Reihen, d.h. Folgen von Partialsummen, sowie den Begriff der Konvergenz einer Folge kennen.

5.1 Folgen

5.1.1 Definition einer Folge

Anschaulich erwartet man bei einer Folge von Zahlen die Angabe einer *ersten* Zahl, einer *zweiten* Zahl, einer *dritten* Zahl usw. Diese Vorstellung mündet fast zwangsläufig in die nachfolgende mathematische Definition.

Eine *(reelle Zahlen-) Folge* ist eine Abbildung $n \mapsto a_n$ von der Menge $\mathbb{N}$ der natürlichen Zahlen in die Menge $\mathbb{R}$ der reellen Zahlen. Man schreibt auch $(a_n)_{n \in \mathbb{N}}$, $(a_n)_{n \geq 1}$ oder einfach (a_n).

Allgemein bezeichnet der Begriff *Folge* eine Abbildung mit dem Definitionsbereich $\mathbb{N}$. Dabei hat es sich eingebürgert, das Argument n als *Index* in der Form

a_n und nicht – der üblichen „Klammer-Notation" $x \mapsto f(x)$ bei Abbildungen entsprechend – als $a(n)$ zu schreiben.

Die Zahlen $a_1, a_2, a_3 \ldots$ heißen *Glieder* der Folge. Für ein festes $n \in \mathbb{N}$ ist a_n das *n-te Folgenglied*.

Gelegentlich werden zur Nummerierung der Glieder einer Folge auch die Indizes $0, 1, 2, \ldots$ oder allgemeiner $m, m+1, m+2, \ldots$ $(m \in \mathbb{Z})$ benutzt. Der Definitionsbereich der Abbildung $n \mapsto a_n$ ist dann also die Menge $\{n \in \mathbb{Z} : n \geq m\}$, wofür auch $(a_n)_{n \geq m}$ geschrieben wird.

Es ist wichtig, eine Zahlenfolge (a_n) als Abbildung mit dem Definitionsbereich $\mathbb{N}$ streng von der *Menge* $\{a_n : n \in \mathbb{N}\}$ der Folgenglieder zu unterscheiden!

5.1.2   Beispiele von Folgen

Die nachstehenden Folgen veranschaulichen verschiedene Begriffsbildungen:

(i) $a_n = 2n - 1$,

(ii) $a_n = n^2$,

(iii) $a_n = 1 + \frac{1}{n}$,

(iv) $a_n = \left(1 + \frac{1}{n}\right)^n$,

(v) $a_n = (-1)^n$,

(vi) $a_n = n(-1)^n$,

(vii) $a_n = 5000 \left(1 + \frac{4}{100}\right)^n$,

(viii) $a_n = \left(\frac{98}{100}\right)^n$,

(ix) $a_1 = a_2 = 1$, $a_n = a_{n-1} + a_{n-2}$ falls $n \geq 3$.

Die Glieder der in (i) und (ii) definierten Zahlenfolgen (Folge der ungeraden Zahlen bzw. Folge der Quadratzahlen) werden mit wachsendem n immer größer und „wachsen über alle Grenzen". Im Gegensatz dazu nehmen die Glieder der in (iii) eingeführten Folge ab. Sie sind jedoch alle größer als 1 und nähern sich diesem Wert in einem noch zu präzisierenden Sinn immer mehr an. Mit der in (iv) definierten Folge werden wir uns auf Seite 174 ausführlich beschäftigen. Die Glieder der in (v) und (vi) aufgeführten Folgen sind abwechselnd negativ und positiv. Das n-te Glied der in (vii) definierten Folge beschreibt den Stand eines zum jährlichen Zinssatz von 4% angelegten Anfangskapitals von 5000 Euro nach n Jahren. Das n-te Glied der in (viii) definierten Folge kann als Restwert einer ursprünglich eine Einheit betragenden Größe nach n Jahren angesehen werden, wenn pro Jahr 2% des jeweiligen Restwertes „zerfallen" (z.B. Kaufkraftverlust oder radioaktiver Zerfall).

Die in (ix) definierte berühmte Folge der *Fibonacci-Zahlen* fällt insofern aus dem Rahmen, als die Zuordnung $n \mapsto a_n$ nicht in einer geschlossenen Form für a_n, sondern über die *Rekursionsformel* $a_n := a_{n-1} + a_{n-2}$ zusammen mit der *Anfangsbedingung* $a_1 := 1$, $a_2 := 1$ gegeben ist. Hierdurch wird die Zuordnung $n \mapsto a_n$ induktiv auf ganz $\mathbb{N}$ definiert; es ist $a_3 = 1 + 1 = 2$, $a_4 = 2 + 1 = 3$, $a_5 = 3 + 2 = 5$, $a_6 = 5 + 3 = 8$ usw.

5.1.3 Das Newton–Verfahren

Das *Newton*[1]*-Verfahren* zur Bestimmung der *Nullstellen* einer Funktion $f : \mathbb{R} \to \mathbb{R}$ liefert ein weiteres wichtiges Beispiel einer rekursiv definierten Folge. Dabei heißt $x_* \in \mathbb{R}$ *Nullstelle* von f, falls $f(x_*) = 0$ gilt.

Für die Anwendung des Newton-Verfahrens wird vorausgesetzt, dass die Funktion f differenzierbar ist und eine stetige, von Null verschiedene Ableitung f' besitzt. Obwohl die Begriffe Differenzierbarkeit, Ableitung und Stetigkeit erst in Kapitel 6 eingeführt werden, kann man sich die dem Newton-Verfahren zugrunde liegende Idee leicht anhand von Bild 5.1 klar machen. Liegt ein n-ter Näherungswert x_n für eine gesuchte Nullstelle x_* vor, so bildet man im Punkt $(x_n, f(x_n))$ die Tangente an die Funktion f. Da diese Tangente die Steigung $f'(x_n)$ besitzt und durch den Punkt $(x_n, f(x_n))$ geht, ist die Tangentengleichung durch $x \mapsto f'(x_n)(x - x_n) + f(x_n)$ gegeben. Der mit x_{n+1} bezeichnete $(n+1)$-te Näherungswert für x_* wird als Nullstelle der Tangente, also durch die Gleichung

$$0 = f'(x_n)(x_{n+1} - x_n) + f(x_n), \tag{5.1}$$

festgesetzt (siehe Bild 5.1). Auflösung von (5.1) nach x_{n+1} liefert die Rekursionsformel

$$x_{n+1} := x_n - \frac{f(x_n)}{f'(x_n)}, \qquad n \in \mathbb{N}_0. \tag{5.2}$$

Als Startwert von (5.2) benötigt man noch einen geeignet gewählten Wert x_0.

Ist beispielsweise $f(x) = x^2 - 2$, so nimmt (5.2) die Gestalt

$$x_{n+1} = x_n - \frac{x_n^2 - 2}{2x_n} \tag{5.3}$$

---

[1] Isaac Newton (1643–1727). Mit seinen grundlegenden Arbeiten zur Dynamik, Optik, Himmelsmechanik, Mathematik, Physik und Chemie gehört Newton zu den bedeutendsten Naturwissenschaftlern der Menschheit. Sehr wichtig für die Mathematik ist seine Begründung der Infinitesimalmathematik, welche als Fluxionsrechnung in die Wissenschaftsgeschichte eingegangen ist.

an. Legt man den Startwert zu $x_0 := 1$ fest, so ergibt sich die folgende Tabelle, welche die ersten 8 Nachkommastellen berücksichtigt:

n	x_n
0	1.00000000
1	1.50000000
2	1.41666666
3	1.41421568
4	1.41421356

Da eine Nullstelle x_* der Funktion $f(x) = x^2 - 2$ die Gleichung $x_*^2 = 2$ erfüllt, ist zu vermuten, dass sich die durch (5.3) definierte Folge $(x_n)_{n \geq 1}$ immer mehr dem Wert $\sqrt{2}$ annähert. Dass dies zutrifft, wird im Beweis von Satz 5.12 gezeigt.

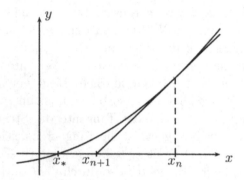

Bild 5.1:
Newton–Verfahren

5.1.4 Beschränktheit und Monotonie

Eine Folge (a_n) heißt

(i) *nach oben beschränkt,* falls gilt: $\exists C \in \mathbb{R} : a_n \leq C$ für jedes $n \in \mathbb{N}$,

(ii) *nach unten beschränkt,* falls gilt: $\exists C \in \mathbb{R} : a_n \geq C$ für jedes $n \in \mathbb{N}$,

(iii) *beschränkt,* falls sie nach oben *und* nach unten beschränkt ist,

(iv) *monoton wachsend,* falls gilt: $a_n \leq a_{n+1}$ für jedes $n \in \mathbb{N}$,

(v) *streng monoton wachsend,* falls gilt: $a_n < a_{n+1}$ für jedes $n \in \mathbb{N}$,

(vi) *monoton fallend,* falls gilt: $a_n \geq a_{n+1}$ für jedes $n \in \mathbb{N}$,

(vii) *streng monoton fallend,* falls gilt: $a_n > a_{n+1}$ für jedes $n \in \mathbb{N}$,

(viii) *(streng) monoton,* falls sie (streng) monoton wachsend *oder* (streng) monoton fallend ist.

Offenbar sind bis auf die durch $a_n = n(-1)^n$ definierte Folge alle Folgen aus 5.1.2 nach unten beschränkt. Die dort angegebenen Folgen (i), (ii), (vi), (vii) und (ix) sind nicht nach oben beschränkt, wohl aber die Folgen (iii), (iv) (siehe den Beweis von Satz 5.16), (v) und (viii).

Es ist unmittelbar zu sehen, dass die Folgen (i), (ii) und (vii) in 5.1.2 streng monoton wachsend und die Folgen (iii) und (viii) streng monoton fallend sind. Dass die Folge (iv) streng monoton wächst, wird im Beweis von Satz 5.16 gezeigt. Der Leser überzeuge sich selbst mit Hilfe vollständiger Induktion, dass die Folge (ix) der Fibonacci-Zahlen die Eigenschaft $a_n < a_{n+1}$ für jedes $n \geq 2$ erfüllt und damit monoton wachsend ist.

Im Folgenden untersuchen wir das sogenannte *asymptotische* Verhalten einer Folge (a_n) für $n \to \infty$, d.h. das Verhalten der Folgenglieder a_n, wenn n „über alle Grenzen wächst".

5.1.5 Definition des Grenzwertes

Eine reelle Zahl a heißt *Grenzwert* einer Folge (a_n), falls es zu jedem $\varepsilon > 0$ ein $n_0 \in \mathbb{N}$ gibt, so dass für jedes $n \geq n_0$ die Ungleichung

$$|a_n - a| \leq \varepsilon$$

erfüllt ist. In diesem Fall sagt man, *(a_n) konvergiert gegen a* und schreibt

$$\lim_{n \to \infty} a_n = a$$

bzw.

$$a_n \to a \quad \text{für } n \to \infty.$$

Eine Folge heißt *konvergent* falls sie einen Grenzwert besitzt. Eine Folge, die nicht konvergent ist, heißt *divergent*

5.1.6 Diskussion des Grenzwertbegriffs

In der Definition 5.1.5 eines Grenzwertes a liegt die Betonung auf „zu *jedem* (noch so kleinen) $\varepsilon > 0$". Entscheidend ist, dass – egal wie klein ε gewählt wird – immer ein Index $n_0 = n_0(\varepsilon)$ existiert, ab dem sich alle Folgenglieder um nicht mehr als ε vom Grenzwert a unterscheiden. Dabei soll die Schreibweise $n_0(\varepsilon)$ andeuten, dass dieser Index im Allgemeinen von ε abhängt.

Man mache sich klar, dass *endlich viele* Folgenglieder keinerlei Information darüber liefern, ob eine Folge (a_n) konvergiert oder nicht. Ist k eine gegebene (beliebig große) natürliche Zahl, und ist (b_n) eine Folge mit der Eigenschaft $a_n = b_n$ für jedes $n \geq k$, so konvergiert die Folge (a_n) genau dann, wenn die Folge (b_n) konvergiert, und zwar (im Konvergenzfall) gegen denselben Grenzwert. Man

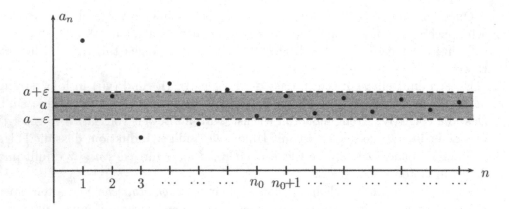

Bild 5.2: Zur Konvergenz einer Zahlenfolge

kann also endlich viele Glieder einer Folge nach Belieben abändern, ohne das Konvergenzverhalten der Folge zu beeinflussen!

Bild 5.2 vermittelt eine anschauliche Vorstellung vom Grenzwertbegriff. In dieser Grafik ist die Abbildung $n \mapsto a_n$ durch Eintrag der Punkte (n, a_n) in ein Koordinatensystem dargestellt. Die Konvergenz $a_n \to a$ bedeutet, dass es zu jedem $\varepsilon > 0$ ein $n_0 \in \mathbb{N}$ gibt, so dass für jedes $n \geq n_0$ der Punkt (n, a_n) innerhalb des in Bild 5.2 grau gezeichneten Streifens liegt. Nur endlich viele Punkte können also außerhalb dieses Streifens liegen!

Da man zu zwei verschiedenen, auf der vertikalen Achse in Bild 5.2 markierten Zahlen a und b stets zwei zur horizontalen Achse parallele genügend schmale Streifen mit „Streifen-Mitten" a bzw. b finden kann, die disjunkt sind, also kein Element gemeinsam haben (wähle eine Streifenbreite, die kleiner als $|b-a|/2$ ist), ist das nachstehende Resultat offensichtlich.

5.1 Satz. (Eindeutigkeit des Grenzwertes)
Der Grenzwert einer konvergenten Folge (a_n) ist eindeutig bestimmt.

BEWEIS: Wir nehmen an, dass es Zahlen $a, b \in \mathbb{R}$ mit $\lim_{n\to\infty} a_n = a$ und $\lim_{n\to\infty} a_n = b$ gibt. Zu beliebigem $\varepsilon > 0$ existieren dann natürliche Zahlen n_1, n_2 mit $|a_n - a| \leq \varepsilon$ für jedes $n \geq n_1$ und $|a_n - b| \leq \varepsilon$ für jedes $n \geq n_2$.

Mit Hilfe der Dreiecksungleichung folgt für jedes $n \geq \max(n_1, n_2)$

$$|a - b| = |(a - a_n) + (a_n - b)|$$
$$\leq |a - a_n| + |a_n - b| \leq \varepsilon + \varepsilon = 2\varepsilon.$$

Weil $\varepsilon > 0$ beliebig gewählt war, schließen wir mit Folgerung 3.10 auf $|a - b| = 0$, was gleichbedeutend mit $a = b$ ist.   □

5.1.7   Nullfolgen

Eine Folge $(a_n)_{n \geq 1}$ heißt *Nullfolge* wenn sie den Grenzwert 0 besitzt, wenn also $\lim_{n \to \infty} a_n = 0$ gilt.

Ist (a_n) eine Nullfolge, so gibt es nach Definition des Grenzwertes zu jedem $\varepsilon > 0$ ein $n_0 \in \mathbb{N}$ mit der Eigenschaft

$$|a_n| \leq \varepsilon, \qquad n \geq n_0.$$

Sind (a_n) eine Nullfolge und (b_n) eine weitere Folge mit der Eigenschaft

$$|b_n| \leq |a_n|, \qquad n \in \mathbb{N},$$

so ist offenbar auch (b_n) eine Nullfolge.

Ein Vergleich der Definitionen eines Grenzwertes und einer Nullfolge zeigt:

5.2 Satz. (Konvergenz und Nullfogen)
Eine Folge (a_n) ist genau dann gegen a konvergent, wenn die Folge $(a_n - a)$ eine Nullfolge ist.

5.3 Beispiel. (Harmonische Folge)
Das Standardbeispiel einer Nullfolge ist die *harmonische Folge* $(1/n)_{n \geq 1}$. Dass $(1/n)_{n \geq 1}$ in der Tat eine Nullfolge darstellt, ist wie folgt einzusehen: Zu beliebigem $\varepsilon > 0$ existiert nach dem Prinzip des Archimedes (Satz 3.9) ein $n_0 \in \mathbb{N}$ mit

$$n_0 > \frac{1}{\varepsilon}.$$

Es folgt

$$\left| \frac{1}{n} \right| = \frac{1}{n} \leq \frac{1}{n_0} \leq \varepsilon$$

für jedes $n \geq n_0$, was zu zeigen war. Allgemeiner gilt, dass für jedes $p \in \mathbb{N}$ die Folge $(1/n^p)_{n \geq 1}$ eine Nullfolge ist.

5.1.8   Bestimmte und unbestimmte Divergenz

Eine Folge (a_n) heißt *divergent gegen ∞* (bzw. *gegen $-\infty$*), wenn zu jedem $C \in \mathbb{R}$ ein $n_0 \in \mathbb{N}$ existiert, so dass für jedes $n \geq n_0$ die Ungleichung $a_n \geq C$ (bzw. $a_n \leq C$) erfüllt ist. In jedem dieser Fälle nennt man (a_n) *bestimmt divergent* und schreibt

$$\lim_{n \to \infty} a_n = \infty \qquad \text{bzw.} \qquad \lim_{n \to \infty} a_n = -\infty.$$

Eine divergente Folge, die nicht bestimmt divergent ist, heißt *unbestimmt divergent*. Bestimmt divergente Folgen heißen auch *uneigentlich konvergent* mit dem *uneigentlichen Grenzwert* ∞ bzw. $-\infty$.

Durch diese Begriffsbildungen werden die divergenten (d.h. nicht konvergenten) Folgen weiter unterschieden. So sind etwa die Folgen (i), (ii), (vii) und (ix) aus 5.1.2 bestimmt divergent gegen ∞. Die Folgen (v) und (vi) aus 5.1.2 sind unbestimmt divergent. Gilt $\lim_{n\to\infty} a_n = \infty$ oder $\lim_{n\to\infty} a_n = -\infty$, so ist (im Fall $a_n \neq 0$, $n \geq 1$) die Folge $(1/a_n)$ eine Nullfolge.

5.4 Beispiel. (Geometrische Folge)
Es sei $q \in \mathbb{R}$. Die Folge (q^n) heißt *geometrische Folge*. Wir untersuchen sie auf Konvergenz bzw. Divergenz und unterscheiden dazu verschiedene Fälle.

(i)   Es gelte $q > 1$. Dann ist (q^n) streng monoton wachsend, und aus der Bernoullischen Ungleichung in 3.4.11 folgt

$$q^n = (1 + (q - 1))^n \geq 1 + n(q - 1), \qquad n \in \mathbb{N}.$$

   Also gilt $\lim_{n\to\infty} q^n = \infty$.

(ii)   Im Fall $q = 1$ gilt $\lim_{n\to\infty} q^n = 1$.

(iii)   Es gelte $0 < q < 1$. Wie unter (i) ergibt sich

$$0 < q^n = \frac{1}{(1 + (1/q - 1))^n} \leq \frac{1}{1 + n(1/q - 1)}$$

   und damit $\lim_{n\to\infty} q^n = 0$.

(iv)   Für $-1 < q \leq 0$ folgt aus $|q^n| = |q|^n$ und (iii) die Beziehung $\lim_{n\to\infty} q^n = 0$.

(v)   Für $q = -1$ ist die Folge (q^n) beschränkt und unbestimmt divergent.

(vi)   Für $q < -1$ ist die Folge (q^n) unbestimmt divergent.

5.1.9   Konvergenzkriterien für Folgen

Das nächste Resultat zeigt, dass die Beschränktheit einer Folge (a_n) eine notwendige Bedingung für die Konvergenz von (a_n) darstellt. Eine *unbeschränkte* (d.h. nicht beschränkte) Folge kann also nicht konvergieren.

5.5 Satz. (Konvergenz und Beschränktheit)
Jede konvergente Folge ist beschränkt.

BEWEIS: Es sei (a_n) eine gegen a konvergente Folge. Zu einer beliebig gewählten Zahl $\varepsilon > 0$ gibt es dann ein $n_0 \in \mathbb{N}$ mit der Eigenschaft $|a_n - a| \leq \varepsilon$ für jedes $n \geq n_0$. Für jedes $n \geq n_0$ erhalten wir somit

$$|a_n| = |a_n - a + a| \leq |a_n - a| + |a| \leq \varepsilon + |a|.$$

Mit der Festsetzung $C := \max(\varepsilon + |a|, |a_1|, \ldots, |a_{n_0-1}|)$ gilt $|a_n| \leq C$ für jedes $n \in \mathbb{N}$. Die Folge (a_n) ist also beschränkt. $\qquad\square$

Das Beispiel $a_n = (-1)^n$ verdeutlicht, dass nicht jede beschränkte Folge konvergiert. Wie der folgende Satz zeigt, kann man jedoch aus der Beschränktheit auf die Konvergenz schließen, wenn die Folge (a_n) monoton ist.

5.6 Satz. (Konvergenz monotoner Folgen)
Eine monoton wachsende und nach oben beschränkte Folge (a_n) ist konvergent, und es gilt

$$\lim_{n\to\infty} a_n = \sup\{a_n : n \in \mathbb{N}\}.$$

Eine monoton fallende und nach unten beschränkte Folge (a_n) ist konvergent, und es gilt

$$\lim_{n\to\infty} a_n = \inf\{a_n : n \in \mathbb{N}\}.$$

BEWEIS: Es sei (a_n) monoton wachsend und nach oben beschränkt. Insbesondere ist dann $\{a_n : n \in \mathbb{N}\}$ eine nach oben beschränkte Menge. Wegen des Vollständigkeitsaxioms (O4) (vgl. 3.4.7) existiert die Zahl

$$a := \sup\{a_n : n \in \mathbb{N}\}.$$

Es sei $\varepsilon > 0$ beliebig. Nach Definition des Supremums als kleinste obere Schranke gibt es ein $n_0 \in \mathbb{N}$ mit der Eigenschaft $a - \varepsilon < a_{n_0} \leq a$. Da (a_n) monoton wächst, gilt für jedes $n \geq n_0$ die Ungleichungskette

$$a - \varepsilon < a_{n_0} \leq a_n \leq a \leq a + \varepsilon$$

und somit $|a_n - a| \leq \varepsilon$, was zu zeigen war. Völlig analog verfährt man im verbleibenden Fall einer monoton fallenden Folge (a_n). $\qquad\square$

Man beachte, dass nach dem Prinzip „endlich viele Glieder sagen nichts über die Konvergenz einer Folge aus" (vgl. Seite 161) die Monotonieeigenschaft nur für *hinreichend großes* n gelten muss. Es reicht also, wenn es eine natürliche Zahl n_0 gibt, so dass die Ungleichung $a_n \leq a_{n+1}$ für jedes $n \geq n_0$ erfüllt ist.

Man mache sich auch klar, dass eine monoton wachsende Folge, die nicht nach oben beschränkt ist, gegen ∞ divergiert. In gleicher Weise divergiert eine monoton fallende und nicht nach unten beschränkte Folge gegen $-\infty$.

5.1.10 Das Prinzip der Intervallschachtelung

Zunächst zeigen wir, dass Ungleichungen bei Grenzübergängen erhalten bleiben.

5.7 Satz. (Monotonie der Grenzwertbildung)
Es seien (a_n), (b_n) konvergente Folgen mit $a_n \leq b_n$ für jedes hinreichend große $n \in \mathbb{N}$. Dann gilt

$$\lim_{n\to\infty} a_n \leq \lim_{n\to\infty} b_n.$$

BEWEIS: Es seien $a := \lim_{n \to \infty} a_n$ und $b := \lim_{n \to \infty} b_n$. Wir nehmen an, es gelte $a > b$ und wählen $\varepsilon > 0$ so, dass $b + \varepsilon < a - \varepsilon$. Es gibt ein $n_1 \in \mathbb{N}$ und ein $n_2 \in \mathbb{N}$ mit $a_n \geq a - \varepsilon$ für jedes $n \geq n_1$ und $b_n \leq b + \varepsilon$ für jedes $n \geq n_2$. Für jedes $n \geq \max(n_1, n_2)$ folgt dann

$$b_n \leq b + \varepsilon < a - \varepsilon \leq a_n$$

und somit $b_n < a_n$ im Widerspruch zur Voraussetzung.   □

5.8 Satz. (Intervallschachtelung)
Es seien (a_n) eine monoton wachsende und (b_n) eine monoton fallende Folge mit der Eigenschaft

$$a_n \leq b_n, \qquad n \geq 1.$$

Dann sind beide Folgen konvergent, und es gilt

$$a_n \leq \lim_{k \to \infty} a_k \leq \lim_{k \to \infty} b_k \leq b_n, \qquad n \in \mathbb{N}.$$

Ferner gilt genau dann

$$\lim_{n \to \infty} a_n = \lim_{n \to \infty} b_n,$$

wenn $\lim_{n \to \infty}(b_n - a_n) = 0$ gilt, also $(b_n - a_n)_{n \geq 1}$ eine Nullfolge ist.

BEWEIS: Es sei $n \in \mathbb{N}$ beliebig. Wegen $a_1 \leq a_2 \leq \ldots \leq a_n \leq b_n$ und $a_{n+j} \leq b_{n+j} \leq b_n$ für jedes $j \geq 1$ (die Folge (b_n) ist monoton fallend!) ist die Folge $(a_k)_{k \geq 1}$ durch b_n nach oben beschränkt. Nach Satz 5.6 ist die Folge (a_k) konvergent, und aus Satz 5.7 folgt

$$a_n \leq \lim_{k \to \infty} a_k \leq b_n.$$

In gleicher Weise ist die Folge $(b_k)_{k \geq 1}$ durch a_n nach unten beschränkt und somit konvergent, und es gilt

$$a_n \leq \lim_{k \to \infty} b_k \leq b_n.$$

Hier gilt die erste Ungleichung für jedes $n \geq 1$. Also folgt $\lim_{k \to \infty} a_k \leq \lim_{k \to \infty} b_k$. Die zweite Behauptung ergibt sich unmittelbar aus Satz 5.10 (iii).   □

Als Anwendung von Satz 5.8 erhält man, dass jede reelle Zahl beliebig genau durch rationale Zahlen approximiert werden kann.

5.9 Satz. (Dichtheit der rationalen Zahlen)
Jede reelle Zahl x ist Grenzwert einer Folge rationaler Zahlen, d.h. einer Folge (a_n) mit $a_n \in \mathbb{Q}$ für jedes $n \in \mathbb{N}$.

BEWEIS: Da der Fall $x = 0$ trivial ist und der Fall $x < 0$ auf den Fall $x > 0$ zurückgeführt werden kann, setzen wir im Folgenden ohne Beschränkung der Allgemeinheit $x > 0$ voraus. Nach Satz 3.13 (g-adische Entwicklung) mit $g := 2$ existieren ein eindeutig bestimmtes $k \in \mathbb{Z}$ sowie eindeutig bestimmte Zahlen $c_k, c_{k-1}, c_{k-2}, \ldots$ aus $\{0, 1\}$, so dass mit den Festsetzungen

$$a_n := c_k 2^k + c_{k-1} 2^{k-1} + \ldots + c_{-n} 2^{-n},$$
$$b_n := c_k 2^k + c_{k-1} 2^{k-1} + \ldots + c_{-n} 2^{-n} + 2^{-n}$$

für jedes $n \geq -k$ die Ungleichungen $a_n \leq x < b_n$ erfüllt sind. Die Folgen $(a_n)_{n \geq -k}$ und $(b_n)_{n \geq -k}$ rationaler Zahlen sind monoton wachsend bzw. monoton fallend, und es gilt

$$\lim_{n \to \infty} (b_n - a_n) = \lim_{n \to \infty} 2^{-n} = 0.$$

Wegen $|x - a_n| = x - a_n < b_n - a_n$ folgt $a_n \to x$. $\qquad \square$

Eine Menge $M \subset \mathbb{R}$ heißt *dicht,* wenn jede Zahl Grenzwert einer Folge mit Elementen aus M ist.

Wegen Satz 5.9 ist die Menge $\mathbb{Q}$ der rationalen Zahlen dicht. Ist $a \in \mathbb{R}$ eine beliebige Zahl, so folgt aus Satz 5.10 (ii), dass auch $M := \{q + a : q \in \mathbb{Q}\}$ eine dichte Menge ist. Zum Beispiel könnte a die irrationale Zahl $\sqrt{2}$ sein. In diesem Fall enthält M nur irrationale Zahlen.

5.1.11 Eigenschaften der Grenzwertbildung

Aus Folgen (a_n) und (b_n) entstehen durch *gliedweise Addition, Subtraktion, Multiplikation und Division* die neuen Folgen $(a_n + b_n)$, $(a_n - b_n)$, $(a_n \cdot b_n)$ und (a_n / b_n) (im letzteren Fall muss man natürlich $b_n \neq 0$ für jedes $n \in \mathbb{N}$ voraussetzen). Ist c eine reelle Zahl, so entsteht aus (a_n) durch gliedweise Multiplikation mit c die neue Folge $(c \cdot a_n)$. Das folgende wichtige Resultat zeigt, dass diese Operationen mit Grenzwertbildungen *verträglich* sind.

5.10 Satz. (Rechenregeln zur Grenzwertbildung)
Es seien (a_n) und (b_n) konvergente Folgen mit $a = \lim_{n \to \infty} a_n$ und $b = \lim_{n \to \infty} b_n$ sowie $c \in \mathbb{R}$. Dann gilt:

(i) $\lim_{n \to \infty} (c \cdot a_n) = c \cdot a$,

(ii) $\lim_{n \to \infty} (a_n + b_n) = a + b$,

(iii) $\lim_{n \to \infty} (a_n - b_n) = a - b$,

(iv) $\lim_{n \to \infty} (a_n \cdot b_n) = a \cdot b$,

(v) $\displaystyle \lim_{n \to \infty} \left(\frac{a_n}{b_n} \right) = \frac{a}{b}$, *falls $b \neq 0$ und $b_n \neq 0$, $n \in \mathbb{N}$.*

BEWEIS: (i): Für $c = 0$ ist die Behauptung trivial. Es seien $c \neq 0$ und $\varepsilon > 0$. Wir finden ein $n_0 \in \mathbb{N}$ mit $|a_n - a| \leq \varepsilon/|c|$ für jedes $n \geq n_0$ und erhalten

$$|c \cdot a_n - c \cdot a| = |c| \cdot |a_n - a| \leq |c| \cdot \varepsilon/|c| = \varepsilon,$$

was zu zeigen war.

(ii): Zu $\varepsilon > 0$ gibt es $n_1, n_2 \in \mathbb{N}$ mit $|a_n - a| \leq \varepsilon/2$ für jedes $n \geq n_1$ sowie $|b_n - b| \leq \varepsilon/2$ für jedes $n \geq n_2$. Damit folgt für jedes n mit $n \geq \max(n_1, n_2)$

$$|(a_n + b_n) - (a + b)| \leq |a_n - a| + |b_n - b|$$
$$\leq \varepsilon/2 + \varepsilon/2 = \varepsilon,$$

was (ii) beweist.

(iii): Nach (i) gilt $(-b_n) \to -b$, und aus (ii) folgt dann $(a_n + (-b_n)) \to a + (-b) = a - b$.

(iv): Da (a_n) konvergiert, existiert nach Satz 5.5 ein $C > 0$ mit $|a_n| \leq C$ für jedes $n \in \mathbb{N}$. Aus der Dreiecksungleichung folgt dann die Abschätzung

$$|a_n b_n - ab| = |a_n(b_n - b) + b(a_n - a)|$$
$$\leq |a_n(b_n - b)| + |b(a_n - a)|$$
$$\leq C|b_n - b| + |b| \cdot |a_n - a|, \qquad n \in \mathbb{N}.$$

Nach Voraussetzung und dem bereits Bewiesenen konvergiert die letzte Summe und damit auch $(a_n b_n - ab)$ gegen 0.

(v): Angesichts von (iv) reicht es, den Nachweis von $1/b_n \to 1/b$ zu führen. Dazu zeigen wir zunächst, dass die Folge $(1/b_n)$ beschränkt ist. Es gibt ein $n_1 \in \mathbb{N}$ mit $|b_n - b| \leq |b|/2$ für jedes $n \geq n_1$. Damit folgt für $n \geq n_1$

$$|b_n| \geq |b| - |b_n - b| \geq |b|/2$$

und somit $|1/b_n| \leq C'$ für jedes $n \in \mathbb{N}$, wobei

$$C' := \max(2/|b|, 1/|b_1|, \ldots, 1/|b_{n_1}|)$$

gesetzt ist. Wir erhalten deshalb

$$\left| \frac{1}{b_n} - \frac{1}{b} \right| = \frac{|b_n - b|}{|b_n| \cdot |b|} \leq \frac{C'}{|b|} \cdot |b_n - b|.$$

Die letzte Folge konvergiert für $n \to \infty$ gegen 0. $\qquad\qquad\qquad\qquad\qquad \square$

Die Aussagen (i)–(v) von Satz 5.10 bilden das kleine Einmaleins im Zusammenhang mit der Bestimmung von Grenzwerten. Nach (ii) ist der Grenzwert einer Summe zweier konvergenter Folgen gleich der Summe der Grenzwerte der einzelnen Folgen. Es ist klar, dass sich dieses Resultat induktiv auf eine Summe von mehr als zwei konvergenten Folgen verallgemeinern lässt. Gleiches gilt für Aussage (iv), nach welcher der Grenzwert eines Produktes zweier konvergenter Folgen gleich dem Produkt der Grenzwerte der einzelnen Folgen ist.

Als typische Anwendung von Satz 5.10 betrachten wir die durch

$$a_n := \frac{7n^2 - 5n + 6}{8n^2 + 4} \tag{5.4}$$

definierte Folge $(a_n)_{n \geq 1}$. Strukturell liegt hier ein Quotient der beiden Folgen $u_n := 7n^2 - 5n + 6$ und $v_n := 8n^2 + 4$ vor. Obwohl die Folgen (u_n) und (v_n) nicht konvergent sind (die notwendige Bedingung der Beschränktheit ist nicht erfüllt), konvergiert die Folge (a_n). Die Grundidee zur Bestimmung des Grenzwertes von (a_n) besteht darin, Zähler und Nenner in (5.4) durch n^2 zu dividieren, was zur Darstellung

$$a_n = \frac{7 - 5/n + 6/n^2}{8 + 4/n^2} \tag{5.5}$$

führt. Zähler und Nenner in (5.5) sind konvergente Folgen mit den Grenzwerten

$$\lim_{n \to \infty} \left(7 - \frac{5}{n} + \frac{6}{n^2} \right) = \lim_{n \to \infty} 7 - 5 \cdot \lim_{n \to \infty} \frac{1}{n} + 6 \cdot \lim_{n \to \infty} \frac{1}{n^2} = 7$$

und

$$\lim_{n \to \infty} \left(8 + \frac{4}{n^2} \right) = \lim_{n \to \infty} 8 + 4 \cdot \lim_{n \to \infty} \frac{1}{n^2} = 8.$$

Hierbei wurden die Aussagen (i), (ii) und (iii) von Satz 5.10 sowie die Tatsache benutzt, dass der Grenzwert einer konstanten Folge der Gestalt $a_n = c$, $n \in \mathbb{N}$, gleich c ist. Aus Aussage (v) von Satz 5.10 folgt nun $\lim_{n \to \infty} a_n = 7/8$.

5.11 Satz. (Einzwängungssatz)
Es seien (a_n), (b_n) konvergente Folgen mit $\lim_{n \to \infty} a_n = \lim_{n \to \infty} b_n = a$ und (c_n) eine weitere Folge mit

$$a_n \leq c_n \leq b_n$$

für jedes hinreichend große n. Dann gilt $c_n \to a$ für $n \to \infty$.

BEWEIS: Aus Satz 5.10 (iii) folgt $b_n - a_n \to 0$, und wegen $0 \leq c_n - a_n \leq b_n - a_n$ für jedes hinreichend große n ergibt sich damit auch $c_n - a_n \to 0$. Aus Satz 5.10 (ii) erhalten wir

$$c_n = (c_n - a_n) + a_n \to a$$

für $n \to \infty$. $\square$

5.1.12 Die Wurzel

Wird ein Kapital K_0 für k Jahre angelegt, wobei diese Anlage im j-ten Jahr zu einem Zinssatz p_j (z.B. $p_2 = 0.03$ bei dreiprozentiger Verzinsung im zweiten Jahr) erfolgt, so ist das Kapital nach k Jahren auf den Betrag

$$K_0 \cdot (1 + p_1) \cdot (1 + p_2) \cdot \ldots \cdot (1 + p_k)$$

angewachsen. Würde das Kapital jährlich mit dem gleichen Zinssatz p verzinst, so ergäbe sich das Endkapital $K_0 \cdot (1 + p)^k$. Beide Geldanlagen liefern nach k Jahren den gleichen Endbetrag, wenn p der Gleichung

$$(1 + p)^k = (1 + p_1) \cdot (1 + p_2) \cdot \ldots \cdot (1 + p_k) \tag{5.6}$$

genügt. Allgemeiner betrachten wir im Folgenden für $a \in \mathbb{R}$ mit $a \geq 0$ und $k \in \mathbb{N}$ die Gleichung

$$x^k = a. \tag{5.7}$$

Gibt es eine Lösung $x \in \mathbb{R}$ von (5.7) mit der Eigenschaft $x \geq 0$, so nennt man x die *k-te Wurzel* aus a und schreibt

$$x := \sqrt[k]{a} \quad \text{bzw.} \quad x := a^{\frac{1}{k}}.$$

Im Fall $k = 2$ setzt man auch $\sqrt{a} := \sqrt[2]{a}$.

Man beachte, dass wir hier nur *nichtnegative reelle* Wurzeln betrachten. Danach ist z.B. $\sqrt{a^2} = |a|$ für jedes $a \in \mathbb{R}$.

5.12 Satz. (Existenz der k-ten Wurzel)
Für jedes $a \geq 0$ und jedes k existiert eine eindeutig bestimmte k-te Wurzel $\sqrt[k]{a}$.

BEWEIS: Für $a = 0$ können wir $\sqrt[k]{a} := 0$ setzen. Da auch im Fall $k = 1$ nichts zu beweisen ist, sei im Folgenden $a > 0$ und $k \geq 2$ vorausgesetzt. Wir benutzen das in 5.1.3 vorgestellte Newton-Verfahren für die Funktion $f(x) = x^k - a$. Wegen $f'(x) = kx^{k-1}$ (vgl. Beispiel 6.34) nimmt die Rekursionsformel (5.2) die Gestalt

$$x_{n+1} = x_n - \frac{x_n^k - a}{kx_n^{k-1}} \tag{5.8}$$

an. Als Startwert wählen wir ein $x_0 > 0$ mit der Eigenschaft $x_0^k > a$, also etwa $x_0 := a$ im Fall $a > 1$ und $x_0 := 1$ im Fall $a < 1$. Aus der zu (5.8) äquivalenten Gleichung

$$x_{n+1} = \frac{(k-1)x_n^k + a}{kx_n^{k-1}}$$

und vollständiger Induktion ergibt sich dann $x_n > 0$ für jedes $n \in \mathbb{N}$. Außerdem folgt

$$
\begin{aligned}
x_{n+1}^k &= x_n^k \left(\frac{(k-1)x_n^k + a}{kx_n^k} \right)^k \\
&= x_n^k \left(1 + \frac{a - x_n^k}{kx_n^k} \right)^k \\
&\geq x_n^k \left(1 + \frac{a - x_n^k}{x_n^k} \right) = a, \qquad n \in \mathbb{N}.
\end{aligned}
$$

Dabei wurde unter Berücksichtigung von $(a - x_n^k)/(kx_n^k) \geq -1$ die Bernoullische Ungleichung verwendet. Aus (5.8) und vollständiger Induktion erhält man, dass die Folge (x_n) streng monoton fällt. Da (x_n) außerdem nach unten (durch 0) beschränkt ist, folgt aus Satz 5.6 die Existenz des Grenzwertes

$$x_* := \lim_{n \to \infty} x_n.$$

Eine Umformung von (5.8) liefert

$$kx_n^{k-1} x_{n+1} = (k-1)x_n^k + a, \qquad n \in \mathbb{N}.$$

Gehen wir hier auf beiden Seiten zum Grenzwert für $n \to \infty$ über, so erhalten wir wegen Satz 5.10

$$kx_*^{k-1} x_* = (k-1)x_*^k + a$$

bzw. $x_*^k = a$, was die Existenz von $\sqrt[k]{a}$ beweist.

Wir nehmen jetzt an, dass $y > 0$ eine weitere Zahl mit $y^k = a$ und $y \neq x_*$ ist. Gilt etwa $y < x_*$, so folgt $y^k < x_*^k$ im Widerspruch zur Annahme. Diese Überlegung beweist die Eindeutigkeit von $\sqrt[k]{a}$. $\qquad\qquad\qquad\qquad\qquad\qquad\qquad\qquad\qquad\qquad\qquad$ $\square$

Die obige Argumentation ist nicht nur ein interessantes Beispiel für einen etwas komplexeren Konvergenzbeweis, sondern liefert auch ein effektives Verfahren zur numerischen Berechnung der k-ten Wurzel.

Ist die Zahl a in (5.7) das Produkt der nichtnegativen Zahlen $a_1, \ldots, a_k$, so heißt die Lösung x der Gleichung $x^k = a_1 \cdot a_2 \cdot \ldots \cdot a_k$ das *geometrische Mittel* der Zahlen $a_1, \ldots, a_k$; es gilt also

$$x = \sqrt[k]{a_1 \cdot a_2 \cdot \ldots \cdot a_k}.$$

Ein Blick auf (5.6) zeigt, dass sich der „durchschnittliche" Zinssatz p über die Gleichung

$$p = \sqrt[k]{(1 + p_1) \cdot (1 + p_2) \cdot \ldots \cdot (1 + p_k)} - 1$$

aus dem geometrischen Mittel von $1 + p_1, \ldots, 1 + p_k$ ergibt. Die Verwendung des *arithmetischen Mittels*

$$\frac{1}{k} \sum_{j=1}^{k} (1 + p_j)$$

würde in diesem Fall zu einem zu großen Durchschnittszinssatz führen (siehe 6.4.3).

5.13 Satz.
Es seien $k \in \mathbb{N}$ und (a_n) eine gegen $a \in \mathbb{R}$ konvergente Folge mit $a_n \geq 0$, $n \in \mathbb{N}$. Dann gilt

$$\lim_{n \to \infty} \sqrt[k]{a_n} = \sqrt[k]{a}.$$

BEWEIS: Wir verzichten auf den einfachen Beweis im Fall $a = 0$ und nehmen in der Folge $a > 0$ an. Für alle $x, y > 0$ gilt

$$x^k - y^k = (x - y) \sum_{j=1}^{k} x^{k-j} y^{j-1}.$$

Setzt man hier $x = \sqrt[k]{a_n}$ und $y = \sqrt[k]{a}$, so folgt

$$\left| \sqrt[k]{a_n} - \sqrt[k]{a} \right| = \frac{|a_n - a|}{\left| \left(\sqrt[k]{a_n} \right)^{k-1} + \left(\sqrt[k]{a_n} \right)^{k-2} \sqrt[k]{a} + \ldots + \left(\sqrt[k]{a} \right)^{k-1} \right|} \leq \frac{|a_n - a|}{\left(\sqrt[k]{a} \right)^{k-1}}$$

und damit die Behauptung, da der letzte Ausdruck für $n \to \infty$ gegen 0 strebt.   □

5.14 Beispiel.
Wir fragen nach dem Grenzwert der Folge

$$a_n := \sqrt{n^2 + 5n + 1} - n, \qquad n \in \mathbb{N}.$$

Die Formel $(x + y)(x - y) = x^2 - y^2$ bzw. $x - y = (x^2 - y^2)/(x + y)$ liefert

$$a_n = \frac{(n^2 + 5n + 1) - n^2}{\sqrt{n^2 + 5n + 1} + n} = \frac{5 + 1/n}{\sqrt{1 + 5/n + 1/n^2} + 1},$$

und zusammen mit Satz 5.13 und Satz 5.10 ergibt sich

$$\lim_{n \to \infty} a_n = 5/2.$$

Im Zusammenhang mit der k-ten Wurzel geben wir noch ein weiteres wichtiges Beispiel für einen Grenzwert.

5.15 Satz.
Es gilt

$$\lim_{n \to \infty} \sqrt[n]{n} = 1.$$

BEWEIS: Für jedes $n \in \mathbb{N}$ gilt $\sqrt[n]{n} \geq 1$, also $\sqrt[n]{n} = 1 + r_n$ mit $r_n \geq 0$. Wir haben $r_n \to 0$ für $n \to \infty$ nachzuweisen. Aus der Binomischen Formel folgt

$$n = (1 + r_n)^n \geq \frac{n(n-1)}{2} r_n^2$$

und somit $r_n^2 \leq 2/(n - 1)$ für jedes $n \geq 2$, also $r_n^2 \to 0$. Satz 5.13 liefert nun das gewünschte Resultat $r_n \to 0$ für $n \to \infty$.   □

Aus dem gerade bewiesenen Satz folgt

$$\lim_{n \to \infty} (1/n)^{1/n} = \lim_{n \to \infty} 1/\sqrt[n]{n} = 1,$$

was die Definition $0^0 := 1$ rechtfertigt.

5.1.13 Potenzen mit rationalem Exponenten

Es seien a eine positive reelle Zahl und k, n natürliche Zahlen. Setzen wir $x :=$ $\sqrt[n]{a^k}$, so ist x nach Satz 5.12 durch die Gleichung $x^n = a^k$ sowie $x > 0$ eindeutig bestimmt. Ist $y := (\sqrt[n]{a})^k$, so gilt $y > 0$ sowie

$$y^n = \left((\sqrt[n]{a})^k\right)^n = \left((\sqrt[n]{a})^n\right)^k = a^k = x^n$$

und somit $y = x$, also

$$\sqrt[n]{a^k} = \left(\sqrt[n]{a}\right)^k.$$

In gleicher Weise folgt

$$\sqrt[nk]{a^{mj}} = \sqrt[n]{a^m}, \qquad j \in \mathbb{N}.$$

Damit können wir für $q := k/n$ in eindeutiger Weise die *Potenz*

$$a^q := \sqrt[n]{a^k}$$

mit rationalem Exponenten definieren. Mit der zusätzlichen Festsetzung

$$a^q := \frac{1}{a^{-q}}, \qquad \text{für } q \in \mathbb{Q}, \ q < 0,$$

bleiben dann alle üblichen Potenzgesetze gültig.

5.1.14 Die Eulersche Zahl e

Wir betrachten ein Kapital K, welches mit einem jährlichen Zinssatz p (z.B. $p = 0.05$ bei fünfprozentiger Verzinsung) angelegt wird. Nach einem Jahr steht dann das Kapital $K(1 + p)$ zur Verfügung. Die Situation stellt sich anders dar, wenn das Kapital für ein *halbes* Jahr angelegt wird und dafür Zinsen in Höhe von $Kp/2$ anfallen, also insgesamt $K(1 + p/2)$ ausbezahlt werden. Investiert man dieses Kapital sofort wieder für ein weiteres *halbes* Jahr, so beträgt das Kapital nach einem Jahr $K(1 + p/2)^2$. Legt man das Geld nur *einen Tag* an und kassiert dafür Zinsen in Höhe von $Kp/360$, so beläuft sich das Kapital nach einem Jahr bei *ständiger täglicher Wiederanlage* und 360 Zinstagen auf $K(1 + p/360)^{360}$.

Wird allgemein ein Jahr in n gleich lange Zeitintervalle unterteilt, und erwirtschaftet das Kapital K auf einem dieser Intervalle Zinsen in Höhe von Kp/n, so beträgt das Gesamtkapital bei ständiger Wiederanlage nach einem Jahr

$$K \cdot \left(1 + \frac{p}{n}\right)^n. \tag{5.9}$$

Welches Gesamtkapital entsteht nach einem Jahr, wenn die Anzahl der Zeitintervalle n, in die ein Zinsjahr unterteilt wird, immer weiter wächst (man denke etwa an eine stündliche Anlage), das Kapital also letztlich „kontinuierlich verzinst wird"? Mathematisch läuft diese Betrachtung auf das Studium des Grenzwertverhaltens der in (5.9) auftretenden Folge

$$a_n := \left(1 + \frac{p}{n}\right)^n, \qquad n \in \mathbb{N}, \tag{5.10}$$

hinaus. Es wird sich zeigen, dass $\lim_{n \to \infty} a_n = e^p$ ($p \in \mathbb{Q}$) gilt, wobei

$$e := \lim_{n \to \infty} \left(1 + \frac{1}{n}\right)^n \quad (= 2.71828\ldots) \tag{5.11}$$

die sogenannte *Eulersche*[2] *Zahl* darstellt.

In der (elementaren) *Finanzmathematik* spricht man von einer *Anlage mit kontinuierlicher Verzinsung gemäß eines Zinssatzes p*, wenn ein Kapital K nach einem Jahr auf Ke^p angewachsen ist. Bei einer derartigen Anlage hat man dann nach t Jahren den Betrag Ke^{pt} zur Verfügung.

5.16 Satz. (Eulersche Zahl)
Für jedes $p \in \mathbb{R}$ existiert der Grenzwert von $(1 + p/n)^n$ für $n \to \infty$. Ist $p \in \mathbb{Q}$, so gilt

$$\lim_{n \to \infty} \left(1 + \frac{p}{n}\right)^n = e^p, \tag{5.12}$$

wobei die Eulersche Zahl e in (5.11) definiert ist.

BEWEIS: Zunächst setzen wir $p > 0$ voraus. Mit a_n wie in (5.10) gilt dann unter Verwendung der Bernoulli-Ungleichung

$$\begin{aligned}
\frac{a_{n+1}}{a_n} &= (1 + p/(n+1)) \left(\frac{1 + p/(n+1)}{1 + p/n}\right)^n \\
&= (1 + p/(n+1)) \left(1 - \frac{p}{n^2 + (p+1)n + p}\right)^n \\
&\geq (1 + p/(n+1)) \left(1 - \frac{np}{n^2 + (p+1)n + p}\right) \\
&= \frac{n+1+p}{n+1} \cdot \frac{n^2 + n + p}{n^2 + (p+1)n + p} \\
&= \frac{n^3 + (p+2)n^2 + (2p+1)n + p(p+1)}{n^3 + (p+2)n^2 + (2p+1)n + p} > 1, \qquad n \in \mathbb{N},
\end{aligned}$$

---

[2]Leonhard Euler (1707–1783). Nach Studium in Basel ging Euler nach St. Petersburg an den Hof der Zarin Anna I. 1741 folgte er dem Ruf Friedrichs des Großen (Friedrich II von Preußen) an die Berliner Akademie, kehrte jedoch nach Differenzen mit dem König 1766 nach St. Petersburg zurück. Mit seinem gigantischen Gesamtwerk lieferte Euler grundlegende Methoden und Ergebnisse in fast allen Teilgebieten der Mathematik, der Mechanik, der Astronomie, der Geodäsie, der Optik und der Theorie der Turbinen.

was zeigt, dass die Folge (a_n) streng monoton wächst. Wir behaupten weiter, dass (a_n) nach oben beschränkt ist. Im Spezialfall $p = 1$ liefert die Bernoulli-Ungleichung die Abschätzung

$$a_n < a_{2n} = (1 + 1/2n)^{2n} = \frac{1}{(1 - 1/(2n+1))^{2n}}$$

$$\leq \frac{1}{(1 - n/(2n+1))^2} = \left(\frac{2n+1}{n+1}\right)^2 \leq 4$$

und somit die Behauptung für den Fall $p = 1$. Im allgemeinen Fall $p > 0$ finden wir ein $k \in \mathbb{N}$ mit $k \geq p$ und ein $m \in \mathbb{N}$ mit $km \geq n$, und es folgt nach dem bereits Bewiesenen

$$(1 + p/n)^n \leq (1 + k/n)^n \leq (1 + k/km)^{km} \leq 4^k, \qquad n \in \mathbb{N},$$

also ebenfalls die behauptete Beschränktheit. Als streng monoton wachsende und nach oben beschränkte Folge ist (a_n) nach Satz 5.6 konvergent.

Zum Nachweis von (5.12) unterscheiden wir jetzt die Fälle $p > 0$ und $p < 0$ (der Fall $p = 0$ ist trivial). Ist $p \in \mathbb{Q}$ und $p > 0$, also $p = l/m$ mit $l, m \in \mathbb{N}$, so folgt für jedes $k \in \mathbb{N}$

$$(1 + p/kl)^{kl} = (1 + 1/km)^{kl} = \left((1 + 1/km)^{km}\right)^{l/m} = \left((1 + 1/km)^{km}\right)^p.$$

Wegen

$$\lim_{k \to \infty} (1 + p/kl)^{kl} = \lim_{n \to \infty} (1 + p/n)^n$$

und $(1 + 1/km)^{km} \to e$ für $k \to \infty$ erhalten wir somit (5.12).

Ist $p < 0$, so wählen wir $n \in \mathbb{N}$ so groß, dass die Ungleichung $|p| < n$ erfüllt ist und erhalten aus der Bernoulli-Ungleichung

$$(1 + p/n)^n (1 - p/n)^n = (1 - p^2/n^2)^n \geq 1 - p^2/n.$$

Außerdem gilt $(1 + p/n)^n (1 - p/n)^n < 1$ und somit

$$\frac{1 - p^2/n}{(1 - p/n)^n} \leq (1 + p/n)^n \leq \frac{1}{(1 - p/n)^n}. \tag{5.13}$$

Da für $n \to \infty$ sowohl die linke als auch die rechte Folge in (5.13) gegen denselben Grenzwert konvergieren, folgt die Konvergenz von $((1+p/n)^n)$ aus dem Einzwängungssatz 5.11. Für $p \in \mathbb{Q}$ ist der Grenzwert gleich $1/e^{-p} = e^p$ (vgl. Satz 5.10). $\qquad\Box$

5.1.15 Teilfolgen

Häufig kann die Struktur einer Folge sehr bequem mit Hilfe sogenannter *Teilfolgen* beschrieben werden. So besitzt die durch $a_n := (-1)^n(1 + 1/n)$ definierte Folge (a_n) die Eigenschaft, dass die zu geraden Indizes n gehörenden Glieder positiv und die zu ungeraden Indizes n korrespondierenden Glieder negativ sind: Es gilt

$$a_{2j} = (-1)^{2j}\left(1 + \frac{1}{2j}\right) = \left(1 + \frac{1}{2j}\right), \quad j \geq 1,$$

$$a_{2j-1} = (-1)^{2j-1}\left(1 + \frac{1}{2j-1}\right) = -\left(1 + \frac{1}{2j-1}\right), \quad j \geq 1.$$

Definieren wir die Folgen $(b_j)_{j\geq 1}$ und $(c_j)_{j\geq 1}$ durch $b_j := a_{2j}$ bzw. $c_j := a_{2j-1}$, so gilt $\lim_{j\to\infty} b_j = 1$ und $\lim_{j\to\infty} c_j = -1$. Die Folge $(a_n)_{n\geq 1}$ „zerfällt" somit in zwei konvergente „Teilfolgen". Diese Vorbetrachtungen motivieren die nachstehende Definition.

Ist $(a_n)_{n\geq 1}$ eine Folge, und ist $(n_j)_{j\in\mathbb{N}}$ eine streng monoton wachsende Folge *natürlicher Zahlen*, also eine Folge mit Elementen in $\mathbb{N}$ und der Eigenschaft $n_1 < n_2 < \ldots$, so heißt die Folge $(a_{n_j})_{j\in\mathbb{N}}$ eine *Teilfolge* von (a_n).

Wie auch durch Bild 5.3 veranschaulicht, ist das j-te Glied einer Teilfolge $(a_{n_j})_{j\in\mathbb{N}}$ das n_j-te Glied der Folge (a_n).

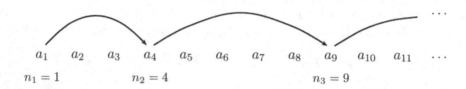

Bild 5.3: Zur Definition einer Teilfolge

Möchte man etwa in einer Folge (a_n) nur diejenigen Folgenglieder betrachten, deren Index eine Quadratzahl ist, also die Folgenglieder a_1, a_4, a_9, a_{16} usw., so bildet man die Teilfolge $(a_{j^2})_{j\geq 1}$, d.h. in diesem Fall ist $n_j = j^2$ (siehe Bild 5.3). Da in der Schreibweise $(a_{j^2})_{j\geq 1}$ der Buchstabe j nur eine Platzhalterfunktion besitzt, ersetzt man üblicherweise j durch n, schreibt also $(a_{n^2})_{n\geq 1}$, vgl. die Schreibweise a_{2n} im Beweis von Satz 5.16.

5.17 Satz. (Konvergenz und Teilfolgen)
Eine Folge (a_n) konvergiert genau dann gegen den Wert a, wenn jede Teilfolge von (a_n) gegen a konvergiert.

BEWEIS: Konvergiert (a_n) gegen a, so folgt unmittelbar aus der Definition des Grenzwertes und einer Teilfolge, dass jede Teilfolge von (a_n) gegen a konvergiert. Wir nehmen jetzt umgekehrt an, dass jede Teilfolge von (a_n) gegen a konvergiert. Würde die Folge (a_n) nicht gegen a konvergieren, so gäbe es ein $\varepsilon > 0$ mit der Eigenschaft $|a_n - a| \geq \varepsilon$ für jedes n aus einer unendlichen Menge $M \subset \mathbb{N}$. Bezeichnet n_1 das nach Satz 3.11 existierende kleinste Element von M, und setzt man für $j \geq 2$ induktiv $n_j := \min M \setminus \{n_1, \ldots, n_{j-1}\}$, so ergäbe sich (im Widerspruch zur Annahme) eine Teilfolge $(a_{n_j})_{j\geq 1}$ von (a_n), die nicht gegen a konvergiert. $\quad\square$

5.1.16 Häufungspunkte

Eine reelle Zahl a heißt *Häufungspunkt* der Folge (a_n), wenn es eine Teilfolge $(a_{n_j})_{j \in \mathbb{N}}$ von (a_n) gibt, die gegen a konvergiert, wenn also

$$\lim_{j \to \infty} a_{n_j} = a$$

gilt.

Eine Zahl a ist genau dann Häufungspunkt der Folge (a_n), wenn es zu jedem $\varepsilon > 0$ und zu jedem $k \in \mathbb{N}$ ein $n \in \mathbb{N}$ mit $n \geq k$ gibt, so dass die Ungleichung $|a_n - a| \leq \varepsilon$ erfüllt ist. Bei beliebiger Wahl von $\varepsilon > 0$ gilt also die Ungleichung $|a_n - a| \leq \varepsilon$ *für unendlich viele* Indizes n. Der Unterschied zwischen den Begriffsbildungen *Häufungspunkt* und *Grenzwert* besteht darin, dass im Falle eines Grenzwertes a die Ungleichung $|a_n - a| \leq \varepsilon$ stets (d.h. bei jeder Wahl von ε) für *alle bis auf endlich viele* Indizes n gelten muss!

Besitzt eine Folge einen Grenzwert, so ist dieser zugleich einziger Häufungspunkt. Die zu Beginn dieses Abschnittes betrachtete Folge $((-1)^n(1 + 1/n))$ besitzt genau zwei Häufungspunkte, nämlich 1 und -1.

Es sei (a_n) eine nach oben beschränkte Folge. Existiert ein größter Häufungspunkt von (a_n), so wird dieser mit $\limsup_{n \to \infty} a_n$ (lies: *Limes superior*) bezeichnet. Besitzt (a_n) keinen größten Häufungspunkt (wie etwa im Fall der Folge $(-n)$), so setzt man $\limsup_{n \to \infty} a_n = -\infty$. Ist (a_n) nicht nach oben beschränkt, so setzt man $\limsup_{n \to \infty} a_n = \infty$.

Diese Definitionen werden durch den folgenden Satz gerechtfertigt:

5.18 Satz. (Größter Häufungspunkt)
Jede nach oben beschränkte Folge (a_n) besitzt genau eine der beiden folgenden Eigenschaften:

(i) (a_n) *besitzt einen größten Häufungspunkt.*

(ii) (a_n) *divergiert bestimmt gegen $-\infty$.*

In beiden Fällen gilt

$$\limsup_{n \to \infty} a_n = \lim_{n \to \infty} \sup\{a_k : k \geq n\}, \tag{5.14}$$

wobei im Fall (ii) *auf beiden Seiten das Symbol $-\infty$ steht.*

BEWEIS: Wir nehmen an, dass die Folge (a_n) nach oben beschränkt ist und definieren

$$b_n := \sup\{a_k : k \geq n\}, \qquad n \in \mathbb{N}.$$

Offenbar ist die Folge (b_n) monoton fallend. Ist sie nach unten beschränkt, so konvergiert sie gemäß Satz 5.6. Anderenfalls gilt $\lim_{n \to \infty} b_n = -\infty$. Der zweite Fall ist einfach zu erledigen. Dann existiert nämlich für jedes $C \in \mathbb{R}$ ein $n_0 \in \mathbb{N}$ mit $b_n \leq C$ für jedes $n \geq n_0$. Damit gilt auch $a_n \leq C$ für alle $n \geq n_0$, d.h. definitionsgemäß $\lim_{n\to\infty} a_n = -\infty$. Folglich hat (a_n) keinen Häufungspunkt, und es gilt (5.14). Wir wenden uns jetzt dem wichtigeren Fall zu, in dem (b_n) (eigentlich) konvergiert und setzen

$$b := \lim_{n\to\infty} b_n.$$

Für diesen Grenzwert gilt:

(i) Zu jedem $\varepsilon > 0$ gibt es ein $n_1 \in \mathbb{N}$ mit $a_n \leq b + \varepsilon$, $\quad n \geq n_1$.

(ii) Zu jedem $\varepsilon > 0$ gibt es unendlich viele $n \in \mathbb{N}$ mit $a_n \geq b - \varepsilon$.

Die erste Eigenschaft folgt aus $b_n \leq b + \varepsilon$ für jedes genügend große n und die zweite aus $b_n \geq b - \varepsilon/2$ für jedes genügend große n und der Definition des Supremums. Mittels dieser beiden Eigenschaften ist es einfach, eine Teilfolge (a_{n_j}) von (a_n) so zu konstruieren, dass die folgenden Ungleichungen erfüllt sind:

$$b - 1/j \leq a_{n_j} \leq b + 1/j, \qquad j \in \mathbb{N}.$$

Daraus folgt $a_{n_j} \to b$ für $j \to \infty$. Somit ist b ein Häufungspunkt von (a_n). Es bleibt noch zu zeigen, dass b der größte Häufungspunkt ist. Seien dazu $(a_{m_j})_{j\in\mathbb{N}}$ eine gegen $a \in \mathbb{R}$ konvergente Teilfolge von (a_n) und $\varepsilon > 0$. Aus Eigenschaft (i) folgt $a_{m_j} \leq b + \varepsilon$ für jedes genügend große $j \in \mathbb{N}$ und damit auch $a \leq b + \varepsilon$ (vgl. Satz 5.7). Weil $\varepsilon > 0$ beliebig war, folgt $a \leq b$. Also ist b tatsächlich der größte Häufungspunkt von (a_n). $\qquad\square$

Der obige Satz zeigt insbesondere, dass $\limsup_{n\to\infty} a_n$ wohldefiniert ist.

Besitzt eine nach unten beschränkte Folge (a_n) einen kleinsten Häufungspunkt, so wird dieser mit $\liminf_{n\to\infty} a_n$ (lies: *Limes inferior*) bezeichnet. Ist dies nicht der Fall, so setzt man $\liminf_{n\to\infty} a_n = \infty$. Ist (a_n) nicht nach unten beschränkt, so setzt man $\liminf_{n\to\infty} a_n = -\infty$.

Analog zu Satz 5.18 oder durch Übergang von (a_n) zu $(-a_n)$ folgt:

5.19 Satz. (Kleinster Häufungspunkt)
Jede nach unten beschränkte Folge (a_n) besitzt entweder einen kleinsten Häufungspunkt oder divergiert bestimmt gegen ∞. In beiden Fällen gilt

$$\liminf_{n\to\infty} a_n = \lim_{n\to\infty} \inf\{a_k : k \geq n\}, \tag{5.15}$$

wobei im zweiten Fall auf beiden Seiten das Symbol ∞ steht.

Wir verzichten auf den einfachen Beweis der nachstehenden Folgerung aus den beiden vorangehenden Sätzen.

5.20 Folgerung. *Eine Folge (a_n) ist genau dann konvergent oder bestimmt divergent, wenn gilt:*

$$\limsup_{n\to\infty} a_n = \liminf_{n\to\infty} a_n.$$

Dabei steht im Falle der bestimmten Divergenz gegen ∞ (bzw. $-\infty$) auf beiden Seiten dieser Gleichung das Symbol ∞ (bzw. $-\infty$).

5.1.17 Der Satz von Bolzano–Weierstraß

5.21 Satz. (Satz von Bolzano[3]–Weierstraß[4])
Jede beschränkte Folge besitzt eine konvergente Teilfolge, also mindestens einen Häufungspunkt.

BEWEIS: Ist (a_n) eine beschränkte Folge, so gibt es ein Intervall $[b_1, c_1]$, das alle Folgenglieder enthält. Bezeichnet $d_1 := (b_1 + c_1)/2$ den Mittelpunkt dieses Intervalls, so enthält mindestens eines der Intervalle $[b_1, d_1]$ oder $[d_1, c_1]$ unendlich viele der a_n. Dieses Intervall sei mit $[b_2, c_2]$ bezeichnet (sollten beide Intervalle unendlich viele der a_n enthalten, sei $b_2 := b_1$ und $c_2 := d_1$ gesetzt). Induktiv finden wir Intervalle $[b_n, c_n]$, $n \in \mathbb{N}$, die einerseits unendlich viele Folgenglieder enthalten und andererseits die beiden folgenden Eigenschaften haben:

$$[b_{n+1}, c_{n+1}] \subset [b_n, c_n], \qquad n \in \mathbb{N}, \tag{5.16}$$

$$c_n - b_n = 2^{-n+1}(c_1 - b_1), \qquad n \in \mathbb{N}. \tag{5.17}$$

Wegen (5.16), (5.17) und Satz 5.8 konvergieren sowohl (b_n) als auch (c_n) gegen denselben Grenzwert a. Jetzt können wir induktiv eine Folge $(n_j)_{j \in \mathbb{N}}$ definieren, so dass $a_{n_j} \in [b_j, c_j]$ und $n_j < n_{j+1}$ für jedes $j \in \mathbb{N}$ gelten. Dabei sei als Startwert $n_1 := 1$ gewählt. Wegen $b_j \leq a_{n_j} \leq c_j$ liefert der Einzwängungssatz 5.11 die Konvergenz $a_{n_j} \to a$ für $j \to \infty$. □

5.1.18 Cauchy–Folgen

Eine Folge (a_n) genügt dem *Konvergenzkriterium von Cauchy*[5], wenn es zu jedem $\varepsilon > 0$ ein $n_0 \in \mathbb{N}$ gibt, so dass gilt:

$$|a_n - a_m| \leq \varepsilon, \qquad m, n \geq n_0. \tag{5.18}$$

In diesem Fall nennt man (a_n) eine *Cauchy–Folge.*

---

[3]Bernhard Bolzano (1781–1848), seit dem Jahr 1805 Professor für Religionswissenschaften in Prag, 1819 Entlassung im Rahmen der Metternichschen Demagogenverfolgung. Bolzano lebte danach zurückgezogen auf einem Landgut und beschäftigte sich vor allem mit Fragen der Logik. In der Mathematik ist Bolzano bekannt mit seinen Arbeiten zur Analysis, die ihrer Zeit deutlich voraus waren.

[4]Karl Theodor Wilhelm Weierstraß (1815–1897), zunächst Gymnasiallehrer, 1856 Dozent am Gewerbeinstitut Charlottenburg (heute TU Berlin) und gleichzeitig Extraordinarius an der Friedrich-Wilhelms-Universität (heute Humboldt-Universität) in Berlin, 1864 Lehrstuhlinhaber an der Berliner Universität. Mit Weierstraß erreicht die große Blütezeit der Berliner Mathematik im 19. Jahrhundert ihren Höhepunkt. Von ihm stammen viele Ideen, Ergebnisse und Darstellungsweisen der modernen Analysis.

[5]Augustin-Louis Cauchy (1789–1857), als gelernter Ingenieur eignete sich Cauchy im Selbststudium den damaligen Wissensstand der Mathematik an. Aufgrund seiner mathematischen Arbeiten wurde er 1816 in die französische Akademie aufgenommen. Wegen seiner Treue zum König musste Cauchy im Jahr der französischen Julirevolution 1830 Frankreich verlassen, kehrte aber 1838 nach Paris zurück. Cauchys Gesamtwerk besteht aus fast 600 zum Teil bahnbrechenden Publikationen. Hauptarbeitsgebiete: Analysis, Mechanik, Physik und Himmelsmechanik.

In einer Cauchy–Folge unterscheiden sich je zwei Folgenglieder um nicht mehr als eine vorgegebene beliebig kleine Zahl, wenn ihre Indizes hinreichend groß sind. Das Konvergenzkriterium von Cauchy kann zum Nachweis der Konvergenz einer Folge verwendet werden, ohne deren Grenzwert zu kennen.

5.22 Satz. (Konvergenz von Cauchy–Folgen)
Eine Folge (a_n) ist genau dann konvergent, wenn sie eine Cauchy-Folge ist.

BEWEIS: Gilt $a_n \to a$, so folgt das Cauchysche Kriterium sofort aus

$$|a_n - a_m| \le |a_n - a| + |a_m - a|, \qquad m, n \in \mathbb{N}.$$

Umgekehrt sei jetzt (a_n) eine Cauchy–Folge. Wir zeigen zunächst, dass (a_n) beschränkt ist. Dazu wählen wir irgendein $\varepsilon > 0$. Ist $n_0 \in \mathbb{N}$, so dass (5.18) gilt, so erhalten wir für jedes $n \ge n_0$ mit Hilfe der Dreiecksungleichung die Abschätzung

$$|a_n| \le |a_n - a_{n_0}| + |a_{n_0}| \le \varepsilon + |a_{n_0}|$$

und damit die behauptete Beschränktheit der Folge (a_n). Nach dem Satz von Bolzano-Weierstraß gibt es also eine Teilfolge (a_{n_j}) mit $a_{n_j} \to a$ für $j \to \infty$. Ist $\varepsilon > 0$ beliebig vorgegeben, so finden wir ein $m_1 \in \mathbb{N}$ mit $|a_n - a_m| \le \varepsilon/2$, $m, n \ge m_1$, und ein $m_2 \in \mathbb{N}$ mit $|a_{n_k} - a| \le \varepsilon/2$, $k \ge m_2$. Damit folgt für jedes $m \ge m_1$ und ein beliebiges $k \ge m_2$ mit der Eigenschaft $n_k \ge m_1$

$$|a_m - a| \le |a_m - a_{n_k}| + |a_{n_k} - a| \le \varepsilon/2 + \varepsilon/2 = \varepsilon.$$

Also gilt $a_n \to a$, und der Satz ist bewiesen. $\qquad\qquad\qquad\qquad\qquad\qquad\qquad\square$

5.1.19   Wachstumsvergleiche von Folgen

Jede der Folgen $(a_n) := (2n - 1)$, $(b_n) := (n^2)$ und $(c_n) := (2^n)$ divergiert gegen ∞, die jeweiligen Folgenglieder wachsen also für $n \to \infty$ über alle Grenzen. Wie Tabelle 5.1 zeigt, erfolgt dieses Wachstum jedoch unterschiedlich schnell.

Die Folge (a_n) wächst *linear*, wohingegen das Wachstum der Folge (n^2) *quadratisch* ist. Die Folge (2^n) wächst *exponentiell*. Zur Klärung dieser Begriffe, die u.a. bei der asymptotischen Analyse der Laufzeiten von Algorithmen von grundlegender Bedeutung sind, werden wir zunächst zwei Folgen hinsichtlich ihres *asymptotischen Wachstumsverhaltens*, d.h. ihres Wachstumsverhaltens für $n \to \infty$, miteinander vergleichen.

Ist (a_n) eine reelle Zahlenfolge, so setzt man

$$O(a_n) := \{(b_n)_{n\ge 1} : \text{es existiert ein } C \in \mathbb{R} \text{ mit } |b_n| \le C|a_n| \text{ für jedes } n \ge 1\}.$$

Die Menge $O(a_n)$ (sprich: „Groß O von a_n") repräsentiert die Menge derjenigen Folgen (b_n), die in einem gewissen Sinn höchstens so schnell wachsen wie die Folge (a_n).

n	a_n	b_n	c_n
1	1	1	2
2	3	4	4
3	5	9	8
4	7	16	16
5	9	25	32
6	11	36	64
7	13	49	128
8	15	64	256
9	17	81	512
10	19	100	1024
15	29	225	32768
20	39	400	1048576

Tabelle 5.1:
Wachstum der Zahlenfolgen
$(2n - 1)$, (n^2) und (2^n).

Wegen $2n - 1 \leq n^2$ für jedes $n \geq 1$ (Beweis durch vollständige Induktion!) gilt somit $(2n - 1) \in O(n^2)$. In gleicher Weise ergibt sich $(n^2) \in O(2^n)$, denn es ist $n^2 \leq 2 \cdot 2^n$, $n \geq 1$ (vollständige Induktion!). Auf der anderen Seite gilt $(2^n) \notin O(n^2)$ und $(n^2) \notin O(2n - 1)$.

Im Fall $b_n \neq 0, n \in \mathbb{N}$, gilt also $a_n \in O(b_n)$, falls die Folge $(a_n/b_n)_{n \geq 1}$ der Quotienten a_n/b_n beschränkt ist. Bei dieser Betrachtungsweise interessiert offenbar nur, wie schnell die *Beträge* der a_n gegenüber denen der b_n ansteigen, d.h. es ist nicht von Belang, ob a_n und b_n positiv oder negativ sind.

Als Beispiel betrachten wir die durch

$$u_n := 7n^3 - 2n^2 + 4n + 11, \qquad v_n := n^3$$

definierten Folgen (u_n) und (v_n). Wegen

$$\frac{u_n}{v_n} = 7 - \frac{2}{n} + \frac{4}{n^2} + \frac{11}{n^3} \; \to \; 7 \text{ für } n \to \infty$$

ist die Folge (u_n/v_n) beschränkt, d.h. es gilt $(u_n) \in O(v_n)$. Wegen $u_n/n^4 \to 0$ und $u_n/n^5 \to 0$ gilt aber auch $(u_n) \in O(n^4)$ und $(u_n) \in O(n^5)$. Dies bedeutet, dass die von E. Landau[6] eingeführte Notation $(a_n) \in O(b_n)$ zunächst nichts darüber aussagt, wie schnell a_n nun tatsächlich wächst.

Die Notation $(a_n) \in O(b_n)$ bedeutet nur, dass $|a_n|$ in dem Sinne asymptotisch *höchstens so schnell wie* $|b_n|$ *wächst*, als eine (unter Umständen sehr große)

---

[6]Edmund Landau (1877–1938), Studium an der Berliner Universität, dort seit 1899 Dozent für Mathematik, 1909 Lehrstuhl in Göttingen, 1933 nach der nationalsozialistischen Machtergreifung entlassen. Landaus Hauptarbeitsgebiet war die analytische Zahlentheorie; er erzielte wesentliche Resultate zur Verteilung der Primzahlen.

Konstante C mit der Eigenschaft $|a_n| \leq C|b_n|$ für jedes n existiert. Gilt sowohl $(a_n) \in O(b_n)$ als auch $(b_n) \in O(a_n)$, so wird dieser Sachverhalt in der Form

$$(a_n) \asymp (b_n) \quad :\Longleftrightarrow \quad ((a_n) \in O(b_n)) \wedge ((b_n) \in O(a_n)) \qquad (5.19)$$

kenntlich gemacht. Im Fall $a_n \asymp b_n$ existieren also Konstanten C_1 und C_2 mit

$$|a_n| \leq C_1|b_n| \quad \text{und} \quad |b_n| \leq C_2|a_n| \quad \text{für jedes } n \geq 1.$$

Es ist leicht zu sehen, dass die als „gleich schnelles Wachstum" interpretierbare Relation $\asymp$ eine Äquivalenzrelation auf der Menge aller Folgen darstellt, d.h. es gelten stets $(a_n) \asymp (a_n)$ (Reflexivität), $(a_n) \asymp (b_n) \Longleftrightarrow (b_n) \asymp (a_n)$ (Symmetrie) sowie die Transitivitätseigenschaft $(a_n) \asymp (b_n) \wedge (b_n) \asymp (c_n) \Longrightarrow (a_n) \asymp (c_n)$.

In diesem Zusammenhang haben sich folgende Sprechweisen eingebürgert: Eine Folge (a_n) wächst

- *linear*, falls gilt: $(a_n) \asymp (n)$,

- *quadratisch*, falls gilt: $(a_n) \asymp (n^2)$,

- *polynomial*, falls gilt: $(a_n) \asymp (n^k)$ für ein $k \in \mathbb{N}$,

- *exponentiell*, falls gilt: $(a_n) \asymp (c^n)$ für ein $c > 1$.

Auf den Vergleich von polynomialem und exponentiellem Wachstum werden wir in 6.3.9 zurückkommen.

Eine Verschärfung der Relation $(a_n) \asymp (b_n)$ (vgl. (5.19)) ist die (für den Fall $b_n \neq 0$, $n \in \mathbb{N}$, definierte) Relation

$$(a_n) \sim (b_n) \quad :\Longleftrightarrow \quad \lim_{n \to \infty} \frac{a_n}{b_n} = 1 \qquad (5.20)$$

der *asymptotischen Gleichheit* der Folgen (a_n) und (b_n).

In diesem Sinne gilt also etwa $(n) \sim (n + \sqrt{n})$ oder $(n^2) \sim (n^2 - 7n + \ln n)$.

5.1.20 Bemerkungen zu ∞ und $-\infty$

Die Symbole ∞ und $-\infty$ sind uns schon verschiedentlich begegnet, etwa bei Intervallen der Form (a, ∞) oder in Ausdrücken der Gestalt $\lim_{n \to \infty} a_n = -\infty$ oder $\limsup_{n \to \infty} a_n = \infty$. Diese Liste lässt sich noch dadurch erweitern, dass man für eine nicht nach oben beschränkte Menge $M \subset \mathbb{R}$ die Notation $\sup M = \infty$ und für eine nicht nach unten beschränkte Menge $M \subset \mathbb{R}$ die Notation $\inf M = -\infty$ verwendet. Dem aufmerksamen Leser wird nicht entgangen sein, dass wir bislang eine exakte Definition der Begriffe „unendlich" oder „minus unendlich" vermieden haben. So beschreibt die Aussage $\lim_{n \to \infty} a_n = -\infty$ einen *qualitativen* Sachverhalt, nämlich die bestimmte Divergenz der Folge (a_n) gegen $-\infty$.

Für die Formulierung vieler Aussagen ist es zweckmäßig, den Symbolen ∞ und $-\infty$ eine eigenständige Bedeutung zuzuweisen. (Streng genommen haben wir das schon in den Sätzen 5.18 und 5.19 sowie Folgerung 5.20 getan.) Wir vereinbaren jetzt, dass ∞ und $-\infty$ zwei verschiedene Objekte bezeichnen, die nicht zu $\mathbb{R}$ gehören. Dabei interpretieren wir ∞ und $-\infty$ als „uneigentliche Zahlen", die *größer* bzw. *kleiner* als jede reelle Zahl sind. Eine mathematische Präzisierung dieser Interpretationen erfolgt durch die Erweiterung der Relationen $<$ und $\leq$ von $\mathbb{R}$ auf die *erweiterte Zahlengerade* $\bar{\mathbb{R}} := \mathbb{R} \cup \{-\infty, \infty\}$. Dazu treffen wir die Festlegungen $-\infty < \infty$ sowie $-\infty < x < \infty$ für jedes $x \in \mathbb{R}$.

In begrenztem Umfang kann mit ∞ und $-\infty$ auch „gerechnet" werden. So setzt man etwa $\infty + x := \infty$ für jedes $x \in \mathbb{R} \cup \{\infty\}$ und $-\infty + x := -\infty$ für jedes $x \in \mathbb{R} \cup \{-\infty\}$. Auch die Konventionen

$$\infty \cdot \infty = (-\infty) \cdot (-\infty) := \infty, \quad (-\infty) \cdot \infty = \infty \cdot (-\infty) := -\infty$$

sind sinnvoll. Schließlich vereinbart man noch $x/\infty = x/(-\infty) := 0$ für jedes $x \in \mathbb{R}$. Diese Rechenregeln sind aber nicht unbeschränkt anwendbar und deshalb mit Vorsicht zu verwenden. Insbesondere kann „unbestimmten" Ausdrücken der Form ∞/∞ oder $+\infty - \infty$ zunächst kein konkreter Wert zugewiesen werden. Hierauf werden wir in Satz 6.56 und Beispiel 6.58 zurückkommen.

5.2 Unendliche Reihen

5.2.1 Definition unendlicher Reihen

Es sei (a_n) eine reelle Zahlenfolge.

(i) Unter der *(unendlichen) Reihe*

$$\sum_{k=1}^{\infty} a_k = a_1 + a_2 + a_3 + \ldots$$

versteht man die Folge $(s_n)_{n \geq 1}$, wobei

$$s_n := \sum_{k=1}^{n} a_k = a_1 + a_2 + \ldots + a_n$$

gesetzt ist. Man nennt a_n den n-ten *Summanden* (oder das n-te *Glied*) und s_n die *n-te Partialsumme* der Reihe.

(ii) Die Reihe $\sum_{k=1}^{\infty} a_k$ heißt *konvergent* mit dem *Wert* (oder der *Summe*) $s \in \mathbb{R}$, wenn die Folge (s_n) der Partialsummen gegen s konvergiert. In diesem Fall schreibt man

$$\sum_{k=1}^{\infty} a_k = s.$$

(iii) Die Reihe $\sum_{k=1}^{\infty} a_k$ heißt *divergent* (gegen $\infty, -\infty$, unbestimmt), wenn die Folge der Partialsummen divergiert (gegen $\infty, -\infty$, unbestimmt). In den ersten beiden Fällen schreibt man $\sum_{k=1}^{\infty} a_k = \infty$ bzw. $\sum_{k=1}^{\infty} a_k = -\infty$.

Mit $\sum_{k=1}^{\infty} a_k$ bezeichnet man also sowohl die unendliche Reihe (d.h. die Folge der Partialsummen) als auch (im Falle der Konvergenz) den Wert dieser Reihe.

Ausgehend von einer Folge $(a_n)_{n \geq m}$ für ein $m \in \mathbb{Z}$ betrachtet man auch Reihen der Form $\sum_{k=m}^{\infty} a_k$. Die obigen Definitionen sind dann völlig analog.

In gleicher Weise wie die Konvergenz oder Divergenz einer Folge nicht durch endlich viele Folgenglieder beeinflusst wird (vgl. Seite 161), hängt die Antwort auf die Frage, ob eine Reihe $\sum_{k=1}^{\infty} a_k$ konvergent ist, nicht von endlich vielen Reihengliedern ab: Eine Reihe $\sum_{k=1}^{\infty} a_k$ ist genau dann konvergent, wenn die Reihe $\sum_{k=k_0}^{\infty} a_k$ konvergent ist. Dabei ist k_0 eine beliebig gewählte, feste natürliche Zahl. Ist allgemeiner $\sum_{k=1}^{\infty} b_k$ eine weitere Reihe mit der Eigenschaft $a_k = b_k$ für jedes $k \geq k_0$, so ist $\sum_{k=1}^{\infty} a_k$ genau dann konvergent, wenn das auch für $\sum_{k=1}^{\infty} b_k$ richtig ist. Die Summen der beiden Reihen sind aber im Allgemeinen verschieden.

Die obige Definition (ii) liefert nichts prinzipiell Neues. Viele Eigenschaften von Folgen können direkt auf Reihen übertragen werden. Der Unterschied besteht lediglich darin, die Eigenschaften von Reihen (wie Konvergenz und Divergenz) durch die Summanden a_n auszudrücken. So ergibt sich etwa aus Satz 5.6 sofort:

5.23 Satz. (Reihen mit nichtnegativen Summanden)
Eine Reihe mit nichtnegativen Summanden konvergiert oder divergiert bestimmt gegen ∞. Ersteres tritt genau dann ein, wenn die Folge der Partialsummen beschränkt ist.

5.24 Beispiel. (Teleskopsumme)
Manchmal sind die Summanden a_k einer Reihe in der Form $a_k = b_k - b_{k-1}$, $k \geq 1$, mit geeigneten Zahlen $b_0, b_1, b_2, \ldots$, darstellbar. In diesem Fall gilt

$$s_n = \sum_{k=1}^{n} a_k = \sum_{k=1}^{n} (b_k - b_{k-1})$$
$$= (b_1 - b_0) + (b_2 - b_1) + (b_3 - b_2) + \ldots + (b_n - b_{n-1})$$
$$= b_n - b_0$$

(diesen Sachverhalt des gegenseitigen Auslöschens von $b_1, b_2, \ldots, b_{n-1}$ bezeichnet man als *Teleskop–Effekt*) und somit $\lim_{n \to \infty} s_n = \lim_{n \to \infty} b_n - b_0$.

Als Beispiel betrachten wir die Reihe

$$\sum_{k=1}^{\infty} \frac{1}{k(k+1)} = \frac{1}{2} + \frac{1}{6} + \frac{1}{12} + \frac{1}{20} + \frac{1}{30} + \ldots .$$

Wegen $1/(k(k+1)) = 1/k - 1/(k+1)$ folgt

$$s_n = 1 - \frac{1}{2} + \left(\frac{1}{2} - \frac{1}{3}\right) + \left(\frac{1}{3} - \frac{1}{4}\right) + \ldots + \left(\frac{1}{n} - \frac{1}{n+1}\right)$$
$$= 1 - \frac{1}{n+1} \le 1,$$

was sowohl die Konvergenz der Reihe nach sich zieht als auch deren Grenzwert liefert: Es gilt

$$\sum_{k=1}^{\infty} \frac{1}{k(k+1)} = \lim_{n \to \infty} s_n = 1.$$

5.2.2 Die geometrische Reihe

Es sei $q \in \mathbb{R}$. Die Reihe

$$\sum_{k=0}^{\infty} q^k = 1 + q + q^2 + q^3 + q^4 + \ldots$$

heißt *geometrische Reihe.*

Wegen

$$s_n := 1 + q + q^2 + q^3 + \ldots + q^n$$

ergibt sich $qs_n = q + q^2 + q^3 + \ldots + q^{n+1}$ und damit

$$qs_n = s_n - 1 + q^{n+1}, \qquad n \in \mathbb{N}_0.$$

Im Fall $q \ne 1$ erhalten wir also

$$s_n = \frac{1 - q^{n+1}}{1 - q}. \tag{5.21}$$

Aus Beispiel 5.4 folgt für $|q| < 1$ die Konvergenz der geometrischen Reihe sowie

$$\sum_{k=0}^{\infty} q^k = \frac{1}{1 - q}. \tag{5.22}$$

Für $q \ge 1$ ist die Reihe bestimmt divergent (gegen ∞), und im Fall $q < -1$ liegt unbestimmte Divergenz vor.

5.25 Beispiel. (Rentenrechnung)

Die geometrische Reihe spielt u.a. in der *Rentenrechnung* eine große Rolle. Eine Rente der Höhe x werde vor Beginn eines jeden Monats gezahlt (sog. *vorschüssige Rente.*) Es seien $r > 0$ der monatliche Zinssatz und $q := 1 + r$. Die Zahl xq^n ist das Äquivalent des Betrages x bezogen auf den Zeitpunkt n (in Monaten). Damit ist der *Rentenendwert*

$$e_n := xq^n + xq^{n-1} + \ldots + xq$$

das Äquivalent einer über n Monate gezahlten Rente bezogen auf den Zeitpunkt n. Nach (5.21) gilt für e_n die grundlegende Formel

$$e_n = xq\,\frac{q^n - 1}{q - 1}$$

der Finanzmathematik. Bezogen auf den heutigen Zeitpunkt entspricht e_n dem Wert

$$b_n = q^{-n}e_n = \frac{x}{q^{n-1}}\,\frac{q^n - 1}{q - 1}.$$

Die Zahl b_n heißt *Rentenbarwert* einer über n Monate zu zahlenden vorschüssigen Rente.

5.2.3 Die harmonische Reihe

Die *harmonische Reihe* ist durch

$$\sum_{k=1}^{\infty} \frac{1}{k} = 1 + \frac{1}{2} + \frac{1}{3} + \frac{1}{4} + \frac{1}{5} + \ldots$$

definiert.

Ist n eine Zweierpotenz, gilt also $n = 2^m$ für ein $m \in \mathbb{N}$, so folgt

$$
\begin{aligned}
s_n &= 1 + \frac{1}{2} + \left(\frac{1}{3} + \frac{1}{4}\right) + \left(\frac{1}{5} + \frac{1}{6} + \frac{1}{7} + \frac{1}{8}\right) + \ldots \\
&\quad + \left(\frac{1}{2^{m-1} + 1} + \frac{1}{2^{m-1} + 2} + \ldots + \frac{1}{2^m}\right) \\
&\geq 1 + \frac{1}{2} + 2 \cdot \frac{1}{4} + 4 \cdot \frac{1}{8} + \ldots + 2^{m-1} \cdot \frac{1}{2^m} \\
&= 1 + m \cdot \frac{1}{2}.
\end{aligned}
$$

Die Partialsummen sind somit nach oben unbeschränkt. Also ist die harmonische Reihe bestimmt divergiert.

5.2.4 Die Reihe $\sum_{k=1}^{\infty} 1/k^a$

Wir betrachten jetzt für ein gegebenes $a > 1$ die Reihe

$$\sum_{k=1}^{\infty} \frac{1}{k^a} = 1 + \frac{1}{2^a} + \frac{1}{3^a} + \frac{1}{4^a} + \frac{1}{5^a} + \ldots .$$

Dabei sei $a \in \mathbb{Q}$ vorausgesetzt, weil andere Potenzen formal noch nicht erklärt wurden. Unsere Überlegungen können aber für beliebiges $a \in \mathbb{R}$ unverändert übernommen werden. Für $n = 2^m - 1$ $(m \in \mathbb{N})$ gilt analog zu oben die Abschätzung

$$
\begin{aligned}
s_n &= 1 + \left(\frac{1}{2^a} + \frac{1}{3^a} \right) + \left(\frac{1}{4^a} + \frac{1}{5^a} + \frac{1}{6^a} + \frac{1}{7^a} \right) + \cdots \\
&\quad + \left(\frac{1}{(2^{m-1})^a} + \frac{1}{(2^{m-1}+1)^a} + \cdots + \frac{1}{(2^m - 1)^a} \right) \\
&\leq 1 + 2 \cdot \frac{1}{2^a} + 4 \cdot \frac{1}{4^a} + \cdots + 2^{m-1} \cdot \frac{1}{2^{(m-1)a}} \\
&= 1 + \frac{1}{2^{a-1}} + \frac{1}{4^{a-1}} + \cdots + \frac{1}{2^{(m-1)(a-1)}} \\
&\leq \sum_{k=0}^{\infty} q^k,
\end{aligned}
$$

wobei $q := 1/2^{a-1} < 1$ gesetzt wurde. Wie wir in 5.2.2 gesehen haben, ist die Folge der Partialsummen durch $1/(1-q)$ nach oben beschränkt, die Reihe also konvergent.

5.2.5 Eigenschaften konvergenter Reihen

Aus Satz 5.10 erhalten wir unmittelbar:

5.26 Satz. (Rechenregeln zur Grenzwertbildung bei Reihen)
Konvergieren die Reihen $\sum_{n=1}^{\infty} a_n$ und $\sum_{n=1}^{\infty} b_n$, so konvergieren auch die Reihen $\sum_{n=1}^{\infty} (c \cdot a_n)$ für beliebiges $c \in \mathbb{R}$ und $\sum_{n=1}^{\infty} (a_n + b_n)$, und es gilt für die Summen dieser Reihen

$$
\sum_{n=1}^{\infty} (c \cdot a_n) = c \cdot \sum_{n=1}^{\infty} a_n,
$$

$$
\sum_{n=1}^{\infty} (a_n + b_n) = \sum_{n=1}^{\infty} a_n + \sum_{n=1}^{\infty} b_n.
$$

5.2.6 Das Cauchy–Kriterium für Reihen

Eine Anwendung des Cauchy–Kriteriums für Folgen (Satz 5.22) auf die Folge (s_n) der Partialsummen $s_n = a_1 + \ldots + a_n$ liefert das folgende *Cauchy–Kriterium für Reihen*:

5.27 Satz. (Cauchy–Kriterium)
Die Reihe $\sum_{k=1}^{\infty} a_k$ ist genau dann konvergent, wenn es zu jedem $\varepsilon > 0$ ein $n_0 \in \mathbb{N}$ gibt mit $|a_{n+1} + a_{n+2} + \ldots + a_m| < \varepsilon$ für alle $n, m \in \mathbb{N}$ mit $m > n \geq n_0$.

5.28 Satz. (Die Glieder einer konvergenten Reihe bilden eine Nullfolge)
Ist $\sum_{k=1}^{\infty} a_k$ konvergent, so ist (a_k) eine Nullfolge.

BEWEIS: Es sei $\varepsilon > 0$. Nach Satz 5.27 gibt es ein n_0 mit $|a_{n+1} + a_{n+2} + \ldots + a_m| < \varepsilon$ für alle $m > n \geq n_0$; speziell für $m := n + 1$ gilt also $|a_m| < \varepsilon$ für jedes $m > n_0$. □

Die Konvergenz der Summanden gegen 0 ist also eine notwendige Bedingung für die Konvergenz einer Reihe. Wie das Beispiel der harmonischen Reihe zeigt, ist diese Bedingung aber nicht hinreichend.

5.2.7 Das Leibniz–Kriterium für alternierende Reihen

Eine Reihe heißt *alternierend,* wenn ihre Glieder abwechselnd positiv und negativ sind, das n-te Reihenglied also die Form $(-1)^n a_n$ bzw. $(-1)^{n+1} a_n$ mit $a_n > 0$ hat.

5.29 Satz. (Leibniz–Kriterium)
Ist (a_n) eine monoton fallende Nullfolge, so ist die Reihe $\sum_{k=1}^{\infty} (-1)^k a_k$ konvergent, und es gelten für jedes $n \geq 1$ die Abschätzungen

$$\sum_{k=1}^{2n-1} (-1)^k a_k \leq \sum_{k=1}^{\infty} (-1)^k a_k \leq \sum_{k=1}^{2n} (-1)^k a_k. \tag{5.23}$$

BEWEIS: Wir bezeichnen die linke und die rechte Seite der Ungleichungen (5.23) mit u_n bzw. mit v_n. Damit erhalten wir für jedes $n \in \mathbb{N}$

$$u_{n+1} = u_n + (a_{2n} - a_{2n+1}) \geq u_n,$$
$$v_{n+1} = v_n - (a_{2n+1} - a_{2n+2}) \leq v_n,$$
$$v_n = u_n + a_{2n} \geq u_n$$

sowie $v_n - u_n = a_{2n} \to 0$ für $n \to \infty$. Nach Satz 5.8 konvergieren die Folgen (u_n) und (v_n) gegen einen gemeinsamen Grenzwert. Damit konvergiert aber auch die Folge der Partialsummen gegen diesen Grenzwert, und es gilt (5.23). □

5.30 Beispiel. (Alternierende harmonische Reihe)
Die Folge $a_n := 1/n$, $n \in \mathbb{N}$, erfüllt die Voraussetzungen des Leibniz-Kriteriums in Satz 5.29. Deshalb ist die Reihe

$$\sum_{n=1}^{\infty} \frac{(-1)^n}{n} = -1 + \frac{1}{2} - \frac{1}{3} + \frac{1}{4} - \frac{1}{5} + - \ldots$$

konvergent. Für $n = 3$ liefert die Abschätzung (5.23)

$$-\frac{47}{60} \leq \sum_{n=1}^{\infty} \frac{(-1)^n}{n} \leq -\frac{37}{60}.$$

5.2.8 Absolut konvergente Reihen

Die Reihe $\sum_{n=1}^{\infty} a_n$ heißt *absolut konvergent,* wenn die Reihe $\sum_{n=1}^{\infty} |a_n|$ der Beträge der Summanden konvergiert.

Für Reihen mit nichtnegativen Summanden ist die absolute Konvergenz natürlich gleichbedeutend mit Konvergenz.

5.31 Satz. (Absolute Konvergenz von Reihen)
Eine absolut konvergente Reihe $\sum_{n=1}^{\infty} a_n$ ist insbesondere konvergent, und es gilt

$$\left| \sum_{n=1}^{\infty} a_n \right| \leq \sum_{n=1}^{\infty} |a_n|.$$

BEWEIS: Wegen des Cauchy–Kriteriums gibt es zu jedem $\varepsilon > 0$ ein n_0 mit

$$\sum_{k=n+1}^{m} |a_k| \leq \varepsilon, \qquad m > n \geq n_0.$$

Aus der Dreiecksungleichung folgt für jedes $n \in \mathbb{N}_0$ und jedes $m > n$

$$\left| \sum_{k=n+1}^{m} a_k \right| \leq \sum_{k=n+1}^{m} |a_k| \tag{5.24}$$

und damit insbesondere

$$\left| \sum_{k=n+1}^{m} a_k \right| \leq \varepsilon, \qquad m > n \geq n_0.$$

Das Cauchy-Kriterium impliziert die Konvergenz von $\sum_{n=1}^{\infty} a_n$. Die behauptete Ungleichung folgt aus (5.24) für $n = 0$ und $m \to \infty$. $\square$

Die *alternierende harmonische Reihe* $\sum_{n=1}^{\infty} (-1)^{n+1}/n$ zeigt, dass die Umkehrung von Satz 5.31 nicht richtig ist. Eine konvergente Reihe ist somit nicht unbedingt absolut konvergent.

5.2.9 Das Majoranten– und das Minorantenkriterium

5.32 Satz. (Majoranten– und Minorantenkriterium)
Es seien $\sum_{n=1}^{\infty} a_n$ eine beliebige Reihe und $\sum_{n=1}^{\infty} b_n$ eine Reihe mit $b_n \geq 0$, $n \in \mathbb{N}$. Dann gilt:

(i) *Ist $\sum_{n=1}^{\infty} b_n$ konvergent, und gibt es ein $n_0 \in \mathbb{N}$ mit $|a_n| \leq b_n$ für jedes $n \geq n_0$, so ist $\sum_{n=1}^{\infty} a_n$ absolut konvergent.*

(ii) *Ist $\sum_{n=1}^{\infty} b_n$ divergent, und gibt es ein $n_0 \in \mathbb{N}$ mit $b_n \leq a_n$ für jedes $n \geq n_0$, so ist $\sum_{n=1}^{\infty} a_n$ divergent.*

BEWEIS: Zunächst seien die Voraussetzungen von (i) erfüllt. Zu jedem $\varepsilon > 0$ gibt es nach dem Cauchyschen Konvergenzkriterium ein $m_0 \in \mathbb{N}$ mit

$$|b_{n+1} + \ldots + b_m| = b_{n+1} + \ldots + b_m \le \varepsilon, \qquad m > n \ge m_0.$$

Nach Voraussetzung folgt damit für alle $m, n \in \mathbb{N}$ mit den Eigenschaften $m > n \ge \max(m_0, n_0)$:

$$|a_{n+1}| + \ldots + |a_m| \le \varepsilon.$$

Das Cauchy–Kriterium impliziert die behauptete absolute Konvergenz.

Unter den Voraussetzungen von (ii) nehmen wir jetzt an, dass $\sum_{n=1}^{\infty} a_n$ konvergiert. Aus (i) folgt dann die Konvergenz von $\sum_{n=1}^{\infty} b_n$. Dieser Widerspruch beweist die Behauptung (ii). □

Erfüllt die Reihe $\sum_{n=1}^{\infty} b_n$ die Voraussetzungen von Satz 5.32 (i) (bzw. Satz 5.32 (ii)) mit $n_0 = 1$, so heißt sie eine *konvergente Majorante* (bzw. eine *divergente Minorante*) von $\sum_{n=1}^{\infty} a_n$.

Der obige Satz liefert zwei wichtige Methoden, um die absolute Konvergenz einer Reihe zu überprüfen. Beide Methoden machen entscheidend Gebrauch von der geometrischen Reihe als geeigneter Majorante.

5.33 Satz. (Quotientenkriterium)
Eine Reihe $\sum_{n=1}^{\infty} a_n$ ist absolut konvergent, wenn es ein q mit $0 < q < 1$ und ein $n_0 \in \mathbb{N}$ gibt, so dass für jedes $n \ge n_0$ die Ungleichung

$$|a_{n+1}| \le q \cdot |a_n| \tag{5.25}$$

erfüllt ist. Gibt es dagegen ein $n_0 \in \mathbb{N}$ mit der Eigenschaft $|a_{n+1}| \ge |a_n| > 0$ für jedes $n \ge n_0$, so ist die Reihe $\sum_{n=1}^{\infty} a_n$ divergent.

BEWEIS: Es sei $a := |a_{n_0}|/q^{n_0}$. Mittels vollständiger Induktion (beginnend bei $n = n_0$) erhalten wir aus (5.25)

$$|a_n| \le a \cdot q^n, \qquad n \ge n_0.$$

Deshalb und wegen $q \in (0, 1)$ erfüllt $b_n := a \cdot q^n$ die Voraussetzungen des Majorantenkriteriums in Satz 5.32. Somit ist $\sum_{n=1}^{\infty} a_n$ absolut konvergent.

Gilt $|a_{n+1}| \ge |a_n| > 0$ für jedes $n \ge n_0$, so folgt $|a_n| \ge |a_{n_0}| > 0$ für jedes $n \ge n_0$. Damit ist (a_n) keine Nullfolge, was nach Satz 5.28 die Divergenz der Reihe $\sum_{n=1}^{\infty} a_n$ zur Folge hat. □

5.34 Satz. (Wurzelkriterium)
Es sei $\sum_{n=1}^{\infty} a_n$ eine Reihe.

(i) *Gilt*

$$\limsup_{n \to \infty} \sqrt[n]{|a_n|} < 1,$$

so ist $\sum_{n=1}^{\infty} a_n$ absolut konvergent.

(ii) *Gilt*

$$\limsup_{n\to\infty} \sqrt[n]{|a_n|} > 1,$$

so ist $\sum_{n=1}^{\infty} a_n$ *divergent.*

BEWEIS: Nach Definition des Limes superior existieren unter der Voraussetzung in (i) ein $q \in (0,1)$ und ein $n_0 \in \mathbb{N}$ mit $\sqrt[n]{|a_n|} \leq q$ bzw. $|a_n| \leq q^n$ für jedes $n \geq n_0$. Mit $b_n := q^n$ sind damit die Voraussetzungen des Majorantenkriteriums erfüllt, und es folgt die absolute Konvergenz von $\sum_{n=1}^{\infty} a_n$.

Unter der Voraussetzung in (ii) folgt $\sqrt[n]{|a_n|} > 1$ für unendlich viele $n \in \mathbb{N}$. Deshalb ist (a_n) keine Nullfolge, was die Divergenz der Reihe $\sum_{n=1}^{\infty} a_n$ nach sich zieht. $\qquad\square$

Bei der Anwendung des Wurzel– und des Quotientenkriteriums ist zu beachten, dass diese Kriterien für den Fall $\limsup_{n\to\infty} \sqrt[n]{|a_n|} = 1$ bzw. $q = 1$ keine Aussage über die Konvergenz oder die Divergenz einer Reihe liefern. In diesem Fall muss das Konvergenzverhalten mit Hilfe anderer Kriterien untersucht werden. Beispiele hierfür liefern die harmonische Reihe und die Reihe $\sum_{n=1}^{\infty} n^{-a}$ mit $a > 1$.

5.35 Beispiel.
Wir betrachten die Reihe $\sum_{n=1}^{\infty} n^k \cdot q^n$ für ein $q \in \mathbb{R}$ mit $|q| < 1$ und ein $k \in \mathbb{N}$. In diesem Fall gilt

$$\left|\frac{a_{n+1}}{a_n}\right| = \frac{(n+1)^k |q|^{n+1}}{n^k |q|^n} = (1 + 1/n)^k \cdot |q| \to |q|$$

für $n \to \infty$. Nach dem Quotientenkriterium ist die Reihe also absolut konvergent. Alternativ erhält man dieses Ergebnis auch aus dem Wurzelkriterium.

In allen Fällen, in denen die absolute Konvergenz einer Reihe mit dem Quotientenkriterium bewiesen werden kann, führt auch das Wurzelkriterium zum Erfolg (vgl. 6.4.3). Die Umkehrung dieser Aussage ist nicht richtig:

5.36 Beispiel.
Die Reihe $\sum_{n=1}^{\infty} a_n$ mit

$$a_n := \begin{cases} \frac{n}{2^n}, & \text{falls } n \text{ gerade,} \\ \frac{1}{4^{n+1} n^2}, & \text{falls } n \text{ ungerade,} \end{cases}$$

konvergiert absolut, da

$$\sqrt[n]{|a_n|} = \begin{cases} \frac{1}{2} \sqrt[n]{n}, & \text{falls } n \text{ gerade,} \\ \frac{1}{4} \left(\sqrt[n]{\frac{1}{2n}} \right)^2, & \text{falls } n \text{ ungerade,} \end{cases}$$

und damit wegen $\sqrt[n]{n} \to 1$ (vgl. Satz 5.15)

$$\limsup_{n\to\infty} \sqrt[n]{|a_n|} = \max(1/2, 1/4) = 1/2 < 1.$$

Die (absolute) Konvergenz der Reihe kann nicht mit dem Quotientenkriterium
bewiesen werden; es gilt nämlich

$$\left| \frac{a_{n+1}}{a_n} \right| = \begin{cases} \frac{2^n}{n4^{n+2}(n+1)^2} \to 0, & \text{falls } n \text{ gerade,} \\ \frac{(n+1)4^{n+1}n^2}{2^{n+1}} \to \infty, & \text{falls } n \text{ ungerade.} \end{cases}$$

Damit sind die Voraussetzungen von Satz 5.33 nicht erfüllt.

5.2.10 Umordnung von Reihen

Vertauscht man in der Reihe $\sum_{n=0}^{\infty} a_n$ die Reihenfolge der Glieder a_n, so spricht
man von einer *Umordnung* der Reihe.

Für eine genauere Fassung dieser Definition betrachten wir eine bijektive Ab-
bildung $\sigma : \mathbb{N}_0 \to \mathbb{N}_0$. Dann ist $\sum_{n=0}^{\infty} a_{\sigma(n)}$ die mittels σ definierte Umordnung
von $\sum_{n=0}^{\infty} a_n$.

Einfache Beispiele zeigen, dass nicht jede Reihe umgeordnet werden darf, ohne
ihren Wert oder gar ihr Konvergenzverhalten zu ändern. Jedoch gilt:

5.37 Satz. (Umordnungssatz)
*Ist $\sum_{n=0}^{\infty} a_n$ absolut konvergent, so ist jede Umordnung $\sum_{n=0}^{\infty} a_{\sigma(n)}$ absolut kon-
vergent, und es gilt $\sum_{n=0}^{\infty} a_{\sigma(n)} = \sum_{n=0}^{\infty} a_n$, d.h. der Reihenwert bleibt gleich.*

BEWEIS: Zu jedem $m \in \mathbb{N}_0$ existiert ein $k \in \mathbb{N}_0$ mit der Eigenschaft

$$\{\sigma(0), \ldots, \sigma(m)\} \subset \{0, \ldots, k\}$$

und somit

$$\sum_{n=0}^{m} |a_{\sigma(n)}| \leq \sum_{n=0}^{k} |a_n| \leq \sum_{n=0}^{\infty} |a_n| =: s.$$

Da diese Ungleichungskette für jedes m gilt, ist die Reihe $\sum_{n=0}^{\infty} a_{\sigma(n)}$ absolut konvergent,
und es folgt

$$s' := \sum_{n=0}^{\infty} |a_{\sigma(n)}| \leq s.$$

Weil aber auch $\sum_{n=0}^{\infty} a_n$ (vermöge der Bijektion σ^{-1}) eine Umordnung von $\sum_{n=0}^{\infty} a_{\sigma(n)}$
ist, ergibt sich mit den gleichen Überlegungen die Ungleichung $s \leq s'$ und somit insgesamt
$s = s'$. Jetzt können wir dieses Ergebnis auf die absolut konvergente Reihe $\sum_{n=0}^{\infty}(|a_n| + a_n)$ anwenden. Die Summanden dieser Reihe sind nichtnegativ, und wir erhalten

$$s + \sum_{n=0}^{\infty} a_n = s' + \sum_{n=0}^{\infty} a_{\sigma(n)},$$

womit der Satz bewiesen ist.   □

Ohne Beweis geben wir an (vgl. Heuser, 2003):

5.38 Satz. (Riemannscher[7] Umordnungssatz)
Ist $\sum_{n=0}^{\infty} a_n$ konvergent, jedoch nicht absolut konvergent, so gibt es zu jedem $a \in \mathbb{R}$ eine Umordnung $\sum_{n=0}^{\infty} a_{\sigma(n)}$ mit $\sum_{n=0}^{\infty} a_{\sigma(n)} = a$, d.h. jeder beliebige Reihenwert a kann durch geschickte Umordnung „erzeugt" werden.

Eine Menge I heißt *abzählbar-unendlich,* wenn es eine Bijektion $\varphi : \mathbb{N}_0 \to I$ gibt.

Ist $i \mapsto a_i$ eine Abbildung von I in $\mathbb{R}$ und ist $\varphi : \mathbb{N}_0 \to I$ eine Bijektion, so definiert man

$$\sum_{i \in I} a_i := \sum_{n=0}^{\infty} a_{\varphi(n)},$$

falls die rechte Reihe absolut konvergent ist. Der Umordnungssatz zeigt, dass der Wert der rechten Reihe nicht von der speziellen Wahl der Bijektion φ abhängt.

5.2.11 Multiplikation von Reihen

Das Produkt der Summen $a_0 + \ldots + a_k$ und $b_0 + \ldots + b_l$ wird gebildet, indem man jedes a_i mit jedem b_j multipliziert und die entstehenden Produkte addiert, d.h. es gilt

$$\left(\sum_{i=0}^{k} a_i \right) \left(\sum_{j=0}^{l} b_j \right) = \sum_{i=0}^{k} \sum_{j=0}^{l} a_i b_j = \sum_{(i,j) \in M} a_i b_j,$$

wobei $M := \{0, 1, \ldots, k\} \times \{0, 1, \ldots, l\}$ gesetzt ist.

Sind $\sum_{i=0}^{\infty} a_i$ und $\sum_{j=0}^{\infty} b_j$ konvergente Reihen , so stellt sich die Frage, ob das Produkt ihrer Werte einer analogen Formel der Gestalt

$$\left(\sum_{i=0}^{\infty} a_i \right) \left(\sum_{j=0}^{\infty} b_j \right) = \sum_{(i,j) \in \mathbb{N}_0 \times \mathbb{N}_0} a_i b_j$$

genügt. Hierbei soll auf der rechten Seite jedes geordnete Paar (i, j) genau einmal vorkommen. Um den rechts stehenden Ausdruck vernünftig definieren zu können, benötigen wir eine bijektive Abbildung von $\mathbb{N}_0$ auf $\mathbb{N}_0 \times \mathbb{N}_0$. Die Beweise der beiden folgenden Sätze werden deutlich machen, dass es solche Abbildungen tatsächlich gibt. Es ist zweckmäßig, Bijektionen von $\mathbb{N}_0$ auf $\mathbb{N}_0 \times \mathbb{N}_0$ in der Form $n \mapsto (\sigma(n), \mu(n))$ zu schreiben, wobei σ und μ Abbildungen von $\mathbb{N}_0$ nach $\mathbb{N}_0$ sind. Die Kurzschreibweise hierfür ist (σ, μ).

---

[7]Bernhard Georg Friedrich Riemann (1826–1866), seit 1854 zunächst Privatdozent und ab 1859 Lehrstuhlinhaber an der Universität Göttingen. Riemann schrieb bahnbrechende Arbeiten zur reellen und komplexen Analysis (Riemann–Integral), mathematischen Physik und vor allem zur Geometrie.

5.39 Satz. (Produkt von Reihen)

Sind $\sum_{n=0}^{\infty} a_n$ und $\sum_{n=0}^{\infty} b_n$ absolut konvergente Reihen und ist $(\sigma, \mu) : \mathbb{N}_0 \to \mathbb{N}_0 \times \mathbb{N}_0$ eine beliebige Bijektion, so ist auch die Reihe $\sum_{n=0}^{\infty} a_{\sigma(n)} b_{\mu(n)}$ absolut konvergent, und es gilt

$$\sum_{n=0}^{\infty} a_{\sigma(n)} b_{\mu(n)} = \left(\sum_{n=0}^{\infty} a_n \right) \left(\sum_{n=0}^{\infty} b_n \right).$$

BEWEIS: Zu jedem $m \in \mathbb{N}_0$ existiert ein $k \in \mathbb{N}_0$ mit der Eigenschaft

$$\sum_{n=0}^{m} |a_{\sigma(n)} b_{\mu(n)}| \le \left(\sum_{n=0}^{k} |a_n| \right) \left(\sum_{l=0}^{k} |b_l| \right).$$

Die rechte Seite dieser Ungleichung ist durch

$$\left(\sum_{n=0}^{\infty} |a_n| \right) \left(\sum_{l=0}^{\infty} |b_l| \right)$$

nach oben beschränkt. Damit ist die Reihe $\sum_{n=0}^{\infty} a_{\sigma(n)} b_{\mu(n)}$ absolut konvergent, und nach dem Umordnungssatz ist ihr Wert unabhängig von der speziellen Bijektion (σ, μ). Wir wählen die Bijektion so, dass die Punktepaare $(k, l) \in \mathbb{N}_0 \times \mathbb{N}_0$ sukzessive durch „mäanderförmiges Fortschreiten parallel zu den Koordinatenachsen" erfasst werden (Bild 5.4 links). Bei diesem Verfahren gilt für jedes $m \in \mathbb{N}_0$ die Gleichung

$$\{(\sigma(j), \mu(j)) : 0 < j \le (m+1)^2 - 1\} = \{(k, l) \in \mathbb{N}_0 \times \mathbb{N}_0 : k \le m, l \le m\}.$$

Damit ergibt sich

$$\sum_{n=0}^{(m+1)^2 - 1} a_{\sigma(n)} b_{\mu(n)} = \left(\sum_{n=0}^{m} a_n \right) \left(\sum_{n=0}^{m} b_n \right)$$

und für $m \to \infty$ die behauptete Formel. $\qquad\square$

5.40 Folgerung. (Cauchy–Produkt)

Unter den Voraussetzungen von Satz 5.39 gilt

$$\left(\sum_{n=0}^{\infty} a_n \right) \left(\sum_{n=0}^{\infty} b_n \right) = \sum_{n=0}^{\infty} \sum_{k=0}^{n} a_k b_{n-k}.$$

BEWEIS: Wir wählen die Bijektion (σ, μ) jetzt so, dass die Paare $(k, l) \in \mathbb{N}_0 \times \mathbb{N}_0$ durch „mäanderförmiges Fortschreiten entlang der Diagonalen" durchnummeriert werden (Bild 5.4 rechts). In diesem Fall gilt für jedes $m \in \mathbb{N}_0$ die Gleichung

$$\{(\sigma(j), \mu(j)) : j \le (m+1)(m+2)/2 - 1\} = \{(k, l) \in \mathbb{N}_0 \times \mathbb{N}_0 : k + l \le m\}.$$

Damit ist

$$\sum_{n=0}^{(m+1)(m+2)/2 - 1} a_{\sigma(n)} b_{\mu(n)} = \sum_{n=0}^{m} \sum_{k=0}^{n} a_k b_{n-k},$$

und für $m \to \infty$ folgt die Behauptung aus Satz 5.39. $\qquad\square$

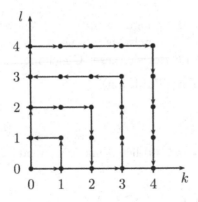 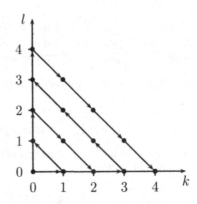

Bild 5.4: Abzählung von $\mathbb{N}_0 \times \mathbb{N}_0$ durch mäanderförmiges Fortschreiten parallel zu den Koordinatenachsen (links) bzw. entlang der Diagonalen (rechts)

5.3   Die Exponentialfunktion

5.3.1   Definition der Exponentialfunktion

Weil die Eulersche Zahl e echt größer als 1 ist, ergibt sich leicht, dass die Abbildung $p \mapsto e^p$ von $\mathbb{Q}$ in $\mathbb{R}$ *streng monoton wachsend* ist. Es gilt also

$$p < q \implies e^p < e^q, \qquad p, q \in \mathbb{Q}. \tag{5.26}$$

Da man nach Satz 5.9 jede reelle Zahl beliebig genau durch rationale Zahlen approximieren kann, liegt die folgende Definition nahe:

$$e^x := \sup\{e^p : p \leq x, p \in \mathbb{Q}\}, \qquad x \in \mathbb{R}. \tag{5.27}$$

Man nennt $x \mapsto e^x$ die *Exponentialfunktion* (zur Basis e).

Wegen der Monotonie (5.26) liefert diese Definition nichts Neues, falls x selbst eine rationale Zahl ist. Wegen $e^p > 0$, $p \in \mathbb{Q}$, folgt $e^x > 0$ für jedes $x \in \mathbb{R}$.

Genügen $x \in \mathbb{R}$ und $p \in \mathbb{Q}$ der Ungleichung $p \leq x$, so gilt nach Definition des Supremums $e^p \leq e^x$. Ist $q \in \mathbb{Q}$ mit $x \leq q$, so folgt ferner $e^x \leq e^q$. Hieraus ergibt sich, dass auch $x \mapsto e^x$ streng monoton wächst. Gilt nämlich $x < y$ für $x, y \in \mathbb{R}$, so gibt es nach Satz 5.9 $p, q \in \mathbb{Q}$ mit $x \leq p < q < y$. Damit ist $e^x \leq e^p < e^q \leq e^y$.

5.3.2   Eine Funktionalgleichung

Die Reihe $\sum_{n=0}^{\infty} x^n / n!$ ist wegen des Quotientenkriteriums (Satz 5.33) für jedes $x \in \mathbb{R}$ absolut konvergent. Deshalb können wir durch

$$\exp(x) := \sum_{n=0}^{\infty} \frac{x^n}{n!} = 1 + x + \frac{x^2}{2!} + \frac{x^3}{3!} + \frac{x^4}{4!} + \dots, \qquad x \in \mathbb{R}, \tag{5.28}$$

eine Funktion $\exp : \mathbb{R} \to \mathbb{R}$ definieren. Wegen $0^0 = 1$ gilt $\exp(0) = 1$. Wir wollen im Folgenden die Gleichung $\exp(x) = e^x$, $x \in \mathbb{R}$, nachweisen. Die nachstehende *Funktionalgleichung* spielt eine Schlüsselrolle im Beweis dieser Gleichung.

5.41 Satz. (Die Funktionalgleichung für die exp-Funktion)
Es gilt

$$\exp(x + y) = \exp(x)\exp(y), \qquad x, y \in \mathbb{R}. \tag{5.29}$$

BEWEIS: Die Cauchysche Produktformel (Folgerung 5.40) liefert unter Verwendung der binomischen Formel (3.35)

$$\exp(x)\exp(y) = \sum_{n=0}^{\infty} \sum_{k=0}^{n} \frac{x^k y^{n-k}}{k!(n-k)!} = \sum_{n=0}^{\infty} \frac{1}{n!}\left(\sum_{k=0}^{n}\binom{n}{k}x^k y^{n-k}\right)$$

$$= \sum_{n=0}^{\infty} \frac{1}{n!}(x+y)^n = \exp(x+y),$$

was zu zeigen war. $\qquad\square$

5.3.3 Stetigkeit und Monotonie der Exponentialfunktion

Die Funktion $x \mapsto \exp(x)$ besitzt die Eigenschaft, dass sich bei hinreichend kleiner Änderung des Argumentes x auch der Funktionswert $\exp(x)$ nur beliebig wenig ändert. Diese *Stetigkeitseigenschaft* ist Gegenstand des folgenden Satzes.

5.42 Satz. (Stetigkeit der exp-Funktion)
Ist (x_n) eine Folge mit $\lim_{n\to\infty} x_n = x_0$, so folgt $\lim_{n\to\infty} \exp(x_n) = \exp(x_0)$.

BEWEIS: Aus der Funktionalgleichung (5.29) folgen die Beziehungen

$$\exp(0) = \exp(x_0)\exp(-x_0) \qquad \text{und} \qquad \exp(x_n - x_0) = \exp(x_n)\exp(-x_0)$$

für jedes $n \in \mathbb{N}$ und somit

$$\exp(-x_0)(\exp(x_n) - \exp(x_0)) = \exp(x_n - x_0) - \exp(0).$$

Wegen $\exp(-x_0) \neq 0$ genügt es somit, den Fall $x_0 = 0$ zu betrachten. Wir wählen irgendein $r > 0$ und definieren s als den Wert der nach dem Quotientenkriterium konvergenten Reihe $\sum_{n=1}^{\infty} r^{n-1}/n!$. Es gibt ein $n_0 \in \mathbb{N}$ mit $|x_n| \leq r$ für jedes $n \geq n_0$. Unter Verwendung von Satz 5.31 folgt dann für $n \geq n_0$ die Abschätzung

$$|\exp(x_n) - \exp(0)| = |\exp(x_n) - 1| = \left|\sum_{k=1}^{\infty} \frac{x_n^k}{k!}\right| \leq \sum_{k=1}^{\infty} \frac{|x_n|^k}{k!}$$

$$= |x_n| \sum_{k=1}^{\infty} \frac{|x_n|^{k-1}}{k!} \leq |x_n| \cdot s.$$

Da nach Voraussetzung der letzte Term gegen 0 konvergiert, ist der Satz bewiesen. $\qquad\square$

Schließlich beweisen wir noch eine Monotonieeigenschaft der Funktion $\exp(x)$.

5.43 Satz. (Strenge Monotonie der Exponentialfunktion)
Für alle $x, y \in \mathbb{R}$ mit $x < y$ gilt $\exp(x) < \exp(y)$.

BEWEIS: Für $0 \le x < y$ folgt die Behauptung aus der entsprechenden Eigenschaft der Potenzfunktionen $x \mapsto x^n$. Daraus sowie aus (5.31) folgt die Behauptung auch für $x < y \le 0$. Schließlich erhalten wir für $x < 0 < y$ die Ungleichungen $\exp(x) < 1 < \exp(y)$. $\square$

5.3.4 Die Reihendarstellung der Exponentialfunktion

5.44 Satz.
Es gilt

$$\exp(x) = \lim_{n \to \infty} \left(1 + \frac{x}{n}\right)^n, \qquad x \in \mathbb{R}. \tag{5.30}$$

BEWEIS: Für $x = 0$ ist (5.30) richtig. Wir nehmen jetzt zunächst $x > 0$ an. Gemäß Satz 5.16 ist die Folge $((1 + x/n)^n)$ konvergent. Aus der binomischen Formel ergibt sich

$$\left(1 + \frac{x}{n}\right)^n = \sum_{k=0}^{n} \frac{n!}{k!(n-k)!} \cdot \frac{x^k}{n^k} \cdot 1^{n-k} = \sum_{k=0}^{n} \frac{x^k}{k!} \cdot \prod_{j=0}^{k-1} \left(1 - \frac{j}{n}\right).$$

Einerseits folgt daraus sofort

$$\lim_{n \to \infty} (1 + x/n)^n \le \exp(x).$$

Andererseits erhalten wir für alle $m, n \in \mathbb{N}$ mit $n \ge m$ die Ungleichung

$$\left(1 + \frac{x}{n}\right)^n \ge \sum_{k=0}^{m} \frac{x^k}{k!} \cdot \prod_{j=0}^{k-1} \left(1 - \frac{j}{n}\right)$$

und damit beim Grenzübergang $n \to \infty$

$$\lim_{n \to \infty} \left(1 + \frac{x}{n}\right)^n \ge \sum_{k=0}^{m} \frac{x^k}{k!}.$$

Da diese Ungleichung für jedes m erfüllt ist, folgt für $m \to \infty$

$$\lim_{n \to \infty} (1 + x/n)^n \ge \exp(x)$$

und damit (5.30).

Zur Behandlung des Falls $x < 0$ beachte man, dass wegen (5.29)

$$1 = \exp(0) = \exp(x - x) = \exp(x) \exp(-x)$$

und damit

$$\exp(-x) = \exp(x)^{-1}, \qquad x \in \mathbb{R}, \tag{5.31}$$

gilt. Für $x < 0$ erhalten wir jetzt

$$\exp(x) = \exp(-x)^{-1} = \lim_{n \to \infty} (1 - x/n)^{-n}$$
$$= \lim_{n \to \infty} (1 + x/n)^n,$$

wobei die letzte Gleichung aus (5.13) folgt. Damit ist (5.30) bewiesen.   □

5.45 Satz. (Potenzreihendarstellung der Exponentialfunktion)
Für jedes $x \in \mathbb{R}$ gilt $e^x = \exp(x)$, d.h.

$$e^x = \sum_{n=0}^{\infty} \frac{x^n}{n!}.$$

BEWEIS: Zunächst folgt aus (5.12) und (5.30) die Gleichheit

$$\exp(p) = e^p, \qquad p \in \mathbb{Q},$$

und damit die Behauptung für rationales x. Wegen (5.27) gilt deshalb

$$e^x = \sup\{e^p : p \le x, p \in \mathbb{Q}\} = \sup\{\exp(p) : p \le x, p \in \mathbb{Q}\}.$$

Damit folgt die Behauptung aus der Gleichung.

$$\exp(x) = \sup\{\exp(p) : p \le x, p \in \mathbb{Q}\}. \tag{5.32}$$

Hier folgt die Ungleichung $\ge$ aus der Monotonie der Exponentialfunktion (Satz 5.43). Die umgekehrte Ungleichung ergibt sich wie folgt. Wegen Satz 5.42 gibt es eine Folge (p_n) rationaler Zahlen, so dass die Ungleichungen $p_n \le x$ und $\exp(p_n) \ge \exp(x) - 1/n$ für jedes $n \in \mathbb{N}$ erfüllt sind. Folglich ist die rechte Seite von (5.32) für jedes $m \in \mathbb{N}$ größer als $\exp(x) - 1/m$ und damit auch größer oder gleich als $\exp(x)$.   □

5.4 Anwendungen in der Stochastik

Die Grenzen der Theorie endlicher W-Räume (vgl. Kapitel 4) werden schon bei einfachen Wartezeitproblemen deutlich (siehe 5.4.4). In diesem Abschnitt erweitern wir diese Theorie auf die Situation eines abzählbar–unendlichen Grundraumes $\Omega = \{\omega_1, \omega_2, \dots\}$.

5.4.1 Diskrete Wahrscheinlichkeitsräume

Ist die Ergebnismenge $\Omega = \{\omega_1, \omega_2, \dots\}$ eines stochastischen Vorgangs abzählbar-unendlich, so liegt es nahe, jedem Elementarereignis $\{\omega_j\}$ eine Wahrscheinlichkeit

$$p(\omega_j) \ge 0, \qquad j \ge 1, \tag{5.33}$$

zuzuordnen. Dabei muss die Summen–Beziehung

$$\sum_{j=1}^{\infty} p(\omega_j) = 1 \tag{5.34}$$

erfüllt sein. Definieren wir dann

$$\mathbb{P}(A) := \sum_{j \in \mathbb{N}: \omega_j \in A} p(\omega_j), \qquad A \subset \Omega, \tag{5.35}$$

(summiert wird über alle $j \in \mathbb{N}$ mit $\omega_j \in A$), so ist $\mathbb{P}(A)$ als endliche Summe oder Grenzwert einer wegen (5.33) und (5.34) absolut konvergenten Reihe eine wohldefinierte Zahl im Intervall $[0, 1]$. Die Abbildung $A \mapsto \mathbb{P}(A)$ besitzt die folgenden Eigenschaften:

(i) $\mathbb{P}(A) \geq 0, \quad A \subset \Omega,$ *(Nichtnegativität)*

(ii) $\mathbb{P}(\Omega) = 1,$ *(Normiertheit)*

(iii) Sind $A_1, A_2, \ldots$ paarweise *disjunkt*, so gilt

$$\mathbb{P}\left(\bigcup_{j=1}^{\infty} A_j\right) = \sum_{j=1}^{\infty} \mathbb{P}(A_j). \qquad (\sigma\text{-}Additivität)$$

BEWEIS von (iii): Der Einfachheit halber nehmen wir an, dass jedes A_j unendlich viele Elemente $\omega_j^1, \omega_j^2, \ldots$ besitzt. Nach Definition gilt

$$\mathbb{P}(A) = \sum_{k=1}^{\infty} p(\omega^k),$$

wobei $\omega^1, \omega^2, \ldots$ eine Nummerierung der Elemente von $A := \bigcup_{j=1}^{\infty} A_j$ ist. Mit Blick auf die Behauptung ist es zweckmäßig, diese Nummerierung wie folgt vorzunehmen: Als ω^1 wählen wir das erste Element von A_1, also $\omega^1 := \omega_1^1$. Als ω^2, ω^3 und ω^4 wählen wir das zweite Element von A_1 und die *ersten beiden* Elemente von A_2, d.h. $\omega^2 := \omega_1^2$, $\omega^3 := \omega_2^1$, $\omega^4 := \omega_2^2$. Als $\omega^5, \ldots, \omega^9$ wählen wir die dritten Elemente von A_1 und A_2 sowie die ersten drei Elemente von A_3, usw. Dann gilt

$$\sum_{k=1}^{n^2} p(\omega^k) = \sum_{j=1}^{n} \sum_{k=1}^{n} p(\omega_j^k), \qquad n \in \mathbb{N}. \tag{5.36}$$

Hieraus erhalten wir für jedes $n \in \mathbb{N}$

$$\sum_{k=1}^{n^2} p(\omega^k) \leq \sum_{j=1}^{\infty} \sum_{k=1}^{\infty} p(\omega_j^k) = \sum_{j=1}^{\infty} \mathbb{P}(A_j) =: s$$

und somit durch Grenzübergang $n \to \infty$ die Ungleichung $\mathbb{P}(A) \leq s$. Umgekehrt folgt aus (5.36) aber auch

$$\mathbb{P}(A) \geq \sum_{j=1}^{m} \sum_{k=1}^{n} p(\omega_j^k), \qquad m, n \in \mathbb{N}.$$

Unter Beachtung der Rechenregeln für Grenzwerte ergibt sich für $n \to \infty$ die Ungleichung $\mathbb{P}(A) \geq \sum_{j=1}^{m} \mathbb{P}(A_j)$. Beim Grenzübergang $m \to \infty$ folgt hieraus $\mathbb{P}(A) \geq s$ und somit insgesamt die behauptete Gleichung $\mathbb{P}(A) = s$. $\qquad\qquad\qquad\qquad\qquad$ $\square$

In der Theorie der unendlichen Reihen wird (iii) als *Großer Umordnungssatz* bezeichnet. Aus dem Beweis ergeben sich die folgenden interessanten Aussagen über die *Vertauschung der Summationsreihenfolge* bei unendlichen Reihen: Ist $(i,j) \mapsto a_{i,j}$ eine Abbildung von $\mathbb{N} \times \mathbb{N}$ in $[0, \infty)$, so gilt

$$\sum_{(i,j) \in \mathbb{N} \times \mathbb{N}} a_{i,j} = \sum_{j=1}^{\infty} \sum_{i=1}^{\infty} a_{i,j} = \sum_{i=1}^{\infty} \sum_{j=1}^{\infty} a_{i,j}. \qquad (5.37)$$

Hierbei können die auftretenden Summen gleich ∞ sein. Ist $(i,j) \mapsto a_{i,j}$ eine Abbildung von $\mathbb{N} \times \mathbb{N}$ in $\mathbb{R}$ mit der Eigenschaft

$$\sum_{j=1}^{\infty} \sum_{i=1}^{\infty} |a_{i,j}| < \infty, \qquad (5.38)$$

so kann man (5.37) auf $|a_{i,j}|$ und $|a_{i,j}| - a_{i,j}$ anwenden und dann die beiden Ergebnisse voneinander abziehen. Beachtet man Satz 5.26, so ergibt sich erneut die Gleichung (5.37).

Ein *diskreter Wahrscheinlichkeitsraum* (*W-Raum*) ist ein Paar $(\Omega, \mathbb{P})$, wobei Ω eine nichtleere, endliche oder abzählbar–unendliche Menge und $\mathbb{P}$ eine auf den Teilmengen von Ω definierte reellwertige Funktion mit den obigen Eigenschaften (i)–(iii) ist.

Die Eigenschaften (i)–(iii) bilden das *Kolmogorowsche Axiomensystem* für den Spezialfall eines endlichen oder abzählbar–unendlichen Ergebnisraumes. Wie bisher heißt $\mathbb{P}$ eine *Wahrscheinlichkeitsverteilung* auf (den Teilmengen von) Ω und $\mathbb{P}(A)$ die *Wahrscheinlichkeit* eines Ereignisses A.

Sind A und B disjunkte Ereignisse, so liefert die Wahl $A_1 = A, A_2 = B, A_j = \emptyset$ $(j \geq 3)$ zusammen mit (iii) die Additivitätseigenschaft 4.2.3 (ii). Folglich ist jeder endliche W-Raum (vgl. Abschnitt 4.2.1) auch ein diskreter W-Raum. Das Präfix σ in der Eigenschaft der σ-Additivität einer Wahrscheinlichkeitsverteilung steht für die Möglichkeit, *abzählbar–unendliche* Vereinigungen von Ereignissen zu bilden. Diese Forderung ist im Falle einer unendlichen Grundmenge Ω stärker als die in 4.2.3 (ii) angegebene (endliche) Additivitätseigenschaft.

Man beachte, dass in einem diskreten W-Raum mit unendlichem Grundraum Ω alle aus den Axiomen 4.2.1 (i)–(iii) abgeleiteten Eigenschaften eines W-Maßes gültig bleiben, da für ihre Herleitung gegenüber (iii) nur die schwächere Eigenschaft 4.2.3 (ii) der *endlichen* Additivität benutzt wurde.

5.4.2 Zufallsvariablen, Erwartungswert und Varianz

Ist $(\Omega, \mathbb{P})$ ein diskreter Wahrscheinlichkeitsraum, so heißt (wie bisher) jede Abbildung $X : \Omega \to \mathbb{R}$ eine $Zufallsvariable.$

Ist Ω abzählbar–unendlich, so kann X unendlich viele Werte $x_1, x_2, \ldots$ annehmen. Bei der Untersuchung solcher Zufallsvariablen können also unendliche Reihen auftreten.

Ist X eine Zufallsvariable mit der Eigenschaft

$$\sum_{k=1}^{\infty} |X(\omega_k)| \cdot \mathbb{P}(\{\omega_k\}) < \infty, \tag{5.39}$$

so wird der $Erwartungswert$ von X durch

$$\mathbb{E}(X) := \sum_{k=1}^{\infty} X(\omega_k) \cdot \mathbb{P}(\{\omega_k\}) \tag{5.40}$$

(vgl. (4.13)) definiert.

Aus dem Umordnungssatz folgt, dass diese Definition nicht von der gewählten Nummerierung der Elemente von Ω abhängt. Die in 4.4.2 angegebenen Rechenregeln bleiben weiterhin gültig. Es ist oft nützlich, den Erwartungswert auch für beliebige Zufallsvariable X mit der Eigenschaft $X(\omega) \geq 0$ für jedes $\omega \in \Omega$ (kurz: $X \geq 0$) durch die Formel (5.40) zu erklären. Der Fall $\mathbb{E}(X) = \infty$ ist dann zugelassen. Der Umordnungssatz zeigt erneut, dass auch in diesem Fall $\mathbb{E}(X)$ nicht von der gewählten Nummerierung der Elemente von Ω abhängt.

Die Transformationsformel (4.25)

$$\mathbb{E}(f(X)) = \sum_{j=1}^{\infty} f(x_j) \cdot \mathbb{P}(X = x_j) \tag{5.41}$$

bleibt erhalten, wenn man $f \geq 0$ oder die absolute Konvergenz der rechts stehenden Reihe voraussetzt.

Für die wie früher durch (4.26) definierte *Varianz* einer Zufallsvariablen gelten die Formeln $\mathbb{V}(X) = \mathbb{E}(X^2) - (\mathbb{E}(X))^2$ (vgl. (4.28)) sowie

$$\mathbb{V}(X) = \sum_{j=1}^{\infty} (x_j - \mathbb{E}(X))^2 \cdot \mathbb{P}(X = x_j). \tag{5.42}$$

Nimmt X nur Werte in $\mathbb{N}_0$ an, so gilt die nützliche Darstellung

$$\mathbb{E}(X) = \sum_{j=1}^{\infty} \mathbb{P}(X \geq j), \qquad (5.43)$$

deren Nachweis mittels (5.37) erbracht werden kann. Dazu setzen wir

$$a_{i,j} := \begin{cases} \mathbb{P}(X = i), & \text{falls } i \geq j, \\ 0, & \text{sonst} \end{cases} \qquad (5.44)$$

und erhalten unter Benutzung der σ-Additivität von $\mathbb{P}$

$$\mathbb{E}(X) = \sum_{i=1}^{\infty} i \cdot \mathbb{P}(X = i) = \sum_{i=1}^{\infty} \sum_{j=1}^{\infty} a_{i,j} = \sum_{j=1}^{\infty} \sum_{i=1}^{\infty} a_{i,j}$$

$$= \sum_{j=1}^{\infty} \sum_{i=j}^{\infty} \mathbb{P}(X = i) = \sum_{j=1}^{\infty} \mathbb{P}(X \geq j).$$

Ersetzt man die $a_{i,j}$ durch $2 \cdot j \cdot a_{i,j}$ und verwendet die Gleichung $1 + 2 + \ldots + i = (i+1) \cdot i/2$ (Beweis durch vollständige Induktion!), so ergibt sich analog

$$\mathbb{E}((X+1) \cdot X) = \mathbb{E}(X^2) + \mathbb{E}(X) = 2 \cdot \sum_{j=1}^{\infty} j \cdot \mathbb{P}(X \geq j). \qquad (5.45)$$

5.4.3 Die geometrische Verteilung

Die bisweilen frustrierende Situation des „Wartens auf Erfolg" bei Glücksspielen wie *Mensch–ärgere–Dich–nicht!* (Warten auf die erste Sechs), *Monopoly* (Warten auf einen „Pasch" im „Gefängnis") oder *Lotto* (Warten auf einen Fünfer oder einen Sechser) ist vielen von uns wohlbekannt. Der gemeinsame Nenner ist hier das „Warten auf den ersten Treffer" in unbeeinflusst voneinander ablaufenden Treffer/Niete–Versuchen. Mit welcher Wahrscheinlichkeit tritt dabei der erste Treffer im j-ten Versuch auf?

Zur Beantwortung dieser Frage bezeichnen wir wie früher einen Treffer mit 1 und eine Niete mit 0. Die Trefferwahrscheinlichkeit sei p, wobei $0 < p < 1$ vorausgesetzt ist. Da der erste Treffer genau dann im j-ten Versuch auftritt, wenn wir der Reihe nach $j - 1$ Nullen und dann eine Eins beobachten, sollte aufgrund der Unabhängigkeit der einzelnen Versuche (Produktexperiment!) die Wahrscheinlichkeit hierfür gleich $(1-p)^{j-1} \cdot p$ sein. Ein formaler W-Raum für dieses Wartezeitexperiment ist der Grundraum

$$\Omega := \{1, 01, 001, 0001, 00001, \ldots\} \qquad (5.46)$$

mit

$$\mathbb{P}(\{\omega_j\}) := (1-p)^{j-1} \cdot p, \qquad j \in \mathbb{N}. \tag{5.47}$$

Hier steht ω_j für ein „Wort" aus $j-1$ Nullen und einer terminalen Eins, also $\omega_1 = 1$, $\omega_2 = 01$, $\omega_3 = 001$, $\omega_4 = 0001$ usw. Nach (5.22) gilt

$$\sum_{j=1}^{\infty} \mathbb{P}(\{\omega_j\}) = p \cdot \sum_{k=0}^{\infty} (1-p)^k = p \cdot \frac{1}{1-(1-p)} = 1,$$

so dass (5.47) und (5.35) in der Tat eine W-Verteilung $\mathbb{P}$ auf Ω erklären.

Setzen wir $X(\omega_j) := j - 1$, $j \in \mathbb{N}$, so gibt die Zufallsvariable X die *Anzahl der Nieten vor dem ersten Treffer* an. Wegen $\{X = k\} = \{\omega_{k+1}\}$ hat X eine *geometrische Verteilung* im Sinne der folgenden Begriffsbildung.

Die Zufallsvariable X besitzt eine *geometrische Verteilung mit Parameter p* $(0 < p < 1)$, kurz: $X \sim G(p)$, falls ihre Verteilung durch

$$\mathbb{P}(X = k) = (1-p)^k \cdot p, \qquad k \in \mathbb{N}_0,$$

gegeben ist.

Der Erwartungswert einer geometrisch verteilten Zufallsvariablen kann mit Hilfe von (5.43) berechnet werden. Zunächst gilt

$$\mathbb{P}(X \geq j) = \sum_{k=j}^{\infty} (1-p)^k \cdot p = (1-p)^j \cdot p \cdot \sum_{k=0}^{\infty} (1-p)^k = (1-p)^j,$$

wobei wir erneut (5.22) benutzt haben. Damit folgt

$$\mathbb{E}(X) = \sum_{j=1}^{\infty} (1-p)^j = \frac{1-p}{p} = \frac{1}{p} - 1. \tag{5.48}$$

Aus (5.45) ergibt sich

$$\mathbb{E}(X^2) + \mathbb{E}(X) = 2 \cdot \sum_{j=1}^{\infty} j \cdot (1-p)^j = \frac{2 \cdot \mathbb{E}(X)}{p} = \frac{2 \cdot (1-p)}{p^2}$$

und damit wegen (5.48)

$$\mathbb{V}(X) = \mathbb{E}(X^2) - (\mathbb{E}(X))^2 = \frac{2 \cdot (1-p)}{p^2} - \frac{1-p}{p} - \frac{(1-p)^2}{p^2} = \frac{1-p}{p^2}. \tag{5.49}$$

Da X die Anzahl der Nieten vor dem ersten Treffer zählt, besitzt die um eins größere Anzahl der Versuche bis zum ersten Treffer den Erwartungswert $1/p$. In

der Interpretation des Erwartungswertes als durchschnittlicher Wert auf lange
Sicht sind also z.B. „im Schnitt" 6 Versuche nötig, um mit einem echten Würfel
eine Sechs zu werfen. Stabdiagramme der geometrischen Verteilung für $p = 1/2$
und $p = 1/4$ sind in Bild 5.5 veranschaulicht.

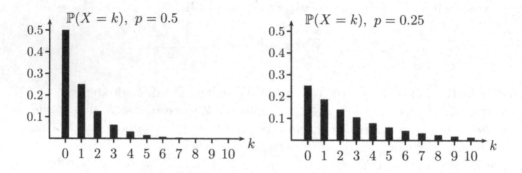

Bild 5.5: Stabdiagramme geometrischer Verteilungen

5.4.4   Die negative Binomialverteilung

In Verallgemeinerung von 5.4.3 fragen wir jetzt nach der Wahrscheinlichkeit, dass
vor dem r-ten Treffer genau k Nieten auftreten ($k = 0, 1, 2, \ldots$). Als Grundraum
des Experimentes „Warten bis zum r-ten Treffer" bietet sich die Menge Ω aller
„Wörter" aus Nullen und Einsen an, die genau r Einsen enthalten und mit einer
Eins enden. Die letzte Eins steht dabei für den r-ten Treffer. Im Fall $r = 2$ gilt
etwa

$$\Omega = \{11, 011, 101, 0011, 0101, 1001, 00011, 00101, 01001, 10001, \ldots\}.$$

Wir definieren die Zufallsvariable X durch $X(\omega) := $ *Anzahl der Nullen im Wort*
ω. Mit anderen Worten zählt X die Anzahl der Nieten vor dem r-ten Treffer.
Das Ereignis $\{X = k\}$ tritt offenbar genau dann ein, wenn vor dem r-ten Treffer
genau k Nieten auftreten. Jedes Wort, das aus k Nullen und r Einsen besteht,
besitzt aufgrund der Unabhängigkeit der Experimente und der Kommutativität
der Multiplikation die Wahrscheinlichkeit $(1-p)^k p^r$. Da es $\binom{k+r-1}{k}$ Möglichkeiten
gibt, aus den der letzten Eins vorausgehenden $k + r - 1$ Buchstaben des Wortes k
Buchstaben als 0 und die übrigen als 1 auszuzeichnen, besitzt die Zufallsvariable
X eine negative Binomialverteilung im Sinne der nachfolgenden Begriffsbildung.

Die Zufallsvariable X besitzt eine *negative Binomialverteilung* *mit Parame-*
tern r und p $(r \in \mathbb{N}, 0 < p < 1)$, kurz: $X \sim Nb(r,p)$, falls ihre Verteilung

durch

$$\mathbb{P}(X = k) = \binom{k + r - 1}{k} \cdot p^r \cdot (1 - p)^k, \qquad k \in \mathbb{N}_0, \tag{5.50}$$

gegeben ist.

Die Verteilung $Nb(r, p)$ stimmt für $r = 1$ mit der geometrischen Verteilung $G(p)$ überein. Bild 5.6 zeigt Stabdiagramme der negativen Binomialverteilung für $p = 0.8$, $p = 0.5$ und $r = 2, r = 3$.

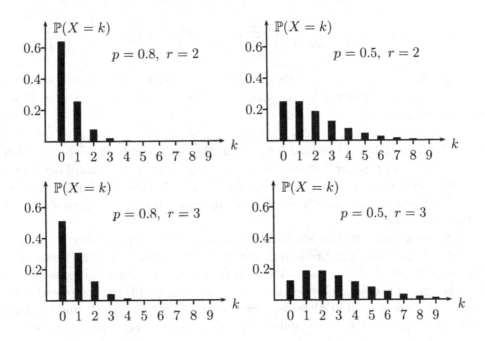

Bild 5.6: Stabdiagramme von negativen Binomialverteilungen

Der nächste Satz liefert ein tieferes Verständnis der negativen Binomialverteilung. Dabei wird die Unabhängigkeit von Zufallsvariablen wie in 4.8.7 definiert.

5.46 Satz. (Darstellung der negativen Binomialverteilung)
Es seien $X_1, \ldots, X_r$ stochastisch unabhängige Zufallsvariablen mit der gleichen geometrischen Verteilung $G(p)$. Dann gilt:

$$X_1 + \ldots + X_i \sim Nb(i, p), \qquad i = 1, \ldots, r. \tag{5.51}$$

BEWEIS: Der Beweis erfolgt durch Induktion über i. Für $i = 1$ ist (5.51) richtig. Für den Induktionsschritt von i auf $i + 1$ nehmen wir an, dass $Y := X_1 + \ldots + X_i$ die Verteilung $Nb(i, p)$ besitzt. Weil Y und X_{i+1} nach (dem unverändert gültigen) Satz 4.17 stochastisch unabhängig sind, erhalten wir für jedes $k \in \mathbb{N}_0$

$$\mathbb{P}(Y + X_{i+1} = k) = \sum_{j=0}^{k} \mathbb{P}(Y = j, Y + X_{i+1} = k) = \sum_{j=0}^{k} \mathbb{P}(Y = j, X_{i+1} = k - j)$$

$$= \sum_{j=0}^{k} \mathbb{P}(Y = j) \cdot \mathbb{P}(X_{i+1} = k - j)$$

$$= \sum_{j=0}^{k} \binom{j+i-1}{j} \cdot p^i \cdot (1-p)^j \cdot p \cdot (1-p)^{k-j}$$

$$= p^{i+1} \cdot (1-p)^k \cdot \sum_{j=0}^{k} \binom{j+i-1}{j} = p^{i+1} \cdot (1-p)^k \cdot \binom{k+i}{k}.$$

Dabei wurde zuletzt eine Identität für Binomialkoeffizienten benutzt, die man sich leicht anhand des Pascalschen Dreiecks klar machen und mittels Induktion zeigen kann. Damit ist (5.51) bewiesen. $\square$

Die Zufallsvariable X_1 in Satz 5.46 beschreibt die Anzahl der Nieten vor dem ersten Treffer. In gleicher Weise steht X_i $(i = 2, \ldots, r)$ für die Anzahl der Nieten zwischen dem $(i-1)$-ten und dem i-ten Treffer. Die Anzahl aller Nieten vor dem r-ten Treffer setzt sich additiv aus diesen stochastisch unabhängigen Zufallsvariablen zusammen.

Ist X negativ binomialverteilt mit den Parametern r und p, so liefert (5.51) eine elegante Möglichkeit, den Erwartungswert und die Varianz von X zu bestimmen. Eine analoge Idee haben wir schon in 4.9.1 für die Binomialverteilung verwendet. Beachtet man die entsprechenden Formeln (5.48) und (5.49) für die geometrische Verteilung sowie die Additivität des Erwartungswertes (vgl. (4.15)) und (im Falle der Unabhängigkeit der Summanden) auch der Varianz (vgl. (4.72)), so folgt

$$\mathbb{E}(X) = r \cdot \frac{1-p}{p}, \qquad \mathbb{V}(X) = r \cdot \frac{1-p}{p^2}. \tag{5.52}$$

Ihre Namensgebung verdankt die *negative* Binomialverteilung der Darstellung

$$\mathbb{P}(X = k) = \binom{-r}{k} \cdot p^r \cdot (-(1-p))^k.$$

Dabei ist allgemein

$$\binom{x}{k} := \frac{x(x-1) \cdot \ldots \cdot (x-k+1)}{k!}, \qquad x \in \mathbb{R}, \ k \in \mathbb{N}, \tag{5.53}$$

sowie $\binom{x}{0} := 1$, $x \in \mathbb{R}$, gesetzt. Die Reihe $\sum_{k=0}^{\infty} \mathbb{P}(X = k)$ ist ein Spezialfall der *Binomialreihe*, die wir in Beispiel 6.72 behandeln werden.

5.4.5 Die Poisson–Verteilung

Wir lernen jetzt mit der *Poisson*[8]*–Verteilung* ein weiteres wichtiges Verteilungsgesetz der Stochastik kennen. Die Poisson–Verteilung approximiert die Binomialverteilung $Bin(n,p)$ (vgl. 4.9) für großes n und kleines p. Genauer gesagt betrachten wir eine Folge von Verteilungen $Bin(n,p_n)$, $n \geq 1$, mit *konstantem Erwartungswert*

$$\lambda := n \cdot p_n, \qquad 0 < \lambda < \infty, \tag{5.54}$$

setzen also $p_n := \lambda/n$. Da $Bin(n,p_n)$ die Verteilung der Trefferanzahl in einer Bernoulli–Kette der Länge n mit Trefferwahrscheinlichkeit p_n angibt, befinden wir uns in einer Situation, in der eine wachsende Anzahl von Versuchen eine immer kleiner werdende Trefferwahrscheinlichkeit dahingehend kompensiert, dass die erwartete Trefferanzahl konstant bleibt. Wegen

$$\binom{n}{k} p_n^k (1-p_n)^{n-k} = \frac{(n \cdot p_n)^k}{k!} \cdot \frac{n^k}{n^k} \cdot \left(1 - \frac{n \cdot p_n}{n}\right)^{-k} \cdot \left(1 - \frac{n \cdot p_n}{n}\right)^n$$

$$= \frac{\lambda^k}{k!} \cdot \frac{n^k}{n^k} \cdot \left(1 - \frac{\lambda}{n}\right)^{-k} \cdot \left(1 - \frac{\lambda}{n}\right)^n$$

für jedes $n \geq k$ und den Beziehungen

$$\lim_{n\to\infty} \frac{n^k}{n^k} = 1 = \lim_{n\to\infty} \left(1 - \frac{\lambda}{n}\right)^{-k}, \qquad \lim_{n\to\infty} \left(1 - \frac{\lambda}{n}\right)^n = e^{-\lambda},$$

(vgl. (3.28)) folgt dann

$$\lim_{n\to\infty} \binom{n}{k} \cdot p_n^k \cdot (1-p_n)^{n-k} = e^{-\lambda} \cdot \frac{\lambda^k}{k!}, \qquad k \in \mathbb{N}_0. \tag{5.55}$$

Die Wahrscheinlichkeit für das Auftreten von k Treffern in obiger Bernoulli–Kette konvergiert also gegen $e^{-\lambda} \lambda^k / k!$. Wegen $\sum_{k=0}^{\infty} e^{-\lambda} \cdot \lambda^k / k! = e^{-\lambda} \cdot e^{\lambda} = 1$ (vgl. Satz 5.45) liefert dabei die rechte Seite von (5.55) eine W-Verteilung auf $\mathbb{N}_0$, was die folgende Begriffsbildung rechtfertigt.

Die Zufallsvariable X besitzt eine *Poisson–Verteilung mit Parameter* λ ($\lambda > 0$), kurz: $X \sim Po(\lambda)$, falls gilt:

$$\mathbb{P}(X = k) = e^{-\lambda} \cdot \frac{\lambda^k}{k!}, \qquad k \in \mathbb{N}_0.$$

---

[8]Siméon Denis Poisson (1781–1840); studierte Mathematik an der École Polytechnique, wo er 1806 selbst Professor wurde. Poisson leistete wichtige Beiträge, insbesondere zur Mathematischen Physik und zur Analysis. 1827 erfolgte seine Ernennung zum Geometer des Längenbureaus an Stelle des verstorbenen P.S. Laplace. Die ungerechtfertigterweise nach Poisson benannte Verteilung war schon de Moivre bekannt.

Für $X \sim Po(\lambda)$ gilt

$$\mathbb{E}(X) = \sum_{k=0}^{\infty} k \cdot e^{-\lambda} \cdot \frac{\lambda^k}{k!} = \lambda \cdot e^{-\lambda} \cdot \sum_{k=1}^{\infty} \frac{\lambda^{k-1}}{(k-1)!} = \lambda \cdot e^{-\lambda} \cdot e^{\lambda} = \lambda. \qquad (5.56)$$

Analog folgt $\mathbb{E}(X \cdot (X - 1)) = \lambda^2$ und deshalb

$$\mathbb{V}(X) = \mathbb{E}(X^2) - (\mathbb{E}(X))^2 = \lambda^2 + \mathbb{E}(X) - (\mathbb{E}(X))^2 = \lambda. \qquad (5.57)$$

Diese doppelte Bedeutung des Parameters λ als Schwerpunkt und zugleich Streuungsmaß ist in Bild 5.7 veranschaulicht.

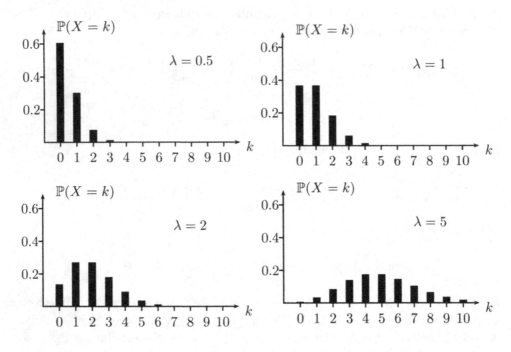

Bild 5.7: Stabdiagramme von Poisson–Verteilungen

Die *Poisson–Approximation* (5.55) *der Binomialverteilung* wird manchmal auch *Gesetz seltener Ereignisse* genannt. Diese Namensgebung rührt von der Erzeugungsweise der Binomialverteilung $Bin(n, p_n)$ als Summe von n Indikatoren unabhängiger Ereignisse gleicher Wahrscheinlichkeit p_n her: Obwohl jedes einzelne Ereignis eine kleine Wahrscheinlichkeit $p_n = \lambda/n$ besitzt und somit „selten eintritt", konvergiert die Wahrscheinlichkeit des Eintretens von k dieser Ereignisse gegen einen festen, nur von λ und k abhängigen Wert.

In den Anwendungen tritt die Poissonverteilung häufig dort als Modell auf, wo gezählt wird, wie viele von zahlreichen möglichen, aber einzeln relativ unwahrscheinlichen Ereignissen eintreten. Beispiele hierfür sind die Anzahl von Unfällen, Selbstmorden, Meteoriteneinschlägen oder Gewittern (jeweils auf eine bestimmte Region und einen bestimmten Zeitraum bezogen), die Anzahl radioaktiver Zerfälle in einer gewissen Zeiteinheit oder die Anzahl fremder Samen pro Packung Saatgut bei geringer Verunreinigung durch Samen anderer Pflanzensorten.

5.5 Warteschlangen*

5.5.1 Modellierung

Wir alle kennen die frustrierende Situation, in einer langen Schlange im Supermarkt auf den Beginn unserer Bedienung warten zu müssen. Es gibt zahlreiche andere Beispiele für *Warteschlangen* und *Bediensysteme*, in denen *Kunden* eintreffen, um bedient zu werden: Werkstücke, die in einer bestimmten Phase des Produktionsprozesses an einer Maschine bearbeitet werden, Daten, die an einer gewissen Stelle eines Rechnernetzes umgewandelt werden müssen, oder Anrufer, die sich in der „Warteschleife" einer Servicenummer befinden. Oft sind solche Bedienstationen Bausteine komplexerer *Netze* von vielen miteinander verbundenen Stationen.

In diesem Abschnitt entwickeln wir ein einfaches aber gleichwohl recht illustratives stochastisches Modell für ein Bediensystem mit *einem* Bediener und *einer* Warteschlange mit *unendlich vielen* Warteplätzen. Ein Kunde, der den Bediener bei seiner Ankunft besetzt vorfindet, reiht sich bis zum Beginn seiner Bedienung in die Warteschlange ein. Wir nehmen an, dass das System zu jedem der Zeitpunkte $0, h, 2 \cdot h, \ldots, T \cdot h$ beobachtbar ist. Dabei sind $h > 0$ eine vorgegebene *Taktlänge* und T (oder $T \cdot h$) ein bekannter *Zeithorizont*. Für jedes n mit $1 \leq n \leq T$ bezeichne X_n die zufällige Anzahl der Kunden, die sich nach Ende des n-ten Taktes im System befinden. In gleicher Weise steht X_0 für die Anzahl der Kunden, die zum Zeitpunkt 0, d.h. vor Beginn des ersten Taktes, im System sind. Mathematisch betrachten wir $X_0, \ldots, X_T$ als Zufallsvariablen mit Werten in $\mathbb{N}_0$, welche auf einem diskreten W-Raum $(\Omega, \mathbb{P})$ definiert sind.

Zur Festlegung der *gemeinsamen Verteilung* von $X_0, \ldots, X_T$, d.h. des Systems aller Wahrscheinlichkeiten

$$\mathbb{P}(X_0 = i_0, \ldots, X_T = i_T) := \mathbb{P}(\{X_0 = i_0\} \cap \ldots \cap \{X_T = i_T\}) \qquad (5.58)$$

mit $i_0, \ldots, i_T \in \mathbb{N}_0$ nehmen wir an, dass sowohl Ankünfte und Bedienungen als auch das Geschehen in verschiedenen Takten unabhängig voneinander sind. Weiter sei die Taktlänge $h > 0$ so klein bemessen, dass die Wahrscheinlichkeit von mehr als einer Ankunft während eines Taktes praktisch zu vernachlässigen ist und innerhalb eines Taktes auch immer nur eine Bedienung beendet werden kann.

Unter diesen Annahmen wollen wir das stochastische Verhalten des Systems durch nur zwei Parameter $\lambda > 0$ und $\mu > 0$ beschreiben. Hierbei ist λ die Wahrscheinlichkeit für das Eintreffen eines Kunden innerhalb eines Zeittaktes. Mit Wahrscheinlichkeit $1 - \lambda$ gibt es keine Ankunft. Befinden sich Kunden im Warteraum, so wird mit Wahrscheinlichkeit μ die Bedienung des am längsten wartenden Kunden während eines Taktes beendet. Sowohl λ als auch μ hängen also nicht von der Zeit (d.h. von der Taktnummer) ab. Unter den getroffenen Voraussetzungen machen wir den plausiblen Ansatz

$$\mathbb{P}(X_n = i_n | X_{n-1} = i_{n-1}, \ldots, X_0 = i_0) := p(i_{n-1}, i_n) \qquad (5.59)$$

mit $i_0, \ldots, i_n \in \mathbb{N}_0$, $n \in \{1, \ldots, T\}$ und $\mathbb{P}(X_{n-1} = i_{n-1}, \ldots, X_0 = i_0) > 0$. Dabei sind die *Übergangswahrscheinlichkeiten* $p(i,j)$, $i, j \in \mathbb{N}_0$, wie folgt gegeben:

$$p(i,j) := \begin{cases} \lambda(1 - \mu), & \text{falls } j = i + 1 \text{ und } i \geq 1, \\ \mu(1 - \lambda), & \text{falls } j = i - 1 \text{ und } i \geq 1, \\ 1 - \lambda(1 - \mu) - \mu(1 - \lambda), & \text{falls } j = i \geq 1, \\ \lambda, & \text{falls } j = 1 \text{ und } i = 0, \\ 1 - \lambda, & \text{falls } i = j = 0. \end{cases} \qquad (5.60)$$

Gilt $X_{n-1} = i$, so kann X_n nur die drei Werte $i - 1$ (falls $i \geq 1$), i und $i + 1$ annehmen. So ist etwa $\lambda(1 - \mu)$ die Wahrscheinlichkeit dafür, dass in einem Takt ein Kunde ankommt und gleichzeitig keine Bedienung zu Ende geht. In diesem Fall erhöht sich die Anzahl der Kunden um eins.

Weil die Übergangswahrscheinlichkeiten (5.60) relativ kompliziert sind, ist es für die weitere Analyse hilfreich, das Modell noch etwas zu vereinfachen. Dazu werde vereinbart, dass die Taktlänge h und damit auch λ und μ so klein sind, dass das Produkt $\lambda \cdot \mu$ im Vergleich zu λ und μ vernachlässigt werden kann. Anstelle von (5.60) treffen wir somit die Annahme

$$p(i,j) := \begin{cases} \lambda, & \text{falls } j = i + 1, \\ \mu, & \text{falls } j = i - 1 \text{ und } i \geq 1, \\ 1 - \lambda - \mu, & \text{falls } j = i \geq 1, \\ 1 - \lambda, & \text{falls } i = j = 0, \end{cases} \qquad (5.61)$$

und setzen hierfür natürlich die Ungleichung $\lambda + \mu \leq 1$ voraus.

Bild 5.8 veranschaulicht die durch (5.61) gegebenen möglichen Zustandsänderungen des Bediensystems. Dabei sind die Zustände (Anzahl der momentan im System befindlichen Kunden) durch Kreise (sog. „Knoten") und die möglichen Übergänge zwischen Zuständen durch gerichtete Kanten beschrieben.

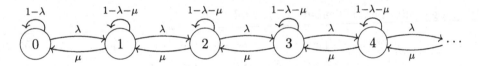

Bild 5.8: Schematische Darstellung des durch (5.61) gegebenen Bediensystems

Die Wahrscheinlichkeiten (5.61) beschreiben ein gekoppeltes Experiment im Sinne von 4.6.1. Dabei gilt für die bedingten Wahrscheinlichkeiten (4.43)

$$p_n(a_n|a_0,\ldots,a_{n-1}) = p(a_{n-1},a_n), \qquad n \in \{1,\ldots,T\}.$$

Diese bedingte Wahrscheinlichkeit hängt somit nicht von der „gesamten Vergangenheit" $a_0, a_1, \ldots, a_{n-1}$ des Systems, sondern nur vom letzten Zustand a_{n-1} ab.

Zusammen mit einer gegebenen *Start–Verteilung* $\mathbb{P}(X_0 = j)$, $j \in \mathbb{N}_0$, legen (5.59) und (5.61) die Wahrscheinlichkeiten (5.58) fest. Aus der Multiplikationsregel (4.57) (vgl. auch (4.45)) folgt nämlich für jedes $n \in \{1,\ldots,T\}$ und jede Wahl von $i_0, \ldots, i_n \in \mathbb{N}_0$ die Gleichung

$$\mathbb{P}(X_0 = i_0, \ldots, X_n = i_n) - \mathbb{P}(X_0 = i_0) \cdot p(i_0, i_1) \cdot \ldots \cdot p(i_{n-1}, i_n). \qquad (5.62)$$

Definieren wir die *n-Schritt Übergangswahrscheinlichkeiten* $p^{(n)}(i,j)$ induktiv durch $p^{(1)}(i,j) := p(i,j)$ und

$$p^{(n+1)}(i,j) := \sum_{k=0}^{\infty} p^{(n)}(i,k) \cdot p(k,j), \qquad n \in \mathbb{N}, \qquad (5.63)$$

so ergibt sich aus (5.62) durch sukzessive Summation über $i_1, \ldots, i_{n-1}$

$$\mathbb{P}(X_n = i_n, X_0 = i_0) = \mathbb{P}(X_0 = i_0) \cdot p^{(n)}(i_0, i_n).$$

Damit erhalten wir aus der Definition bedingter Wahrscheinlichkeiten

$$\mathbb{P}(X_n = j|X_0 = i) = p^{(n)}(i,j), \qquad i,j \in \mathbb{N}_0,\ n \in \{1,\ldots,T\}, \qquad (5.64)$$

falls $\mathbb{P}(X_0 = i) > 0$. Diese Beziehung rechtfertigt nachträglich die Sprechweise „n-Schritt Übergangswahrscheinlichkeit" für $p^{(n)}(i,j)$.

5.5.2 Die invariante Verteilung

Wir betrachten das durch die Zufallsvariablen $X_0, \ldots, X_T$ beschriebene stochastische Modell (5.59) und (5.61).

Eine Verteilung π auf $\mathbb{N}_0$ heißt *invariante* (oder *stationäre*) *Verteilung* (der Übergangswahrscheinlichkeiten $p(i,j)$), falls gilt:

$$\mathbb{P}(X_n = i) = \pi(i), \qquad i \in \mathbb{N}_0,\ n \in \{0,\ldots,T\}. \tag{5.65}$$

Gilt (5.65), so haben alle X_n die gleiche Verteilung π, d.h. die (endliche) Folge $X_0,\ldots,X_T$ befindet sich im *statistischen Gleichgewicht*.

5.47 Satz. (Charakterisierung einer invarianten Verteilung)
Eine Verteilung π auf $\mathbb{N}_0$ ist genau dann stationäre Verteilung der Übergangswahrscheinlichkeiten $p(i,j)$, $i,j \in \mathbb{N}_0$, wenn gilt:

$$\pi(j) = \sum_{i=0}^{\infty} \pi(i) \cdot p(i,j), \qquad j \in \mathbb{N}_0. \tag{5.66}$$

BEWEIS: Ist $\pi(\cdot)$ eine invariante Verteilung, so folgt (5.66) aus der Formel der totalen Wahrscheinlichkeit (vgl. 4.7.4) und (5.59) für $n = 1$. Setzt man umgekehrt (5.66) voraus, so liefert vollständige Induktion die Gleichungen

$$\pi(j) = \sum_{i=0}^{\infty} \pi(i) \cdot p^{(n)}(i,j), \qquad j \in \mathbb{N}_0,\ n \in \mathbb{N}. \tag{5.67}$$

Hat jetzt X_0 die Verteilung π (gilt also (5.65) für $n = 0$), so liefern (5.64) und die Formel der totalen Wahrscheinlichkeit die Gleichungen (5.65) für jedes $n \in \{0,\ldots,T\}$. $\qquad\square$

Das nächste Resultat liefert eine hinreichende und notwendige Bedingung für die Existenz und die Eindeutigkeit einer invarianten Verteilung.

5.48 Satz. (Existenz und Eindeutigkeit der invarianten Verteilung)
Die durch (5.61) definierten Übergangswahrscheinlichkeiten besitzen genau dann eine invariante Verteilung π, wenn die Ungleichung $\lambda < \mu$ erfüllt ist. In diesem Fall ist π eine geometrische Verteilung mit dem Parameter $1 - \lambda/\mu$, d.h. es gilt

$$\pi(j) = \left(1 - \frac{\lambda}{\mu}\right)\left(\frac{\lambda}{\mu}\right)^{j}, \qquad j \in \mathbb{N}_0. \tag{5.68}$$

BEWEIS: Ist π eine invariante Verteilung, so folgt aus den Gleichungen (5.66) zunächst

$$\pi(i) = \pi(i-1)\lambda + \pi(i)(1 - \lambda - \mu) + \pi(i+1)\mu, \qquad i \geq 1. \tag{5.69}$$

Für jedes $j \in \mathbb{N}_0$ definieren wir $a_j := \sum_{i=j}^{\infty} \pi(i)$ und erhalten aus (5.69) durch Summation über alle i mit $i \geq j$

$$a_j = \pi(j-1)\lambda + a_j\lambda + (1 - \lambda - \mu)a_j + a_j\mu - \pi(j)\mu$$

und somit

$$\pi(j-1)\lambda = \pi(j)\mu, \qquad j \geq 1.$$

Daraus folgt induktiv $\pi(j) = \pi(0)\lambda^j/\mu^j$. Wegen $\sum_{j=0}^{\infty}\pi(j) = 1$ ergibt sich dann sowohl $\lambda < \mu$ als auch (5.68).

Setzen wir umgekehrt die Ungleichung $\lambda < \mu$ voraus, so definiert (5.68) eine Verteilung π. Eine direkte Rechnung zeigt dann, dass die Gleichungen (5.69) erfüllt sind.   □

Die in Satz 5.48 auftretende *Stabilitätsbedingung* $\lambda < \mu$ besagt, dass in jedem Zeittakt die Ankunftswahrscheinlichkeit kleiner als die entsprechende „Abfertigungswahrscheinlichkeit" ist. Hierdurch wird garantiert, dass das System die eintreffende Arbeit auch tatsächlich bewältigen kann.

Im Fall $\lambda < \mu$ gilt auch der grundlegende sogenannte *Ergodensatz*

$$\lim_{n\to\infty} p^{(n)}(i,j) = \pi(j), \qquad i,j \in \mathbb{N}_0, \tag{5.70}$$

(vgl. Krengel, 2002). Da sich das im Zustand $X_0 = i$ startende System mit der bedingten Wahrscheinlichkeit $p^{(n)}(i,j)$ zum Zeitpunkt n im Zustand j befindet, können die Grenzwertbeziehungen (5.70) wie folgt interpretiert werden:

Ist $X_0, \ldots, X_T$ eine (5.59) genügende (sich nicht notwendig im statistischen Gleichgewicht befindende) Folge von Zufallsvariablen, so gilt: Die Wahrscheinlichkeit $\mathbb{P}(X_n = j)$, dass das System zum Zeitpunkt n im Zustand j ist, ist unabhängig vom speziellen Anfangszustand i des Systems für großes n ungefähr gleich der durch die invariante Verteilung gegebenen Wahrscheinlichkeit $\pi(j)$.

Die Bedeutung der invarianten Verteilung liegt also darin, dass sie im Fall $\lambda < \mu$ über den Ergodensatz das *stochastische Langzeitverhalten* des Systems unabhängig von dessen speziellem Anfangszustand beschreibt. In Abschnitt 8.8 werden wir auf diese Problematik noch genauer eingehen.

Im Fall $\lambda < \mu$ ist $\rho := \lambda/\mu$ nach (5.68) die Wahrscheinlichkeit dafür, dass das System im statistischen Gleichgewicht nicht leer ist. Man nennt ρ auch die *Auslastung* oder *Verkehrsdichte* des Systems. Im statistischen Gleichgewicht ergeben sich Erwartungswert und Varianz der Anzahl X_n der sich zum Zeitpunkt n im System befindlichen Kunden nach (5.48) zu $\rho/(1-\rho)$ und $\rho/(1-\rho)^2$. Bild 5.9 zeigt, wie empfindlich diese Kenngrößen reagieren, wenn sich die Auslastung der *kritischen Grenze* $\rho = 1$ nähert.

Wird die kritische Grenze $\rho = 1$ sogar erreicht oder überschritten (gilt also $\lambda \geq \mu$), so existiert nach Satz 5.48 keine invariante Verteilung. In diesem Fall würde man erwarten, dass unabhängig vom speziellen Startzustand die Anzahl der Kunden im System mit zunehmender Zeit tendenziell über alle Grenzen wächst. In der Tat kann in diesem Fall die Grenzwertbeziehung

$$\lim_{n\to\infty} p^{(n)}(i,j) = 0, \qquad i,j \in \mathbb{N}_0,$$

bewiesen werden.

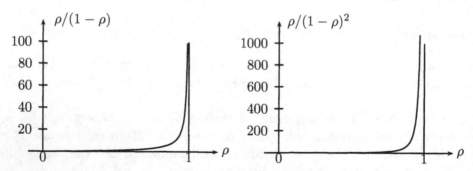

Bild 5.9: Erwartungswert (links) und Varianz (rechts) der Anzahl der Kunden im System (im statistischen Gleichgewicht) als Funktion der Verkehrsdichte

Lernziel–Kontrolle

- Wann heißt eine Folge konvergent (bestimmt bzw. unbestimmt divergent)?

- Sind die Eigenschaften $a_n \to a$, $a_n - a \to 0$ und $|a_n - a| \to 0$ äquivalent?

- Warum ist eine monotone und beschränkte Folge konvergent?

- Was ist der Unterschied zwischen einem Häufungspunkt und einem Grenzwert einer Folge?

- Können Sie eine Folge angeben, die genau sieben Häufungspunkte besitzt?

- Warum gilt $\sqrt[m]{1/a} = 1/\sqrt[m]{a}$?

- Was versteht man unter der unendlichen Reihe $\sum_{k=1}^{\infty} a_k$?

- Wann heißt eine Reihe konvergent?

- Warum konvergiert die geometrische Reihe $\sum_{n=0}^{\infty} x^n$ für $|x| < 1$?

- Warum divergiert die harmonische Reihe?

- Können Sie die Gleichung $\exp(x + y) = \exp(x)\exp(y)$ herleiten?

- Warum gilt $\exp(x) > 0$ für jedes $x \in \mathbb{R}$?

- Was besagt die Eigenschaft der σ–Additivität?

- Mit welcher Wahrscheinlichkeit tritt beim wiederholten Würfelwurf die dritte Sechs im achten Wurf auf?

- In welchem Sinn approximiert die Poisson–Verteilung die Binomialverteilung?

Kapitel 6

Differentialrechnung

Kennt man ... den obigen Algorithmus dieses Kalküls, den ich Differential-
rechnung nenne, so lassen sich die Maxima und Minima sowie die Tangenten
erhalten ...

Gottfried Wilhelm Leibniz

In diesem Kapitel betrachten wir Funktionen $f : D \to \mathbb{R}$, deren Definitionsbereich D eine Teilmenge der reellen Zahlen ist. *Stetigkeit* und *Differenzierbarkeit* solcher Funktionen sind grundlegende Konzepte der Analysis. Modelliert die Funktion f etwa die Abhängigkeit der Nachfrage nach einem Gut vom Preis, so sollte eine kontinuierliche Änderung des Preises zu einer ebenfalls kontinuierlichen Änderung der Nachfrage führen. Eine sprunghafte Änderung der Nachfrage ist hier im Allgemeinen nicht zu erwarten: die Funktion verhält sich *stetig*. Ist der Definitionsbereich D ein Intervall, so besitzt die Stetigkeit von f eine anschauliche Interpretation: der Graph von f ist eine „zusammenhängende Kurve".

Der Graph einer *differenzierbaren* Funktion weist keine Sprünge auf, ist aber darüber hinaus auch „glatt". Der Prozess der Differentiation ordnet einer reellwertigen Funktion f einer Variablen eine neue Funktion f' zu. Die Funktion f' heißt *Ableitung* von f. Sie beschreibt die Rate, mit der sich die Funktionswerte von f ändern, wenn das Argument eine *infinitesimale* (d.h. unendlich kleine) Änderung erfährt. Ableitungen sind zur Beschreibung des Wachstums- und Krümmungsverhaltens einer Funktion unverzichtbar, und sie spielen bei der Maximierung bzw. Minimierung von Funktionen eine herausragende Rolle.

So wichtig diese Anwendungen auch sind, der Grund für die immense Bedeutung der Ableitungen in Anwendungen vielfältigster Art ist woanders zu suchen. Eine Funktion f beschreibt oft das Verhalten einer interessierenden Kenngröße in Abhängigkeit von einer oder mehreren Variablen. So hängt etwa der Preis einer Kaufoption auf eine Aktie vom aktuellen Aktienkurs, der Restlaufzeit der Option,

der sogenannten Volatilität des Aktienkurses und vom vereinbarten Ausübungs-
preis ab. Eine derartige Funktion ist fast nie durch eine explizite Formel gegeben.
Stattdessen kennt man häufig das Verhalten von f bei infinitesimalen Änderungen
der Variablen. Mathematisch führt diese Kenntnis auf *Differentialgleichungen*,
d.h. auf Gleichungen, in denen die Ableitungen von f bezüglich der verschiedenen Variablen auftreten. Es ist kaum übertrieben zu behaupten, dass fast alle
Prozesse in Natur und Technik durch Differentialgleichungen beschrieben werden.

6.1 Stetigkeit

6.1.1 Definition und erste Folgerungen

Eine Funktion $f : D \to \mathbb{R}$ heißt *stetig* (*in einem Punkt*) $x_0 \in D$, wenn für jede
Folge (x_n) (mit Elementen) in D aus der Konvergenz $x_n \to x_0$ für $n \to \infty$ die
Konvergenz $f(x_n) \to f(x_0)$ für $n \to \infty$ folgt.

Die obige Definition kann auch kürzer (und etwas ungenauer) in der Form

$$\lim_{n \to \infty} f(x_n) = f \left(\lim_{n \to \infty} x_n \right)$$

geschrieben werden. Funktionswertbildung und Grenzwertbildung sind somit vertauschbar.

Eine Funktion $f : D \to \mathbb{R}$ heißt *stetig auf einer Teilmenge A* ihres Definitionsbereiches, wenn sie in jedem Punkt $x_0 \in A$ stetig ist. Ist f auf ganz D stetig, so
nennt man f *stetig* bzw. eine *stetige Funktion*.

Viele der bislang behandelten Funktionen sind stetig. So ist etwa die Betrags-
funktion $x \mapsto |x|$ auf ganz $\mathbb{R}$ stetig, und nach Satz 5.13 ist die für $x \geq 0$ definierte
Wurzelfunktion $x \mapsto \sqrt[k]{x}$ $(k \in \mathbb{N})$ stetig. Die Exponentialfunktion $x \mapsto e^x$ ist
wegen der Sätze 5.42 und 5.45 stetig.

Die in Beispiel 2.16 eingeführte Signumfunktion ist nicht stetig im Punkt $x_0 =$
0, denn es gilt

$$1 = \lim_{n \to \infty} \operatorname{sgn} \frac{1}{n} \neq -1 = \lim_{n \to \infty} \operatorname{sgn} \left(-\frac{1}{n} \right).$$

Sind f und g Funktionen von D in $\mathbb{R}$, so können wir durch die Festsetzung

$$(f + g)(x) := f(x) + g(x), \qquad x \in D,$$

d.h. durch *argumentweises Addieren der Funktionswerte*, eine Funktion $f + g :$
$D \to \mathbb{R}$ definieren. Man nennt $f + g$ die *Summe* von f und g. Völlig analog
definiert man die Funktion $c \cdot f$ für $c \in \mathbb{R}$, die Funktion $f \cdot g$ (das *Produkt* von
f und g) sowie (im Fall $g(x) \neq 0$, $x \in D$) die Funktion f/g. Aus Satz 5.10
ergeben sich sofort die folgenden wichtigen Regeln für den Umgang mit stetigen
Funktionen:

6.1 Satz. (Summe und Produkt stetiger Funktionen sind stetig)
Es seien $f, g : D \to \mathbb{R}$ im Punkt $x_0 \in D$ stetige Funktionen und $c \in \mathbb{R}$. Dann ist jede der Funktionen $f + g$, $c \cdot f$ und $f \cdot g$ stetig in x_0. Gilt $g(x) \neq 0$ für jedes $x \in D$, so ist auch f/g in x_0 stetig.

Satz 6.1 ist ein unverzichtbares Hilfsmittel, um die Stetigkeit einer Funktion nachzuweisen, die mit Hilfe der Rechenoperationen Addition, Subtraktion, Multiplikation oder Division aus einfacheren Funktionen aufgebaut ist.

Es seien $D_1, D_2 \subset \mathbb{R}$, $g : D_1 \to \mathbb{R}$ eine Funktion mit $g(D_1) \subset D_2$ und $f : D_2 \to \mathbb{R}$. Dann ist die Komposition (Hintereinanderausführung) $f \circ g : D_1 \to \mathbb{R}$ beider Funktionen durch

$$(f \circ g)(x) := f(g(x)), \qquad x \in D_1, \tag{6.1}$$

definiert (vgl. 2.1.6). Die Komposition stetiger Funktionen ist stetig:

6.2 Satz. (Komposition stetiger Funktionen)
Unter den obigen Voraussetzungen sei g stetig in $x_0 \in D_1$ und f stetig in $g(x_0)$. Dann ist die Komposition $f \circ g$ stetig in x_0.

BEWEIS: Es sei (x_n) eine beliebige Folge aus D_1 mit $\lim_{n \to \infty} x_n = x_0$. Wegen der Stetigkeit von g in x_0 gilt dann $g(x_n) \to g(x_0)$ für $n \to \infty$. Da f an der Stelle $g(x_0)$ stetig ist, folgt $f(g(x_n)) \to f(g(x_0))$ für $n \to \infty$. $\qquad\square$

6.3 Beispiel. (Polynome und rationale Funktionen)
Es seien seien $n \in \mathbb{N}_0$ und $a_0, \ldots, a_n \in \mathbb{R}$. Die durch

$$f(x) := a_0 + a_1 x + \ldots + a_n x^n, \qquad x \in \mathbb{R},$$

definierte Funktion $f : \mathbb{R} \to \mathbb{R}$ heißt *Polynomfunktion*) (oder auch *ganzrationale Funktion*) mit den *Koeffizienten* $a_0, \ldots, a_n$. Gilt $a_n \neq 0$, so nennt man n den *Grad* von f und f ein *Polynom n-ten Grades*. Dem *Nullpolynom*, d.h. der Funktion f mit $f(x) = 0$ für jedes $x \in \mathbb{R}$, wird kein Grad zugewiesen. Die Funktion f ist stetig. Für $a_2 = \ldots = a_n = 0$ (d.h. $f(x) = a_0 + a_1 x$) ist diese Aussage offensichtlich. Der allgemeine Fall folgt dann durch wiederholte Anwendung von Satz 6.1.

Sind f und g Polynome, so heißt die auf $D := \{x \in \mathbb{R} : g(x) \neq 0\}$ definierte Funktion $f/g : D \to \mathbb{R}$ *rationale Funktion*. Wegen Satz 6.1 ist eine rationale Funktion stetig.

6.1.2 Affine und quadratische Funktionen

Für Polynome ersten und zweiten Grades sind spezielle Namen gebräuchlich:

Ein Polynom ersten Grades, also eine Funktion der Gestalt $f(x) = a_0 + a_1 x$, heißt *affine Funktion.* Ein Polynom $f(x) = a_0 + a_1 x + a_2 x^2$ vom Grade 2 heißt *quadratische Funktion.*

Obwohl eine affine Funktion häufig als *lineare Funktion* bezeichnet wird, sollte diese Terminologie nur im Fall $a_0 = 0$ verwendet werden. Ist $f(x) = a_0 + a_1 x$ eine affine Funktion, so bildet der Graph $\{(x, f(x)) : x \in \mathbb{R}\}$ eine *Gerade* in $\mathbb{R}^2$. Wegen

$$\frac{f(x_2) - f(x_1)}{x_2 - x_1} = a_1, \qquad x_1 \neq x_2,$$

heißt a_1 auch *Anstieg* der Gerade (oder von f) (siehe Bild 6.1).

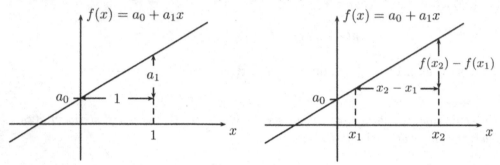

Bild 6.1: Anstieg einer Geraden (einer affinen Funktion)

Ist

$$f(x) := ax^2 + bx + c, \qquad x \in \mathbb{R},$$

eine quadratische Funktion ($a, b, c \in \mathbb{R}$, $a \neq 0$), so bildet der Graph von f eine *Parabel* in $\mathbb{R}^2$. Abbildung 2.13 illustriert den Fall $a = 1$ und $b = c = 0$. An der Darstellung

$$f(x) = a\left(x + \frac{b}{2a}\right)^2 - \frac{b^2 - 4ac}{4a}$$

(quadratische Ergänzung!) ist ersichtlich, wie man den Graphen von f aus dem Graphen der Funktion $f(x) = ax^2$ gewinnen kann (Bild 6.2). Im Fall $a > 0$ ist $(b^2 - 4ac)/4a$ das Minimum aller Funktionswerte. Ist dagegen $a < 0$, so ist $(b^2 - 4ac)/4a$ das Maximum aller Funktionswerte. Der Punkt mit den Koordinaten $-b/2a$ und $(b^2 - 4ac)/4a$ heißt *Scheitelpunkt* der Parabel (siehe Bild 6.2).

Eine *Nullstelle* von f ist eine Zahl $x \in \mathbb{R}$ mit $f(x) = 0$. Ist $b^2 - 4ac < 0$, so hat f keine Nullstellen. Gilt Ist $b^2 - 4ac = 0$, so ist $x = -b/2a$ die einzige Nullstelle von f. In diesem Fall liegt der Scheitelpunkt auf der x-Achse. Gilt dagegen $b^2 - 4ac > 0$, so gibt es zwei Nullstellen, nämlich

$$x_1 = \frac{-b + \sqrt{b^2 - 4ac}}{2a}, \qquad x_2 = \frac{-b - \sqrt{b^2 - 4ac}}{2a}.$$

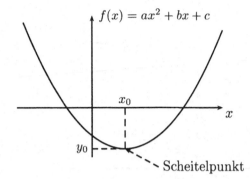

$f(x) = ax^2 + bx + c$

x_0

x

y_0

Scheitelpunkt

Bild 6.2:
Parabel mit Scheitelpunkt
$x_0 = -b/2a$,
$y_0 = (b^2 - 4ac)/4a$

6.1.3 Die $\varepsilon\delta$-Charakterisierung der Stetigkeit

Um die Stetigkeit von Funktionen zu überprüfen, reicht die in 6.1.1 gegebene Definition meist aus. Im Hinblick auf theoretische Untersuchungen ist die folgende (in Bild 6.3 illustrierte) $\varepsilon\delta$-*Charakterisierung* jedoch oft besser geeignet.

6.4 Satz. ($\varepsilon\delta$-Charakterisierung der Stetigkeit)
Es seien $f : D \to \mathbb{R}$ eine Funktion sowie $x_0 \in D$. Dann sind die folgenden Aussagen äquivalent:

(i) *f ist stetig in x_0.*

(ii) *Zu jedem $\varepsilon > 0$ gibt es ein $\delta > 0$, so dass gilt:*

$$|f(x) - f(x_0)| \leq \varepsilon \quad \text{für jedes } x \in D \text{ mit } |x - x_0| \leq \delta. \tag{6.2}$$

BEWEIS: (i) $\Rightarrow$ (ii): Wir führen den Beweis durch Widerspruch und nehmen hierzu an, f sei stetig in x_0, und zugleich sei das logische Gegenteil von (ii) richtig. Dann gibt es ein $\varepsilon > 0$, so dass die Aussage (6.2) für jedes $\delta > 0$ falsch ist. Also existiert zu jedem $n \in \mathbb{N}$ ein $x_n \in D$ mit $|x_n - x_0| \leq 1/n$ und $|f(x_n) - f(x_0)| > \varepsilon$. Damit ist (x_n) eine gegen x_0 konvergente Folge; die Folge $(f(x_n))$ konvergiert jedoch *nicht* gegen $f(x_0)$. Dieser Widerspruch zur Stetigkeit von f in x_0 beweist (ii).

(ii) $\Rightarrow$ (i): Wir nehmen jetzt die Gültigkeit von (ii) an. Zum Nachweis von (i) sei (x_n) eine Folge in D mit $\lim_{n\to\infty} x_n = x_0$. Wir geben uns ein beliebiges $\varepsilon > 0$ vor und finden nach (ii) ein $\delta > 0$, so dass gilt:

$$|f(x) - f(x_0)| \leq \varepsilon \quad \text{für jedes } x \in D \text{ mit } |x - x_0| \leq \delta.$$

Jetzt wählen wir ein $n_0 \in \mathbb{N}$ mit der Eigenschaft $|x_n - x_0| \leq \delta$ für jedes $n \geq n_0$ und erhalten

$$|f(x_n) - f(x_0)| \leq \varepsilon, \quad n \geq n_0,$$

also $\lim_{n\to\infty} f(x_n) = f(x_0)$, was zu zeigen war. $\qquad\square$

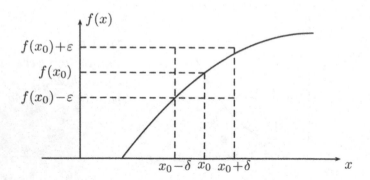

Bild 6.3: Zur $\varepsilon\delta$-Charakterisierung der Stetigkeit

6.2 Eigenschaften stetiger Funktionen

6.2.1 Stetigkeit und Beschränktheit

Eine Funktion $f : D \to \mathbb{R}$ heißt *beschränkt* auf $A \subset D$, wenn die Menge

$$f(A) = \{f(x) : x \in A\}$$

beschränkt ist. Ist $A = D$, so heißt f *beschränkt*.

Wir werden häufig stetige Funktionen auf beschränkten, abgeschlossenen Intervallen, d.h. auf Intervallen der Gestalt $[a,b] := \{x \in \mathbb{R} : a \le x \le b\}$ mit $a, b \in \mathbb{R}$ und $a \le b$, betrachten.

6.5 Satz. (Stetigkeit und Beschränktheit)
Es seien $[a, b]$ ein beschränktes, abgeschlossenes Intervall und $f : [a, b] \to \mathbb{R}$ eine stetige Funktion. Dann ist f beschränkt.

BEWEIS: Wir nehmen an, f sei unbeschränkt. Dann gibt es zu jedem $n \in \mathbb{N}$ ein $x_n \in [a, b]$ mit $|f(x_n)| \ge n$. Der Satz von Bolzano-Weierstraß impliziert die Existenz eines $x_0 \in [a, b]$ und einer gegen x_0 konvergenten Teilfolge (x_{n_k}) von (x_n). Aus der Stetigkeit von f folgt $f(x_{n_k}) \to f(x_0)$ für $k \to \infty$. Andererseits gilt aber $|f(x_{n_k})| \to \infty$ für $k \to \infty$. Dieser Widerspruch beweist die Behauptung des Satzes. □

Die Behauptung von Satz 6.5 ist falsch, wenn der Definitionsbereich von f ein unbeschränktes oder ein nicht abgeschlossenes Intervall ist. So ist die Funktion $f(x) := 1/x$ auf dem *halboffenen* Intervall $(0, 1]$ stetig, aber nicht beschränkt.

6.2.2 Die Min-Max-Eigenschaft stetiger Funktionen

Das nächste (für Anwendungen wichtige) Ergebnis zeigt, dass stetige Funktionen ihren minimalen bzw. ihren maximalen Wert annehmen, falls der Definitionsbereich ein beschränktes und abgeschlossenes Intervall ist.

6.6 Satz. (Min-Max-Eigenschaft)

Es seien $[a, b]$ ein beschränktes, abgeschlossenes Intervall und $f : [a, b] \to \mathbb{R}$ eine stetige Funktion. Dann nimmt f sowohl ihr Minimum als auch ihr Maximum an, d.h. es gibt $x_1, x_2 \in [a, b]$ mit

$$f(x_1) = \min\{f(x) : x \in [a, b]\}, \qquad f(x_2) = \max\{f(x) : x \in [a, b]\}.$$

BEWEIS: Wir setzen

$$\alpha := \inf\{f(x) : x \in [a, b]\}.$$

Zu zeigen ist die Existenz eines $x_1 \in [a, b]$ mit $f(x_1) = \alpha$. Nach Definition des Infimums gibt es eine Folge (y_n) mit $f(y_n) \to \alpha$. Wir wählen eine (nach dem Satz von Bolzano-Weierstraß existierende) konvergente Teilfolge (y_{n_k}) von (y_n) und bezeichnen mit $x_1 \in [a, b]$ deren Grenzwert. Da f stetig ist, gilt $f(y_{n_k}) \to f(x_1)$ für $k \to \infty$. Andererseits gilt aber auch $f(y_{n_k}) \to \alpha$ für $k \to \infty$. Da Grenzwerte eindeutig bestimmt sind, folgt die gewünschte Gleichung $f(x_1) = \alpha$. Der Beweis der zweiten Behauptung erfolgt analog bzw. durch Übergang von f zu $-f$. $\qquad\square$

6.2.3 Der Zwischenwertsatz

6.7 Satz. (Zwischenwertsatz)

Es seien $[a, b]$ ein beschränktes, abgeschlossenes Intervall und $f : [a, b] \to \mathbb{R}$ eine stetige Funktion. Dann gilt $f([a, b]) = [\alpha, \beta]$, d.h. f nimmt jeden Wert zwischen $\alpha := \min\{f(x) : x \in [a, b]\}$ und $\beta := \max\{f(x) : x \in [a, b]\}$ (mindestens einmal) an.

BEWEIS: Weil im Fall $\alpha = \beta$ nichts zu beweisen ist, kann $\alpha < \beta$ angenommen werden. Nach Satz 6.6 gibt es $x_1, y_1 \in [a, b]$ mit $f(x_1) = \alpha$ und $f(y_1) = \beta$, wobei o.B.d.A. $x_1 < y_1$ gelte.

Wir wählen nun irgendein γ mit $\alpha < \gamma < \beta$. Die Existenz eines $x_0 \in [a, b]$ mit $f(x_0) = \gamma$ wird mit Hilfe des folgenden *Bisektionsverfahrens* nachgewiesen. Hierzu halbiert man das Intervall $[x_1, y_1]$ durch seinen Mittelpunkt $z_1 := (x_1 + y_1)/2$. Für z_1 kann einer der drei Fälle $f(z_1) = \gamma$, $f(z_1) < \gamma$ oder $f(z_1) > \gamma$ eintreten. Im ersten Fall können wir $x_0 := z_1$ setzen und sind fertig. Andernfalls definieren wir ein im Vergleich zu $[x_1, y_1]$ halb so großes Intervall $[x_2, y_2]$ durch

$$x_2 := z_1 \text{ und } y_2 := y_1, \text{ falls } f(z_1) < \gamma$$

bzw.

$$x_2 := x_1 \text{ und } y_2 := z_1, \text{ falls } f(z_1) > \gamma$$

(siehe Bild 6.4). Es gilt dann $x_1 \leq x_2 < y_2 \leq y_1$, $y_2 - x_2 = 2^{-1}(y_1 - x_1)$, $f(x_2) < \gamma$ und $f(y_2) > \gamma$. Fährt man in gleicher Weise mit dem Intervall $[x_2, y_2]$ fort, so liefert dieses Bisektionsverfahren bei fortgesetzter Anwendung entweder nach endlich vielen Schritten die Existenz eines x_0 mit $f(x_0) = \gamma$. Andernfalls erhalten wir eine monoton wachsende Folge (x_n) und eine monoton fallende Folge (y_n) mit $x_n \leq y_n$, $y_n - x_n = 2^{-n+1}(y_1 - x_1)$,

$f(x_n) < \gamma$ und $f(y_n) > \gamma$. Es sei x_0 der nach Satz 5.8 existierende gemeinsame Grenzwert von (x_n) und (y_n). Aus der Stetigkeit von f folgt

$$f(x_0) = \lim_{n \to \infty} f(x_n) \leq \gamma$$

und analog $f(x_0) \geq \gamma$. Damit ist der Satz bewiesen. ☐

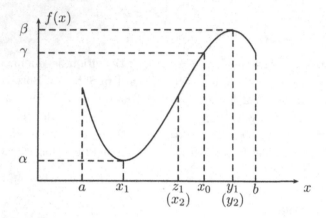

Bild 6.4:
Beweisidee zum
Zwischenwertsatz
(Bisektionsverfahren)

Als einfache Folgerung aus dem Zwischenwertsatz ergibt sich:

6.8 Satz. (Stetige Bilder von Intervallen)
Es seien $I \subset \mathbb{R}$ ein Intervall und $f : I \to \mathbb{R}$ eine stetige Funktion. Dann ist das Bild $f(I)$ von I unter f ebenfalls ein Intervall.

BEWEIS: Wir setzen $J := f(I)$ und wählen beliebige $s, t \in J$ mit $s \leq t$. Zu zeigen ist die Inklusion $[s, t] \subset J$! Wegen $s, t \in J$ gibt es $x, y \in I$ mit $f(x) = s$ und $f(y) = t$, wobei o.B.d.A. $x \leq y$ gelte. Weil die Einschränkung von f auf das Intervall $[x, y]$ ebenfalls stetig ist, erhalten wir aus dem Zwischenwertsatz die Inklusion $[s, t] \subset f([x, y])$ und damit auch $[s, t] \subset f(I)$. ☐

6.2.4 Monotonie, Stetigkeit der Umkehrabbildung

Es sei $f : D \to \mathbb{R}$ eine Funktion.

(i) Die Funktion f heißt *monoton wachsend* (bzw. *streng monoton wachsend*), wenn aus $x, y \in D$ und $x < y$ die Ungleichung $f(x) \leq f(y)$ (bzw. $f(x) < f(y)$) folgt.

(ii) Die Funktion f heißt (*streng*) *monoton fallend*, wenn aus $x, y \in D$ und $x < y$ stets $f(x) \geq f(y)$ (bzw. $f(x) > f(y)$) folgt.

(iii) Die Funktion f heißt (*streng*) *monoton*, wenn sie entweder (streng) monoton wachsend oder (streng) monoton fallend ist.

Die Funktion $x \mapsto x^2$ ist auf der Menge $D_1 := (-\infty, 0]$ streng monoton fallend und auf $D_2 := [0, \infty)$ streng monoton wachsend. Die Exponentialfunktion exp : $\mathbb{R} \to \mathbb{R}$ ist streng monoton wachsend.

Jede Funktion $f : D \to \mathbb{R}$ kann auch als Abbildung von D auf $f(D)$ interpretiert werden. Wir werden häufig so verfahren, ohne die Bezeichnung f zu ändern. Ist $f : D \to \mathbb{R}$ streng monoton wachsend, so ist f injektiv und $f : D \to f(D)$ bijektiv. Somit existiert die Umkehrabbildung (die Inverse) $f^{-1} : f(D) \to D$ von f. Sie ist ebenfalls streng monoton wachsend (Beweis durch Widerspruch!).

6.9 Satz. (Stetigkeit der inversen Abbildung)
Sind $I \subset \mathbb{R}$ ein Intervall und $f : I \to \mathbb{R}$ eine stetige und streng monoton wachsende Funktion, so ist f^{-1} ebenfalls stetig und streng monoton wachsend.

BEWEIS: Zu beweisen ist nur die Stetigkeit von $h := f^{-1}$. Wegen Satz 6.8 ist $J := f(I)$ ein Intervall, und wir nehmen jetzt an, dass h in einem Punkt $y_0 \in J$ nicht stetig ist. Dann gibt es eine gegen y_0 konvergierende Folge (y_n) in J, so dass $(h(y_n))$ nicht gegen $h(y_0)$ konvergiert. Es ist leicht zu sehen, dass sowohl $c := \inf\{y_n : n \geq 1\}$ als auch $d := \sup\{y_n : n \geq 1\}$ in J liegen. Für jedes $n \in \mathbb{N}$ gilt $c \leq y_n \leq d$ und damit wegen der Monotonie von h auch $a := h(c) \leq h(y_n) \leq b := h(d)$. Weil die beschränkte Folge $(h(y_n))$ nicht gegen $h(y_0)$ konvergiert, konvergiert sie entweder gegen ein $x \neq h(y_0)$ oder sie besitzt mindestens zwei endliche Häufungspunkte. In jedem Fall existieren ein $x \neq h(y_0)$ und eine gegen x konvergierende Teilfolge $(h(y_{n_k}))$ von $(h(y_n))$. Andererseits folgt aus der Stetigkeit von f die Gleichungskette

$$y_0 = \lim_{k \to \infty} y_{n_k} = \lim_{k \to \infty} f(h(y_{n_k})) = f(x)$$

und damit der Widerspruch $h(y_0) = h(f(x)) = x$. □

6.10 Beispiel. (Stetigkeit der Wurzelfunktion)
Es seien $I := [0, \infty)$ und $k \in \mathbb{N}$. Die durch $f(x) := x^k$ definierte Funktion $f : I \to I$ ist stetig und streng monoton wachsend. Wegen $f(0) = 0$ und $n^k \to \infty$ für $n \to \infty$ folgt aus Satz 6.8 die Gleichheit $f(I) = I$. Die Umkehrabbildung $f^{-1} : I \to I$ ist $f^{-1}(x) = \sqrt[k]{x}$. Aus Satz 6.9 folgt die (bereits als Satz 5.13 formulierte) Stetigkeit der Wurzelfunktion f^{-1}.

6.2.5 Der natürliche Logarithmus

Die in Abschnitt 5.3 eingeführte Exponentialfunktion exp : $\mathbb{R} \to \mathbb{R}$ ist stetig und streng monoton wachsend. Aus (5.28) folgt unmittelbar $\lim_{n \to \infty} \exp(n) = \infty$, und wegen (5.31) ergibt sich daraus $\lim_{n \to \infty} \exp(-n) = 0$. Beide Grenzwertaussagen haben nach Satz 6.8 die Beziehung $\exp(\mathbb{R}) = (0, \infty)$ zur Folge.

Die Umkehrfunktion der Exponentialfunktion wird mit ln : $(0, \infty) \to \mathbb{R}$ bezeichnet. Für $x > 0$ nennt man $\ln x := \ln(x)$ den *natürlichen Logarithmus* von x. Wegen Satz 6.9 ist der in Bild 6.5 dargestellte natürliche Logarithmus eine streng monoton wachsende und stetige Funktion.

Für den natürlichen Logarithmus gilt die grundlegende Funktionalgleichung

$$\ln(xy) = \ln x + \ln y, \qquad 0 < x, y < \infty. \tag{6.3}$$

Beachtet man (5.29) und die Injektivität der Exponentialfunktion, so folgt (6.3) unmittelbar aus der Gleichungskette

$$\exp(\ln(xy)) = xy = \exp(\ln x)\exp(\ln y) = \exp(\ln x + \ln y).$$

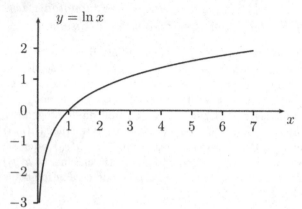

Bild 6.5:
Der natürliche Logarithmus

6.3　Grenzwerte von Funktionen

6.3.1　Häufungspunkte

Es sei $D \subset \mathbb{R}$ eine Menge.

(i) Eine reelle Zahl a heißt *linksseitiger Häufungspunkt* der Menge D, falls das Intervall $(a - \varepsilon, a)$ für jedes $\varepsilon > 0$ unendlich viele Punkte aus D enthält.

(ii) Enthält für jedes $\varepsilon > 0$ das Intervall $(a, a + \varepsilon)$ unendlich viele Punkte aus D, so heißt a *rechtsseitiger Häufungspunkt* von D.

(iii) Man nennt ∞ einen *linksseitigen Häufungspunkt* von D, falls für jedes $C > 0$ das Intervall $[C, \infty)$ unendlich viele Punkte von D enthält. Liegen für jedes $C > 0$ im Intervall $(-\infty, -C]$ unendlich viele Punkte von D, so heißt $-\infty$ *rechtsseitiger Häufungspunkt* von D.

(iv) Ist $a \in \bar{\mathbb{R}} \, (= \mathbb{R} \cup \{-\infty, \infty\})$ rechtsseitiger oder linksseitiger Häufungspunkt von D, so nennt man a *Häufungspunkt* von D.

6.11 Beispiele.

(a) Es sei $D := (a, b)$ für $a < b$. Dann ist jeder Punkt aus $[a, b]$ Häufungspunkt von D. Dabei ist a ein rechtsseitiger aber kein linksseitiger Häufungspunkt und b ein linksseitiger aber kein rechtsseitiger Häufungspunkt von D. Dieselben Aussagen gelten für das abgeschlossene Intervall $D = [a, b]$.

(b) Für $a, b, c, d, e \in \mathbb{R}$ mit $a < b < c < d < e$ sei $D = (a, b) \cup \{c\} \cup (d, e)$. Dann ist $[a, b] \cup [d, e]$ die Menge aller Häufungspunkte von D.

(c) Es sei $a \in \mathbb{R}$. Jeder Punkt aus $D := (-\infty, a)$ ist sowohl rechtsseitiger als auch linksseitiger Häufungspunkt von D. Außerdem ist $-\infty$ ein rechtsseitiger und a ein linksseitiger Häufungspunkt von D.

(d) Die Menge $D := \mathbb{Z}$ besitzt die Häufungspunkte $-\infty$ und ∞, jedoch keine endlichen (d.h. reellen) Häufungspunkte.

6.3.2 Einseitige und zweiseitige Grenzwerte

Es seien $D \subset \mathbb{R}$ eine Menge, $a \in \bar{\mathbb{R}}$ ein Häufungspunkt von D und $f : D \to \mathbb{R}$ eine Funktion.

(i) Ist a linksseitiger (bzw. rechtsseitiger) Häufungspunkt von D, so heißt ein Punkt $y \in \bar{\mathbb{R}}$ *linksseitiger Grenzwert* (bzw. *rechtsseitiger Grenzwert*) von f an der Stelle a, wenn gilt: Für jede gegen a konvergierende Folge (x_n) in D mit $x_n < a$ (bzw. $x_n > a$) für jedes $n \in \mathbb{N}$ ist $\lim_{n \to \infty} f(x_n) = y$. (Für $a \in \{-\infty, +\infty\}$ bzw. $y \in \{-\infty, +\infty\}$ ist hier die uneigentliche Konvergenz gemeint.) In diesem Fall schreibt man

$$\lim_{x \to a-} f(x) = y \qquad \text{bzw.} \qquad \lim_{x \to a+} f(x) = y.$$

Im Fall $a = \infty$ (bzw. $a = -\infty$) ist auch die Schreibweise $\lim_{x \to \infty} f(x) = y$ (bzw. $\lim_{x \to -\infty} f(x) = y$) üblich. Im Fall $y = \infty$ oder $y = -\infty$ wird y als *uneigentlicher Grenzwert* bezeichnet.

(ii) Ein Punkt $y \in \bar{\mathbb{R}}$ heißt *(zweiseitiger) Grenzwert* von f an der Stelle a, wenn gilt: Für jede gegen a konvergierende Folge (x_n) in D mit $x_n \neq a$ für jedes $n \in \mathbb{N}$ gilt $\lim_{n \to \infty} f(x_n) = y$. In diesem Fall schreibt man

$$\lim_{x \to a} f(x) = y$$

oder $f(x) \to y$ für $x \to a$.

Unter den Voraussetzungen obiger Definition gibt es genau dann ein $y \in \bar{\mathbb{R}}$ mit $\lim_{x \to a} f(x) = y$, wenn für jede gegen a konvergierende Folge (x_n) in $D \setminus \{a\}$ die Folge $(f(x_n))$ im eigentlichen oder uneigentlichen Sinne konvergiert. In diesem Fall müssen alle so gebildeten Folgen $(f(x_n))$ denselben Grenzwert besitzen. Andernfalls gäbe es nämlich zwei gegen a konvergierende Folgen (x_n) und (y_n) in $D \setminus \{a\}$ mit $\lim_{n \to \infty} f(x_n) \neq \lim_{n \to \infty} f(y_n)$. Bildet man dann nach dem *Reißverschlussprinzip* die ebenfalls gegen a konvergierende Folge $x_1, y_1, x_2, y_2, \ldots$, so wäre die entsprechende Folge der Funktionswerte nicht konvergent.

Wie der folgende Satz zeigt, hängen links- und rechtsseitige Grenzwerte bei monotonen Funktionen mit Suprema und Infima zusammen. Den Beweis überlassen wir dem Leser als Übungsaufgabe.

6.12 Satz. (Grenzwerte monotoner Funktionen)
Es sei $f : D \to \mathbb{R}$ eine monoton wachsende Funktion. Ist a ein linksseitiger Häufungspunkt von D, so gilt

$$\lim_{x \to a-} f(x) = \sup\{f(x) : x \in D, x < a\},$$

und ist a ein rechtsseitiger Häufungspunkt von D, so gilt

$$\lim_{x \to a+} f(x) = \inf\{f(x) : x \in D, x > a\}.$$

Eine analoge Aussage ist für monoton fallende Funktionen gültig.

6.3.3 Bemerkungen zur Grenzwertdefinition

(i) In den Definitionen von Grenzwerten in 6.3.2 ist es unerheblich, ob f an der Stelle a definiert ist oder nicht. Falls $f(a)$ definiert ist, geht dieser Funktionswert *nicht* in die Definition ein.

(ii) Ist $a \in \mathbb{R}$ sowohl linksseitiger als auch rechtsseitiger Häufungspunkt von D, so ist $y \in \bar{\mathbb{R}}$ genau dann Grenzwert von f an der Stelle a, wenn gilt:

$$\lim_{x \to a-} f(x) = \lim_{x \to a+} f(x) = y.$$

(iii) Es seien $f : D \to \mathbb{R}$ eine Funktion und $a \in D$ ein Häufungspunkt von D. Dann ist f genau dann stetig im Punkt a, wenn die Beziehung

$$\lim_{x \to a} f(x) = f(a)$$

erfüllt ist.

(iv) Ist a ein linksseitiger Häufungspunkt mit $\lim_{x \to a-} f(x) = f(a)$, so heißt f *linksseitig stetig* in a. Analog definiert man *rechtsseitige Stetigkeit*. Ist $a \in D$ kein

Häufungspunkt von D, so gibt es ein $\varepsilon > 0$, so dass $(a - \varepsilon, a) \cup (a, a + \varepsilon)$ keine Punkte aus D enthält. Jede Folge (x_n) aus D, die gegen a konvergiert, muss somit für hinreichend großes n die Eigenschaft $x_n = a$ und folglich auch $f(x_n) = f(a)$ besitzen. Definitionsgemäß ist dann f stetig in a.

(v) Es seien $f : D \to \mathbb{R}$ und $a \in \mathbb{R} \setminus D$ ein Häufungspunkt von D, so dass der Grenzwert $\lim_{x \to a} f(x) = y$ existiert und endlich ist. Dann können wir durch

$$g(x) := \begin{cases} f(x), & \text{falls } x \in D, \\ y, & \text{falls } x = a, \end{cases}$$

eine neue Funktion $g : D \cup \{a\} \to \mathbb{R}$ definieren, welche im Punkt a stetig ist. Man nennt g die *stetige Ergänzung* von f in a. Für die Existenz eines endlichen Grenzwertes $y = \lim_{x \to a} f(x)$ gibt es die folgende äquivalente $\varepsilon\delta$-Charakterisierung: Zu jedem $\varepsilon > 0$ existiert ein $\delta > 0$, so dass gilt (vgl. Satz 6.4).

$$x \in D \wedge |x - a| \leq \delta \implies |f(x) - y| \leq \varepsilon.$$

6.3.4 Das Cauchy–Kriterium

6.13 Satz. (Cauchy–Kriterium)
Es seien $D \subset \mathbb{R}$, $a \in \bar{\mathbb{R}}$ ein Häufungspunkt von D und $f : D \to \mathbb{R}$ eine Funktion. Dann konvergiert $f(x)$ für $x \to a$ genau dann gegen einen endlichen Grenzwert, falls gilt: Zu jedem $\varepsilon > 0$ existiert ein $\delta > 0$, so dass

$$|f(x) - f(x_0)| \leq \varepsilon \quad \text{für alle } x, x_0 \in D \setminus \{a\} \text{ mit } |x - a| \leq \delta \text{ und } |x_0 - a| \leq \delta.$$

BEWEIS: Es gelte $\lim_{x \to a} f(x) = y$ für ein $y \in \mathbb{R}$, und es sei $\varepsilon > 0$. Nach Bemerkung (v) in 6.3.3 gibt es ein $\delta > 0$, so dass die Ungleichung $|f(x) - y| \leq \varepsilon/2$ für jedes $x \in D \setminus \{a\}$ mit $|x - a| \leq \delta$ erfüllt ist. Für x und x_0 mit dieser Eigenschaft gilt also

$$|f(x) - f(x_0)| \leq |f(x) - y| + |y - f(x_0)| \leq \varepsilon.$$

Um die Umkehrung zu zeigen, setzen wir das gerade bewiesene Kriterium voraus. Ist (x_n) eine beliebige gegen a konvergierende Folge in $D \setminus \{a\}$, so ist $(f(x_n))$ eine Cauchy-Folge und damit konvergent (gegen einen endlichen Grenzwert). Nach dem in 6.3.2 verwendeten Reißverschlussprinzip existiert (der endliche) Grenzwert von $f(x)$ für $x \to a$. □

6.3.5 Beispiele

Die folgenden Beispiele sollen die in 6.3.2 eingeführten Begriffe illustrieren.

6.14 Beispiel.
Es seien $x_0 \in \mathbb{R}$ und $D := \mathbb{R} \setminus \{x_0\}$. Für die Funktion $f(x) := (x^2 - x_0^2)/(x - x_0)$, $x \in D$, gilt

$$\lim_{x \to x_0} f(x) = \lim_{x \to x_0} (x_0 + x) = 2x_0.$$

Die Funktion f kann also in x_0 stetig ergänzt werden.

6.15 Beispiel.
Für die Funktion $f(x) := 1/x$ für $x \in \mathbb{R} \setminus \{0\}$ gilt wegen Satz 6.12

$$\lim_{x \to 0+} f(x) = \infty, \qquad \lim_{x \to 0-} f(x) = -\infty.$$

6.16 Beispiel. (Vorzeichenfunktion)
Für die Vorzeichenfunktion gilt

$$\lim_{x \to 0+} \operatorname{sgn}(x) = 1, \qquad \lim_{x \to 0-} \operatorname{sgn}(x) = -1.$$

6.17 Beispiel. (Exponential– und Logarithmusfunktion)
Aus Satz 6.12 folgt

$$\lim_{x \to \infty} e^x = \infty, \qquad \lim_{x \to -\infty} e^x = 0,$$

$$\lim_{x \to \infty} \ln x = \infty, \qquad \lim_{x \to 0+} \ln x = -\infty.$$

6.18 Beispiel.
Wir betrachten die rationale Funktion

$$f(x) := \frac{5x^3 + 2x - 1}{3x^3 + 6}, \qquad x > 0.$$

Ist (x_n) eine beliebige Folge positiver Zahlen mit $x_n \to \infty$, so folgt

$$f(x_n) = \frac{5 + 2/x_n^2 - 1/x_n^3}{3 + 6/x_n^3} \to \frac{5}{3}$$

für $n \to \infty$ und damit

$$\lim_{x \to \infty} f(x) = \frac{5}{3}.$$

6.3.6 Verteilungsfunktionen

Sind $(\Omega, \mathbb{P})$ ein diskreter W-Raum (vgl. 5.4.1) und $X : \Omega \to \mathbb{R}$ eine Zufallsvariable, so heißt die durch

$$F(x) := \mathbb{P}(X \le x) = \mathbb{P}(\{\omega \in \Omega : X(\omega) \le x\}), \qquad x \in \mathbb{R}, \qquad (6.4)$$

definierte Funktion $F : \mathbb{R} \to \mathbb{R}$ die (*kumulative*) *Verteilungsfunktion* von X.

Die Verteilungsfunktion einer Zufallsvariablen besitzt die folgenden Eigenschaften:

(i) F ist monoton wachsend.

(ii) F ist rechtsseitig stetig.

(iii) Es gilt

$$\lim_{x \to -\infty} F(x) = 0, \qquad \lim_{x \to \infty} F(x) = 1. \qquad (6.5)$$

Dabei folgt (i) aus der Monotonie einer W-Verteilung $\mathbb{P}$ und der Tatsache, dass $x < y$ die Teilmengenbeziehung $\{X \le x\} \subset \{X \le y\}$ zur Folge hat. Zum Nachweis von (ii) haben wir für jedes $x \in \mathbb{R}$ und jede gegen x konvergierende Folge (x_n) mit $x < x_n$, $n \ge 1$, die Grenzwertaussage

$$\lim_{n \to \infty} F(x_n) = F(x) \qquad (6.6)$$

nachzuweisen. Wegen Satz 6.12 kann dabei $x_{n+1} < x_n$ für jedes $n \in \mathbb{N}$ vorausgesetzt werden. Das Ereignis $\{X > x\}$ ist die Vereinigung der disjunkten Ereignisse $\{X > x_1\}$ und $\{x_n \ge X > x_{n+1}\}$, $n \in \mathbb{N}$. Außerdem gilt

$$\{X > x_1\} \cup \bigcup_{k=1}^{n} \{x_k \ge X > x_{k+1}\} = \{X > x_{n+1}\}, \qquad n \in \mathbb{N},$$

so dass die σ-Additivität von $\mathbb{P}$ die Gleichungskette

$$1 - F(x) = \mathbb{P}(X > x) = \lim_{n \to \infty} \left(\mathbb{P}(X > x_1) + \sum_{k=1}^{n} \mathbb{P}(x_k \ge X > x_{k+1}) \right)$$

$$= \lim_{n \to \infty} \mathbb{P}(X > x_{n+1}) = \lim_{n \to \infty} (1 - F(x_{n+1}))$$

und damit (6.6) liefert. Analog beweist man (iii).

Für $x < y$ ist $\{X \le y\}$ die Vereinigung der disjunkten Mengen $\{X \le x\}$ und $\{x < X \le y\}$. Also folgt aus der Additivität von $\mathbb{P}$ die Gleichung

$$F(y) - F(x) = \mathbb{P}(x < X \le y). \qquad (6.7)$$

Setzen wir $F(-\infty) := 0$ und $F(\infty) := 1$, so gilt (6.7) auch für $x = -\infty$ bzw. $y = \infty$.

6.19 Beispiele.

Das Maximum Y der Augenzahlen beim zweifachen Würfelwurf (vgl. Seite 113) besitzt die Verteilung $\mathbb{P}(Y = k) = (2k - 1)/36$, $k = 1, \dots, 6$. Bild 6.6 (links) zeigt den Graphen der Verteilungsfunktion von Y. An der Stelle k besitzt F einen Sprung der Höhe $(2k - 1)/36$. Die Eigenschaft der rechtsseitigen Stetigkeit ist durch das Symbol $\bullet$ gekennzeichnet.

Das rechte Bild 6.6 zeigt die Verteilungsfunktion einer Zufallsvariablen X mit der geometrischen Verteilung $\mathbb{P}(X = k) = (3/4)^k \cdot 1/4$, $k \in \mathbb{N}_0$ (siehe 5.4.4). Hier gilt $\mathbb{P}(X \le k) = 1 - (3/4)^{k+1}$, $k \in \mathbb{N}_0$.

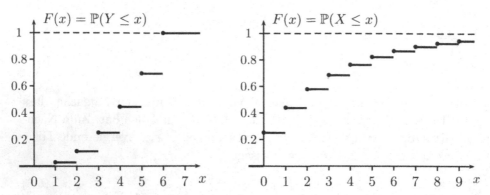

Bild 6.6: Verteilungsfunktionen der größten Augenzahl beim zweifachen Würfelwurf (links) und der geometrischen Verteilung mit $p = 1/4$ (rechts)

6.3.7 Die allgemeine Exponentialfunktion

Um die Exponentialfunktion $x \mapsto a^x$, $x \in \mathbb{R}$, mit allgemeiner Basis $a > 0$ einzuführen, erinnern wir an die Funktionalgleichung $\exp(x+y) = \exp(x)\exp(y)$ der Exponentialfunktion (Satz 5.41). Aus dieser folgt für jedes $y \in \mathbb{R}$

$$\exp(ny) = (\exp(y))^n, \qquad n \in \mathbb{N},$$

und somit

$$\exp(y) = (\exp(ny))^{1/n}, \qquad n \in \mathbb{N}.$$

Ersetzen wir hier y durch my/n, wobei m eine natürliche Zahl ist, so folgt

$$\exp(my/n) = (\exp(my))^{1/n} = (\exp(y))^{m/n},$$

d.h. es gilt

$$\exp(qy) = (\exp(y))^q$$

für $q := m/n$. Da diese Gleichung nach (5.31) auch für negative $q \in \mathbb{Q}$ richtig ist und wegen der Festsetzung $x^0 := 1$, $x \in \mathbb{R}$, auch für $q = 0$ gilt, erhalten wir

$$a^q = (\exp(\ln a))^q = \exp(q \ln a), \qquad a > 0, \; q \in \mathbb{Q}.$$

Diese Gleichung legt für $a > 0$ die folgende Definition nahe:

Für jedes $x \in \mathbb{R}$ setzt man

$$a^x := \exp(x \ln a) \tag{6.8}$$

(lies: „a hoch x"). Die Zahl a heißt *Basis* und die Zahl x *Exponent* von a^x. Die Funktion $x \mapsto a^x$ heißt *(allgemeine) Exponentialfunktion zur Basis a.*

Bild 6.7 zeigt die Graphen der Exponentialfunktion für verschiedene Basen.
Aus Satz 5.41 und (6.8) ergibt sich sofort

$$a^{x+y} = a^x \cdot a^y, \qquad x, y \in \mathbb{R}. \tag{6.9}$$

Weiter erhält man aus (6.8) für beliebige $x, y \in \mathbb{R}$

$$\begin{aligned} (a^x)^y &= \exp\left(y \ln(a^x)\right) = \exp(y \ln(\exp(x \ln a))) \\ &= \exp(yx \ln a) = \exp((xy) \ln a) \\ &= a^{xy}, \end{aligned}$$

also

$$(a^x)^y = a^{xy}, \qquad x, y \in \mathbb{R}. \tag{6.10}$$

Damit gelten die bekannten *Potenzgesetze*.

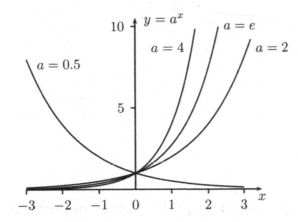

Bild 6.7:
Die allgemeine
Exponentialfunktion

6.3.8 Der allgemeine Logarithmus

Der natürliche Logarithmus $x \mapsto \ln x$, $x > 0$, ist streng monoton wachsend und
erfüllt die Gleichung $\ln 1 = 0$. Für $a > 0$ mit $a \neq 1$ folgt damit aus der strengen
Monotonie der Exponentialfunktion und (6.8), dass a^x für $a > 1$ streng monoton
wächst und für $0 < a < 1$ streng monoton fällt.

Die Umkehrfunktion von $x \mapsto a^x$ bezeichnet man mit

$$\log_a : (0, \infty) \to \mathbb{R}, \qquad x \mapsto \log_a x.$$

Die Zahl $\log_a x$ heißt *Logarithmus von x zur Basis a.* Die Funktion $\log_{10}$ heißt
auch *dekadischer Logarithmus*. Sie wird häufig mit lg abgekürzt.

Die Logarithmusfunktion „löst die Gleichung $y = a^x$ nach x auf": Es gilt

$$y = a^x \iff x = \log_a y \tag{6.11}$$

und somit etwa $\log_{10} 1000 = 3$, $\log_5 625 = 4$ oder $\log_3 9 = 2$.

Mit (6.8) folgt aus (6.11) für jedes $a > 0$ mit $a \neq 1$ die Formel

$$\log_a x = \frac{\ln x}{\ln a}, \qquad x > 0.$$

Jede Logarithmusfunktion ist also ein Vielfaches der natürlichen Logarithmusfunktion $x \mapsto \ln x$. In Bild 6.8 ist der Graph der allgemeinen Logarithmusfunktion zu verschiedenen Basen dargestellt.

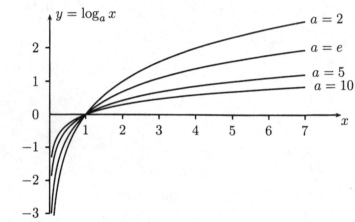

Bild 6.8:
Die allgemeine
Logarithmusfunktion

6.3.9 Wachstum der Exponential– und der Logarithmusfunktion

Das nächste Resultat wird sehr oft benötigt. Es besagt anschaulich, dass die Exponentialfunktion schneller wächst als jedes Polynom und dass der Logarithmus langsamer wächst als jede Wurzelfunktion. Bild 6.9 illustriert diesen Sachverhalt.

6.20 Satz. (Wachstum der Exponential– und der Logarithmusfunktion)
Es sei $a > 1$. Dann gilt für jedes $q \in \mathbb{R}$ mit $q > 0$

$$\lim_{x \to \infty} \frac{a^x}{x^q} = \infty, \tag{6.12}$$

$$\lim_{x \to \infty} \frac{\log_a x}{x^q} = 0. \tag{6.13}$$

BEWEIS: Wir führen den Beweis nur für den Fall $a = e$; die allgemeine Situation bereitet keinerlei zusätzliche Schwierigkeiten. Es seien $x \geq 1$ und $q \in \mathbb{R}$ mit $q > 0$. Wegen der

Monotonie von $y \mapsto x^y$ genügt es, (6.12) im Fall $q = n$ für ein $n \in \mathbb{N}$ zu beweisen. Aus (5.28) und Satz 5.45 folgt

$$\frac{e^x}{x^n} \geq \frac{x^{n+1}}{(n+1)!x^n} = \frac{x}{(n+1)!} \to \infty$$

für $x \to \infty$ und damit (6.12). Zum Nachweis von (6.13) zeigen wir die äquivalente Aussage

$$\lim_{x \to \infty} \frac{x^q}{\ln x} = \infty.$$

Nun gilt

$$\frac{x^q}{\ln x} = q \cdot \frac{\exp(y)}{y} \qquad (6.14)$$

mit $y := q \ln x$. Ist (x_n) eine Folge positiver reeller Zahlen mit $\lim_{n \to \infty} x_n = \infty$, so ist $(y_n) = (q \ln x_n)$ eine Folge mit $\lim_{n \to \infty} y_n = \infty$. Nach (6.12) gilt $\exp(y_n)/y_n \to \infty$, und die Behauptung folgt mit (6.14). $\qquad \square$

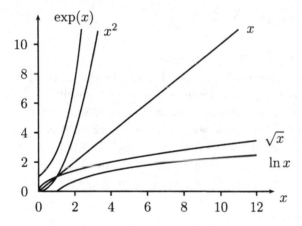

Bild 6.9:
Zum Wachstum
der Exponential– und der
Logarithmusfunktion

6.4 Potenzreihen (1)

6.4.1 Definition von Potenzreihen

In Beispiel 6.3 haben wir Polynome

$$f(x) = \sum_{j=0}^{n} a_j \cdot x^j, \qquad x \in \mathbb{R},$$

eingeführt, wobei hier an die Festsetzung $0^0 := 1$ erinnert werden soll. Es liegt nahe, die Klasse dieser Funktionen dadurch zu erweitern, dass man nicht nur endlich viele Koeffizienten $a_0, \ldots, a_n$ betrachtet, sondern eine (unendliche) Folge $(a_n)_{n \in \mathbb{N}_0}$ von Koeffizienten zulässt.

Sind $(a_n)_{n \in \mathbb{N}_0}$ eine reelle Zahlenfolge sowie $x_0 \in \mathbb{R}$, so heißt die Reihe

$$\sum_{n=0}^{\infty} a_n \cdot (x - x_0)^n, \qquad x \in \mathbb{R},$$

Potenzreihe mit *Koeffizienten* $a_0, a_1, \ldots$ und *Entwicklungspunkt* x_0. Die Menge K aller $x \in \mathbb{R}$, für die $\sum_{n=0}^{\infty} a_n \cdot (x - x_0)^n$ konvergiert, heißt *Konvergenzbereich* der Potenzreihe. Die Funktion

$$f(x) := \sum_{n=0}^{\infty} a_n \cdot (x - x_0)^n, \qquad x \in K,$$

heißt *Summenfunktion* der Potenzreihe.

Das prominenteste Beispiel einer Potenzreihe ist die Exponentialreihe

$$\exp(x) = \sum_{n=0}^{\infty} \frac{x^n}{n!}$$

(vgl. (5.28)), die den Konvergenzbereich $K = \mathbb{R}$ besitzt.

Eine Potenzreihe ist durch die Folge (a_n) und den Entwicklungspunkt x_0 definiert und darf zunächst nicht mit ihrer Summenfunktion verwechselt werden. Trotzdem werden wir eine Potenzreihe oft mit ihrer Summenfunktion identifizieren. Die Berechtigung für dieses Vorgehen wird sich aus Satz 6.28 ergeben. Danach (und nach Satz 6.21) bestimmt die Summenfunktion die Koeffizienten, sofern der Konvergenzbereich K mindestens zwei Punkte enthält. Man beachte, dass der Entwicklungspunkt x_0 einer Potenzreihe immer zu K gehört.

6.4.2 Der Konvergenzradius

6.21 Satz. (Konvergenzradius)
Es sei $\sum_{n=0}^{\infty} a_n (x - x_0)^n$ eine Potenzreihe mit Konvergenzbereich K. Weiter sei $\alpha := \limsup_{n \to \infty} \sqrt[n]{|a_n|}$ und

$$r := \begin{cases} 0, & \text{falls } \alpha = \infty, \\ 1/\alpha, & \text{falls } 0 < \alpha < \infty, \\ \infty, & \text{falls } \alpha = 0 \end{cases}$$

gesetzt. Im Fall $r < \infty$ gilt dann

$$(x_0 - r, x_0 + r) \subset K \subset [x_0 - r, x_0 + r],$$

und für $r = \infty$ ist $K = \mathbb{R}$.

BEWEIS: Nach dem Wurzelkriterium (Satz 5.34) ist die Reihe $\sum_{n=0}^{\infty} a_n(x - x_0)^n$ absolut konvergent, falls

$$\limsup_{n \to \infty} \sqrt[n]{|a_n| \cdot |x - x_0|^n} = \alpha \cdot |x - x_0| < 1,$$

und divergent, falls dieser größte Häufungspunkt größer als 1 ist. Daraus folgt die Behauptung des Satzes. $\square$

Die in Satz 6.21 eingeführte Größe r heißt **Konvergenzradius** der Potenzreihe.

Für jedes x mit $|x - x_0| < r$ konvergiert $\sum_{n=0}^{\infty} a_n(x - x_0)^n$ absolut, und für $|x - x_0| > r$ ist diese Reihe (bestimmt oder unbestimmt) divergent. Im Fall $|x - x_0| = r$ kann die Reihe sowohl konvergieren als auch divergieren, d.h. für $x = x_0 - r$ und $x = x_0 + r$ muss die Konvergenz der Potenzreihe gesondert untersucht werden.

6.22 Satz. (Konvergenzradius und Quotientenkriterium)
Es sei $\sum_{n=0}^{\infty} a_n(x - x_0)^n$ eine Potenzreihe mit Konvergenzradius r. Dann gilt

$$\left(\limsup_{n \to \infty} \frac{|a_{n+1}|}{|a_n|} \right)^{-1} \leq r,$$

wobei das Inverse auf der linken Seite wie in Satz 6.21 definiert wird. Das Gleichheitszeichen tritt ein, falls die Folge $(|a_{n+1}|/|a_n|)$ konvergent ist.

BEWEIS: Die erste Behauptung ergibt sich analog zum Beweis von Satz 6.21, wobei jetzt das Quotientenkriterium aus Satz 5.33 Verwendung findet. Danach ist das Intervall $(x_0 - r', x_0 + r')$ Teilmenge des Konvergenzbereiches K, wobei r' durch die linke Seite der behaupteten Ungleichung definiert ist. Aus Satz 6.21 folgt $r' \leq r$.

Gilt $\lim_{n \to \infty} |a_{n+1}/a_n| =: a$ mit $0 < a < \infty$, so sei $\varepsilon > 0$ so gewählt, dass $0 < a - \varepsilon$ gilt. Es gibt dann ein $n_0 \in \mathbb{N}$ mit $|a_{n+1}| \geq |a_n|(a - \varepsilon)$ für jedes $n \geq n_0$. Es folgt $|a_{n_0+k}| \geq |a_{n_0}|(a - \varepsilon)^k$, $k \geq 0$. Ist $x \in \mathbb{R}$ mit $(a - \varepsilon)|x - x_0| \geq 1$, also $|x - x_0| \geq 1/(a - \varepsilon)$, so ergibt sich

$$\sum_{k=0}^{\infty} |a_{n_0+k}| \cdot |x - x_0|^{n_0+k} \geq |a_{n_0}| \cdot |x - x_0|^{n_0} \sum_{k=0}^{\infty} ((a - \varepsilon) \cdot |x - x_0|)^k = \infty$$

und somit $x \notin K$. Da ε beliebig klein gewählt werden kann, gilt $x \notin K$ für jedes x mit $|x - x_0| > 1/a$ und somit $r' \geq r$. Der Fall $a = \infty$ folgt analog, und im Fall $a = 0$ ist wegen der bereits bewiesenen ersten Aussage nichts zu zeigen. $\square$

6.23 Beispiel. (Geometrische Reihe)
Ein einfaches Beispiel einer Potenzreihe ist die geometrische Reihe $\sum_{n=0}^{\infty} x^n$. In Übereinstimmung mit 5.2.2 liefern die Sätze 6.21 und 6.22 den Konvergenzradius $r = 1$. Für $|x| = 1$ ist die Reihe divergent. Nach (5.22) ist $x \mapsto 1/(1 - x)$, $|x| < 1$, die Summenfunktion der geometrischen Reihe.

6.24 Beispiel.
Die Potenzreihe

$$\sum_{n=1}^{\infty} (-1)^{n+1} \cdot \frac{x^n}{n} = x - \frac{x^2}{2} + \frac{x^3}{3} - \frac{x^4}{4} + - \cdots$$

ist für $|x| < 1$ konvergent. Wegen $|x|^n / n \to \infty$ für $|x| > 1$ kann die Reihe in diesem Fall nicht konvergieren. In den Randpunkten -1 und 1 liegt unterschiedliches Verhalten vor: Konvergenz für $x = 1$ (vgl. Beispiel 5.30) und Divergenz für $x = -1$ (harmonische Reihe, siehe 5.2.3).

6.25 Beispiel.
Die Potenzreihe $\sum_{n=0}^{\infty} (x - 2)^n / \sqrt{n+1}$ besitzt wegen $(1/\sqrt{n+1})^{1/n} \to 1$ für $n \to \infty$ den Konvergenzradius $r = 1$. Weil $\sum_{n=0}^{\infty} 1/\sqrt{n+1}$ divergiert, gehört $x = 3$ nicht zum Konvergenzbereich. Für $x = 1$ konvergiert die Reihe nach dem Leibniz–Kriterium für alternierende Reihen (Satz 5.29). Der Konvergenzbereich ist also $K = [1, 3)$.

6.4.3 Arithmetisches und geometrisches Mittel

Die Ergebnisse aus 6.4.2 geben Anlass zu einem Exkurs über das asymptotische Verhalten von arithmetischen und geometrischen Mitteln. Dazu betrachten wir eine Folge (a_n) positiver reeller Zahlen. Nach Satz 6.22 gilt die Ungleichung

$$\limsup_{n \to \infty} \sqrt[n]{a_n} \leq \limsup_{n \to \infty} \frac{a_{n+1}}{a_n}.$$

Wenden wir dieses Resultat mit a_n^{-1} an Stelle von a_n an, so ergibt sich

$$\liminf_{n \to \infty} \frac{a_{n+1}}{a_n} \leq \liminf_{n \to \infty} \sqrt[n]{a_n}.$$

Hierbei muss die für alle Folgen (b_n) positiver Zahlen gültige Beziehung

$$\limsup_{n \to \infty} b_n^{-1} = \left(\liminf_{n \to \infty} b_n \right)^{-1}$$

beachtet werden (dabei ist $1/0 := \infty$ und $1/\infty := 0$.) Ist also die Folge (a_{n+1}/a_n) (eigentlich oder uneigentlich) konvergent, so gilt

$$\lim_{n \to \infty} \sqrt[n]{a_n} = \lim_{n \to \infty} \frac{a_{n+1}}{a_n}. \tag{6.15}$$

Beispielsweise ergibt sich für $a_n := n!/n^n$

$$\frac{a_{n+1}}{a_n} = \frac{(n+1)! \cdot n^n}{(n+1)^{n+1} \cdot n!} = \frac{n^n}{(n+1)^n} = \frac{1}{\left(1 + \frac{1}{n}\right)^n}.$$

Wegen $(1 + 1/n)^n \to e$ liefert (6.15) den interessanten Grenzwert

$$\lim_{n \to \infty} \frac{\sqrt[n]{n!}}{n} = \frac{1}{e}$$

und insbesondere $\lim_{n \to \infty} \sqrt[n]{n!} = \infty$.

Es sei nun (b_n) eine beliebige Folge positiver Zahlen. Wir verwenden (6.15) mit $a_n := b_1 \cdot \ldots \cdot b_n$, $n \in \mathbb{N}$, und erhalten

$$\lim_{n \to \infty} \sqrt[n]{b_1 \cdot \ldots \cdot b_n} = \lim_{n \to \infty} b_n, \tag{6.16}$$

falls $\lim_{n \to \infty} b_n$ existiert. Das geometrische Mittel von $b_1, \ldots, b_n$ (vgl. 5.1.12) hat also im Falle der Konvergenz der Folge (b_n) denselben Grenzwert wie (b_n).

Schließlich sei (c_n) eine (eigentlich oder uneigentlich) gegen $c \in \bar{\mathbb{R}}$ konvergente Folge reeller Zahlen. Aus (6.16) erhalten wir dann

$$\lim_{n \to \infty} \sqrt[n]{e^{c_1 + \ldots + c_n}} = e^c.$$

Weil der Logarithmus eine stetige Funktion ist, folgt hieraus

$$\lim_{n \to \infty} \frac{1}{n}(c_1 + \ldots + c_n) = \lim_{n \to \infty} c_n. \tag{6.17}$$

(Wegen $\lim_{x \to 0+} \ln x = -\infty$ und $\lim_{x \to \infty} \ln x = \infty$ gilt diese Aussage auch für $c = -\infty$ und $c = \infty$.) Die Folge der arithmetische Mittel von $c_1, \ldots, c_n$ hat also denselben Grenzwert wie (c_n).

Abschließend möchten wir noch die nützliche Ungleichung

$$\sqrt[n]{b_1 \cdot \ldots \cdot b_n} \leq \frac{1}{n}(b_1 + \ldots + b_n)$$

erwähnen. Sie gilt für nichtnegativen Zahlen $b_1, \ldots, b_n$ (siehe z.B. Heuser, 2003).

6.4.4 Eigenschaften von Potenzreihen

Potenzreihen kann man addieren und multiplizieren. So liefert etwa Satz 5.39:

6.26 Satz. (Produkt von Potenzreihen)
Es seien $\sum_{n=0}^{\infty} a_n(x - x_0)^n$ und $\sum_{n=0}^{\infty} b_n(x - x_0)^n$ Potenzreihen mit den Konvergenzradien r bzw. s und den Summenfunktionen f bzw. g. Dann ist die Potenzreihe $\sum_{n=0}^{\infty} c_n(x - x_0)^n$ für jedes x mit $|x - x_0| < \min(r, s)$ konvergent, und es gilt

$$f(x) \cdot g(x) = \sum_{n=0}^{\infty} c_n(x - x_0)^n,$$

mit

$$c_n := \sum_{j=0}^{n} a_j b_{n-j}, \qquad n \in \mathbb{N}_0.$$

Nach dem nächsten Satz ist die Summenfunktion einer Potenzreihe stetig. Er wird sich als Spezialfall einer allgemeineren Aussage (vgl. Satz 6.33) ergeben.

6.27 Satz. (Potenzreihen und Stetigkeit)
Es sei $\sum_{n=0}^{\infty} a_n(x - x_0)^n$ eine Potenzreihe mit Konvergenzradius r. Dann ist die Summenfunktion f stetig auf dem Intervall $I := \{x \in \mathbb{R} : |x - x_0| < r\}$. Dabei ist $I = \mathbb{R}$ im Fall $r = \infty$.

6.4.5 Der Identitätssatz

Wie der folgende Satz zeigt, werden die Koeffizienten einer Potenzreihe mit positivem Konvergenzradius durch die Summenfunktion eindeutig festgelegt.

6.28 Satz. (Identitätssatz für Potenzreihen)
Es seien $\sum_{n=0}^{\infty} a_n(x - x_0)^n$ und $\sum_{n=0}^{\infty} b_n(x - x_0)^n$ Potenzreihen, deren Konvergenzbereiche für ein gewisses $r > 0$ das Intervall $I := (x_0 - r, x_0 + r)$ enthalten. Weiter seien f bzw. g die Summenfunktionen der Potenzreihen auf dem Intervall I, und es sei (x_j) eine Folge in I mit $x_j \neq x_0$, $j \in \mathbb{N}$, $\lim_{j \to \infty} x_j = x_0$ und

$$f(x_j) = g(x_j), \qquad j \in \mathbb{N}. \tag{6.18}$$

Dann folgt $a_n = b_n$ für jedes $n \geq 0$ und somit $f = g$.

BEWEIS: Wir zeigen durch vollständige Induktion über n, dass für jedes $n \geq 0$ die mit $A(n)$ bezeichnete Aussage

$$a_0 = b_0, a_1 = b_1, \ldots, a_n = b_n$$

richtig ist. Dabei sei o.B.d.A. $x_0 := 0$ gesetzt. Aus (6.18), der Stetigkeit von f und g auf $I = (-r, r)$ und $x_j \to 0$ folgt

$$a_0 = f(0) = \lim_{j \to \infty} f(x_j) = \lim_{j \to \infty} g(x_j) = g(0) = b_0$$

und somit der Induktionsanfang, also die Gültigkeit von $A(0)$. Für den Induktionsschluss $A(n) \implies A(n + 1)$ nehmen wir die Gültigkeit von $A(n)$ an und definieren

$$f_n(x) := \sum_{k=0}^{\infty} a_{n+1+k} x^k, \qquad g_n(x) := \sum_{k=0}^{\infty} b_{n+1+k} x^k, \qquad x \in I.$$

Für jedes $x \in I$ mit $x \neq 0$ gilt dann

$$f_n(x) = \frac{1}{x^{n+1}} \left(f(x) - \sum_{k=0}^{n} a_k x^k \right), \qquad g_n(x) = \frac{1}{x^{n+1}} \left(g(x) - \sum_{k=0}^{n} b_k x^k \right).$$

Mit (6.18) und der Induktionsvoraussetzung folgt $f_n(x_j) = g_n(x_j)$, $j \in \mathbb{N}$, und damit wie oben $a_{n+1} = b_{n+1}$.   □

6.4.6 Sinus und Kosinus

Die Funktionen $x \mapsto \sin(x)$ und $x \mapsto \cos(x)$ sind für jedes $x \in \mathbb{R}$ durch

$$\sin(x) := \sum_{n=0}^{\infty}(-1)^n \frac{x^{2n+1}}{(2n+1)!} = x - \frac{x^3}{3!} + \frac{x^5}{5!} - \frac{x^7}{7!} + - \cdots,$$

$$\cos(x) := \sum_{n=0}^{\infty}(-1)^n \frac{x^{2n}}{(2n)!} = 1 - \frac{x^2}{2!} + \frac{x^4}{4!} - \frac{x^6}{6!} + - \cdots$$

definiert. Sie heißen *Sinus* (oder *Sinusfunktion*) bzw. *Kosinus* (oder *Kosinus-funktion*). Man schreibt auch $\sin x := \sin(x)$ bzw. $\cos x := \cos(x)$.

Die Graphen dieser Funktionen sind in Bild 6.10 dargestellt. (Die Zahl π wird in 6.4.8 eingeführt.) Nach Definition gilt $\sin(0) = 0$ und $\cos(0) = 1$.

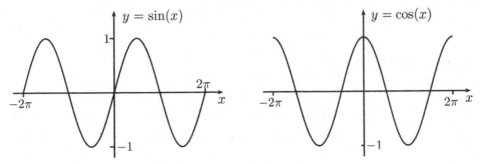

Bild 6.10: Sinus und Kosinus

6.4.7 Die Additionstheoreme

In der Schule werden die *trigonometrischen Funktionen* Sinus und Kosinus im rechtwinkligen Dreieck über die Verhältnisse Gegenkathete zu Hypothenuse und Ankathete zu Hypothenuse eingeführt. Die Eigenschaften, die wir jetzt herleiten werden, zeigen aber bereits, dass die obige Potenzreihendefinition und die vertraute geometrische Definition äquivalent sind.

6.29 Satz. (Kreisgleichung)
Es gilt

$$\sin^2 x + \cos^2 x = 1, \qquad x \in \mathbb{R},$$

wobei $\sin^2 x := (\sin x)^2$ *und* $\cos^2 x := (\cos x)^2$ *gesetzt wurde.*

BEWEIS: Mit den Abkürzungen

$$c_{2n} := \sum_{j=0}^{n-1} \frac{(-1)^j}{(2j+1)!} \frac{(-1)^{n-j-1}}{(2n-2j-1)!} = -\frac{(-1)^n}{(2n)!} \sum_{j=0}^{n-1} \binom{2n}{2j+1},$$

$$d_{2n} := \sum_{j=0}^{n} \frac{(-1)^j}{(2j)!} \frac{(-1)^{n-j}}{(2n-2j)!} = \frac{(-1)^n}{(2n)!} \sum_{j=0}^{n} \binom{2n}{2j}$$

folgt aus den Definitionen 6.4.6 und Satz 6.26

$$\sin^2 x = \sum_{n=1}^{\infty} c_{2n} x^{2n}, \qquad \cos^2 x = \sum_{n=0}^{\infty} d_{2n} x^{2n}.$$

Für $n \geq 1$ ergibt sich

$$c_{2n} + d_{2n} = \frac{(-1)^n}{(2n)!} \sum_{j=0}^{2n} (-1)^j \binom{2n}{j} = \frac{(-1)^n}{(2n)!} (1-1)^{2n} = 0$$

und damit $\sin^2 x + \cos^2 x = d_0 = 1$. $\square$

6.30 Satz. (Additionstheoreme)
Für alle $x, y \in \mathbb{R}$ gilt

$$\sin(x + y) = \sin x \cdot \cos y + \cos x \cdot \sin y, \qquad (6.19)$$

$$\cos(x + y) = \cos x \cdot \cos y - \sin x \cdot \sin y. \qquad (6.20)$$

BEWEIS: Aus der binomischen Formel folgt

$$\sin(x + y) = \sum_{n=0}^{\infty} (-1)^n \frac{(x+y)^{2n+1}}{(2n+1)!}$$

$$= \sum_{n=0}^{\infty} \frac{(-1)^n}{(2n+1)!} \sum_{j=0}^{2n+1} \binom{2n+1}{j} x^j y^{2n+1-j}$$

$$= \sum_{n=0}^{\infty} (-1)^n \sum_{j=0}^{2n+1} \frac{x^j y^{2n+1-j}}{j!(2n+1-j)!}.$$

Durch Vertauschung der Summationsreihenfolge (vgl. (5.37)) ergibt sich

$$\sin(x + y) = \sum_{j=0}^{\infty} \frac{x^j}{j!} \sum_{n:2n+1 \geq j} (-1)^n \frac{y^{2n+1-j}}{(2n+1-j)!},$$

wobei in der zweiten Summe über alle $n \in \mathbb{N}_0$ mit $2n + 1 \geq j$ summiert wird. Wir unterscheiden jetzt die Fälle $j = 2k + 1$ und $j = 2k$, $k \in \mathbb{N}_0$. Damit ist der obige

Ausdruck gleich

$$\sum_{k=0}^{\infty} \frac{(-1)^k x^{2k+1}}{(2k+1)!} \sum_{n=k}^{\infty} \frac{(-1)^{n-k} y^{2n-2k}}{(2n-2k)!} + \sum_{k=0}^{\infty} \frac{(-1)^k x^{2k}}{(2k)!} \sum_{n=k}^{\infty} \frac{(-1)^{n-k} y^{2n+1-2k}}{(2n+1-2k)!}$$

$$= \sum_{k=0}^{\infty} \frac{(-1)^k x^{2k+1}}{(2k+1)!} \cos y + \sum_{k=0}^{\infty} \frac{(-1)^k x^{2k}}{(2k)!} \sin y$$

$$= \sin x \cos y + \cos x \sin y.$$

Der Beweis von (6.20) erfolgt analog.   □

6.4.8 Die Kreiszahl π

Vielen ist die Kreiszahl π als Verhältnis des Umfanges zum Durchmesser eines Kreises bekannt. Wir werden aus der „rein analytischen" Definition

$$\pi := 2\inf\{x \geq 0 : \cos x = 0\} \tag{6.21}$$

von π alle wichtigen Eigenschaften von π herleiten. Im Band 2 wird nachgewiesen, dass π tatsächlich der Flächeninhalt eines Kreises mit dem Radius 1 ist. Wegen

$$\cos x - 1 = \sum_{n=1}^{\infty} (-1)^n \frac{x^{2n}}{(2n)!}$$

und der Tatsache, dass die Folge $(x^{2n}/(2n)!)$ im Fall $0 \leq x \leq 2\sqrt{3}$ eine monotone Nullfolge bildet, folgt nach (5.23) die Ungleichungskette

$$1 - x^2/2 \leq \cos x \leq 1 - x^2/2 + x^4/24, \tag{6.22}$$

falls $0 \leq x \leq 2\sqrt{3}$. Die linke Seite von (6.22) ist für $x < \sqrt{2}$ positiv und die rechte Seite für $x = 8/5 \in (\sqrt{2}, 2\sqrt{3}]$ negativ. Aus dem Zwischenwertsatz (Satz 6.7) ergibt sich, dass der Kosinus (mindestens) eine Nullstelle im Intervall $[\sqrt{2}, 8/5]$ besitzt. Damit gilt

$$2\sqrt{2} \leq \pi \leq 16/5.$$

Aus (6.21) und der Stetigkeit der Kosinusfunktion folgt

$$\cos\left(\frac{\pi}{2}\right) = 0, \tag{6.23}$$

d.h. $\pi/2$ ist eine Nullstelle der Kosinusfunktion. Später werden wir eine Reihendarstellung für π herleiten. Mit den gleichen Überlegungen, die zu (6.22) geführt haben, ergibt sich $\sin x \geq x - x^3/6$ für jedes $x \geq 0$ und somit insbesondere $\sin x > 0$ für jedes x mit $0 < x < \sqrt{6}$. Wegen $8/5 < \sqrt{6}$ ist $\sin(\pi/2) > 0$, und da aus (6.23) und Satz 6.29 die Beziehung $|\sin(\pi/2)| = 1$ folgt, gilt

$$\sin\left(\frac{\pi}{2}\right) = 1. \tag{6.24}$$

Schließlich liefern (6.19) und (6.23) die Gleichung $\sin(\pi) = 0$.

6.4.9   Eigenschaften von Sinus und Kosinus

Unmittelbar aus den Definitionen ergeben sich die Gleichungen

$$\sin(-x) = -\sin(x), \qquad \cos(-x) = \cos(x), \qquad x \in \mathbb{R}. \tag{6.25}$$

Aus den Additionstheoremen sowie (6.23) und (6.24) folgt

$$\sin(x + \pi/2) = \sin(x)\cos(\pi/2) + \cos(x)\sin(\pi/2) = \cos(x), \tag{6.26}$$
$$\cos(x + \pi/2) = \cos(x)\cos(\pi/2) - \sin(x)\sin(\pi/2) = -\sin(x). \tag{6.27}$$

Damit erhalten wir $\sin(x + \pi) = \cos(x + \pi/2) = -\sin(x)$ und induktiv

$$\sin(x + n\pi) = (-1)^n \sin(x), \qquad x \in \mathbb{R}, n \in \mathbb{Z}. \tag{6.28}$$

Insbesondere gilt $\sin(n\pi) = \sin(0) = 0$ für jedes $n \in \mathbb{Z}$. Analog folgt

$$\cos(x + n\pi) = (-1)^n \cos(x), \qquad x \in \mathbb{R}, n \in \mathbb{Z}, \tag{6.29}$$

und insbesondere $\cos((n + 1/2)\pi) = \cos(\pi/2) = 0$ für jedes $n \in \mathbb{Z}$.

Nach Definition von $\pi/2$ als kleinster positiver Nullstelle ist der Kosinus auf dem Intervall $[0, \pi/2)$ und wegen (6.25) auch auf dem Intervall $(-\pi/2, 0]$ positiv. Damit folgt aus (6.26), dass der Sinus auf dem offenen Intervall $(0, \pi)$ positiv ist. Mit (6.28) und (6.29) ergibt sich, dass die trigonometrischen Funktionen Sinus und Kosinus auf dem Intervall $(0, 2\pi)$ die folgenden Vorzeichen haben:

Intervall	$(0, \frac{\pi}{2})$	$(\frac{\pi}{2}, \pi)$	$(\pi, \frac{3\pi}{2})$	$(\frac{3\pi}{2}, 2\pi)$
sin	$+$	$+$	$-$	$-$
cos	$+$	$-$	$-$	$+$

Tabelle 6.1: Vorzeichen der Funktionen Sinus und Kosinus

Aus (6.28) und (6.29) folgt für jedes $x \in \mathbb{R}$

$$\sin(x + 2\pi) = \sin(x), \qquad \cos(x + 2\pi) = \cos(x).$$

Sinus und Kosinus sind also *periodische* Funktionen im Sinne der folgenden Definition.

Besitzt eine Funktion $f : \mathbb{R} \to \mathbb{R}$ die Eigenschaft $f(x) = f(x + a)$, $x \in \mathbb{R}$, für ein $a \neq 0$, so nennt man f *periodisch* mit *Periode a*.

6.4.10   Spezielle Werte der trigonometrischen Funktionen

Wir fragen nach den Werten von $\sin(x)$ und $\cos(x)$ für $x \in \{0, \pi/6, \pi/4, \pi/3, \pi/2\}$. Die Gleichungen $\cos(\pi/2) = 0$ und $\sin(\pi/2) = 1$ sind uns bereits aus 6.4.8 bekannt. Die Gleichungen $\sin(0) = 0$ und $\cos(0) = 1$ ergeben sich sofort aus der Definition.

Für $x = \pi/4$ ergibt sich aus dem Additionstheorem (6.19)

$$1 = \sin\left(\frac{\pi}{2}\right) = 2\sin\left(\frac{\pi}{4}\right)\cos\left(\frac{\pi}{4}\right).$$

Zusammen mit $\sin^2(\pi/4) + \cos^2(\pi/4) = 1$ und Tabelle 6.1 erhält man

$$\sin\left(\frac{\pi}{4}\right) = \cos\left(\frac{\pi}{4}\right) = \frac{1}{\sqrt{2}}.$$

Wir untersuchen jetzt den Fall $x = \pi/6$. Aus (6.19) folgt zunächst

$$\sin\left(\frac{\pi}{3}\right) = 2\sin\left(\frac{\pi}{6}\right)\cos\left(\frac{\pi}{6}\right).$$

Andererseits gilt wegen (6.26) und (6.28)

$$\cos\left(\frac{\pi}{6}\right) = \sin\left(\frac{\pi}{6} + \frac{\pi}{2}\right) = \sin\left(\frac{2\pi}{3}\right) = \sin\left(-\frac{\pi}{3} + \pi\right) = -\sin\left(-\frac{\pi}{3}\right) = \sin\left(\frac{\pi}{3}\right).$$

Also folgt

$$\sin\left(\frac{\pi}{6}\right) = \frac{1}{2}$$

und

$$\cos\left(\frac{\pi}{3}\right) = \cos\left(-\frac{\pi}{3}\right) = \sin\left(-\frac{\pi}{3} + \frac{\pi}{2}\right) = \sin\left(\frac{\pi}{6}\right) = \frac{1}{2}.$$

Schließlich ergibt sich

$$1 = \sin\left(\frac{\pi}{2}\right) = \sin\left(\frac{\pi}{3} + \frac{\pi}{6}\right)$$

$$= \sin\left(\frac{\pi}{3}\right)\cos\left(\frac{\pi}{6}\right) + \sin\left(\frac{\pi}{6}\right)\cos\left(\frac{\pi}{3}\right) = \sin^2\left(\frac{\pi}{3}\right) + \frac{1}{4}$$

und deshalb

$$\sin\left(\frac{\pi}{3}\right) = \cos\left(\frac{\pi}{6}\right) = \frac{\sqrt{3}}{2}.$$

Die folgende Tabelle fasst die Ergebnisse zusammen:

x	0	$\frac{\pi}{6}$	$\frac{\pi}{4}$	$\frac{\pi}{3}$	$\frac{\pi}{2}$	$\frac{2\pi}{3}$	$\frac{3\pi}{4}$	$\frac{5\pi}{6}$	π
$\sin(x)$	0	$\frac{1}{2}$	$\frac{1}{\sqrt{2}}$	$\frac{\sqrt{3}}{2}$	1	$\frac{\sqrt{3}}{2}$	$\frac{1}{\sqrt{2}}$	$\frac{1}{2}$	0
$\cos(x)$	1	$\frac{\sqrt{3}}{2}$	$\frac{1}{\sqrt{2}}$	$\frac{1}{2}$	0	$-\frac{1}{2}$	$-\frac{1}{\sqrt{2}}$	$-\frac{\sqrt{3}}{2}$	-1

Tabelle 6.2: Spezielle Werte von Sinus und Kosinus

6.4.11   Winkel und Bogenmaß

Aus der Elementargeometrie ist bekannt, dass die Menge S^1 aller Punkte $(x, y) \in \mathbb{R}^2$ mit der Eigenschaft

$$x^2 + y^2 = 1$$

einen *Kreis* mit *Radius* 1 bildet. Bild 6.11 links zeigt einen Punkt P dieses Kreises, dessen Koordinaten x und y den Ungleichungen $0 \le x \le 1$ und $0 \le y \le 1$ genügen. Im Vorgriff auf 6.7.4 schließen wir auf die Existenz einer eindeutig bestimmten Zahl α zwischen 0 und $\pi/2$ mit $y = \sin(\alpha)$. Wegen $x^2 + y^2 = 1$, Satz 6.29 und Tabelle 6.1 folgt daraus $x = \cos(\alpha)$. Allgemeiner ergibt sich, dass jeder Punkt $P = (x, y)$ des Kreises die Darstellung

$$(x, y) = (\cos(\alpha), \sin(\alpha))$$

für ein eindeutig bestimmtes $\alpha \in [0, 2\pi)$ besitzt. Dieser Sachverhalt soll durch die Schreibweise $\alpha(P) := \alpha$ betont werden. Bild 6.11 rechts zeigt die zu Tabelle 6.2 gehörenden Punkte $P_1, \ldots, P_9$ des Kreises S^1 mit den Werten $\alpha(P_1) = 0$, $\alpha(P_2) = \pi/6, \ldots, \alpha(P_9) = \pi$.

Der Anstieg der Geraden durch die Punkte $(0, 0)$ und $(x, y) \in S^1$ ergibt sich zu

$$\tan(\alpha) := \frac{\sin(\alpha)}{\cos(\alpha)}$$

mit $\alpha := \alpha(P)$. Wegen $\cos(\pi/2) = 0$ und $\cos(3\pi/2) = 0$ sind dabei die Fälle $\alpha = \pi/2$ und $\alpha = (3\pi)/2$ ausgeschlossen. Man nennt $\tan(\alpha)$ den *Tangens* von α. Die Tangens–Funktion wird später (beginnend in 6.6.9) genauer untersucht.

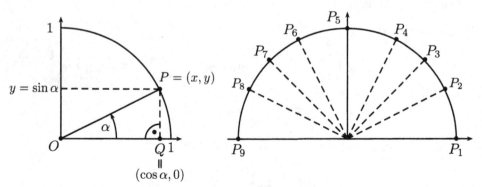

Bild 6.11: Sinus und Kosinus am Einheitskreis (links) und die zu Tabelle 6.2 gehörenden Punkte $P_1, \ldots, P_9$ (rechts)

Ist $P = (x, y) \in S^1$, so bildet P zusammen mit den in Bild 6.11 abgebildeten Punkten $O := (0, 0)$ und $Q := (x, 0)$ ein rechtwinkliges Dreieck. Für $0 \le x \le 1$

und $0 \leq y \leq 1$ kann die Zahl $\alpha := \alpha(P)$ als Maß für die Größe des zum Eckpunkt O gehörenden *Innenwinkels* dieses Dreiecks interpretiert werden. Dann sind $\cos(\alpha)$ und $\sin(\alpha)$ die Längen der entsprechenden *Ankathete* bzw. *Gegenkathete*.

Auch für einen beliebigen Punkt $P = (x, y) \in S^1$ kann $\alpha(P)$ als Maß des *Winkels* zwischen der Strecke mit Endpunkten O und $(1, 0)$ und der Strecke mit Endpunkten O und P interpretiert werden. Dabei wird *entgegen der Uhrzeigerrichtung* gemessen. Tatsächlich werden wir in Band 2 zeigen, dass $\alpha(P)$ die Länge des Kreisbogens zwischen den Punkten $(0, 1)$ und (x, y) ist. Aus diesem Grund nennt man α auch das *Bogenmaß* des Winkels. Halbkreis und Vollkreis besitzen das Bogenmaß π bzw. 2π. In Anwendungen wird der Winkel meist in der Maßeinheit *Grad* gemessen. Dabei wird der Vollkreis in 360 Grad unterteilt. Die Umrechnung zwischen dem Bogenmaß α eines Winkels und seinem Maß φ in Grad erfolgt mittels der Formel

$$\frac{\varphi}{360} = \frac{\alpha}{2\pi}.$$

6.5 Gleichmäßige Konvergenz und Stetigkeit

6.5.1 Punktweise und gleichmäßige Konvergenz

Ist f die Summenfunktion einer Potenzreihe $\sum_{n=0}^{\infty} a_n(x - x_0)^n$ mit Konvergenzbereich K, und ist

$$f_n(x) := \sum_{j=0}^{n} a_j(x - x_0)^j, \qquad n \in \mathbb{N},$$

gesetzt, so gilt

$$f(x) = \lim_{n \to \infty} f_n(x), \qquad x \in K.$$

Diese Beobachtung motiviert die folgenden Begriffsbildungen:

(i) Es sei $D \subset \mathbb{R}$. Eine Abbildung $n \mapsto f_n$ von $\mathbb{N}$ in die Menge aller Funktionen von D in $\mathbb{R}$ heißt *Funktionenfolge* auf D. Analog zu Zahlenfolgen schreibt man hierfür kurz $(f_n)_{n \in \mathbb{N}}$ oder einfach (f_n).

(ii) Eine Funktionenfolge (f_n) auf D heißt auf $A \subset D$ *punktweise konvergent* gegen eine Funktion $f : D \to \mathbb{R}$, falls für jedes $x \in A$ die Grenzwertaussage

$$\lim_{n \to \infty} f_n(x) = f(x)$$

richtig ist. In diesem Fall heißt f *Grenzfunktion* der Folge (f_n) (auf A).

(iii) Eine Funktionenfolge (f_n) auf D heißt auf $A \subset D$ gleichmäßig konvergent gegen eine Funktion $f : D \to \mathbb{R}$, wenn es zu jedem $\varepsilon > 0$ ein $n_0 \in \mathbb{N}$ gibt, so dass die Ungleichung

$$\sup_{x \in A} |f_n(x) - f(x)| \leq \varepsilon$$

für jedes $n \geq n_0$ erfüllt ist.

Man beachte, dass die Werte $f(x)$ für $x \notin A$ in den obigen Definitionen keine Rolle spielen. Wichtig ist nur, dass f auf einer Menge definiert ist, welche A enthält. Wir werden die Begriffe punktweise und gleichmäßige Konvergenz auch in diesem Sinne verwenden.

Eine Funktionenfolge (f_n) auf D konvergiert genau dann auf A punktweise gegen eine Funktion f, wenn es zu jedem $\varepsilon > 0$ und jedem (festen) $x \in A$ ein von ε und (im Allgemeinen auch von) x abhängiges $n_0 = n_0(\varepsilon, x) \in \mathbb{N}$ gibt, so dass gilt:

$$|f_n(x) - f(x)| \leq \varepsilon, \qquad n \geq n_0.$$

Im Vergleich hierzu ist die gleichmäße Konvergenz eine wesentlich stärkere Eigenschaft, d.h. eine auf A gleichmäßig konvergente Funktionenfolge konvergiert somit stets auch punktweise. Gleichmäßige Konvergenz von f_n gegen f auf A liegt genau dann vor, wenn n_0 unabhängig von x (d.h. gleichmäßig in x) gewählt werden kann. Gleichbedeutend hiermit ist die Konvergenz

$$\lim_{n \to \infty} \sup_{x \in A} |f_n(x) - f(x)| = 0. \tag{6.30}$$

Ist A ein Intervall, so bedeutet die gleichmäßige Konvergenz von f_n gegen f auf A anschaulich, dass zu jedem vorgegebenen $\varepsilon > 0$ ein n_0 existiert, so dass für jedes $n \geq n_0$ der Graph der Funktion f_n ganz in einem Streifen der Breite 2ε um die Funktion f liegen muss (siehe Bild 6.12 rechts).

Das folgende Beispiel zeigt, dass eine punktweise konvergente Funktionenfolge nicht notwendigerweise gleichmäßig konvergieren muss.

6.31 Beispiel.

Wir betrachten die durch $f_n(x) := x^n$, $x \in D := [0, 1]$, definierte Funktionenfolge (f_n) auf D (siehe Bild 6.12 links für $n = 1$, $n = 2$ und $n = 10$). Diese Folge konvergiert punktweise gegen die Grenzfunktion

$$f(x) = \begin{cases} 0, & \text{falls } 0 \leq x < 1, \\ 1, & \text{falls } x = 1, \end{cases}$$

welche im Gegensatz zu den f_n nicht stetig ist! Die Folge (f_n) konvergiert jedoch nicht gleichmäßig. Ist etwa $\varepsilon = 1/4$, so erfüllt $x_n := \sqrt[n]{1/2}$ für jedes $n \in \mathbb{N}$ die Ungleichung

$$|f_n(x_n) - f(x_n)| = |1/2 - 0| > \varepsilon,$$

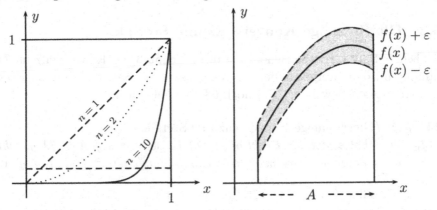

Bild 6.12: Zur punktweisen und gleichmäßigen Konvergenz

was (6.30) widerspricht. Für jedes a mit $0 < a < 1$ konvergiert aber (f_n) auf dem Intervall $[0, a]$ gleichmäßig gegen f. Auf jedem solchen Intervall $[0, a]$ ist die Grenzfunktion f identisch 0.

6.5.2 Gleichmäßige Konvergenz von Potenzreihen

6.32 Satz. (Gleichmäßige Konvergenz von Potenzreihen)
Es sei $\sum_{n=0}^{\infty} a_n(x - x_0)^n$ eine Potenzreihe mit Konvergenzradius $r > 0$ und Summenfunktion f. Für jedes $n \in \mathbb{N}$ sei

$$f_n(x) := \sum_{j=0}^{n} a_j(x - x_0)^j, \qquad x \in \mathbb{R},$$

gesetzt. Ist r_1 eine Zahl mit $0 < r_1 < r$, so konvergiert (f_n) auf dem Intervall $[x_0 - r_1, x_0 + r_1]$ gleichmäßig gegen f.

BEWEIS: Es sei $s \in \mathbb{R}$ mit $r_1 < s < r$. Dann konvergiert die Reihe $\sum_{n=0}^{\infty} a_n s^n$, was insbesondere die Beschränktheit der Folge $(a_n s^n)$ nach sich zieht. Es gibt also eine reelle Zahl $C > 0$ mit $|a_n| s^n \leq C$ für jedes $n \in \mathbb{N}$. Wir setzen $\rho := r_1/s < 1$ und erhalten für jedes $n \in \mathbb{N}$ und für jedes x mit $|x - x_0| \leq r_1$ die Ungleichungskette

$$|f(x) - f_n(x)| = \left| \sum_{j=n+1}^{\infty} a_j(x - x_0)^j \right| \leq \sum_{j=n+1}^{\infty} |a_j| \cdot |x - x_0|^j$$

$$\leq \sum_{j=n+1}^{\infty} |a_j| \rho^j s^j \leq C \sum_{j=n+1}^{\infty} \rho^j = C \cdot \frac{\rho^{n+1}}{1 - \rho}.$$

Da die letzte Schranke nicht von x abhängt und für $n \to \infty$ gegen 0 strebt, ist der Satz bewiesen. $\square$

6.5.3 Gleichmäßige Konvergenz und Stetigkeit

Der nächste Satz klärt die Bedeutung der gleichmäßigen Konvergenz im Zusammenhang mit dem Stetigkeitsbegriff. Gemeinsam mit Satz 6.32 impliziert er auch Satz 6.27, dessen Beweis in 6.4.4 noch offen geblieben war.

6.33 Satz. (Gleichmäßige Konvergenz und Stetigkeit)
Ist (f_n) eine Folge stetiger Funktionen auf D, welche auf $A \subset D$ gleichmäßig gegen eine Funktion f konvergiert, so ist die Grenzfunktion f stetig auf A.

BEWEIS: Wir wählen ein $x_0 \in A$ und zeigen, dass f stetig in x_0 ist. Dazu sei $\varepsilon > 0$ beliebig vorgegeben. Wegen der vorausgesetzten gleichmäßigen Konvergenz der Folge (f_n) gibt es ein $n \in \mathbb{N}$ mit

$$|f_n(x) - f(x)| \leq \frac{\varepsilon}{3} \quad \text{für jedes } x \in A.$$

Weil f_n stetig in x_0 ist, finden wir wegen Satz 6.4 ein $\delta > 0$, so dass $|f_n(x) - f_n(x_0)| \leq \varepsilon/3$ für jedes $x \in D$ mit $|x - x_0| \leq \delta$. Damit liefert die Dreiecksungleichung für jedes $x \in A$ mit $|x - x_0| \leq \delta$ die Abschätzung

$$|f(x) - f(x_0)| \leq |f(x) - f_n(x)| + |f_n(x) - f_n(x_0)| + |f_n(x_0) - f(x_0)|$$
$$\leq \frac{\varepsilon}{3} + \frac{\varepsilon}{3} + \frac{\varepsilon}{3} = \varepsilon.$$

Nach Satz 6.4 ist f stetig in x_0. $\square$

6.6 Differentiation

In diesem Abschnitt werden wir die Änderung einer Funktion f in der Nähe eines Punktes x_0, d.h. die Differenz $f(x) - f(x_0)$, mit der Änderung der einfachsten nichtkonstanten Funktion, nämlich der Identität $x \mapsto x$, vergleichen. Dieser Vergleich geschieht durch den *Differenzenquotienten*

$$\frac{f(x) - f(x_0)}{x - x_0}, \tag{6.31}$$

also durch Bildung des *Verhältnisses der jeweiligen Veränderungen*.

Geometrisch beschreibt der Differenzenquotient die Steigung einer Geraden, welche durch die Punkte $(x_0, f(x_0))$ und $(x, f(x))$ geht, der sogenannten *Sekante* (lat. „Schneidende") durch f in x_0 und x (siehe Bild 6.13 links). Der Grenzübergang $x \to x_0$ liefert dann den Anstieg der *Tangente* (lat. „Berührende") an den Graphen von f im Punkt $(x_0, f(x_0))$ (Bild 6.13 rechts). Wenn f in einem zu präzisierenden Sinn „differenzierbar" in x_0 ist, so existiert diese Tangente, und sie besitzt einen endlichen Anstieg.

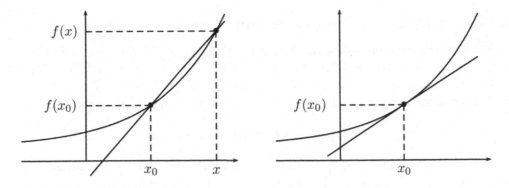

Bild 6.13: Sekante (links) und Tangente als Grenzlage der Sekante (rechts)

6.6.1 Die Ableitung

Es seien $D \subset \mathbb{R}$, $f : D \to \mathbb{R}$ eine Funktion und $x_0 \in D$ ein Häufungspunkt von D. Die Funktion f heißt *differenzierbar* in x_0, falls der Grenzwert

$$f'(x_0) := \lim_{x \to x_0} \frac{f(x) - f(x_0)}{x - x_0} \tag{6.32}$$

existiert und endlich ist. In diesem Fall heißt $f'(x_0)$ *Ableitung* (oder *Differentialquotient*) von f an der Stelle x_0.

Man beachte, dass der Grenzübergang (6.32) einen Spezialfall des in 6.3.2 definierten (zweiseitigen) Grenzwertes darstellt. Ist nämlich g die durch den Differenzenquotienten (6.31) auf $D \setminus \{x_0\}$ definierte Funktion, so gilt

$$f'(x_0) = \lim_{x \to x_0} g(x).$$

In diesem Zusammenhang ist es oft zweckmäßig, die Differenz $h := x - x_0$ einzuführen und die Ableitung in der Form

$$f'(x_0) = \lim_{h \to 0} \frac{f(x_0 + h) - f(x_0)}{h} \tag{6.33}$$

zu schreiben. Dabei ist die Funktion $h \mapsto (f(x_0 + h) - f(x_0))/h$ auf der Menge $\{h \in \mathbb{R} : h \neq 0, x_0 + h \in D\}$ definiert. Aus den Definitionen folgt unmittelbar, dass der Grenzwert in (6.33) genau dann existiert, wenn der Grenzwert (6.32) existiert, wobei in diesem Fall beide Grenzwerte übereinstimmen.

Der Quotient (6.31) kann auch als *durchschnittliche Änderungsrate* der Funktion f über dem Intervall von x_0 bis x interpretiert werden. Im Grenzwert $x \to x_0$ ergibt sich dann die *momentane Änderungsrate* von f (an der Stelle x_0.)

6.6.2   Grenzkosten, Grenznutzen und Grenzsteuersatz

Einem Unternehmen entstehen für die Produktion von $x > 0$ Einheiten eines bestimmten Gutes die Kosten $C(x) > 0$. Dabei seien für die Variable x alle positiven Werte zugelassen. Man nennt dann die Funktion $C : (0, \infty) \to (0, \infty)$, $x \mapsto C(x)$, auch *Kostenfunktion*. Ist die Kostenfunktion im Punkt x_0 differenzierbar, so gilt

$$C(x_0 + h) \approx C(x_0) + C'(x_0)h$$

für betragsmäßig kleine $h \in \mathbb{R}$. Soll also etwa die Produktion von x_0 auf $x_0 + h$ Einheiten ($h > 0$) erhöht werden, so erhöhen sich die Kosten approximativ um den Wert $C'(x_0)h$. (Hier wurde unterstellt, dass die Ableitung positiv ist.)

Unter den *Grenzkosten* an der Stelle x_0 versteht man die Ableitung $C'(x_0)$ der Kostenfunktion an der Stelle x_0.

Setzt man in obiger Approximation $h = 1$, so ergibt sich

$$C(x_0 + 1) - C(x_0) \approx C'(x_0).$$

Die Grenzkosten können also auch als (approximative) *Mehrkosten* für die Herstellung einer weiteren Einheit angesehen werden.

Analog verwendet man für die Ableitungen von Funktionen, welche Erträge, Nutzen oder Gewinne in Abhängigkeit von der Menge eines produzierten oder gekauften Gutes beschreiben, die Begriffe *Grenzertrag*, *Grenznutzen* oder *Grenzgewinn*. Der Begriff *Grenzsteuersatz* steht für die Ableitung der Funktion, die in Abhängigkeit des Jahreseinkommens die zu zahlende Einkommenssteuer angibt.

6.6.3   Einseitige Ableitungen

Ist eine auf einem beschränkten, abgeschlossenen Intervall $[a, b]$ definierte Funktion $f : [a, b] \to \mathbb{R}$ im linken Randpunkt a des Intervalls differenzierbar, so nennt man $f'(a)$ die *rechtsseitige Ableitung* von f im Punkt a. Analog heißt (im Falle der Existenz) $f'(b)$ die *linksseitige Ableitung* von f im Punkt b.

Sind allgemeiner $f : D \to \mathbb{R}$ und x_0 ein rechtsseitiger Häufungspunkt von D, so heißt f *rechtsseitig differenzierbar* in x_0, falls die Einschränkung g von f auf die Menge $\{x \in D : x \geq x_0\}$ differenzierbar in x_0 ist. In diesem Fall heißt $g'(x_0)$ die *rechtsseitige Ableitung* von f im Punkt x_0. Die Begriffe *linksseitige Differenzierbarkeit* und *linksseitige Ableitung* werden analog definiert.

Die Attribute *rechtsseitig* und *linksseitig* erklären sich dadurch, dass zur Bildung des Differenzenquotienten (6.31) nur Punkte x „rechts (bzw. links) von x_0" zugelassen sind. Ist x_0 sowohl linksseitiger als auch rechtsseitiger Häufungspunkt von D, so ist f genau dann in x_0 differenzierbar, wenn f in x_0 rechtsseitig und linksseitig differenzierbar ist und die entsprechenden Ableitungen übereinstimmen.

6.6.4   Differenzierbare Funktionen

Ist $A \subset D$ eine Menge von Häufungspunkten von D und ist $f : D \to \mathbb{R}$ in jedem Punkt $x_0 \in A$ differenzierbar, so heißt f *differenzierbar auf A*. In diesem Fall heißt die Abbildung $f' : A \to \mathbb{R}$, $x \mapsto f'(x)$, die *Ableitung* von f auf A. Im Spezialfall $A = D$ nennt man f *differenzierbar* und f' die Ableitung von f. Eine Funktion f heißt *stetig differenzierbar* (auf A), falls f differenzierbar (auf A) ist und die Ableitung f' (auf A) stetig ist.

Die Abbildung $f \mapsto f'$, die differenzierbaren Funktionen ihre Ableitung zuordnet, nennt man *Differentiation*. Es hat sich aber eingebürgert, die Bildung der Ableitung einer Funktion ebenfalls mit diesem Wort zu umschreiben.

Meist ist der Definitionsbereich D ein Intervall mit *inneren* Punkten, d.h. ein Intervall, welches mindestens zwei verschiedene Punkte enthält. (Nur die „ausgearteten einpunktigen" Intervalle $[x, x] = \{x\}$, $x \in \mathbb{R}$, besitzen diese Eigenschaft nicht). In diesem Fall ist jedes Element von D zugleich ein Häufungspunkt von D. Letztere Aussage bleibt auch für endliche Vereinigungen solcher Intervalle gültig. Eine Menge, die diese Eigenschaft nicht besitzt, ist $D := \{0, 1, 1/2, 1/3, \ldots\}$. Diese Menge hat den einzigen Häufungspunkt 0. Definiert man etwa $f(x) := x^2$, $x \in D$, so ist f differenzierbar in 0 (mit der Ableitung 0).

6.6.5   Beispiele differenzierbarer Funktionen

Im Folgenden werden wir die Ableitungen der Potenz– und der Exponentialfunktion sowie der trigonometrischen Funktionen Sinus und Kosinus bestimmen. In 6.9.2 werden wir dann eine allgemeine Regel für die Differentiation von Potenzreihen kennen lernen.

6.34 Beispiel. (Ableitung der Potenzfunktion)
Es seien $n \in \mathbb{N}$ und $f : \mathbb{R} \to \mathbb{R}$ die durch $f(x) := x^n$, $x \in \mathbb{R}$, definierte *Potenzfunktion*. Aus der binomischen Formel folgt

$$\frac{f(x+h) - f(x)}{h} = \frac{1}{h} \sum_{j=0}^{n-1} \binom{n}{j} x^j h^{n-j}$$

$$= \frac{1}{h} \left(h^n + nxh^{n-1} + \ldots + \binom{n}{n-1} x^{n-1} h \right) \to nx^{n-1}$$

für $h \to 0$. Folglich ist f (stetig) differenzierbar, und es gilt

$$f'(x) = nx^{n-1}.$$

6.35 Beispiel. (Ableitung der Exponentialfunktion)
Es sei $f(x) = \exp(x)$ $(= e^x)$. Die Funktionalgleichung (5.29) der Exponentialfunktion liefert zusammen mit $\exp(0) = 1$ und der Potenzreihenentwicklung

(5.28)

$$\frac{\exp(x+h)-\exp(x)}{h} = \exp(x) \cdot \frac{\exp(h)-1}{h}$$

$$= \exp(x) \cdot \sum_{n=1}^{\infty} \frac{h^{n-1}}{n!} \to \exp(x)$$

für $h \to 0$. Dabei folgt die Konvergenz aus der Tatsache, dass die auftretende Potenzreihe (in h) den Konvergenzradius ∞ besitzt und im Punkt $h = 0$ stetig mit dem Wert 1 ist.

Die Exponentialfunktion ist also (stetig) differenzierbar, und sie besitzt die bemerkenswerte Eigenschaft $\exp'(x) = \exp(x)$ für jedes $x \in \mathbb{R}$. Die Tangentensteigung ist also stets gleich dem Funktionswert!

6.36 Beispiel. (Ableitung des Sinus und des Kosinus)
Für die Sinusfunktion $x \mapsto \sin x$ stellt sich nach dem Additionstheorem (6.19) der Differenzenquotient $(f(x+h) - f(x))/h$ in der Form

$$\frac{\sin(x+h)-\sin(x)}{h} = \frac{\sin x \cos h + \cos x \sin h - \sin x}{h}$$

$$= \sin x \cdot \frac{\cos h - 1}{h} + \cos x \cdot \frac{\sin h}{h}$$

dar. Direktes Anwenden der Definitionen 6.4.6 liefert

$$\frac{\cos h - 1}{h} = \sum_{n=1}^{\infty} (-1)^n \frac{h^{2n-1}}{(2n)!}, \quad \frac{\sin h}{h} = \sum_{n=0}^{\infty} (-1)^n \frac{h^{2n}}{(2n+1)!}$$

und somit $(\cos h - 1)/h \to 0$ sowie $\sin h/h \to 1$ für $h \to 0$, insgesamt also

$$\lim_{h \to 0} \frac{\sin(x+h)-\sin(x)}{h} = \cos x.$$

Folglich ist der Sinus differenzierbar, und es gilt $\sin'(x) = \cos(x)$. Analog folgt aus dem Additionstheorem (6.20) die Differenzierbarkeit des Kosinus sowie $\cos'(x) = -\sin(x)$.

6.6.6 Differenzierbarkeit und Stetigkeit

Das nächste Resultat besagt, dass die Eigenschaft der Stetigkeit einer Funktion f eine *notwendige* Bedingung für die Differenzierbarkeit von f darstellt. Dass diese Bedingung jedoch nicht hinreichend ist, zeigt das Beispiel $f(x) = |x|$ der Betragsfunktion. Diese Funktion ist zwar stetig im Nullpunkt, aber dort nicht differenzierbar.

6.37 Satz. (Differenzierbarkeit und Stetigkeit)
Ist $f : D \to \mathbb{R}$ differenzierbar in $x_0 \in D$, so ist f auch stetig in x_0.

BEWEIS: Für $x \in D$ setzen wir

$$F(x) := \begin{cases} (f(x) - f(x_0))/(x - x_0), & \text{falls } x \neq x_0, \\ f'(x_0), & \text{falls } x = x_0. \end{cases} \qquad (6.34)$$

Die Funktion $F : D \to \mathbb{R}$ ist stetig in x_0. Wählen wir nämlich irgendein $\varepsilon > 0$, so existiert nach Satz 6.4 ein $\delta > 0$ mit der Eigenschaft $|F(x) - f'(x_0)| \leq \varepsilon$ für jedes $x \in D$ mit $|x - x_0| \leq \delta$. Insbesondere gibt es ein $C > 0$ mit $|F(x)| \leq C$, falls $|x - x_0| \leq \delta$. Damit folgt

$$f(x) - f(x_0) = F(x)(x - x_0) \to 0$$

für $x \to x_0$, und der Satz ist bewiesen. $\qquad\qquad\square$

6.6.7 Die Summenregel

Im Folgenden leiten wir die wichtigsten *Differentiationsregeln* her. Diese Regeln stellen Grundtechniken für das Differenzieren bereit; sie dienen der Vermeidung einer direkten Berechnung der Ableitung über den Differenzenquotienten und gestatten die Differentiation „komplizierter" Funktionen aufgrund der Kenntnis einiger grundlegender Ableitungen. Zunächst erhalten wir aus der Definition und Satz 5.10 unmittelbar das folgende Resultat:

6.38 Satz. (Summenregel, Linearität der Ableitung)
Sind $f, g : D \to \mathbb{R}$ im Punkt $x_0 \in D$ differenzierbar und sind $a, b \in \mathbb{R}$, so ist auch die Funktion $a \cdot f + b \cdot g$ in x_0 differenzierbar, und es gilt

$$(a \cdot f + b \cdot g)'(x_0) = a \cdot f'(x_0) + b \cdot g'(x_0).$$

Die Ableitung einer Summe von Funktionen ist somit die Summe der Ableitungen der einzelnen Funktionen, und multiplikative Konstanten können bei der Bildung der Ableitung „vorgezogen werden".

6.39 Beispiel. (Differentiation von Polynomen)
Es sei

$$f(x) = a_0 + a_1 x + \ldots + a_n x^n$$

ein Polynom. Da eine konstante Funktion der Gestalt $g(x) := c$, $x \in \mathbb{R}$, offenbar differenzierbar ist und $g'(x) = 0$, $x \in \mathbb{R}$, gilt, erhalten wir aus Beispiel 6.34 und Satz 6.38 die Differenzierbarkeit von f und

$$f'(x) = a_1 + 2a_2 x + \ldots + n a_n x^{n-1}.$$

Die Ableitung eines Polynoms vom Grad n ist somit ein Polynom vom Grad $n-1$.

6.6.8 Produkt– und Quotientenregel

6.40 Satz. (Produkt– und Quotientenregel)
Es seien $f, g : D \to \mathbb{R}$ im Punkt $x_0 \in D$ differenzierbare Funktionen. Dann gilt:

(i) *Die Funktion $f \cdot g$ ist in x_0 differenzierbar, und es gilt*

$$(f \cdot g)'(x_0) = f'(x_0)g(x_0) + f(x_0)g'(x_0).$$

(ii) *Gilt $g(x) \neq 0$ für jedes $x \in D$, so ist f/g in x_0 differenzierbar, und es gilt*

$$\left(\frac{f}{g}\right)'(x_0) = \frac{f'(x_0)g(x_0) - f(x_0)g'(x_0)}{g(x_0)^2}.$$

BEWEIS: Für $x \neq x_0$ gilt

$$\frac{f(x)g(x) - f(x_0)g(x_0)}{x - x_0} = \frac{f(x)g(x) - f(x_0)g(x)}{x - x_0} + \frac{f(x_0)g(x) - f(x_0)g(x_0)}{x - x_0}$$

$$= g(x)\frac{f(x) - f(x_0)}{x - x_0} + f(x_0)\frac{g(x) - g(x_0)}{x - x_0}$$

$$\to g(x_0)f'(x_0) + f(x_0)g'(x_0)$$

für $x \to x_0$. Dabei wurde die Stetigkeit von g in x_0 benutzt. Analog erhalten wir unter der Voraussetzung in (ii)

$$\frac{f(x)/g(x) - f(x_0)/g(x_0)}{x - x_0} = \frac{f(x)g(x_0) - f(x_0)g(x)}{(x - x_0)g(x)g(x_0)}$$

$$= \frac{g(x_0)(f(x) - f(x_0)) - f(x_0)(g(x) - g(x_0))}{(x - x_0)g(x)g(x_0)}$$

$$\to g(x_0)\frac{f'(x_0)}{g(x_0)^2} - f(x_0)\frac{g'(x_0)}{g(x_0)^2}$$

für $x \to x_0$. Damit ist der Satz bewiesen. $\square$

6.6.9 Tangens und Kotangens

Die Funktionen *Tangens* (tan) und *Kotangens* (cot) sind durch

$$\tan x := \frac{\sin x}{\cos x}, \qquad x \in \mathbb{R} \setminus \{\pi/2 + n\pi : n \in \mathbb{Z}\},$$

bzw. durch

$$\cot x := \frac{\cos x}{\sin x}, \qquad x \in \mathbb{R} \setminus \{n\pi : n \in \mathbb{Z}\},$$

definiert.

Bild 6.14 veranschaulicht die Graphen der Tangens– und der Kotangensfunktion. Beide Funktionen sind periodisch mit der Periode π. Die Tangensfunktion besitzt an Stellen $x = \pi/2 + n\pi$, $n \in \mathbb{Z}$, den linksseitigen uneigentlichen Grenzwert ∞ und den rechtsseitigen uneigentlichen Grenzwert $-\infty$. Die Kotangensfunktion besitzt für $x = n\pi$, $n \in \mathbb{Z}$, den linksseitigen uneigentlichen Grenzwert $-\infty$ und den rechtsseitigen uneigentlichen Grenzwert ∞. Dieses Verhalten ist durch die in Bild 6.14 eingezeichneten gestrichelten Geraden verdeutlicht.

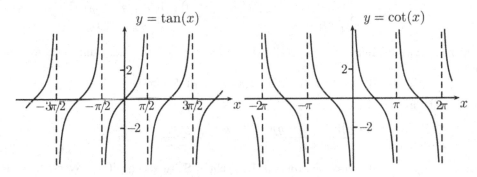

Bild 6.14: Tangens und Kotangens

Nach der Quotientenregel sind der Tangens und der Kotangens auf ihren jeweiligen Definitionsbereichen differenzierbar, und es gilt nach Beispiel 6.36

$$\tan'(x) = \frac{\sin'(x)\cos(x) - \sin(x)\cos'(x)}{\cos^2(x)} = \frac{\cos^2(x) + \sin^2(x)}{\cos^2(x)}$$

$$= \frac{1}{\cos^2(x)}$$

oder auch

$$\tan'(x) = 1 + \tan^2(x). \tag{6.35}$$

Analog folgt

$$\cot'(x) = -\frac{1}{\sin^2(x)} = -1 - \cot^2(x).$$

Hierbei wurde die allgemeine Schreibweise $f^2(x) := (f(x))^2$ benutzt. Verwechselungen mit der in Kapitel 2 verwendeten Notation f^2 für die Komposition von f mit sich selbst sind nicht zu befürchten.

6.6.10 Die Kettenregel

Es seien $D_1, D_2 \subset \mathbb{R}$, $g : D_1 \to \mathbb{R}$ eine Funktion mit $g(D_1) \subset D_2$ und $f : D_2 \to \mathbb{R}$. Wir erinnern an die Definition $(f \circ g)(x) := f(g(x))$, $x \in D_1$, der Komposition $f \circ g : D_1 \to \mathbb{R}$ (vgl. (6.1) und 2.1.6).

6.41 Satz. (Kettenregel)

Unter den obigen Voraussetzungen sei g differenzierbar in $x_0 \in D_1$ und f differenzierbar in $g(x_0) \in D_2$. Dann ist die Komposition $f \circ g$ differenzierbar in x_0, und es gilt die Kettenregel

$$(f \circ g)'(x_0) = f'(g(x_0)) \cdot g'(x_0).$$

BEWEIS: Wir definieren die Funktion $F : g(D_1) \to \mathbb{R}$ durch

$$F(y) := \begin{cases} (f(y) - f(g(x_0)))/(y - g(x_0)), & \text{falls } y \neq g(x_0), \\ f'(g(x_0)), & \text{falls } y = g(x_0). \end{cases}$$

Weil f in $g(x_0)$ differenzierbar ist, ergibt sich die Stetigkeit von F im Punkt $g(x_0)$. Ferner gilt

$$(f \circ g)(x) - (f \circ g)(x_0) = (g(x) - g(x_0))F(g(x)), \quad x \in D_1,$$

und somit für $x \neq x_0$

$$\frac{(f \circ g)(x) - (f \circ g)(x_0)}{x - x_0} = \frac{g(x) - g(x_0)}{x - x_0} \cdot F(g(x)).$$

Für $x \to x_0$ strebt der erste Faktor auf der rechten Seite gegen $g'(x_0)$. Wegen der Stetigkeit von g in x_0 (Satz 6.37) und der Stetigkeit von F in $g(x_0)$ konvergiert der zweite Faktor gegen $F(g(x_0)) = f'(g(x_0))$. $\qquad\square$

6.42 Beispiel. (Ableitung der allgemeinen Exponentialfunktion)

Es seien $a > 0$ und $h(x) := a^x = e^{x \ln a}$. Wenden wir Satz 6.41 auf $g(x) = x \ln a$ und $f(x) = \exp(x)$ an, so folgt die Differenzierbarkeit von h. Zusammen mit Beispiel 6.35 ergibt sich außerdem

$$h'(x) = a^x \ln a.$$

6.6.11 Differentiation der inversen Abbildung

Der Graph der Umkehrfunktion einer bijektiven Abbildung $f : I \to J$ $(I, J \subset \mathbb{R})$ ergibt sich durch Spiegelung an der Winkelhalbierenden $x = y$. Ist f differenzierbar in x_0, so geht die Tangente an den Graphen von f im Punkt $(x_0, f(x_0))$ durch die Spiegelung in die Tangente an den Graphen von f^{-1} im Punkt $(f(x_0), x_0)$ über. Gilt $f'(x_0) \neq 0$, so hat die gespiegelte Tangente den Anstieg $1/f'(x_0)$. Diese einfachen geometrischen Überlegungen erklären das folgende Resultat.

6.43 Satz. (Differenzierbarkeit der Inversen)

Es seien I ein Intervall und $f : I \to \mathbb{R}$ eine streng monoton wachsende (bzw. fallende) stetige Funktion, welche in $x_0 \in I$ differenzierbar ist. Gilt $f'(x_0) \neq 0$, so ist die inverse Funktion $f^{-1} : f(I) \to \mathbb{R}$ in $f(x_0)$ differenzierbar, und es gilt

$$(f^{-1})'(f(x_0)) = \frac{1}{f'(x_0)}.$$

BEWEIS: Wir beschränken uns auf den Fall, dass f monoton wachsend ist. Der andere Fall folgt durch Übergang von f zu $-f$. Es sei (y_n) eine gegen $y_0 := f(x_0)$ konvergierende Folge im Intervall $f(I)$ (vgl. Satz 6.8) mit $y_n \neq y_0$, $n \in \mathbb{N}$. Weil f^{-1} wegen Satz 6.9 stetig ist, gilt $x_n := f^{-1}(y_n) \to x_0$ für $n \to \infty$. Die Injektivität von f^{-1} impliziert außerdem $x_n \neq x_0$, $n \in \mathbb{N}$. Es ergibt sich

$$\frac{f^{-1}(y_n) - f^{-1}(y_0)}{y_n - y_0} = \frac{x_n - x_0}{f(x_n) - f(x_0)} = \left(\frac{f(x_n) - f(x_0)}{x_n - x_0} \right)^{-1},$$

und da diese Folge für $n \to \infty$ gegen $1/f'(x_0)$ konvergiert, folgt die Behauptung. $\square$

6.44 Beispiel. (Ableitung des Logarithmus)
Die Exponentialfunktion erfüllt für jedes $x_0 \in I := \mathbb{R}$ die Voraussetzungen von Satz 6.43. Damit ist der natürliche Logarithmus differenzierbar in $y_0 = \exp(x_0)$, und die Ableitung ergibt sich zu

$$\ln'(y_0) = \frac{1}{\exp'(\ln(y_0))} = \frac{1}{y_0}.$$

Hierbei haben wir die in Beispiel 6.35 bewiesene Gleichung $\exp' = \exp$ benutzt. Der natürliche Logarithmus ist also differenzierbar, und es gilt

$$\ln'(x) = \frac{1}{x}, \qquad x > 0.$$

In gleicher Weise ergibt sich die Differenzierbarkeit der allgemeinen Logarithmusfunktion $\log_a$ sowie

$$(\log_a)'(x) = \frac{1}{x \ln a}, \qquad x > 0.$$

Schließlich können wir jetzt auch die allgemeine Potenzfunktion differenzieren:

6.45 Beispiel. (Potenzfunktion)
Für $a \in \mathbb{R}$ heißt die Funktion $f(x) := x^a$ von $(0, \infty)$ in $\mathbb{R}$ *Potenzfunktion* zum Exponenten a. Wegen $f(x) = \exp(a \ln x)$ folgt unter Verwendung der Kettenregel sowie der Beispiele 6.44 und 6.35

$$f'(x) = \exp'(a \ln x) a \ln' x = \exp(a \ln x) \frac{a}{x} = a x^a x^{-1} = a x^{a-1}.$$

Für $a \in \mathbb{Z}$ kann man $f(x) := x^a$ für jedes $x \neq 0$ definieren. Aus Beispiel 6.34 und der Quotientenregel folgt dann ebenfalls $f'(x) = a x^{a-1}$.

6.6.12 Die Elastizität

Gegeben sei eine Funktion $f : (0, \infty) \to (0, \infty)$. Für $x, h > 0$ beschreibt der Differenzenquotient $(f(x + h) - f(x))/h$ das Verhältnis der *absoluten* Änderung der Funktion f zur absoluten Änderung $h = (x + h) - x$ der Variablen. In vielen wirtschaftswissenschaftlichen Anwendungen (zum Beispiel, wenn f die Nachfrage nach einem Produkt in Abhängigkeit vom Preis beschreibt) interessiert man sich hingegen für das Verhältnis

$$\frac{(f(x+h) - f(x))/f(x)}{h/x} \tag{6.36}$$

der *relativen* Änderung von f zur relativen Änderung der Variablen. Diese Größe ist dimensionslos. Es macht also keinen Unterschied, in welcher Währungseinheit der Preis und in welcher Maßeinheit die Nachfrage gemessen werden. Ist zum Beispiel $h/x = 1/100$, so gibt (6.36) an, um welchen Faktor sich die Nachfrage erhöhen (bzw. vermindern würde), wenn sich der Preis um ein Prozent erhöht. Ist f differenzierbar, so ergibt sich aus (6.36) für $h \to 0$ die Zahl

$$\varepsilon_f(x) := \frac{x f'(x)}{f(x)}. \tag{6.37}$$

Die Zahl $\varepsilon_f(x)$ heißt *Elastizität* von f an der Stelle x. Gilt $|\varepsilon_f(x)| > 1$, so nennt man f *elastisch* im Punkt x. Gilt $|\varepsilon_f(x)| = 1$ (bzw. $|\varepsilon_f(x)| < 1$), so heißt f *proportionalelastisch* (bzw. *unelastisch*) im Punkt x.

6.46 Beispiel. (Elastizität der Exponentialfunktion)
Aus Beispiel 6.42 ergibt sich für die allgemeine Exponentialfunktion $f(x) := a^x$ $(a > 0)$ die Gleichung $\varepsilon_f(x) = x \ln a$. Die Elastizitätsfunktion ist also eine lineare Funktion von x.

6.47 Beispiel. (Elastizität der Potenzfunktion)
Aus Beispiel 6.45 erhalten wir für die Potenzfunktion $f(x) := x^a$ $(a \in \mathbb{R})$ die Gleichung $\varepsilon_f(x) = a$ für jedes $x > 0$. Die zur Potenzfunktion gehörende Elastizitätsfunktion ist also konstant.

Abschließend wollen wir uns überlegen, ob weitere differenzierbare Funktionen mit konstanter Elastizität existieren. Wir nehmen dazu die Existenz eines $a \in \mathbb{R}$ mit $\varepsilon_f(x) = a$ für jedes $x > 0$ an. Nach der Kettenregel (Satz 6.41) und Beispiel 6.44 ist die Funktion $g(x) := \ln f(x)$ differenzierbar, und es gilt $g'(x) = f'(x)/f(x)$. Nach Voraussetzung und Definition der Elastizität folgt somit $g'(x) = h'(x)$, wobei $h(x) := a \cdot \ln x$. Im Vorgriff auf Folgerung 6.51 schließen wir jetzt auf die Existenz eines $c \in \mathbb{R}$ mit $g(x) = h(x) + c$, $x > 0$. Daraus ergibt sich $f(x) = e^c \cdot x^a$. Die differenzierbaren Funktionen $f : (0, \infty) \to (0, \infty)$ mit konstanter Elastizität sind also von der Gestalt $f(x) = d \cdot x^a$ für ein $d > 0$ und ein $a \in \mathbb{R}$.

6.6.13 Höhere Ableitungen

Es seien $f : D \to \mathbb{R}$ eine Funktion und $I \subset D$ ein Intervall. Ist f differenzierbar auf I und ist die Ableitung $f' : I \to \mathbb{R}$ differenzierbar in $x_0 \in I$, so heißt f

zweimal differenzierbar in x_0, und man nennt $f''(x_0) := (f')'(x_0)$ die *zweite Ableitung* von f an der Stelle x_0. Ist f' auf ganz I differenzierbar, so heißt f zweimal differenzierbar auf I, und man schreibt $f^{(2)} := (f')'$. Induktiv definiert man die *n-fache Differenzierbarkeit* von f und die mit $f^{(n)}$ bezeichnete *n-te Ableitung* von f. Für $n = 2$ und $n = 3$ schreibt man dabei meist $f'' := f^{(2)}$ und $f''' := f^{(3)}$.

Ist f n-mal differenzierbar auf I und $f^{(n)}$ stetig, so heißt f *n-mal stetig differenzierbar* auf I. Für f schreibt man auch $f^{(0)}$. Die Funktion f heißt *beliebig oft* (oder *unendlich oft*) *differenzierbar* auf I, wenn sie für jedes $n \in \mathbb{N}$ n-mal differenzierbar auf I ist. Für $I = D$ kann man auf den Zusatz „auf I" verzichten.

So ist etwa die durch $f(x) := \sin x + x^2$ definierte Funktion $f : \mathbb{R} \to \mathbb{R}$ beliebig oft (stetig) differenzierbar, und es gilt

$$f'(x) = \cos x + 2x, \quad f^{(2)}(x) = f''(x) = -\sin x + 2, \quad f^{(3)}(x) = -\cos x.$$

6.7 Mittelwertsätze

6.7.1 Globale und lokale Extrema von Funktionen

Bei ingenieurwissenschaftlichen Problemen hat man häufig die Aufgabe, das Maximum bzw. das Minimum einer reellwertigen Funktion zu bestimmen. Die Differentialrechnung liefert wertvolle Hilfsmittel zur Lösung derartiger *Optimierungsaufgaben*.

Es seien f eine Abbildung von $D \subset \mathbb{R}$ in $\mathbb{R}$ sowie $x_0 \in D$. Man sagt:

(i) f besitzt in x_0 ein *lokales Maximum*, falls es ein $\varepsilon > 0$ gibt, so dass für jedes $x \in (x_0 - \varepsilon, x_0 + \varepsilon) \cap D$ die Ungleichung

$$f(x) \leq f(x_0)$$

erfüllt ist,

(ii) f besitzt in x_0 ein *strenges lokales Maximum*, falls es ein $\varepsilon > 0$ gibt, so dass für jedes $x \in ((x_0 - \varepsilon, x_0) \cup (x_0, x_0 + \varepsilon)) \cap D$ die Ungleichung

$$f(x) < f(x_0)$$

erfüllt ist,

(iii) f besitzt in x_0 ein *globales Maximum*, falls gilt:

$$f(x) \leq f(x_0) \quad \text{für jedes } x \in D,$$

(iv) f besitzt in x_0 ein ▨strenges globales Maximum▨, falls gilt:

$$f(x) < f(x_0) \quad \text{für jedes } x \in D \setminus \{x_0\}.$$

Die Begriffe (*strenges*) ▨*lokales Minimum*▨ und (*strenges*) ▨*globales Minimum*▨ werden völlig analog definiert, indem man in (i) und (iii) das Vergleichszeichen $\leq$ durch $\geq$ und in (ii) und (iv) das Symbol $<$ durch das Größer-Zeichen $>$ ersetzt.

Maximum und Minimum werden unter dem Oberbegriff *Extremum* zusammengefasst. Besitzt f in x_0 ein globales Minimum (Maximum), dann auch ein lokales Minimum (Maximum). Die Umkehrung dieser Aussage ist falsch.

Im linken Bild 6.15 besitzt die Funktion $f : [a,b] \to \mathbb{R}$ an der Stelle a ein strenges globales Minimum und in b ein strenges lokales Minimum. Weiter besitzt f in jedem Punkt des Intervalls $[x_0, x_1]$ ein globales Maximum und in jedem Punkt des offenen Intervalls (x_0, x_1) sowohl ein lokales Minimum als auch ein lokales Maximum. Im rechten Bild 6.15 hat f in a ein strenges globales Maximum, in x_0 ein strenges globales Minimum, in x_1 ein strenges lokales Maximum und in b ein strenges lokales Minimum.

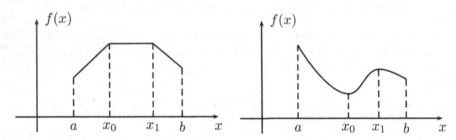

Bild 6.15: Lokale und globale Maxima und Minima

6.48 Satz. (Notwendige Bedingungen für lokale Extrema)
Die Funktion $f : [a,b] \to \mathbb{R}$ besitze in $x_0 \in [a,b]$ ein lokales Extremum und sei dort differenzierbar. Ist $x_0 \in (a,b)$, so gilt $f'(x_0) = 0$. Ist $x_0 = a$ (bzw. $x_0 = b$), so gilt $f'(x_0) \leq 0$ (bzw. $f'(x_0) \geq 0$), falls f in x_0 ein lokales Maximum besitzt, und es gilt $f'(x_0) \geq 0$ (bzw. $f'(x_0) \leq 0$), falls f in x_0 ein lokales Minimum besitzt.

BEWEIS: Wir betrachten den Fall, dass f in x_0 ein lokales Maximum besitzt. Der Fall eines lokalen Minimums wird analog behandelt. Wir wählen $\varepsilon > 0$ gemäß der Definition eines lokalen Maximums und erhalten die Ungleichungen

$$\frac{f(x) - f(x_0)}{x - x_0} \leq 0, \qquad x_0 < x \leq \min(x_0 + \varepsilon, b),$$

$$\frac{f(x) - f(x_0)}{x - x_0} \geq 0, \qquad \max(x_0 - \varepsilon, a) \leq x < x_0.$$

Beim Grenzübergang $x \to x_0$ folgt aus der ersten Ungleichung für $x_0 \neq b$, dass die rechtsseitige Ableitung von f in x_0 nicht positiv (≤ 0) ist. In gleicher Weise liefert die zweite Ungleichung für $x_0 \neq a$, dass die linksseitige Ableitung nicht negativ (≥ 0) ist. Damit ist bereits alles bewiesen. $\Box$

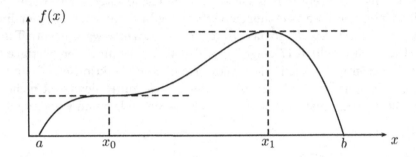

Bild 6.16: $f'(x_0) = 0$ als notwendige, aber nicht hinreichende Bedingung für ein Extremum

Ist $f : D \to \mathbb{R}$ eine in $x_0 \in D$ differenzierbare Funktion mit der Eigenschaft $f'(x_0) = 0$, so heißt x_0 *stationärer* (oder *extremwertverdächtiger*) *Punkt* von f.

Bild 6.16 verdeutlicht, dass die Bedingung $f'(x_0) = 0$ zwar notwendig, aber nicht hinreichend dafür ist, dass eine Funktion f an einem inneren Punkt x_0 ein lokales Extremum besitzt. Eine waagerechte Tangente im Punkt $(x_0, f(x_0))$ ist also nicht unbedingt eine Garantie für ein lokales Maximum oder Minimum!

6.7.2   Der Satz von Rolle und der erste Mittelwertsatz

6.49 Satz. (Satz von Rolle[1])
Es seien $a < b$ und f eine stetige Abbildung von $[a, b]$ in $\mathbb{R}$, welche auf dem offenen Intervall (a, b) differenzierbar ist. Ist $f(a) = f(b)$, so gibt es ein x_0 mit $a < x_0 < b$ und $f'(x_0) = 0$.

BEWEIS: Für den Beweis können wir o.B.d.A. die strikte Ungleichung

$$\inf\{f(x) : x \in [a, b]\} < \sup\{f(x) : x \in [a, b]\} \tag{6.38}$$

voraussetzen. Anderenfalls wäre die Funktion f konstant auf $[a, b]$ und die Behauptung somit trivialerweise richtig. Wegen (6.38) muss entweder das links stehende Infimum kleiner als $f(a)$ oder aber das rechts stehende Supremum größer als $f(a)$ sein. Wir nehmen etwa $\sup\{f(x) : x \in [a, b]\} > f(a) = f(b)$ an. Da f stetig ist, gibt es nach Satz 6.6 ein

---

[1]Michel Rolle (1652–1719), nach autodidaktischem Studium wurde Rolle Hauslehrer und erhielt erst ab 1699 als Mitglied der Pariser Akademie ein reguläres Gehalt. Hauptarbeitsgebiet: Algebraische Eigenschaften von Gleichungen.

$x_0 \in (a, b)$ mit $f(x_0) = \max\{f(x) : x \in [a, b]\}$ (die Fälle $x_0 = a$ oder $x_0 = b$ können nicht eintreten). Die Funktion f besitzt also in x_0 ein globales Maximum, und wegen Satz 6.48 folgt die Behauptung $f'(x_0) = 0$. $\square$

Das linke Bild 6.17 veranschaulicht die geometrische Interpretation des Satzes von Rolle. Unter den Voraussetzungen des Satzes gibt es mindestens einen inneren Punkt x_0 des Intervalls $[a, b]$, so dass f an der Stelle x_0 eine waagerechte Tangente besitzt. Das rechte Bild 6.17 zeigt, dass die Voraussetzung der Stetigkeit von f auf $[a, b]$ wesentlich ist. Die dort veranschaulichte Funktion erfüllt mit einer Ausnahme alle anderen Voraussetzungen des Satzes von Rolle: sie ist nicht stetig an der Stelle b. Diese Unstetigkeit wird durch die Symbole $\circ$ und $\bullet$ hervorgehoben.

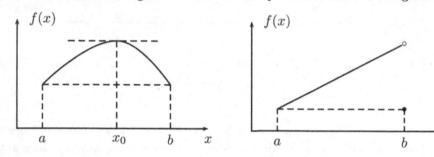

Bild 6.17: Zum Satz von Rolle

6.50 Satz. (Erster Mittelwertsatz)
Es seien $a < b$ und $f : [a, b] \to \mathbb{R}$ eine stetige Abbildung, welche auf dem offenen Intervall (a, b) differenzierbar ist. Dann gibt es ein $x_0 \in (a, b)$ mit

$$f'(x_0) = \frac{f(b) - f(a)}{b - a}.$$

BEWEIS: Die durch

$$g(x) := f(x) - \frac{f(b) - f(a)}{b - a} \cdot (x - a),$$

definierte Funktion $g : [a, b] \to \mathbb{R}$ erfüllt alle Voraussetzungen des Satzes von Rolle. Es gibt also ein $x_0 \in (a, b)$ mit der Eigenschaft

$$0 = g'(x_0) = f'(x_0) - \frac{f(b) - f(a)}{b - a}.$$ $\square$

Bild 6.18 veranschaulicht die geometrische Bedeutung des ersten Mittelwertsatzes. Unter der Voraussetzung des Satzes gibt es mindestens ein $x_0 \in (a, b)$ mit der Eigenschaft, dass die Tangente an f im Punkt $(x_0, f(x_0))$ parallel zu der durch die Punkte $(a, f(a))$ und $(b, f(b))$ gehenden Sekante verläuft.

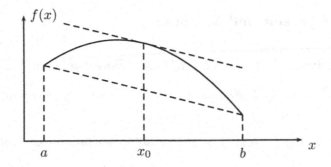

Bild 6.18:
Zum ersten
Mittelwertsatz

Der Mittelwertsatz nimmt in der Analysis eine zentrale Stellung ein. Als erste Folgerung erhalten wir insbesondere die Lösungen der einfachsten Differentialgleichungen.

6.51 Folgerung. (Glcichheit der Ableitungen)
Es seien $f, g : [a, b] \to \mathbb{R}$ stetig und auf (a, b) differenzierbar. Dann gilt $f' = g'$ auf (a, b) genau dann, wenn es ein $c \in \mathbb{R}$ gibt mit $f = g + c$, d.h. $f(x) = g(x) + c$, für jedes $x \in [a, b]$. Insbesondere ist also f genau dann konstant, wenn die Ableitung von f verschwindet, d.h. wenn gilt:

$$f'(x) = 0, \qquad x \in (a, b). \tag{6.39}$$

BEWEIS: Wir beweisen die Behauptung nur im Spezialfall $g \equiv 0$. Der allgemeine Fall kann daraus durch Übergang von f zu $f - g$ abgeleitet werden.

Ist f konstant, so gilt offenbar (6.39). Zum Beweis der Umkehrung wählen wir ein beliebiges $x_1 \in [a, b)$. Eine Anwendung von Satz 6.50 auf das Intervall $[x_1, b]$ liefert die Existenz eines $x_0 \in (x_1, b)$ mit

$$f'(x_0) = \frac{f(b) - f(x_1)}{b - x_1}.$$

Unter der Voraussetzung (6.39) folgt $f(b) - f(x_1) = 0$ und damit $f(x_1) = f(b)$. $\quad\square$

Die folgende Zwischenwerteigenschaft differenzierbarer Funktionen ergibt sich bereits als Folgerung aus Satz 6.48. Man beachte, dass die Stetigkeit der Ableitung nicht vorausgesetzt wird.

6.52 Satz. (Zwischenwertsatz für Ableitungen)
Ist $f : [a, b] \to \mathbb{R}$ ($a < b$) eine differenzierbare Funktion, so nimmt die Ableitung f' jeden Wert zwischen $f'(a)$ und $f'(b)$ an.

BEWEIS: Wir können $f'(a) \neq f'(b)$ und o.B.d.A. $f'(a) < f'(b)$ annehmen. Sei $\alpha \in (f'(a), f'(b))$ beliebig gewählt. Die Funktion $g(x) := f(x) - \alpha x$ ist differenzierbar und hat die Ableitung $f' - \alpha$. Wegen der Min-Max-Eigenschaft stetiger Funktionen gibt es ein $x_0 \in [a, b]$ mit $f(x_0) = \min\{f(x) : x \in [a, b]\}$. Nach Wahl von α ist $g'(a) < 0$. Wegen Satz 6.48 ist damit der Fall $x_0 = a$ nicht möglich. Analog kann der Fall $x_0 = b$ ausgeschlossen werden. Also ist $x_0 \in (a, b)$, und Satz 6.48 liefert $g'(x_0) = 0$, d.h. $f'(x_0) = \alpha$. $\quad\square$

6.7.3   Differenzierbarkeit und Monotonie

6.53 Satz. (Monotoniekriterien)
Es seien I ein Intervall und $f : I \to \mathbb{R}$ eine differenzierbare Funktion. Dann gilt:

(i) *Es ist $f' \geq 0$ ($f' \leq 0$) auf I genau dann, wenn f monoton wachsend (bzw. fallend) ist.*

(ii) *Ist $f' > 0$ ($f' < 0$) auf I, so ist f streng monoton wachsend (bzw. fallend).*

(iii) *Die Funktion f ist genau dann streng monoton wachsend, wenn $f' \geq 0$ auf I gilt und es in I keine Zahlen $a < b$ mit der Eigenschaft $f'(x) = 0$ für jedes $x \in [a, b]$ gibt.*

BEWEIS: Es sei $f' \geq 0$ auf I. Wir wählen beliebige $x_1, x_2 \in I$ mit $x_1 < x_2$. Aus dem ersten Mittelwertsatz folgt die Existenz eines $x_0 \in (x_1, x_2)$ mit

$$(f(x_2) - f(x_1))/(x_2 - x_1) = f'(x_0) \geq 0.$$

Also ist $f(x_2) \geq f(x_1)$ und somit f monoton wachsend. Analog folgt (ii). Ist umgekehrt f monoton wachsend, so ergibt sich die Ungleichung $f' \geq 0$ direkt aus der Definition der Ableitung.

Zum Beweis der Äquivalenz in (iii) nehmen wir zunächst an, dass f streng monoton wachsend ist. Nach Folgerung 6.51 kann f' auf keinem Intervall $[a, b]$ ($a < b$) identisch verschwinden. Umgekehrt folgt aus $f' \geq 0$ und (i) zunächst, dass f monoton wächst. Wir nehmen an, dass f nicht streng monoton wächst. Dann gibt es $a, b \in I$ mit $a < b$ und $f(a) = f(b)$. Damit ist f auf dem Intervall $[a, b]$ konstant, und die Ableitung f' verschwindet auf $[a, b]$. Das ist ein Widerspruch zur Voraussetzung über f. $\square$

Bild 6.16 verdeutlicht, dass die Bedingung $f' > 0$ für die Eigenschaft der strengen Monotonie von f nicht notwendig ist. So ist die dort veranschaulichte Funktion streng monoton wachsend auf dem Intervall $[a, x_1]$, obwohl ihre Ableitung an der Stelle x_0 verschwindet.

6.7.4   Arcus Sinus und Arcus Kosinus

Als Anwendung der Monotoniekriterien untersuchen wir jetzt die Sinus– und die Kosinusfunktion auf Monotonieeigenschaften sowie auf die Existenz von Umkehrfunktionen. Für $x \in (-\pi/2, \pi/2)$ gilt $\sin'(x) = \cos(x) > 0$, was nach Satz 6.53 bedeutet, dass der Sinus auf dem Intervall $[-\pi/2, \pi/2]$ streng monoton wächst. Analog folgt, dass die Kosinusfunktion auf dem Intervall $[0, \pi]$ streng monton fällt. Diese Eigenschaften rechtfertigen die folgende Definition:

(i) Es sei $f : [-\pi/2, \pi/2] \to [-1, 1]$, $f(x) := \sin(x)$. Die Umkehrfunktion f^{-1} von f wird mit arcsin (sprich: *Arcus Sinus*) bezeichnet.

(ii) Es sei $f : [0, \pi] \rightarrow [-1, 1]$, $f(x) := \cos(x)$. Die Umkehrfunktion f^{-1} von f heißt arccos (sprich: *Arcus Kosinus*).

Die Graphen von Arcus Sinus und Arcus Kosinus sind in Bild 6.19 veranschaulicht.

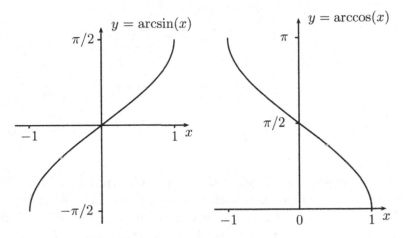

Bild 6.19: Arcus Sinus und Arcus Kosinus

Aus Satz 6.9 folgt zunächst, dass arcsin und arccos streng monoton wachsend (bzw. fallend) und stetig sind. Ferner impliziert Satz 6.43 die Differenzierbarkeit von arcsin auf $(-1, 1)$. Für $y \in (-1, 1)$ und $x := \arcsin y$ erhalten wir aus Satz 6.43 sowie Beispiel 6.36

$$\arcsin'(y) = 1/\sin'(x) = 1/\cos(x) = 1/\sqrt{1 - \sin^2(x)}$$
$$= 1/\sqrt{1 - (\sin(\arcsin y))^2}$$

und somit

$$\arcsin'(y) = \frac{1}{\sqrt{1 - y^2}}, \qquad y \in (-1, 1).$$

Analog ergibt sich die Differenzierbarkeit von arccos auf $(-1, 1)$ sowie

$$\arccos'(y) = -\frac{1}{\sqrt{1 - y^2}}, \qquad y \in (-1, 1).$$

6.7.5   Der Arcus Tangens

Der Tangens ist auf dem Intervall $(-\pi/2, \pi/2)$ stetig und wegen (6.35) sowie Satz 6.53 (ii) streng monoton wachsend. Aus der Definition $\tan x = \sin x / \cos x$ folgt

$$\lim_{x \to (\pi/2)-} \tan x = \infty, \qquad \lim_{x \to (-\pi/2)+} \tan x = -\infty$$

und somit $\tan((-\pi/2, \pi/2)) = \mathbb{R}$. Die Tangensfunktion nimmt also jeden reellen Wert an.

Es sei $f : (-\pi/2, \pi/2) \to \mathbb{R}$, $f(x) := \tan(x)$. Die Umkehrfunktion $f^{-1} : \mathbb{R} \to (-\pi/2, \pi/2)$ von f wird mit arctan (sprich: *Arcus Tangens*) bezeichnet.

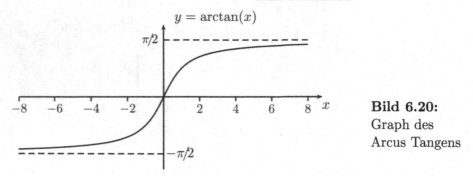

Bild 6.20:
Graph des
Arcus Tangens

Aufgrund der allgemeinen Eigenschaften der Umkehrfunktion ist die Funktion arctan stetig und streng monoton wachsend sowie nach Satz 6.43 differenzierbar. Für $y \in \mathbb{R}$ und $x := \arctan y$ erhalten wir wegen $\tan'(x) = 1 + \tan^2(x)$ (vgl. 6.6.9)

$$\arctan'(y) = \frac{1}{\tan'(x)} = \frac{1}{1 + \tan^2 x} = \frac{1}{1 + (\tan(\arctan y))^2}$$

und damit

$$\arctan'(y) = \frac{1}{1 + y^2}, \qquad y \in \mathbb{R}.$$

6.7.6 Grundlegende Ableitungen

Die folgende Übersicht fasst die bisher hergeleiteten Ableitungen zusammen:

$$
\begin{aligned}
&f(x) = x^n, &&x \in \mathbb{R},\ n \in \mathbb{Z},\ x \neq 0 \text{ für } n < 0, &&f'(x) = nx^{n-1}, \\
&f(x) = e^x, &&x \in \mathbb{R}, &&f'(x) = e^x, \\
&f(x) = \sin x, &&x \in \mathbb{R}, &&f'(x) = \cos x, \\
&f(x) = \cos x, &&x \in \mathbb{R}, &&f'(x) = -\sin x, \\
&f(x) = \tan x, &&x \in \mathbb{R} \setminus \{\pi/2 + n\pi : n \in \mathbb{Z}\}, &&f'(x) = 1/\cos^2 x, \\
&f(x) = \cot x, &&x \in \mathbb{R} \setminus \{n\pi : n \in \mathbb{Z}\}, &&f'(x) = -1/\sin^2 x, \\
&f(x) = \log_a(x), &&x \in \mathbb{R},\ a > 0, a \neq 1, &&f'(x) = 1/(x \ln a), \\
&f(x) = \arcsin(x), &&x \in (-1, 1), &&f'(x) = 1/\sqrt{1 - x^2}, \\
&f(x) = \arctan(x), &&x \in \mathbb{R}, &&f'(x) = 1/(1 + x^2), \\
&f(x) = a^x, &&x \in \mathbb{R},\ a > 0, &&f'(x) = \ln a \cdot a^x, \\
&f(x) = x^a, &&x > 0,\ a \in \mathbb{R}, &&f'(x) = ax^{a-1}.
\end{aligned}
$$

6.7.7   Der zweite Mittelwertsatz

Für manche Zwecke ist die folgende Verallgemeinerung des ersten Mittelwertsatzes nützlich.

6.54 Satz. (Zweiter Mittelwertsatz)
Es seien $a < b$ und f, g stetige Abbildungen von $[a, b]$ in $\mathbb{R}$, welche auf dem offenen Intervall (a, b) differenzierbar sind. Ferner gelte $g'(x) \neq 0$, $x \in (a, b)$. Dann gibt es ein $x_0 \in (a, b)$ mit

$$\frac{f'(x_0)}{g'(x_0)} = \frac{f(b) - f(a)}{g(b) - g(a)}.$$

BEWEIS: Aus den Voraussetzungen über g und dem Satz von Rolle (Satz 6.49) folgt $g(b) \neq g(a)$. Die Hilfsfunktion

$$h(x) := f(x) - g(x) \cdot \frac{f(b) - f(a)}{g(b) - g(a)}$$

genügt den Voraussetzungen von Satz 6.49. Es gibt also ein $x_0 \in (a, b)$ mit

$$0 = h(x_0) = f'(x_0) - g'(x_0) \cdot \frac{f(b) - f(a)}{g(b) - g(a)}. \tag{6.40}$$

Daraus ergibt sich die Behauptung des Satzes.   □

Setzt man in Satz 6.54 $g(x) = x$, so ergibt sich der erste Mittelwertsatz. Obwohl beide Mittelwertsätze keine Aussage über die genaue Lage des Punktes x_0 machen, können sie doch häufig zum Beweis wichtiger Eigenschaften differenzierbarer Funktionen eingesetzt werden.

6.7.8   Die Regeln von de L'Hospital

In Anwendungen treten manchmal Grenzwerte der Form

$$\lim_{x \to x_0} \frac{f(x)}{g(x)}$$

auf, wobei sowohl Zähler als auch Nenner gegen Null konvergieren, d.h.

$$\lim_{x \to x_0} f(x) = \lim_{x \to x_0} g(x) = 0.$$

Zur Behandlung solcher *unbestimmter Ausdrücke* hilft die *Regel von de l'Hospital*, deren mathematischer Hintergrund der zweite Mittelwertsatz ist. Die einfache Regel lautet: ersetze die Funktionen in Zähler und Nenner durch ihre Ableitungen und hoffe, dass sich nicht wieder ein unbestimmter Ausdruck ergibt. Sollte Letzteres der Fall sein, leite noch einmal ab usw.

6.55 Satz. (Regel von de l'Hospital[2] für „0/0")

Es seien $a, b \in \bar{\mathbb{R}}$ mit $a < b$ und $f : (a, b) \to \mathbb{R}$, $g : (a, b) \to \mathbb{R}$ differenzierbare Funktionen mit $g'(x) \neq 0$ für jedes $x \in (a, b)$.

(i) *Gilt $\lim_{x \to b-} f(x) = \lim_{x \to b-} g(x) = 0$ und existiert*

$$\gamma := \lim_{x \to b-} \frac{f'(x)}{g'(x)}$$

(als eigentlicher oder uneigentlicher Grenzwert in $\bar{\mathbb{R}}$), so folgt

$$\gamma = \lim_{x \to b-} \frac{f(x)}{g(x)}.$$

(ii) *Gilt $\lim_{x \to a+} f(x) = \lim_{x \to a+} g(x) = 0$ und existiert*

$$\gamma := \lim_{x \to a+} \frac{f'(x)}{g'(x)}$$

(als eigentlicher oder uneigentlicher Grenzwert in $\bar{\mathbb{R}}$), so folgt

$$\gamma = \lim_{x \to a+} \frac{f(x)}{g(x)}.$$

BEWEIS: Wir beweisen den Satz für den Fall $\gamma \in \mathbb{R}$; die Beweisführung in den Fällen $\gamma = \infty$ bzw. $\gamma = -\infty$ ist völlig analog. Zunächst gelte $b < \infty$. O.B.d.A. können wir voraussetzen, dass f und g stetige Funktionen auf $[a, b]$ sind. (Dazu definieren wir $f(b) = g(b) := 0$ und ersetzen a durch einen Punkt in (a, b).) Jetzt geben wir uns ein beliebiges $\varepsilon > 0$ vor und finden unter der Voraussetzung in (i) ein $x_0 \in (a, b)$ mit

$$\left| \frac{f'(x)}{g'(x)} - \gamma \right| \leq \varepsilon, \qquad x \in (x_0, b). \tag{6.41}$$

Es sei $x_1 \in (x_0, b)$. Aus dem zweiten Mittelwertsatz ergibt sich

$$\frac{f(x_1)}{g(x_1)} = \frac{f(x_1) - f(b)}{g(x_1) - g(b)} = \frac{f'(x_2)}{g'(x_2)}$$

für ein $x_2 \in (x_1, b)$, und aus (6.41) folgt $|f(x_1)/g(x_1) - \gamma| \leq \varepsilon$ und somit $f(x)/g(x) \to \gamma$ für $x \to b-$. Für $a \in \mathbb{R}$ wird (ii) analog bewiesen.

---

[2]Guillaume Francois Antoine L'Hospital, Marquis de Sainte-Mesme (1661–1704), 1693 Mitglied der Pariser Academie des Sciences, 1699 auf Vorschlag Ludwig XIV erstes Ehrenmitglied dieser Akademie. L'Hospital schrieb wichtige Arbeiten zur Geometrie, z.B. über Kegelschnitte. Sein 1696 erschienenes Buch "Analyse des infiniment petits" gilt als das erste Lehrbuch der Analysis. In diesem Buch findet sich auch die Regel, welche heute seinen Namen trägt. Es ist aber unklar, ob er der Entdecker dieser Regel ist.

Jetzt sei $b = \infty$ und o.B.d.A. $a > 0$. Die Funktionen $x \mapsto f(1/x)$ und $x \mapsto g(1/x)$ genügen den Voraussetzungen von (ii) mit $a = 0$ und $b = 1/a$. Also folgt

$$
\begin{aligned}
\lim_{x \to \infty} \frac{f(x)}{g(x)} &= \lim_{y \to 0+} \frac{f(1/y)}{g(1/y)} \\
&= \lim_{y \to 0+} \frac{f'(1/y)(-1/y^2)}{g'(1/y)(-1/y^2)} \\
&= \lim_{y \to 0+} \frac{f'(1/y)}{g'(1/y)} = \lim_{x \to \infty} \frac{f'(x)}{g'(x)}.
\end{aligned}
$$

Die Behauptung (ii) für $a = -\infty$ ergibt sich wieder analog. Damit ist der Satz für $\gamma \in \mathbb{R}$ bewiesen. $\qquad\square$

Es gibt auch eine Version der Regel von de l'Hospital, welche auf unbestimmte Ausdrücke der Form ∞/∞ anwendbar ist.

6.56 Satz. (Regel von de l'Hospital für „∞/∞")
Es seien $a, b \in \bar{\mathbb{R}}$ mit $a < b$ und $f : (a, b) \to \mathbb{R}$, $g : (a, b) \to \mathbb{R}$ differenzierbare Funktionen mit $g'(x) \neq 0$ für jedes $x \in (a, b)$.

(i) *Gilt $\lim_{x \to b-} f(x) = \lim_{x \to b-} g(x) = \infty$, so folgt*

$$
\lim_{x \to b-} \frac{f(x)}{g(x)} = \lim_{x \to b-} \frac{f'(x)}{g'(x)},
$$

falls der rechte Grenzwert im eigentlichen oder uneigentlichen Sinne existiert.

(ii) *Gilt $\lim_{x \to a+} g(x) = \infty$, so folgt*

$$
\lim_{x \to a+} \frac{f(x)}{g(x)} = \lim_{x \to a+} \frac{f'(x)}{g'(x)}, \tag{6.42}
$$

falls der rechte Grenzwert im eigentlichen oder uneigentlichen Sinne existiert.

BEWEIS: Wir beweisen (ii) im Fall $a \in \mathbb{R}$. Analog zum letzten Beweis kann man alle anderen Behauptungen daraus ableiten. Wir bezeichnen mit $\gamma \in \bar{\mathbb{R}}$ den rechten Grenzwert in (6.42), dessen Existenz wir voraussetzen. Zunächst treffen wir die Annahme $\gamma < \infty$ und wählen ein beliebiges $q > \gamma$. Dann gibt es ein $c \in (a, b)$ mit $f'(x)/g'(x) < q$ für jedes $x \in (a, c)$. Wir fixieren ein $y \in (a, c)$. Zu jedem $x \in (a, y)$ gibt es dann nach dem zweiten Mittelwertsatz ein $\xi \in (x, y)$, so dass

$$
\frac{f(x) - f(y)}{g(x) - g(y)} = \frac{f'(\xi)}{g'(\xi)} < q \tag{6.43}
$$

erfüllt ist. Wegen der vorausgesetzten Konvergenz $\lim_{x \to a+} g(x) = \infty$ finden wir ein $c_1 \in (a, y)$ mit $g(x) > g(y)$ und $g(x) > 0$ für jedes $x \in (a, c_2)$. Aus (6.43) folgt nach Multiplikation mit $(g(x) - g(y))/g(x)$ die Ungleichung

$$\frac{f(x)}{g(x)} < q \cdot \frac{g(x) - g(y)}{g(x)} + \frac{f(y)}{g(x)} = q - q \cdot \frac{g(y)}{g(x)} + \frac{f(y)}{g(x)}$$

für jedes $x \in (a, c_2)$. Berücksichtigen wir außerdem $\lim_{x \to a+} g(x) = \infty$, so gibt es ein $c_2 \in (a, c_1)$ mit $f(x)/g(x) < q$ für jedes $x \in (a, c_2)$.

Es sei jetzt $\gamma > -\infty$. Völlig analog existiert zu jedem $p < \gamma$ ein $c_3 > a$, so dass für jedes $x \in (a, c_3)$ die Ungleichung $f(x)/g(x) > p$ erfüllt ist. Insgesamt folgt $f(x)/g(x) \to \gamma$ für $x \to a+$. $\qquad \square$

6.57 Beispiel.

Gesucht ist der Grenzwert

$$\gamma := \lim_{x \to (\pi/2)-} \frac{\cos x}{\pi - 2x}. \tag{6.44}$$

Hier liegt ein unbestimmter Ausdruck der Form 0/0 vor, denn sowohl der Zähler als auch der Nenner in (6.44) konvergieren für $x \to (\pi/2)-$ gegen 0. Da alle Bedingungen von Satz 6.55 mit $a := 0$ und $b := \pi/2$ erfüllt sind, untersuchen wir den Quotienten

$$\frac{-\sin x}{-2}$$

der Ableitungen. Dieser konvergiert beim betrachteten Grenzübergang gegen 1/2, und somit folgt das Resultat $\gamma = 1/2$.

6.58 Beispiel.

Gesucht ist der Grenzwert von $1/\ln(1 + x) - 1/x$ für $x \to 0$, also eines unbestimmten Ausdrucks der Gestalt $\infty - \infty$. Nach Bildung des Hauptnenners ergibt sich der für $x \to 0$ unbestimmte Ausdruck

$$\frac{x - \ln(1 + x)}{x \ln(1 + x)}$$

vom Typ 0/0. Nach der Regel von l'Hospital untersuchen wir den Grenzwert

$$\lim_{x \to 0+} \frac{1 - 1/(1 + x)}{\ln(1 + x) + x/(1 + x)} = \lim_{x \to 0+} \frac{x}{(1 + x)\ln(1 + x) + x}$$

der Ableitungen von Zähler und Nenner (unter der Voraussetzung, dass dieser Grenzwert existiert). Da hier wiederum ein unbestimmter Ausdruck der Form 0/0 vorliegt, suchen wir unser Glück in einer nochmaligen Anwendung der Regel von l'Hospital: Es folgt

$$\lim_{x \to 0+} \frac{x}{(1 + x)\ln(1 + x) + x} = \lim_{x \to 0+} \frac{1}{\ln(1 + x) + 1 + 1} = \frac{1}{2}$$

und somit das Resultat

$$\lim_{x \to 0+} \left(\frac{1}{\ln(1+x)} - \frac{1}{x} \right) = \frac{1}{2}.$$

6.8 Taylorpolynome und Taylorreihen

Die meisten Funktionen sind zu kompliziert, um direkt berechnet werden zu können. Abhilfe schaffen hier geeignete Approximationen durch Funktionen, die in einem gewissen Sinn „einfach" sind. Der im Folgenden vorgestellte Satz von Taylor approximiert eine Funktion f *lokal* (d.h. in der Nähe einer vorgegebenen Stelle) durch Polynome.

6.8.1   Der Satz von Taylor

Es seien $n \in \mathbb{N}$, $a, b \in \mathbb{R}$ mit $a < b$, $f : [a, b] \to \mathbb{R}$ eine n-mal differenzierbare Funktion sowie x_0 ein Punkt mit $a < x_0 < b$. Wir stellen uns die Aufgabe, die Funktion f in der Nähe von x_0 durch ein Polynom T_n höchstens n-ten Grades zu approximieren. Dazu fordern wir die Gleichheit der Funktionswerte von f und T_n an der Stelle x_0 sowie die Übereinstimmung der Werte aller Ableitungen bis einschließlich der Ordnung n an dieser Stelle. Das approximierende Polynom T_n soll also die Bedingungen

$$T_n^{(j)}(x_0) = f^{(j)}(x_0), \qquad j = 0, 1, \dots, n, \tag{6.45}$$

erfüllen. Mit dem Ansatz

$$T_n(x) = \sum_{k=0}^{n} a_k (x - x_0)^k$$

folgen aus (6.45) die Beziehungen

$$f^{(j)}(x_0) = a_j \cdot j!, \qquad j = 0, \dots, n,$$

und es ergibt sich die Darstellung

$$T_n(x) = \sum_{k=0}^{n} \frac{f^{(k)}(x_0)}{k!} (x - x_0)^k.$$

Ist f sogar $(n+1)$-mal differenzierbar, so macht der nachfolgende Satz von Taylor eine Aussage über die Güte der Approximation von f durch T_n.

6.59 Satz. (Satz von Taylor[3])

Es seien $n \in \mathbb{N}_0$, $f : [a,b] \to \mathbb{R}$ eine $(n+1)$-mal differenzierbare Funktion und $x_0 \in (a,b)$. Dann gibt es zu jedem $x \in [a,b]$ mit $x \neq x_0$ ein ξ mit $\min(x, x_0) < \xi < \max(x, x_0)$, so dass gilt:

$$f(x) = \sum_{k=0}^{n} \frac{f^{(k)}(x_0)}{k!} \cdot (x - x_0)^k + \frac{f^{(n+1)}(\xi)}{(n+1)!} \cdot (x - x_0)^{n+1}.$$

BEWEIS: Wir beweisen die Behauptung für den Fall $x > x_0$. Den Fall $x < x_0$ behandelt man analog, und für $x = x_0$ ist nichts zu beweisen. Wir setzen

$$R(x) := f(x) - \sum_{k=0}^{n} \frac{f^{(k)}(x_0)}{k!} \cdot (x - x_0)^k$$

und erhalten

$$R(x_0) = R'(x_0) = \ldots = R^{(n)}(x_0) = 0.$$

Es sei $h(y) := (y - x_0)^{n+1}$. Wenden wir den zweiten Mittelwertsatz (Satz 6.54) auf die Funktionen $R(y)$, $h(y)$ und das Intervall $[x_0, x]$ an, so finden wir ein $x_1 \in (x_0, x)$ mit

$$\frac{R(x)}{h(x)} = \frac{R(x) - R(x_0)}{h(x) - h(x_0)} = \frac{R'(x_1)}{h'(x_1)}.$$

Anwendung des zweiten Mittelwertsatzes auf $R'(y)$, $h'(y)$ und das Intervall $[x_0, x_1]$ liefert ein $x_2 \in (x_0, x_1)$ mit

$$\frac{R'(x_1)}{h'(x_1)} = \frac{R'(x_1) - R'(x_0)}{h'(x_1) - h'(x_0)} = \frac{R^{(2)}(x_2)}{h^{(2)}(x_2)}.$$

Induktiv finden wir $x_1, \ldots, x_{n+1}$ mit $x_0 < x_{n+1} < x_n < \ldots < x_1 < x$ und

$$\frac{R(x)}{h(x)} = \frac{R'(x_1)}{h'(x_1)} = \ldots = \frac{R^{(n+1)}(x_{n+1})}{h^{(n+1)}(x_{n+1})}.$$

Nun gilt aber $R^{(n+1)}(x_{n+1}) = f^{(n+1)}(x_{n+1})$ und $h^{(n+1)}(x_{n+1}) = (n+1)!$ Mit $\xi := x_{n+1}$ erhalten wir also

$$R(x) = h(x) \cdot \frac{f^{(n+1)}(\xi)}{(n+1)!}$$

und damit die Behauptung des Satzes. $\square$

---

[3]Brook Taylor (1685–1731). Taylor studierte zunächst Rechtswissenschaft, später Mathematik und Naturwissenschaften in Cambridge. 1712 wurde er Mitglied der Royal Society. Die nach ihm benannte Taylorentwicklung findet sich in seinem 1715 erschienenen Hauptwerk *Methodus incrementorum directa et inversa.*

6.8.2 Taylorpolynom und Restgliedfunktion

Sind $f : [a, b] \to \mathbb{R}$ eine n-mal differenzierbare Funktion und $x_0 \in (a, b)$, so heißt die Funktion

$$x \mapsto T_n(x; f; x_0) := \sum_{k=0}^{n} \frac{f^{(k)}(x_0)}{k!} \cdot (x - x_0)^k$$

Taylorpolynom n-ter Ordnung von f zum Entwicklungspunkt x_0. Die Funktion

$$x \mapsto R_n(x; f; x_0) := f(x) - T_n(x; f; x_0)$$

nennt man *Restglied* oder *Restgliedfunktion n-ter Ordnung.*

Das Taylorpolynom $x \mapsto T_0(x; f; x_0)$ nullter Ordnung ist identisch gleich $f(x_0)$. Das Taylorpolynom erster Ordnung $x \mapsto T_1(x; f; x_0)$ ist die Gleichung der Tangente des Graphen von f im Punkt $(x_0, f(x_0))$.

Im Fall $f^{(n)}(x_0) = 0$ ist der Grad des Taylorpolynoms n-ter Ordnung echt kleiner als n. So gelten etwa für $f(x) := \sin x$ die Beziehungen $f'(0) = \cos 0 = 1$ und $f''(0) = -\sin 0 = 0$, was zeigt, dass das Taylorpolynom der Ordnung 2 des Sinus um den Nullpunkt die Gestalt $x \mapsto x$ besitzt.

Ist f $(n + 1)$-mal differenzierbar, so gilt nach dem Satz von Taylor

$$R_n(x; f; x_0) = \frac{f^{(n+1)}(\xi)}{(n+1)!}(x - x_0)^{n+1}$$

für ein ξ zwischen x_0 und x. Diese Form des Restglieds ist die sogenannte *Restgliedformel nach Lagrange*. Es gibt weitere Formen des Restglieds, auf die wir hier nicht eingehen wollen (vgl. etwa Heuser, 2003).

Unter gewissen Voraussetzungen wird die Approximation von f durch die Taylorpolynome mit zunehmendem n immer besser. Ist die $(n+1)$-te Ableitung $f^{(n+1)}$ beschränkt auf $[a, b]$, so folgt

$$|R_n(x; f; x_0)| \leq \frac{C}{(n+1)!}|x - x_0|^{n+1}, \qquad x \in [a, b],$$

mit $C := \sup\{|f^{(n+1)}(y)| : y \in [a, b]\} < \infty$ und somit insbesondere

$$\lim_{x \to x_0} \frac{R_n(x; f; x_0)}{(x - x_0)^n} = 0. \tag{6.46}$$

Aus dem Beweis des Satzes von Taylor lässt sich ablesen, dass letztere Aussage auch dann noch gilt, wenn f nur n-mal stetig differenzierbar ist.

Bild 6.21 zeigt die Schaubilder der Funktion $f(x) = 1/(1 + x)$ für $x > -1$ und die Taylorpolynome $T_n(x; f; 0)$ zum Entwicklungspunkt $x_0 = 0$ für $n = 1$ (linkes Bild) und $n = 4$ sowie $n = 10$ (rechtes Bild). Man erkennt, dass die Polynome die Funktion f im Intervall $(-1, 1)$ mit zunehmendem n immer besser approximieren. Außerhalb dieses Intervalls liegt keine Konvergenz vor.

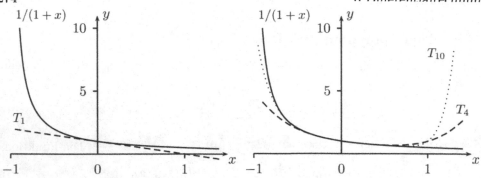

Bild 6.21: Taylorpolynome der Funktion $f(x) = 1/(1+x)$

6.8.3 Die Taylorreihe

Im Fall einer beliebig oft differenzierbaren Funktion f kann das Taylorpolynom T_n von f für jeden Wert von n gebildet werden. Da zu hoffen ist, dass T_n bei wachsendem n eine immer bessere Approximation von f darstellt, liegt es nahe, die Folge (T_n) der Taylorpolynome für $n \to \infty$ zu betrachten. Im Grenzwert erhält man dabei eine unendliche Reihe.

Es seien $f : [a, b] \to \mathbb{R}$ eine beliebig oft differenzierbare Funktion und $x_0 \in (a, b)$. Dann heißt die Potenzreihe

$$T(x; f; x_0) := \sum_{k=0}^{\infty} \frac{f^{(k)}(x_0)}{k!} \cdot (x - x_0)^k$$

Taylorreihe von f zum *Entwicklungspunkt* x_0.

Da trivialerweise $f(x_0) = T(x_0; f; x_0)$ gilt, sind die Summenfunktion der Taylorreihe und die zu approximierende Funktion f zumindest im Entwicklungspunkt x_0 identisch. Im Hinblick auf weitere allgemeine Schlüsse ist jedoch Vorsicht geboten! So kann es etwa sein, dass die Taylorreihe den Konvergenzradius 0 besitzt, und selbst wenn der Konvergenzradius positiv ist, ist es möglich, dass die Gleichung $f(x) = T(x; f; x_0)$ nur für $x = x_0$ gilt! Aus den Definitionen folgt nämlich für festes $x \in [a, b]$ die Äquivalenz

$$f(x) = T(x; f; x_0) \iff \lim_{n \to \infty} R_n(x; f; x_0) = 0.$$

6.8.4 Beispiele für Taylorreihen

Wir betrachten jetzt einige schon bekannte Funktionen aus etwas anderer Perspektive. Weitere Beispiele von Taylorreihen werden später behandelt.

6.60 Beispiel. (Taylorreihe der Exponentialfunktion)
Es sei $f : \mathbb{R} \to \mathbb{R}$ eine differenzierbare Funktion mit der Eigenschaft

$$f'(x) = f(x), \qquad x \in \mathbb{R}. \tag{6.47}$$

Beispiel 6.35 zeigt, dass die Exponentialfunktion $x \mapsto e^x$ dieser Gleichung genügt. Wir werden jetzt beweisen, dass aus (6.47) und der zusätzlichen *Anfangsbedingung* $f(0) = 1$ die Gleichheit $f(x) = e^x$, $x \in \mathbb{R}$, folgt.

Aus (6.47) erhält man zunächst induktiv, dass f beliebig oft differenzierbar ist sowie die Gleichung $f^{(n)} = f$, $n \in \mathbb{N}_0$. Somit ist

$$T(x; f; 0) = \sum_{k=0}^{\infty} f(0) \cdot \frac{x^k}{k!}$$

die Taylorreihe von f im Entwicklungspunkt $x_0 = 0$. Nach Satz 6.59 gilt

$$|R_n(x; f; 0)| \leq \frac{|x|^{n+1}}{(n+1)!} \cdot \sup\{|f(y)| : |y| \leq |x|\} \to 0$$

für $n \to \infty$ und folglich

$$f(x) = f(0) \cdot \sum_{k=0}^{\infty} \frac{x^k}{k!}, \qquad x \in \mathbb{R}.$$

Damit ist die Exponentialfunktion die einzige differenzierbare Funktion, die die Differentialgleichung $f' = f$ löst und der Anfangsbedingung $f(0) = 1$ genügt.

6.61 Beispiel. (Taylorreihen von Sinus und Kosinus)
Es seien $f, g : \mathbb{R} \to \mathbb{R}$ differenzierbare Funktionen mit den Eigenschaften

$$f'(x) = g(x), \quad g'(x) = -f(x), \qquad x \in \mathbb{R}, \tag{6.48}$$
$$f(0) = 0, \qquad g(0) = 1. \tag{6.49}$$

Die Funktionen $f(x) = \sin x$ und $g(x) = \cos x$ erfüllen diese Gleichungen. Aus (6.48) folgt induktiv, dass f und g beliebig oft differenzierbar sind sowie

$$f^{(4k)} = f, \quad f^{(4k+1)} = g, \quad f^{(4k+2)} = -f, \quad f^{(4k+3)} = -g, \qquad k \in \mathbb{N}_0.$$

Insbesondere erhält man

$$f^{(4k)}(0) = 0, \quad f^{(4k+1)}(0) = 1, \quad f^{(4k+2)}(0) = 0, \quad f^{(4k+3)} = -1,$$

was zeigt, dass

$$T(x; f; 0) = \sum_{n=0}^{\infty} (-1)^n \frac{x^{2n+1}}{(2n+1)!}$$

die Taylorreihe von f zum Entwicklungspunkt $x_0 = 0$ darstellt. Wie im Beispiel 6.60 weist man nach, dass das Restglied gegen 0 konvergiert. Somit folgt $f = \sin$ und analog zeigt man $g = \cos$.

Damit ist (f, g) das eindeutig bestimmte Paar von Funktionen, welches dem *System* (6.48) *von Differentialgleichungen* und den *Anfangsbedingungen* (6.49) genügt. Insbesondere können wir jetzt sicher sein, dass die „analytische" und die geometrische Definition der trigonometrischen Funktionen sin und cos übereinstimmen.

Das nachfolgende auf Cauchy zurückgehende Beispiel verdeutlicht den in 6.8.3 angesprochenen Unterschied zwischen analytischen und unendlich oft differenzierbaren Funktionen.

6.62 Beispiel.
Wir betrachten die auf $\mathbb{R}$ definierte Funktion

$$f(x) := \begin{cases} \exp(-1/x^2), & \text{falls } x > 0, \\ 0, & \text{falls } x \leq 0, \end{cases} \qquad (6.50)$$

(siehe Bild 6.22). Diese Funktion ist sowohl auf $(-\infty, 0]$ unendlich oft differenzierbar (wobei alle Ableitungen identisch Null sind) als auch auf $(0, \infty)$, und eine Rechnung zeigt

$$f^{(n)}(x) = P_n(1/x) \exp(-1/x^2), \qquad x > 0, n \in \mathbb{N},$$

wobei P_n ein Polynom vom Grad $3n$ ist. Aus Satz 6.20 folgt die Konvergenz $P_n(x) \exp(-x^2) \to 0$ für $x \to \infty$ und somit $P_n(1/x) \exp(-1/x^2) \to 0$ für $x \to 0$. Aus dem nachfolgenden Satz 6.63 ergibt sich, dass f auch auf $[0, \infty)$ unendlich oft differenzierbar ist sowie $f^{(n)}(0) = 0$, $n \in \mathbb{N}$. Damit besitzt die Taylorreihe von f zum Entwicklungspunkt $x_0 = 0$ den Konvergenzradius ∞ und die Summenfunktion 0. Jedoch ist die Gleichung $f(x) = T(x; f; 0)$ nur im „uninteressanten Bereich" $x \leq 0$ richtig.

6.63 Satz. (Differenzierbarkeit in Randpunkten)
Es seien $a < b$ und $f : [a, b) \to \mathbb{R}$ eine stetige Funktion. Ist f differenzierbar auf (a, b) und existiert der endliche Grenzwert $\gamma = \lim_{x \to a+} f'(x)$, so ist f im Punkt a differenzierbar und hat dort die Ableitung γ.

BEWEIS: Es sei $x \in (a, b)$. Nach dem Mittelwertsatz gibt es ein (von x abhängendes) $x_0 \in (a, b)$ mit

$$f'(x_0) = \frac{f(x) - f(a)}{x - a}.$$

Weil für $x \to a+$ auch x_0 gegen a strebt, folgt die Behauptung. $\square$

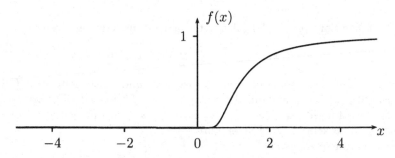

Bild 6.22: Graph der in (6.50) definierten Funktion

6.8.5 Hinreichende Bedingungen für lokale Extrema

Satz 6.48 liefert eine notwendige Bedingung für die Existenz von lokalen Extremalstellen. Jetzt können wir auch eine hinreichende Bedingung angeben.

6.64 Satz. (Hinreichende Bedingung für lokale Extrema)
Es seien $f : [a, b] \to \mathbb{R}$ eine zweimal stetig differenzierbare Funktion und $x_0 \in (a, b)$ mit $f'(x_0) = 0$. Gilt $f''(x_0) > 0$ (bzw. $f''(x_0) < 0$), so besitzt f in x_0 ein strenges lokales Minimum (bzw. Maximum).

BEWEIS: Wir beweisen die erste Behauptung und nehmen $f''(x_0) > 0$ an. Weil f'' stetig ist, gibt es (wegen Satz 6.4) ein $\varepsilon > 0$ mit $f''(x) > 0$ für jedes $x \in (x_0 - \varepsilon, x_0 + \varepsilon)$. Aus dem Satz von Taylor und der Voraussetzung existiert für jedes $x \in (a, b)$ eine Darstellung der Form

$$f(x) = f(x_0) + \frac{f''(\xi)}{2}(x - x_0)^2,$$

wobei ξ zwischen x und x_0 liegt. Für $x \in (x_0 - \varepsilon, x_0 + \varepsilon)$ und $x \neq x_0$ ist somit der zweite Summand positiv, und es folgt $f(x) < f(x_0)$. Damit besitzt f in x_0 ein strenges lokales Minimum. □

Soll ein über die Eigenschaft $f'(x_0) = 0$ als „extremwertverdächtig" eingestufter Punkt x_0 im Hinblick auf das Vorliegen eines lokalen Maximums oder Minimums genauer untersucht werden, so versagt obiges Kriterium, falls $f''(x_0) = 0$ gilt. Wie das folgende Resultat zeigt, hilft in derartigen Fällen manchmal die Bildung höherer Ableitungen.

6.65 Satz. (Test auf Extremwerte mittels höherer Ableitungen)
Es seien $f : [a, b] \to \mathbb{R}$ eine zweimal differenzierbare Funktion und $x_0 \in (a, b)$ mit $f'(x_0) = f''(x_0) = 0$.

(i) *Ist f dreimal stetig differenzierbar auf (a, b) und gilt $f'''(x_0) \neq 0$, so besitzt f in x_0 kein lokales Extremum.*

(ii) *Ist f eine viermal stetig differenzierbare Funktion und gilt $f'''(x_0) = 0$ sowie $f^{(4)}(x_0) \neq 0$, so besitzt f in x_0 ein strenges lokales Minimum bzw. Maximum, je nachdem ob $f^{(4)}(x_0) > 0$ oder $f^{(4)}(x_0) < 0$ gilt.*

BEWEIS: Aus dem Satz von Taylor folgt unter den Voraussetzungen von (i)

$$f(x) = f(x_0) + f'''(\xi)(x - x_0)^3/6$$

für ein von $x \in [a, b]$ abhängendes $\xi = \xi(x)$ zwischen x und x_0. Es gelte etwa $f'''(x_0) > 0$. Für $x \to x_0$ gilt $\xi(x) \to x_0$, und aus der Stetigkeit von f''' folgt die Existenz eines $\varepsilon > 0$ mit $f(x) > f(x_0)$ für jedes $x \in (x_0, x_0 + \varepsilon)$ und $f(x) < f(x_0)$ für jedes $x \in (x_0 - \varepsilon, x_0)$. Also besitzt f in x_0 kein lokales Extremum.

Unter den Voraussetzungen von (ii) gilt

$$f(x) = f(x_0) + f^{(4)}(\xi)(x - x_0)^4/24$$

für ein ξ zwischen x und x_0. Gilt etwa $f^{(4)}(x_0) > 0$, so folgt aus der Stetigkeit von $f^{(4)}$, dass f in x_0 ein strenges lokales Minimum besitzt. $\square$

6.66 Beispiel.
Die durch

$$f(x) := x^4 + x^2/2 + \cos x$$

definierte Funktion $f : \mathbb{R} \to \mathbb{R}$ ist beliebig oft stetig differenzierbar, und es gilt

$$f'(x) = 4x^3 + x - \sin x.$$

Insbesondere folgt $f'(0) = 0$, so dass $x_0 := 0$ ein extremwertverdächtiger Punkt ist. Wegen $f''(x) = 12x^2 + 1 - \cos x$ gilt $f''(0) = 0$. Somit versagt Satz 6.64, und wir bilden die höheren Ableitungen $f'''(x) = 24x + \sin x$ und $f^{(4)}(x) = 24 + \cos x$. Wegen $f'''(0) = 0$ und $f^{(4)}(0) > 0$ besitzt f nach Satz 6.65 (ii) im Nullpunkt ein strenges lokales Minimum.

6.8.6 Das Newton–Verfahren

Eine wichtige Anwendung des Satzes von Taylor ist das *Newton–Verfahren* zur Bestimmung der Nullstellen einer differenzierbaren Funktion $f : [a, b] \to \mathbb{R}$ (vgl. 5.1.3). Dazu wird angenommen, dass $x_* \in [a, b]$ eine Nullstelle von f ist. In der „Nähe" eines Punktes $x' \in [a, b]$ kann f durch die Tangente

$$g(x) = f(x') + f'(x')(x - x')$$

approximiert werden. Ist x' eine Näherung von x_* mit $f'(x') \neq 0$, so kann man hoffen, dass die Nullstelle

$$x'' = x' - \frac{f(x')}{f'(x')}$$

der Tangente g die Approximation x' verbessert. Diese einfache geometrische Idee (vgl. Bild 5.1) führt auf eine Rekursion, über deren Konvergenz der folgende Satz Auskunft gibt.

6.67 Satz. (Konvergenz des Newton–Verfahrens)

Es seien $a, b \in \mathbb{R}$ ($a < b$) und $f : [a, b] \to \mathbb{R}$ eine zweimal differenzierbare Funktion mit $f'(x) \neq 0$, $x \in [a, b]$. Weiter seien $x_* \in (a, b)$ eine Nullstelle von f und $C > 0$ eine Zahl mit der Eigenschaft, dass für das Intervall $I := (x_* - C^{-1}, x_* + C^{-1})$ die Inklusion $I \subset [a, b]$ gilt und für jedes $x \in [a, b]$ und jedes ξ zwischen x und x_* die Ungleichung

$$\frac{|f''(\xi)|}{2|f'(x)|} \leq C$$

erfüllt ist. Ist dann $x_0 \in I$, gilt also $|x_0 - x_*| < 1/C$, so liegen die Elemente der rekursiv definierten Folge

$$x_{n+1} := x_n - \frac{f(x_n)}{f'(x_n)}, \qquad n \in \mathbb{N}_0, \qquad (6.51)$$

in I, und es gilt $x_n \to x_*$ für $n \to \infty$. Ferner gilt

$$|x_{n+1} - x_*| \leq C(x_n - x_*)^2, \qquad n \in \mathbb{N}_0. \qquad (6.52)$$

BEWEIS: Es sei $n \in \mathbb{N}_0$, und es gelte $x_n \in I$. Aus dem Satz von Taylor folgt für jedes $x \in [a, b]$

$$f(x) = f(x_n) + f'(x_n)(x - x_n) + f''(\xi)(x - x_n)^2/2$$

für ein ξ zwischen x und x_n. Setzen wir hier speziell $x = x_*$, so ergibt sich

$$0 - f(x_n) = f'(x_n)(x_* - x_n) + f''(\xi)(x_* - x_n)^2/2,$$

d.h.

$$x_{n+1} - x_* = \frac{f''(\xi)}{2f'(x_n)}(x_n - x_*)^2.$$

Nach Voraussetzung erhält man daraus die Abschätzung (6.52). Insbesondere folgt unter der Annahme $|x_n - x_*| < 1/C$, also $x_n \in I$, die Ungleichung

$$|x_{n+1} - x_*| < C|x_n - x_*|C^{-1} < C^{-1}$$

und somit $x_{n+1} \in I$. Wegen $x_0 \in I$ liefert das Prinzip der vollständigen Induktion, dass alle Glieder der Folge (x_n) in I liegen. Die obige Abschätzung zeigt auch, dass die Folge $(|x_{n+1} - x_*|)$ streng monoton fällt und somit einen Grenzwert d mit $0 \leq d < 1/C$ besitzt. Vollzieht man auf beiden Seiten von (6.52) den Grenzübergang $n \to \infty$, so ergibt sich $d \leq Cd^2$. Damit führt die Annahme $d > 0$ auf den Widerspruch $1/C \leq d$. Also gilt $d = 0$ und folglich $x_n \to x_*$ für $n \to \infty$. $\square$

In Lehrbüchern findet man das Newton–Verfahren unter unterschiedlichen Voraussetzungen, die es manchmal auch gestatten, auf die Existenz einer *eindeutig bestimmten* Nullstelle x_* von f zu schließen. Die entscheidende Stärke des Newton–Verfahrens ist die Fehlerabschätzung (6.52). Gilt etwa $C \approx 1$ und $|x_n - x_*| \approx 10^{-k}$

$(k \in \mathbb{N})$, so ist $|x_{n+1} - x_*| \approx 10^{-2k}$. In jedem Schritt wird also die Zahl der gültigen Dezimalstellen von x_* verdoppelt: das Verfahren ist *quadratisch konvergent*
(siehe hierzu auch das Zahlenwerte am Ende von 5.1.3). Unter einer zusätzlichen
Bedingung an f greifen wir in 6.10.5 das Newton–Verfahren nochmals auf.

6.9 Potenzreihen (2)

6.9.1 Der Abelsche Grenzwertsatz

Nach Satz 6.27 ist die Summenfunktion f einer Potenzreihe $\sum_{k=0}^{\infty} a_k (x - x_0)^k$
mit Konvergenzradius $r \in (0, \infty)$ in jedem Punkt x mit $x_0 - r < x < x_0 + r$
stetig. Da die Reihe auch in den „Randpunkten" $x_0 + r$ und $x_0 - r$ konvergieren
kann, stellt sich die natürliche Frage, ob in einem solchen Fall f auch in $x_0 + r$
und/oder in $x_0 - r$ stetig ist. Der folgende Satz gibt hierauf eine positive Antwort.
Anwendungen dieses Satzes finden sich in den Beispielen 6.70 und 6.71.

6.68 Satz. (Abelscher[4] Grenzwertsatz)
*Es sei $\sum_{k=0}^{\infty} a_k (x - x_0)^k$ eine Potenzreihe mit Konvergenzradius $r \in (0, \infty)$ und
Summenfunktion f. Gehört $x_0 + r$ (bzw. $x_0 - r$) zum Konvergenzbereich, so ist f
dort stetig.*

BEWEIS: Die Funktion $x \mapsto f((x - x_0)/r)$ ist Summenfunktion einer Potenzreihe mit
Entwicklungspunkt 0 und Konvergenzradius 1. Deshalb können wir o.B.d.A. $r = 1$ und
$x_0 = 0$ voraussetzen. Wir nehmen an, dass die Potenzreihe im Punkt 1 konvergiert
und beweisen die (linksseitige) Stetigkeit von f in 1. Die andere Behauptung ergibt sich
analog. Aus Satz 6.26 mit

$$g(x) = \frac{1}{1 - x} = \sum_{k=0}^{\infty} x^k, \qquad x \in (-1, 1)$$

folgt

$$f(x) = (1 - x) \sum_{n=0}^{\infty} c_n x^n, \qquad x \in (-1, 1)$$

mit $c_n := a_0 + \ldots + a_n$. Nach Voraussetzung gilt $c_n \to c := f(1) = \sum_{k=0}^{\infty} a_k$ für $n \to \infty$.
Für jedes $x \in (0, 1)$ folgt somit

$$f(x) - c = (1 - x) \sum_{n=0}^{\infty} (c_n - c) x^n,$$

---

[4]Niels Hendrik Abel (1802–1829), lieferte grundlegende Arbeiten zur Auflösungstheorie algebraischer Gleichungen, über elliptische Funktionen und zur Reihenlehre. Beim Studium der
Auflösbarkeit algebraischer Gleichungen durch Radikale gelangte er zu bemerkenswerten Fort-
schritten im impliziten Gebrauch gruppentheoretischer Denkweisen. Abel hatte nie eine feste
Anstellung an einer Universität. Als es seinem Förderer A.L. Crelle (1780–1855) endlich ge-
lungen war, für Abel eine besoldete Anstellung als Privatdozent an der Berliner Universität
durchzusetzen, war Abel wenige Tage zuvor im Alter von 27 Jahren an Tuberkulose gestorben.

und wir erhalten die für jedes $m \in \mathbb{N}$ gültige Ungleichung

$$|f(x) - c| \leq (1-x) \sum_{n=0}^{m} |c_n - c| x^n + (1-x) \sum_{n=m+1}^{\infty} |c_n - c| x^n. \qquad (6.53)$$

Wegen $c_n \to c$ gibt es zu beliebigem $\varepsilon > 0$ ein $m \in \mathbb{N}$ mit der Eigenschaft $|c_n - c| \leq \varepsilon/2$ für jedes $n \geq m$. Damit ist der zweite Summand in (6.53) kleiner als

$$\frac{\varepsilon(1-x)}{2} \sum_{n=0}^{\infty} x^n = \frac{\varepsilon}{2}.$$

Jetzt wählen wir $t \in (0,1)$ so (nahe bei 1), dass der erste Summand für jedes $x \in (t,1)$ kleiner als $\varepsilon/2$ ist. Insgesamt gilt dann $|f(x) - c| \leq \varepsilon$ für jedes $x \in (t,1)$. Weil ε beliebig war, ist der Satz bewiesen. $\qquad \square$

6.9.2 Differentiation von Potenzreihen

Potenzreihen können *gliedweise differenziert* werden:

6.69 Satz. (Differentiation von Potenzreihen)
Es sei $\sum_{k=0}^{\infty} a_k (x - x_0)^k$ eine Potenzreihe mit Konvergenzradius $r > 0$ und Summenfunktion f. Dann ist f beliebig oft differenzierbar auf $(x_0 - r, x_0 + r)$ $(= (-\infty, \infty)$ für $r = \infty)$, und es gilt

$$f'(x) = \sum_{k=0}^{\infty} k a_k (x - x_0)^{k-1}. \qquad (6.54)$$

BEWEIS: O.B.d.A. können wir $x_0 = 0$ annehmen. Für $n \in \mathbb{N}_0$ sei

$$f_n(x) := \sum_{k=0}^{n} a_k x^k, \qquad x \in (-r, r),$$

gesetzt. Die Funktion f_n ist differenzierbar, und es gilt

$$f_n'(x) = \sum_{k=0}^{n} k a_k x^{k-1}.$$

Aus der Definition des Konvergenzradius in Satz 6.21 sowie aus $\sqrt[n]{n} \to 1$ für $n \to \infty$ folgt unmittelbar, dass die Potenzreihe $\sum_{k=1}^{\infty} k a_k x^{k-1}$ ebenfalls den Konvergenzradius r besitzt. Wir haben zu zeigen, dass die Summenfunktion g dieser Potenzreihe auf $(-r, r)$ die Ableitung von f ist. Es sei hierzu $r_1 \in (0, r)$. Für festes $x_1 \in (-r_1, r_1)$ bilden wir die Hilfsfunktionen

$$D_n(x) := \begin{cases} \frac{f_n(x) - f_n(x_1)}{x - x_1}, & \text{falls } x \neq x_1, \\ f_n'(x_1), & \text{falls } x = x_1, \end{cases}$$

$$D(x) := \begin{cases} \frac{f(x) - f(x_1)}{x - x_1} & \text{falls } x \neq x_1, \\ \lim_{n \to \infty} f_n'(x_1), & \text{falls } x = x_1. \end{cases}$$

Offenbar konvergiert (D_n) punktweise gegen D. Für $m, n \in \mathbb{N}$ und $x \in [-r_1, r_1]$ mit $x \neq x_1$ wenden wir jetzt den ersten Mittelwertsatz (Satz 6.50) auf die Funktion $f_n - f_m$ und das Intervall $[x_1, x]$ (bzw. $[x, x_1]$) an und erhalten nach Übergang zu den Beträgen

$$|f_n(x) - f_m(x) - (f_n(x_1) - f_m(x_1))| = |x - x_1| \cdot |f_n'(\xi) - f_m'(\xi)|$$

für ein ξ zwischen x und x_1. Nach Division durch $|x - x_1|$ folgt

$$|D_n(x) - D_m(x)| \leq \max\{|f_n'(\xi) - f_m'(\xi)| : \xi \in [-r_1, r_1]\}. \qquad (6.55)$$

Wegen Satz 6.32 konvergiert die Folge (f_k') auf $[-r_1, r_1]$ gleichmäßig gegen

$$g(x) = \sum_{k=1}^{\infty} k a_k x^{k-1}.$$

Aus der Definition der gleichmäßigen Konvergenz folgt die Konvergenz

$$\max\{|f_n'(\xi) - f_m'(\xi)| : \xi \in [-r_1, r_1]\} \to \max\{|f_n'(\xi) - g(\xi)| : \xi \in [-r_1, r_1]\}$$

für $m \to \infty$. Beim Grenzübergang $m \to \infty$ ergibt sich damit aus (6.55)

$$|D_n(x) - D(x)| \leq \max\{|f_n'(\xi) - g(\xi)| : \xi \in [-r_1, r_1]\}.$$

Somit konvergiert die Folge (D_n) auf $[-r_1, r_1]$ gleichmäßig gegen D, und nach Satz 6.33 ist D stetig auf diesem Intervall. Letzteres bedeutet

$$\lim_{x \to x_1} \frac{f(x) - f(x_1)}{x - x_1} = D(x_1) = \lim_{n \to \infty} f_n'(x_1) = g(x_1).$$

Also ist f differenzierbar in x_1 mit Ableitung

$$g(x_1) = \sum_{k=1}^{\infty} k a_k x_1^{k-1}.$$

Dass f beliebig oft differenzierbar ist, ergibt sich induktiv. $\qquad \square$

Unter den Voraussetzungen von Satz 6.69 folgt $f'(x_0) = a_1$, $f''(x_0) = 2a_2$, $f'''(x_0) = 6a_3$ und induktiv

$$f^{(k)}(x_0) = k! a_k, \qquad k \in \mathbb{N}_0.$$

Damit ist

$$T(x; f; x_0) = \sum_{k=0}^{\infty} a_k (x - x_0)^k$$

die Taylorreihe von f zum Entwicklungspunkt x_0. Ihre Summenfunktion stimmt also auf dem offenen Intervall $(x_0 - r, x_0 + r)$ mit f überein.

6.9.3   Weitere Beispiele für Taylorreihen

6.70 Beispiel. (Taylorreihe des Arcus Tangens)
Die Umkehrfunktion $\arctan : \mathbb{R} \to (-\pi/2, \pi/2)$ des Tangens ist nach 6.7.5 differenzierbar, und es gilt $\arctan'(x) = 1/(1 + x^2)$. Für $x \in (-1, 1)$ erhalten wir

$$\arctan'(x) = \frac{1}{1 - (-x^2)} = \sum_{k=0}^{\infty} (-1)^k x^{2k}.$$

Mit

$$f(x) := \sum_{k=0}^{\infty} (-1)^k \cdot \frac{x^{2k+1}}{2k + 1}, \qquad x \in (-1, 1),$$

folgt aus Satz 6.69 die Gleichheit $f' = \arctan'$ auf $(-1, 1)$. Folgerung 6.51 liefert

$$\arctan x - f(x) = \arctan 0 - f(0) = 0 - 0 = 0, \qquad x \in (-1, 1),$$

d.h.

$$\arctan x = \sum_{k=0}^{\infty} (-1)^k \cdot \frac{x^{2k+1}}{2k + 1}. \tag{6.56}$$

Diese Potenzreihe konvergiert nach dem Leibniz–Kriterium für alternierende Reihen auch für $x = 1$. Weil die Funktion $\arctan$ stetig ist, folgt aus dem Abelschen Grenzwertsatz, dass Gleichung (6.56) auch für $x = 1$ richtig ist. Nach Tabelle 6.2 gilt

$$\sin(\pi/4) = \cos(\pi/4) = 1/\sqrt{2}.$$

Damit ist $\tan(\pi/4) = \sin(\pi/4)/\cos(\pi/4) = 1$ und folglich $\arctan 1 = \pi/4$, und (6.56) liefert für $x = 1$ die berühmte Reihendarstellung

$$\frac{\pi}{4} = \sum_{k=0}^{\infty} \frac{(-1)^k}{2k + 1} = 1 - \frac{1}{3} + \frac{1}{5} - \frac{1}{7} + - \dots.$$

für $\pi/4$. Leider konvergiert diese Reihe sehr langsam, so dass sie zur numerischen Berechnung von π unbrauchbar ist.

6.71 Beispiel. (Taylorreihe des Logarithmus)
Der natürliche Logarithmus $\ln : (0, \infty) \to \mathbb{R}$ ist nach Beispiel 6.44 differenzierbar, und er besitzt die Ableitung $\ln'(x) = 1/x$. Für $x \in (0, 2)$ folgt

$$\ln'(x) = \frac{1}{1 - (1 - x)} = \sum_{k=0}^{\infty} (-1)^k (x - 1)^k = \sum_{n=1}^{\infty} (-1)^{n-1} (x - 1)^{n-1}.$$

Wie in Beispiel 6.70 erhalten wir die Gleichheit

$$\ln x = \sum_{n=1}^{\infty} (-1)^{n-1} \frac{(x-1)^n}{n}$$

für $x \in (0,2)$. Diese Reihe konvergiert nach dem Leibniz-Kriterium auch für $x = 2$, und weil der Logarithmus stetig ist, erhalten wir aus dem Abelschen Grenzwertsatz die Darstellung

$$\ln 2 = \sum_{n=1}^{\infty} (-1)^{n-1} \frac{1}{n} = 1 - \frac{1}{2} + \frac{1}{3} - \frac{1}{4} + \frac{1}{5} - + \dots .$$

6.72 Beispiel. (Binomialreihe)
Wir fixieren ein $p \in \mathbb{R}$ und betrachten die Funktion $f(x) := (1+x)^p$, $x > -1$. Die zugehörige Taylorreihe zum Entwicklungspunkt $x_0 = 0$ (sog. *Binomialreihe*) lautet

$$g(x) := \sum_{n=0}^{\infty} \binom{p}{n} x^n.$$

Dabei sind die Binomialkoeffizienten $\binom{p}{n}$ durch (5.53) definiert. Wegen

$$\frac{\binom{p}{n+1}}{\binom{p}{n}} = \frac{p-n}{n+1} \to -1$$

für $n \to \infty$ und Satz 6.22 hat die Potenzreihe den Konvergenzradius 1. Aus Satz 6.69 erhalten wir die Differenzierbarkeit von g auf $(-1,1)$ sowie

$$g'(x) = \sum_{n=0}^{\infty} (n+1) \binom{p}{n+1} x^n = \sum_{n=0}^{\infty} p \binom{p-1}{n} x^n.$$

Wir multiplizieren jetzt $g'(x)$ mit $(1+x)$ und erhalten aus Satz 6.26

$$(1+x)g'(x) = p + p \sum_{n=1}^{\infty} \left(\binom{p-1}{n-1} + \binom{p-1}{n} \right) x^n$$

$$= p + p \sum_{n=1}^{\infty} \binom{p}{n} x^n = p \cdot g(x).$$

Hierbei haben wir die Beziehung (3.34) ausgenutzt, die nicht nur für $p \in \mathbb{N}$, sondern für beliebiges $p \in \mathbb{R}$ richtig ist. Andererseits gilt aber auch $(1+x)f'(x) = pf(x)$. Deshalb folgt (für $p \neq 0$) $g'(x)/f'(x) = g(x)/f(x)$ und aus der Quotientenregel

$$(f/g)'(x) = 0, \qquad |x| < 1.$$

Wegen Folgerung 6.51 gibt es ein $c \in \mathbb{R}$ mit $f(x) = c \cdot g(x)$, $|x| < 1$. Aus $f(0) = g(0) = 1$ folgt $c = 1$ und damit

$$(1 + x)^p = \sum_{n=0}^{\infty} \binom{p}{n} x^n, \quad |x| < 1. \tag{6.57}$$

6.10 Konvexität

Sowohl die Stetigkeit als auch die Differenzierbarkeit einer Funktion $f : D \to \mathbb{R}$ sind in dem Sinne *lokale Eigenschaften* von f, als sie zunächst nur für jeden einzelnen Punkt $x_0 \in D$ definiert sind. Um die Stetigkeit oder Differenzierbarkeit von f in x_0 nachzuprüfen, genügt die Kenntnis der Funktionswerte $f(x)$ für jedes x aus einer Menge $(x - \varepsilon, x + \varepsilon) \cap D$, wobei $\varepsilon > 0$ beliebig klein sein kann. Im Gegensatz hierzu ist *Monotonie* eine *globale Eigenschaft* von f: Ist etwa $D = \mathbb{R}$, so muss für „beliebig weit auf dem Zahlenstrahl auseinander liegende Punkte" x_1 und x_2 mit $x_1 < x_2$ die Ungleichung $f(x_1) \leq f(x_2)$ gelten. In diesem Abschnitt lernen wir mit dem Begriff *Konvexität* eine weitere grundlegende globale Eigenschaft von Funktionen kennen.

6.10.1 Definition der Konvexität

Es seien $D \subset \mathbb{R}$, $f : D \to \mathbb{R}$ eine Funktion und $I \subset D$ ein Intervall. f heißt *konvex* auf I, falls für je zwei verschiedene Punkte x_1, x_2 aus I und jedes λ mit $0 < \lambda < 1$ die Ungleichung

$$f(\lambda x_1 + (1 - \lambda)x_2) \leq \lambda f(x_1) + (1 - \lambda)f(x_2) \tag{6.58}$$

erfüllt ist. Gilt anstelle von (6.58) sogar stets die stärkere (echte) Ungleichung

$$f(\lambda x_1 + (1 - \lambda)x_2) < \lambda f(x_1) + (1 - \lambda)f(x_2), \tag{6.59}$$

so heißt f *streng konvex.*

Die Funktion f heißt *konkav* bzw. *streng konkav* auf I, wenn (6.58) mit dem Größer/Gleich–Zeichen $\geq$ anstelle von $\leq$ bzw. (6.59) mit dem Größer–Zeichen $>$ anstelle von $<$ gelten.

Eine Funktion ist genau dann (streng) konkav, wenn die Funktion $-f$ (ihr Graph ergibt sich aus dem Graphen von f durch Spiegelung an der x-Achse) auf I (streng) konvex ist.

Die Konvexität einer Funktion erlaubt die folgende im linken Bild 6.23 veranschaulichte geometrische Interpretation: Sind $x_1, x_2 \in I$ mit $x_1 < x_2$, so lässt sich jeder Punkt s im Intervall (x_1, x_2) in der Form

$$s = \lambda x_1 + (1 - \lambda)x_2$$

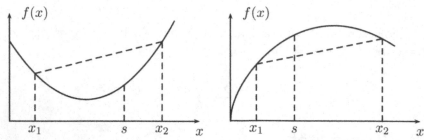

Bild 6.23: Konvexität (links) und Konkavität (rechts) einer Funktion

mit $\lambda := (x_2 - s)/(x_2 - x_1) \in (0,1)$ darstellen. Der Graph der Funktion

$$s \mapsto \frac{x_2 - s}{x_2 - x_1} f(x_1) + \left(1 - \frac{x_2 - s}{x_2 - x_1}\right) f(x_2)$$

von $[x_1, x_2]$ in $\mathbb{R}$ ist die Strecke zwischen den Punkten $(x_1, f(x_1))$ und $(x_2, f(x_2))$. Die Funktion f ist daher genau dann auf I konvex, wenn der Graph von f zwischen zwei beliebigen Punkten $(x_1, f(x_1))$, $(x_2, f(x_2))$ mit $x_1, x_2 \in I$ und $x_1 < x_2$ immer *unterhalb* der betreffenden Verbindungsstrecke verläuft. Im rechten Bild 6.23 ist eine konkave Funktion veranschaulicht; hier verläuft Graph von f zwischen zwei beliebigen Punkten $(x_1, f(x_1))$, $(x_2, f(x_2))$ mit $x_1, x_2 \in I$ und $x_1 < x_2$ immer *oberhalb* der betreffenden Verbindungsstrecke.

6.10.2   Beispiele konvexer Funktionen

Im Vergleich zur Definition der Konvexität setzen wir in den folgenden Beispielen für konvexe bzw. konkave Funktionen kurz $x_1 := x$ und $x_2 := y$.

6.73 Beispiel.
Die Funktion $x \mapsto |x|$ ist auf ganz $\mathbb{R}$ konvex, denn es gilt

$$|\lambda x + (1 - \lambda)y| \leq \lambda |x| + (1 - \lambda)|y| \tag{6.60}$$

für alle $x, y \in \mathbb{R}$ und alle $\lambda \in (0,1)$. Besitzen x und y dasselbe Vorzeichen, so gilt in (6.60) die Gleichheit. Die Betragsfunktion ist somit nicht streng konvex.

6.74 Beispiel.
Die Funktion $x \mapsto x^2$ ist streng konvex auf $\mathbb{R}$. Für alle $x, y \in \mathbb{R}$ mit $x \neq y$ und alle $\lambda \in (0,1)$ liefert nämlich eine direkte Rechnung die Ungleichung

$$\lambda x^2 + (1 - \lambda)y^2 - (\lambda x + (1 - \lambda)y)^2 = \lambda(1 - \lambda)(x - y)^2 > 0.$$

6.75 Beispiel.

Die Wurzelfunktion $x \mapsto \sqrt{x}$ ist streng konkav auf $[0, \infty)$. Für alle $x, y \geq 0$ mit $x \neq y$ und alle $\lambda \in (0,1)$ gilt nämlich die zu $\lambda(1-\lambda)(\sqrt{x} - \sqrt{y})^2 > 0$ äquivalente Ungleichung

$$(\lambda\sqrt{x} + (1-\lambda)\sqrt{y})^2 < \lambda x + (1-\lambda)y.$$

Weil die Wurzelfunktion streng monoton wachsend ist, erhalten wir

$$\lambda\sqrt{x} + (1-\lambda)\sqrt{y} < \sqrt{\lambda x + (1-\lambda)y},$$

also die behauptete strenge Konkavität.

6.10.3 Konvexität differenzierbarer Funktionen

Unter Differenzierbarkeitsvoraussetzungen lässt sich die Konvexität einer Funktion wie folgt durch die Monotonie der ersten Ableitung beschreiben:

6.76 Satz. (Konvexität und Monotonie der ersten Ableitung)
Es sei $f : D \to \mathbb{R}$ eine Funktion, welche auf einem Intervall $[a, b]$ stetig und auf (a, b) differenzierbar ist. Die Funktion f ist genau dann konvex (bzw. streng konvex) auf $[a, b]$, wenn f' auf (a, b) (streng) monoton wachsend ist.

BEWEIS: Die Ableitung von f sei (streng) monoton wachsend auf (a, b). Es seien $x_1 < x_2$ aus $[a, b]$ und $x := (1-\lambda)x_1 + \lambda x_2$ für ein $\lambda \in (0, 1)$. Nach dem ersten Mittelwertsatz gilt

$$(1-\lambda)f(x_1) + \lambda f(x_2) - f(x) = (1-\lambda)(f(x_1) - f(x)) + \lambda(f(x_2) - f(x))$$
$$= (1-\lambda)f'(\xi_1)(x_1 - x) + \lambda f'(\xi_2)(x_2 - x)$$

für ein $\xi_1 \in (x_1, x)$ und ein $\xi_2 \in (x, x_2)$. Setzt man hier die Definition von x ein, so folgt

$$(1-\lambda)f'(\xi_1)\lambda(x_1 - x_2) + \lambda f'(\xi_2)(1-\lambda)(x_2 - x_1)$$
$$= \lambda(1-\lambda)(x_2 - x_1)(f'(\xi_2) - f'(\xi_1)).$$

Dieser Ausdruck ist nicht negativ, falls f' monoton wächst und sogar positiv für den Fall, dass f' streng monoton wachsend ist. Also ist f streng konvex auf $[a, b]$.

Jetzt setzen wir die Konvexität von f voraus. Es seien $x_1 < x_2$ Punkte aus (a, b) sowie $m := (f(x_2) - f(x_1))/(x_2 - x_1)$ gesetzt. Dann ist $x \mapsto g(x) = mx + c$ die Gleichung der Geraden durch die Punkte $(x_1, f(x_1))$ und $(x_2, f(x_2))$. Die geometrische Charakterisierung der Konvexität impliziert $f \leq g$ auf (x_1, x_2). Subtraktion von $f(x_1) = g(x_1)$ und Division durch $x - x_1 > 0$ liefert

$$\frac{f(x) - f(x_1)}{x - x_1} \leq \frac{g(x) - g(x_1)}{x - x_1} = m,$$

woraus mit $x \to x_1$ die Ungleichung $f'(x_1) \leq m$ folgt. Subtrahieren wir $f(x_2) = g(x_2)$ von beiden Seiten der Ungleichung $f(x) \leq g(x)$ und dividieren anschließend durch $x - x_2 < 0$, so ergibt sich

$$\frac{f(x) - f(x_2)}{x - x_2} \geq \frac{g(x) - g(x_2)}{x - x_2} = m$$

und damit $f'(x_2) \geq m$, insgesamt also $f'(x_1) \leq f'(x_2)$. Ist f streng konvex auf $[a, b]$, so gilt $f < g$ auf dem Intervall (x_1, x_2), und es folgt $f'(x_1) < f'(x_2)$. Damit ist der Satz bewiesen. □

Zusammen mit Satz 6.53 liefert der eben bewiesene Satz das folgende Resultat:

6.77 Satz. (Konvexität und zweite Ableitung)
Die Funktion $f : D \to \mathbb{R}$ sei auf dem Intervall $[a, b]$ stetig und auf (a, b) zweimal differenzierbar. Dann ist f genau dann konvex auf $[a, b]$, wenn die Ungleichung $f''(x) \geq 0$ für jedes $x \in (a, b)$ erfüllt ist.

6.10.4 Wendepunkte

Es seien $f : D \to \mathbb{R}$ eine stetige Funktion und $(a, b) \subset D$. Ein Punkt $x_0 \in (a, b)$ heißt *Wendepunkt* (von f), falls es ein $\varepsilon > 0$ gibt, so dass f auf $(x_0 - \varepsilon, x_0)$ streng konvex (bzw. streng konkav) und auf $(x_0, x_0 + \varepsilon)$ streng konkav (bzw. streng konvex) ist.

Beispielsweise sind der Punkt x_0 in Bild 6.16 und der Nullpunkt in Bild 6.20 Wendepunkte.

6.78 Satz. (Kriterien für Wendepunkte)
Es seien $f : (a, b) \to \mathbb{R}$ eine differenzierbare Funktion und $x_0 \in (a, b)$.

(i) *Ist x_0 ein Wendepunkt von f, und ist f' differenzierbar in x_0, so folgt $f''(x_0) = 0$.*

(ii) *Ist f zweimal differenzierbar, gilt $f''(x_0) = 0$ und ist f'' differenzierbar in x_0 mit $f'''(x_0) \neq 0$, so ist x_0 ein Wendepunkt von f.*

BEWEIS: Ist x_0 ein Wendepunkt, so gibt es wegen Satz 6.76 ein $\varepsilon > 0$, so dass f' auf dem Intervall $(x_0 - \varepsilon, x_0)$ monoton wächst (bzw. fällt) und auf dem Intervall $(x_0, x_0 + \varepsilon)$ monoton fällt (bzw. wächst). Weil f' stetig in x_0 ist, besitzt f' in x_0 ein lokales Extremum. Gemäß Satz 6.48 ist dann $f''(x_0) = 0$.

Unter den Voraussetzungen von (ii) gelte etwa $f'''(x_0) > 0$. Dann ist

$$\lim_{x \to x_0} \frac{f''(x) - f''(x_0)}{x - x_0} > 0.$$

Wegen der $\varepsilon\delta$-Charakterisierung dieser Konvergenz (vgl. Bemerkung (v) in 6.3.3) gibt es ein $\delta > 0$ mit $f''(x) < 0$ für jedes $x \in (x_0 - \delta, x_0)$ und $f''(x) > 0$ für jedes $x \in (x_0, x_0 + \delta)$. Wegen Satz 6.77 ist x_0 damit ein Wendepunkt. □

6.10.5 Das Newton–Verfahren für konvexe Funktionen

Wir kommen hier auf das in Satz 6.67 untersuchte Newton–Verfahren zurück. Dieser Satz garantiert die Konvergenz des Verfahrens unter der Bedingung, dass der Startwert x_0 in einem möglicherweise sehr kleinen Intervall um die unbekannte Nullstelle x_* von f liegt. Ist die Funktion f konvex, so kann man sich von dieser unangenehmen und schwer zu überprüfenden Voraussetzung lösen.

6.79 Satz. (Das Newton–Verfahren für konvexe Funktionen)
Es seien $f : [a, b] \to \mathbb{R}$ eine stetig differenzierbare Funktion und $x_* \in (a, b)$ eine Nullstelle von f. Weiter gelte $f'(x) > 0$ für jedes $x \in (x_*, b]$, und f' sei monoton wachsend auf (x_*, b); die Funktion f ist also konvex auf (x_*, b). Ist dann $x_0 \in (x_*, b]$, so erfüllen die Elemente der rekursiv definierten Folge

$$x_{n+1} := x_n - \frac{f(x_n)}{f'(x_n)}, \qquad n \in \mathbb{N}_0, \tag{6.61}$$

die Ungleichung $x_* \leq x_{n+1} \leq x_n$, $n \in \mathbb{N}_0$, und es gilt $x_n \to x_*$ für $n \to \infty$.

BEWEIS: Wir beweisen zunächst die behaupteten Ungleichungen durch vollständige Induktion. Hierzu sei $n \in \mathbb{N}_0$, und es gelte $x_n \in [x_*, b]$. Wir betrachten die Gleichung $g(x) = f(x_n) + f'(x_n)(x - x_n)$ der Tangente an den Graphen von f im Punkt $(x_n, f(x_n))$. Aus der vorausgesetzten Monotonie von f' folgt $g(x) \leq f(x)$ für jedes $x \in [x_*, b]$. (Wie im Beweis von Satz 6.76 überprüft man diesen geometrisch anschaulichen Sachverhalt mit dem Mittelwertsatz.) Wegen der ebenfalls vorausgesetzten Ungleichung $f'(x_n) > 0$ ist g außerdem streng monoton wachsend. Insgesamt ergibt sich, dass die Nullstelle x_{n+1} von g im Intervall $[x_*, x_n]$ liegen muss. Damit ist der Induktionsbeweis beendet.

Es bezeichne $c \geq x_*$ den Grenzwert der monoton fallenden Folge (x_n). Wir nehmen indirekt $c > x_*$ an. Dann gilt $f'(c) > 0$, und aus (6.61) folgt durch Grenzübergang $c = c - f(c)/f'(c)$, d.h. $f(c) = 0$. Daraus ergibt sich aber der Widerspruch $0 = f(c) > f(x_*) = 0$. Der Satz ist bewiesen. $\qquad\square$

Der obige Satz kann auch unter anderen aber analogen Voraussetzungen formuliert werden. Ist zum Beispiel f' monoton fallend auf (a, x_*) (dann ist f konkav auf diesem Intervall) und ist $f'(x) > 0$ für jedes $x \in [a, x_*)$, so wählt man den Startwert x_0 im Intervall $[a, x_*)$. Die durch (6.61) definierte Folge konvergiert dann monoton wachsend gegen x_*.

6.11 Kurvendiskussion

Schaubilder von Funktionen $f : D \to \mathbb{R}$ werden in Anwendungen oft verwendet, um wichtige Eigenschaften von f auch graphisch zu verdeutlichen. Dabei unterscheidet man zwischen *lokalen* und *globalen* Eigenschaften von f (vgl. die Bemerkungen zu Beginn dieses Abschnitts). Beispiele lokaler Eigenschaften sind:

(i) f ist im Punkt $x_0 \in D$ stetig.

(ii) f besitzt in x_0 ein lokales Minimum.

(iii) f ist in x_0 differenzierbar, und es gilt $f'(x_0) = 1$.

In allen drei Fällen genügt es, die Funktion f auf $D \cap (x_0 - \varepsilon, x_0 + \varepsilon)$ zu kennen, wobei $\varepsilon > 0$ beliebig klein sein kann. Ein Beispiel einer globalen Eigenschaft ist die Konvexität oder die Monotonie von f auf einem Intervall $[a, b] \subset D$.

Im Zusammenhang mit dem Definitionsbereich ist die nachstehende Definition nützlich. Ein Punkt $x \in D$ heißt *innerer Punkt* von D, falls es ein $\varepsilon > 0$ mit $(x_0 - \varepsilon, x_0 + \varepsilon) \subset D$ gibt. Ein Punkt $x \in D$ heißt *Randpunkt* von D, wenn er kein innerer Punkt von D ist. Ein Punkt $x \in \mathbb{R}$ mit $x \notin D$ heißt *Randpunkt* von D, falls er Häufungspunkt von D ist. In dieser Terminologie ist also jeder Punkt $x \in (0, 1)$ innerer Punkt von $D := [0, 1)$. Die Punkte 0 und 1 sind Randpunkte von D. Dabei gilt $0 \in D$ und $1 \notin D$.

Im Folgenden geben wir eine grobe Übersicht über die einzelnen Schritte einer *Kurvendiskussion*. Es empfiehlt sich, diese Schritte mit geeigneten Programmpaketen graphisch und numerisch zu unterstützen.

1. Festlegung des Definitionsbereichs:

Zuerst sollte der Definitionsbereich einer Funktion f genau festgelegt werden. Oft ist $f(x)$ durch eine Formel gegeben, so dass man entscheiden muss, für welche $x \in \mathbb{R}$ diese Formel sinnvoll ist. Meist ist D ein Intervall oder eine Vereinigung von Intervallen. Zum Beispiel ist die Funktion $x \mapsto \sqrt{x}$ nur für $x \geq 0$ und die Funktion $x \mapsto 1/x^2$ nur für $x \neq 0$ definiert.

2. Beachten von Symmetrieeigenschaften:

Häufig besitzen Funktionen gewisse *Symmetrieeigenschaften*. Gilt zum Beispiel $f(-x) = f(x)$, $x \in D$, so nennt man f eine *gerade*, und gilt $f(-x) = -f(x)$, $x \in D$, so nennt man f eine *ungerade* Funktion. Der Graph einer geraden Funktion ist symmetrisch zur y-Achse, derjenige einer ungeraden Funktion punktsymmetrisch zum Ursprung $(0, 0)$ des Koordinatensystems. So ist der Sinus eine ungerade und der Kosinus eine gerade Funktion (vgl. Bild 6.10). Manchmal ist der Graph von f symmetrisch zur vertikalen Achse durch $x = x_0$ für ein geeignetes x_0. In diesem Fall ist $x \mapsto f(x - x_0)$ eine gerade Funktion.

3. Bestimmung von Polen:

Ist $x_0 \notin D$ ein Randpunkt von D, so bestimmt man die Grenzwerte $\lim_{x \to x_0+} f(x)$ und $\lim_{x \to x_0-} f(x)$, falls sie existieren. Dabei ist bei einseitigen Häufungspunkten natürlich nur einer dieser Grenzwerte definiert. Ist (mindestens) einer dieser Grenzwerte gleich ∞ oder gleich $-\infty$, so nennt man x_0 einen *Pol* oder eine *Polstelle*. Ist einer der Grenzwerte gleich ∞ und der andere gleich $-\infty$, so spricht man auch von einem *Pol mit Vorzeichenwechsel*. So besitzt die Tangensfunktion Pole mit Vorzeichenwechsel an den Stellen $\pi/2 + k\pi$, $k \in \mathbb{Z}$ (vgl. Bild 6.14).

4. Verhalten im Unendlichen:

Sind ∞ bzw. $-\infty$ Häufungspunkte von D, so bestimmt man die Grenzwerte

$\lim_{x \to \infty} f(x)$ bzw. $\lim_{x \to -\infty}$ (falls existent). Allgemeiner sucht man „einfache" Funktionen h mit $|f(x) - h(x)| \to 0$ für $x \to \infty$ bzw. $x \to -\infty$. Eine solche Funktion h heißt *Asymptote* von f. Zum Beispiel besitzt die in Bild 6.24 dargestellte Funktion

$$f(x) = \frac{x^2 + 1}{3x}, \qquad x \neq 0,$$

für $x \to \infty$ die Asymptote $h(x) = x/3$.

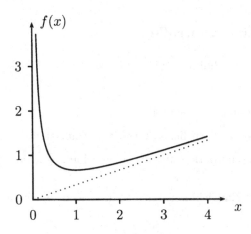

Bild 6.24:
Graph der Funktion
$f(x) = (x^2 + 1)/(3x)$
mit Asymptote $h(x) = x/3$

5. Bestimmung der Nullstellen:

Ein Punkt $x_0 \in D$ mit $f(x_0) = 0$ heißt *Nullstelle* von f. Die Bestimmung der Nullstellen erfordert oft numerische Methoden wie zum Beispiel das Bisektionsverfahren oder das Newton–Verfahren. Durch Berechnung jeweils eines Funktionswertes zwischen den Nullstellen stellt man fest, ob die Funktion dort positiv oder negativ ist.

6. Auffinden lokaler Extrema:

Man bestimmt zunächst alle stationären Punkte von f, d.h. alle Nullstellen der Ableitung f'. Um festzustellen, ob f in einem stationärer Punkt x oder in einem Randpunkt von D ein lokales Maximum oder ein lokales Minimum besitzt, kann Satz 6.53 benutzt werden. Ist x stationärer Punkt von f und innerer Punkt von D, so kann auch Satz 6.64 Verwendung finden. (Im Fall $f''(x) = 0$ muss man dann gemäß Satz 6.65 höhere Ableitungen heranziehen).

7. Globale Extrema:

Es seien $A \subset D$ die Menge aller lokalen Maxima von f und $B \subset \mathbb{R}$ die Menge aller Randpunkte von D, die nicht zu D gehören. Existieren die links– und rechtsseitigen Grenzwerte von f an allen Stellen $a \in B$ und ist einer dieser Grenzwerte größer als $\sup\{f(x) : x \in A\}$, so gibt es kein globales Maximum. Andernfalls ist klar, wie man das globale Maximum zu bestimmen hat. Analog verfährt man mit dem globalen Minimum.

8. Bestimmung von Wendepunkten:
Zur Bestimmung der Wendepunkte ermittelt man die Nullstellen von f''. Mit Hilfe von Satz 6.77 kann man oft entscheiden, auf welchen Intervallen f konvex bzw. konkav ist.

Lernziel–Kontrolle

- Wann heißt eine Funktion stetig bzw. linksseitig stetig in einem Punkt?

- Was besagt der Zwischenwertsatz?

- Wann heißt eine Funktion streng monoton fallend?

- Welche Gestalt besitzt der Graph der natürlichen Logarithmusfunktion?

- Wie sind die allgemeine Exponentialfunktion und der allgemeine Logarithmus definiert?

- Können Sie eine Potenzreihe mit Entwicklungspunkt -2 und Konvergenzradius 8 angeben?

- Wie sind die Sinus– und die Kosinusfunktion definiert?

- Können Sie eine Funktionenfolge angeben, die punktweise, aber nicht gleichmäßig konvergiert?

- Wann heißt eine Funktion stetig differenzierbar?

- Warum ist nx^{n-1} die Ableitung von x^n?

- Können Sie die Produkt– und die Quotientenregel herleiten?

- Welche Gestalt besitzen die Graphen der Tangens– und der Kotangensfunktion?

- Welche Ableitung besitzt die Funktion $x \mapsto x^x$, $x > 0$?

- Wozu dienen die Regeln von l'Hospital?

- Worüber macht der Satz von Taylor eine Aussage?

- Kennen Sie eine hinreichende Bedingung für die Existenz eines lokalen Extremums?

- Was bedeutet die Sprechweise „quadratische Konvergenz" im Zusammenhang mit dem Newton–Verfahren?

- Auf welche Weise gelangt man zu den Taylorreihen für den Arcus Tangens und den natürlichen Logarithmus?

- Wann heißt eine Funktion konvex? Kennen Sie Kriterien für Konvexität?

Kapitel 7

Integration

Du bist mein maximales Ideal,
Der Zustand meiner Liebe ist stabil,
Doch Deine Kovarianten sind labil,   Stanislaw Lem
Und bestimmt wie Eulers Integral.

Bild 7.1 zeigt einen Bereich $A := \{(x, y) : a \leq x \leq b, 0 \leq y \leq f(x)\}$, der vom Graphen einer nichtnegativen Funktion $f : [a, b] \to \mathbb{R}$ und der x-Achse begrenzt ist. Eine Frage, die sich geradezu aufdrängt, ist: Welchen Flächeninhalt besitzt A? Dieses Problem ist Gegenstand der (eindimensionalen) Integralrechnung, deren Grundzüge im Folgenden vorgestellt werden.

7.1 Das Riemann–Integral

Wir setzen in diesem Abschnitt voraus, dass $f : [a, b] \to \mathbb{R}$ eine *beschränkte* Funktion ist. Die Grundidee zur Lösung des oben beschriebenen Flächeninhalts-problems besteht darin, den Bereich A wie im rechten Bild 7.1 veranschaulicht in Streifen zu zerlegen und die Fläche eines jeden Streifens durch geeignete Recht-ecksflächen nach oben und unten abzuschätzen. Bei immer feinerer Streifenein-teilung sollte sich dann die Fläche von A als Grenzwert von Summen dieser Rechtecksflächen ergeben.

7.1.1 Zerlegungen, Ober– und Untersummen

Eine Menge $Z = \{x_0, \ldots, x_n\}$ heißt *Zerlegung* des Intervalls $[a, b]$, falls gilt:

$$a = x_0 < x_1 < \ldots < x_n = b.$$

Dabei ist n eine natürliche Zahl. Der mit

$$\|Z\| := \max\{|x_i - x_{i-1}| : 1 \leq i \leq n\}$$

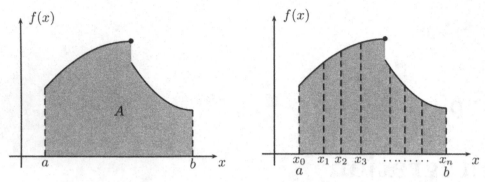

Bild 7.1: Ein Flächeninhaltsproblem

bezeichnete größte Abstand zwischen je zwei benachbarten Zerlegungspunkten x_{i-1} und x_i heißt *Feinheit* der Zerlegung Z.

Sind Z_1, Z_2 zwei Zerlegungen des Intervalls $[a, b]$, so nennt man Z_2 eine *Verfeinerung* von Z_1, wenn Z_2 (mindestens) jeden Punkt der Zerlegung Z_1 enthält, d.h. wenn Z_1 eine Teilmenge von Z_2 ist. So bildet etwa $\{0, 0.3, 0.5, 1\}$ eine Verfeinerung der Zerlegung $\{0, 0.5, 1\}$ des Intervalls $[0, 1]$.

Für eine Zerlegung $Z = \{x_0, \ldots, x_n\}$ von $[a, b]$ heißt

$$O(f; Z) := \sum_{i=1}^{n} \sup\{f(x) : x_{i-1} \le x \le x_i\} \cdot (x_i - x_{i-1})$$

die *Obersumme* von f bezüglich Z und

$$U(f; Z) := \sum_{i=1}^{n} \inf\{f(x) : x_{i-1} \le x \le x_i\} \cdot (x_i - x_{i-1})$$

die *Untersumme* von f bezüglich Z.

Dabei garantiert die Beschränktheit von f, dass sowohl das Supremum als auch das Infimum von f auf jedem Teilintervall von $[a, b]$ existieren und somit $O(f; Z)$ und $U(f; Z)$ überhaupt erst gebildet werden können.

Die Ober– und Untersumme bezüglich der in 7.1 dargestellten Zerlegung sind in Bild 7.2 als graue Flächen veranschaulicht.

7.1.2 Eigenschaften von Ober– und Untersummen

Da das Infimum der Funktionswerte $f(x)$ auf einem Intervall höchstens gleich dem entsprechenden Supremum der Werte $f(x)$ ist, gilt für jede Zerlegung Z von

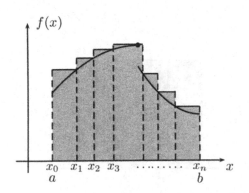 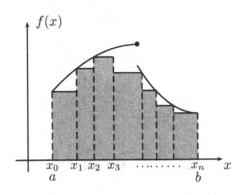

Bild 7.2: Ober– und Untersummen

[a, b] die Ungleichung

$$U(f; Z) \leq O(f; Z).$$

Auch die folgende Eigenschaft lässt sich leicht beweisen.

7.1 Satz. (Monotonie der Ober– und Untersummen)
Ist Z_2 eine Verfeinerung der Zerlegung Z_1, so gelten die Ungleichungen

$$U(f; Z_2) \geq U(f; Z_1), \qquad O(f; Z_2) \leq O(f; Z_1).$$

Bei Verfeinerung einer Zerlegung kann somit die Untersumme prinzipiell nur größer und die Obersumme prinzipiell nur kleiner werden. Diese Ungleichungen sind in Bild 7.3 veranschaulicht. Jeder Summand einer Untersumme ist die Fläche eines Rechtecks über einem Intervall zu zwei Zerlegungspunkten x_{i-1} und x_i. Im linken Bild 7.3 ist diese Fläche hellgrau dargestellt. Ein weiterer Teilungspunkt z im Intervall $[x_{i-1}, x_i]$ liefert die Fläche des dunkelgrauen Rechtecks als zusätzlichen Beitrag zur Untersumme; die Untersumme wird somit größer. Analog verkleinert sich durch Hinzunahme eines Teilungspunktes die Obersumme, und zwar um die im rechten Bild 7.3 dunkelgrau gekennzeichnete Rechtecksfläche.

7.2 Satz. (Untersummen sind kleiner als Obersummen)
Für zwei beliebige Zerlegungen Z_1, Z_2 von $[a, b]$ gilt stets

$$U(f; Z_1) \leq O(f; Z_2).$$

BEWEIS: Bezeichnet Z^* eine (beliebige) Zerlegung von $[a, b]$, die zugleich eine Verfeinerung von Z_1 und eine Verfeinerung von Z_2 ist, so gilt nach Satz 7.1:

$$U(f; Z_1) \leq U(f; Z^*) \leq O(f; Z^*) \leq O(f; Z_2). \qquad \square$$

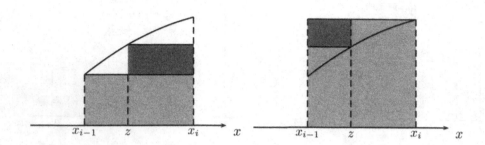

Bild 7.3: Zur Monotonie von Ober– und Untersummen bei Verfeinerungen

7.1.3   Definition des Riemann–Integrals

Es sei Z_0 eine beliebige Zerlegung des Intervalls $[a, b]$. Aus Satz 7.2 folgt, dass die Menge aller möglichen Untersummen $U(f; Z)$ nach oben durch die Obersumme $O(f; Z_0)$ beschränkt ist. Die Zahlen

$$\underline{J}(f) \;\; := \;\; \sup\{U(f; Z) : Z \text{ ist eine Zerlegung von } [a, b]\},$$
$$\overline{J}(f) \;\; := \;\; \inf\{O(f; Z) : Z \text{ ist eine Zerlegung von } [a, b]\}$$

heißen *unteres* bzw. *oberes (Darboux[1]– oder Riemann–)Integral* der Funktion f über $[a, b]$.

Wegen Satz 7.2 gilt die Ungleichung

$$\underline{J}(f) \le \overline{J}(f).$$

Die (beschränkte) Funktion $f : [a, b] \to \mathbb{R}$ heißt *(Riemann–)integrierbar* über $[a, b]$, wenn gilt:

$$\underline{J}(f) = \overline{J}(f).$$

In diesem Fall heißt $\underline{J}(f) = \overline{J}(f)$ das *(Riemann–)Integral* von f über $[a, b]$, und man schreibt

$$\int_a^b f(x)\, dx := \overline{J}(f) \; (= \underline{J}(f)).$$

Die Funktion f heißt *Integrand,* und die Zahlen a bzw. b heißen *untere* bzw. *obere Integrationsgrenze* des Integrals $\int_a^b f(x)\, dx$.

---

[1]Jean Gaston Darboux (1842–1917), ab 1881 Professor für höhere Geometrie an der Pariser Universität. Darboux lieferte wichtige Beiträge zur Differentialgeometrie, zur Analysis und zur Mechanik.

7.1.4 Das Riemannsche Integrabilitätskriterium

7.3 Satz. (Integrabilitätskriterium von Riemann)
Die (beschränkte) Funktion f ist genau dann über $[a, b]$ integrierbar, wenn es zu jedem $\varepsilon > 0$ eine Zerlegung Z von $[a, b]$ gibt, so dass gilt:

$$O(f; Z) - U(f; Z) \leq \varepsilon. \tag{7.1}$$

BEWEIS: Nach Definition von $\overline{J}(f)$ und $\underline{J}(f)$ gibt es zu jedem $\varepsilon > 0$ Zerlegungen Z_1 und Z_2 von $[a, b]$ mit den Eigenschaften

$$0 \leq O(f; Z_1) - \overline{J}(f) \leq \varepsilon/2,$$
$$0 \leq \underline{J}(f) - U(f; Z_2) \leq \varepsilon/2.$$

Aufgrund der oben angestellten Überlegungen bleiben diese Ungleichungen erhalten, wenn man Z_1 und Z_2 durch eine (mit Z bezeichnete) feinere Zerlegung ersetzt, die jeden Zerlegungspunkt von Z_1 und Z_2 enthält.

Ist f integrierbar, so gilt $\overline{J}(f) = \underline{J}(f)$, und die Addition beider Ungleichungen (mit $Z_1 := Z$ und $Z_2 := Z$) liefert (7.1). Umgekehrt ergeben sich aus (7.1) die Ungleichungen

$$0 \leq \overline{J}(f) - \underline{J}(f) \leq O(f; Z) - U(f; Z) \leq \varepsilon.$$

Weil $\varepsilon > 0$ beliebig ist, folgt $\overline{J}(f) = \underline{J}(f)$, d.h. die Integrierbarkeit von f. $\qquad\square$

Als erste Anwendung des Riemannschen Integrabilitätskriteriums soll das Integral einer Potenzfunktion berechnet werden.

7.4 Satz. (Integral der allgemeinen Potenzfunktion)
Es sei $r \in \mathbb{R}$, und es gelte $0 < a < b$. Dann ist die Funktion $f(x) := x^r$ über $[a, b]$ integrierbar, und es gilt

$$\int_a^b x^r \, dx = \begin{cases} \frac{1}{r+1}(b^{r+1} - a^{r+1}), & \text{falls } r \neq -1, \\[2mm] \ln b - \ln a, & \text{falls } r = -1. \end{cases}$$

Ist $r \in \mathbb{N}_0$, so gilt die Behauptung für beliebige $a, b \in \mathbb{R}$ mit $a < b$.

BEWEIS: Wir betrachten nur den Fall $0 < a < b$ und setzen zunächst $r > 0$ voraus. Für ein vorläufig fixiertes $n \in \mathbb{N}$ sei $Z_n := \{x_0, \ldots, x_n\}$ die durch $x_i := aq^i$ für $i = 0, \ldots, n$ definierte Zerlegung. Dabei ist $q := \sqrt[n]{b/a}$ über die Gleichung $x_n = b$ festgelegt. Weil die Funktion f monoton wächst, gilt $\inf\{f(x) : x_{i-1} \leq x \leq x_i\} = f(x_{i-1})$, und wir erhalten mit der Festsetzung $\beta := r + 1$

$$U(f; Z_n) = \sum_{i=1}^n f(x_{i-1})(x_i - x_{i-1}) = \sum_{i=1}^n a^r q^{r(i-1)} a(q^i - q^{i-1})$$

$$= a^\beta (q - 1) \sum_{i=1}^n q^{\beta(i-1)} = a^\beta (q - 1) \frac{q^{\beta n} - 1}{q^\beta - 1}$$

$$= (b^\beta - a^\beta) \frac{q - 1}{q^\beta - 1}.$$

Das letzte Gleichheitszeichen folgt dabei aus der Beziehung $q^n = b/a$.

Wir lassen jetzt n gegen unendlich streben. Da bei diesem Grenzübergang q von oben gegen 1 konvergiert, ist der Bruch $(q-1)/(q^\beta-1)$ für $q \to 1+$ ein unbestimmter Ausdruck vom Typ „0/0". Nach der Regel von L'Hospital (vgl. Satz 6.55) folgt

$$\lim_{q\to1+} \frac{q-1}{q^\beta-1} = \lim_{q\to1+} \frac{1}{\beta q^{\beta-1}} = \frac{1}{\beta}$$

und somit

$$\lim_{n\to\infty} U(f; Z_n) = \frac{1}{r+1}(b^{r+1} - a^{r+1}).$$

Wegen

$$O(f; Z_n) = \sum_{i=1}^{n} f(x_i)(x_i - x_{i-1}) = q^r U(f; Z_n)$$

und $q^r \to 1$ für $q \to 1+$ besitzt auch die Folge $(O(f; Z_n))$ diesen Grenzwert, so dass sich die Behauptung aus Satz 7.3 ergibt.

Wir setzen jetzt $r \le 0$ voraus und unterscheiden die beiden Fälle $r \ne -1$ und $r = -1$. Im ersten Fall erfolgt die Beweisführung völlig analog zu oben; es ist nur zu beachten, dass die Funktion $x \mapsto x^r$ für $r \le 0$ monoton fallend ist. Ist $r = -1$, so folgt

$$O(f; Z_n) = (q - 1)n, \quad U(f; Z_n) = q^{-1}(q - 1)n.$$

Mit $c := b/a$ erhalten wir

$$\lim_{n\to\infty} O(f; Z_n) = \lim_{n\to\infty} U(f; Z_n) = \lim_{n\to\infty} n(\sqrt[n]{c} - 1)$$

$$= \lim_{x\to0+} \frac{c^x - 1}{x} = \lim_{x\to0+} (\ln c)c^x = \ln c = \ln b - \ln a. \qquad \square$$

Bild 7.4 veranschaulicht die Aussage von Satz 7.4 anhand der beiden Integrale $\int_0^1 x^2\, dx = 1/3$ (links) und $\int_1^y x^{-1}\, dx = \ln y$ (rechts).

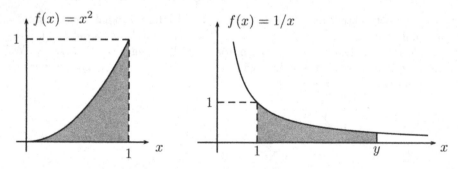

Bild 7.4: Fläche 1/3 unter der Normalparabel und $\ln y$ als Fläche

Betrachtet man das obige Integral als Funktion der oberen Integrationsgrenze, also als Funktion $x \mapsto F(x) := (x^{r+1} - a^{r+1})/(r+1)$ im Fall $r \neq -1$ und $x \mapsto F(x) := \ln x - \ln a$ im Fall $r = -1$, so ergibt die Ableitung dieser Funktion den Integranden $f(x)$. Wir werden später sehen, dass dieser bemerkenswerte Sachverhalt unter allgemeinen Voraussetzungen gültig ist: der Prozess der Integration kann als *Umkehrung der Differentiation* aufgefasst werden.

Im nächsten Beispiel lernen wir eine (zugegebenermaßen recht exotische) Funktion kennen, für die das Riemann–Integral nicht existiert.

7.5 Beispiel.
Es gelte $[a, b] = [0, 1]$, und die Funktion f sei durch

$$f(x) = \begin{cases} 0, & \text{falls } x \text{ eine irrationale Zahl ist,} \\ 1, & \text{falls } x \text{ eine rationale Zahl ist,} \end{cases}$$

definiert. Ist $Z = \{x_0, \ldots, x_n\}$ eine beliebige Zerlegung von $[0, 1]$, so enthält jedes Teilintervall $[x_{i-1}, x_i]$ sowohl irrationale als auch rationale Punkte (vgl. Satz 5.9 und die anschließenden Bemerkungen). Daher gilt für $i = 1, \ldots, n$

$$\inf\{f(x) : x_{i-1} \leq x \leq x_i\} = 0, \qquad \sup\{f(x) : x_{i-1} \leq x \leq x_i\} = 1$$

und somit

$$U(f; Z) = 0 < 1 = O(f; Z).$$

Da diese Ungleichung für jede Zerlegung Z erfüllt ist, folgt $\underline{J} = 0$, sowie $\overline{J} = 1$; die Funktion f ist deshalb nicht Riemann–integrierbar.

7.1.5   Das Riemann–Integral als Grenzwert

Nach Satz 7.3 ist f genau dann Riemann–integrierbar über $[a, b]$, wenn es zu jedem $n \in \mathbb{N}$ eine Zerlegung Z_n von $[a, b]$ gibt, so dass die Ungleichungen

$$O(f; Z_n) - U(f; Z_n) \leq \frac{1}{n}, \qquad n \in \mathbb{N},$$

erfüllt sind. Wegen der Monotonieeigenschaften der Ober- und Untersummen kann man dabei annehmen, dass für jedes n die Zerlegung Z_{n+1} eine Verfeinerung von Z_n darstellt. Dann sind die Folgen $(O(f; Z_n))$ und $(U(f; Z_n))$ monoton fallend bzw. monoton wachsend. Aus dem Prinzip der Intervallschachtelung (Folgerung 5.8) ergibt sich somit

$$\int_a^b f(x) \, dx = \lim_{n \to \infty} O(f; Z_n) = \lim_{n \to \infty} U(f; Z_n). \qquad (7.2)$$

Das Riemann-Integral ist also der Grenzwert einer geeigneten Folge von Ober- und Untersummen. Allgemeiner gilt:

7.6 Satz. (Riemann–Integral als Grenzwert)
Es sei $f : [a, b] \to \mathbb{R}$ eine Riemann-integrierbare Funktion. Sind Z_n, $n \in \mathbb{N}$, beliebige Zerlegungen von $[a, b]$ mit $\|Z_n\| \to 0$ für $n \to \infty$, so gilt (7.2).

BEWEIS: Es seien Z_n, $n \in \mathbb{N}$, Zerlegungen von $[a, b]$ mit $\|Z_n\| \to 0$ für $n \to \infty$. Wir zeigen

$$\lim_{n \to \infty} U(f; Z_n) = \underline{J}(f), \qquad \lim_{n \to \infty} O(f; Z_n) = \overline{J}(f). \tag{7.3}$$

Zum Nachweis der ersten Beziehung in (7.3) wählen wir ein beliebiges $\varepsilon > 0$. Dann gibt es eine Zerlegung Z von $[a, b]$ mit $U(f; Z) \geq \underline{J}(f) - \varepsilon/2$. Bezeichnet p die Anzahl der Punkte von Z, und ist M eine obere Schranke für den Betrag von f, so gilt die Ungleichung

$$U(f; Z_n \cup Z) \leq U(f; Z_n) + 2(p - 2)M\|Z_n\|. \tag{7.4}$$

Damit ist $U(f; Z_n) \geq U(f; Z_n \cup Z) - \varepsilon/2$ für jedes genügend große n, und es folgt

$$\underline{J}(f) - \varepsilon \leq U(f; Z) - \varepsilon/2 \leq U(f; Z_n \cup Z) - \varepsilon/2 \leq U(f; Z_n) \leq \underline{J}(f).$$

Folglich gilt $U(f; Z_n) \to \underline{J}(f)$ für $n \to \infty$. Die zweite Beziehung in (7.3) beweist man analog. Da f als integrierbar vorausgesetzt wurde, stimmen beide Grenzwerte in (7.3) mit dem Integral $\int_a^b f(x)\, dx$ überein. □

7.1.6 Integrierbarkeit stetiger und monotoner Funktionen

Wir werden gleich beweisen, dass stetige Funktionen integrierbar sind. Hierzu benötigen wir die folgende, wichtige Aussage.

7.7 Satz. (Gleichmäßige Stetigkeit)
Ist $g : [a, b] \to \mathbb{R}$ eine stetige Funktion, so gibt es zu jedem $\varepsilon > 0$ ein $\delta > 0$, so dass gilt:

$$|g(x) - g(y)| \leq \varepsilon \quad \text{für alle } x, y \in [a, b] \text{ mit } |x - y| \leq \delta. \tag{7.5}$$

BEWEIS: Wir führen einen Widerspruchsbeweis und nehmen hierzu an, dass die Behauptung nicht richtig ist. Dann gibt es ein $\varepsilon > 0$ sowie zu jedem $k \in \mathbb{N}$ Zahlen $x_k, y_k \in [a, b]$ mit den beiden folgenden Eigenschaften:

$$|x_k - y_k| \leq 1/k, \qquad k \in \mathbb{N}, \tag{7.6}$$
$$|g(x_k) - g(y_k)| > \varepsilon, \qquad k \in \mathbb{N}. \tag{7.7}$$

Nach dem Satz von Bolzano–Weierstraß (Satz 5.21) besitzt die Folge (x_k) eine konvergente Teilfolge $(x_{k_j})_{j \geq 1}$, deren Grenzwert mit x_0 bezeichnet werde. Aufgrund von Folgerung 5.7 liegt x_0 in $[a, b]$. Wegen (7.6) konvergiert auch (y_{k_j}) gegen x_0. Aus der Stetigkeit von g erhalten wir

$$\lim_{j \to \infty} g(x_{k_j}) = \lim_{j \to \infty} g(y_{k_j}) = g(x_0)$$

im Widerspruch zu (7.7). Damit ist der Satz bewiesen. □

Eine Funktion, die die Behauptung des gerade bewiesenen Satzes erfüllt, nennt man *gleichmäßig stetig*. Ein Vergleich mit der $\varepsilon\delta$-Charakterisierung der Stetigkeit (vgl. Satz 6.4) zeigt, dass im Fall einer gleichmäßig stetigen Funktion für jedes $\varepsilon > 0$ die Zahl $\delta > 0$ *unabhängig* von der Stelle x_0 gewählt werden kann.

7.8 Satz. (Stetigkeit und Integrierbarkeit)
Jede stetige Funktion $f : [a, b] \to \mathbb{R}$ ist über $[a, b]$ integrierbar.

BEWEIS: Zunächst halten wir fest, dass stetige Funktionen auf $[a, b]$ beschränkt sind. Wir wählen ein beliebiges $\varepsilon > 0$. Nach Satz 7.7 gibt es ein $\delta > 0$, so dass gilt:

$$|f(x) - f(y)| \leq \frac{\varepsilon}{b - a} \quad \text{für alle } x, y \in [a, b] \text{ mit } |x - y| \leq \delta.$$

Ist dann $Z = \{x_0, \ldots, x_n\}$ eine Zerlegung von $[a, b]$ mit $\|Z\| \leq \delta$, so folgt

$$O(f; Z) - U(f; Z)$$
$$= \sum_{i=1}^{n} (x_i - x_{i-1})(\sup\{f(x) : x_{i-1} \leq x \leq x_i\} - \inf\{f(x) : x_{i-1} \leq x \leq x_i\})$$
$$\leq \sum_{i=1}^{n} (x_i - x_{i-1}) \frac{\varepsilon}{(b - a)} = \varepsilon$$

und somit nach dem Kriterium von Riemann (vgl. Satz 7.3) die Behauptung. $\square$

Wird eine beschränkte und integrierbare Funktion an endlich vielen Stellen abgeändert, so ist leicht zu erkennen, dass man wieder eine Funktion mit diesen Eigenschaften erhält. Deshalb sind zum Beispiel *stückweise stetige* Funktionen ebenfalls integrierbar. Dabei heißt eine Funktion *stückweise stetig* auf $[a, b]$, wenn die links– und rechtsseitigen Grenzwerte in jedem Punkt existieren und in allen Punkten aus (a, b) bis auf endlich viele Ausnahmen übereinstimmen.

7.9 Satz. (Monotonie und Integrierbarkeit)
Jede monoton wachsende bzw. fallende Funktion $f : [a, b] \to$ ist über $[a, b]$ integrierbar.

BEWEIS: Monotone Funktionen auf $[a, b]$ sind beschränkt. Wir nehmen o.B.d.A. an, dass f monoton wächst. Es sei Z_n diejenige *äquidistante* Zerlegung von $[a, b]$, in welcher je zwei benachbarte Punkte x_{i-1} und x_i den gleichen Abstand $(b-a)/n$ besitzen. Dann gilt

$$O(f; Z_n) - U(f; Z_n) = \sum_{i=1}^{n} (f(x_i) - f(x_{i-1}))(x_i - x_{i-1})$$
$$= \frac{(b - a)}{n}(f(b) - f(a)) \to 0$$

für $n \to \infty$. Das Riemannsche Kriterium liefert die Integrierbarkeit von f. $\square$

7.1.7 Eigenschaften des Riemann–Integrals

7.10 Satz. (Additivität bezüglich des Integrationsintervalls)
Es sei $c \in (a, b)$. Die Funktion f ist genau dann über $[a, b]$ integrierbar, wenn sie sowohl über $[a, c]$ als auch über $[c, b]$ integrierbar ist. In diesem Fall gilt

$$\int_a^b f(x)\,dx = \int_a^c f(x)\,dx + \int_c^b f(x)\,dx. \tag{7.8}$$

BEWEIS: Im Folgenden bezeichnen f_1 und f_2 die Einschränkungen von f auf $[a, c]$ bzw. $[c, b]$. Sind Z_1 und Z_2 Zerlegungen von $[a, c]$ bzw. $[c, b]$, so ist $Z := Z_1 \cup Z_2$ eine Zerlegung von $[a, b]$, und es gilt

$$U(f_1; Z_1) + U(f_2; Z_2) = U(f; Z) \leq \underline{J}(f)$$

und somit $\underline{J}(f_1) + \underline{J}(f_2) \leq \underline{J}(f)$. Ist umgekehrt Z' eine beliebige Zerlegung von $[a, b]$, so setzen wir $Z := Z' \cup \{c\}$ und bezeichnen mit Z_1 und Z_2 den Durchschnitt von Z mit $[a, c]$ bzw. mit $[c, b]$. Es folgt

$$U(f; Z') \leq U(f; Z) = U(f_1; Z_1) + U(f_2; Z_2) \leq \underline{J}(f_1) + \underline{J}(f_2)$$

und somit $\underline{J}(f_1) + \underline{J}(f_2) \geq \underline{J}(f)$, insgesamt also $\underline{J}(f_1) + \underline{J}(f_2) = \underline{J}(f)$. Die Gleichung $\overline{J}(f_1) + \overline{J}(f_2) = \overline{J}(f)$ beweist man analog. Beide Gleichungen liefern unmittelbar die Behauptungen des Satzes.   □

Satz 7.10 besagt, dass sich Integrale bezüglich ihrer Integrationsintervalle additiv verhalten. Wir definieren noch

$$\int_c^c f(x)\,dx := 0, \qquad c \in [a, b],$$

sowie

$$\int_b^a f(x)\,dx := -\int_a^b f(x)\,dx,$$

falls f über $[a, b]$ integrierbar ist. Bei Vertauschung der Integrationsgrenzen kehrt also das Integral *nach Definition* sein Vorzeichen um. Ist dann f eine Funktion, welche über einem beschränkten und abgeschlossenen Intervall I integrierbar ist, so gilt mit diesen zusätzlichen Festsetzungen Gleichung (7.8) für alle $a, b, c \in I$, unabhängig davon, ob diese Zahlen der Größe nach geordnet sind oder nicht.

7.11 Satz. (Linearität des Integrals)
Sind die Funktionen f, g über $[a, b]$ integrierbar und sind $\lambda, \mu \in \mathbb{R}$, so ist $\lambda f + \mu g$ über $[a, b]$ integrierbar, und es gilt

$$\int_a^b (\lambda f(x) + \mu g(x))\,dx = \lambda \int_a^b f(x)\,dx + \mu \int_a^b g(x)\,dx.$$

BEWEIS: Aus den Eigenschaften des Supremums und Infimums folgt für jede Zerlegung Z von $[a, b]$

$$U(f; Z) + U(g; Z) \leq U(f + g; Z) \leq O(f + g; Z) \leq O(f; Z) + O(g; Z).$$

Sowohl der äußerste linke als auch der äußerste rechte Term dieser Ungleichungskette streben für $\|Z\| \to 0$ gegen $\int_a^b f(x)\,dx + \int_a^b g(x)\,dx$, was die Behauptung für $\lambda = \mu = 1$ nachweist. Der allgemeine Fall ergibt sich aus der *Homogenitätseigenschaft*

$$\int_a^b \lambda f(x)\,dx = \lambda \int_a^b f(x)\,dx,$$

welche für $\lambda \geq 0$ unmittelbar aus der entsprechenden Eigenschaft für die Ober– und Untersummen folgt. Der Fall $\lambda < 0$ kann über die Gleichung

$$\underline{J}(-f) = -\overline{J}(f)$$

auf den Fall $\lambda > 0$ zurückgeführt werden. □

7.12 Satz. (Produkte und Quotienten)
Mit zwei Funktionen f und g ist auch deren Produkt $f \cdot g$ über $[a, b]$ integrierbar. Ist außerdem $g(x) \geq c$, $x \in [a, b]$, für eine Konstante $c > 0$, so ist auch der Quotient f/g integrierbar.

BEWEIS: Für beliebige Mengen $A, B \subset \mathbb{R}$ definieren wir

$$A + B := \{a + b : a \in A, b \in B\}, \qquad A - B := \{a - b : a \in A, b \in B\}.$$

Sind A und B nichtleer und nach oben beschränkt, so ist auch $A + B$ nach oben beschränkt, und es gilt $\sup(A + B) = \sup A + \sup B$. Zusammen mit $\sup(-A) = -\inf(A)$ (vgl. 3.4.7) folgt dann

$$\sup(A - B) = \sup A - \inf B. \tag{7.9}$$

Mit den Abkürzungen $\|f\|_\infty := \sup\{|f(x)| : x \in [a, b]\}$ und $\|g\|_\infty := \sup\{|g(x)| : x \in [a, b]\}$ erhalten wir somit für jedes Intervall $J \subset [a, b]$

$$
\begin{aligned}
s &:= \sup\{f(x)g(x) : x \in J\} - \inf\{f(x)g(x) : x \in J\} \\
&= \sup\{f(x)g(x) - f(y)g(y) : x, y \in J\} \\
&= \sup\{f(x)(g(x) - g(y)) + g(y)(f(x) - f(y)) : x, y \in J\} \\
&\leq \|f\|_\infty \sup\{g(x) - g(y) : x, y \in J\} + \|g\|_\infty \sup\{f(x) - f(y) : x, y \in J\}.
\end{aligned}
$$

Hierbei ergibt sich die letzte Ungleichung aus der Definition des Supremums als kleinste obere Schranke. Eine erneute Anwendung von (7.9) liefert jetzt

$$
\begin{aligned}
s \leq &\; \|f\|_\infty (\sup\{g(x) : x \in J\} - \inf\{g(x) : x \in J\}) \\
&+ \|g\|_\infty (\sup\{f(x) : x \in J\} - \inf\{f(x) : x \in J\}).
\end{aligned}
$$

Deshalb erhalten wir für jede Zerlegung Z von $[a, b]$ die Ungleichung

$$O(f \cdot g; Z) - U(f \cdot g; Z) \leq \|f\|_\infty (O(g; Z) - U(g; Z)) + \|g\|_\infty (O(f; Z) - U(f; Z))$$

und damit

$$\overline{J}(f \cdot g) - \underline{J}(f \cdot g) \leq \|f\|_\infty (\overline{J}(g) - \underline{J}(g)) + \|g\|_\infty (\overline{J}(f) - \underline{J}(f)).$$

Das Riemannsche Kriterium liefert dann die erste Behauptung. Zum Beweis der zweiten Behauptung genügt es jetzt, $f \equiv 1$ zu setzen. Unter der Voraussetzung an g ergibt sich ähnlich wie oben

$$\overline{J}(1/g) - \underline{J}(1/g) \leq \frac{1}{c^2} (\overline{J}(g) - \underline{J}(g)),$$

woraus die Behauptung folgt.   □

Die nachstehende Monotonieeigenschaft ist eine direkte Folgerung aus den entsprechenden Eigenschaften von Unter– und Obersummen.

7.13 Satz. (Monotonie des Integrals)
Sind die Funktionen f, g über $[a, b]$ integrierbar und gilt $f(x) \leq g(x)$ für jedes $x \in [a, b]$, so folgt

$$\int_a^b f(x)\, dx \leq \int_a^b g(x)\, dx.$$

Der letzte Satz liefert eine weitere wichtige Eigenschaft des Integrals:

7.14 Satz. (Dreiecksungleichung)
Ist f integrierbar über $[a, b]$, so ist auch $|f|$ integrierbar über $[a, b]$, und es gilt

$$\left| \int_a^b f(x)\, dx \right| \leq \int_a^b |f(x)|\, dx.$$

BEWEIS: Für jede Menge $A \subset [a, b]$ gilt

$$\sup\{|f(x)| : x \in A\} - \inf\{|f(x)| : x \in A\} \leq \sup\{f(x) : x \in A\} - \inf\{f(x) : x \in A\}.$$

Nach dem Kriterium von Riemann zieht deshalb die Integrierbarkeit von f diejenige von $|f|$ nach sich. Wendet man die zuletzt bewiesene Monotonieaussage auf die Ungleichungen $f \leq |f|$ und $-f \leq |f|$ an, so folgt die zweite Behauptung.   □

7.1.8   Die Mittelwertsätze der Integralrechnung

Das nächste, wichtige Resultat ist eine Folgerung aus Satz 7.13.

7.15 Satz. (Mittelwertsatz der Integralrechnung)
Ist die Funktion f über $[a, b]$ integrierbar und gilt $m \leq f(x) \leq M$ für jedes $x \in [a, b]$, so gibt es ein $\mu \in [m, M]$ mit

$$\int_a^b f(x)\, dx = \mu(b - a).$$

BEWEIS: Integration der vorausgesetzten Ungleichungen liefert

$$m(b - a) \leq \int_a^b f(x)\,dx \leq M(b - a),$$

woraus sich die Behauptung ergibt. □

Speziell kann man im obigen Satz $m = \inf f([a,b])$ und $M = \sup f([a,b])$ wählen. Ist f stetig, so gibt es ein $\xi \in [a,b]$ mit $f(\xi) = \mu$, und wir erhalten:

7.16 Folgerung. (Mittelwertsatz der Integralrechnung für stetige Integranden) *Ist die Funktion f auf dem Intervall $[a,b]$ stetig, so gibt es ein $\xi \in [a,b]$ mit*

$$\int_a^b f(x)\,dx = f(\xi) \cdot (b - a).$$

Für den Fall einer nichtnegativen Funktion besagt Folgerung 7.16 anschaulich, dass der Flächeninhalt zwischen dem Graphen von f und der x-Achse im Intervall $[a,b]$ gleich der Fläche eines Rechtecks mit der Grundseite $[a,b]$ und einer geeigneten Höhe $f(\xi)$ mit $\xi \in [a,b]$ ist (siehe Bild 7.5).

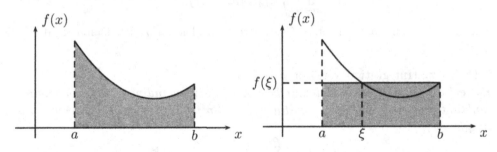

Bild 7.5: Zum Mittelwertsatz der Integralrechnung

7.1.9 Integration gleichmäßig konvergenter Funktionenfolgen

Das folgende Resultat zeigt, dass im Falle einer *gleichmäßig* konvergenten Funktionenfolge Grenzwertbildung und Integration vertauscht werden können. Diese Vertauschbarkeit ist nicht notwendig gegeben, wenn die Funktionenfolge nur punktweise, aber nicht gleichmäßig konvergiert (siehe Beispiel 7.22).

7.17 Satz. (Integration gleichmäßig konvergenter Funktionenfolgen) *Die Funktionen f_n, $n \geq 1$, seien über dem Intervall $[a,b]$ integrierbar, und die Folge (f_n) konvergiere auf $[a,b]$ gleichmäßig gegen eine Funktion f. Dann ist f integrierbar über $[a,b]$, und es gilt*

$$\int_a^b f(x)\,dx = \lim_{n \to \infty} \int_a^b f_n(x)\,dx.$$

BEWEIS: Es sei $\varepsilon > 0$. Nach Voraussetzung gibt es ein $n_0 \in \mathbb{N}$ mit

$$f_n(x) - \varepsilon \leq f(x) \leq f_n(x) + \varepsilon, \qquad n \geq n_0, \ x \in [a, b].$$

Diese Ungleichungen übertragen sich auf Untersummen bezüglich beliebiger Zerlegungen und somit auf die unteren Integrale, d.h. es gilt

$$\int_a^b f_n(x)\,dx - \varepsilon(b - a) \leq \underline{J}(f) \leq \int_a^b f_n(x)\,dx + \varepsilon(b - a), \qquad n \geq n_0.$$

Für $n \to \infty$ folgt dann

$$\limsup_{n\to\infty} \int_a^b f_n(x)\,dx - \varepsilon(b - a) \leq \underline{J}(f) \leq \liminf_{n\to\infty} \int_a^b f_n(x)\,dx + \varepsilon(b - a).$$

Da diese Ungleichungen für jedes $\varepsilon > 0$ gelten, ergibt sich

$$\limsup_{n\to\infty} \int_a^b f_n(x)\,dx \leq \underline{J}(f) \leq \liminf_{n\to\infty} \int_a^b f_n(x)\,dx$$

und somit

$$\lim_{n\to\infty} \int_a^b f_n(x)\,dx = \underline{J}(f).$$

Analog zeigt man, dass der letzte Grenzwert auch gleich $\overline{J}(f)$ ist. Damit ist der Satz bewiesen. □

7.18 Satz. (Integration von Potenzreihen)
Es seien $\sum_{k=0}^{\infty} a_k x^k$ eine Potenzreihe mit Konvergenzradius $r > 0$ und Summenfunktion f sowie $a, b \in (-r, r)$ mit $a < b$. Dann ist f über $[a, b]$ integrierbar, und es gilt

$$\int_a^b f(x)\,dx = \sum_{k=0}^{\infty} \frac{a_k}{k+1} \cdot (b^{k+1} - a^{k+1}).$$

Ist die Potenzreihe auch für $x = r$ (bzw. für $x = -r$) konvergent, so gelten die Behauptungen auch für $b = r$ (bzw. $a = -r$).

BEWEIS: Wir wenden Satz 7.17 auf die Funktionenfolge

$$f_n(x) := \sum_{k=0}^{n} a_k x^k$$

an, die nach Satz 6.32 auf $[a, b]$ gleichmäßig gegen f konvergiert. Im Beweis des Satzes von Abel (Satz 6.68) wurde gezeigt, dass diese gleichmäßige Konvergenz auch für $b = r$ (bzw. $a = -r$) vorliegt, falls die Potenzreihe für $x = r$ (bzw. $x = -r$) konvergiert. Aus der Linearität des Integrals (Satz 7.11) sowie Satz 7.4 erhalten wir

$$\int_a^b f_n(x)\,dx = \sum_{k=0}^{n} \frac{a_k}{k+1} \cdot (b^{k+1} - a^{k+1})$$

und somit für $n \to \infty$ die Behauptung des Satzes. □

7.2 Der Hauptsatz der Differential– und Integralrechnung

Es sei f eine über dem Intervall $[a, b]$ integrierbare Funktion. Wir betrachten die Abbildung

$$t \mapsto \int_a^t f(x)\, dx,$$

d.h. das Integral von f als *Funktion der oberen Grenze*. Ist f eine Potenzfunktion, so zeigt Satz 7.4, dass diese Funktion den Integranden als Ableitung besitzt. Der Hauptsatz der Differential– und Integralrechnung besagt, dass diese Aussage für beliebige stetige Integranden richtig ist. Die Integration kann also als Umkehrung der Differentiation interpretiert werden. Der Hauptsatz stellt außerdem eine schlagkräftige Methode zur Berechnung von Integralen mit Hilfe sogenannter *Stammfunktionen* bereit. Diese Aussagen sind von großer Bedeutung.

7.2.1 Das Integral als Funktion der oberen Grenze

Das folgende Resultat dient als Vorbereitung auf den Hauptsatz.

7.19 Satz. (Stetigkeit des Integrals als Funktion der oberen Grenze)
Ist die Funktion $f : [a, b] \to \mathbb{R}$ integrierbar, so ist die durch

$$F(t) := \int_a^t f(x)\, dx, \qquad t \in [a, b],$$

definierte Funktion $F : [a, b] \to \mathbb{R}$ stetig.

BEWEIS: Wir zeigen die rechtsseitige Stetigkeit von F auf $[a, b)$; die linksseitige Stetigkeit von F auf $(a, b]$ folgt analog. Es seien $t \in [a, b)$ und $h > 0$ mit $t + h \le b$. Wegen der Additivität des Integrals gilt

$$F(t + h) = \int_a^{t+h} f(x)\, dx = \int_a^t f(x)\, dx + \int_t^{t+h} f(x)\, dx$$

$$= F(t) + \int_t^{t+h} f(x)\, dx.$$

Da der Betrag des zweiten Summanden durch $h \cdot \sup\{|f(x)| : x \in [t, b]\}$ nach oben abgeschätzt werden kann (vgl. Satz 7.14), folgt $F(t + h) \to F(t)$ für $h \to 0$. $\square$

7.2.2 Stammfunktionen, unbestimmtes Integral

Die Funktion f sei auf dem Intervall I definiert. Eine Funktion $F : I \to \mathbb{R}$ heißt *Stammfunktion* von f (auf I), falls F auf I differenzierbar und die folgende Gleichung erfüllt ist:

$$F'(x) = f(x), \qquad x \in I.$$

Da die Ableitung einer konstanten Funktion die Nullfunktion ist, ist für jedes $c \in \mathbb{R}$ mit einer Funktion F auch $F + c$ eine Stammfunktion von f. Sind F und G Stammfunktionen von f, so folgt

$$F'(x) - G'(x) = f(x) - f(x) = 0, \qquad x \in I.$$

Nach Folgerung 6.51 gibt es dann ein $c \in \mathbb{R}$ mit

$$F(x) = G(x) + c, \qquad x \in I.$$

Die Graphen je zweier Stammfunktionen von f gehen also durch eine geeignete Verschiebung parallel zur y-Achse auseinander hervor.

Ist F eine Stammfunktion von f, so schreibt man

$$\int f(x)\,dx := F$$

bzw. $\int f(x)\,dx = F(x)$ und nennt F das *unbestimmte Integral* von f.

Die Sprechweise *das* unbestimmte Integral ist nicht ganz gerechtfertigt, weil eine Stammfunktion nur bis auf eine additive Konstante eindeutig bestimmt ist.

7.2.3   Der Hauptsatz

Der folgende Satz enthüllt den grundlegenden Zusammenhang zwischen dem Riemann–Integral und dem unbestimmten Integral.

7.20 Satz. (Hauptsatz der Differential– und Integralrechnung)
Es sei $f : [a, b] \to \mathbb{R}$ eine stetige Funktion. Dann gilt:

(i) *Die durch*

$$F(t) := \int_a^t f(x)\,dx, \qquad t \in [a, b],$$

definierte Funktion $F : [a, b] \to \mathbb{R}$ ist eine Stammfunktion von f.

(ii) *Ist $F : [a, b] \to \mathbb{R}$ eine beliebige Stammfunktion von f, so gilt*

$$\int_a^b f(x)\,dx = F(b) - F(a).$$

BEWEIS: (i) Für $F(t) := \int_a^t f(x)\,dx$ und $h > 0$ mit $a \le t < t + h \le b$ gilt

$$F(t + h) = F(t) + \int_t^{t+h} f(x)\,dx.$$

Nach Folgerung 7.16 existiert ein $\xi = \xi(h) \in [t, t+h]$ mit

$$F(t+h) - F(t) = \int_t^{t+h} f(x)\,dx = f(\xi)h.$$

Also folgt

$$\frac{F(t+h) - F(t)}{h} = f(\xi).$$

Für $h \to 0$ konvergiert $\xi(h)$ gegen t, und die Stetigkeit von f impliziert

$$\lim_{h \to 0+} \frac{F(t+h) - F(t)}{h} = f(t).$$

Da der linksseitige Grenzwert analog behandelt werden kann, ist (i) bewiesen.
(ii) Ist F eine beliebige Stammfunktion von f auf $[a, b]$, so gilt wegen (i)

$$\int_a^t f(x)\,dx = F(t) + c$$

für ein $c \in \mathbb{R}$. Setzt man hier $t = a$, so folgt $c = -F(a)$ und somit

$$\int_a^t f(x)\,dx = F(t) - F(a),$$

insbesondere also die Behauptung. $\qquad\Box$

Nach Satz 7.20 (i) besitzt jede stetige Funktion f eine Stammfunktion F. In diesem Zusammenhang findet man häufig die abkürzende Schreibweise

$$F(x)\Big|_{t_1}^{t_2} := F(t_2) - F(t_1), \qquad t_1, t_2 \in [a, b].$$

Der Hauptsatz besagt dann

$$\int_a^t f(x)\,dx = F(x)\Big|_a^t, \qquad t \in [a, b].$$

7.21 Beispiel.
Die durch

$$f(x) := \begin{cases} x^{-1}, & \text{falls } 1 \le x \le 2, \\ x^2, & \text{falls } 2 < x \le 3, \end{cases}$$

definierte (beschränkte) Funktion $f : [1, 3] \to \mathbb{R}$ ist mit Ausnahme des Punktes $x = 2$ in jedem Punkt des Intervalls $[1, 3]$ stetig. Nach Satz 7.10 kann man $\int_1^3 f(x)\,dx$ wie folgt zerlegen:

$$\int_1^3 f(x)\,dx = \int_1^2 \frac{1}{x}\,dx + \int_2^3 x^2\,dx$$

$$= \ln|x|\Big|_1^2 + \frac{x^3}{3}\Big|_2^3 = \ln 2 + \frac{27}{3} - \frac{8}{3} = \ln 2 + \frac{19}{3}.$$

7.22 Beispiel.

Für $n \in \mathbb{N}$ sei die Funktion $f_n : [0,1] \to \mathbb{R}$ durch $f_n(x) := 2nx \exp(-nx^2)$, $0 \le x \le 1$, definiert. Da die durch $F_n(x) := -\exp(-nx^2)$ gegebene Funktion $F_n : [0,1] \to \mathbb{R}$ eine Stammfunktion von f_n ist, folgt

$$\int_0^1 f_n(x)\,dx = -\exp(-nx^2)\Big|_0^1 = 1 - \exp(-n)$$

und somit

$$\lim_{n\to\infty} \int_0^1 f_n(x)\,dx = 1.$$

Andererseits gilt $\lim_{n\to\infty} f_n(x) = 0$, $0 \le x \le 1$, und somit

$$\int_0^1 \lim_{n\to\infty} f_n(x)\,dx \neq \lim_{n\to\infty} \int_0^1 f_n(x)\,dx. \qquad (7.10)$$

Dieses Beispiel zeigt, dass die Grenzwertbildung und die Integralbildung im Allgemeinen nicht vertauschbar sind. Man beachte, dass die Funktionenfolge (f_n) zwar punktweise, aber nicht gleichmäßig konvergiert (es gilt etwa $f_n(1/n) = 2\exp(-1/n) \to 2$ bei $n \to \infty$). Insofern steht (7.10) nicht im Widerspruch zur Aussage von Satz 7.17.

7.2.4   Integration von Potenzreihen

Das nächste Resultat besagt, dass eine Potenzreihe auf ihrem Konvergenzbereich „gliedweise integriert" werden kann. Es liefert zusammen mit dem Hauptsatz einen neuen Beweis für den ersten Teil von Satz 7.18.

7.23 Satz. (Unbestimmtes Integral von Potenzreihen)
Es sei $\sum_{k=0}^{\infty} a_k x^k$ eine Potenzreihe mit Konvergenzradius $r > 0$ und Summenfunktion f. Dann ist

$$F(x) := \sum_{k=0}^{\infty} \frac{a_k}{k+1} \cdot x^{k+1}$$

eine Stammfunktion von f auf $(-r, r)$. Ist die Potenzreihe auch für $x = r$ (bzw. für $x = -r$) konvergent, so gelten die Behauptungen auch für $b = r$ (bzw. $a = -r$).

BEWEIS: Der erste Teil des Satzes ist eine unmittelbare Folgerung aus Satz 6.69. Wir nehmen jetzt zusätzlich an, dass die Potenzreihe auch für $x = r$ konvergiert. Dann ist f stetig auf $(-r, r]$ (vgl. Satz 6.68), und für jedes $a \in (-r, r)$ gilt wegen Satz 7.18

$$F(t) = F(a) + \int_a^t f(x)\,dx, \qquad t \in (a, r].$$

Nach dem ersten Teil des Hauptsatzes ist F eine Stammfunktion von f auf $(-r, r]$.   □

7.24 Beispiel.

Die beschränkte Funktion $f(x) := \exp(-x^2)$, $x \in \mathbb{R}$, kann als Potenzreihe

$$f(x) = 1 + \sum_{n=1}^{\infty} \frac{(-1)^n}{n!} \cdot x^{2n}$$

dargestellt werden. Die Funktion

$$F(x) := x + \sum_{n=1}^{\infty} \frac{(-1)^n}{(2n+1)n!} \cdot x^{2n+1}, \qquad x \in \mathbb{R}, \tag{7.11}$$

ist eine Stammfunktion von f (auf ganz $\mathbb{R}$). Daher gilt für beliebige $a < b$

$$\int_a^b \exp(-x^2)\, dx = F(b) - F(a).$$

Die Werte der in (7.11) auftretenden alternierenden Reihe für $x = a$ und $x = b$ können mit Hilfe des Leibniz-Kriteriums (Satz 5.29) abgeschätzt werden.

Als Zahlenbeispiel betrachten wir das Integral $\int_{-1}^{1} \exp(-x^2)\, dx$ $(= F(1) - F(-1))$. Nach dem Leibniz-Kriterium gilt

$$1 + \sum_{n=1}^{2m-1} \frac{(-1)^n}{(2n+1)n!} \le F(1) \le 1 + \sum_{n=1}^{2m} \frac{(-1)^n}{(2n+1)n!}, \qquad m \in \mathbb{N}.$$

Für $m = 4$ erhalten wir $0.7468228 \le F(1) \le 0.7468243$ und wegen $F(-1) = -F(1)$ schließlich

$$1.4936456 \le \int_{-1}^{1} \exp(-x^2)\, dx \le 1.4936486.$$

Aus Tabellen entnimmt man den Näherungswert $\int_{-1}^{1} \exp(-x^2)\, dx \approx 1.4936482$.

7.3   Uneigentliche Riemann–Integrale

7.3.1   Integration über unbeschränkten Intervallen

In der Definition des Riemann–Integrals $\int_a^b f(x)\, dx$ wurde sowohl die Beschränktheit der Funktion f als auch die Endlichkeit der Integrationsgrenzen a und b vorausgesetzt. Von diesen Einschränkungen wollen wir uns jetzt lösen. Zunächst wird das Riemannsche Integral auch für Funktionen erklärt, die auf unbeschränkten Intervallen definiert sind.

(i) Es sei $D \subset \mathbb{R}$. Eine Funktion $f : D \to \mathbb{R}$ heißt *lokal integrierbar,* wenn f über jedem beschränkten Intervall $[a, b] \subset D$ integrierbar ist.

(ii) Es sei $a \in \mathbb{R}$. Ist die Funktion $f : [a, \infty) \to \mathbb{R}$ lokal integrierbar, so definiert man das *uneigentliche Integral* von f (über dem Intervall $[a, \infty)$) durch den Grenzwert

$$\int_a^\infty f(x)\,dx := \lim_{t\to\infty} \int_a^t f(x)\,dx.$$

Dabei wird vorausgesetzt, dass dieser Grenzwert entweder im eigentlichen oder im uneigentlichen Sinn existiert. Im ersten Fall heißt das uneigentliche Integral *konvergent* (oder *existent*) und die Funktion f *uneigentlich (Riemann-)integrierbar* über dem Intervall $[a, \infty)$. Ist der (uneigentliche) Grenzwert gleich ∞ oder $-\infty$, so nennt man das uneigentliche Integral *bestimmt divergent*.

(iii) Ist b eine reelle Zahl, und ist die Funktion $f : (-\infty, b] \to \mathbb{R}$ lokal integrierbar, so wird das uneigentliche Integral von f (über dem Intervall $(-\infty, b]$) analog zu (ii) als Grenzwert

$$\int_{-\infty}^b f(x)\,dx := \lim_{t\to-\infty} \int_t^b f(x)\,dx$$

definiert.

Uneigentliche Integrale *nichtnegativer* Funktionen sind immer definiert, können aber gleich ∞ sein.

7.25 Beispiel. ($\int_1^\infty x^{-\alpha}dx$)
Für welche $\alpha \in \mathbb{R}$ konvergiert das uneigentliche Integral $\int_1^\infty x^{-\alpha}\,dx$? Zur Beantwortung dieser Frage greifen wir auf Satz 7.4 zurück. Ist $\alpha > 1$, so gilt

$$\lim_{t\to\infty} \int_1^t \frac{1}{x^\alpha}\,dx = \lim_{t\to\infty} \frac{x^{-\alpha+1}}{-\alpha+1}\bigg|_1^t = \lim_{t\to\infty} \frac{t^{1-\alpha}-1}{1-\alpha} = \frac{1}{\alpha-1}$$

und somit

$$\int_1^\infty \frac{1}{x^\alpha}\,dx = \frac{1}{\alpha-1}, \qquad \alpha > 1.$$

Im Fall $\alpha = 1$ ergibt sich

$$\int_1^t \frac{1}{x}\,dx = \ln t - \ln 1 = \ln t \to \infty$$

für $t \to \infty$ und folglich

$$\int_1^\infty \frac{1}{x}\,dx = \infty.$$

Für den Fall $\alpha < 1$ gilt $1/x^\alpha \geq 1/x$ für jedes $x \geq 1$, was

$$\int_1^t \frac{1}{x^\alpha}\,dx \geq \int_1^t \frac{1}{x}\,dx \to \infty$$

für $t \to \infty$ und somit

$$\int_1^\infty \frac{1}{x^\alpha}\, dx = \infty$$

zur Folge hat.

7.3.2 Integration unbeschränkter Funktionen

Wir führen jetzt das Riemann–Integral für Funktionen ein, die zwar auf einem beschränkten Intervall definiert, dort aber möglicherweise nicht beschränkt sind.

(i) Ist die Funktion $f : [a, b) \to \mathbb{R}$ lokal integrierbar, so definiert man das *uneigentliche Integral* von f über dem (halboffenen) Intervall $[a, b)$ durch

$$\int_a^b f(x)\, dx := \lim_{t \to b-} \int_a^t f(x)\, dx.$$

Dabei wird wie oben vorausgesetzt, dass dieser Grenzwert im eigentlichen oder uneigentlichen Sinn existiert. Im ersten Fall nennt man das uneigentliche Integral *konvergent* (oder *existent*) und die Funktion f *uneigentlich (Riemann-)integrierbar* über dem Intervall $[a, b)$. Ist der Grenzwert gleich ∞ oder $-\infty$, so heißt das uneigentliche Integral *bestimmt divergent*.

(ii) Das *uneigentliche Integral* $\int_a^b f(x)\, dx$ einer lokal integrierbaren Funktion $f : (a, b] \to \mathbb{R}$ wird analog zu (i) durch die folgende Festsetzung definiert:

$$\int_a^b f(x)\, dx := \lim_{t \to a+} \int_t^b f(x)\, dx.$$

(iii) Es seien $a, b \in \bar{\mathbb{R}}$ mit $a < b$ und $f : (a, b) \to \mathbb{R}$ eine lokal integrierbare Funktion. Zur Definition des uneigentlichen Integrals $\int_a^b f(x)\, dx$ zerlegt man den Integrationsbereich (a, b) durch Wahl eines beliebigen $t \in (a, b)$ in die Teilintervalle $(a, t]$ und $[t, b)$ und setzt

$$\int_a^b f(x)\, dx := \int_a^t f(x)\, dx + \int_t^b f(x)\, dx. \tag{7.12}$$

Dabei sind die rechts stehenden Integrale in (ii) bzw. in (i) erklärt. Das uneigentliche Integral $\int_a^b f(x)\, dx$ heißt *konvergent* (oder *existent*), falls die auf der rechten Seite von (7.12) stehenden Integrale konvergent sind. Der Wert von $\int_a^b f(x)\, dx$ ist dann unabhängig von der speziellen Wahl von t. Ergeben sich in (7.12) Ausdrücke der Form $\infty - \infty$ oder $-\infty + \infty$, so ist das uneigentliche Integral nicht definiert.

In keinem der drei Fälle (i), (ii) und (iii) wird die Beschränktheit der Funktion f gefordert. Sollte etwa im Fall (i) die Funktion $f : [a, b] \to \mathbb{R}$ beschränkt sein, so existiert für *jede* Festsetzung des Funktionswertes $f(b)$ das (*eigentliche*) Integral $\int_a^b f(x) \, dx$, und dieses stimmt mit dem uneigentlichen Integral überein. Hierbei soll das Attribut „eigentlich" auf den in 7.1.3 definierten Integralbegriff verweisen.

Die Eigenschaften der Additivität, Linearität und Monotonie des (eigentlichen) Integrals gelten (unter geeigneten Voraussetzungen) in gleicher Weise für uneigentliche Integrale; auf die Beweise sei hier verzichtet. Auch der zweite Teil des Hauptsatzes lässt sich verallgemeinern. Ist zum Beispiel F eine Stammfunktion einer stetigen Funktion f auf $[a, \infty)$, so gilt

$$\int_a^\infty f(x) \, dx = F(x) \Big|_a^\infty := F(\infty) - F(a), \tag{7.13}$$

falls $F(\infty) := \lim_{x \to \infty} F(x)$ im eigentlichen oder bestimmt uneigentlichen Sinn existiert. Mit analogen Voraussetzungen und Bezeichnungen gilt

$$\int_{-\infty}^b f(x) \, dx = F(x) \Big|_{-\infty}^b := F(b) - F(-\infty).$$

7.26 Beispiel. ($\int_0^1 x^{-\alpha} dx$, vgl. mit Beispiel 7.25)

Für welche Werte von $\alpha \in \mathbb{R}$ existiert das uneigentliche Integral $\int_0^1 x^{-\alpha} \, dx$? Ist $\alpha > 1$, so gilt

$$\lim_{\varepsilon \to 0+} \int_\varepsilon^1 \frac{1}{x^\alpha} \, dx = \lim_{\varepsilon \to 0+} \frac{1 - \varepsilon^{1-\alpha}}{1 - \alpha} = \infty$$

und somit

$$\int_0^1 \frac{1}{x^\alpha} \, dx = \infty, \qquad \alpha > 1.$$

Es liegt also bestimmte Divergenz gegen unendlich vor. Für den Fall $\alpha = 1$ folgt

$$\int_0^1 \frac{1}{x} \, dx = \lim_{\varepsilon \to 0+} \int_\varepsilon^1 \frac{1}{x} \, dx = \lim_{\varepsilon \to 0+} (\ln 1 - \ln \varepsilon) = \infty,$$

so dass auch in diesem Fall das uneigentliche Integral nicht existiert (bestimmt divergiert). Im Fall $0 < \alpha < 1$ erhält man

$$\lim_{\varepsilon \to 0+} \int_\varepsilon^1 \frac{1}{x^\alpha} \, dx = \lim_{\varepsilon \to 0+} \frac{1 - \varepsilon^{1-\alpha}}{1 - \alpha} = \frac{1}{1 - \alpha}.$$

Also existiert das uneigentliche Integral $\int_0^1 x^{-\alpha} \, dx$, und es gilt

$$\int_0^1 \frac{1}{x^\alpha} \, dx = \frac{1}{1 - \alpha}, \qquad 0 < \alpha < 1.$$

Im Fall $\alpha \leq 0$ ist $\int_0^1 x^{-\alpha} \, dx$ ein eigentliches Integral.

7.3.3 Das Integralkriterium

Ist die Funktion f auf einem Intervall der Gestalt $[p, \infty)$ mit $p \in \mathbb{N}$ monoton fallend, so gibt es eine einfache und nützliche Beziehung zwischen dem uneigentlichen Integral $\int_p^\infty f(x)\,dx$ und der Reihe $\sum_{n=p}^\infty f(n)$.

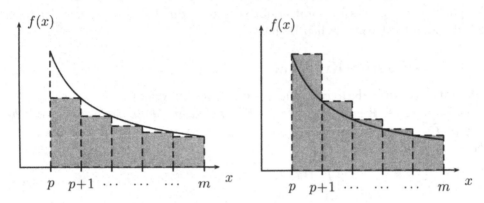

Bild 7.6: Zum Integralkriterium (7.14)

7.27 Satz. (Integralkriterium)
Es seien $p \in \mathbb{N}$ und f eine auf dem Intervall $[p, \infty)$ nichtnegative, monoton fallende Funktion. Dann gelten die Ungleichungen

$$\sum_{n=p+1}^\infty f(n) \leq \int_p^\infty f(x)\,dx \leq \sum_{n=p}^\infty f(n).$$

Insbesondere ist das Integral $\int_p^\infty f(x)\,dx$ genau dann konvergent, wenn $\sum_{n=p}^\infty f(n)$ eine konvergente Reihe ist.

BEWEIS: Als monotone Funktion ist f nach Satz 7.9 über jedem beschränkten Intervall $I \subset [p, \infty)$ integrierbar. Da f monoton fällt, liefert Satz 7.13 die Abschätzungen

$$f(n + 1) \leq \int_n^{n+1} f(x)\,dx \leq f(n), \qquad n \geq p.$$

Hieraus erhält man durch Summation über alle $n \in \mathbb{N}$ mit $p \leq n < m \in \mathbb{N}$ die Ungleichungskette

$$\sum_{n=p+1}^m f(n) \leq \int_p^m f(x)\,dx \leq \sum_{n=p}^{m-1} f(n) \tag{7.14}$$

(siehe Bild 7.6). Wegen der Nichtnegativität von f konvergiert das obige Integral (eigentlich oder uneigentlich) für $m \to \infty$ gegen $\int_p^\infty f(x)\,dx$, was die erste Behauptung beweist. Die zweite Behauptung ist eine unmittelbare Folgerung der ersten. $\qquad\square$

7.28 Beispiel. (Die Reihe $\sum_{n=1}^{\infty} 1/n^{\alpha}$)

Für festes $\alpha > 0$ ist die durch $f(x) := x^{-\alpha}$ definierte Funktion auf dem Intervall $[1, \infty)$ monoton fallend; die Voraussetzungen des Integralkriteriums sind somit erfüllt. Für $\alpha > 1$ gilt nach Beispiel 7.25 $\int_1^{\infty} x^{-\alpha} \, dx = 1/(\alpha - 1)$, so dass die Summe $\sum_{n=1}^{\infty} n^{-\alpha}$ in diesem Fall konvergiert. Damit erhalten wir ein bereits aus 5.2.4 bekanntes Ergebnis. Für $0 < \alpha \leq 1$ gilt $\int_1^{\infty} x^{-\alpha} \, dx = \infty$ und somit $\sum_{n=1}^{\infty} n^{-\alpha} = \infty$. Dieses Resultat ergibt sich auch durch Vergleich mit der nach 5.2.3 divergenten harmonischen Reihe.

7.3.4 Das Cauchy–Kriterium

7.29 Satz. (Cauchy–Kriterium für uneigentliche Integrale)

Es sei $f : [a, \infty) \to \mathbb{R}$ eine lokal integrierbare Funktion. Dann ist das uneigentliche Integral $\int_a^{\infty} f(x) \, dx$ genau dann konvergent, wenn es zu jedem $\varepsilon > 0$ ein $c \geq a$ gibt, so dass gilt:

$$\left| \int_s^t f(x) \, dx \right| \leq \varepsilon, \qquad s, t \geq c.$$

BEWEIS: Der Beweis erfolgt analog zum Nachweis des Cauchy-Kriteriums für Reihen (Satz 5.27). Man hat nur zu beachten, dass für eine auf $[a, \infty)$ erklärte Funktion F (wie etwa $F(t) = \int_a^t f(x) \, dx$) der Grenzwert $\lim_{t \to \infty} F(t)$ genau dann existiert, wenn der Grenzwert $\lim_{n \to \infty} F(t_n)$ für jede gegen ∞ konvergierende Folge (t_n) aus $[a, \infty)$ existiert. $\qquad\square$

Mit Hilfe des Cauchy–Kriteriums kann man jetzt analog zur entsprechenden Aussage für Reihen (Satz 5.32) das folgende Majorantenkriterum beweisen:

7.30 Satz. (Majorantenkriterium für uneigentliche Integrale)

Es seien $f, g : [a, \infty) \to [0, \infty)$ lokal integrierbare Funktionen mit der Eigenschaft $f(x) \leq g(x)$, $x \geq a$. Konvergiert das uneigentliche Integral $\int_a^{\infty} g(x) \, dx$, so konvergiert auch das uneigentliche Integral $\int_a^{\infty} f(x) \, dx$.

7.31 Beispiel. (Gammafunktion)

Die von L. Euler eingeführte *Gammafunktion* $\Gamma : (0, \infty) \to \mathbb{R}$ ist durch

$$\Gamma(\alpha) := \int_0^{\infty} t^{\alpha-1} e^{-t} dt, \qquad \alpha > 0, \tag{7.15}$$

definiert. Sie spielt eine grundlegende Rolle in der Analysis.

Um zu zeigen, dass das obige Integral konvergiert, betrachten wir die Teilintegrale

$$\int_0^1 t^{\alpha-1} e^{-t} dt \qquad \text{und} \qquad \int_1^{\infty} t^{\alpha-1} e^{-t} dt. \tag{7.16}$$

Nach Beispiel 7.26 konvergiert $\int_0^1 t^{\alpha-1} dt$ für jedes $\alpha > 0$. Wegen $\exp(-t) \leq$ 1 konvergiert dann nach Satz 7.30 auch das erste Integral in (7.16). Weil die Exponentialfunktion schneller wächst als jede Potenz (Satz 6.20), gibt es ein $C > 0$, so dass gilt:

$$t^{\alpha-1}e^{-t} \leq Ct^{-2}, \qquad t \geq 1.$$

Somit impliziert das Majorantenkriterium auch die Konvergenz des zweiten Integrals in (7.16).

Mit Hilfe partieller Integration erhält man

$$\Gamma(\alpha+1) = \int_0^\infty t^\alpha e^{-t} dt = -t^\alpha e^{-t}\Big|_0^\infty + \alpha \int_0^\infty t^{\alpha-1} e^{-t} dt$$

und somit die grundlegende Funktionalgleichung

$$\Gamma(\alpha+1) = \alpha \cdot \Gamma(\alpha), \qquad \alpha > 0. \tag{7.17}$$

Zusammen mit

$$\Gamma(1) = \int_0^\infty e^{-t} dt = -e^{-t}\Big|_0^\infty = 1$$

und vollständiger Induktion folgt

$$\Gamma(n) = (n-1)!, \qquad n \in \mathbb{N}.$$

Die Gammafunktion setzt somit die auf der Menge $\mathbb{N}$ definierte Funktion $n \mapsto (n-1)!$ auf die Menge der positiven reellen Zahlen fort. Sie besitzt viele weitere interessante Eigenschaften (wie z.B. unendlich oft differenzierbar zu sein), auf die wir jedoch hier nicht eingehen können.

7.32 Beispiel.
Wir behaupten, dass das uneigentliche Integral $\int_{-\infty}^\infty \exp\left(-x^2/2\right) dx$ konvergiert. Da der Integrand eine gerade Funktion von x ist, gilt

$$\int_{-n}^0 \exp\left(-\frac{x^2}{2}\right) dx = \int_0^n \exp\left(-\frac{x^2}{2}\right) dx, \qquad n \in \mathbb{N},$$

und somit

$$\int_{-\infty}^0 \exp\left(-\frac{x^2}{2}\right) dx = \int_0^\infty \exp\left(-\frac{x^2}{2}\right) dx.$$

Weiter gilt

$$\int_0^\infty \exp\left(-\frac{x^2}{2}\right) dx = \int_0^1 \exp\left(-\frac{x^2}{2}\right) dx + \int_1^\infty \exp\left(-\frac{x^2}{2}\right) dx.$$

Das erste Integral auf der rechten Seite ist wegen $\exp(-x^2/2) \leq 1$ durch 1 nach oben beschränkt. Um zu zeigen, dass das zweite (uneigentliche) Integral existiert, wenden wir Satz 7.30 mit $a = 1$, $f(x) = \exp(-x^2/2)$ und $g(x) = x\exp(-x^2/2)$ an. Da g die Stammfunktion $G(x) = -\exp(-x^2/2)$, $x \in \mathbb{R}$, besitzt, ergibt sich (vgl. (7.13))

$$\int_1^\infty g(x)\,dx = G(x)\Big|_1^\infty = G(\infty) - G(1) = \exp\left(-\frac{1}{2}\right),$$

woraus die Behauptung folgt. In Band 2 wird der Wert des uneigentlichen Integrals berechnet: Es gilt

$$\int_{-\infty}^\infty \exp\left(-\frac{x^2}{2}\right)\,dx = \sqrt{2\pi}. \tag{7.18}$$

7.4 Berechnung von Stammfunktionen

Der zweite Teil des Hauptsatzes bietet eine Alternative zur möglicherweise langwierigen Berechnung eines Riemann–Integrals $\int_a^b f(x)\,dx$ mit Hilfe von Ober– und Untersummen. Hierzu benötigt man jedoch eine Stammfunktion von f. Während das Differenzieren vieler Funktionen mit einfachen Regeln erfolgen kann, ist die unbestimmte Integration häufig ungleich schwieriger. Es gibt viele „elementare" Funktionen, deren Stammfunktionen nicht mehr elementar sind. Gleichwohl ergeben sich aus der Umkehrung der Differentiationsregeln einige Integrationstechniken, die man zusammen mit einer Liste von Grundintegralen mit Gewinn verwenden kann.

7.4.1 Grundintegrale

Die folgenden unbestimmten Integrale ergeben sich durch Umkehrung bereits bekannter Ableitungen. Es sei nochmals betont, dass Stammfunktionen nur bis auf eine additive Konstante festgelegt sind. Die Formeln gelten für alle Intervalle, auf denen die entsprechenden Funktionen definiert sind.

1. $\displaystyle\int x^n\,dx = \frac{1}{n+1}\,x^{n+1}, \qquad n \in \mathbb{Z},\ n \neq -1,$

2. $\displaystyle\int x^{-1}\,dx = \ln|x|, \qquad x \neq 0,$

3. $\displaystyle\int \sin x\,dx = -\cos x, \qquad x \in \mathbb{R},$

4. $\displaystyle\int \cos x\,dx = \sin x, \qquad x \in \mathbb{R},$

5. $\displaystyle\int a^x\,dx = (\ln a)^{-1}a^x, \qquad x \in \mathbb{R},\ a > 0,$

6. $\displaystyle\int \frac{1}{\cos^2 x}\, dx = \tan x, \qquad x \notin \{k\pi + \pi/2 : k \in \mathbb{Z}\},$

7. $\displaystyle\int \frac{1}{\sin^2 x}\, dx = -\cot x, \qquad x \notin \{k\pi : k \in \mathbb{Z}\},$

8. $\displaystyle\int \frac{1}{1+x^2}\, dx = \arctan x, \qquad x \in \mathbb{R},$

9. $\displaystyle\int \frac{1}{\sqrt{1-x^2}}\, dx = \arcsin x, \qquad x \in (-1,1).$

7.4.2 Eigenschaften unbestimmter Integrale

Sind F und G Stammfunktionen von f bzw. g auf einem gewissen Intervall I, und sind $\lambda, \mu \in \mathbb{R}$, so ist $\lambda F + \mu G$ eine Stammfunktion von $\lambda f + \mu g$ auf I. Das unbestimmte Integral ist also ebenso wie das Riemann-Integral linear. Ferner gilt:

7.33 Satz. (Partielle Integration)
Sind $f, g : I \to \mathbb{R}$ differenzierbare Funktionen, so besitzt $f \cdot g'$ genau dann eine Stammfunktion, wenn $g \cdot f'$ eine Stammfunktion besitzt. In diesem Fall gilt

$$\int f(x)g'(x)\, dx = f(x)g(x) - \int f'(x)g(x)\, dx.$$

Sind f und g sogar stetig differenzierbar, so gilt

$$\int_a^b f(x)g'(x)\, dx = f(x)g(x)\Big|_a^b - \int_a^b f'(x)g(x)\, dx.$$

BEWEIS: Die erste Behauptung ergibt sich aus der Produktregel der Differentiation. Die zweite Behauptung folgt dann aus dem zweiten Teil des Hauptsatzes. $\square$

7.34 Beispiel. (Stammfunktion von $x^n \ln x$)
Zur Ermittlung einer Stammfunktion von $\ln x$ kann man in Satz 7.33 $f(x) = \ln x$ und $g'(x) = 1$ setzen. Es ergibt sich

$$\int 1 \cdot \ln x\, dx = x \ln x - \int x \cdot \frac{1}{x}\, dx = x \ln x - x, \qquad x > 0.$$

Allgemeiner gilt für $n \in \mathbb{N}_0$ (setze $f(x) = \ln x$ und $g'(x) = x^n$)

$$\int x^n \ln x\, dx = \frac{x^{n+1}}{n+1} \ln x - \int \frac{x^{n+1}}{n+1} \cdot \frac{1}{x}\, dx = \frac{x^{n+1}}{n+1} \ln x - \frac{x^{n+1}}{(n+1)^2}, \qquad x > 0.$$

7.35 Beispiel. (Stammfunktion von $x^n e^x$)

Mit Hilfe partieller Integration (setze $f(x) = x$ und $g'(x) = e^x$) folgt

$$\int x e^x \, dx = x e^x - \int e^x \, dx = (x-1)e^x.$$

In gleicher Weise ergibt sich die Rekursionsformel

$$\int x^n e^x \, dx = x^n e^x - n \int x^{n-1} e^x \, dx, \qquad n \in \mathbb{N}.$$

Hieraus erhält man durch vollständige Induktion

$$\int x^n e^x \, dx = n! \cdot \sum_{k=0}^{n} \frac{(-1)^{n-k} x^k}{k!} \cdot e^x, \qquad n \in \mathbb{N}.$$

7.36 Beispiel. (Stammfunktion von $\sin^n x$)

Mit $f(x) := \sin x$ und $g'(x) := \sin x$ liefert Satz 7.33

$$\int \sin^2 x \, dx = -\sin x \cos x + \int \cos^2 x \, dx$$

$$= -\sin x \cos x + \int (1 - \sin^2 x) \, dx$$

$$= -\sin x \cos x + x - \int \sin^2 x \, dx.$$

Bringt man das verbleibende Integral von der rechten auf die linke Seite, so folgt

$$\int \sin^2 x \, dx = \frac{1}{2} \cdot (x - \sin x \cos x).$$

Analog ergibt sich für jede natürliche Zahl $n \geq 2$:

$$\int \sin^n x \, dx = \frac{1}{n} \left(-\cos x \sin^{n-1} x + (n-1) \int \sin^{n-2} x \, dx \right).$$

Damit können die Integrale $\int \sin^n x \, dx$ rekursiv auf die Integrale $\int 1 \, dx = x$ bzw. $\int \sin x \, dx = -\cos x$ zurückgeführt werden. In gleicher Weise behandelt man das Integral $\int \cos^n x \, dx$.

Das nächste Resultat ist eine Konsequenz der Kettenregel. Dabei benutzen wir die bequeme Schreibweise

$$g(t) \Big|_{t=t_0} := g(t_0),$$

falls t_0 zum Definitionsbereich der Funktion g gehört.

7.37 Satz. (Substitutionsregel)

Es seien I, J Intervalle, $f : J \to \mathbb{R}$ eine Funktion sowie $\varphi : I \to \mathbb{R}$ eine differenzierbare Funktion mit der Eigenschaft $\varphi(I) \subset J$. Dann gilt:

(i) *Besitzt f eine Stammfunktion auf J, so besitzt $(f \circ \varphi) \cdot \varphi'$ eine Stammfunktion auf I, und es gilt*

$$\int f(x)\,dx\Big|_{x=\varphi(t)} = \int f(\varphi(t))\varphi'(t)\,dt. \qquad (7.19)$$

Sind f und φ' stetig, so folgt insbesondere

$$\int_{\varphi(\beta)}^{\varphi(\alpha)} f(x)\,dx = \int_{\alpha}^{\beta} f(\varphi(t))\varphi'(t)\,dt, \qquad \alpha, \beta \in I. \qquad (7.20)$$

(ii) *Ist φ streng monoton wachsend bzw. fallend, so gilt*

$$\int f(x)\,dx = \int f(\varphi(t))\varphi'(t)\,dt\Big|_{t=\varphi^{-1}(x)}. \qquad (7.21)$$

Sind f und φ' stetig, so folgt insbesondere

$$\int_{a}^{b} f(x)\,dx = \int_{\varphi^{-1}(a)}^{\varphi^{-1}(b)} f(\varphi(t))\varphi'(t)\,dt, \qquad a, b \in J. \qquad (7.22)$$

BEWEIS: Es sei F eine Stammfunktion von f. Aus den Voraussetzungen und der Kettenregel (Satz 6.41) folgt, dass $F \circ \varphi$ eine Stammfunktion von $(f \circ \varphi) \cdot \varphi'$ ist. Damit ist (7.19) bereits bewiesen. Sind f und φ' stetig, so folgt (7.20) aus dem zweiten Teil des Hauptsatzes. Ist φ streng monoton wachsend (bzw. fallend), so kann man auf beiden Seiten von (7.19) das Argument t durch $\varphi^{-1}(x)$ ersetzen und erhält (7.21). Gleichung (7.22) ist ebenfalls eine Konsequenz des Hauptsatzes. $\qquad \square$

Sowohl die partielle Integration als auch die Substitutionsregel gelten sinngemäß auch für uneigentliche Integrale. Bevor Beispiele für die Anwendung der Substitutionsregel vorgestellt werden, machen wir noch einige Bemerkungen.

(i) Die Substitutionsregel belegt den Nutzen der von Leibniz eingeführten Notation $\int f(x)\,dx$ für das (unbestimmte) Integral. Man setzt (substituiert) $x = \varphi(t)$ und erhält formal

$$\varphi'(t) = \frac{dx}{dt}, \quad \text{also} \quad dx = \varphi'(t)dt.$$

Einsetzen ergibt die Regel (7.19).

(ii) Ist φ stetig differenzierbar, und gilt $\varphi'(t) \neq 0$ für jedes $t \in I$, so ist φ' nach dem Zwischenwertsatz entweder überall positiv oder überall negativ auf I. Im ersten Fall ist φ streng monoton wachsend und im zweiten streng monoton fallend.

(iii) Gleichung (7.22) ist lediglich eine andere Schreibweise für (7.20). Die zweite Gleichung gilt aber ohne Monotonievoraussetzung an φ.

7.38 Beispiel.
Um das Integral

$$I := \int_3^8 e^{\sqrt{x+1}} \, dx$$

zu berechnen, führen wir die Substitution $x = t^2 - 1$, $dx = 2t\,dt$ durch. Wegen $3 \leq x \leq 8 \Longleftrightarrow 2 \leq t \leq 3$ folgt

$$I = \int_2^3 2 \cdot t \cdot e^t \, dt,$$

und partielle Integration (vgl. Beispiel 7.35) liefert

$$I = 2(t-1)e^t \Big|_2^3 = 2\left(2e^3 - e^2\right) = 4e^3 - 2e^2.$$

7.39 Beispiel.
Zur Bestimmung des Integrals

$$I := \int_0^2 x\sqrt{2x^2 + 1} \, dx$$

substituiert man $t := 2x^2 + 1$ und erhält $dt = 4x\,dx$. Wegen $0 \leq x \leq 2 \Longleftrightarrow 1 \leq t \leq 9$ folgt

$$I = \frac{1}{4} \int_1^9 t^{1/2} \, dt = \frac{1}{4} \cdot \frac{2}{3} t^{3/2} \Big|_1^9 = \frac{1}{6}(27 - 1) = \frac{13}{3}.$$

7.5   Numerische Integration

Um ein bestimmtes Integral über die Gleichung

$$\int_a^b f(x) \, dx = F(b) - F(a)$$

berechnen zu können, muss man eine Stammfunktion F von f kennen, was jedoch nicht immer der Fall ist. In diesem Abschnitt stellen wir zwei klassische Verfahren zur approximativen numerischen Berechnung bestimmter Integrale vor. Beide Verfahren sind anwendbar unabhängig davon, ob eine Stammfunktion bekannt ist oder nicht. Die zu integrierende Funktion $f : [a, b] \to \mathbb{R}$ sei im Folgenden als stetig vorausgesetzt.

7.5.1 Die Trapezregel

Es sei $Z = \{x_0, \ldots, x_n\}$ eine Zerlegung des Intervalls $[a, b]$ in n gleich lange Teilintervalle $[x_{j-1}, x_j]$ $(j = 0, 1, \ldots, n)$ der Länge

$$h := \frac{b-a}{n}.$$

Die Zerlegungspunkte sind also durch $x_j = a + j \cdot h$ $(j = 0, 1, \ldots, n)$ gegeben.

Der *Trapezregel* liegt die Approximation

$$\int_{x_{j-1}}^{x_j} f(x)\, dx \approx h \cdot \left(\frac{f(x_{j-1}) + f(x_j)}{2} \right) \tag{7.23}$$

zugrunde. Im Fall einer nichtnegativen Funktion wird also die Fläche zwischen dem Graphen von f und der x-Achse über dem Intervall $[x_{j-1}, x_j]$ durch die Fläche eines Trapezes angenähert (siehe Bild 7.7 links). Wegen

$$\int_a^b f(x)\, dx = \sum_{j=0}^n \int_{x_{j-1}}^{x_j} f(x)\, dx \tag{7.24}$$

liefert (7.23) die als Trapezregel bekannte Näherung

$$\int_a^b f(x)\, dx \approx \frac{h}{2} \cdot \left(f(x_0) + f(x_n) + 2 \sum_{j=1}^{n-1} f(x_j) \right). \tag{7.25}$$

7.5.2 Die Simpson–Regel

Eine Idee, die Approximation (7.23) zu verbessern, besteht darin, eine Parabel zu betrachten, welche durch die Punkte

$$P_1 := (x_{j-1}, f(x_{j-1})), \ P_2 := \left(\frac{x_{j-1} + x_j}{2}, f\left(\frac{x_{j-1} + x_j}{2} \right) \right), \ P_3 := (x_j, f(x_j))$$

geht und somit die Funktion f in diesen Punkten „interpoliert". Als Approximation des Integrals von f über $[x_{j-1}, x_j]$ dient dann die Fläche zwischen dem Graphen dieser Parabel und der x-Achse über dem Intervall $[x_{j-1}, x_j]$ (Bild 7.7 rechts).

Zur Herleitung dieser Approximation sei $g(x) := Ax^2 + Bx + C$ ein beliebiges Polynom (höchstens) zweiten Grades; im Fall $A \neq 0$ stellt der Graph von g eine Parabel dar. Sind u, v beliebige reelle Zahlen mit $u < v$, so gilt

$$\int_u^v g(x)\, dx = \left(A \cdot \frac{x^3}{3} + B \cdot \frac{x^2}{2} + C \cdot x \right) \Big|_u^v$$

$$= \frac{A}{3}(v^3 - u^3) + \frac{B}{2}(v^2 - u^2) + C(v - u).$$

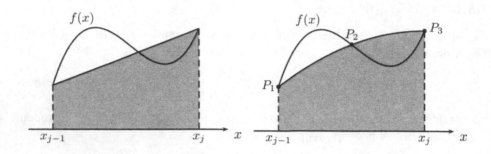

Bild 7.7: Trapezregel (links) und Simpson–Regel (rechts)

Eine direkte Rechnung liefert somit

$$\int_u^v g(x)\,dx = \frac{v-u}{6}\left(g(u) + 4g\left(\frac{u+v}{2}\right) + g(v)\right). \tag{7.26}$$

Die Fläche zwischen dem Graphen einer Parabel und der x-Achse über einem Intervall ist somit das Produkt der Intervalllänge $v - u$ mit einer gewichteten Summe der Funktionswerte von g in den Punkten u, $(u + v)/2$ und v. Dabei erhält jeder Endpunkt das Gewicht $1/6$ und der Mittelpunkt das Gewicht $4/6$.

Diese Vorbetrachtungen motivieren die Approximation

$$\int_{x_{j-1}}^{x_j} f(x)\,dx \approx \frac{h}{6}\left(f(x_{j-1}) + 4\left(\frac{f(x_{j-1}) + f(x_j)}{2}\right) + f(x_j)\right). \tag{7.27}$$

Summiert man die rechten Seiten von (7.27) über $j = 1, \ldots, n$, so folgt die als *Simpson²–Regel* bekannte Näherungsformel

$$\int_a^b f(x)\,dx \approx \frac{h}{6}\left(f(x_0) + f(x_n) + 2\sum_{j=1}^{n-1} f(x_j) + 4\sum_{j=1}^{n} f\left(\frac{x_{j-1} + x_j}{2}\right)\right). \tag{7.28}$$

7.5.3 Fehlerabschätzungen

Bei numerischen Näherungsverfahren treten sowohl *Verfahrensfehler* als auch *Rundungsfehler* auf. Letztere entstehen dadurch, dass jeder Taschenrechner oder Computer nur mit einer beschränkten Anzahl von Nachkommastellen rechnet.

---

[2]Thomas Simpson (1710–1761), Simpson wurde zunächst Weber und kam später durch Selbststudium zur Mathematik, ab 1743 Professor der Mathematik an der Militärakademie in Woolwich bei London. Die nach ihm benannte Regel zur Flächenberechnung eines krummlinig begrenzten Bereichs war schon Newton (1676) und Kepler (1616) bekannt.

Bezeichnen wir die rechten Seiten von (7.25) und (7.27) mit $T_n(f; a, b)$ bzw. $S_n(f; a, b)$, so lassen sich die Verfahrensfehler der Trapezregel und der Simpson–Regel wie folgt abschätzen (siehe z.B. Hanke–Bourgeois, 2002):

$$\left| \int_a^b f(x)\, dx - T_n(f; a, b) \right| \leq \frac{b-a}{12}\, h^2 \max_{a \leq x \leq b} |f''(x)|, \qquad (7.29)$$

$$\left| \int_a^b f(x)\, dx - S_n(f; a, b) \right| \leq \frac{b-a}{2880}\, h^4 \max_{a \leq x \leq b} |f^{(4)}(x)|. \qquad (7.30)$$

Hierbei muss natürlich vorausgesetzt werden, dass die Funktion f genügend oft differenzierbar ist. Aus (7.30) ergibt sich insbesondere, dass die Simpson–Regel Polynome vom Grade 3 (oder kleiner) *exakt* integriert. In diesem Fall verschwindet nämlich die vierte Ableitung $f^{(4)}$.

Da bei Verdopplung der Anzahl n der Teilintervalle die Länge $h = (b - a)/n$ dieser Intervalle halbiert wird, folgt aus (7.30), dass jede solche Verdopplung den Verfahrensfehler der Simpson–Regel um den Faktor $1/16 = 0.0625$ reduziert. Andererseits sollte man die Anzahl der Teilintervalle nicht zu groß wählen, weil hierdurch die Anzahl der Rundungsoperationen zunimmt und somit der durch Rundungen bedingte Fehler prinzipiell größer wird.

7.40 Beispiel.
Da die Funktion $f(x) := 1/x$ die Stammfunktion $F(x) := \ln x$ besitzt, gilt

$$\int_1^2 \frac{1}{x}\, dx = \ln 2 - \ln 1 = 0.693147\ldots$$

Zur Illustration der Trapezregel soll dieses Integral numerisch angenähert werden. Wählt man $n = 5$ Teilintervalle, so ist wegen

$$\max_{1 \leq x \leq 2} |f''(x)| = \max_{1 \leq x \leq 2} |2/x^3| = 2$$

der Verfahrensfehler höchstens gleich $(1/12) \cdot (1/25) \cdot 2 = 1/150 = 0.00666\ldots$. Wegen

$$T_5(f; 1, 2) = \frac{1}{10}\left(\frac{1}{1} + \frac{1}{2} + 2\left(\frac{1}{6/5} + \frac{1}{7/5} + \frac{1}{8/5} + \frac{1}{9/5} \right) \right) = \frac{1753}{2520} = 0.6956\ldots$$

liegt diese numerische Näherung tatsächlich innerhalb des durch den Verfahrensfehler vorgegebenen Bereichs $0.693147\ldots \pm 0.00666\ldots$.

Sollte unser Taschenrechner jedes Ergebnis auf zwei Stellen nach dem Komma runden, ergäbe sich der Wert

$$\frac{1}{10}\,(1.00 + 0.50 + 1.67 + 1.43 + 1.25 + 1.11) = 6.96/10 = 0.70,$$

welcher nicht mehr innerhalb des Bereichs $0.693147\ldots \pm 0.0066\ldots$ liegt. Man sollte also bei allen numerischen Berechnungen Rundungsfehler nie außer Acht lassen!

7.6   Verteilungsfunktionen und Dichten

In diesem Abschnitt behandeln wir (Riemann–)Dichten als mathematische Objekte zur Modellierung der Verteilung *stetiger* Zufallsvariablen.

Eine *(Riemann–)Dichte* ist eine stückweise stetige Funktion $f : \mathbb{R} \to \mathbb{R}$ mit den Eigenschaften

$$f(x) \geq 0, \qquad x \in \mathbb{R}; \qquad \int_{-\infty}^{\infty} f(x)\, dx = 1. \qquad (7.31)$$

Ist f eine Riemann–Dichte, so gelten für jedes Intervall $[a, b]$ die Ungleichungen

$$0 \leq \int_{a}^{b} f(x)\, dx \leq 1; \qquad (7.32)$$

die Fläche zwischen dem Graphen von f und der x-Achse über dem Intervall $[a, b]$ ist also stets eine Zahl zwischen 0 und 1. Aus diesem Grund liegt es nahe, das in (7.32) stehende Integral als *Wahrscheinlichkeit* dafür zu interpretieren, dass das Ergebnis eines stochastischen Vorgangs im Intervall $[a, b]$ liegt (Bild 7.8).

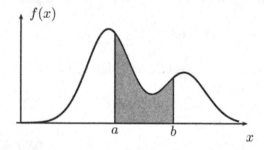

Bild 7.8:
Deutung der grauen Fläche
als Wahrscheinlichkeit

In der Tat kann das Konzept eines diskreten W-Raumes $(\Omega, \mathbb{P})$ und einer auf Ω definierten Zufallsvariablen $X : \Omega \to \mathbb{R}$ so erweitert werden, dass

$$\mathbb{P}(a \leq X \leq b) = \int_{a}^{b} f(x)\, dx \qquad (7.33)$$

für jedes Intervall $[a, b]$ mit $-\infty \leq a < b \leq \infty$ gilt. Uns stehen hier die notwendigen mathematischen Grundlagen nicht zu Verfügung, um diese Erweiterung präzisieren zu können (man vergleiche etwa Band 2 oder Irle, 2001). Gleichwohl werden wir bei gegebener Dichte von einer *(stetigen) Zufallsvariablen X mit der Dichte f* sprechen und Gleichung (7.33) in heuristischer Weise benutzen.

Ersetzt man in (7.33) a durch $-\infty$, b durch x und die Integrationsvariable x durch t und betrachtet das resultierende uneigentliche Integral als Funktion der oberen Grenze x, so entsteht die durch

$$F(x) := \mathbb{P}(X \le x) = \int_{-\infty}^{x} f(t)\,dt \qquad (7.34)$$

definierte sogenannte *Verteilungsfunktion* $F : \mathbb{R} \to \mathbb{R}$ von X (bzw. von f). Diese Funktion ist monoton wachsend und stetig, und es gilt $\lim_{x \to -\infty} F(x) = 0$ sowie $\lim_{x \to \infty} F(x) = 1$.

Man beachte, dass diese Begriffsbildung mit der in 6.3.6 gegebenen Definition konsistent ist. Es gibt jedoch einen wesentlichen Unterschied zwischen Verteilungsfunktionen für diskrete Zufallsvariablen und Verteilungsfunktionen mit Dichten wie in (7.34): Verteilungsfunktionen diskreter Zufallsvariablen besitzen endlich viele oder abzählbar–unendlich viele Unstetigkeitsstellen und sind zwischen diesen Unstetigkeitsstellen konstant (vgl. Bild 6.6). Eine Verteilungsfunktion der Gestalt (7.34) ist nicht nur stetig, sondern in jedem Punkt x_0, in welchem die Dichte f stetig ist, auch differenzierbar. Somit gilt $F'(x) = f(x)$ für jedes $x \in \mathbb{R}$ mit Ausnahme der (endlich vielen) Unstetigkeitsstellen von f, falls f überhaupt Unstetigkeitsstellen besitzt.

Besitzt F die Dichte f, so gilt die (heuristische) Beziehung

$$\mathbb{P}(X \in (x, x + h]) \approx f(x) \cdot h \qquad (7.35)$$

für „kleine" Werte von $h > 0$, wenn die Dichte f an der Stelle x stetig ist. Dabei folgt (7.35) aus (6.7) und der Definition der Ableitung.

7.41 Beispiel. (Stetige Gleichverteilung)
Es seien $a, b \in \mathbb{R}$ mit $a < b$. Zu der durch

$$f(x) := \frac{1}{b - a}, \qquad \text{falls} \quad a \le x \le b \qquad (7.36)$$

($f(x) := 0$, sonst) definierten Dichte (siehe Bild 7.9 links) gehört nach (7.34) die Verteilungsfunktion

$$F(x) := \begin{cases} 0, & \text{falls } x < a, \\ (x - a)/(b - a), & \text{falls } x \in [a, b], \\ 1, & \text{falls } x > b \end{cases}$$

(siehe Bild 7.9 rechts). Besitzt eine Zufallsvariable X die Dichte (7.36), so ist die Wahrscheinlichkeit, dass X in ein Intervall $J \subset [a, b]$ fällt, proportional Länge von J. Aus diesem Grunde sagt man, dass eine Zufallsvariable X mit der Dichte (7.36) eine (stetige) *Gleichverteilung* im Intervall $[a, b]$ besitzt.

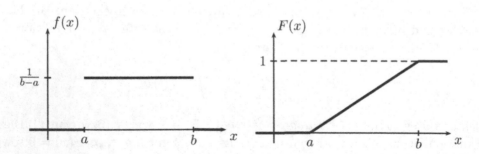

Bild 7.9: Dichte und Verteilungsfunktion der Gleichverteilung

7.42 Beispiel. (Exponentialverteilung)
Es sei λ eine positive reelle Zahl. Zu der durch

$$f(x) := \lambda \exp(-\lambda x), \qquad \text{falls } x \geq 0 \tag{7.37}$$

($f(x) := 0$, sonst) definierten Dichte (siehe Bild 7.10 links) gehört nach (7.34) die Verteilungsfunktion

$$F(x) := \begin{cases} 0, & \text{falls } x < 0, \\ 1 - \exp(-\lambda x), & \text{falls } x \geq 0 \end{cases}$$

(siehe Bild 7.10 rechts). Besitzt eine Zufallsvariable X die in (7.37) angegebene Dichte, so heißt X *exponentialverteilt* mit dem Parameter λ.

Die Exponentialverteilung kann als Grundmodell zur Beschreibung zufälliger Lebensdauern angesehen werden. Nehmen wir etwa an, eine Zufallsvariable X mit der in (7.37) definierten Verteilungsfunktion beschreibe die zufällige Lebensdauer eines technischen Bauteiles. Dann ist die (formal nur heuristisch erklärte) bedingte Wahrscheinlichkeit $\mathbb{P}(X > x + h | X > h)$ die bedingte Wahrscheinlichkeit dafür, dass ein zum Zeitpunkt $h \geq 0$ intaktes Bauteil weitere x Zeiteinheiten intakt bleibt. Im vorliegenden Fall ergibt sich

$$\mathbb{P}(X > x + h | X > h) = \frac{\exp(-\lambda(x+h))}{\exp(-\lambda h)} = \exp(-\lambda x)$$

und somit $\mathbb{P}(X \leq x + h | X > h) = 1 - \exp(-\lambda x)$. Unter der Bedingung $X > h$ besitzt also die *restliche Lebensdauer* $X - h$ erneut eine Exponentialverteilung mit Parameter λ. Das ist die sogenannte „Nicht–Alterungs–Eigenschaft" bzw. „Gedächtnislosigkeit" der Exponentialverteilung.

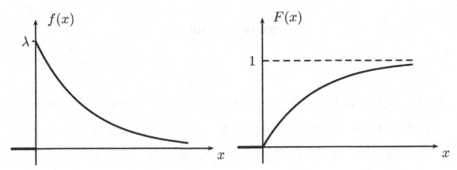

Bild 7.10: Dichte und Verteilungsfunktion der Exponentialverteilung

7.43 Beispiel. (Standard-Normalverteilung)
Nach (7.18) ist die durch

$$\varphi(x) := \frac{1}{\sqrt{2\pi}} \exp\left(-\frac{x^2}{2}\right), \qquad x \in \mathbb{R}, \tag{7.38}$$

definierte Funktion φ (siehe Bild 7.11) eine Dichte. Die zugehörige Verteilungs-funktion wird mit

$$\Phi(x) := \int_{-\infty}^{x} \varphi(t)\, dt$$

bezeichnet (siehe Bild 7.11 rechts). Eine Zufallsvariable X mit der Dichte φ nennt man *standard-normalvereilt.*

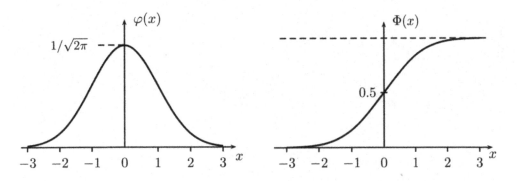

Bild 7.11: Dichte und Verteilungsfunktion der Standard-Normalverteilung

Lernziel–Kontrolle

- Wie sind die Ober- und die Untersumme einer Funktion bezüglich einer Zerlegung definiert?

- Wann heißt eine Funktion Riemann–integrierbar über einem Intervall $[a, b]$?

- Warum sind monotone Funktionen über einem Intervall $[a, b]$ integrierbar?

- Was besagt der Mittelwertsatz der Integralrechnung?

- Formulieren Sie den Hauptsatz der Differential– und Integralrechnung.

- Für welche α konvergiert das uneigentliche Integral $\int_1^\infty x^{-\alpha}\, dx$?

- Wie ist die Gammafunktion definiert?

- Was bedeutet „partielle Integration"?

- Welche Ideen liegen der Trapezregel und der Simpson–Regel zugrunde?

- Auf welche Weise definiert eine Riemann–Dichte eine Verteilungsfunktion?

- Skizzieren Sie die Graphen der Dichten und der Verteilungsfunktionen der Gleichverteilung, der Exponentialverteilung und der Standard–Normalverteilung.

Kapitel 8

Lineare Gleichungssysteme und Matrizenrechnung

Gleichungen sind wichtiger für mich,
weil die Politik für die Gegenwart ist,
aber eine Gleichung etwas für die Ewigkeit.

Albert Einstein

Dieses Kapitel stellt einige Grundbegriffe und Methoden der Linearen Algebra bereit. Die Darstellung ist insofern elementar, als sie sich innerhalb der linearen und geometrischen Struktur des $\mathbb{R}^n$ bewegt.

8.1 Lineare Gleichungssysteme

In diesem Abschnitt lernen wir den Begriff eines linearen Gleichungssystems sowie ein allgemeines Verfahren zur Lösung derartiger Systeme kennen.

8.1.1 Lineare Gleichungen

Es seien a_1, a_2 und b reelle Zahlen. Genügt das Paar $(x_1, x_2) \in \mathbb{R}^2$ der Gleichung

$$a_1 x_1 + a_2 x_2 = b, \tag{8.1}$$

so sagt man, dass (x_1, x_2) die *lineare Gleichung* (8.1) erfüllt. Man nennt x_1 und x_2 auch die *Variablen* (bzw. *Unbekannten*) der linearen Gleichung (8.1). In diesem Sinn erfüllt also das Paar $(-1, 2)$ die lineare Gleichung $4x_1 + 3x_2 = 2$.

Im Fall $a_1 \neq 0$ oder $a_2 \neq 0$ stellt die Menge aller Paare $(x_1, x_2) \in \mathbb{R}^2$, für welche die Gleichung (8.1) richtig ist, eine Gerade dar (s. Bild 8.1 links für den Fall $a_1 > 0$, $a_2 > 0$, $b > 0$).

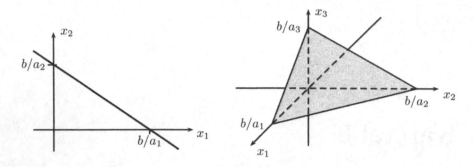

Bild 8.1: Lösungsmenge von (8.1) als Gerade im $\mathbb{R}^2$ und Ausschnitt der Lösungsmenge von (8.3) (rechts)

8.1 Beispiel.

Die lineare Gleichung

$$4x_1 - 2x_2 = 1 \tag{8.2}$$

nimmt durch Auflösung nach x_2 die Gestalt $x_2 = 2x_1 - 1/2$ an. Für jedes $x_1 \in \mathbb{R}$ löst also das Paar $(x_1, 2x_1 - 1/2)$ die obige Gleichung. In einem x_1x_2-Koordinatensystem liegen alle Lösungen von (8.2) auf einer Geraden mit Steigung 2 und Ordinatenabschnitt $-1/2$.

Die obigen Begriffsbildungen sollen jetzt auf lineare Gleichungen mit einer beliebigen Anzahl n von Variablen übertragen werden. Es seien hierzu $a_1, \ldots, a_n, b$ gegebene reelle Zahlen. Genügt $\vec{x} := (x_1, \ldots, x_n) \in \mathbb{R}^n$ der Gleichung

$$a_1 x_1 + \ldots + a_n x_n = b, \tag{8.3}$$

so sagt man erneut, dass $\vec{x}$ eine *lineare Gleichung* erfüllt (bzw. löst). Eine andere Sprechweise ist, dass $x_1, \ldots, x_n$ die durch die *Koeffizienten* $a_1, \ldots, a_n$ und die *Konstante* b (bzw. *rechte Seite* b) gegebene Gleichung (8.3) lösen. Die „Pfeil–Schreibweise" $\vec{x}$ für Elemente des $\mathbb{R}^n$ dient dabei für den Fall $n \geq 2$ der Unterscheidung von reellen Zahlen und Punkten des $\mathbb{R}^n$; wir kommen hierauf in Abschnitt 8.2 zurück.

Im Unterschied zu einer *nichtlinearen Gleichung* tritt jede Variable einer linearen Gleichung nur (in erster Potenz) als Faktor eines Produktes mit einem konstanten Koeffizienten auf, wobei diese Produkte addiert werden. Eine lineare Gleichung enthält somit weder höhere Potenzen der Variablen wie z.B. x_3^2 noch Produkte verschiedener Variablen wie etwa $x_1 x_4$. Außerdem treten die Variablen nicht als Argumente von Funktionen wie z.B. $\exp(3x_2)$ oder $\sin(x_1)$ auf.

Ein Beispiel einer nichtlinearen Gleichung mit den drei Variablen x_1, x_2, x_3 ist $x_1^2 \cos(x_3) - \exp(x_1 x_2) = 5$.

Sind in Gleichung (8.3) nicht alle a_i gleich Null, so liegen im Fall $n = 3$ die Punkte $\vec{x}$, welche (8.3) erfüllen, auf einer Ebene im $\mathbb{R}^3$. Ein Ausschnitt dieser Ebene ist für den Fall $a_1, a_2, a_3 > 0$ und $b > 0$ in Bild 8.1 rechts dargestellt.

8.1.2 Definition linearer Gleichungssysteme

In Anwendungen treten meist mehrere lineare Gleichungen gleichzeitig auf:

Sind a_{ij} ($i = 1, \ldots, m$, $j = 1, \ldots, n$) und $b_1, \ldots, b_m$ gegebene reelle Zahlen, so genügt ein Punkt $\vec{x} = (x_1, \ldots, x_n) \in \mathbb{R}^n$ einem *linearen Gleichungssystem* mit den *Koeffizienten* a_{ij} und den *rechten Seiten* $b_1, \ldots, b_m$, falls gilt:

$$
\begin{aligned}
a_{11}x_1 + \ldots + a_{1n}x_n &= b_1, \\
a_{21}x_1 + \ldots + a_{2n}x_n &= b_2, \\
&\cdots\cdots\cdots\cdots\cdots\cdots \\
a_{m1}x_1 + \ldots + a_{mn}x_n &= b_m.
\end{aligned}
\tag{8.4}
$$

Die *Lösungsmenge* eines linearen Gleichungssystems, ist die Menge aller $\vec{x} \in \mathbb{R}^n$, welche den Gleichungen (8.4) genügen.

Wir werden später sehen, dass ein lineares Gleichungssystem entweder keine, genau eine oder unendlich viele Lösungen haben kann.

8.1.3 Die Koeffizientenmatrix

Es ist zweckmäßig, die Koeffizienten auf der linken Seite von (8.4) sowie die rechte Seite in den folgenden Schemen zusammenzufassen.

Das rechteckige Schema der Form

$$
\begin{pmatrix}
a_{11} & a_{12} & \ldots & a_{1n} \\
a_{21} & a_{22} & \ldots & a_{2n} \\
\cdots\cdots\cdots\cdots\cdots\cdots \\
a_{m1} & a_{m2} & \ldots & a_{mn}
\end{pmatrix}
\tag{8.5}
$$

mit m Zeilen und n Spalten heißt *Koeffizientenmatrix* des linearen Gleichungssystems (8.4). Die *erweiterte Koeffizientenmatrix* von (8.4) ist das um die Spalte der rechten Seiten $b_1, \ldots, b_m$ von (8.4) erweiterte Schema

$$
\begin{pmatrix}
a_{11} & a_{12} & \ldots & a_{1n} & \bigm| & b_1 \\
a_{21} & a_{22} & \ldots & a_{2n} & \bigm| & b_2 \\
\cdots\cdots\cdots\cdots\cdots\cdots & \bigm| & \cdots \\
a_{m1} & a_{m2} & \ldots & a_{mn} & \bigm| & b_m
\end{pmatrix}.
\tag{8.6}
$$

Der senkrechte Strich in (8.6) dient ausschließlich der besseren Unterscheidung von Koeffizienten und rechten Seiten.

8.1.4 Matrizen

Zahlenschemata der Form (8.5) oder (8.6) werden unter dem Oberbegriff *Matrix* (Plural: *Matrizen*) zusammengefasst:

Eine (reelle) $m \times n$-*Matrix* ist eine Abbildung $(i,j) \mapsto a_{ij}$ von der Menge $\{1, \ldots, m\} \times \{1, \ldots, n\}$ in $\mathbb{R}$. Die Zahlen a_{ij} heißen *Einträge* der Matrix.

Die Koeffizientenmatrix des Gleichungssystems (8.4) ist eine $m \times n$-Matrix dar, und die erweiterte Koeffizientenmatrix von (8.4) ist eine $m \times (n+1)$-Matrix.

Matrizen werden üblicherweise mit großen lateinischen Buchstaben bezeichnet. Ist A eine $m \times n$-Matrix mit den Einträgen a_{ij}, so schreibt man

$$A = (a_{ij})_{\substack{1 \le i \le m \\ 1 \le j \le n}}$$

oder auch kurz $A = (a_{ij})$, wenn die Zahlen m und n bekannt sind. Manchmal findet man anstelle der runden Klammern auch die Schreibweise $A = [a_{ij}]$.

In einer $m \times n$-Matrix $A = (a_{ij})$ heißt $(a_{i1}, \ldots, a_{in})$ *i-te Zeile* (bzw. *i-ter Zeilenvektor*) und

$$\begin{pmatrix} a_{1j} \\ \vdots \\ a_{mj} \end{pmatrix}$$

j-te Spalte (bzw. *j-ter Spaltenvektor*) der Matrix.

Eine $m \times n$-Matrix besitzt also m Zeilen und n Spalten. Ist $m = n$, so nennt man die Matrix A *quadratisch*.

Die Menge aller $m \times n$-Matrizen wird in der Folge mit $M(m,n)$ bezeichnet. Besondere Beachtung verdienen hier die Spezialfälle $n = 1$ und $m = 1$. Die Menge $M(m,1)$ ist die Menge aller *Spaltenvektoren*

$$\begin{pmatrix} a_1 \\ a_2 \\ \vdots \\ a_m \end{pmatrix}$$

mit reellen Komponenten $a_1, \ldots, a_m$. Die Menge $M(1,n)$ besteht aus allen *Zeilenvektoren*

$$\begin{pmatrix} a_1 & a_2 & \ldots & a_n \end{pmatrix} = (a_1, a_2, \ldots, a_n).$$

Natürlich kann man sowohl $M(n,1)$ als auch $M(1,n)$ mit dem $\mathbb{R}^n$ identifizieren. Wir werden im Allgemeinen Zeilenvektoren betrachten, später aber gelegentlich auch die Spaltenschreibweise benutzen. Praktischerweise unterscheiden wir nicht zwischen einer 1×1-Matrix der Gestalt $A = (a)$ und der reellen Zahl a. In diesem Fall werden auch die Matrixklammern weggelassen.

Matrizen treten in wirtschaftlichen Anwendungen sehr häufig auf. Sind zum Beispiel $R_1, \ldots, R_m$ verschiedene Rohstoffe, und können aus diesen Rohstoffen n verschiedene Produkte $P_1, \ldots, P_n$ hergestellt werden, so geben die Einträge a_{ij} der sogenannten *Direktbedarfsmatrix* $A = (a_{ij})$ an, wie viele Einheiten des Rohstoffes R_i für die Herstellung einer Einheit des Produktes P_j benötigt werden.

Teilt man die Volkswirtschaft in n verschiedene Sektoren $S_1, \ldots, S_n$ (Geldwirtschaft, Industrie, Handel, ...) ein, so geben die Einträge a_{ij} der sogenannten *Verflechtungsmatrix* an, wie hoch der Gesamtwert aller Lieferungen des Sektors S_i in den Sektor S_j innerhalb einer vorgegebenen Bilanzperiode war. In gleicher Weise kann man die Außenwirtschaftsbeziehungen zwischen n Ländern in einer Matrix darstellen.

8.1.5 Elementare Zeilenoperationen

Multipliziert man im linearen Gleichungssystem (8.4) eine der Gleichungen mit einer von Null verschiedenen Konstanten, so entsteht ein neues lineares Gleichungssystem, dessen Lösungsmenge mit der Lösungsmenge von (8.4) übereinstimmt. Gleiches gilt für das Vertauschen zweier Gleichungen sowie für die Addition des Vielfachen einer Gleichung zu einer anderen Gleichung. So besitzen etwa die linearen Gleichungssysteme mit den erweiterten Koeffizientenmatrizen (8.6) und

$$\left(\begin{array}{cccc|c} ca_{11} & ca_{12} & \ldots & ca_{1n} & cb_1 \\ a_{21} & a_{22} & \ldots & a_{2n} & b_2 \\ \hdashline & & \ldots & & \\ a_{m1} & a_{m2} & \ldots & a_{mn} & b_m \end{array}\right), \qquad c \neq 0,$$

$$\left(\begin{array}{cccc|c} a_{21} & a_{22} & \ldots & a_{2n} & b_2 \\ a_{11} & a_{12} & \ldots & a_{1n} & b_1 \\ & & \ldots & & \\ a_{m1} & a_{m2} & \ldots & a_{mn} & b_m \end{array}\right),$$

$$\left(\begin{array}{cccc|c} a_{11}+ca_{21} & a_{12}+ca_{22} & \ldots & a_{1n}+ca_{2n} & b_1+cb_2 \\ a_{21} & a_{22} & \ldots & a_{2n} & b_2 \\ & & \ldots & & \\ a_{m1} & a_{m2} & \ldots & a_{mn} & b_m \end{array}\right), \qquad c \in \mathbb{R},$$

alle dieselbe Lösungsmenge. Den obigen Operationen entsprechen die folgenden *elementaren Zeilenoperationen* für eine Matrix:

1. Multiplikation einer Zeile (d.h. jedes Elementes der Zeile) mit einer von Null verschiedenen Konstanten.

2. Vertauschen von zwei Zeilen.

3. Addition eines Vielfachen einer Zeile zu einer anderen Zeile. Dabei werden zwei Zeilen elementweise addiert.

8.1.6 Zeilenstufenform von Matrizen

Die Idee zur Lösung eines linearen Gleichungssystems besteht darin, die erweiterte Koeffizientenmatrix durch geeignete elementare Zeilenoperationen auf eine möglichst einfache Form zu bringen.

Eine Matrix hat *Zeilenstufenform,* wenn sie die folgenden Eigenschaften besitzt:

(i) Eine Zeile, die nicht nur aus Nullen besteht, hat – von links nach rechts gelesen – als erstes von 0 verschiedenes Element eine 1, die als *führende Eins* bezeichnet wird.

(ii) Alle Zeilen, die nur Nullen enthalten, stehen am (unteren) Ende der Matrix.

(iii) In zwei aufeinander folgenden Zeilen, die beide von 0 verschiedene Elemente enthalten, steht die führende Eins der unteren Zeile rechts von der führenden Eins der oberen Zeile.

Eine Matrix hat *reduzierte Zeilenstufenform,* wenn sie die Eigenschaften (i)–(iii) sowie die folgende zusätzliche Eigenschaft besitzt:

(iv) Eine Spalte, die eine führende Eins enthält, hat keine weiteren von 0 verschiedenen Elemente.

8.2 Beispiel. (Genau eine Lösung)
Die erweiterte Koeffizientenmatrix eines linearen Gleichungssystems besitze die Gestalt

$$\begin{pmatrix} 1 & 0 & 0 & 2 \\ 0 & 1 & 0 & \pi \\ 0 & 0 & 1 & 7 \end{pmatrix}.$$

Die durch Streichen der letzten Spalte entstehende zugehörige Koeffizientenmatrix hat reduzierte Zeilenstufenform. Als einzige Lösung (x_1, x_2, x_3) des Gleichungssystems erhält man $x_1 = 2$, $x_2 = \pi$, $x_3 = 7$.

8.3 Beispiel. (Unendlich viele Lösungen)
Die zum linearen Gleichungssystem

$$x_1 + 4x_4 = -1,$$
$$x_2 + 2x_4 = 6, \qquad\qquad (8.7)$$
$$x_3 + 3x_4 = 2$$

mit den Variablen x_1, x_2, x_3 und x_4 gehörende erweiterte Koeffizientenmatrix

$$\begin{pmatrix} 1 & 0 & 0 & 4 & -1 \\ 0 & 1 & 0 & 2 & 6 \\ 0 & 0 & 1 & 3 & 2 \end{pmatrix}$$

hat reduzierte Zeilenstufenform. Die Variablen x_1, x_2 und x_3 entsprechen den führenden Einsen; sie werden deshalb als *führende Variablen* bezeichnet. Die übrigen Variablen heißen *freie Variablen*. Löst man das Gleichungssystem nach den führenden Variablen auf, so ergibt sich

$$x_1 = -1 - 4x_4,$$
$$x_2 = 6 - 2x_4,$$
$$x_3 = 2 - 3x_4.$$

Wird der freien Variablen x_4 irgendein Wert t zugewiesen, so ergibt sich die Lösung $x_1 = -1 - 4t$, $x_2 = 6 - 2t$, $x_3 = 2 - 3t$, $x_4 = t$. Offenbar entstehen auf diese Weise alle Lösungen des Gleichungssystems. Als Lösungsmenge erhalten wir also

$$\{(-1 - 4t, 6 - 2t, 2 - 3t, t) : t \in \mathbb{R}\},$$

d.h. es gibt unendlich viele Lösungen des Gleichungssystems (8.7).

8.4 Beispiel. (Unendlich viele Lösungen)
Die Koeffizientenmatrix des linearen Gleichungssystems

$$x_1 + 6x_2 + 4x_5 = -2,$$
$$x_3 + 3x_5 = 1,$$
$$x_4 + 5x_5 = 2$$

besitzt reduzierte Zeilenstufenform. Die führenden Variablen sind x_1, x_3, x_4, und die freien Variablen sind x_2 und x_5. Weisen wir den freien Variablen die Werte s und t zu, so ergibt sich die Lösung $x_1 = -2 - 6s - 4t$, $x_2 = s$, $x_3 = 1 - 3t$, $x_4 = 2 - 5t$, $x_5 = t$, und die Lösungsmenge ist

$$\{(-2 - 6s - 4t, s, 1 - 3t, 2 - 5t, t) : s \in \mathbb{R}, t \in \mathbb{R}\}.$$

8.5 Beispiel. (Keine Lösung)
Die erweiterte Koeffizientenmatrix eines linearen Gleichungssystems habe (eventuell nach einigen elementaren Zeilenumformungen) die Form

$$\begin{pmatrix} 1 & 0 & 0 & 0 \\ 0 & 1 & 2 & 0 \\ 0 & 0 & 0 & 1 \end{pmatrix}.$$

Da die letzte Zeile der nie erfüllbaren Gleichung $0x_1 + 0x_2 + 0x_3 = 1$ entspricht, besitzt das System keine Lösung.

Die obigen Beispiele sollten genügen, um den folgenden Satz einzusehen.

8.6 Satz. (Kardinalität der Lösungsmenge)
Gegeben sei ein lineares Gleichungssystem, dessen Koeffizientenmatrix reduzierte Zeilenstufenform besitzt. Keine Zeile der erweiterten Koeffizientenmatrix bestehe nur aus Nullen. (Solche Zeilen werden gestrichen.) Dann gibt es die folgenden, sich gegenseitig ausschließenden Fälle.

(i) *Die letzte Zeile der Koeffizientenmatrix besteht nur aus Nullen, aber die letzte Zeile der erweiterten Koeffizientenmatrix hat ein von Null verschiedenes Element. In diesem Fall ist das Gleichungssystem nicht lösbar.*

(ii) *Die letzte Zeile der Koeffizientenmatrix besitzt ein von Null verschiedenes Element, und es gibt keine freien Variablen. In diesem Fall hat das Gleichungssystem eine eindeutige Lösung, die sich ergibt, wenn man nach den führenden Variablen auflöst.*

(iii) *Die letzte Zeile der Koeffizientenmatrix besitzt ein von Null verschiedenes Element, und es gibt freie Variablen. In diesem Fall besitzt das Gleichungssystem unendlich viele verschiedene Lösungen. Diese ergeben sich, indem man den freien Variablen beliebige Werte zuweist und dann nach den führenden Variablen auflöst.*

8.1.7 Der Gaußsche Algorithmus

Kann jede Matrix (z.B. die erweiterte Koeffizientenmatrix (8.6) des linearen Gleichungssystems (8.4)) durch elementare Zeilenoperationen in eine Matrix mit reduzierter Zeilenstufenform transformiert werden? Die Antwort auf diese Frage liefert der *Gaußsche*[1] *Algorithmus.*

8.7 Satz. (Gaußscher Algorithmus)
Jede Matrix A lässt sich durch endlich viele elementare Zeilenoperationen auf reduzierte Zeilenstufenform bringen.

BEWEIS: Es sei $A = (a_{ij})$ eine $m \times n$-Matrix. Der Gaußsche Algorithmus besteht aus folgenden Schritten:

---

[1]Carl Friedrich Gauß (1777–1855), Mathematiker, Astronom, Geodät, Physiker, löste 1796 zu Beginn seiner Studentenzeit ein seit der Antike offenes Problem (Konstruktion des regelmäßigen 17-Ecks mit Zirkel und Lineal), 1799 Promotion mit dem ersten vollständigen Beweis des Fundamentalsatzes der Algebra, ab 1807 Professor für Astronomie und Direktor der Sternwarte an der Universität Göttingen, grundlegende Arbeiten zur Zahlentheorie, reellen und komplexen Analysis, Geometrie, Himmelsmechanik (u. a. Wiederentdeckung verschiedener Planetoiden), Physik (u. a. achromatische Doppelobjektive, Kapillarität). Die noch im Todesjahr geprägte Gedenkmünze auf Gauß bezeichnet ihn als „mathematicorum princeps".

1. Man bestimmt die am weitesten links stehende Spalte, die ein von Null verschiedenes Element enthält, d.h. das kleinste $j \in \{1, \ldots, n\}$, für das es ein $i \in \{1, \ldots, m\}$ mit $a_{ij} \neq 0$ gibt. Existiert keine Spalte mit dieser Eigenschaft, so sind alle Einträge der Matrix gleich Null, und das Verfahren bricht ab.

2. Es sei j die Nummer der im ersten Schritt erhaltenen Spalte. Gilt $a_{1j} \neq 0$, so wird die erste Zeile mit a_{1j}^{-1} multipliziert. Dadurch entsteht eine führende Eins. Gilt $a_{1j} = 0$, so vertauscht man vorher die erste Zeile mit einer anderen Zeile, welche an j-ter Stelle ein von Null verschiedenes Element enthält.

3. Man addiert geeignete Vielfache der ersten Zeile zu den anderen Zeilen, um unterhalb der führenden Eins Nullen zu erzeugen.

4. Man wendet die ersten drei Schritte auf die Matrix an, die sich durch Streichen der ersten Zeile ergibt.

Das obige Verfahren bricht spätestens zu dem Zeitpunkt ab, wenn die letzte Zeile bearbeitet worden ist. Die Matrix hat dann Zeilenstufenform. In einem letzten Schritt wird jetzt die reduzierte Zeilenstufenform erzeugt. Mit der letzten nicht nur aus Nullen bestehenden Zeile beginnend, addiert man dazu geeignete Vielfache jeder Zeile zu den darüber liegenden Zeilen, um über den führenden Einsen Nullen zu erzeugen. $\Box$

Der Gaußsche Algorithmus liefert das folgende, rezeptartige Verfahren zum Lösen des linearen Gleichungssystems (8.4):

(i) Wende den Gaußschen Algorithmus auf die erweiterte Koeffizientenmatrix an.

(ii) Bestimme die freien Variablen und weise ihnen beliebige Werte zu.

(iii) Löse die m Gleichungen nach den führenden Variablen auf.

Es ist meist günstiger, die erweiterte Matrix lediglich in Zeilenstufenform zu überführen und dann das Gleichungssystem durch *Rückwärtssubstitution* von unten nach oben aufzulösen. Auch in diesem Fall spricht man von freien und führenden Variablen. Satz 8.6 gilt entsprechend.

8.8 Beispiel.
Das lineare Gleichungssystem

$$\begin{aligned}
x_1 - x_3 &= 0, \\
x_1 + 3x_2 + 2x_3 - 2x_4 &= 6, \\
x_3 &= 1, \\
2x_1 + 3x_2 + x_3 - 2x_4 &= 6
\end{aligned}$$

in den Variablen x_1, x_2, x_3, x_4 besitzt die erweiterte Koeffizientenmatrix

$$\left(\begin{array}{cccc|c} 1 & 0 & -1 & 0 & 0 \\ 1 & 3 & 2 & -2 & 6 \\ 0 & 0 & 1 & 0 & 1 \\ 2 & 3 & 1 & -2 & 6 \end{array}\right).$$

Der Gaußsche Algorithmus wird wie folgt durchgeführt (vgl. Rechnung unten): Um in der ersten Spalte der erweiterten Koeffizientenmatrix unterhalb der führenden 1 Nullen zu erzeugen, wird in einem ersten Schritt die erste Zeile mit (-1) bzw. mit (-2) multipliziert und zur zweiten bzw. zur vierten Zeile addiert. Sodann wird die zweite Zeile der entstehenden Matrix mit (-1) multipliziert und zur vierten Zeile addiert. Es entsteht eine Matrix in Zeilenstufenform, deren letzte Zeile aus lauter Nullen besteht. In einem nächsten Schritt addiert man in dieser Matrix die dritte Zeile zur ersten Zeile und das (-3)-fache der dritten Zeile zur zweiten Zeile. Teilt man in der resultierenden Matrix die zweite Zeile durch 3, so ergibt sich die Matrix

$$\left(\begin{array}{cccc|c} 1 & 0 & 0 & 0 & 1 \\ 0 & 1 & 0 & -\frac{2}{3} & 1 \\ 0 & 0 & 1 & 0 & 1 \\ 0 & 0 & 0 & 0 & 0 \end{array}\right),$$

welche reduzierte Zeilenstufenform besitzt.

In der nachfolgenden Übersicht sind die oben beschriebenen Schritte zur Durchführung des Gaußschen -Algorithmus „protokollartig" festgehalten. Die Tilde „$\sim$" zwischen zwei Matrizen soll andeuten, dass die Lösungsmengen der zu den Matrizen korrespondierenden linearen Gleichungssysteme gleich sind.

$$\left[\begin{array}{cccc|c} 1 & 0 & -1 & 0 & 0 \\ 1 & 3 & 2 & -2 & 6 \\ 0 & 0 & 1 & 0 & 1 \\ 2 & 3 & 1 & -2 & 6 \end{array}\right] \quad \cdot(-1) \quad \cdot(-2)$$

$$\sim \left[\begin{array}{cccc|c} 1 & 0 & -1 & 0 & 0 \\ 0 & 3 & 3 & -2 & 6 \\ 0 & 0 & 1 & 0 & 1 \\ 0 & 3 & 3 & -2 & 6 \end{array}\right] \quad \cdot(-1) \quad \sim \left[\begin{array}{cccc|c} 1 & 0 & -1 & 0 & 0 \\ 0 & 3 & 3 & -2 & 6 \\ 0 & 0 & 1 & 0 & 1 \\ 0 & 0 & 0 & 0 & 0 \end{array}\right] \quad \cdot(-3) \quad \cdot(+1)$$

$$\sim \begin{bmatrix} 1 & 0 & 0 & 0 & | & 1 \\ 0 & 3 & 0 & -2 & | & 3 \\ 0 & 0 & 1 & 0 & | & 1 \\ 0 & 0 & 0 & 0 & | & 0 \end{bmatrix} : (+3) \qquad \sim \begin{bmatrix} 1 & 0 & 0 & 0 & | & 1 \\ 0 & 1 & 0 & -\frac{2}{3} & | & 1 \\ 0 & 0 & 1 & 0 & | & 1 \\ 0 & 0 & 0 & 0 & | & 0 \end{bmatrix}.$$

Schreiben wir t für die freie Variable x_4, so ergeben sich alle Lösungen zu $x_1 = 1$, $x_2 = 1 + \frac{2}{3}t$, $x_3 = 1$, $x_4 = t$, wobei $t \in \mathbb{R}$ beliebig ist. Die Lösungsmenge ist also

$$\left\{ \left(1, 1 + \frac{2}{3}t, 1, t\right) : t \in \mathbb{R} \right\}.$$

8.2 Der $\mathbb{R}^n$ als Vektorraum

In diesem Abschnitt lernen wir wichtige *strukturelle* Eigenschaften des $\mathbb{R}^n$ kennen. Die Elemente des $\mathbb{R}^n$ können in natürlicher Weise addiert und mit reellen Zahlen multipliziert werden. Die dadurch entstehende Struktur eines *Vektorraumes* ist in der modernen Mathematik von grundlegender Bedeutung. In Band 2 wird der abstrakte Vektorraumbegriff eingeführt. Dort werden uns zahlreiche weitere Beispiele für Vektorräume begegnen.

Die in Abschnitt 8.1 eingeführte Vektor–Schreibweise $\vec{x} = (x_1, \ldots, x_n)$ für Punkte des $\mathbb{R}^n$ dient nicht nur der terminologischen Abgrenzung gegenüber reellen Zahlen, sondern deutet auch an, dass man sich die Elemente des $\mathbb{R}^n$ mit Ausnahme des Nullpunktes $\vec{0} := (0, 0, \ldots, 0)$ als (gerichtete) *Vektoren* vorstellen kann. Dabei entspricht $\vec{x}$ ein vom Punkt $\vec{0}$, dem sogenannten *Nullvektor* oder *Koordinatenursprung*, ausgehender Pfeil mit Spitze in $\vec{x}$ (siehe Bild 8.2 im Fall $n = 3$). In dieser anschaulichen Vorstellung kommt zum Ausdruck, dass der mit der Pfeilspitze identifizierte Punkt $\vec{x}$ in Bezug auf den Koordinatenursprung $\vec{0}$ eine „Richung" besitzt. Man nennt $\vec{x}$ auch *Ortsvektor* des Punktes $(x_1, \ldots, x_n)$ und x_i die *i*-te *Komponente* bzw. *i*-te *Koordinate* des Vektors $\vec{x}$. Steht die Vorstellung eines Punktes als geometrischer Ort im Vordergrund, verwenden wir für Punkte bisweilen auch die Buchstaben P oder Q.

Zur terminologischen Unterscheidung zwischen Vektoren und reellen Zahlen werden in der Folge reelle Zahlen auch als *skalare Größen* oder kurz als *Skalare* bezeichnet.

8.2.1 Vektoraddition und skalare Multiplikation

Es seien $\vec{x} = (x_1, \ldots, x_n)$ und $\vec{y} = (y_1, \ldots, y_n)$ Vektoren im $\mathbb{R}^n$ und $\lambda \in \mathbb{R}$.

(i) Die *Summe* $\vec{x} + \vec{y}$ von $\vec{x}$ und $\vec{y}$ ist der durch komponentenweise Addition gebildete Vektor

$$\vec{x} + \vec{y} := (x_1 + y_1, \ldots, x_n + y_n).$$

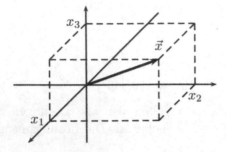

Bild 8.2:
$\vec{x}$ als Vektor mit den
Komponenten x_1, x_2 und x_3

Die Abbildung $(\vec{x}, \vec{y}) \mapsto \vec{x} + \vec{y}$ von $\mathbb{R}^n \times \mathbb{R}^n$ in $\mathbb{R}^n$ heißt *Vektoraddition.*

(ii) Das *skalare Vielfache* $\lambda \cdot \vec{x}$ von $\vec{x}$ ist der durch komponentenweise Multiplikation entstehende Vektor

$$\lambda \cdot \vec{x} := (\lambda x_1, \ldots, \lambda x_n).$$

Die Abbildung $(\lambda, \vec{x}) \mapsto \lambda \cdot \vec{x}$ von $\mathbb{R} \times \mathbb{R}^n$ in $\mathbb{R}^n$ heißt *skalare Multiplikation.*
Dabei lassen wir meist das Multiplikationszeichen weg, schreiben also kurz
$\lambda \vec{x} := \lambda \cdot \vec{x}$.

Die Vektoraddition ist im Spezialfall $n = 1$ nichts anderes als die Addition reeller Zahlen. Stellt man ein $x \in \mathbb{R}$ auf dem Zahlenstrahl als einen vom Nullpunkt ausgehenden Pfeil dar, so ergibt sich anschaulich die Summe zweier Zahlen x und y, indem der von 0 nach y verlaufende Pfeil an das in x ankommende Pfeilende angehängt wird (in Bild 8.3 ist dieser Pfeil gestrichelt dargestellt). Da die Vektoraddition komponentenweise erfolgt, ist diese geometrische Deutung auf den Fall $n \geq 2$ übertragbar.

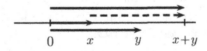

$$0 \qquad x \qquad y \qquad x{+}y$$

Bild 8.3: Geometrische Veranschaulichung der Addition reeller Zahlen

Bild 8.4 veranschaulicht die Vektoraddition und die skalare Multiplikation für den Fall $n = 2$. Im linken Bild ist die Addition der Vektoren $\vec{x} = (5, 1)$ und $\vec{y} = (-1, 2)$ dargestellt. Der Summenvektor $\vec{x} + \vec{y}$ ergibt sich geometrisch als Diagonale in einem Parallelogramm, dessen Seiten von den Vektoren $\vec{x}$ und $\vec{y}$ sowie dazu parallel verlaufenden Pfeilen gebildet werden, die gepunktet bzw. gestrichelt dargestellt sind. Dabei entsprechen dem gepunkteten Pfeil der in $\vec{y}$ angetragene

Vektor $\vec{x}$ und dem gestrichelten Pfeil der in $\vec{x}$ angetragene Vektor $\vec{y}$. Die skalare Multiplikation $\lambda\vec{x}$ bedeutet geometrisch eine Streckung des Vektors $\vec{x}$ um den Faktor λ. Im Fall $\lambda < 0$ kehrt dabei der Vektor $\vec{x}$ seine Richtung um.

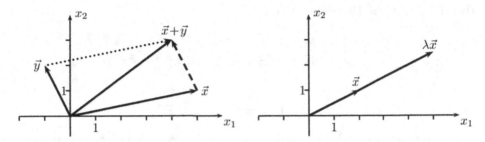

Bild 8.4: Addition der Vektoren $\vec{x} = (5,1)$ und $\vec{y} = (-1,2)$ (links) sowie skalare Multiplikation des Vektors $\vec{x} = (2,1)$ mit $\lambda = 2.5$ (rechts)

Für $\vec{x} \in \mathbb{R}^n$ setzt man

$$-\vec{x} := (-1)\vec{x} = (-x_1, \ldots, -x_n).$$

Dieser Vektor ergibt sich anschaulich aus $\vec{x}$ durch Spiegelung am Koordinatenursprung. Die *Differenz* zweier Vektoren ist dann durch

$$\vec{y} - \vec{x} := \vec{y} + (-\vec{x})$$

definiert.

Da die Vektoraddition und die skalare Multiplikation komponentenweise erklärt sind, ergeben sich aus den Rechengesetzen für Zahlen die folgenden Eigenschaften:

8.9 Satz. (Vektorraum–Eigenschaften des $\mathbb{R}^n$)

(i) *Der Nullvektor ist das neutrale Element der Vektoraddition, d.h. es gilt*

$$\vec{x} + \vec{0} = \vec{0} + \vec{x} = \vec{x}, \qquad \vec{x} \in \mathbb{R}^n.$$

Ferner gilt
$$\vec{x} + (-\vec{x}) = (-\vec{x}) + \vec{x} = \vec{0}, \qquad \vec{x} \in \mathbb{R}^n.$$

(ii) *Die Vektoraddition genügt dem Kommutativgesetz und dem Assoziativgesetz:*

$$\vec{x} + \vec{y} = \vec{y} + \vec{x}, \qquad \vec{x}, \vec{y} \in \mathbb{R}^n,$$
$$\vec{x} + (\vec{y} + \vec{z}) = (\vec{x} + \vec{y}) + \vec{z}, \qquad \vec{x}, \vec{y}, \vec{z} \in \mathbb{R}^n.$$

(iii) *Für die skalare Multiplikation gilt das Assoziativgesetz*

$$\lambda \cdot (\mu \cdot \vec{x}) = (\lambda\mu) \cdot \vec{x}, \qquad \lambda, \mu \in \mathbb{R}, \ \vec{x} \in \mathbb{R}^n.$$

(iv) *Es gelten die Distributivgesetze*

$$\lambda \cdot (\vec{x} + \vec{y}) = \lambda \cdot \vec{x} + \lambda \cdot \vec{y}, \qquad \lambda \in \mathbb{R}, \ \vec{x}, \vec{y} \in \mathbb{R}^n,$$
$$(\lambda + \mu)\vec{x} = \lambda\vec{x} + \mu\vec{x}, \qquad \lambda, \mu \in \mathbb{R}, \ \vec{x} \in \mathbb{R}^n.$$

(v) *Es gilt*

$$1 \cdot \vec{x} = \vec{x}, \qquad \vec{x} \in \mathbb{R}^n.$$

Die Eigenschaften (i)–(v) charakterisieren den $\mathbb{R}^n$ als einen *Vektorraum*. Die Theorie der Vektorräume ist Gegenstand der *linearen Algebra*.

Nach (i) ist $-\vec{x}$ der zu $\vec{x}$ *inverse* Vektor bezüglich der Addition, d.h. der eindeutig bestimmte Vektor $\vec{y}$ mit $\vec{x} + \vec{y} = \vec{y} + \vec{x} = \vec{0}$.

8.2.2 Lineare Unabhängigkeit

Vektoren $\vec{a}_1, \ldots, \vec{a}_k \in \mathbb{R}^n$ heißen *linear unabhängig,* wenn für alle $\lambda_1, \ldots, \lambda_k \in \mathbb{R}$ gilt:

$$\lambda_1 \vec{a}_1 + \ldots + \lambda_k \vec{a}_k = \vec{0} \Longrightarrow \lambda_1 = \ldots = \lambda_k = 0.$$

Anderenfalls heißen $\vec{a}_1, \ldots, \vec{a}_k$ *linear abhängig.*

Für den Fall $k = 1$ besagt diese Definition, dass ein Vektor $\vec{a}_1$ genau dann linear unabhängig ist, wenn $\vec{a}_1 \neq \vec{0}$ gilt. Insbesondere ist also der Nullvektor $\vec{0}$ linear abhängig. Ist allgemeiner einer der Vektoren $\vec{a}_1, \ldots, \vec{a}_k$ der Nullvektor, so sind $\vec{a}_1, \ldots, \vec{a}_k$ linear abhängig.

Eine endliche Menge $M \subset \mathbb{R}^n$ von Vektoren heißt *linear unabhängig*, wenn sie leer ist oder wenn sie aus linear unabhängigen Vektoren besteht. Andernfalls heißt sie *linear abhängig*. Mit einer linear unabhängigen Menge M ist offenbar auch jede Teilmenge von M linear unabhängig. Ist umgekehrt M eine linear abhängige Menge, so ist auch jede endliche Obermenge von M linear abhängig.

Der Vektor $\lambda_1 \vec{a}_1 + \ldots + \lambda_k \vec{a}_k$ heißt *Linearkombination* der Vektoren $\vec{a}_1, \ldots, \vec{a}_k$ mit den *Koeffizienten* $\lambda_1, \ldots, \lambda_k \in \mathbb{R}$.

Sind $\vec{a}_1, \ldots, \vec{a}_k$ linear abhängig, so existiert eine Linearkombination dieser Vektoren mit mindestens einem von 0 verschiedenen Koeffizienten, die den Nullvektor $\vec{0}$ ergibt. Ist dieser von 0 verschiedene Koeffizient o.B.d.A. gleich λ_1, so folgt

$$\vec{a}_1 = -\frac{\lambda_2}{\lambda_1}\vec{a}_2 - \ldots - \frac{\lambda_k}{\lambda_1}\vec{a}_k,$$

was zeigt, dass $\vec{a}_1$ eine Linearkombination der übrigen Vektoren $\vec{a}_2, \ldots, \vec{a}_k$ ist. Lässt sich umgekehrt einer der Vektoren $\vec{a}_1, \ldots, \vec{a}_k$ als Linearkombination der anderen Vektoren ausdrücken, so sind $\vec{a}_1, \ldots, \vec{a}_k$ linear abhängig.

8.10 Beispiel. (Kanonische Einheitsvektoren)
Es seien $i \in \{1, \ldots, n\}$ und $\vec{e}_i$ derjenige Vektor im $\mathbb{R}^n$, dessen i-te Koordinate 1 und dessen andere Koordinaten 0 sind:

$$\vec{e}_i := (0, \ldots, 0, 1, 0 \ldots, 0). \tag{8.8}$$

Man nennt $\vec{e}_i$ den i-ten *kanonischen Einheitsvektor* (s. Bild 8.5 rechts im Fall $n = 3$). Für alle $\lambda_1, \ldots, \lambda_n \in \mathbb{R}$ gilt

$$\lambda_1 \vec{e}_1 + \ldots + \lambda_n \vec{e}_n = (\lambda_1, \ldots, \lambda_n).$$

Folglich sind $\vec{e}_1, \ldots, \vec{e}_n$ linear unabhängig.

8.11 Satz. (Fundamentallemma)
Je $n + 1$ Vektoren des $\mathbb{R}^n$ sind linear abhängig.

BEWEIS: Es seien $\vec{a}_1, \ldots, \vec{a}_{n+1} \in \mathbb{R}^n$. Wir müssen zeigen, dass die Gleichung

$$\lambda_1 \vec{a}_1 + \ldots + \lambda_{n+1} \vec{a}_{n+1} = \vec{0} \tag{8.9}$$

eine Lösung $(\lambda_1, \ldots, \lambda_{n+1}) \in \mathbb{R}^{n+1}$ mit der Eigenschaft $\lambda_k \neq 0$ für mindestens ein k besitzt. Dabei kann $\vec{a}_i \neq \vec{0}$ für jedes $i = 1, \ldots, n$ angenommen werden (sonst würde die lineare Abhängigkeit sofort folgen). Mit $(a_{1i}, \ldots, a_{ni}) := \vec{a}_i$ $(i = 1, \ldots, n)$ geht (8.9) in das lineare Gleichungssystem

$$\begin{aligned}
a_{11}\lambda_1 + a_{12}\lambda_2 + \ldots + a_{1,n+1}\lambda_{n+1} &= 0, \\
a_{21}\lambda_1 + a_{22}\lambda_2 + \ldots + a_{2,n+1}\lambda_{n+1} &= 0, \\
&\cdots\cdots\cdots\cdots\cdots\cdots \\
a_{n1}\lambda_1 + a_{n2}\lambda_2 + \ldots + a_{n,n+1}\lambda_{n+1} &= 0
\end{aligned}$$

über. Durch Anwendung des Gaußschen Algorithmus auf die Koeffizientenmatrix dieses Gleichungssystems lässt sich die Matrix auf reduzierte Zeilenstufenform bringen. Da die Anzahl der Gleichungen kleiner als die Anzahl der Variablen ist, gibt es mindestens eine freie Variable. Nach Satz 8.6 besitzt das obige Gleichungssystem unendlich viele Lösungen. Insbesondere gibt es eine Lösung $(\lambda_1, \ldots, \lambda_{n+1})$, für welche $\lambda_k \neq 0$ für mindestens ein k gilt. Die Vektoren $\vec{a}_1, \ldots, \vec{a}_{n+1}$ sind also linear abhängig. $\square$

Aus Satz 8.11 folgt allgemeiner, dass mehr als n Vektoren des $\mathbb{R}^n$ stets linear abhängig sind. Es kann also höchstens n linear unabhängige Vektoren im $\mathbb{R}^n$ geben. Dass diese maximal mögliche Zahl auch wirklich erreicht wird, zeigt das Beispiel der kanonischen Einheitsvektoren $\vec{e}_1, \ldots, \vec{e}_n$.

8.2.3 Lineare Unterräume

Eine nichtleere Teilmenge U von $\mathbb{R}^n$ heißt *(linearer) Unterraum* des $\mathbb{R}^n$, falls gilt:

(i) Sind $\vec{a}, \vec{b} \in U$, so folgt $\vec{a} + \vec{b} \in U$.

(ii) Sind $\vec{a} \in U$ und $\lambda \in \mathbb{R}$, so folgt $\lambda \vec{a} \in U$.

Ein Unterraum des $\mathbb{R}^n$ ist somit eine Menge U von Vektoren mit der Eigenschaft, dass die Operationen der Vektoraddition und der skalaren Multiplikation bei Anwendung auf Vektoren aus U stets wieder einen Vektor aus U ergeben, also „nicht aus der Menge U herausführen". Jeder Unterraum enthält den Nullvektor $\vec{0}$ (diese Eigenschaft folgt aus (ii) mit $\lambda := 0$ und einem beliebigen $\vec{a} \in U$). Da andererseits die obigen Eigenschaften bereits für die Menge $U := \{\vec{0}\}$ gelten, ist die nur aus dem Nullvektor bestehende Menge $\{\vec{0}\}$ der *kleinste Unterraum* des $\mathbb{R}^n$. Demgegenüber ist $U := \mathbb{R}^n$ der *größte Unterraum* des $\mathbb{R}^n$.

Ist $\vec{x}_0 \in \mathbb{R}^n$ ein fester, von $\vec{0}$ verschiedener Vektor, so definiert die Menge $U_0 := \{\lambda \vec{x}_0 : \lambda \in \mathbb{R}\}$ aller skalaren Vielfachen von $\vec{x}_0$ einen Unterraum des $\mathbb{R}^n$. Alle Punkte aus U_0 liegen auf einer durch den Koordinatenursprung und den Punkt $\vec{x}_0$ gehenden Geraden (siehe Bild 8.5 links im Fall $n = 3$). Die $x_1 x_2$-Ebene, d.h. die Menge $V_0 := \{\lambda_1 \vec{e}_1 + \lambda_2 \vec{e}_2 : \lambda_1, \lambda_2 \in \mathbb{R}\}$ ist ein Unterraum des $\mathbb{R}^n$. Bild 8.5 rechts zeigt einen Ausschnitt dieses Unterraumes im Fall $n = 3$. Allgemeiner spannen zwei linear unabhängige Vektoren im $\mathbb{R}^3$ (diese liegen nicht auf einer Geraden!) eine Ebene auf (s. auch Bild 8.12 rechts).

Eine Menge $M \subset \mathbb{R}^n$ von Vektoren wird im Allgemeinen kein Unterraum des $\mathbb{R}^n$ sein. Es lässt sich aber aus M leicht der „kleinste" Unterraum des $\mathbb{R}^n$ konstruieren, der alle Vektoren aus M enthält. Unter Verwendung des Summenzeichens Σ auch für die Addition von Vektoren bildet man hierzu die Menge

$$\mathrm{Span}(M) := \left\{ \sum_{j=1}^{k} \lambda_j \vec{a}_j : k \in \mathbb{N}, \lambda_1, \ldots, \lambda_k \in \mathbb{R}, \vec{a}_1, \ldots, \vec{a}_k \in M \right\}$$

aller Linearkombinationen von Vektoren aus M. Die Menge $\mathrm{Span}(M)$ ist ein Unterraum des $\mathbb{R}^n$, welcher jeden Vektor aus M enthält, d.h. es gilt $M \subset \mathrm{Span}(M)$. Ist U ein beliebiger Unterraum des $\mathbb{R}^n$ mit der Eigenschaft $M \subset U$, so muss U auch jede Linearkombination von Vektoren aus M enthalten, d.h. es muss $\mathrm{Span}(M) \subset U$ gelten. In diesem Sinne ist $\mathrm{Span}(M)$ der kleinste Unterraum des $\mathbb{R}^n$, der die Menge M enthält.

Ist V ein Unterraum des $\mathbb{R}^n$ mit der Eigenschaft $\mathrm{Span}(M) = V$, so nennt man M ein *Erzeugendensystem* von V und sagt, dass M den Unterraum V *aufspannt*.

Insbesondere ist also M ein Erzeugendensystem von $\mathrm{Span}(M)$. Enthält M nur endlich viele Elemente $\vec{a}_1, \ldots, \vec{a}_k$, so schreiben wir auch

$$\mathrm{Span}(\vec{a}_1, \ldots, \vec{a}_k) := \mathrm{Span}(\{\vec{a}_1, \ldots, \vec{a}_k\}).$$

Man beachte, dass die in Bild 8.5 rechts dargestellte $x_1 x_2$-Ebene ein mit V_0 bezeichneter Unterraum des $\mathbb{R}^3$ ist, der von der Menge $\{\vec{e}_1, \vec{e}_2\}$ aufgespannt wird.

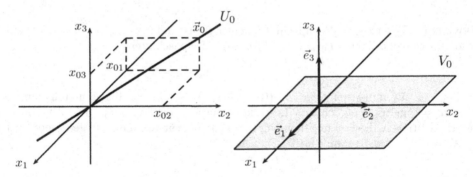

Bild 8.5: Unterräume $U_0 = \{\lambda \vec{x}_0 : \lambda \in \mathbb{R}\}$, $\vec{x}_0 = (x_{01}, x_{02}, x_{03})$ (links), und $V_0 = \{\lambda_1 \vec{e}_1 + \lambda_2 \vec{e}_2 : \lambda_1, \lambda_2 \in \mathbb{R}\}$ (rechts)

8.2.4 Basis und Dimension

Es sei U ein Unterraum des $\mathbb{R}^n$.

(i) Die *Dimension* von U ist die maximale Anzahl m linear unabhängiger Vektoren in U. Besitzt U die Dimension m, so nennt man U *m-dimensional* und schreibt

$$\dim U := m.$$

(ii) Ist U ein m-dimensionaler Unterraum des $\mathbb{R}^n$, und sind $\vec{a}_1, \ldots, \vec{a}_m$ linear unabhängige Vektoren aus U, so heißt die Menge $\{\vec{a}_1, \ldots, \vec{a}_m\}$ eine *Basis* von U. Man sagt auch, dass die Vektoren $\vec{a}_1, \ldots, \vec{a}_m$ eine Basis von U bilden. Im Fall $U = \{\vec{0}\}$ wird vereinbart, dass $\emptyset$ die Basis von U ist.

Nach Satz 8.11 besitzt ein Unterraum des $\mathbb{R}^n$ höchstens die Dimension n. Die Unterräume $\{\vec{0}\}$ und $\mathbb{R}^n$ sind 0- bzw. n-dimensional. Enthält ein Unterraum U einen von $\vec{0}$ verschiedenen Vektor, so hat er mindestens die Dimension 1.

8.12 Satz. (Basisdarstellung)

(i) *Es seien U ein m-dimensionaler Unterraum des $\mathbb{R}^n$ und $\{\vec{a}_1, \ldots, \vec{a}_m\}$ eine Basis von U. Dann besitzt jedes $\vec{x} \in U$ eine eindeutige Darstellung*

$$\vec{x} = \lambda_1 \vec{a}_1 + \ldots + \lambda_m \vec{a}_m \tag{8.10}$$

als Linearkombination von $\vec{a}_1, \ldots, \vec{a}_m$.

(ii) *Sind $\vec{a}_1, \ldots, \vec{a}_m$ linear unabhängige Vektoren aus $\mathbb{R}^n$, so ist*

$$U := \mathrm{Span}(\vec{a}_1, \ldots, \vec{a}_m)$$

ein m-dimensionaler Unterraum von $\mathbb{R}^n$, und $\vec{a}_1, \ldots, \vec{a}_m$ bilden eine Basis von U.

BEWEIS: (i) Es sei $\vec{x} \in U$. Nach Definition einer Basis sind $\vec{x}, \vec{a}_1, \ldots, \vec{a}_m$ linear abhängig. Also gibt es reelle Zahlen $\mu_0, \mu_1, \ldots, \mu_m$ mit den Eigenschaften

$$\mu_0 \vec{x} + \mu_1 \vec{a}_1 + \ldots + \mu_m \vec{a}_m = \vec{0}$$

und $\mu_i \neq 0$ für mindestens ein $i \in \{0, \ldots, m\}$. Da $\vec{a}_1, \ldots, \vec{a}_m$ linear unabhängig sind, muss $\mu_0 \neq 0$ gelten. Folglich ist $\vec{x}$ Linearkombination von $\vec{a}_1, \ldots, \vec{a}_m$. Für den Nachweis der Eindeutigkeit dieser Linearkombination nehmen wir an, dass für geeignete Skalare λ_j, λ_j' $(j = 1, \ldots, m)$ sowohl (8.10) als auch

$$\vec{x} = \lambda_1' \vec{a}_1 + \ldots + \lambda_m' \vec{a}_m$$

gelten. Unter Verwendung der Rechenregeln aus Satz 8.9 liefert Subtraktion dieser Gleichungen die Beziehung

$$\vec{0} = (\lambda_1 - \lambda_1') \vec{a}_1 + \ldots + (\lambda_m - \lambda_m') \vec{a}_m.$$

Aus der linearen Unabhängigkeit von $\vec{a}_1, \ldots, \vec{a}_m$ folgt $\lambda_i - \lambda_i' = 0$ für jedes $i \in \{1, \ldots, m\}$ und damit die behauptete Eindeutigkeit.

(ii) Nach Definition ist die Dimension von U mindestens m, da U m linear unabhängige Vektoren enthält. Wir zeigen jetzt, dass beliebige $m + 1$ Vektoren $\vec{b}_1, \ldots, \vec{b}_{m+1}$ aus U linear abhängig sind. Nach Definition von U gibt es Zahlen $b_{ij} \in \mathbb{R}$ $(i \in \{1, \ldots, m\}$, $j \in \{1, \ldots, m+1\})$ mit

$$\vec{b}_j = b_{1j} \vec{a}_1 + \ldots + b_{mj} \vec{a}_m.$$

Für $j \in \{1, \ldots, m+1\}$ definieren wir $\vec{c}_j := (b_{1j}, \ldots, b_{mj}) \in \mathbb{R}^m$ und wenden das Fundamentallemma (Lemma 8.11) an. Danach gibt es Zahlen $\lambda_1, \ldots, \lambda_{m+1}$ mit

$$\lambda_1 \vec{c}_1 + \ldots + \lambda_{m+1} \vec{c}_{m+1} = \vec{0}$$

und $\lambda_j \neq 0$ für mindestens ein j. Ausführlich geschrieben bedeutet das

$$\lambda_1 b_{i1} + \ldots + \lambda_{m+1} b_{im+1} = 0, \qquad i = 1, \ldots, m,$$

und es folgt

$$\vec{0} = \sum_{i=1}^{m} \left(\sum_{j=1}^{m+1} \lambda_j b_{ij} \right) \vec{a}_i = \sum_{j=1}^{m+1} \lambda_j \sum_{i=1}^{m} b_{ij} \vec{a}_i = \sum_{j=1}^{m+1} \lambda_j \vec{b}_j.$$

Also sind $\vec{b}_1, \ldots, \vec{b}_{m+1}$ linear abhängig, und der Satz ist bewiesen. $\qquad\square$

8.13 Folgerung. (Charakterisierung einer Basis)
Es seien $\vec{a}_1, \ldots, \vec{a}_m \in \mathbb{R}^n$ und U ein Unterraum des $\mathbb{R}^n$. Dann ist $\{\vec{a}_1, \ldots, \vec{a}_m\}$ genau dann eine Basis von U, wenn die folgenden Eigenschaften erfüllt sind:

(i) $\mathrm{Span}(\vec{a}_1, \ldots, \vec{a}_m) = U$.

(ii) *Die Vektoren $\vec{a}_1, \ldots, \vec{a}_m$ sind linear unabhängig.*

BEWEIS: Ist $\{\vec{a}_1, \ldots, \vec{a}_m\}$ eine Basis von U, so folgt (i) aus Satz 8.12 (i) und (ii) aus der Definition einer Basis. Die Umkehrung ergibt sich aus Satz 8.12 (ii). $\qquad\square$

8.2.5 Koordinaten und Koordinatensysteme

Ist $\{\vec{a}_1, \ldots, \vec{a}_m\}$ eine Basis des Unterraumes U, so können die Koeffizienten $\lambda_1, \ldots, \lambda_m$ in der Basisdarstellung $\lambda_1 \vec{a}_1 + \ldots + \lambda_m \vec{a}_m$ eines Vektors $\vec{x}$ als *Koordinaten* von $\vec{x}$ bezüglich der Basis aufgefasst werden. Bei fest gewählter Reihenfolge der Basisvektoren entspricht also jedem Punkt aus U genau ein m-Tupel $(\lambda_1, \ldots, \lambda_m) \in \mathbb{R}^m$ von Koordinaten. Man nennt dieses m-Tupel auch den *Koordinatenvektor* von $\vec{x}$ bezüglich der Basis. In diesem Sinn legt jede Basis ein zugehöriges *Koordinatensystem* im $\mathbb{R}^n$ fest.

Wenn im Folgenden von „Koordinaten bezüglich einer Basis" die Rede ist, so wird immer eine bestimmte Nummerierung (Reihenfolge) der Basisvektoren vorausgesetzt. Diese wird aus dem Kontext hervorgehen. Sind etwa $\{\vec{a}_1, \ldots, \vec{a}_m\}$ und $\{\vec{b}_1, \ldots, \vec{b}_m\}$ zwei Basen des Unterraums U mit $m \geq 2$, $\vec{b}_1 = \vec{a}_2$, $\vec{b}_2 = \vec{a}_1$ und $\vec{b}_i = \vec{a}_i$ für jedes $i \geq 3$, und ist $(\lambda_1, \ldots, \lambda_m)$ der Koordinatenvektor eines Vektors $\vec{x} \in U$ bezüglich der ersten Basis, so ist $(\lambda_2, \lambda_1, \lambda_3, \ldots, \lambda_m)$ der Koordinatenvektor von $\vec{x}$ bezüglich der zweiten Basis. Bei Vertauschung der Reihenfolge der Basisvektoren müssen also die Komponenten des Koordinatenvektors in gleicher Weise vertauscht werden.

Ein wichtiges Beispiel ist die von den in (8.8) definierten kanonischen Einheitsvektoren gebildete Basis $\{\vec{e}_1, \ldots, \vec{e}_n\}$. In diesem Fall erhält man das (rechtwinklige) *kartesische Koordinatensystem* im $\mathbb{R}^n$. Die entsprechenden Koordinaten eines Punktes sind dann seine *kartesischen Koordinaten*. Wie bisher werden wir auch zukünftig auf den Zusatz „kartesisch" verzichten.

8.14 Beispiel.

Die linear unabhängigen Vektoren $\vec{a}_1 := (2,1)$ und $\vec{a}_2 := (1/2, 3/2)$ bilden eine Basis des $\mathbb{R}^2$. Um die Koordinaten eines gegebenen Vektors $\vec{x} = (x_1, x_2)$ bezüglich $\vec{a}_1$ und $\vec{a}_2$ zu bestimmen, müssen wir das lineare Gleichungssystem

$$2\lambda_1 + \frac{1}{2}\lambda_2 = x_1,$$

$$\lambda_1 + \frac{3}{2}\lambda_2 = x_2$$

mit den Unbekannten λ_1, λ_2 und den rechten Seiten x_1, x_2 lösen. Es ergibt sich

$$\lambda_2 = \frac{2}{5}(2x_2 - x_1), \qquad \lambda_1 = x_2 - \frac{3}{5}(2x_2 - x_1).$$

Geometrisch erhält man die Koordinaten λ_1 und λ_2 von $\vec{x}$ bezüglich $\vec{a}_1$ und $\vec{a}_2$ in einem *schiefwinkligen Koordinatensystem*, indem durch den Punkt $\vec{x}$ Parallelen zu den Ursprungsgeraden durch die Vektoren $\vec{a}_1$ und $\vec{a}_2$ gelegt werden. Der Schnittpunkt der Parallelen durch $\vec{x}$ zur Geraden durch $\vec{a}_2$ (bzw. $\vec{a}_1$) ist dann der Punkt $\lambda_1 \vec{a}_1$ (bzw. $\lambda_2 \vec{a}_2$). Diese Vorgehensweise ist in Bild 8.6 veranschaulicht.

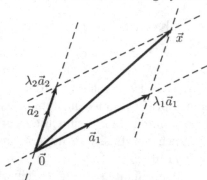

Bild 8.6: Zerlegung von $\vec{x}$ nach den Basisvektoren $\vec{a}_1$, $\vec{a}_2$ in einem schiefwinkligen Koordinatensystem

8.2.6   Der Basisauswahlsatz*

8.15 Satz. (Basisauswahlsatz)
Es seien M eine nichtleere Teilmenge des $\mathbb{R}^n$ und $U := \mathrm{Span}(M)$. Dann gibt es eine Basis A von U mit $A \subset M$.

BEWEIS: Es sei $m := \dim U$ gesetzt. Wir können $m \geq 1$ annehmen, denn im Fall $m = 0$ gilt $M = \{\vec{0}\}$, und die Behauptung ist offensichtlich richtig. Die Konstruktion der gesuchten Basis erfolgt induktiv. Zunächst gibt es ein $\vec{a}_1 \in M$ mit $\vec{a}_1 \neq \vec{0}$. Ist $m = 1$, so gilt $\mathrm{Span}(\vec{a}_1) = U$ (vgl. Satz 8.12 (i)). Mit $A := \{\vec{a}_1\}$ ist der Beweis dann beendet. Wir nehmen jetzt $m > 1$ an. Mit Blick auf den Induktionsschritt sei ferner angenommen, dass $\vec{a}_1, \ldots, \vec{a}_k$ linear unabhängige Vektoren aus M sind, wobei $k \leq m - 1$ gelte. Wegen Folgerung 8.13 gilt dann $\mathrm{Span}(\vec{a}_1, \ldots, \vec{a}_k) \neq U$. Folglich gibt es ein $\vec{a}_{k+1} \in M \setminus \mathrm{Span}(\vec{a}_1, \ldots, \vec{a}_k)$.

Wir behaupten, dass $\vec{a}_1, \ldots, \vec{a}_{k+1}$ linear unabhängig sind. Zum Beweis dieser Behauptung seien $\lambda_1, \ldots, \lambda_{k+1} \in \mathbb{R}$ mit $\lambda_1 \vec{a}_1 + \ldots + \lambda_{k+1} \vec{a}_{k+1} = \vec{0}$. Ist $\lambda_{k+1} = 0$, so folgt $\lambda_1 = \ldots = \lambda_k = 0$, weil $\vec{a}_1, \ldots, \vec{a}_k$ linear unabhängig sind. Der Fall $\lambda_{k+1} \neq 0$ führt zum Widerspruch $\vec{a}_{k+1} \in \mathrm{Span}(\vec{a}_1, \ldots, \vec{a}_k)$. Also sind $\vec{a}_1, \ldots, \vec{a}_{k+1}$ tatsächlich linear unabhängig. Beginnend mit $k = 1$ wiederholt man nun den obigen Schritt so oft, bis nach dem $(m - 1)$-ten Mal die gesuchte Basis $\vec{a}_1, \ldots, \vec{a}_m$ vorliegt. $\square$

8.16 Folgerung. (Kardinalzahl eines Erzeugendensystems)
Es seien $U \subset \mathbb{R}^n$ ein m-dimensionaler Unterraum und $\vec{a}_1, \ldots, \vec{a}_k \in \mathbb{R}^n$ mit der Eigenschaft $U = \mathrm{Span}(\vec{a}_1, \ldots, \vec{a}_k)$. Dann folgt $k \geq m$. Es gilt $k = m$ genau dann, wenn $\vec{a}_1, \ldots, \vec{a}_k$ linear unabhängig sind.

BEWEIS: Gemäß Satz 8.15 gibt es eine Basis $A \subset \{\vec{a}_1, \ldots, \vec{a}_k\}$ von U. Also ist $m = \dim U \leq k$. Zum Beweis der behaupteten Äquivalenz setzen wir zunächst die lineare Unabhängigkeit von $\vec{a}_1, \ldots, \vec{a}_k$ voraus. Aus $U = \mathrm{Span}(\vec{a}_1, \ldots, \vec{a}_k)$ und Folgerung 8.13

ergibt sich die Gleichung $m = k$. Diese sei jetzt umgekehrt als Prämisse angenommen. Wären $\vec{a}_1, \ldots, \vec{a}_m$ linear abhängig, so gäbe es ein $M \subset \{\vec{a}_1, \ldots, \vec{a}_m\}$ mit $\operatorname{card} M \leq m - 1$ und $U = \operatorname{Span}(M)$. Dieser Widerspruch zu $m = \dim U$ beweist die behauptete lineare Unabhängigkeit. $\square$

Die im Beweis von Satz 8.15 angestellten Überlegungen liefern das folgende Resultat. In Anwendungen ist M meist eine Basis von U.

8.17 Satz. (Ergänzung einer Basis)
Es seien $M \subset \mathbb{R}^n$ und $U := \operatorname{Span}(M)$ mit $m := \dim U \geq 1$. Ferner sei $B \subset U$ eine linear unabhängige Menge und $k := \operatorname{card} B$. Dann gibt es eine Menge $A \subset M$ mit $\operatorname{card} A = m - k$, so dass $A \cup B$ eine Basis von U ist.

8.3 Lineare Abbildungen

In diesem Abschnitt lernen wir den Begriff der *linearen Abbildung* kennen. Lineare Abbildungen sind Funktionen des $\mathbb{R}^n$ in den $\mathbb{R}^m$ von vergleichsweise einfacher Bauart, die insbesondere zur lokalen Approximation komplizierterer Funktionen dienen. Sie erlauben eine übersichtliche Beschreibung der Struktur der Lösungsmenge eines linearen Gleichungssystems und hängen eng mit Matrizen zusammen.

8.3.1 Definition linearer Abbildungen

Es seien $U \subset \mathbb{R}^n$ und $V \subset \mathbb{R}^m$ zwei Unterräume. Eine Abbildung $f : U \to V$ heißt *linear*, falls sie die folgenden Eigenschaften besitzt:

(i) f ist *additiv*, d.h. es gilt

$$f(\vec{x} + \vec{y}) = f(\vec{x}) + f(\vec{y}), \qquad \vec{x}, \ \vec{y} \in U.$$

(ii) f ist *homogen*, d.h. es gilt

$$f(\lambda \vec{x}) = \lambda f(\vec{x}), \qquad \lambda \in \mathbb{R}, \ \vec{x} \in U.$$

In einer etwas saloppen Formulierung besagen die Eigenschaften (i) und (ii), dass es auf das gleiche Ergebnis hinausläuft, ob zuerst innerhalb des Definitionsbereiches U verknüpft (addiert bzw. skalar multipliziert) und danach das Ergebnis mittels f abgebildet wird oder umgekehrt zuerst abgebildet und danach im Wertebereich V verknüpft wird. In diesem Sinn ist eine lineare Abbildung mit der Vektorraumstruktur „verträglich".

Aus (i) folgt $f(\vec{0}) = f(\vec{0} + \vec{0}) = f(\vec{0}) + f(\vec{0})$ und somit $f(\vec{0}) = \vec{0}$. Dabei haben wir für den Nullvektor in $\mathbb{R}^n$ und den Nullvektor in $\mathbb{R}^m$ dieselbe Bezeichnung gewählt. Missverständnisse sind dadurch nicht zu befürchten.

Sind f und g Abbildungen von U in V, so definiert man die *Summe* $f + g$: $U \to V$ dieser Funktionen durch *elementweise Addition*, also durch die Vorschrift $(f + g)(\vec{x}) := f(\vec{x}) + g(\vec{x})$, $\vec{x} \in U$. Analog ist das Produkt $\lambda \cdot f$ von f mit einem Skalar $\lambda \in \mathbb{R}$ erklärt. Sind f und g linear, so sind es auch die Funktionen $f + g$ und $\lambda \cdot f$.

8.18 Beispiele.

In den folgenden Beispielen ist stets $U = V = \mathbb{R}^2$.

(i) Für $\vec{x} = (x_1, x_2)$ sei $f_1(\vec{x}) := (-x_1, x_2)$ gesetzt. Die Abbildung $f_1 : \mathbb{R}^2 \to \mathbb{R}^2$ ist linear. Anschaulich ordnet f_1 jedem Vektor sein Spiegelbild bezüglich der x_2-Achse zu (Bild 8.7 links).

(ii) Die Zuordnungsvorschrift $(x_1, x_2) \mapsto (x_1, 0)$ definiert eine lineare Abbildung $f_2 : \mathbb{R}^2 \mapsto \mathbb{R}^2$. Diese Abbildung projiziert jeden Vektor parallel zur x_2-Achse auf die x_1-Achse (Bild 8.7 rechts).

(iii) Für $\vec{x} = (x_1, x_2)$ sei $f_3(\vec{x}) := (x_2, x_1)$ gesetzt. Die Abbildung $f_3 : \mathbb{R}^2 \to \mathbb{R}^2$ ist linear. Geometrisch betrachtet wird jedem Vektor sein Spiegelbild an der „Winkelhalbierenden $x_1 = x_2$" zugeordnet (Bild 8.8 links).

(iv) Die Zuordnungsvorschrift $(x_1, x_2) \mapsto (-x_2, x_1)$ definiert eine lineare Abbildung $f_4 : \mathbb{R}^2 \mapsto \mathbb{R}^2$, die anschaulich jeden Vektor $\vec{x}$ um den Winkel 90 Grad gegen den Uhrzeigersinn dreht (Bild 8.8 rechts).

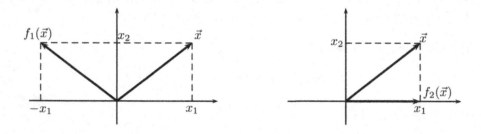

Bild 8.7: Spiegelung an der x_2-Achse (links) und Projektion auf die x_1-Achse (rechts) als lineare Abbildungen

8.3.2   Das Prinzip der linearen Fortsetzung

Eine lineare Abbildung $f : U \to V$ ist bereits durch ihre Werte auf einer Basis von U eindeutig bestimmt. Dieses wichtige Resultat liefert zugleich eine allgemeine Konstruktionsvorschrift für lineare Abbildungen.

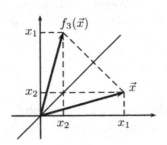 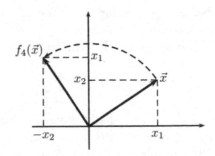

Bild 8.8: Spiegelung an der Winkelhalbierenden (links) und Drehung um 90
Grad (rechts) als lineare Abbildungen

8.19 Satz. (Lineare Fortsetzung)
*Es seien $k \in \mathbb{N}$, U ein k-dimensionaler Unterraum des $\mathbb{R}^n$ und V ein Unterraum
des $\mathbb{R}^m$. Weiter seien $\vec{a}_1, \ldots, \vec{a}_k$ eine Basis von U und $\vec{b}_1, \ldots, \vec{b}_k$ Vektoren aus V.
Dann gibt es genau eine lineare Abbildung $f : U \to V$ mit der Eigenschaft*

$$f(\vec{a}_i) = \vec{b}_i, \qquad i = 1, \ldots, k. \tag{8.11}$$

BEWEIS: Jedes $\vec{x} \in V$ besitzt eine Darstellung der Form $\vec{x} = \sum_{i=1}^{k} \lambda_i \vec{a}_i$ mit reellen
Koeffizienten $\lambda_1, \ldots, \lambda_k$. Definieren wir

$$f(\vec{x}) := \sum_{i=1}^{k} \lambda_i \vec{b}_i, \tag{8.12}$$

so ist die Funktion f additiv und homogen, also linear, und es gilt (8.11). Ist $g : U \to V$
eine weitere lineare Abbildung mit der Eigenschaft (8.11), so folgt aus der Linearität,
dass $g(\vec{x})$ für jedes $\vec{x} = \sum_{i=1}^{k} \lambda_i \vec{a}_i \in U$ durch die rechte Seite von (8.12) gegeben ist. Die
Funktion f ist also eindeutig bestimmt. $\qquad\square$

8.3.3 Lineare Abbildungen und Matrizen

Die folgenden Überlegungen zeigen, dass eine enge Verbindung zwischen linearen
Abbildungen und linearen Gleichungssystemen besteht. Ist $A = (a_{ij})$ eine $m \times n$-
Matrix, so definieren wir eine Abbildung $\varphi_A : \mathbb{R}^n \to \mathbb{R}^m$ durch die Vorschrift

$$\vec{x} = (x_1, \ldots, x_n) \mapsto \varphi_A(\vec{x}) := \vec{z} = (z_1, \ldots, z_m),$$

wobei

$$z_i := \sum_{j=1}^{n} a_{ij} x_j, \qquad i = 1, \ldots, m.$$

Offenbar ist φ_A eine lineare Abbildung von $\mathbb{R}^n$ in $\mathbb{R}^m$. Wegen des Prinzips der linearen Fortsetzung (s. 8.3.2) ist φ_A bereits durch die Vektoren $\varphi_A(\vec{e}_1), \ldots, \varphi_A(\vec{e}_n)$ eindeutig festgelegt. Nach Definition gilt

$$\varphi_A(\vec{e}_j) = \sum_{i=1}^{m} a_{ij}\vec{e}_i', \qquad j = 1, \ldots, n.$$

Dabei sind $\vec{e}_1', \ldots, \vec{e}_m'$ die kanonischen Einheitsvektoren im $\mathbb{R}^m$. Mit obiger Notation und der Festsetzung $\vec{b} := (b_1, \ldots, b_m)$ schreibt sich das lineare Gleichungssystem (8.4) in der kompakten Form

$$\varphi_A(\vec{x}) = \vec{b}. \tag{8.13}$$

Jede Matrix definiert also eine lineare Abbildung. Um zu zeigen, dass auch die Umkehrung dieser Aussage richtig ist, betrachten wir jetzt einen n-dimensionalen Unterraum U des $\mathbb{R}^k$, einen m-dimensionaler Unterraum V des $\mathbb{R}^l$ sowie eine lineare Abbildung $f : U \to V$. Um f eine Matrix zuordnen zu können, wählen wir eine Basis $\vec{a}_1, \ldots, \vec{a}_n$ von U sowie eine Basis $\vec{b}_1, \ldots, \vec{b}_m$ von V. Nach Satz 8.12 gibt es Zahlen a_{ij} ($i \in \{1, \ldots, m\}$, $j \in \{1, \ldots, n\}$), so dass gilt:

$$f(\vec{a}_j) = \sum_{i=1}^{m} a_{ij}\vec{b}_i, \qquad j = 1, \ldots, n. \tag{8.14}$$

Die Zahlen $a_{1j}, \ldots, a_{mj}$ sind die Koordinaten von $f(\vec{a}_j)$ bzgl. der Basis $\vec{b}_1, \ldots, \vec{b}_m$. Wie in 8.2.5 ausgeführt, geht hier die gewählte Nummerierung dieser Basisvektoren entscheidend ein.

Die durch (8.14) definierte $m \times n$-Matrix $A := (a_{ij})$ heißt *Darstellung von f* bzgl. der Basen $\vec{a}_1, \ldots, \vec{a}_n$ und $\vec{b}_1, \ldots, \vec{b}_m$.

Hat der Vektor $\vec{x} \in U$ die Koordinaten $\lambda_1, \ldots, \lambda_n$ bzgl. der Basis $\vec{a}_1, \ldots, \vec{a}_n$, gilt also $\vec{x} = \sum_{j=1}^{n} \lambda_j \vec{a}_j$, so liefern (8.14) und die Linearität von f die Darstellung

$$f(\vec{x}) = \sum_{j=1}^{n} \sum_{i=1}^{m} \lambda_j a_{ij}\vec{b}_i = \sum_{i=1}^{m} \sum_{j=1}^{n} a_{ij}\lambda_j\vec{b}_i.$$

Im Spezialfall $U = \mathbb{R}^n$ und $V = \mathbb{R}^m$ mit den kanonischen Basen $\{\vec{e}_1, \ldots, \vec{e}_n\}$ bzw. $\{\vec{e}_1', \ldots, \vec{e}_m'\}$ ergibt sich speziell (mit $\vec{x} := (x_1, \ldots, x_n)$)

$$f(\vec{x}) = \sum_{j=1}^{n} \sum_{i=1}^{m} x_j a_{ij}\vec{e}_i' = \sum_{i=1}^{m} \sum_{j=1}^{n} a_{ij}x_j\vec{e}_i'.$$

Setzen wir $(z_1, \ldots, z_m) := f(\vec{x})$, so bedeutet das

$$z_i = \sum_{j=1}^{n} a_{ij}x_j, \qquad i = 1, \ldots, m,$$

bzw. $\vec{z} = \varphi_A(\vec{x})$. Es gilt also $\varphi_A = f$. Wir fassen zusammen:

8.20 Satz. (Lineare Abbildungen und Matrizen)
Jeder $m \times n$-Matrix $A = (a_{ij})$ entspricht in eineindeutiger Weise eine lineare Abbildung $\varphi_A : \mathbb{R}^n \to \mathbb{R}^m$. Dabei gilt

$$\varphi_A(\vec{e}_j) = \sum_{i=1}^{m} a_{ij} \vec{e}_i', \qquad j = 1, \ldots, n.$$

Die Darstellung einer linearen Abbildung $f : \mathbb{R}^n \to \mathbb{R}^m$ bzgl. der kanonischen Basen heißt *kanonische Matrix* von f.

Sind $\{\vec{a}_1, \ldots, \vec{a}_n\}$ und $\{\vec{b}_1, \ldots, \vec{b}_m\}$ Basen linearer Unterräume U bzw. V, so liefert (8.14) ebenfalls eine eineindeutige Beziehung zwischen linearen Abbildungen $f : U \to V$ und $m \times n$-Matrizen $A = (a_{ij})$.

8.21 Beispiele. (Fortsetzung von Beispiel 8.18)
Die linearen Abbildungen f_1 (Spiegelung an der x_2-Achse), f_2 (Projektion auf die x_1-Achse parallel zur x_2-Achse), f_3 (Spiegelung an der Winkelhalbierenden) und f_4 (Drehung um 90 Grad gegen den Uhrzeigersinn) aus Beispiel 8.18 besitzen die kanonischen Matrizen

$$A_1 := \begin{pmatrix} -1 & 0 \\ 0 & 1 \end{pmatrix}, \quad A_2 := \begin{pmatrix} 1 & 0 \\ 0 & 0 \end{pmatrix}, \quad A_3 := \begin{pmatrix} 0 & 1 \\ 1 & 0 \end{pmatrix}, \quad A_4 := \begin{pmatrix} 0 & -1 \\ 1 & 0 \end{pmatrix}.$$

8.3.4 Kern, Bild und Rang linearer Abbildungen

Im Folgenden fixieren wir einen Unterraum U des $\mathbb{R}^n$, einen Unterraum V des $\mathbb{R}^m$ sowie eine lineare Abbildung $f : U \to V$.

(i) Die Menge

$$\mathrm{Kern}(f) := \{\vec{x} \in U : f(\vec{x}) = \vec{0}\}$$

heißt *Kern* von f.

(ii) Die Menge

$$\mathrm{Bild}(f) := f(U) = \{f(\vec{x}) : \vec{x} \in U\}$$

heißt *Bild* von f.

(iii) Die Zahl

$$\mathrm{Rang}(f) := \dim \mathrm{Bild}(f)$$

heißt *Rang* von f.

Teil (iii) dieser Definition bedarf noch einer Rechtfertigung.

8.22 Satz.
$\mathrm{Kern}(f)$ *und* $\mathrm{Bild}(f)$ *sind Unterräume von* $\mathbb{R}^n$ *bzw.* $\mathbb{R}^m$.

BEWEIS: Es seien $\vec{x}, \vec{y} \in \text{Kern}(f)$ und $\lambda \in \mathbb{R}$. Weil f linear ist, folgt sowohl

$$f(\lambda \vec{x}) = \lambda f(\vec{x}) = \vec{0}$$

als auch

$$f(\vec{x} + \vec{y}) = f(\vec{x}) + f(\vec{y}) = \vec{0}.$$

Somit gelten $\lambda \vec{x} \in \text{Kern}(f)$ und $\vec{x}+\vec{y} \in \text{Kern}(f)$, was zeigt, dass $\text{Kern}(f)$ einen Unterraum des $\mathbb{R}^n$ bildet. Sind $\vec{x}, \vec{y} \in \text{Bild}(f)$, so gibt es $\vec{u}, \vec{v} \in U$ mit $f(\vec{u}) = \vec{x}$ und $f(\vec{v}) = \vec{y}$. Wegen

$$f(\vec{u} + \vec{v}) = f(\vec{u}) + f(\vec{v}) = \vec{x} + \vec{y}$$

und $\vec{u} + \vec{v} \in U$ folgt $\vec{x} + \vec{y} \in \text{Bild}(f)$. Analog weist man nach, dass mit $\vec{x} \in \text{Bild}(f)$ auch $\lambda \vec{x}$ für jedes $\lambda \in \mathbb{R}$ in $\text{Bild}(f)$ ist. $\square$

8.23 Beispiele. (Fortsetzung von Beispiel 8.18)
Für die linearen Abbildungen f_1 (Spiegelung an der x_2-Achse), f_2 (Projektion auf die x_1-Achse parallel zur x_2-Achse), f_3 (Spiegelung an der Winkelhalbierenden) und f_4 (Drehung um 90 Grad gegen den Uhrzeigersinn) aus Beispiel 8.18 gilt

$$\text{Kern}(f_1) = \{\vec{0}\}, \qquad \text{Kern}(f_2) = \{(x_1, x_2) \in \mathbb{R}^2 : x_1 = 0\} = \text{Span}(\vec{e}_2),$$
$$\text{Kern}(f_3) = \text{Kern}(f_4) = \{\vec{0}\}$$

sowie $\text{Bild}(f_1) = \text{Bild}(f_3) = \text{Bild}(f_4) = \mathbb{R}^2$ und $\text{Bild}(f_2) = \{\lambda(1,0) : \lambda \in \mathbb{R}\} = \text{Span}(\vec{e}_1)$. Die Abbildung f_2 besitzt den Rang 1, alle anderen den Rang 2.

8.24 Satz. (Injektivität und Kern)
Die lineare Abbildung f ist genau dann injektiv, wenn $\text{Kern}(f) = \{\vec{0}\}$ gilt.

BEWEIS: Ist f injektiv, so gibt es nur ein $\vec{x} \in U$ mit $f(\vec{x}) = \vec{0}$, nämlich $\vec{x} = \vec{0}$, und es folgt $\text{Kern}(f) = \{\vec{0}\}$. Gilt umgekehrt $\text{Kern}(f) = \{\vec{0}\}$, und sind $\vec{x}, \vec{y} \in U$ mit $f(\vec{x}) = f(\vec{y})$, so folgt $f(\vec{x} - \vec{y}) = \vec{0}$ und somit $\vec{x} - \vec{y} = \vec{0}$, d.h. $\vec{x} = \vec{y}$. Also ist f injektiv. $\square$

8.3.5 Die Dimensionsformel

Das folgende wichtige Resultat über lineare Abbildungen liefert eine tiefere Einsicht in die Begriffe Kern, Bild und Dimension.

8.25 Satz. (Dimensionsformel)
Ist $f : U \to V$ eine lineare Abbildung, so gilt die Dimensionsformel

$$\dim \text{Kern}(f) + \text{Rang}(f) = \dim U. \tag{8.15}$$

BEWEIS: Wir setzen $p := \dim \text{Kern}(f)$ und $q := \text{Rang}(f)$. Im Fall $q = 0$ gilt $\text{Bild}(f) = \{\vec{0}\}$ und somit $\text{Kern}(f) = U$, woraus die Behauptung folgt. Für die weiteren Betrachtungen sei somit $q \geq 1$ vorausgesetzt. Es seien $\vec{b}_1, \ldots, \vec{b}_q \in U$ so gewählt, dass $f(\vec{b}_1), \ldots, f(\vec{b}_q)$ eine Basis von $\text{Bild}(f)$ ist. Ist $p \geq 1$, so sei $A := \{\vec{a}_1, \ldots, \vec{a}_p\}$ eine Basis von $\text{Kern}(f)$;

andernfalls sei $A := \emptyset$ gesetzt. Wir zeigen, dass $M := A \cup \{\vec{b}_1, \ldots, \vec{b}_q\}$ eine Basis von U bildet, also linear unabhängig ist und die Gleichung $\mathrm{Span}(M) = U$ erfüllt. Damit wären $p + q = \dim U$ und die Behauptung bewiesen.

Für den Nachweis der linearen Unabhängigkeit von M seien $\mu_1, \ldots, \mu_p$ und $\lambda_1, \ldots, \lambda_q$ reelle Zahlen mit der Eigenschaft

$$\sum_{i=1}^{p} \mu_i \vec{a}_i + \sum_{j=1}^{q} \lambda_j \vec{b}_j = \vec{0}.$$

Dabei wird im Fall $p = 0$ die erste Summe als $\vec{0}$ definiert. Wegen $f(\vec{a}_i) = \vec{0}$ $(i = 1, \ldots, p)$ liefert die Anwendung von f auf die obige Gleichung die Beziehung

$$\sum_{j=1}^{q} \lambda_j f(\vec{b}_j) = \vec{0}.$$

Da $f(\vec{b}_1), \ldots, f(\vec{b}_q)$ linear unabhängig sind, folgt $\lambda_1 = \ldots = \lambda_q = 0$ und somit

$$\sum_{i=1}^{p} \mu_i \vec{a}_i = \vec{0}.$$

Aufgrund der linearen Unabhängigkeit von $\vec{a}_1, \ldots, \vec{a}_p$ gilt auch $\mu_1 = \ldots = \mu_p = 0$. Die Menge M ist also linear unabhängig.

Um $\mathrm{Span}(M) = U$ zu zeigen, wählen wir ein beliebiges $\vec{x} \in U$. Wegen $f(\vec{x}) \in \mathrm{Bild}(f)$ gibt es reelle Zahlen $\beta_1, \ldots, \beta_q$ mit der Eigenschaft

$$f(\vec{x}) = \sum_{j=1}^{q} \beta_j f(\vec{b}_j).$$

Damit ist

$$\vec{x} - \sum_{j=1}^{q} \beta_j \vec{b}_j \in \mathrm{Kern}(f),$$

und es gibt Zahlen $\alpha_1, \ldots, \alpha_p \in \mathbb{R}$ mit

$$\vec{x} - \sum_{j=1}^{q} \beta_j \vec{b}_j = \sum_{i=1}^{p} \alpha_i \vec{a}_i.$$

Also gilt $\vec{x} \in \mathrm{Span}(M)$, und der Satz ist bewiesen. $\qquad\square$

8.26 Folgerung. (Äquivalenz von Injektivität und Surjektivität)
Es gelte $\dim U = \dim V$. *Dann ist* f *genau dann injektiv, wenn* f *surjektiv ist.*

BEWEIS: Nach Satz 8.24 ist f genau dann injektiv, wenn $\dim \mathrm{Kern}(f) = 0$ gilt. Aufgrund von (8.15) ist diese Aussage gleichbedeutend mit $\dim \mathrm{Bild}(f) = \dim U$. Wegen $\dim U = \dim V$ und $\mathrm{Bild}(f) \subset V$ ist Letzteres äquivalent zu $\mathrm{Bild}(f) = V$, d.h. zur Surjektivität von f. $\qquad\square$

Der Beweis des nächsten Satzes sei als Übungsaufgabe empfohlen.

8.27 Satz. (Linearität der Umkehrabbildung)
Ist die lineare Abbildung $f : U \to V$ bijektiv, so ist die Umkehrabbildung $f^{-1} :$ $V \to U$ ebenfalls linear.

8.4 Das Skalarprodukt

Wir versehen jetzt den Raum $\mathbb{R}^n$ mit einer zusätzlichen Struktur, die es gestattet, die *Länge eines Vektors*, den *Abstand zwischen Vektoren* und den *Winkel zwischen Vektoren* zu definieren.

8.4.1 Definition des Skalarprodukts

Es seien $\vec{x} = (x_1, \ldots, x_n)$ und $\vec{y} = (y_1, \ldots, y_n)$ Vektoren des $\mathbb{R}^n$.

(i) Das *Skalarprodukt* von $\vec{x}$ und $\vec{y}$ ist die Zahl

$$\langle \vec{x}, \vec{y} \rangle := \sum_{i=1}^{n} x_i y_i. \tag{8.16}$$

(ii) Die *(Euklidische)* [2] *Norm* (oder *Länge*) von $\vec{x}$ ist die Zahl

$$\|\vec{x}\| := \sqrt{\langle \vec{x}, \vec{x} \rangle} = \sqrt{x_1^2 + \ldots + x_n^2}. \tag{8.17}$$

(iii) Die Zahl $\|\vec{x} - \vec{y}\|$ heißt *(Euklidischer) Abstand* zwischen $\vec{x}$ und $\vec{y}$.

Die Definitionen von Länge und Abstand orientieren sich an dem aus der Schule bekannten elementargeometrischen Satz des Pythagoras (s. Satz 8.31); sie sind in Bild 8.9 veranschaulicht. Insbesondere kann die Norm $\|\vec{x}\|$ als Abstand des Punktes $\vec{x}$ vom Nullpunkt $\vec{0}$ eines kartesischen Koordinatensystems interpretiert werden.

Aus der Definition des Skalarprodukts lassen sich die folgenden Regeln ableiten.

8.28 Satz. (Rechenregeln für das Skalarprodukt)
Für alle $\vec{x}, \vec{y}, \vec{z} \in \mathbb{R}^n$ und $\lambda \in \mathbb{R}$ gilt:

$$\langle \vec{x}, \vec{y} \rangle = \langle \vec{y}, \vec{x} \rangle \quad \text{(Kommutativgesetz)},$$
$$\langle \vec{x} + \vec{y}, \vec{z} \rangle = \langle \vec{x}, \vec{z} \rangle + \langle \vec{y}, \vec{z} \rangle \quad \text{(Distributivgesetz)},$$
$$\lambda \langle \vec{x}, \vec{y} \rangle = \langle \lambda \vec{x}, \vec{y} \rangle \quad \text{(Assoziativität)}.$$

---

[2]Euklid (um 300 v.Chr.), Begründer der mathematischen Schule von Alexandria und Autor des einflussreichsten Mathematikwerkes aller Zeiten, den 13 Bücher umfassenden *Elementen*. Die *Elemente* behandeln u.a. Geometrie der Ebene, Zahlentheorie und Stereometrie. Euklid präsentierte als erster mathematische Darstellungen in Form von Definitionen, Axiomen, Postulaten, Sätzen, Aufgaben und Beweisen. Berühmt wurde sein Parallelenaxiom, welches den Ausgangspunkt für die Entwicklung der sog. Nichteuklidischen Geometrie bildete.

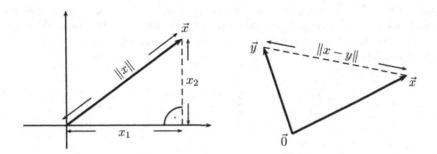

Bild 8.9: Euklidische Norm und Euklidischer Abstand

Aus dem Distributivgesetz und der Assoziativität folgt, dass bei festem $\vec{y} \in \mathbb{R}^n$ die durch $\vec{x} \mapsto \langle \vec{x}, \vec{y} \rangle$, $\vec{x} \in \mathbb{R}^n$, definierte Abbildung linear ist, d.h. es gilt

$$\Big\langle \sum_{j=1}^{k} \lambda_j \vec{x}_j, \vec{y} \Big\rangle = \sum_{j=1}^{k} \lambda_j \langle \vec{x}_j, \vec{y} \rangle \tag{8.18}$$

für jedes $k \geq 2$ und jede Wahl von Vektoren $\vec{y}, \vec{x}_1, \ldots, \vec{x}_k$ und Skalaren $\lambda_1, \ldots, \lambda_k$. Aufgrund der Kommutativität des Skalarprodukts gilt diese *Linearitätseigenschaft* in gleicher Weise bei Vertauschung der Faktoren.

Die obigen Rechenregeln liefern auch die *Homogenitätseigenschaft*

$$\|\lambda \vec{x}\| = |\lambda| \cdot \|\vec{x}\|, \qquad \vec{x} \in \mathbb{R}^n, \ \lambda \in \mathbb{R}, \tag{8.19}$$

der Euklidischen Norm und die Äquivalenzkette

$$\vec{x} = \vec{0} \iff \langle \vec{x}, \vec{x} \rangle = 0 \iff \|\vec{x}\| = 0.$$

Gilt $\vec{x} \neq \vec{0}$, so folgt mit $\lambda := 1/\|\vec{x}\|$ aus (8.19), dass der Vektor $\|\vec{x}\|^{-1}\vec{x}$ die Norm 1 besitzt. Jeder von $\vec{0}$ verschiedene Vektor lässt sich somit durch geeignete skalare Multiplikation „auf die Länge 1 normieren".

8.4.2   Die Cauchy–Schwarzsche Ungleichung

Für spätere Überlegungen ist das folgende klassische Resultat sehr wichtig:

8.29 Satz. (Cauchy–Schwarzsche[3] Ungleichung)
Für alle $\vec{x}, \vec{y} \in \mathbb{R}^n$ gilt

$$|\langle \vec{x}, \vec{y} \rangle| \leq \|\vec{x}\| \cdot \|\vec{y}\|. \tag{8.20}$$

Das Gleichheitszeichen tritt genau dann ein, wenn $\vec{x}$ und $\vec{y}$ linear abhängig sind.

---

[3]Hermann Amandus Schwarz (1843–1921), Professor in Halle (1867–1869), Zürich (1869–1875) und Göttingen (ab 1875). 1892 Berufung nach Berlin als Nachfolger von Karl Weierstraß. Hauptarbeitsgebiete: Reelle und komplexe Analysis, Differentialgleichungen.

BEWEIS: Da im Fall $\vec{x} = \vec{0}$ oder $\vec{y} = \vec{0}$ die Vektoren $\vec{x}$ und $\vec{y}$ linear abhängig sind und in (8.20) das Gleichheitszeichen gilt, nehmen wir im Folgenden an, dass beide Vektoren von $\vec{0}$ verschieden sind. Zunächst gelte $\|\vec{x}\| = \|\vec{y}\| = 1$. Die für beliebige reelle Zahlen a und b gültige Ungleichung $0 \leq (|a| - |b|)^2 = a^2 - 2|a| \cdot |b| + b^2$ liefert dann

$$2 \sum_{i=1}^{n} |x_i| \cdot |y_i| \leq \sum_{i=1}^{n} (x_i^2 + y_i^2) = 2$$

und somit

$$|\langle \vec{x}, \vec{y} \rangle| \leq \sum_{i=1}^{n} |x_i| \cdot |y_i| \leq 1 = \|x\| \cdot \|y\|.$$

Weiter gilt

$$\langle \vec{x}, \vec{y} \rangle = 1 \iff 2 \sum_{i=1}^{n} x_i y_i = \sum_{i=1}^{n} x_i^2 + \sum_{i=1}^{n} y_i^2 \iff \sum_{i=1}^{n} (x_i - y_i)^2 = 0 \iff \vec{x} = \vec{y}$$

und analog $\langle \vec{x}, \vec{y} \rangle = -1 \iff \vec{x} = -\vec{y}$ (insbesondere sind $\vec{x}$ und $\vec{y}$ dann linear abhängig).

Im allgemeinen Fall setzen wir $\vec{z} := \|\vec{x}\|^{-1} \vec{x}$ und $\vec{w} := \|\vec{y}\|^{-1} \vec{y}$. Dann gilt $\|\vec{z}\| = \|\vec{w}\| = 1$, und nach dem bereits Bewiesenen folgt $|\langle \vec{z}, \vec{w} \rangle| \leq 1$. Wegen der Homogenität der Norm ergibt sich $|\langle \vec{x}, \vec{y} \rangle| \leq \|\vec{x}\| \cdot \|\vec{y}\|$, was zu zeigen war. Außerdem folgt, dass das Gleichheitszeichen in (8.20) genau dann eintritt, wenn es ein $\lambda \neq 0$ mit $\vec{x} = \lambda \vec{y}$ gibt, also $\vec{x}$ und $\vec{y}$ linear abhängig sind. $\square$

8.30 Folgerung. (Dreiecksungleichung)
Für alle $\vec{x}, \vec{y} \in \mathbb{R}^n$ gilt

$$\|\vec{x} + \vec{y}\| \leq \|\vec{x}\| + \|\vec{y}\|.$$

Das Gleichheitszeichen tritt genau dann ein, wenn mindestens einer der Vektoren der Nullvektor ist oder ein $\lambda > 0$ mit $\vec{x} = \lambda \vec{y}$ existiert.

BEWEIS: Mit (8.17) und Satz 8.28 erhalten wir zunächst

$$\|\vec{x} + \vec{y}\|^2 = \langle \vec{x} + \vec{y}, \vec{x} + \vec{y} \rangle = \|\vec{x}\|^2 + 2\langle \vec{x}, \vec{y} \rangle + \|\vec{y}\|^2. \tag{8.21}$$

Wegen Satz 8.29 ergibt sich

$$\|\vec{x} + \vec{y}\|^2 \leq \|\vec{x}\|^2 + 2\|\vec{x}\| \cdot \|\vec{y}\| + \|\vec{y}\|^2 = (\|\vec{x}\| + \|\vec{y}\|)^2.$$

Damit ist die erste Behauptung bewiesen. Das Gleichheitszeichen tritt hier genau dann ein, wenn $\langle \vec{x}, \vec{y} \rangle = \|\vec{x}\| \cdot \|\vec{y}\|$ gilt. Hieraus folgt wegen Satz 8.29 die zweite Behauptung. $\square$

Die Dreiecksungleichung spiegelt die geometrisch offensichtliche Tatsache wider, dass die Länge einer Seite in einem Dreieck höchstens gleich der Summe der Längen der beiden anderen Seiten ist (Bild 8.10 links).

8.4.3   Orthogonalität und Winkel

Zwei Vektoren $\vec{x}, \vec{y} \in \mathbb{R}^n$ heißen *orthogonal* (*zueinander*), wenn ihr Skalarprodukt verschwindet, wenn also $\langle \vec{x}, \vec{y} \rangle = 0$ gilt. Man sagt auch, dass $\vec{x}$ und $\vec{y}$ orthogonal (*senkrecht, rechtwinklig*) *zueinander stehen* und schreibt hierfür $\vec{x} \perp \vec{y}$.

Mit diesen Definitionen ergibt sich der bekannte Satz vom Pythagoras direkt aus (8.21) (siehe auch Bild 8.10 rechts):

8.31 Satz. (Satz von Pythagoras)
Sind $\vec{x}, \vec{y} \in \mathbb{R}^n$ orthogonale Vektoren, so gilt

$$\|\vec{x} + \vec{y}\|^2 = \|\vec{x}\|^2 + \|\vec{y}\|^2. \tag{8.22}$$

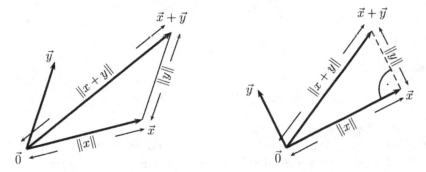

Bild 8.10: Dreiecksungleichung (links) und Satz des Pythagoras (rechts)

Sind $\vec{x}, \vec{y} \in \mathbb{R}^n$ Vektoren mit $\vec{x} \neq \vec{0}$ und $\vec{y} \neq \vec{0}$, so ist der *Winkel* $\angle(\vec{x}, \vec{y})$ *zwischen $\vec{x}$ und $\vec{y}$* durch

$$\angle(\vec{x}, \vec{y}) := \arccos\left(\frac{\langle \vec{x}, \vec{y} \rangle}{\|\vec{x}\| \cdot \|\vec{y}\|} \right) \tag{8.23}$$

definiert.

Man beachte, dass nach der Cauchy–Schwarzschen Ungleichung der Betrag des Argumentes des Arcus Kosinus tatsächlich ≤ 1 ist und somit der Winkel $\angle(\vec{x}, \vec{y})$ eine wohldefinierte Zahl im Intervall $[0, \pi]$ ist. Nach Definition (8.23) gilt der *Kosinussatz*

$$\|\vec{x} - \vec{y}\|^2 = \|\vec{x}\|^2 + \|\vec{y}\|^2 - 2\|\vec{x}\|\|\vec{y}\| \cos \angle(\vec{x}, \vec{y}).$$

Bild 8.11 illustriert die aus der Schule bekannte geometrische Interpretation des Winkels. Tatsächlich steht (8.23) im Fall $n = 2$ in Einklang mit 6.4.11. Die Vektoren $\vec{u} := \|\vec{x}\|^{-1}\vec{x}$ und $\vec{v} := \|\vec{y}\|^{-1}\vec{y}$ haben die Norm 1, liegen also auf einem Kreis mit Mittelpunkt $\vec{0}$ und Radius 1. Es gelte etwa $\vec{v} = (1, 0)$. Mit $(u_1, u_2) := \vec{u}$ gilt dann $\alpha := \arccos(\langle \vec{u}, \vec{v} \rangle) = \arccos(u_1)$. Für $u_2 \geq 0$ bedeutet das

$$(u_1, u_2) = (\cos \alpha, \sin \alpha).$$

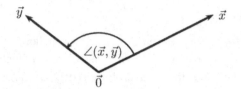

Bild 8.11:
Winkel zwischen Vektoren

8.4.4 Orthonormalsysteme

Es seien $\vec{a}_1, \ldots, \vec{a}_m$ Vektoren im $\mathbb{R}^n$. Man nennt $\vec{a}_1, \ldots, \vec{a}_m$ (bzw. die Menge $A := \{\vec{a}_1, \ldots, \vec{a}_m\}$) ein *Orthogonalsystem*, falls gilt:

$$\langle \vec{a}_i, \vec{a}_j \rangle = 0 \text{ für jede Wahl von } i, j \in \{1, \ldots, m\} \text{ mit } i \neq j.$$

Gilt zusätzlich

$$\|\vec{a}_j\| = 1 \text{ für jedes } j = 1, \ldots, m,$$

so heißt A ein *Orthonormalsystem.*

Ein Orthonormalsystem besteht somit aus paarweise orthogonalen Vektoren der gleichen Länge 1. Dieser Sachverhalt wird meist in der Kurzform

$$\langle \vec{a}_i, \vec{a}_j \rangle = \delta_{ij} := \begin{cases} 1 & \text{falls } i = j, \\ 0 & \text{falls } i \neq j, \end{cases} \tag{8.24}$$

$(i, j = 1, \ldots, m)$ geschrieben. Dabei heißt δ_{ij} das *Kroneckersymbol*.

Ein Orthonormalsystem $A = \{\vec{a}_1, \ldots, \vec{a}_m\}$ ist linear unabhängig. Bildet man nämlich auf beiden Seiten der Gleichung

$$\lambda_1 \vec{a}_1 + \ldots + \lambda_m \vec{a}_m = \vec{0}$$

für jedes $i = 1, \ldots, m$ das Skalarprodukt mit dem Vektor $\vec{a}_i$, so folgt aus (8.24)

$$\lambda_i \langle \vec{a}_i, \vec{a}_i \rangle = \lambda_i = 0, \qquad i = 1, \ldots, m.$$

Folglich ist A eine Basis von Span(A), die wegen der Eigenschaft (8.24) auch als *Orthonormalbasis* bezeichnet wird. Ein Beispiel einer Orthonormalbasis des $\mathbb{R}^n$ ist die aus den kanonischen Einheitsvektoren $\{\vec{e}_1, \ldots, \vec{e}_n\}$ bestehende *kanonische Orthonormalbasis* (s. auch Bild 8.5 rechts im Fall $n = 3$).

Ist $\vec{a}_1, \ldots, \vec{a}_m$ eine Orthonormalbasis eines Unterraumes U und ist $\vec{x} \in U$, so gibt es nach Satz 8.12 (i) eindeutig bestimmte Skalare $\lambda_1, \ldots, \lambda_m$ mit

$$\vec{x} = \sum_{j=1}^{m} \lambda_j \vec{a}_j.$$

Bilden wir auf beiden Seiten dieser Gleichung das Skalarprodukt mit $\vec{a}_i$ ($i = 1, \ldots, m$), so folgt $\langle \vec{a}_i, \vec{x} \rangle = \sum_{j=1}^{m} \lambda_j \langle \vec{a}_i, \vec{a}_j \rangle = \lambda_i$ und somit

$$\vec{x} = \sum_{i=1}^{m} \langle \vec{a}_i, \vec{x} \rangle \vec{a}_i. \tag{8.25}$$

Folglich sind die Skalarprodukte $\langle \vec{a}_i, \vec{x} \rangle$ ($i = 1, \ldots, m$) die Koordinaten von $\vec{x}$ bezüglich der Orthonormalbasis $\vec{a}_1, \ldots, \vec{a}_m$.

8.4.5   Ein Orthonormalisierungsverfahren

8.32 Satz. (Orthonormalisierungsverfahren von E. Schmidt[4])
Es seien U und V Unterräume des $\mathbb{R}^n$ mit $U \subset V$, und es gelte $m := \dim U < \dim V =: k$. Weiter sei $\vec{a}_1, \ldots, \vec{a}_m$ eine Orthonormalbasis von U. Dann gibt es Vektoren $\vec{a}_{m+1}, \ldots, \vec{a}_k \in V$, so dass $\vec{a}_1, \ldots, \vec{a}_k$ eine Orthonormalbasis von V ist.

BEWEIS: Wegen $\dim U < \dim V$ existiert ein $\vec{a} \in V$ mit $\vec{a} \notin U$. Ist $m \geq 1$, so definieren wir einen Vektor $\vec{b} \in U$ durch

$$\vec{b} := \langle \vec{a}_1, \vec{a} \rangle \vec{a}_1 + \ldots + \langle \vec{a}_m, \vec{a} \rangle \vec{a}_m;$$

im Fall $m = 0$ wird $\vec{b} := \vec{0}$ gesetzt. Für den Vektor $\vec{v} := \vec{a} - \vec{b}$ gilt dann

$$\langle \vec{a}_i, \vec{v} \rangle = \langle \vec{a}_i, \vec{a} \rangle - \langle \vec{a}_i, \vec{a} \rangle \langle \vec{a}_i, \vec{a}_i \rangle = 0, \qquad i = 1, \ldots, m.$$

Wegen $\vec{a} \notin U$ und $\vec{b} \in U$ ist $\vec{v} \neq \vec{0}$. Setzen wir $\vec{a}_{m+1} := \|\vec{v}\|^{-1} \vec{v}$, so bildet $\vec{a}_1, \ldots, \vec{a}_{m+1}$ ein Orthonormalsystem. Gilt $k = m + 1$, so ist der Satz bewiesen. Andernfalls ersetzt man U durch $\mathrm{Span}(\vec{a}_1, \ldots, \vec{a}_{m+1})$ und wiederholt den obigen Schritt. Die Behauptung ergibt sich dann induktiv. $\qquad \square$

Setzt man in Satz 8.32 speziell $U := \{\vec{0}\}$, so folgt, dass jeder Unterraum V des $\mathbb{R}^n$ eine Orthonormalbasis besitzt. Ist $\{\vec{b}_1, \ldots, \vec{b}_k\}$ eine Basis von V, so kann das Verfahren aus dem obigen Beweis dazu benutzt werden, um sukzessive eine Orthonormalbasis von V zu konstruieren. Ein einfaches Beispiel soll diese Konstruktion illustrieren.

8.33 Beispiel. (Konstruktion einer Orthonormalbasis)
Gegeben sei der Unterraum $U := \mathrm{Span}(\vec{b}_1, \vec{b}_2) \subset \mathbb{R}^3$ mit

$$\vec{b}_1 := (1, 0, 1), \qquad \vec{b}_2 := (1, 1, 0).$$

Der Vektor

$$\vec{a}_1 := \frac{\vec{b}_1}{\|\vec{b}_1\|} = \left(\frac{1}{\sqrt{2}}, 0, \frac{1}{\sqrt{2}} \right)$$

---

[4]Erhard Schmidt (1876–1959), Professor in Zürich, Erlangen, Breslau und Berlin. Hauptarbeitsgebiete: Funktionalanalysis (insbesondere Integralgleichungen), Algebra, Potentialtheorie.

bildet eine Orthonormalbasis von $\text{Span}(\vec{b}_1) = \text{Span}(\vec{a}_1)$. Für den Vektor

$$\vec{c}_2 := \vec{b}_2 - \langle \vec{a}_1, \vec{b}_2 \rangle \vec{a}_1$$

ergibt sich

$$\vec{c}_2 = (1,1,0) - \frac{\langle (1,0,1),(1,1,0) \rangle}{2} \cdot (1,0,1)$$

$$= (1,1,0) - \left(\frac{1}{2}, 0, \frac{1}{2}\right) = \left(\frac{1}{2}, 1, -\frac{1}{2}\right).$$

Mit

$$\vec{a}_2 := \frac{\vec{c}_2}{\|\vec{c}_2\|} = \left(\frac{1}{\sqrt{6}}, \frac{2}{\sqrt{6}}, -\frac{1}{\sqrt{6}}\right)$$

erhalten wir dann eine Orthonormalbasis $\{\vec{a}_1, \vec{a}_2\}$ von U.

8.4.6 Die orthogonale Projektion

Zwei Teilmengen A und B von $\mathbb{R}^n$ heißen *orthogonal (zueinander)*, wenn gilt:

$$\langle \vec{x}, \vec{y} \rangle = 0 \qquad \text{für jedes } \vec{x} \in A \text{ und jedes } \vec{y} \in B.$$

In diesem Fall schreibt man $A \perp B$. Ist A eine Teilmenge von $\mathbb{R}^n$, so heißt

$$A^\perp := \{ \vec{x} \in \mathbb{R}^n : \langle \vec{x}, \vec{y} \rangle = 0 \text{ für jedes } y \in A \} \qquad (8.26)$$

das *orthogonale Komplement* von A.

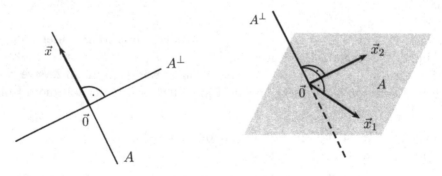

Bild 8.12: Orthogonales Komplement eines eindimensionalen Unterraumes im $\mathbb{R}^2$ (links) und eines zweidimensionalen Unterraumes im $\mathbb{R}^3$ (rechts)

Das linke Bild 8.12 zeigt den von einem Vektor $\vec{x}$ aufgespannten Unterraum $A = \text{Span}(\vec{x})$ des $\mathbb{R}^2$ als Gerade durch den Ursprung. Das orthogonale Komplement $A^\perp$ besteht aus allen Vektoren, deren Pfeilspitzen auf der senkrecht zu A

verlaufenden Geraden durch den Ursprung liegen. Im rechten Bild 8.12 ist eine von den Vektoren $\vec{x}_1$ und $\vec{x}_2$ aufgespannte Ebene $A = \mathrm{Span}(\vec{x}_1, \vec{x}_2)$ im $\mathbb{R}^3$ dargestellt. Das orthogonale Komplement $A^\perp$ zu A wird von allen Vektoren im $\mathbb{R}^3$ gebildet, deren Pfeilspitzen auf der senkrecht zur Ebene A verlaufenden Geraden durch den Ursprung liegen.

Wir notieren zunächst einige wichtige Folgerungen dieser Begriffsbildungen:

(a) Es ist $\{\vec{0}\}^\perp = \mathbb{R}^n$ sowie $(\mathbb{R}^n)^\perp = \{\vec{0}\}$.

(b) Aus $A \perp B$ folgt $\mathrm{Span}(A) \perp B$.

(c) Für jede Menge $A \subset \mathbb{R}^n$ ist $A^\perp$ ein Unterraum.

Dabei folgt (a) aus der Gleichung $\langle \vec{0}, \vec{x} \rangle = 0$ für jedes $\vec{x} \in \mathbb{R}^n$ und der Schlusskette $\vec{x} \in (\mathbb{R}^n)^\perp \implies 0 = \langle \vec{x}, \vec{x} \rangle = \|\vec{x}\|^2 \implies \vec{x} = \vec{0}$. (b) ergibt sich aus der Definition von $\mathrm{Span}(A)$ und der Linearitätseigenschaft (8.18) des Skalarproduktes. Letztere Eigenschaft liefert auch (c). Das orthogonale Komplement einer Menge ist somit stets ein Unterraum!

8.34 Satz. (Orthogonale Zerlegung)
Ist U ein Unterraum von $\mathbb{R}^n$, so gilt:

(i) $\dim U + \dim U^\perp = n$.

(ii) $(U^\perp)^\perp = U$.

(iii) *Jedes $\vec{x} \in \mathbb{R}^n$ besitzt eine eindeutige Darstellung $\vec{x} = \vec{u} + \vec{v}$ mit $\vec{u} \in U$ und $\vec{v} \in U^\perp$.*

BEWEIS: Es sei $m := \dim U$ gesetzt. Da in den Fällen $m = 0$ bzw. $m = n$ nichts zu beweisen ist, sei im Folgenden $1 \leq m \leq n - 1$ vorausgesetzt. Nach Satz 8.32 gibt es eine Orthonormalbasis $\vec{a}_1, \ldots, \vec{a}_m$ von U, die zu einer Orthonormalbasis $\vec{a}_1, \ldots, \vec{a}_n$ von $\mathbb{R}^n$ ergänzt werden kann. Wir zeigen die Gleichheit

$$\mathrm{Span}(\vec{a}_{m+1}, \ldots, \vec{a}_n) = U^\perp \tag{8.27}$$

und damit insbesondere die Behauptungen (i) und (ii). Dabei ist die Inklusion $\subset$ in (8.27) offensichtlich. Ist umgekehrt

$$\vec{x} = \sum_{i=1}^{n} \lambda_i \vec{a}_i \in U^\perp,$$

so folgt durch Bildung des Skalarproduktes mit $\vec{a}_j$ auf beiden Seiten dieser Gleichung die Beziehung $\lambda_j = 0$ für $j \in \{1, \ldots, m\}$ und damit $\vec{x} \in \mathrm{Span}(\vec{a}_{m+1}, \ldots, \vec{a}_n)$. Ist jetzt $\vec{x} = \sum_{i=1}^{n} \lambda_i \vec{a}_i$ ein beliebiges Element von $\mathbb{R}^n$, so setzen wir

$$\vec{u} := \sum_{i=1}^{m} \lambda_i \vec{a}_i \in U, \qquad \vec{v} := \sum_{i=m+1}^{n} \lambda_i \vec{a}_i \in U^\perp \tag{8.28}$$

und erhalten $\vec{x} = \vec{u} + \vec{v}$. Wegen Satz 8.12 (i) ist diese Darstellung eindeutig. $\qquad\square$

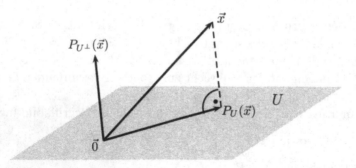

Bild 8.13: Orthogonale Projektion von $\vec{x}$ auf den Unterraum U

Unter den Voraussetzungen und mit den Bezeichnungen von Satz 8.34 (iii) heißt der Vektor $\vec{u}$ die *orthogonale Projektion* oder kurz die *Orthogonalprojektion* von $\vec{x}$ auf den Unterraum U, und man schreibt hierfür

$$P_U(\vec{x}) := \vec{u}.$$

Wegen Satz 8.34 (iii) gilt

$$P_U(\vec{x}) + P_{U^\perp}(\vec{x}) = \vec{x}, \qquad \vec{x} \in \mathbb{R}^n,$$

was gleichbedeutend mit $P_U + P_{U^\perp} = \mathrm{id}_{\mathbb{R}^n}$ ist. Bild 8.13 zeigt die orthogonale Projektion eines Vektors $\vec{x}$ im $\mathbb{R}^3$ auf einen zweidimensionalen Unterraum U.

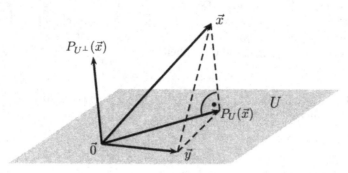

Bild 8.14: $P_U(\vec{x})$ als beste Approximation von $\vec{x}$ durch einen Vektor in U

Aus (8.25) und (8.28) erhalten wir das folgende praktische Verfahren zur Berechnung der orthogonalen Projektion:

8.35 Satz. (Berechnung der orthogonalen Projektion)
Es seien U ein Unterraum mit Orthonormalbasis $\vec{a}_1, \ldots, \vec{a}_m$. Dann gilt

$$P_U(\vec{x}) = \sum_{i=1}^{m} \langle \vec{a}_i, \vec{x} \rangle \cdot \vec{a}_i. \tag{8.29}$$

Aus diesem Satz folgt unmittelbar, dass die Orthogonalprojektion P_U eine lineare Abbildung von $\mathbb{R}^n$ in U ist. Diese Abbildung ist surjektiv, aber nur im Fall $U = \mathbb{R}^n$ injektiv.

8.36 Beispiel. (Berechnung der orthogonalen Projektion)
Gegeben seien der Unterraum U aus Beispiel 8.33 sowie der Vektor $\vec{x} := (1,1,1)$. Mit der in diesem Beispiel gefundenen Orthonormalbasis von U folgt aus (8.29)

$$P_U(\vec{x}) = \frac{\langle (1,0,1), (1,1,1) \rangle}{2} \cdot (1,0,1) + \frac{\langle (1,2,-1), (1,1,1) \rangle}{6} \cdot (1,2,-1)$$

$$= (1,0,1) + \frac{1}{3} \cdot (1,2,-1) = \frac{1}{3}(4,2,2).$$

Die Bedeutung der orthogonalen Projektion resultiert aus dem folgenden Sachverhalt, welcher besagt, dass $P_U(\vec{x})$ die *beste Approximation* von $\vec{x}$ durch einen Vektor in U darstellt (siehe Bild 8.14).

8.37 Satz. (Approximationssatz)
Sind U ein Unterraum von $\mathbb{R}^n$ und $\vec{x} \in \mathbb{R}^n$, so gilt

$$\|\vec{x} - P_U(\vec{x})\| < \|\vec{x} - \vec{y}\|$$

für jedes $\vec{y} \in U$ mit $\vec{y} \neq P_U(\vec{x})$.

BEWEIS: Für jedes $\vec{y} \in U$ gilt $\vec{x} - P_U(\vec{x}) \perp P_U(\vec{x}) - \vec{y}$. Also folgt aus dem Satz 8.31 von Pythagoras

$$\|\vec{x} - \vec{y}\|^2 = \|\vec{x} - P_U(\vec{x})\|^2 + \|P_U(\vec{x}) - \vec{y}\|^2 \geq \|\vec{x} - P_U(\vec{x})\|^2,$$

wobei das Gleichheitszeichen nur im Fall $P_U(\vec{x}) = \vec{y}$ eintritt. □

8.5 Lösungsmengen linearer Gleichungssysteme

8.5.1 Homogene und inhomogene Gleichungssteme

Im Folgenden betrachten wir das lineare Gleichungssystem

$$
\begin{aligned}
a_{11}x_1 + \ldots + a_{1n}x_n &= b_1, \\
a_{21}x_1 + \ldots + a_{2n}x_n &= b_2, \\
&\cdots\cdots\cdots \\
a_{m1}x_1 + \ldots + a_{mn}x_n &= b_m
\end{aligned}
$$

mit der Koeffizientenmatrix

$$A = (a_{ij})_{\substack{1 \leq i \leq m \\ 1 \leq j \leq n}}$$

und den rechten Seiten $b_1, \ldots, b_m$. Mit der Festsetzung $\vec{b} := (b_1, \ldots, b_m)$ und der vor Satz 8.20 eingeführten linearen Abbildung $\varphi_A : \mathbb{R}^n \to \mathbb{R}^m$ kann dieses System in der kompakten Form

$$\varphi_A(\vec{x}) = \vec{b} \tag{8.30}$$

geschrieben werden. Wir definieren:

(i) Ist $\vec{b} = \vec{0}$, so heißt das lineare Gleichungssystem (8.30) *homogen,* andernfalls *inhomogen.*

(ii) Das durch „Nullsetzen" der rechten Seite von (8.30) entstehende lineare Gleichungssystem $\varphi_A(\vec{x}) = \vec{0}$ heißt *das zu* (8.30) *gehörende homogene Gleichungssystem.*

(iii) Die Lösungsmenge von (8.30) werde mit

$$L(A, \vec{b}) := \{\vec{x} \in \mathbb{R}^n : \varphi_A(\vec{x}) = \vec{b}\}$$

bezeichnet.

Nach Definition des Kernes der linearen Abbildung φ_A besteht die Beziehung

$$L(A, \vec{0}) = \mathrm{Kern}(\varphi_A).$$

Die Lösungsmenge des zu (8.30) gehörenden homogenen Systems ist also ein Unterraum des $\mathbb{R}^n$.

Der folgende Satz klärt die Struktur der Lösungsmenge $L(A, \vec{b})$.

8.38 Satz. (Struktur der Lösungsmenge)
Es sei $\vec{x}_0 \in L(A, \vec{b})$ eine Lösung von (8.30). Dann gilt

$$L(A, \vec{b}) = \{\vec{x}_0 + \vec{x} : \vec{x} \in L(A, \vec{0})\}.$$

BEWEIS: Es sei $\vec{y} = \vec{x}_0 + \vec{x}$ mit $\varphi_A(\vec{x}) = \vec{0}$. Dann folgt

$$\varphi_A(\vec{y}) = \varphi_A(\vec{x}_0) + \varphi_A(\vec{x}) = \vec{b} + \vec{0} = \vec{b},$$

also $\vec{y} \in L(A, \vec{b})$. Ist umgekehrt $\vec{y} \in L(A, \vec{b})$, so erhalten wir für $\vec{x} := \vec{y} - \vec{x}_0$ die Gleichung

$$\varphi_A(\vec{x}) = \varphi_A(\vec{y}) - \varphi_A(\vec{x}_0) = \vec{b} - \vec{b} = \vec{0}$$

und somit $\vec{x} \in L(A, \vec{0})$. Aus $\vec{y} = \vec{x}_0 + \vec{x}$ ergibt sich damit die andere Inklusion, und der Satz ist bewiesen. $\square$

Jede Lösung von (8.30) ist also Summe einer *speziellen Lösung* $\vec{x}_0$ und einer Lösung des zugehörigen homogenen Gleichungssystems $\varphi_A(\vec{x}) = \vec{0}$.

8.5.2   Rangkriterien

Wir betrachten das lineare Gleichungssystem (8.30) und fragen nach Bedingungen an die Koeffizientenmatrix A und die rechte Seite $\vec{b}$, unter denen das System (eventuell eindeutig) lösbar ist. Dazu bezeichnen wir mit

$$\vec{a}_j := (a_{1j}, \ldots, a_{mj}), \qquad j = 1, \ldots, n$$

den in Zeilenform geschriebenen j-ten Spaltenvektor der Koeffizientenmatrix A. Damit gilt

$$\varphi_A(\vec{x}) = x_1 \vec{a}_1 + \ldots + x_n \vec{a}_n, \tag{8.31}$$

und (8.30) wird zu

$$x_1 \vec{a}_1 + \ldots + x_n \vec{a}_n = \vec{b}.$$

Den Rang von φ_A hatten wir durch $\mathrm{Rang}(\varphi_A) = \dim \mathrm{Bild}(\varphi_A)$ definiert. Der Kürze halber benutzen wir ab jetzt meist die Schreibweisen

$$\mathrm{Bild}(A) := \mathrm{Bild}(\varphi_A), \qquad \mathrm{Kern}(A) := \mathrm{Kern}(\varphi_A), \qquad \mathrm{Rang}(A) := \mathrm{Rang}(\varphi_A).$$

Nach (8.31) gehört ein Vektor $\vec{y} \in \mathbb{R}^m$ genau dann zur Menge $\mathrm{Bild}(A)$, wenn er Linearkombination von $\vec{a}_1, \ldots, \vec{a}_n$ ist, d.h. es gilt $\mathrm{Bild}(A) = \mathrm{Span}(\vec{a}_1, \ldots, \vec{a}_n)$. Aus diesem Grund nennt man die Menge $\mathrm{Bild}(A)$ auch den *Spaltenraum* von A. Nach dem Basisauswahlsatz ist $\mathrm{Rang}(A)$ die maximale Anzahl linear unabhängiger Vektoren unter den Vektoren $\vec{a}_1, \ldots, \vec{a}_n$.

Die Zahl $\mathrm{Rang}(A)$ heißt auch *Spaltenrang* von A bzw. *Rang* *der Vektoren* $\vec{a}_1, \ldots, \vec{a}_n$, und man schreibt

$$\mathrm{Rang}(\vec{a}_1, \ldots, \vec{a}_n) := \mathrm{Rang}(A).$$

Nach dieser Definition ist $\mathrm{Rang}(\vec{a}_1, \ldots, \vec{a}_n, \vec{b})$ die maximale Anzahl linear unabhängiger Vektoren in der Menge $\{\vec{a}_1, \ldots, \vec{a}_n, \vec{b}\}$. Damit erhalten wir das folgende fundamentale Kriterium für die Lösbarkeit von (8.30).

8.39 Satz. (Rangkriterium)
Das lineare Gleichungssystem (8.30) *ist genau dann lösbar, wenn*

$$\mathrm{Rang}(\vec{a}_1, \ldots, \vec{a}_n) = \mathrm{Rang}(\vec{a}_1, \ldots, \vec{a}_n, \vec{b}) \tag{8.32}$$

gilt, wenn also die erweiterte Koeffizientenmatrix den gleichen Rang wie A besitzt.

BEWEIS: Das System (8.30) ist genau dann lösbar, wenn $\vec{b}$ zu $\mathrm{Bild}(A)$ gehört, wenn also $\vec{b}$ Linearkombination von $\vec{a}_1, \ldots, \vec{a}_n$ ist. Diese Aussage ist äquivalent zu (8.32). $\square$

Man sagt, dass (8.30) *eindeutig lösbar* ist, wenn $L(A, \vec{b})$ genau ein Element enthält.

8.40 Satz. (Eindeutigkeit)
Das lineare Gleichungssystem (8.30) *ist genau dann eindeutig lösbar, wenn*

$$\text{Rang}(\vec{a}_1, \ldots, \vec{a}_n) = \text{Rang}(\vec{a}_1, \ldots, \vec{a}_n, \vec{b}) = n \qquad (8.33)$$

gilt, wenn also die Koeffizientenmatrix A *„vollen" Spaltenrang besitzt. In diesem Fall gilt* $\text{Kern}(A) = \{\vec{0}\}$.

BEWEIS: Nach der Dimensionsformel aus Satz 8.25 gilt

$$\text{Rang}(\vec{a}_1, \ldots, \vec{a}_n) + \dim \text{Kern}(A) = n. \qquad (8.34)$$

Ist das Gleichungssystem $\varphi_A(\vec{x}) = \vec{b}$ eindeutig lösbar, so impliziert das Rangkriterium (Satz 8.39) zunächst (8.32). Aus Satz 8.38 folgt dann außerdem $\dim \text{Kern}(A) = 0$, so dass (8.34) die zweite Gleichung in (8.33) liefert. Wir setzen jetzt umgekehrt (8.33) voraus. Das Rangkriterium liefert zunächst die Lösbarkeit des Systems $\varphi_A(\vec{x}) = \vec{b}$. Ferner erhalten wir aus (8.34) die Gleichung $\text{Kern}(A) = \{\vec{0}\}$. Somit zeigt Satz 8.38, dass $L(A, \vec{b})$ nur ein einziges Element enthält. $\qquad\square$

Das lineare Gleichungssystem (8.30) heißt *universell lösbar*, wenn es *für jede* rechte Seite $\vec{b} \in \mathbb{R}^m$ lösbar ist. Offenbar gilt:

8.41 Satz. (Universelle Lösbarkeit)
Das Gleichungssystem (8.30) *ist genau dann universell lösbar, wenn gilt:*

$$\text{Rang}(A) = m.$$

Im Fall $n = m$ heißt das lineare Gleichungssystem (8.30) *quadratisch*. Derartige Systeme besitzen eine besonders schöne Eigenschaft:

8.42 Satz.
Ist ein quadratisches lineares Gleichungssystem für eine rechte Seite $\vec{b}$ *eindeutig lösbar, so ist es für jede rechte Seite eindeutig lösbar.*

BEWEIS: Es gelte $m = n$, und (8.30) besitze für ein festes $\vec{b} \in \mathbb{R}^n$ eine eindeutige Lösung. Wegen Satz 8.40 sind $\vec{a}_1, \ldots, \vec{a}_n$ linear unabhängig, also eine Basis des $\mathbb{R}^n$. Insbesondere gilt dann (8.33) für *jedes* $\vec{b} \in \mathbb{R}^n$, was nach Satz 8.40 die Behauptung ergibt. $\qquad\square$

8.5.3 Zeilen– und Spaltenrang

Die zu einer $m \times n$-Matrix $A = (a_{ij})$ *transponierte Matrix* ist die durch

$$a'_{ij} := a_{ji}, \qquad i = 1, \ldots, n, \ j = 1, \ldots m,$$

definierte $n \times m$-Matrix $A^T := (a'_{ij})$. Man nennt A^T auch kurz die *Transponierte* von A.

Beispielsweise gelten für die beiden Matrizen

$$A := \begin{pmatrix} 2 & -5 \\ 0 & 3 \\ 4 & 7 \end{pmatrix}, \qquad B := \begin{pmatrix} 2 & 0 & 4 \\ -5 & 3 & 7 \end{pmatrix}$$

die Gleichungen $B = A^T$ und $A = B^T$.

Anschaulich ergibt sich die transponierte Matrix durch Spiegelung der Einträge von A an der „Diagonalen" $a_{11}, a_{22}, \ldots$. Der i-ten Spalte von A entspricht die i-te Zeile von A^T, und der j-ten Zeile von A entspricht die j-te Spalte von A^T. Die Transponierte der Matrix A^T ist wieder gleich A; es gilt also $(A^T)^T = A$.

Die zu einem Spaltenvektor transponierte Matrix ist ein Zeilenvektor und umgekehrt. Es ist oft bequem, einen Spaltenvektor $\vec{x}$ durch die *Transposition*

$$\vec{x} := (x_1, \ldots, x_n)^T$$

eines Zeilenvektors $(x_1, \ldots, x_n)$ zu definieren.

Der Rang der (erweiterten) Koeffizientenmatrix von (8.30) spielte in 8.5.2 eine große Rolle. Deshalb soll er jetzt etwas genauer untersucht werden. Es sei

$$\vec{c}_i := (a_{i1}, \ldots, a_{in}), \qquad i = 1, \ldots, m,$$

der i-te Zeilenvektor der Matrix A.

Die maximale Zahl linear unabhängiger Vektoren unter den Vektoren $\vec{c}_1, \ldots, \vec{c}_m$ heißt *Zeilenrang* von A. Der von den Zeilenvektoren erzeugte lineare Unterraum $\mathrm{Span}(\vec{c}_1, \ldots, \vec{c}_m)$ heißt *Zeilenraum* von A.

Wegen

$$\mathrm{Bild}(A^T) = \mathrm{Span}(\vec{c}_1, \ldots, \vec{c}_m)$$

stimmt der Zeilenrang von A mit dem Spaltenrang der transponierten Matrix A^T überein.

8.43 Satz. (Invarianzeigenschaften von Zeilen– und Spaltenrang)
Die $m \times n$-Matrix B gehe aus der Matrix A durch endlich viele elementare Zeilenumformungen hervor. Dann bestehen die Gleichungen $\mathrm{Rang}(A) = \mathrm{Rang}(B)$ und $\mathrm{Rang}(A^T) = \mathrm{Rang}(B^T)$.

BEWEIS: Da sich die Lösungsmenge eines linearen Gleichungssystems bei elementaren Zeilenoperationen (angewendet auf die erweiterte Koeffizientenmatrix) nicht ändert, folgt

$$\mathrm{Bild}(A^T) = \mathrm{Bild}(B^T) \tag{8.35}$$

und damit insbesondere die zweite Behauptung $\mathrm{Rang}(A^T) = \mathrm{Rang}(B^T)$.

Es seien $\vec{a}_1, \ldots, \vec{a}_n$ und $\vec{a}_1', \ldots, \vec{a}_n'$ die Spaltenvektoren von A bzw. B. Zum Beweis der ersten Behauptung betrachten wir eine Teilmenge $\{\vec{a}_{i_1}, \ldots, \vec{a}_{i_k}\}$ der Spaltenvektoren von A und die entsprechende Teilmenge $\{\vec{a}_{i_1}', \ldots, \vec{a}_{i_k}'\}$ der Spaltenvektoren von B.

O.B.d.A. sei B aus A durch Anwendung von nur einer elementaren Zeilenoperation hervorgegangen, etwa durch Multiplikation der j-ten Zeile von A mit einer Zahl $c \neq 0$ (die anderen elementaren Zeilenoperationen behandelt man analog). Sind $\vec{a}_{i_1}, \ldots, \vec{a}_{i_k}$ linear unabhängig, und gilt $\sum_{s=1}^{k} \lambda_s \vec{a}'_{i_s} = \vec{0}$ für gewisse $\lambda_1, \ldots, \lambda_k \in \mathbb{R}$, so folgt nach Division der j-ten Zeile dieses linearen Gleichungssystems durch c die Gleichung $\sum_{s=1}^{k} \lambda_s \vec{a}_{i_s} = \vec{0}$ und somit $\lambda_1 = \ldots = \lambda_k = 0$, also die lineare Unabhngigkeit von $\vec{a}'_{i_1}, \ldots, \vec{a}'_{i_k}$. Mit dem gleichen Argument sind mit $\vec{a}'_{i_1}, \ldots, \vec{a}'_{i_k}$ auch $\vec{a}_{i_1}, \ldots, \vec{a}_{i_k}$ linear unabhängig. Daraus folgt $\mathrm{Rang}(A) = \mathrm{Rang}(B)$. □

In der Situation von Satz 8.43 gilt (8.35). Wie das nächste Beispiel zeigt, ist die Gleichung $\mathrm{Bild}(A) = \mathrm{Bild}(B)$ jedoch im Allgemeinen falsch. Der Spaltenraum einer Matrix kann sich somit bei elementaren Zeilenoperationen ändern.

8.44 Beispiel.
Die Matrix

$$B := \begin{pmatrix} 1 & 3 \\ 0 & 0 \end{pmatrix}$$

geht aus der Matrix

$$A := \begin{pmatrix} 1 & 3 \\ 2 & 6 \end{pmatrix}$$

durch eine elementare Zeilenoperation (Addition des (-2)-fachen der ersten Zeile zur zweiten Zeile) hervor. Es gelten die Gleichungen $\mathrm{Bild}(A) = \mathrm{Span}((1,2))$ und $\mathrm{Bild}(B) = \mathrm{Span}((1,0))$. Damit ist $\mathrm{Bild}(A) \neq \mathrm{Bild}(B)$.

Der Rang einer Matrix kann mit Hilfe des Gaußschen Algorithmus ermittelt werden. Zugleich erhält man damit eine Basis des Zeilenraums. Diese Aussagen ergeben sich aus dem folgenden Satz, dessen Beweis man sich am besten mit Hilfe von Beispielen klar macht.

8.45 Satz.
Gegeben sei eine Matrix A mit Zeilenstufenform und r führenden Einsen. Dann ist $\mathrm{Rang}(A) = \mathrm{Rang}(A^T) = r$, und es gilt:

(i) *Die Spaltenvektoren, die eine führende Eins enthalten, bilden eine Basis des Spaltenraums $\mathrm{Bild}(A)$ von A.*

(ii) *Die Zeilenvektoren, die eine führende Eins enthalten, bilden eine Basis des Zeilenraums $\mathrm{Bild}(A^T)$ von A.*

Kombination der Sätze 8.43 und 8.45 liefert unmittelbar den folgenden wichtigen *Rangsatz:*

8.46 Satz. (Gleichheit von Zeilen– und Spaltenrang)
Der Zeilen– und der Spaltenrang einer Matrix A stimmen überein.

Analog zu den elementaren Zeilenoperationen können auch Spaltenoperationen definiert werden. Jeder Spaltenoperation für eine Matrix A entspricht eine Zeilenoperation für die transponierte Matrix A^T. Elementare Spaltenoperationen ändern den Spaltenrang und den Zeilenrang nicht.

8.5.4 Transposition und Skalarprodukt

Der folgende Satz liefert eine interessante und nützliche Interpretation der Transponierten einer Matrix.

8.47 Satz. (Transposition und Skalarprodukt)
Für jede $m \times n$-Matrix A gilt

$$\langle \varphi_A(\vec{x}), \vec{y} \rangle = \langle \vec{x}, \varphi_{A^T}(\vec{y}) \rangle, \qquad \vec{x}, \vec{y} \in \mathbb{R}^m.$$

BEWEIS: Die linke Seite der Behauptung ist gleich

$$\sum_{i=1}^{m} \left(\sum_{j=1}^{n} a_{ij} x_j \right) y_i$$

und die rechte Seite gleich

$$\sum_{i=1}^{n} \left(\sum_{j=1}^{m} a'_{ij} y_j \right) x_i.$$

Wegen $a'_{ij} = a_{ji}$ liefert die Vertauschung der Summationsreihenfolge die Behauptung. □

8.48 Satz. (Der Kern als orhogonales Komplement)
Für jede $m \times n$-Matrix A gilt

$$\mathrm{Kern}(A) = \mathrm{Bild}(A^T)^{\perp}.$$

BEWEIS: Wegen Satz 8.47 erhalten wir für alle $\vec{x} \in \mathrm{Kern}(A)$ und alle $\vec{y} \in \mathbb{R}^m$

$$0 = \langle \varphi_A(\vec{x}), \vec{y} \rangle = \langle \vec{x}, \varphi_{A^T}(\vec{y}) \rangle,$$

d.h. $\mathrm{Kern}(A) \subset \mathrm{Bild}(A^T)^{\perp}$. Umgekehrt folgt damit aus $\vec{x} \in \mathrm{Bild}(A^T)^{\perp}$

$$\varphi_A(\vec{x}) \in (\mathbb{R}^m)^{\perp} = \{\vec{0}\}.$$

(Das orthogonale Komplement wird hier in $\mathbb{R}^m$ gebildet.) Damit ist $\vec{x} \in \mathrm{Kern}(A)$. □

Die vorangegangenen Ergebnisse liefern einen alternativen Beweis des Rangsatzes 8.46. Wegen (8.34) gilt nämlich zunächst

$$\mathrm{Rang}(A) + \dim \mathrm{Kern}(A) = n.$$

Andererseits folgt aus den Sätzen 8.48 und 8.34 (i):

$$\mathrm{Rang}(A^T) + \dim \mathrm{Kern}(A) = n.$$

Die Kombination beider Gleichungen liefert $\mathrm{Rang}(A) = \mathrm{Rang}(A^T)$.

8.5.5 Zusammenfassung

Die erweiterte Koeffizientenmatrix von (8.30) besitze Zeilenstufenform und habe den Rang r'. Dann hat auch A Zeilenstufenform, und es gilt $r := \mathrm{Rang}(A) \leq r'$. Die Zahl r ist die Anzahl der führenden Variablen. Wir betrachten jetzt nochmals die Aussagen des Satzes 8.6.

(i) Gilt $r' > r$ (d.h. $r' = r + 1$ und $b_{r+1} \neq 0$), so ist das Rangkriterium (8.32) verletzt, und (8.30) besitzt keine Lösung.

(ii) Gilt $r = r' = n$, so ist (8.30) gemäß Satz 8.40 eindeutig lösbar, und die Lösung ergibt sich durch Rückwärtssubstitution.

(iii) Im Fall $r = r' < n$ existieren unendlich viele Lösungen, wobei die Lösungsmenge gemäß Satz 8.38 bestimmt wird. Zu einer speziellen Lösung $\vec{z} = (z_1, \ldots, z_n)$ gelangt man, wenn $z_{r+1} = \ldots = z_n = 0$ gesetzt wird und dann $z_1, \ldots, z_r$ durch Rückwärtssubstitution ermittelt werden. Dann gilt

$$L(A, \vec{b}) = \{\vec{z} + \vec{x} : \vec{x} \in \mathrm{Kern}(A)\}.$$

Nach (8.34) ist $\mathrm{Kern}(A)$ ein $(n-r)$-dimensionaler Unterraum von $\mathbb{R}^n$. Dieser ergibt sich, indem man den $n - r$ freien Variablen beliebige Werte zuweist und dann das homogene Gleichungssystem $\varphi_A(\vec{x}) = \vec{0}$ durch Rückwärtssubstitution auflöst.

Die Fälle (i)–(iii) schließen sich gegenseitig aus. Gilt $r = m$, so kann (i) nicht eintreten. (Wegen Satz 8.46 gilt $r \leq \min\{m, n\}$.) Nach Satz 8.41 ist (8.30) in diesem Fall universell lösbar.

8.6 Affine Unterräume

8.6.1 Definition affiner Unterräume

Die Lösungsmenge $L(A, \vec{b})$ des linearen Gleichungssystems $\varphi_A(\vec{x}) = \vec{b}$ besitzt nach Satz 8.38 die Gestalt $L(A, \vec{b}) = \{\vec{z} + \vec{y} : \vec{y} \in \mathrm{Kern}(A)\}$ für eine spezielle Lösung $z \in \mathbb{R}^n$. Da $\mathrm{Kern}(A)$ ein linearer Unterraum des $\mathbb{R}^n$ ist, trägt $L(A, \vec{b})$ somit die geometrische Struktur eines *affinen Unterraumes* von $\mathbb{R}^n$ im Sinne der nachfolgenden Begriffsbildung.

Es seien $\vec{x} \in \mathbb{R}^n$ und U ein linearer Unterraum von $\mathbb{R}^n$. Dann heißt die Menge

$$M := \vec{x} + U := \{\vec{x} + \vec{y} : \vec{y} \in U\}$$

affiner Unterraum des $\mathbb{R}^n$. Der lineare Unterraum U wird als *Richtungsraum* von M bezeichnet. Die Zahl $\dim M := \dim U$ heißt *Dimension* von M.

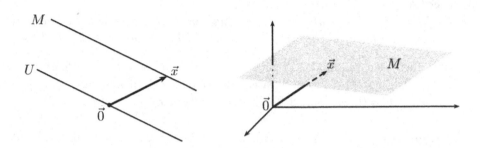

Bild 8.15: Affine Unterräume

In den Fällen $\dim M = 1$ und $\dim M = 2$ nennt man M eine *Gerade* bzw. eine *Ebene*. Ist $\dim M = n - 1$, so wird der affine Unterraum M als *Hyperebene* bezeichnet. Im Fall $\dim M = 0$ (d.h. $M = \{\vec{0}\}$) besteht M nur aus einem einzigen Punkt.

Das linke Bild 8.15 zeigt einen eindimensionalen linearen Unterraum des $\mathbb{R}^2$ in Form einer Geraden durch den Ursprung sowie einen eindimensionalen affinen Raum M der Gestalt $M = \vec{x} + U$. Anhand dieser Darstellung wird auch die Bezeichnung „Richtungsraum" deutlich: Der lineare Teilraum U gibt insofern die Richtung des affinen Unterraumes M vor, als die Mengen U und M parallele Geraden darstellen. Der affine Unterraum M ist anschaulich *am Vektor $\vec{x}$ aufgehängt*. Das rechte Bild 8.15 zeigt einen zweidimensionalen affinen Unterraum des $\mathbb{R}^3$. Die nachstehenden Überlegungen machen deutlich, dass ein affiner Unterraum M an *jedem* Vektor aus M aufgehängt werden kann.

8.49 Satz. (Eindeutigkeit des Richtungsraums)
Es seien $\vec{x}, \vec{y} \in \mathbb{R}^n$ und U, V lineare Unterräume des $\mathbb{R}^n$ mit der Eigenschaft $\vec{x} + U = \vec{y} + V$. Dann folgt $U = V$ und $\vec{x} - \vec{y} \in U$.

BEWEIS: Wir zeigen aus Symmetriegründen nur die Inklusion $U \subset V$. Ist $\vec{u} \in U$, so ist $\vec{u} = (\vec{x} + \vec{u}) - (\vec{x} + \vec{0})$ die Differenz zweier Vektoren aus $\vec{x} + U$ und damit nach Voraussetzung auch zweier Vektoren aus $\vec{y} + V$. Es folgt $\vec{u} \in V$. Schließlich gilt $\vec{x} = \vec{y} + \vec{v}$ für ein $\vec{v} \in V = U$ und somit $\vec{x} - \vec{y} \in U$. $\qquad\square$

Der Richtungsraum U des affinen Unterraumes $M = \vec{x} + U$ ist nach Satz 8.49 eindeutig bestimmt. Die Menge M kann jedoch durchaus an verschiedenen Vektoren $\vec{x}$ und $\vec{y}$ aufgehängt werden. Entscheidend ist nur, dass die Differenz dieser Vektoren zu U gehört. Insbesondere ergibt sich, dass der affine Unterraum M an jedem Vektor aus M aufgehängt werden kann:

8.50 Satz. (Aufhängungspunkt)
Es seien $M = \vec{x} + U$ ein affiner Unterraum mit Richtungsraum U und $\vec{y} \in M$ beliebig gewählt. Dann gilt $M = \vec{y} + U$.

8.51 Folgerung. (Lineare und affine Unterräume)
Es sei $M = \vec{x} + U$ ein affiner Unterraum mit Richtungsraum U. Dann ist M genau dann ein linearer Unterraum, wenn die Eigenschaft $\vec{x} \in U$ erfüllt ist.

BEWEIS: Für jeden Vektor $\vec{u} \in U$ gilt $\vec{u} = \vec{x} + (\vec{u} - \vec{x})$. Ist $\vec{x} \in U$, so folgt also $M = \vec{x} + U = U$. Ist umgekehrt M ein linearer Unterraum, so gilt $\vec{0} \in M$, und nach Satz 8.50 folgt $M = \vec{0} + U = U$. Mit Satz 8.49 erhalten wir dann $\vec{x} - \vec{0} = \vec{x} \in U$.   □

Es seien $m \in \{1, \ldots, n\}$, $\vec{x} \in \mathbb{R}^n$, U ein linearer Unterraum des $\mathbb{R}^n$ mit der Basis $\{\vec{a}_1, \ldots, \vec{a}_m\}$ und $M := \vec{x} + U$. Dann ist jeder Punkt $\vec{y} \in M$ in der Form

$$\vec{y} = \vec{x} + \lambda_1 \vec{a}_1 + \ldots + \lambda_m \vec{a}_m \tag{8.36}$$

mit geeigneten reellen Zahlen $\lambda_1, \ldots, \lambda_m$ darstellbar. Bei festem $\vec{x}$ entspricht jeder Wahl der *Parameter* $\lambda_1, \ldots, \lambda_m$ genau ein Punkt von M. Man nennt (8.36) eine *Parameterdarstellung* von M.

Zwei affine Unterräume mit Richtungsräumen U und V heißen *parallel,* wenn eine der Inklusionen $U \subset V$ oder $V \subset U$ erfüllt ist.

Insbesondere sind also zwei Geraden (bzw. Hyperebenen) parallel, wenn sie denselben Richtungsraum besitzen. Das entspricht unserer gewohnten Vorstellung von Parallelität, mit der wir auch schon bisher gearbeitet haben.

8.6.2 Hyperebenen

Hyperebenen besitzen eine besonders einfache Darstellung:

8.52 Satz. (Darstellung von Hyperebenen)
Eine Menge $H \subset \mathbb{R}^n$ ist genau dann eine Hyperebene, wenn es ein $\vec{e} \in \mathbb{R}^n$ mit $\|\vec{e}\| = 1$ und ein $c \in \mathbb{R}$ gibt, so dass gilt:

$$H = \{\vec{y} \in \mathbb{R}^n : \langle \vec{y}, \vec{e} \rangle = c\}. \tag{8.37}$$

In diesem Fall ist

$$|c| = \min\{\|\vec{y}\| : \vec{y} \in H\}. \tag{8.38}$$

BEWEIS: Zunächst seien $\vec{x} \in \mathbb{R}^n$ sowie $U \subset \mathbb{R}^n$ ein $(n-1)$-dimensionaler Unterraum, und es gelte $H = \vec{x} + U$. Nach Satz 8.34 (i) ist $U^\perp$ ein eindimensionaler Unterraum des $\mathbb{R}^n$. Somit gibt es ein $\vec{e} \in U^\perp$ mit $U^\perp = \text{Span}(\vec{e})$, wobei wir $\|\vec{e}\| = 1$ voraussetzen können. Sind $\vec{y}_1, \vec{y}_2 \in H$, so folgt $\vec{y}_1 - \vec{y}_2 \in U$ und somit

$$0 = \langle \vec{y}_1 - \vec{y}_2, \vec{e} \rangle = \langle \vec{y}_1, \vec{e} \rangle - \langle \vec{y}_2, \vec{e} \rangle.$$

Folglich hängt die Zahl $c := \langle \vec{y}_1, \vec{e} \rangle$ nicht von $\vec{y}_1 \in H$ ab, und es gilt

$$H \subset \{\vec{y} \in \mathbb{R}^n : \langle \vec{y}, \vec{e} \rangle = c\}.$$

Zum Beweis der umgekehrten Inklusion sei $\vec{y} \in \mathbb{R}^n$ mit $\langle \vec{y}, \vec{e} \rangle = c$. Wegen $\vec{x} \in H$ gilt auch $\langle \vec{x}, \vec{e} \rangle = c$ und somit $\langle \vec{y} - \vec{x}, \vec{e} \rangle = 0$, d.h.

$$\vec{y} - \vec{x} \in \operatorname{Span}(\vec{e})^\perp = (U^\perp)^\perp = U,$$

vgl. Satz 8.34 (ii). Damit folgt $\vec{y} \in H$, und (8.37) ist bewiesen.

Ist H durch die rechte Seite von (8.37) gegeben, so setzen wir $U := \operatorname{Span}(\vec{e})^\perp$ und wählen ein beliebiges $\vec{x} \in H$. Aufgrund der obigen Überlegungen gilt dann $\vec{x} + U = H$.

Zum Nachweis von (8.38) benutzen wir, dass sich nach Satz 8.34 (iii) jedes $\vec{y} \in H$ in der Form $\vec{y} = \vec{y}_1 + \vec{y}_2$ mit $\vec{y}_1(= P_U(\vec{y})) \in U$ und $\vec{y}_2(= P_{U^\perp}(\vec{y})) \in U^\perp$ schreiben lässt. Es folgt

$$c = \langle \vec{y}_1 + \vec{y}_2, \vec{e} \rangle = \langle \vec{y}_2, \vec{e} \rangle,$$

und wegen $\|\vec{e}\| = 1$ erhalten wir mit Gleichung (8.29) $\vec{y}_2 = c\vec{e}$. Aus dem Satz 8.31 von Pythagoras ergibt sich

$$\|y\|^2 = \|\vec{y}_1 + \vec{y}_2\|^2 = \|\vec{y}_1\|^2 + \|\vec{y}_2\|^2 \geq \|\vec{y}_2\|^2 = c^2,$$

wobei Gleichheit genau dann eintritt, wenn $\vec{y}_1 = \vec{0}$ und somit $\vec{y} = c\vec{e}$ gilt. $\quad\square$

Ist eine Hyperebene H in der Form (8.37) gegeben, so nennt man den Vektor $\vec{e}$ eine *Einheitsnormale* von H. Jeder Vektor $\vec{v} \neq \vec{0}$, der senkrecht auf dem Richtungsraum von H steht, also jeder Vektor $\lambda\vec{e}$ mit $\lambda \neq 0$, heißt *Normalenvektor* von H.

Da Gleichung (8.37) auch mit $-\vec{e}$ und $-c$ anstelle von $\vec{e}$ und c erfüllt ist und $\|-\vec{e}\| = 1$ gilt, ist auch der Vektor $-\vec{e}$ eine Einheitsnormale von H. Gilt $c \geq 0$, so nennt man (8.37) die *Hessesche*[5] *Normalform* von H.

8.6.3 Abstand zwischen affinen Räumen: Definition

Sind $\vec{x} \in \mathbb{R}^n$ und $A \subset \mathbb{R}^n$ eine nichtleere Menge, so heißt die Zahl

$$d(\vec{x}, A) := \inf\{\|\vec{x} - \vec{y}\| : \vec{y} \in A\}$$

Abstand zwischen $\vec{x}$ und A. Allgemeiner definiert man für eine weitere nichtleere Menge $B \subset \mathbb{R}^n$ den *Abstand zwischen A und B* als

$$d(A, B) := \inf\{\|\vec{x} - \vec{y}\| : \vec{x} \in A, \vec{y} \in B\}.$$

Nach den Eigenschaften des Infimums gilt dabei

$$d(A, B) = \inf\{d(\vec{x}, B) : \vec{x} \in A\}. \tag{8.39}$$

Bild 8.16 veranschaulicht die Begriffsbildungen $d(\vec{x}, B)$ und $d(A, B)$.

---

[5]Ludwig Otto Hesse (1811–1874). Nach einer Tätigkeit als Lehrer für Physik und Chemie an der Gewerbeschule in Königsberg (Kaliningrad) hatte Hesse Professuren in Königsberg, Halle, Heidelberg und München inne. Hauptarbeitsgebiete: Algebra, Analysis und analytische Geometrie.

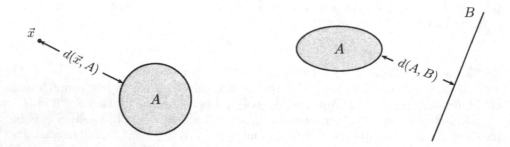

Bild 8.16: Abstand zwischen Punkt und Menge (links) und Abstand zwischen Mengen (rechts)

Im Folgenden bestimmen wir den Abstand zwischen zwei affinen Unterräumen. Dabei dient der Approximationssatz 8.37 als Leitmotiv. Zunächst wird der Spezialfall betrachtet, dass einer der Unterräume aus einem Punkt besteht.

8.6.4   Abstand zwischen Punkt und affinem Unterraum

Ist $H \subset \mathbb{R}^n$ eine Hyperebene in der Hesseschen Normalform (8.37), so ist c nach (8.38) der Abstand zwischen H und dem Koordinatenursprung. Dieses Ergebnis lässt sich wie folgt verallgemeinern:

8.53 Satz. (Abstand eines Punktes von einer Hyperebene)
Ist H eine Hyperebene der Gestalt $H = \{\vec{y} \in \mathbb{R}^n : \langle \vec{y}, \vec{e} \rangle = c\}$, so gilt

$$d(\vec{y}, H) = |\langle \vec{y}, \vec{e} \rangle - c|, \qquad \vec{y} \in \mathbb{R}^n.$$

BEWEIS: Wie der Beweis von Satz 8.52 zeigte, gilt $H = c\vec{e} + U$ mit $U = \mathrm{Span}(\vec{e})^{\perp}$. Der Satz von Pythagoras liefert dann für jedes $\vec{y} \in \mathbb{R}^n$ und jedes $\vec{z} \in U$

$$\|\vec{y} - (c\vec{e} + \vec{z})\|^2 = \|P_U(\vec{y}) + P_{U^{\perp}}(\vec{y}) - c\vec{e} - \vec{z}\|^2$$
$$= \|P_U(\vec{y}) - \vec{z}\|^2 + \|P_{U^{\perp}}(\vec{y}) - c\vec{e}\|^2$$
$$\geq \|P_{U^{\perp}}(\vec{y}) - c\vec{e}\|^2.$$

Da das Gleichheitszeichen genau dann eintritt, wenn $\vec{z} = P_U(\vec{y})$ gilt, folgt

$$d(\vec{y}, H) = \|P_{U^{\perp}}(\vec{y}) - c\vec{e}\|.$$

Nach (8.29) gilt $P_{U^{\perp}}(\vec{y}) = \langle \vec{y}, \vec{e} \rangle \vec{e}$ und folglich

$$\|P_{U^{\perp}}(\vec{y}) - c\vec{e}\| = \|(\langle \vec{y}, \vec{e} \rangle - c)\vec{e}\| = |\langle \vec{y}, \vec{e} \rangle - c|,$$

womit der Satz bewiesen ist.   □

8.54 Satz. (Abstand zwischen Punkt und affinem Unterraum)
Ist $M = \vec{x} + U$ ein affiner Unterraum, so gilt

$$d(\vec{y}, M) = \|P_{U^\perp}(\vec{y} - \vec{x})\|, \qquad \vec{y} \in \mathbb{R}^n.$$

BEWEIS: Es sei $\vec{x}_0 := P_{U^\perp}(\vec{x})$ gesetzt. Wegen $P_U(\vec{x}) \in U$ gilt dann

$$M = (\vec{x}_0 + P_U(\vec{x})) + U = \vec{x}_0 + U, \qquad (8.40)$$

und für jedes $\vec{y} \in \mathbb{R}^n$ und jedes $\vec{z} \in U$ folgt

$$\|\vec{y} - (\vec{x}_0 + \vec{z})\|^2 = \|P_U(\vec{y}) - \vec{z}\|^2 + \|P_{U^\perp}(\vec{y}) - \vec{x}_0\|^2$$
$$\geq \|P_{U^\perp}(\vec{y}) - \vec{x}_0\|^2 = \|P_{U^\perp}(\vec{y} - \vec{x})\|^2.$$

Das Gleichheitszeichen tritt dabei nur im Fall $\vec{z} = P_U(\vec{y})$ ein. $\qquad\square$

In der Situation des obigen Satzes nennt man den Vektor

$$P_{U^\perp}(\vec{x} - \vec{y}) \in U^\perp$$

das *Lot* von $\vec{y}$ auf M. Es ist unabhängig von $\vec{x} \in M$. Der Vektor

$$P_{U^\perp}(\vec{x}) + P_U(\vec{y}) = \vec{x} + P_U(\vec{y} - \vec{x})$$

heißt *Fußpunkt* des Lotes (siehe Bild 8.17).

Die Darstellung (8.40) ist im folgenden Sinne eindeutig: Hat M die Darstellung $M = \vec{y}_0 + U$ für ein $\vec{y}_0 \in U^\perp$, so folgt $\vec{y}_0 = P_{U^\perp}(\vec{x})$.

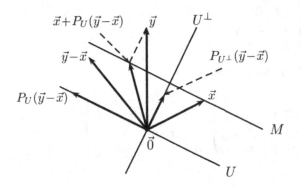

Bild 8.17:
Abstand zwischen Punkt und affinem Unterraum

8.6.5 Summen von Unterräumen

Vor der Herleitung einer allgemeinen Formel für den Abstand zwischen affinen Unterräumen (s. 8.6.7) werden wir uns mit weiteren Begriffsbildungen vertraut machen. Dazu betrachten wir zwei Unterräume U und V des $\mathbb{R}^n$.

Die Menge

$$U + V := \{\vec{u} + \vec{v} : \vec{u} \in U, \vec{v} \in V\}$$

heißt die *Summe* von U und V.

Offenbar ist $U + V$ der kleinste Unterraum, der sowohl U als auch V enthält, d.h. es gilt

$$U + V = \operatorname{Span}(U \cup V).$$

Sind M_1 bzw. M_2 Erzeugendensysteme von U bzw. V, so ist $M_1 \cup M_2$ ein Erzeugendensystem von $U + V$. Also folgt aus dem Basisauswahlsatz 8.15 die Ungleichung

$$\dim(U + V) \leq \dim(U) + \dim(V). \tag{8.41}$$

Sind B_1 und B_2 Basen von U bzw. V, so liefert der Gaußsche Algorithmus wie folgt eine Basis B von $U + V$. Man bilde eine Matrix A, deren Zeilenvektoren die Vektoren aus B_1 und B_2 sind. Diese Matrix hat $\dim(B_1) + \dim(B_2)$ Zeilen und n Spalten, und ihr Zeilenraum stimmt mit $U + V$ überein. Bringt man A auf Zeilenstufenform, so kann eine Basis von $U + V$ gemäß Satz 8.45 direkt abgelesen werden. Wir wollen dieses Verfahren mit einem Beispiel erläutern.

8.55 Beispiel. (Bestimmung der Basis einer Summe von Unterräumen)
Wir betrachten die Unterräume

$$U := \operatorname{Span}((4,3,4,1),(-2,3,4,3)) \qquad \text{und} \qquad V := \operatorname{Span}((0,5,3,4),(2,1,5,0))$$

von $\mathbb{R}^4$ und bilden die Matrix

$$A := \begin{pmatrix} 4 & 3 & 4 & 1 \\ -2 & 3 & 4 & 3 \\ 0 & 5 & 3 & 4 \\ 2 & 1 & 5 & 0 \end{pmatrix}.$$

Dann gilt (vgl. die Bezeichnungen in Beispiel 8.8)

$$A \sim \begin{pmatrix} 0 & 1 & -6 & 1 \\ 0 & 4 & 9 & 3 \\ 0 & 5 & 3 & 4 \\ 2 & 1 & 5 & 0 \end{pmatrix} \sim \begin{pmatrix} 0 & 1 & -6 & 1 \\ 0 & 1 & 27 & 0 \\ 0 & 1 & 27 & 0 \\ 2 & 1 & 5 & 0 \end{pmatrix} \sim \begin{pmatrix} 0 & 0 & -33 & 1 \\ 0 & 1 & 27 & 0 \\ 0 & 0 & 0 & 0 \\ 2 & 0 & -22 & 0 \end{pmatrix}.$$

Damit ist

$$B := \{(0,0,-33,1),(0,1,27,0),(2,0,-22,0)\}$$

eine Basis von $U + V$. Insbesondere gilt $\dim(U + V) = 3$.

Mit U und V ist auch der Durchschnitt $U \cap V$ von U und V ein Unterraum. Auch die Basis von $U \cap V$ kann mit Hilfe des Gaußschen Algorithmus ermittelt werden. Zur Erläuterung des Vorgehens können wir $k := \dim(U) \geq 1$ und $l := \dim(V) \geq 1$ voraussetzen. Es seien $\{\vec{a}_1, \ldots, \vec{a}_k\}$ und $\{\vec{b}_1, \ldots, \vec{b}_l\}$ Basen von U bzw. V. Ein Vektor $\vec{v} \in \mathbb{R}^n$ gehört genau dann zu $U \cap V$, wenn es Zahlen $\lambda_1, \ldots, \lambda_{k+l}$ gibt, so dass die beiden Gleichungen

$$\vec{v} = \lambda_1 \vec{a}_1 + \ldots + \lambda_k \vec{a}_k \qquad \text{und} \qquad \vec{v} = \lambda_{k+1} \vec{b}_1 + \ldots + \lambda_{k+l} \vec{b}_l$$

erfüllt sind. Zu lösen ist also das lineare Gleichungssystem

$$\lambda_1 \vec{a}_1 + \ldots + \lambda_k \vec{a}_k - \lambda_{k+1} \vec{b}_1 - \ldots - \lambda_{k+l} \vec{b}_l = \vec{0} \tag{8.42}$$

in den Unbekannten $\lambda_1, \ldots, \lambda_{k+l}$. Auch das wollen wir illustrieren.

8.56 Beispiel. (Bestimmung einer Basis des Durchschnitts von Unterräumen) Wir betrachten die Unterräume $U, V \subset \mathbb{R}^4$ aus Beispiel 8.55 und bilden die Matrix

$$A := \begin{pmatrix} 4 & -2 & 0 & -2 \\ 3 & 3 & -5 & -1 \\ 4 & 4 & -3 & -5 \\ 1 & 3 & -4 & 0 \end{pmatrix}.$$

Zur Bestimmung einer Basis von $U \cap V$ haben wir dann nach (8.42) das lineare Gleichungssystem

$$\varphi_A((\lambda_1, \lambda_2, \lambda_3, \lambda_4)) = (0, 0, 0, 0) \tag{8.43}$$

zu lösen. Es gilt (vgl. erneut die Bezeichnungen in Beispiel 8.8)

$$A \sim \begin{pmatrix} -2 & -8 & 10 & 0 \\ 3 & 3 & -5 & -1 \\ -11 & -11 & 22 & 0 \\ 1 & 3 & -4 & 0 \end{pmatrix} \sim \begin{pmatrix} 0 & -2 & 2 & 0 \\ 0 & -6 & 7 & -1 \\ 0 & 22 & -22 & 0 \\ 1 & 3 & -4 & 0 \end{pmatrix} \sim \begin{pmatrix} 0 & 1 & -1 & 0 \\ 0 & 0 & 1 & -1 \\ 0 & 0 & 0 & 0 \\ 1 & -1 & 0 & 0 \end{pmatrix}.$$

Somit ist $\lambda := \lambda_4$ eine freie Variable von (8.43), und die Lösungsmenge ist gleich

$$\{(\lambda, \lambda, \lambda, \lambda) : \lambda \in \mathbb{R}\} = \{\lambda(1, 1, 1, 1) : \lambda \in \mathbb{R}\}.$$

Also ist

$$U \cap V = \{\lambda \vec{a}_1 + \lambda \vec{a}_2 : \lambda \in \mathbb{R}\} = \{\lambda(2, 6, 8, 4) : \lambda \in \mathbb{R}\},$$

und insbesondere gilt $\dim(U \cap V) = 1$.

In den obigen Beispielen ergibt sich die Dimension von $U + V$ zu $\dim(U) + \dim(V) - \dim(U \cap V)$. Der nächste Satz zeigt, dass das kein Zufall ist.

8.57 Satz. (Dimensionsformel für Summen von Unterräumen)
Für beliebige Unterräume $U, V \subset \mathbb{R}^n$ gilt

$$\dim(U + V) = \dim(U) + \dim(V) - \dim(U \cap V). \tag{8.44}$$

BEWEIS: Es sei k die Dimension von $U \cap V$, und es sei $B := \{\vec{a}_1, \ldots, \vec{a}_k\}$ eine Basis von $U \cap V$. (Im Fall $k = 0$ ist $B := \emptyset$.) Nach Satz 8.17 können wir B durch geeignete Vektoren $\vec{a}_{k+1}, \ldots, \vec{a}_{k+l}$ bzw. $\vec{a}_{k+l+1}, \ldots, \vec{a}_{k+l+m}$ zu einer Basis von U bzw. V ergänzen. Damit ist $\dim(U) = k + l$ und $\dim(V) = k + m$. Nach Definition der Dimension folgt die Behauptung, falls $\vec{a}_1, \ldots, \vec{a}_{k+l+m}$ eine Basis von $U + V$ bilden. Zunächst ist klar, dass diese Vektoren ein Erzeugendensystem von $U + V$ sind. Zum Nachweis ihrer linearen Unabhängigkeit setzen wir jetzt die Gleichung

$$\lambda_1 \vec{a}_1 + \ldots + \lambda_{k+l+m} \vec{a}_{k+l+m} = \vec{0} \tag{8.45}$$

für gewisse $\lambda_1, \ldots, \lambda_{k+l+m} \in \mathbb{R}$ voraus. Für den Vektor

$$\vec{v} := \lambda_1 \vec{a}_1 + \ldots + \lambda_{k+l} \vec{a}_{k+l}$$

gilt dann einerseits $\vec{v} \in U$ und andererseits $-\vec{v} \in V$. Folglich ist $\vec{v} \in U \cap V$. Wegen der Eindeutigkeit der Koordinaten muss dann $\lambda_{k+1} = \ldots = \lambda_{k+l} = 0$ sein. Setzen wir dieses Ergebnis in (8.45) ein, so ergeben sich aus der linearen Unabhängigkeit der Vektoren $\vec{a}_1, \ldots, \vec{a}_{k+m+l}$ die Gleichungen $\lambda_1 = \ldots = \lambda_k = \lambda_{k+m+1} = \ldots = \lambda_{k+l+m} = 0$. Damit ist der Satz bewiesen. $\square$

Abschließend wollen wir noch auf die nützliche Gleichung

$$(U + V)^\perp = U^\perp \cap V^\perp \tag{8.46}$$

hinweisen. Ist nämlich $\vec{x} \in (U + V)^\perp$, so folgt aus der Definition (8.26) des orthogonalen Komplements sowie der Inklusion $U \cup V \subset U + V$ sowohl $\vec{x} \in U^\perp$ als auch $\vec{x} \in V^\perp$. Umgekehrt ergibt sich aus $x \in U^\perp \cap V^\perp$ die Gleichung $\langle \vec{x}, \vec{u} + \vec{v} \rangle = \langle \vec{x}, \vec{u} \rangle + \langle \vec{x}, \vec{v} \rangle = 0$ für jedes $\vec{u} \in U$ und jedes $\vec{v} \in V$.

8.6.6 Direkte Summen

Es seien U und V Unterräume des $\mathbb{R}^n$. Gilt $U \cap V = \{\vec{0}\}$, so heißt der Unterraum $U + V$ **direkte Summe** von U und V. In diesem Fall schreibt man

$$U \oplus V := U + V.$$

Zum Beispiel gilt $\mathbb{R}^n = U \oplus U^\perp$ für jeden Unterraum U des $\mathbb{R}^n$.

8.58 Satz. (Charakterisierung einer direkten Summe)
Es seien U, V Unterräume des $\mathbb{R}^n$. Dann sind die folgenden Aussagen äquivalent:

(i) $U + V$ *ist direkte Summe von U und V.*

(ii) *Jedes $\vec{x} \in U + V$ besitzt eine eindeutige Darstellung $\vec{x} = \vec{u} + \vec{v}$ mit $\vec{u} \in U$ und $\vec{v} \in V$.*

(iii) *Erfüllen $\vec{x} \in U$ und $\vec{y} \in V$ die Gleichung $\vec{x} + \vec{y} = \vec{0}$, so folgt $\vec{x} = \vec{y} = \vec{0}$.*

BEWEIS: Der Beweis erfolgt durch den „Ringschluss" (i)$\Rightarrow$ (iii) $\wedge$ (iii) $\Rightarrow$ (ii) $\wedge$ (ii) $\Rightarrow$ (i).

(i)$\Rightarrow$(iii): Es gelte $U \cap V = \{\vec{0}\}$. Sind $\vec{x} \in U$ und $\vec{y} \in V$ mit $\vec{x} + \vec{y} = \vec{0}$, so folgt $\vec{x} = -\vec{y} \in V$ und somit $\vec{x} \in U \cap V$. Deshalb ist $\vec{x} = \vec{0}$ und folglich auch $\vec{y} = \vec{0}$.

(iii)$\Rightarrow$(ii): Es sei $\vec{x} = \vec{u} + \vec{v} = \vec{u}' + \vec{v}'$ mit $\vec{u}, \vec{u}' \in U$ und $\vec{v}, \vec{v}' \in V$. Dann folgt $\vec{u} - \vec{u}' + \vec{v} - \vec{v}' = \vec{0}$, und aus (iii) ergibt sich $\vec{u} = \vec{u}'$ sowie $\vec{v} = \vec{v}'$.

(ii)$\Rightarrow$(i): Jeder Vektor $\vec{x} \in U \cap V$ besitzt die trivialen Darstellungen $\vec{x} = \vec{x} + \vec{0}$ und $\vec{x} = \vec{0} + \vec{x}$. Deshalb hat (ii) die Gleichung $\vec{x} = \vec{0}$ zur Folge. $\square$

Aus der Dimensionsformel in Satz 8.57 erhalten wir:

8.59 Folgerung. (Dimension direkter Summen)
Sind $U, V \subset \mathbb{R}^n$ Unterräume, so gilt $U \cap V = \{\vec{0}\}$ genau dann, wenn

$$\dim(U + V) = \dim(U) + \dim(V). \tag{8.47}$$

Der Begriff der direkten Summe von Unterräumen lässt sich unmittelbar auf den Fall von mehr als zwei Unterräumen verallgemeinern. Sind $U_1, \ldots, U_m$ ($m \geq 2$) Unterräume des $\mathbb{R}^n$ mit der Eigenschaft

$$U_i \cap (U_1 + \ldots + U_{i-1}) = \{\vec{0}\}, \qquad i = 2, \ldots, m, \tag{8.48}$$

so heißt der Unterraum

$$U_1 + \ldots + U_m := \{\vec{u}_1 + \ldots + \vec{u}_m : \vec{u}_1 \in U_1, \ldots, \vec{u}_m \in U_m\}$$

direkte Summe von $U_1, \ldots, U_m$. Mit Hilfe von Satz 8.58 zeigt man induktiv, dass die Gleichungen (8.48) genau dann erfüllt sind, wenn jeder Vektor $\vec{x} \in U_1 + \ldots + U_m$ eine eindeutige Darstellung der Form $\vec{x} = \vec{u}_1 + \ldots + \vec{u}_m$ mit $\vec{u}_i \in U_i$, $i = 1, \ldots, m$, besitzt. Mittels Folgerung 8.59 ergibt sich ebenfalls induktiv, dass (8.48) äquivalent zur folgenden Gleichung ist:

$$\dim(U_1 + \ldots + U_m) = \dim(U_1) + \ldots + \dim(U_m).$$

8.6.7 Abstand zwischen affinen Unterräumen*

8.60 Satz. (Abstand zwischen zwei affinen Unterräumen)
Sind $M = \vec{x}_0 + U$ und $L = \vec{y}_0 + V$ affine Unterräume des $\mathbb{R}^n$, so gilt

$$d(L, M) = \|P_{(U+V)^\perp}(\vec{y}_0 - \vec{x}_0)\|.$$

BEWEIS: Es sei W das Bild der linearen Abbildung $P_{U^\perp} : V \to U^\perp$, d.h.

$$W = \{P_{U^\perp}(\vec{v}) : \vec{v} \in V\}.$$

Aus Satz 8.54 erhalten wir für jedes $\vec{v} \in V$

$$\begin{aligned}
d(\vec{y}_0 + \vec{v}, M)^2 &= \|P_{U^\perp}(\vec{y}_0 - \vec{x}_0) + P_{U^\perp}(\vec{v})\|^2 \\
&= \|P_{W^\perp} \circ P_{U^\perp}(\vec{y}_0 - \vec{x}_0)\|^2 + \|P_W \circ P_{U^\perp}(\vec{y}_0 - \vec{x}_0) + P_{U^\perp}(\vec{v})\|^2 \\
&\geq \|P_{W^\perp} \circ P_{U^\perp}(\vec{y}_0 - \vec{x}_0)\|^2.
\end{aligned}$$

Aus $W \subset U^\perp$ folgt $P_W \circ P_{U^\perp} = P_W$. Somit gilt oben die Gleichheit genau dann, wenn

$$P_{U^\perp}(\vec{v}) = P_W(\vec{x}_0 - \vec{y}_0). \tag{8.49}$$

Wegen (8.39) ergibt sich die Behauptung aus

$$P_{W^\perp} \circ P_{U^\perp} = P_{(U+V)^\perp}, \tag{8.50}$$

eine Beziehung, die wir jetzt beweisen wollen. Aufgrund der Gleichungskette

$$\begin{aligned}
\mathrm{id}_{\mathbb{R}^n} - P_{W^\perp} \circ P_{U^\perp} &= P_U + P_{U^\perp} - P_{W^\perp} \circ P_{U^\perp} \\
&= P_U + P_W \circ P_{U^\perp} = P_U + P_W
\end{aligned}$$

ist (8.50) zu

$$P_U + P_W = P_{(U+V)} \tag{8.51}$$

äquivalent. Wegen $U \perp W$ liefert (8.29) die Gleichung $P_{U+W} = P_U + P_W$. Daraus sowie aus der Gleichung $U + W = U + V$ folgt (8.51), und der Satz ist bewiesen. $\qquad\square$

Der Vektor

$$\vec{z}_0 := P_{(U+V)^\perp}(\vec{x}_0 - \vec{y}_0)$$

ist unabhängig von $\vec{y}_0 \in M$ und $\vec{x}_0 \in L$ und heißt *Lot* von M auf L. Hintergrund dieser Bezeichnung ist der folgende Satz.

8.61 Satz. (Lot und Fußpunkte)
Es seien $M = \vec{x}_0 + U$ und $L = \vec{y}_0 + V$ affine Unterräume. Dann gibt es Vektoren $\vec{y} \in L$ und $\vec{x} \in M$ mit

$$d(L, M) = \|\vec{y} - \vec{x}\|. \tag{8.52}$$

Diese Gleichung gilt genau dann, wenn

$$\vec{y} = \vec{y}_0 + \vec{v} \tag{8.53}$$

für ein $\vec{v} \in V$, welches (8.49) genügt und

$$\vec{x} - \vec{y} = P_{(U+V)^\perp}(\vec{x}_0 - \vec{y}_0). \tag{8.54}$$

BEWEIS: Für gegebene Vektoren $\vec{y} \in L$ und $\vec{x} \in M$ ist (8.52) wegen (8.39) zu den beiden Gleichungen $d(\vec{y}, M) = d(L, M)$ und $d(\vec{y}, \vec{x}) = d(\vec{y}, M)$ äquivalent. Wie wir im Beweis von Satz 8.60 gesehen haben, ist die erste Beziehung gleichbedeutend mit (8.53). Aus Satz 8.54 (bzw. seinem Beweis) folgt dann die Äquivalenz der zweiten Gleichung mit

$$\vec{x} = P_{U^\perp}(\vec{x}_0) + P_U(\vec{y}_0 + \vec{v}).$$

Definieren wir $\vec{y}$ durch (8.53) und $\vec{x}$ durch (8.54), so erhalten wir Vektoren aus L bzw. M, welche die Gleichung (8.52) erfüllen. Für die Differenz (8.54) ergibt sich mittels (8.49) und (8.51)

$$\begin{aligned}
\vec{x} - \vec{y} &= P_{U^\perp}(\vec{x}_0) - \vec{y}_0 + P_U(\vec{y}_0) + P_U(\vec{v}) - \vec{v} \\
&= \vec{x}_0 - \vec{y}_0 + P_U(\vec{y}_0) - P_U(\vec{x}_0) - P_{U^\perp}(\vec{v}) \\
&= \vec{x}_0 - \vec{y}_0 - (P_U(\vec{x}_0 - \vec{y}_0) + P_W(\vec{x}_0 - \vec{y}_0)) \\
&= \vec{x}_0 - \vec{y}_0 - P_{U+V}(\vec{x}_0 - \vec{y}_0) \\
&= P_{(U+V)^\perp}(\vec{x}_0 - \vec{y}_0). \qquad \square
\end{aligned}$$

Man nennt die Vektoren $\vec{x}, \vec{y}$ in Satz 8.61 die *Fußpunkte des Lots* von L auf M. Im Gegensatz zum Lot sind sie nicht eindeutig bestimmt. Der Fall $\vec{x} = \vec{y}$ kann natürlich vorkommen. Wegen Satz 8.61 (speziell (8.52)) tritt er genau dann ein, wenn $d(L, M) = 0$, also $L \cap M \neq \emptyset$ gilt. Man sagt dann, dass sich L und M *schneiden*. Der folgende Satz liefert eine Charakterisierung der Eindeutigkeit der Fußpunkte.

8.62 Satz. (Eindeutigkeit der Fußpunkte)
Die Fußpunkte in Satz 8.61 sind genau dann eindeutig bestimmt, wenn $U \cap V = \{\vec{0}\}$ gilt, d.h. wenn $U + V$ die direkte Summe von U und V ist.

BEWEIS: Wegen Satz 8.61 liegt Eindeutigkeit genau dann vor, wenn die Gleichung (8.49) nur eine Lösung $\vec{v} \in V$ besitzt. Letzteres ist genau dann der Fall, wenn die Abbildung $f : V \to W$, $f(\vec{x}) := P_{U^\perp}(\vec{x})$ injektiv ist. Jetzt benutzen wir Satz 8.24. Für $\vec{v} \in V$ gilt $f(\vec{v}) = \vec{0}$ genau dann, wenn $\vec{v} \in U$, d.h. $\vec{v} \in U \cap V$. Daraus folgt die Behauptung. $\quad\square$

8.6.8 Abstände im $\mathbb{R}^3$

Zum Schluss dieses Abschnitts soll der dreidimensionale Spezialfall der obigen Ergebnisse über Abstände zwischen affinen Unterräumen genauer ausgeführt werden. Die nachfolgenden, vorbereitenden Bemerkungen gelten dabei für jede Dimension. Ist U ein eindimensionaler Unterraum von $\mathbb{R}^n$, so gilt $U = \text{Span}(\vec{u})$ für einen Vektor $\vec{u} \neq \vec{0}$. Der Vektor $\|\vec{u}\|^{-1}\vec{u}$ hat die Norm 1, und aus (8.29) folgt

$$P_U(\vec{x}) = \|\vec{u}\|^{-2}\langle \vec{x}, \vec{u}\rangle \vec{u},$$

insbesondere also

$$\|P_U(\vec{x})\| = \|\vec{u}\|^{-1}|\langle \vec{x}, \vec{u}\rangle|.$$

Ferner erhält man aus

$$P_{U^\perp}(\vec{x}) = \vec{x} - P_U(\vec{x})$$

die Beziehung

$$\|P_{U^\perp}(\vec{x})\|^2 = \|\vec{x}\|^2 + \|\vec{u}\|^{-2}\langle \vec{x}, \vec{u}\rangle^2 - 2\|\vec{u}\|^{-2}\langle \vec{x}, \vec{u}\rangle^2$$
$$= \|\vec{x}\|^2 - \|\vec{u}\|^{-2}\langle \vec{x}, \vec{u}\rangle^2.$$

Wir werden diese Gleichungen zukünftig ohne weiteren Kommentar benutzen.

Im Folgenden seien $L = \vec{y}_0 + V$ ein i-dimensionaler und $M = \vec{x}_0 + U$ ein j-dimensionaler affiner Unterraum des $\mathbb{R}^3$. Wir bestimmen den Abstand $d(L, M)$ zwischen L und M gemäß Formel (8.52) und unterscheiden hierzu die folgenden Fälle:

(1) $i = 0, j = 0$: (*Abstand zwischen zwei Punkten*)
In diesem Fall ist $M = \{\vec{x}_0\}$, $L = \{\vec{y}_0\}$ und $d(L, M) = \|\vec{y}_0 - \vec{x}_0\|$.

(2) $i = 0, j = 1$: (*Abstand zwischen einem Punkt und einer Geraden*)
Es gelte $U = \text{Span}(\vec{u})$. Dann ist

$$d(L, M)^2 = d(\vec{y}_0, M)^2 = \|P_{U^\perp}(\vec{y}_0 - \vec{x}_0)\|^2$$
$$= \|(\vec{y}_0 - \vec{x}_0)\|^2 - \|\vec{u}\|^{-2}\langle \vec{y}_0 - \vec{x}_0, \vec{u}\rangle^2.$$

Es gilt $d(L, M) = 0$ genau dann, wenn der Punkt $\vec{y}_0$ auf der Geraden M liegt, wenn also $\vec{y}_0 \in M$ gilt.

(3) $i = 0, j = 2$: (*Abstand zwischen einem Punkt und einer Ebene*)
Es gelte $U = \text{Span}(\vec{u}_1, \vec{u}_2)$. Zunächst wird ein Vektor $\vec{e} = (e_1, e_2, e_3)$ mit den Eigenschaften $\vec{e} \neq \vec{0}$ und $\{\vec{e}\} \perp U$ bestimmt. Dazu benutzt man die Gleichungen

$$\langle \vec{e}, \vec{u}_1\rangle = 0, \qquad \langle \vec{e}, \vec{u}_2\rangle = 0,$$

die ein lineares Gleichungssystem mit den Variablen e_1, e_2, e_3 bilden. Es gibt eine freie Variable, die man z.B. so wählen kann, dass $\|\vec{e}\| = 1$ gilt. Es folgt

$$d(L, M) = d(\vec{y}_0, M) = \|P_{U^\perp}(\vec{y}_0 - \vec{x}_0)\|$$
$$= \|\vec{e}\|^{-1}|\langle (\vec{y}_0 - \vec{x}_0), \vec{e}\rangle|.$$

Es gilt $d(L, M) = 0$ genau dann, wenn der Punkt $\vec{y}_0$ in der Ebene M liegt, wenn also $\vec{y}_0 \in M$ gilt. Liegt M in der Hesseschen Normalform (8.37) vor, so liefert Satz 8.53 eine alternative Methode zur Bestimmung von $d(\vec{y}_0, M)$.

(4) $i = 1, j = 1$: (*Abstand zwischen zwei Geraden*)
Es sei $U = \text{Span}(\vec{u})$ und $V = \text{Span}(\vec{v})$. Dann gilt entweder $U \cap V = \{\vec{0}\}$ oder $U = V$. Im ersten Fall ist $\dim(U + V) = 2$, und man bestimmt einen Vektor

$\vec{e} \neq \vec{0}$, der zu $\vec{u}$ und $\vec{v}$ orthogonal ist, für den also $\langle \vec{e}, \vec{u} \rangle = \langle \vec{e}, \vec{v} \rangle = 0$ gilt. Dann ist

$$d(L, M) = \|\vec{e}\|^{-1} |\langle \vec{y}_0 - \vec{x}_0, \vec{e} \rangle|,$$

und die beiden Geraden schneiden sich genau dann, wenn $(\vec{y}_0 - \vec{x}_0) \in U + V$ gilt. Ist das nicht der Fall, so nennt man die Geraden L und M *windschief*. Der zweite Fall ist $U = V$. Dann gilt

$$d(L, M)^2 = \|P_{U^\perp}(\vec{y}_0 - \vec{x}_0)\|^2 = \|(\vec{y}_0 - \vec{x}_0)\|^2 - \|\vec{u}\|^{-2} \langle \vec{y}_0 - \vec{x}_0, \vec{u} \rangle^2.$$

In diesem Fall schneiden sich die Geraden genau dann, wenn $\vec{y}_0 - \vec{x}_0 \in U$ gilt, d.h. wenn L und M identisch sind.

(5) $i = 1, j = 2$: (*Abstand zwischen einer Geraden und einer Ebene*)
Hier können nur die Fälle eintreten, dass die Gerade die Ebene in einem Punkt schneidet (dann ist $U + V = \mathbb{R}^3$) oder parallel zur Ebene (bzw. in der Ebene) liegt (dann gilt $U + V = U$). Im ersten Fall ist $d(L, M) = 0$. Im zweiten Fall gilt $V \subset U$. Man bestimmt dann einen Vektor $\vec{e} \neq \vec{0}$ mit $\{\vec{e}\} \perp U$ und erhält

$$d(L, M) = \|\vec{e}\|^{-1} |\langle \vec{y}_0 - \vec{x}_0, \vec{e} \rangle|.$$

Dabei gilt $d(M, L) = 0$ genau dann, wenn $\vec{y}_0 - \vec{x}_0 \in U$ gilt, also L eine Teilmenge von M ist.

(6) $i = 2, j = 2$: (*Abstand zwischen zwei Ebenen*)
Entweder ist $U + V = \mathbb{R}^3$ (die Ebenen schneiden sich) oder $U = V$ (die Ebenen sind parallel bzw. gleich). Im ersten Fall ist $d(L, M) = 0$. Im zweiten Fall gilt wie zuvor

$$d(L, M) = \|\vec{e}\|^{-1} |\langle \vec{y}_0 - \vec{x}_0, \vec{e} \rangle|.$$

Dabei ist $d(L, M) = 0$ genau dann, wenn $M = L$ gilt.

8.7 Matrizenrechnung

In diesem Abschnitt lernen wir die wichtigsten mathematischen Operationen mit den in 8.1.4 eingeführten Matrizen kennen. Die Interpretation dieser Operationen ergibt sich in natürlicher Weise aus dem in 8.3.3 ausgeführten engen Zusammenhang zwischen Matrizen und linearen Abbildungen.

8.7.1 Addition und skalare Multiplikation

Es seien zwei $A = (a_{ij})$ und $B = (b_{ij})$ zwei $m \times n$-Matrizen.

(i) Die *Summe* $A + B$ von A und B ist die $m \times n$-Matrix $(a_{ij} + b_{ij})$. Die Abbildung $(A, B) \mapsto A + B$ heißt *(Matrizen-)Addition*.

(ii) Für eine reelle Zahl λ ist das λ-fache $\lambda \cdot A$ von A die $m \times n$-Matrix (λa_{ij}). Die Abbildung $(\lambda, A) \mapsto \lambda A := \lambda \cdot A$ heißt $\boxed{\text{skalare Multiplikation.}}$

Diese Definitionen sind aus dem Zusammenhang zwischen Matrizen und linearen Abbildungen heraus motiviert. Für die vor Satz 8.20 definierten linearen Abbildungen φ_A, φ_B, φ_{A+B} und $\varphi_{\lambda A}$ von $\mathbb{R}^n$ in $\mathbb{R}^m$ gilt nämlich

$$\varphi_{A+B}(\vec{x}) = \varphi_A(\vec{x}) + \varphi_B(\vec{x}), \qquad \vec{x} \in \mathbb{R}^n,$$

sowie

$$(\varphi_{\lambda A})(\vec{x}) = \lambda \varphi_A(\vec{x}), \qquad \vec{x} \in \mathbb{R}^n.$$

Die Addition $+ : M(m,n) \times M(m,n) \to M(m,n)$ genügt dem Kommutativ- und dem Assoziativgesetz. Als *neutrales Element* wirkt die mit 0 bezeichnete *Nullmatrix*, deren Elemente sämtlich gleich 0 sind. Die Matrix

$$-A := (-a_{ij})$$

ist die bezüglich der Addition *inverse Matrix* von $A = (a_{ij})$, denn es gilt

$$A + (-A) = -A + A = 0.$$

Diese Eigenschaften sowie die Distributivgesetze

$$(\lambda + \mu) \cdot A = \lambda A + \mu A,$$
$$\lambda \cdot (A + B) = \lambda A + \lambda B$$

und das Assoziativgesetz

$$(\lambda \mu) \cdot A = \lambda(\mu \cdot A)$$

zeigen, dass die mit der Addition $+$ und der skalaren Multiplikation versehene Menge $M(m,n)$ aller $m \times n$-Matrizen einen *Vektorraum* bildet.

8.7.2 Multiplikation von Matrizen

Die im Folgenden zu diskutierende Multiplikation von Matrizen hängt eng mit der Hintereinanderausführung zweier linearer Abbildungen zusammen. Es seien hierzu $A = (a_{ij})$ eine $m \times p$-Matrix und $B = (b_{ij})$ eine $p \times n$-Matrix; die Anzahl der Spalten von A ist also gleich der Anzahl der Zeilen von B.

Das $\boxed{(Matrix-)Produkt}$ $A \cdot B$ von A und B (kurz: $AB := A \cdot B$) ist die $m \times n$-Matrix $C = (c_{ij})$ mit den Einträgen

$$c_{ij} = \sum_{k=1}^{p} a_{ik} b_{kj}, \qquad i = 1, \ldots, m, \ j = 1, \ldots, n. \tag{8.55}$$

Die Abbildung $(A, B) \mapsto AB$ $(A \in M(m, p), B \in M(p, n))$ heißt *Matrizenmulti-plikation.*

Die Definition des Matrixproduktes ergibt sich quasi „zwangsläufig", wenn man die Komposition $\varphi_A \circ \varphi_B$ der linearen Abbildungen $\varphi_A : \mathbb{R}^p \to \mathbb{R}^m$ und $\varphi_B : \mathbb{R}^n \to \mathbb{R}^p$ betrachtet. Offenbar ist auch $\varphi_A \circ \varphi_B$ eine lineare Abbildung.

Bezeichnen $C = (c_{ij})$ die vor Satz 8.20 eingeführte kanonische Matrix von $\varphi_A \circ \varphi_B$ und $\{\vec{e}_1, \ldots, \vec{e}_n\}$, $\{\vec{e}_1^*, \ldots, \vec{e}_p^*\}$ $\{\vec{e}_1', \ldots, \vec{e}_m'\}$ die Mengen der kanonischen Einheitsvektoren im $\mathbb{R}^n$, $\mathbb{R}^p$ und im $\mathbb{R}^m$, so gilt einerseits

$$\varphi_A \circ \varphi_B(\vec{e}_j) = \sum_{i=1}^{m} c_{ij} \vec{e}_i', \qquad j = 1, \ldots, n, \tag{8.56}$$

und andererseits nach Definition der linearen Abbildungen φ_A und φ_B

$$\varphi_A \circ \varphi_B(\vec{e}_j) = \varphi_A \left(\sum_{k=1}^{p} b_{kj} \vec{e}_k^* \right) = \sum_{k=1}^{p} b_{kj} \varphi_A(\vec{e}_k^*)$$

$$= \sum_{k=1}^{p} b_{kj} \sum_{i=1}^{m} a_{ik} \vec{e}_i' = \sum_{i=1}^{m} \sum_{k=1}^{p} b_{kj} a_{ik} \vec{e}_i'.$$

Wegen Satz 8.12 (i) führt der Vergleich mit (8.56) auf die Gleichung (8.55), und wir erhalten folgendes Resultat.

8.63 Satz. (Matrizenmultiplikation und Komposition von Abbildungen)
Die Matrix AB ist die kanonische Matrix der linearen Abbildung $\varphi_A \circ \varphi_B$.

Man mache sich noch einmal klar, dass das Matrixprodukt AB nur dann gebildet werden kann, wenn die Spaltenzahl von A gleich der Zeilenzahl von B ist (der Wertebereich von φ_B muss gleich dem Definitionsbereich von φ_A sein!).

8.64 Beispiel. (Matrizenmultiplikation)
Es gilt

$$\begin{pmatrix} 1 & 2 \\ 3 & 4 \end{pmatrix} \cdot \begin{pmatrix} 5 & 6 \\ 7 & 8 \end{pmatrix} = \begin{pmatrix} 19 & 22 \\ 43 & 50 \end{pmatrix},$$

$$\begin{pmatrix} 1 & 2 & 3 \\ 4 & 0 & 5 \\ 0 & 6 & 7 \end{pmatrix} \cdot \begin{pmatrix} 0 & 0 & 0 & 1 \\ 2 & 1 & 1 & 2 \\ 3 & 2 & 2 & 3 \end{pmatrix} = \begin{pmatrix} 13 & 8 & 8 & 14 \\ 15 & 10 & 10 & 19 \\ 33 & 20 & 20 & 33 \end{pmatrix}$$

und

$$\begin{pmatrix} 1 & 2 \\ 2 & 1 \\ 2 & 1 \\ 1 & 2 \end{pmatrix} \cdot \begin{pmatrix} 1 & 2 & 3 & 4 \\ 5 & 6 & 7 & 8 \end{pmatrix} = \begin{pmatrix} 11 & 14 & 17 & 20 \\ 7 & 10 & 13 & 16 \\ 7 & 10 & 13 & 16 \\ 11 & 14 & 17 & 20 \end{pmatrix}.$$

8.7.3 Bemerkungen zur Matrizenmultiplikation

(i) Sind $A \in M(n,n)$ und $B \in M(n,n)$ quadratische Matrizen mit derselben Zeilenzahl, so können sowohl das Produkt AB als auch das Produkt BA gebildet werden. Im Allgemeinen wird dann $AB \neq BA$ sein. Die Matrizenmultiplikation ist also nicht kommutativ. Wegen des Zusammenhangs mit der (nichtkommutativen) Komposition von Abbildungen ist diese Tatsache nicht verwunderlich.

(ii) Bei der Matrizenmultiplikation muss sorgfältig zwischen Spalten– und Zeilenvektoren unterschieden werden. Multiplikation eines Zeilenvektors mit einem Spaltenvektor liefert eine 1×1-Matrix, d.h. eine Zahl:

$$
\begin{pmatrix} a_1 & a_2 & \cdots & a_n \end{pmatrix} \cdot \begin{pmatrix} b_1 \\ b_2 \\ \vdots \\ b_n \end{pmatrix} = a_1 b_1 + \ldots + a_n b_n.
$$

Interpretieren wir beide Matrizen als Elemente des $\mathbb{R}^n$, so ist obiges Produkt nichts anderes als das in 8.4.1 eingeführte Skalarprodukt. Das Skalarprodukt zweier Spaltenvektoren $\vec{x}$ und $\vec{y}$ kann also auch in der Form

$$
\langle \vec{x}, \vec{y} \rangle = \vec{x}^T \vec{y}
$$

geschrieben werden. Insbesondere zeigt dann ein Vergleich mit (8.55), dass in der i-ten Zeile und j-ten Spalte des Matrixproduktes $A \cdot B$ das Skalarprodukt des i-ten Zeilenvektors von A mit dem j-ten Spaltenvektor von B steht.

(iii) Die Multiplikation eines Spaltenvektors mit einem Zeilenvektor liefert eine $n \times n$-Matrix:

$$
\begin{pmatrix} a_1 \\ a_2 \\ \vdots \\ a_n \end{pmatrix} \cdot \begin{pmatrix} b_1 & b_2 & \cdots & b_n \end{pmatrix} = \begin{pmatrix} a_1 b_1 & \cdots & a_1 b_n \\ a_2 b_1 & \cdots & a_2 b_n \\ \cdots\cdots\cdots\cdots\cdots \\ a_n b_1 & \cdots & a_n b_n \end{pmatrix}.
$$

(iv) Die Multiplikation einer Matrix $A = (a_{ij}) \in M(m,n)$ mit dem Spaltenvektor $\vec{x} = (x_1, \ldots, x_n)^T \in \mathbb{R}^n$ liefert den Spaltenvektor

$$
A \cdot \vec{x} = \begin{pmatrix} \sum_{j=1}^n a_{1j} x_j \\ \vdots \\ \sum_{j=1}^n a_{mj} x_j \end{pmatrix}.
$$

Die lineare Abbildung $\vec{x} \mapsto A \cdot \vec{x}$ stimmt folglich mit der in Satz 8.20 eingeführten Abbildung $\vec{x} \mapsto \varphi_A(\vec{x})$ überein. Wir werden ab jetzt nur noch die erste Schreibweise benutzen und dabei $A \cdot \vec{x}$ meist mit $A\vec{x}$ abkürzen.

(v) Ob ein Vektor als Spalten– oder Zeilenvektor zu interpretieren ist, wird stets aus dem Zusammenhang ersichtlich sein. Ist $A \in M(m,n)$, so *muss* im Ausdruck $A\vec{x}$ der Vektor $\vec{x} \in \mathbb{R}^n$ als Spaltenvektor interpretiert werden. Andernfalls wäre das Matrizenprodukt (für $n \geq 2$) nicht definiert. Analog muss im Ausdruck $\vec{x}A$ der Vektor $\vec{x} \in \mathbb{R}^m$ als Zeilenvektor interpretiert werden.

(vi) Eine Matrix $B \in M(p,n)$ besitzt n Spaltenvektoren $\vec{b}_1, \ldots, \vec{b}_n \in \mathbb{R}^p$. Man schreibt auch

$$B = (\vec{b}_1, \ldots, \vec{b}_n).$$

Ist $A \in M(m,p)$, so hat AB die Spaltenvektoren $A\vec{b}_1, \ldots, A\vec{b}_n \in \mathbb{R}^m$, d.h. es gilt

$$AB = (A\vec{b}_1, A\vec{b}_2, \ldots, A\vec{b}_n).$$

8.7.4 Eigenschaften der Matrizenmultiplikation

Im folgenden Satz fassen wir einige wichtige Rechenregeln der Matrizenmultiplikation zusammen. Die Beweise ergeben sich aus Satz 8.63 und den Eigenschaften linearer Abbildungen. Alternativ kann man die Formeln auch direkt nachrechnen.

8.65 Satz. (Rechenregeln für die Matrizenmultiplikation)
Für alle Matrizen A, B, C, für die die folgenden Summen und Produkte gebildet werden können, und für alle $\lambda \in \mathbb{R}$ gilt:

$$\lambda \cdot (A \cdot B) = (\lambda \cdot A) \cdot B = A \cdot (\lambda \cdot B),$$
$$A \cdot (B \cdot C) = (A \cdot B) \cdot C,$$
$$A \cdot (B + C) = A \cdot B + A \cdot C,$$
$$(B + C) \cdot A = B \cdot A + C \cdot A.$$

Die Behauptung des nächsten Satzes über transponierte Matrizen (vgl. 8.5.3) kann ebenfalls direkt nachgerechnet werden.

8.66 Satz. (Produkt und Transposition)
Kann man das Produkt der beiden Matrizen A und B bilden, so gilt

$$(A \cdot B)^T = B^T \cdot A^T.$$

Für $A, B \in M(m,n)$ gilt offenbar

$$\mathrm{Rang}(A + B) \leq \mathrm{Rang}(A) + \mathrm{Rang}(B).$$

Der Rang des Produktes zweier Matrizen lässt sich wie folgt abschätzen:

8.67 Satz. (Rang und Matrizenmultiplikation)
Für Matrizen $A \in M(m,p)$ und $B \in M(p,n)$ gilt

$$\mathrm{Rang}(A \cdot B) \leq \min(\mathrm{Rang}(A), \mathrm{Rang}(B)). \tag{8.57}$$

BEWEIS: Es seien $\vec{b}_1, \ldots, \vec{b}_n \in \mathbb{R}^p$ die Spaltenvektoren von B und es sei $r := \text{Rang}(B)$. Nach Definition des Rangs sind beliebige $r+1$ der Spaltenvektoren von B linear abhängig. Damit sind aber auch beliebige $r + 1$ Vektoren unter den Spaltenvektoren $A\vec{b}_1, \ldots, A\vec{b}_n$ der Matrix AB linear abhängig. Also ist $\text{Rang}(A \cdot B) \le r$. Daraus folgt

$$\text{Rang}(A \cdot B) = \text{Rang}((A \cdot B)^T) = \text{Rang}(B^T \cdot A^T) \le \text{Rang}(A^T) = \text{Rang}(A).$$

Damit ist die Behauptung (8.57) bewiesen. □

8.7.5 Die Einheitsmatrix

Die Identität $\text{id}_{\mathbb{R}^n} : \mathbb{R}^n \to \mathbb{R}^n$ ist eine lineare Abbildung mit der kanonischen Matrix

$$E_n := (\delta_{ij}) = \begin{pmatrix} 1 & 0 & 0 & \ldots & 0 & 0 \\ 0 & 1 & 0 & \ldots & 0 & 0 \\ & & \ldots\ldots\ldots\ldots\ldots \\ & & \ldots\ldots\ldots\ldots\ldots \\ 0 & 0 & 0 & \ldots & 1 & 0 \\ 0 & 0 & 0 & \ldots & 0 & 1 \end{pmatrix}.$$

Dabei bezeichnet δ_{ij} das in (8.24) eingeführte Kroneckersymbol.

Die Matrix E_n heißt (*n-dimensionale*) *Einheitsmatrix.*

Die Einheitsmatrix wirkt als *neutrales Element* bezüglich der Matrizenmultiplikation, d.h. es gilt

$$E_n \cdot A = A \cdot E_m = A, \qquad A \in M(n,m), \ m \in \mathbb{N}.$$

Die Matrix E_n ist die einzige Matrix mit diesen Eigenschaften.

8.7.6 Regularität, inverse Matrix

Ist $A \in M(n,n)$ eine quadratische Matrix, so kann man nach der Existenz einer bezüglich der Matrizenmultiplikation *inversen Matrix* zu A fragen, d.h. nach einer Matrix $B \in M(n,n)$ mit der Eigenschaft

$$A \cdot B = B \cdot A = E_n.$$

Im Allgemeinen muss eine solche Matrix nicht existieren. Wie wir gleich sehen werden, besitzt die Matrix A genau dann eine inverse Matrix, wenn sie vollen Rang besitzt, wenn also $\text{Rang}(A) = n$ gilt.

Eine quadratische Matrix mit maximalen Rang heißt *regulär.*

Eine quadratische Matrix A ist genau dann regulär, wenn ihre Spaltenvektoren linear unabhängig sind. Wegen Satz 8.46 ist diese Bedingung zur linearen Unabhängigkeit der Zeilenvektoren von A äquivalent. Die Regularität von A ist auch gleichbedeutend mit der Surjektivität der zugehörigen linearen Abbildung φ_A und wegen Folgerung 8.26 auch mit der Bijektivität von φ_A.

8.68 Satz. (Existenz der inversen Matrix)
Für jede Matrix $A \in M(n,n)$ sind die folgenden Aussagen äquivalent:

(i) *Die Matrix A ist regulär.*

(ii) *Es gibt ein $B \in M(n,n)$ mit $A \cdot B = E_n$.*

(iii) *Es gibt ein $B \in M(n,n)$ mit $B \cdot A = E_n$.*

(iv) *Es gibt ein $B \in M(n,n)$ mit $B \cdot A = A \cdot B = E_n$.*

Ist eine dieser Aussagen erfüllt, so ist die Matrix B regulär und durch eine der Gleichungen (ii) *oder* (iii) *eindeutig bestimmt.*

BEWEIS: (i)$\Rightarrow$(ii),(iii),(iv): Die lineare Abbildung φ_A ist bijektiv. Bezeichnet C die kanonische Matrix der zu φ_A inversen Abbildung (vgl. Satz 8.27), so gilt

$$\varphi_A \circ \varphi_C = \varphi_C \circ \varphi_A = \text{id}_{\mathbb{R}^n},$$

und aus Satz 8.63 folgt

$$A \cdot C = C \cdot A = E_n. \tag{8.58}$$

(ii)$\Rightarrow$(i): Unter der Voraussetzung in (ii) gilt $\varphi_A \circ \varphi_B = \text{id}_{\mathbb{R}^n}$, was sowohl die Injektivität von φ_A als auch die Surjektivität von φ_B nachweist. Wegen Folgerung 8.26 sind damit φ_A und φ_B bijektive Abbildungen. Die Matrizen A und B sind also regulär.

Die Implikation (iii)$\Rightarrow$(i) beweist man analog. Es bleibt noch zu zeigen, dass die Matrix B durch eine der Forderungen in (ii) oder (iii) bereits eindeutig bestimmt ist, falls A regulär ist. Aus $B \cdot A = E_n$, (8.58) und der Assoziativität der Matrizenmultiplikation folgt mit der oben eingeführten Matrix C

$$C = E_n \cdot C = (B \cdot A) \cdot C = B \cdot (A \cdot C) = B.$$

Analog zeigt man, dass die Matrix B in (iii) eindeutig bestimmt ist. $\square$

Ist $A \in M(n,n)$ eine reguläre Matrix, so heißt die gemäß Satz 8.68 eindeutig bestimmte reguläre Matrix $B \in M(n,n)$ mit der Eigenschaft $AB = E_n$ die zu A *inverse Matrix* bzw. die *Inverse* von A; sie wird mit A^{-1} bezeichnet.

Wegen Satz 8.68 nennt man eine reguläre Matrix $A \in M(n,n)$ auch *invertierbar*. Ist A invertierbar, so gilt

$$A \cdot A^{-1} = A^{-1} \cdot A = E_n. \tag{8.59}$$

Inverse Matrizen spielen in der Matrizenrechnung eine große Rolle. Hier ist eine erste Anwendung:

8.69 Satz. (Lineare Gleichungssysteme mit regulärer Koeffizientenmatrix)
Sind $A \in M(n,n)$ eine reguläre Matrix und $\vec{b} \in M(n,1)$ ein Vektor, so ist $\vec{x} := A^{-1}\vec{b}$ die eindeutige Lösung des linearen Gleichungssystems $A\vec{x} = \vec{b}$.

BEWEIS: Es sei $\vec{y} := A^{-1}\vec{b}$. Aus der Assoziativität der Matrizenmultiplikation und (8.59) folgt

$$A \cdot \vec{y} = (A \cdot A^{-1}) \cdot \vec{b} = E_n \cdot \vec{b} = \vec{b},$$

d.h. $\vec{y}$ ist eine Lösung. Die (bereits nach Satz 8.40 garantierte) Eindeutigkeit ergibt sich nach Multiplikation beider Seiten der Gleichung $A\vec{x} = \vec{b}$ von links mit A^{-1}.   □

8.7.7   Berechnung der inversen Matrix

Es sei $A = (\vec{a}_1, \ldots, \vec{a}_n)$ eine $n \times n$-Matrix (vgl. 8.7.3 (vi)). Zur Berechnung der Inversen von A (falls existent) betrachtet man das Matrizenprodukt

$$A \cdot X = E_n.$$

Erfüllt $X \in M(n,n)$ diese Gleichung, so ist A nach Satz 8.68 regulär, und es gilt $X = A^{-1}$. Bezeichnen wir die Spaltenvektoren von X mit $\vec{x}_1, \ldots, \vec{x}_n$, so ist obige Gleichung zu den n Gleichungen

$$A\vec{x}_i = \vec{e}_i, \qquad i = 1, \ldots, n,$$

äquivalent. Dabei ist $\vec{e}_i$ der Spaltenvektor, dessen i-te Koordinate 1 und dessen andere Koordinaten 0 sind. Diese Gleichungen kann man mit dem Gaußschen Algorithmus lösen. Dazu muss A auf reduzierte Zeilenstufenform gebracht werden. Die n Gleichungen lassen sich genau dann (eindeutig) lösen, wenn A den vollen Rang n hat. Zweckmäßigerweise bildet man die $(n \times 2n)$-Matrix

$$B = (\vec{a}_1, \ldots, \vec{a}_n, \vec{e}_1, \ldots, \vec{e}_n)$$

und bringt sie (ohne Zeilenvertauschungen) auf reduzierte Zeilenstufenform. Ist A regulär, so ergibt sich die Matrix

$$(\vec{e}_1, \ldots, \vec{e}_n, \vec{x}_1, \ldots, \vec{x}_n).$$

Dann gilt $A^{-1} = (\vec{x}_1, \ldots, \vec{x}_n)$.

8.70 Beispiel. (Berechnung der Inversen)
Gesucht sei die Inverse der Matrix

$$A := \begin{pmatrix} 1 & 2 & 3 \\ 2 & 3 & 4 \\ 3 & 4 & 6 \end{pmatrix}.$$

Es gilt

$$\begin{pmatrix} 1 & 2 & 3 & 1 & 0 & 0 \\ 2 & 3 & 4 & 0 & 1 & 0 \\ 3 & 4 & 6 & 0 & 0 & 1 \end{pmatrix} \sim \begin{pmatrix} 1 & 2 & 3 & 1 & 0 & 0 \\ 0 & -1 & -2 & -2 & 1 & 0 \\ 0 & -2 & -3 & -3 & 0 & 1 \end{pmatrix}$$

$$\sim \begin{pmatrix} 1 & 0 & -1 & -3 & 2 & 0 \\ 0 & 1 & 2 & 2 & -1 & 0 \\ 0 & 0 & 1 & 1 & -2 & 1 \end{pmatrix} \sim \begin{pmatrix} 1 & 0 & 0 & -2 & 0 & 1 \\ 0 & 1 & 0 & 0 & 3 & -2 \\ 0 & 0 & 1 & 1 & -2 & 1 \end{pmatrix}.$$

Also ist A regulär, und es gilt

$$A^{-1} = \begin{pmatrix} -2 & 0 & 1 \\ 0 & 3 & -2 \\ 1 & -2 & 1 \end{pmatrix}.$$

8.7.8 Weitere Eigenschaften der inversen Matrix

Wir setzen mit einigen weiteren Eigenschaften der inversen Matrix fort.

8.71 Satz. (Produkt und Inverse)
Das Produkt $A \cdot B$ zweier Matrizen $A, B \in M(n,n)$ ist genau dann regulär, wenn sowohl A als auch B regulär ist. In diesem Fall gilt

$$(A \cdot B)^{-1} = B^{-1} \cdot A^{-1}.$$

BEWEIS: Wie im Beweis von Satz 8.68 folgt, dass $\varphi_A \circ \varphi_B$ genau dann bijektiv ist, wenn φ_A und φ_B bijektiv sind. Die erste Behauptung ergibt sich also aus Satz 8.63. Sind A und B regulär, so erfüllt die Matrix $C := B^{-1} \cdot A^{-1}$ die Gleichung $(A \cdot B)C = E_n$, womit auch die zweite Behauptung bewiesen wäre. □

8.72 Satz. (Inverse und Transposition)
Es sei $A \in M(n,n)$ eine reguläre Matrix. Dann gilt

$$(A^T)^{-1} = (A^{-1})^T.$$

BEWEIS: Mit A ist auch A^T regulär. Setzen wir $B := (A^{-1})^T$, so folgt aus Satz 8.66

$$A^T \cdot B = A^T \cdot (A^{-1})^T = (A^{-1} \cdot A)^T = E_n^T = E_n,$$

was die Behauptung beweist. □

8.73 Beispiel. (Kriterium für die Regularität einer 2×2-Matrix)
Gegeben sei eine 2×2-Matrix

$$A = \begin{pmatrix} a & b \\ c & d \end{pmatrix}.$$

Gilt $D := ad - bc \neq 0$, so zeigt direktes Nachrechnen, dass die Matrix

$$B := D^{-1} \cdot \begin{pmatrix} d & -b \\ -c & a \end{pmatrix}$$

die Gleichung $A \cdot B = E_2$ erfüllt. Wegen Satz 8.68 ist A regulär, und es gilt $A^{-1} = B$. Gilt dagegen $D = 0$, so folgt

$$c(a,b) - a(c,d) = (0,0) = \vec{0}.$$

Damit ist $\text{Rang}(A) \leq 1$ und A nicht regulär. Die Zahl $D = ad - bc$ heißt *Determinante* von A.

8.8   Markowsche Ketten und stochastische Matrizen*

Markowsche[6] Ketten sind grundlegende Objekte der Wahrscheinlichkeitstheorie. Sie dienen nicht nur als idealer Einstieg in die moderne Theorie *stochastischer Prozesse* (vgl. etwa Krengel, 2002) sondern sind auch von großer praktischer Bedeutung in der stochastischen Modellierung. In 5.5.1 haben wir bereits ein Beispiel einer Markowschen Kette kennen gelernt. In diesem und im nächsten Abschnitt werden weitere Beispiele hinzukommen. Wie wir gleich sehen werden, ist die Matrizenrechnung ein unverzichtbares Hilfsmittel für die Modellierung und Analyse Markowscher Ketten.

8.8.1   Stochastische Matrizen

Es sei m eine natürliche Zahl. Eine Matrix $A = (a_{ij}) \in M(m, m)$ heißt *substochastisch* (bzw. *stochastisch*), falls $a_{ij} \geq 0$ für alle $i, j \in \{1, \ldots, m\}$ und

$$\sum_{j=1}^{m} a_{ij} \leq 1, \quad i = 1, \ldots, m, \quad \text{bzw.} \quad \sum_{j=1}^{m} a_{ij} = 1, \quad i = 1, \ldots, m.$$

Sind $A = (a_{ij})$ und $B = (b_{ij})$ substochastische (bzw. stochastische) Matrizen, so ist auch das Produkt $A \cdot B$ substochastisch (bzw. stochastisch). Diese Eigenschaft ergibt sich aus Summationsvertauschung:

$$\sum_{j=1}^{m} \sum_{k=1}^{m} a_{ik} b_{kj} = \sum_{k=1}^{m} \sum_{j=1}^{m} a_{ik} b_{kj}.$$

Die n-te *Potenz* A^n einer Matrix $A \in M(m, m)$ wird induktiv durch $A^0 := E_m$ und

$$A^{n+1} = A \cdot A^n, \quad n \in \mathbb{N}_0,$$

definiert. Ist A substochastisch (bzw. stochastisch), so hat auch A^n diese Eigenschaft.

Für jede quadratische Matrix folgen aus der Assoziativität der Matrizenmultiplikation und vollständiger Induktion die *Potenzgesetze*

$$A^{k+l} = A^k \cdot A^l, \quad k, l \in \mathbb{N}_0. \tag{8.60}$$

---

[6]Andrej Andrejewitsch Markow (1856–1922), Dozent und Professor in St. Petersburg. Arbeitsgebiete: Zahlentheorie, Kettenbrüche, Wahrscheinlichkeitstheorie, Einführung der nach ihm benannten Ketten.

8.8.2 Markowsche Ketten

Es sei $P = (p_{ij})$ eine stochastische $m \times m$-Matrix. Aus Gründen, die später deutlich werden, setzen wir $\mathbf{S} := \{1, \ldots, m\}$ und bezeichnen die Elemente von $\mathbf{S}$ meist mit x, y oder z (eventuell versehen mit Indizes). Ferner schreiben wir meist $p(x, y)$ statt p_{xy}. Schließlich seien $(\Omega, \mathbb{P})$ ein diskreter W-Raum und $T \in \mathbb{N}$.

Die endliche Folge $X_0, \ldots, X_T$ von Abbildungen $X_i : \Omega \to \mathbf{S}$, $i = 0, \ldots, T$, heißt Markowsche Kette mit Übergangsmatrix P (oder Übergangswahrscheinlichkeiten $p(x, y)$) und Zustandsraum $\mathbf{S}$, falls gilt:

$$\mathbb{P}(X_n = x_n | X_{n-1} = x_{n-1}, \ldots, X_0 = x_0) = p(x_{n-1}, x_n) \qquad (8.61)$$

für alle $x_0, \ldots, x_n \in \mathbf{S}$ und $n \in \{1, \ldots, T\}$ mit $\mathbb{P}(X_{n-1} = x_{n-1}, \ldots, X_0 = x_0) > 0$.

Ist $X_0, \ldots, X_T$ eine Markowsche Kette mit Übergangsmatrix P, so folgt wie bei (5.62) aus der Multiplikationsregel (4.57) die Gleichung

$$\mathbb{P}(X_0 = x_0, \ldots, X_n = x_n) = \mathbb{P}(X_0 = x_0) \cdot p(x_0, x_1) \cdot \ldots \cdot p(x_{n-1}, x_n). \qquad (8.62)$$

Insbesondere wird die *gemeinsame Verteilung* von $X_0, \ldots, X_T$, d.h. alle Wahrscheinlichkeiten der Form

$$\mathbb{P}(X_0 = x_0, \ldots, X_T = x_T), \qquad x_0, \ldots, x_T \in \mathbf{S}, \qquad (8.63)$$

durch die *Start-Verteilung* $\mathbb{P}(X_0 = x)$, $x \in \mathbf{S}$, und die Übergangsmatrix P eindeutig festgelegt.

In 8.8.1 haben wir für jedes $n \in \mathbb{N}_0$ die n-te Potenz P^n der Matrix P erklärt. Die Einträge von P^n bezeichnen wir mit $p^{(n)}(x, y)$, $x, y \in \mathbf{S}$. Nach Definition gilt

$$p^{(n+1)}(x, y) := \sum_{z \in \mathbf{S}} p^{(n)}(x, z) \cdot p(z, y), \qquad x, y \in \mathbf{S}, \ n \in \mathbb{N}. \qquad (8.64)$$

Summiert man in (8.62) über alle möglichen Werte von $x := x_0$ und $x_1, \ldots, x_{n-1}$, so folgt nach Definition (und Assoziativität) der Matrizenmultiplikation

$$\mathbb{P}(X_n = y) = \sum_{x \in \mathbf{S}} \mathbb{P}(X_0 = x) \cdot p^{(n)}(x, y), \qquad y \in \mathbf{S}, \ n \in \{0, \ldots, T\}. \qquad (8.65)$$

Analog ergibt sich

$$\mathbb{P}(X_n = y | X_0 = x) = p^{(n)}(x, y), \qquad x, y \in \mathbf{S}, \ n \in \{0, \ldots, T\}, \qquad (8.66)$$

falls $\mathbb{P}(X_0 = x) > 0$. Deshalb werden die Einträge $p^{(n)}(x, y)$ von P^n auch als n-Schritt Übergangswahrscheinlichkeiten bezeichnet.

Die sich aus (8.60) ergebenden Beziehungen

$$p^{(m+n)}(x, y) = \sum_{z \in \mathbf{S}} p^{(m)}(x, z) \cdot p^{(n)}(z, y), \qquad x, y \in \mathbf{S}, \ m, n \in \mathbb{N}_0, \qquad (8.67)$$

heißen auch *Chapman-Kolmogorow-Gleichungen.*

8.8.3   Invariante Verteilungen

Es sei P eine stochastische Matrix. Wie wir gleich sehen werden, existiert unter bestimmten Voraussetzungen eine Grenzwertbeziehung der Form

$$\lim_{n\to\infty} p^{(n)}(x,y) = \pi(y), \qquad x,y \in \mathbf{S}, \tag{8.68}$$

(sog. *Ergodensatz*). Interessanterweise hängen dabei diese Grenzwerte nicht vom „Startwert" x ab.

Summieren wir in (8.68) über $y \in \mathbf{S}$ und vertauschen Grenzwertbildung und Summation so ergibt sich

$$\sum_{y\in\mathbf{S}} \pi(y) = 1.$$

Damit kann $\pi(\cdot)$ als W-Verteilung auf $\mathbf{S}$ interpretiert werden. Ist $X_0, \ldots, X_T$ eine Markowsche Kette mit Übergangmatrix P, so liegt die anschauliche Bedeutung von (8.68) in der Interpretation von $\pi(\cdot)$ als Verteilung von X_T für „großes" T.

Geht man in der Gleichung

$$p^{(n+1)}(z,y) = \sum_{x\in\mathbf{S}} p^{(n)}(z,x) \cdot p(x,y) \tag{8.69}$$

auf beiden Seiten zum Grenzwert über, so ergibt sich die wichtige Beziehung

$$\pi(y) = \sum_{x\in\mathbf{S}} \pi(x)p(x,y), \qquad y \in \mathbf{S}. \tag{8.70}$$

Eine W-Verteilung π mit der Eigenschaft (8.70) heißt *invariante* (oder auch *stationäre*) *Verteilung* von P.

Es sei $X_0, \ldots, X_T$ eine Markowsche Kette mit Übergangsmatrix P. Analog zu 5.5.2 zeigt man, dass $\pi(\cdot)$ genau dann eine invariante Verteilung von P ist, wenn aus den Gleichungen $\mathbb{P}(X_0 = y) = \pi(y)$, $y \in \mathbf{S}$, die Gleichungen

$$\mathbb{P}(X_n = y) = \pi(y), \qquad y \in \mathbf{S}, \tag{8.71}$$

für jedes $n \in \{0, \ldots, T\}$ folgen. In diesem Fall befindet sich die Markowsche Kette im sogenannten *statistischen Gleichgewicht*.

Der Ergodensatz (8.68) ist ein wichtiger Grund für die große Bedeutung invarianter Verteilungen in der Theorie Markowscher Ketten. Nach ihm kann man für genügend große Zeitpunkte T davon ausgehen, dass sich die Markowsche Kette im statistischen Gleichgewicht befindet.

Identifizieren wir eine Verteilung π auf $\{1, \ldots, m\}$ mit einem Zeilenvektor $\vec{\pi}$ aus $\mathbb{R}^m$, so sind die m Gleichungen (8.70) zur Matrizengleichung

$$\vec{\pi} = \vec{\pi} \cdot P \tag{8.72}$$

äquivalent. Bei der praktischen Berechnung einer invarianten Verteilung ersetzt man eine der Gleichungen in (8.72) durch die Gleichung $\pi_1 + \ldots + \pi_m = 1$.

8.74 Beispiel. (Markowsche Ketten mit zwei Zuständen)
Im Fall $m = 2$ ist die stochastische Matrix P von der Form

$$P = \begin{pmatrix} 1 - a & a \\ b & 1 - b \end{pmatrix}$$

mit $a, b \in [0, 1]$. Eine invariante Verteilung $\vec{\pi}$ muss nach (8.72) die Gleichung

$$\pi_1(1 - a) + \pi_2 b = \pi_1$$

erfüllen. Zusammen mit $\pi_2 = 1 - \pi_1$ folgt

$$\pi_1(a + b) = b.$$

Gilt $a + b > 0$, so erhalten wir die eindeutige Lösung

$$\pi_1 = \frac{b}{a + b}, \qquad \pi_2 = \frac{a}{a + b}.$$

Im Fall $a = b = 0$ ist jede Verteilung auf $\{1, 2\}$ invariante Verteilung von P.

8.8.4 Der Ergodensatz

Es seien $P \in M(m, m)$ eine stochastische Matrix und $\mathbf{S} := \{1, \ldots, m\}$. Wir werden jetzt die Eigenschaften von P kennen lernen, unter denen der Ergodensatz (8.68) richtig ist.

(i) Die stochastische Matrix P heißt *irreduzibel,* wenn es für beliebige $x, y \in \mathbf{S}$ ein $l \in \mathbb{N}_0$ mit $p^{(l)}(x, y) > 0$ gibt.

(ii) Die Matrix P heißt *aperiodisch,* falls für jedes $x \in \mathbf{S}$ die Menge

$$\{n \in \mathbb{N} : p^{(n)}(x, x) > 0\}$$

die Zahl 1 als größten gemeinsamen Teiler besitzt, d.h. falls es keine natürliche Zahl ≥ 2 gibt, die alle Elemente der obigen Menge teilt.

(iii) Die stochastische Matrix P heißt *ergodisch,* wenn es ein $r \in \mathbb{N}$ gibt, so dass alle Einträge der Potenz P^r positiv sind.

Anschaulich besagt Eigenschaft (i), dass eine Markowsche Kette mit Übergangsmatrix P mit positiver Wahrscheinlichkeit in endlich vielen Schritten von einem beliebigen Zustand in einen beliebigen anderen Zustand gelangen kann.

Man kann beweisen, dass P genau dann ergodisch ist, wenn P irreduzibel und aperiodisch ist. Das einfache Beispiel

$$P = \begin{pmatrix} 0 & 1 \\ 1 & 0 \end{pmatrix}$$

zeigt, dass eine irreduzible stochastische Matrix nicht aperiodisch sein muss. Ein interessanteres Beispiel einer irreduziblen aber nicht aperiodischen Übergangs-matrix ist das Ehrenfestsche Urnenmodell aus Beispiel 8.78.

8.75 Satz. (Ergodensatz für Markowsche Ketten)
Eine ergodische stochastische Matrix P besitzt genau eine invariante Verteilung $\vec{\pi} = (\pi_1, \ldots, \pi_m)$. Ferner gilt $\pi_j > 0$ für jedes $j \in \{1, \ldots, m\}$ sowie

$$\lim_{n \to \infty} p_{ij}^{(n)} = \pi_j, \qquad i \in \{1, \ldots, m\}. \tag{8.73}$$

Bevor wir den Satz beweisen, soll seine Aussage mit einem allgemeinen Beispiel illustriert werden.

8.76 Beispiel. (Umverteilung von Vermögen)
Wir betrachten m Personen (Firmen, Banken, o.ä.) und nehmen an, dass die i-te Person über ein Vermögen von y_i (z.B. in Euro) verfügt. (Die i-te Person könnte etwa ein typischer Vertreter einer Einkommensklasse sein.) Die Regierung des Landes beschließe nun, dass die i-te Person für jedes $j \neq i$ einen Anteil p_{ij} ihres Vermögens an die Person j abgeben muss. Den Anteil p_{ii} darf sie behalten. Nach dem Umverteilungsprozess beträgt das Vermögen der j-ten Person

$$y_1 p_{1j} + \ldots + y_m p_{mj}.$$

Bezeichnen wir mit $\vec{y}_0 := (y_1, \ldots, y_m)$ (bzw. $\vec{y}_1$) die aus den einzelnen Vermögen gebildeten Zeilenvektoren vor (bzw. nach) der Umverteilung, so gilt also

$$\vec{y}_1 = \vec{y}_0 P.$$

Wird der Umverteilungsprozess wiederholt durchgeführt, so ist $\vec{y}_n := \vec{y} P^n$ der Vektor der Vermögen nach der n-ten Umverteilung. Ist P ergodisch, so folgt aus (8.73), dass die Folge $\vec{y}_n$ komponentenweise gegen den Vektor

$$(\pi_1(y_1 + \ldots + y_m), \ldots, \pi_m(y_1 + \ldots + y_m))$$

konvergiert. Langfristig ist also π_i der Anteil, mit dem die i-te Person am Ge-samtvermögen $y_1 + \ldots + y_m$ partizipiert.

Wir setzen jetzt zusätzlich voraus, dass P eine *doppelt stochastische* Matrix ist, d.h. dass alle Spaltensummen gleich 1 sind:

$$\sum_{i=1}^{m} p_{ij} = 1, \qquad j = 1, \ldots, m.$$

Dann ist klar, dass der Umverteilungsprozess die reichste Person „ärmer" und die ärmste Person „reicher" macht. (Man vergleiche dazu den Schritt (i) des folgenden

Beweises.) Ferner gilt $\pi_i = 1/m$ für jedes $i \in \{1, \ldots, m\}$, wie man sofort durch Einsetzen in (8.72) bestätigen kann. Die Komponenten von $\vec{y}_n$ konvergieren also für $n \to \infty$ alle gegen dieselbe Zahl $(y_1 + \ldots + y_m)/m$. Asymptotisch ergibt sich also ein wahrhaft kommunistisches Land!

BEWEIS VON SATZ 8.75: Wir werden den Begriff der Konvergenz einer Folge $A_1, A_2, \ldots$ von Matrizen benutzen. Dabei wird vorausgesetzt, dass diese Matrizen vom gleichen Typ sind, d.h. alle dieselbe Anzahl von Spalten und dieselbe Anzahl von Zeilen haben. Gilt $A^{(n)} = (a_{ij}^{(n)})$ so konvergiert die Folge $(A^{(n)})$ definitionsgemäß genau dann gegen $A = (a_{ij})$, wenn $\lim_{n \to \infty} a_{ij}^{(n)} = a_{ij}$ für alle i, j.

Wir führen den Beweis des Satzes in mehreren Schritten. Dabei können wir $m \geq 2$ voraussetzen. Anderenfalls ist die Behauptung trivial. Die Zahl $r \in \mathbb{N}$ sei so beschaffen, dass P^r nur positive Einträge besitzt.

(i) Es sei $\vec{y}$ ein beliebiger Spaltenvektor aus $\mathbb{R}^m$. Wir zeigen die Existenz eines $c \in \mathbb{R}$ mit

$$\lim_{n \to \infty} P^n \vec{y} = (c, \ldots, c)^T. \tag{8.74}$$

Bezeichnen a_n und b_n das Minimum bzw. Maximum der Komponenten von $P^n \vec{y}$, so folgen aus $P^{n+1} \cdot \vec{y} = P \cdot (P^n \cdot \vec{y})$ die beiden äußeren der Ungleichungen

$$a_n \leq a_{n+1} \leq b_{n+1} \leq b_n, \qquad n \in \mathbb{N}. \tag{8.75}$$

Die Folgen (a_n) und (b_n) sind also beschränkt und monoton, und wir zeigen jetzt, dass sie einen gemeinsamen Grenzwert c besitzen. Daraus folgt (8.74). Die behauptete Grenzwertaussage ist zu $\lim_{n \to \infty} (b_n - a_n) = 0$ äquivalent. Weil die Folge $(b_n - a_n)$ monoton fällt, genügt es, die Konvergenz

$$\lim_{n \to \infty} (b_{nr} - a_{nr}) = 0 \tag{8.76}$$

nachzuweisen. Es sei $q > 0$ das Minimum der Komponenten von P^r. Um die Differenzen $b_{(n+1)r} - a_{(n+1)r}$ und $b_{nr} - a_{nr}$ (für ein momentan fixiertes $n \in \mathbb{N}$) miteinander zu vergleichen, betrachten wir die Gleichung

$$P^{(n+1)r} \cdot \vec{y} = P^r \cdot \vec{x}$$

mit $\vec{x} = (x_1, \ldots, x_m)^T := (P^{nr} \cdot \vec{y})$. Wie klein kann $a_{(n+1)r}$ höchstens werden? Der kleinstmögliche Wert für eine der m gewichteten Summen

$$p_{i1}^{(nr)} x_1 + \ldots + p_{im}^{(nr)} x_m$$

entstünde, wenn $m - 1$ der Komponenten von $\vec{x}$ den minimalen Wert a_{nr} haben und die verbleibende Komponente (mit dem Wert b_{nr}) das minimale Gewicht q hätte. Also ist

$$a_{(n+1)r} \geq (1 - q)a_{nr} + qb_{nr}.$$

Ein analoges Argument führt zur Ungleichung

$$b_{(n+1)r} \leq (1 - q)b_{nr} + qa_{nr}.$$

Insgesamt erhalten wir

$$b_{(n+1)r} - a_{(n+1)r} \leq (1 - 2q)(b_{nr} - a_{nr}).$$

Wegen $m \geq 2$ enthält jede Zeile von P^r mindestens eine Zahl $\leq 1/2$. Also ist $0 \leq (1 - 2q) < 1$, und es ergibt sich induktiv

$$b_{(n+1)r} - a_{(n+1)r} \leq (1 - 2q)^n(b_r - a_r).$$

Daraus folgt (8.76) und schließlich auch (8.74).

(ii) Wir wenden jetzt (8.74) auf die j-ten kanonischen Einheitsvektoren $\vec{e}_j$ an. Damit erhalten wir Zahlen $\pi_1, \ldots, \pi_m$ mit

$$\lim_{n \to \infty} P^n \vec{e}_j = (\pi_j, \ldots, \pi_j)^T, \qquad j = 1, \ldots, m. \tag{8.77}$$

Weil $P^n \vec{e}_j$ die j-te Spalte von P^n ist, folgt (8.73). Summiert man dort über j, so ergibt sich $\pi_1 + \ldots + \pi_m = 1$. Also ist $\vec{\pi} := (\pi_1, \ldots, \pi_m)$ eine Verteilung auf $\{1, \ldots, m\}$. Mit den Bezeichnungen aus (i) gilt $\pi_j \geq a_n$ für jedes $n \in \mathbb{N}$. Weil a_r positiv ist, folgt $\pi_j > 0$.

(iii) In diesem Schritt zeigen wir, dass $\vec{\pi}$ eine invariante Verteilung von P ist. Aufgrund der bisherigen Überlegungen gilt

$$\lim_{n \to \infty} P^n = A$$

für eine $m \times m$-Matrix, deren sämtliche Zeilen gleich $(\pi_1, \ldots, \pi_m)$ sind. Daraus folgt

$$A = \lim_{n \to \infty} P^{n+1} = \lim_{n \to \infty} P \cdot (P^n) = P \cdot A.$$

Jede Zeile dieser Matrixgleichung ist äquivalent zu (8.72).

(iv) In diesem Schritt zeigen wir, dass P nur eine invariante W-Verteilung besitzt. Dazu nehmen wir an, dass $\vec{w} \in \mathbb{R}^m$ eine invariante Verteilung von P ist. Aus $\vec{w}P = \vec{w}$ folgt induktiv $\vec{w}P^n = \vec{w}$, $n \in \mathbb{N}_0$, und damit, für $n \to \infty$, $\vec{w}A = \vec{w}$. Wegen $w_1 + \ldots + w_m = 1$ ist die linke Seite dieser Gleichung gleich $(\pi_1, \ldots, \pi_m) = \vec{\pi}$. Also ist $\vec{w} = \vec{\pi}$, und der Satz ist bewiesen. $\qquad\qquad\square$

Eine Konsequenz dieses Satzes ist die folgende Aussage über Existenz und Eindeutigkeit invarianter Verteilungen.

8.77 Satz. (Existenz und Eindeutigkeit invarianter Verteilungen)
Eine irreduzible stochastische Matrix P besitzt genau eine invariante Verteilung $\vec{\pi} = (\pi_1, \ldots, \pi_m)$ mit $\pi_j > 0$ für jedes $j \in \{1, \ldots, m\}$.

BEWEIS: Wir wählen ein $\varepsilon \in (0, 1)$ und betrachten die stochastische Matrix

$$A := \varepsilon E_m + (1 - \varepsilon)P.$$

Weil ein Vektor genau dann eine invariante Verteilung von P ist, wenn er invariante Verteilung von A ist, genügt es zu zeigen, dass A eine eindeutig bestimmte invariante Verteilung (mit positiven Komponenten) hat. Dazu benutzen wir die *binomische Formel*

$$A^n = \sum_{k=0}^{n} \binom{n}{k} \varepsilon^k P^{n-k}, \tag{8.78}$$

die sich analog zur binomischen Formel für reelle Zahlen ergibt. Das Summenzeichen verwenden wir so, wie wir es von den reellen Zahlen und Vektoren gewohnt sind. Nach Voraussetzung gibt es für alle $i, j \in \{1, \ldots, m\}$ ein $l(i, j) \in \mathbb{N}_0$ mit $p_{ij}^{(l)} > 0$. Aus (8.78) folgt dann, dass sämtliche Elemente von A^n positiv sind, sobald

$$n \geq \max\{l(i, j) : i, j \in \{1, \ldots, m\}\}$$

gilt. Damit ist A ergodisch, und die Behauptungen ergeben sich aus Satz 8.75. $\qquad\square$

8.8.5 Geburts– und Todesprozesse

Zur Illustration der obigen Ergebnisse betrachten wir zunächst eine Modifikation des in Abschnitt 5.5 beschriebenen Bediensystems, in dem es nur endlich viele Warteplätze gibt. Wir bezeichnen mit s die maximale Zahl der Kunden, die sich im System befinden können. Sind zu Beginn eines Taktes s Kunden im System und wird während dieses Taktes keine Bedienung beendet, so muss ein eventuell ankommender Kunde abgewiesen werden. Unter dieser Annahme ist es plausibel, die Übergangswahrscheinlichkeiten (5.61) wie folgt zu modifizieren:

$$p(i, j) := \begin{cases} \lambda, & \text{falls } j = i + 1 \text{ und } i \leq s - 1, \\ \mu, & \text{falls } j = i - 1 \text{ und } i \geq 1, \\ 1 - \lambda - \mu, & \text{falls } i = j \text{ und } 1 \leq i \leq s - 1, \\ 1 - \mu, & \text{falls } i = j = s, \\ 1 - \lambda, & \text{falls } i = j = 0. \end{cases} \qquad (8.79)$$

Dabei sei wie früher die Ungleichung $\lambda + \mu \leq 1$ vorausgesetzt.

Wie wir gleich sehen werden, erfüllt die invariante Verteilung π der Übergangsmatrix (8.79) die Gleichungen

$$\pi(j) = \pi(0) \left(\frac{\lambda}{\mu}\right)^j, \qquad j = 0, \ldots, s. \qquad (8.80)$$

Daraus folgt

$$\pi(0) = \left[1 + \frac{\lambda}{\mu} + \ldots + \frac{\lambda^j}{\mu^j}\right]^{-1} = \frac{1 - \left(\frac{\lambda}{\mu}\right)^{s+1}}{1 - \frac{\lambda}{\mu}}.$$

Es zeigt sich, dass man im Beweis von (8.80) deutlich allgemeinere Modelle behandeln kann. Deshalb betrachten wir jetzt die Übergangswahrscheinlichkeiten

$$p(i, j) := \begin{cases} \lambda_i, & \text{falls } j = i + 1 \text{ und } i \leq s - 1, \\ \mu_i, & \text{falls } j = i - 1 \text{ und } i \geq 1, \\ 1 - \lambda_i - \mu_i, & \text{falls } i = j. \end{cases} \qquad (8.81)$$

Dabei gilt $\lambda_s = \mu_0 := 0$, und $\lambda_0, \ldots, \lambda_{s-1}, \mu_1, \ldots, \mu_s$ sind positive Wahrscheinlichkeiten mit $\lambda_i + \mu_i \leq 1$ für jedes $i \in \{1, \ldots, s-1\}$. Nach (8.70) ist eine Verteilung
π auf $\{0, \ldots, s\}$ genau dann invariante Verteilung von $p(\cdot, \cdot)$, wenn gilt:

$$\pi(i) = \pi(i-1)p(i-1,i) + \pi(i)p(i,i) + \pi(i+1)p(i+1,i), \qquad i = 1, \ldots, s.$$

Dabei ist $p(s+1, s) := 0$ gesetzt. Beachten wir die Gleichungen

$$p(i,i) = 1 - p(i, i-1) - p(i, i+1)$$

(die Zeilensummen sind 1), so ergibt sich

$$\pi(i)p(i, i-1) + \pi(i)p(i, i+1) = \pi(i-1)p(i-1, i) + \pi(i+1)p(i+1, i).$$

Summieren wir hier über alle i mit $i \geq j$, so erhalten wir

$$\pi(j)p(j, j-1) = \pi(j-1)p(j-1, j), \qquad j = 1, \ldots, s,$$

und somit

$$\pi(j) = \pi(j-1) \cdot \frac{\lambda_{j-1}}{\mu_j}, \qquad j = 1, \ldots, s. \tag{8.82}$$

Daraus folgt

$$\pi(j) = \pi(0) \cdot \frac{\lambda_0 \cdot \ldots \cdot \lambda_{j-1}}{\mu_1 \cdot \ldots \cdot \mu_j}, \qquad j = 1, \ldots, s. \tag{8.83}$$

Zusammen mit der Bedingung $\pi(0) + \ldots + \pi(s) = 1$ liefert (8.83) die eindeutig
bestimmte invariante Verteilung von (8.81). Im Spezialfall (8.79) erhalten wir die
Formel (8.80).

Es ist klar, dass (8.81) eine irreduzible Übergangsmatrix P definiert. Gilt
zusätzlich $\lambda_0 < 1$, so ist P auch aperiodisch. Wegen Satz 8.75 gilt dann der
Ergodensatz (8.68).

Eine Markowsche Kette $X_0, \ldots, X_T$ mit Übergangsmatrix (8.81) heißt auch
Geburts- und Todesprozess mit *Geburtswahrscheinlichkeiten* $\lambda_0, \ldots, \lambda_{s-1}$, *Todeswahrscheinlichkeiten* $\mu_1, \ldots, \mu_s$ und Zustandsraum $\{0, \ldots, s\}$.

8.78 Beispiel. (Ehrenfestsches[7] Urnenmodell)
Wir betrachten zwei Urnen in denen sich insgesamt s Kugeln befinden. Rein
zufällig werde unter den s Kugeln eine herausgegriffen. Befand sich diese Kugel
in der ersten (bzw. zweiten) Urne, so werde sie dann in die zweite (bzw. erste)

---

[7]Paul Ehrenfest (1880–1939), östereichischer Physiker, seit 1912 Professor für th. Physik an
der Universität Leiden. Arbeitsgebiete: statistische Mechanik, Atomphysik, Quantentheorie.

Urne gelegt. Dieses Experiment werde jetzt unabhängig voneinander T-mal wiederholt. Wir bezeichnen mit X_0 die Anzahl der Kugeln, die sich zu Beginn und mit X_n die Anzahl der Kugeln, die sich nach der n-ten Ziehung ($n \in \mathbb{N}$) in der ersten Urne befinden. Unter den obigen Voraussetzungen ist es realistisch, die Folge $X_0, \ldots, X_T$ als Geburts- und Todesprozess mit Zustandsraum $\{0, \ldots, s\}$ und Geburts- und Todesraten

$$\lambda_i = \frac{s-i}{s}, \qquad \mu_i = \frac{i}{s}, \qquad i = 0, \ldots, s,$$

zu modellieren.

Die Übergangsmatrix von $X_0, \ldots, X_T$ ist irreduzibel aber nicht aperiodisch. Ausgehend von $X_0 = i$ kann man nämlich immer nur in einer geraden Zahl von Schritten zum Zustand i zurückkehren.

Aus (8.83) erhalten wir, dass die invariante Verteilung die Gleichung

$$\pi(j) = \pi(0) \binom{s}{j}, \qquad j = 0, \ldots, s,$$

erfüllt. Daraus folgt

$$\pi(0)^{-1} = \sum_{j=0}^{s} \binom{s}{j} = 2^s.$$

Somit ist π eine Binomialverteilung mit den Parametern $1/2$ und s. Dieses Ergebnis hätte man auch leicht erraten können. Für großes T befindet sich nämlich jede Kugel unabhängig von den anderen mit Wahrscheinlichkeit $1/2$ in der ersten Urne. Damit ist X_T ungefähr die Summe von s unabhängigen $\{0,1\}$-wertigen Zufallsvariablen, die mit Wahrscheinlichkeit $1/2$ den Wert 1 annehmen. Nach 4.9.1 ergibt sich daraus (approximativ) die obige Binomialverteilung von X_T.

8.8.6 Markowsche Ketten mit abzählbaren Zustandsraum

Bisher haben wir Markowsche Ketten mit *endlichem* Zustandsraum besprochen. Das Bediensystem aus Abschnitt 5.5 lässt sich in diesem Rahmen nicht behandeln. Wir zeigen jetzt, dass viele der obigen Begriffsbildungen und Resultate auf den Fall eines abzählbar unendlichen Zustandsraumes übertragen werden können.

Gegeben sei eine *diskrete* (d.h. endliche oder abzählbar unendliche) Menge **S** und eine *Übergangsfunktion* p, d.h. eine Funktion $p : \mathbf{S} \times \mathbf{S} \rightarrow [0,1]$ mit

$$\sum_{y \in \mathbf{S}} p(x,y) = 1, \qquad x \in \mathbf{S}.$$

Ferner seien $(\Omega, \mathbb{P})$ ein diskreter W-Raum und $T \in \mathbb{N}$.

Wie in 8.8.2 nennen wir eine endliche Folge $X_0, \ldots, X_T$ von Abbildungen X_i : $\Omega \to \mathbf{S}$, $i = 0, \ldots, T$ *Markowsche Kette*, falls (8.61) erfüllt ist. In diesem Fall heißen p *Übergangsfunktion* und $\mathbf{S}$ *Zustandsraum* der Markowschen Kette.

Die *n-Schritt Übergangswahrscheinlichkeiten* $p^{(n)}(x,y)$ werden induktiv durch (8.64) definiert. Ferner setzt man $p^{(0)}(x,y) = 1$, falls $x = y$ und $p^{(0)}(x,y) = 0$, falls $x \neq y$. Damit erhalten wir wieder die *Chapman–Kolmogorow–Gleichungen* (8.67). Auch die Gleichungen (8.65) und (8.66) übertragen sich auf den allgemeinen Fall.

Eine Funktion $\pi_0 : \mathbf{S} \to [0, \infty)$ heißt *invariantes Maß* von p, falls $\pi_0(y) > 0$ für mindestens ein $y \in \mathbf{S}$ und

$$\pi_0(y) = \sum_{x \in \mathbf{S}} \pi_0(x) \cdot p(x,y), \qquad y \in \mathbf{S}. \tag{8.84}$$

Ist π_0 ein invariantes Maß von p und gilt außerdem

$$c := \sum_{y \in \mathbf{S}} \pi_0(y) < \infty,$$

so erfüllt die durch *Normierung* von π entstehende W-Verteilung

$$\pi(y) := c^{-1}\pi_0(y), \qquad y \in \mathbf{S},$$

die Gleichung (8.70). Eine W-Verteilung π mit dieser Eigenschaft nennt man wieder *invariante* (oder *stationäre*) *Verteilung* von p. Die bei (8.71) formulierte Charakterisierung invarianter Verteilungen bleibt gültig.

Die *Irreduzibilität* und *Aperiodizität* der Übergangsfunktion p wird völlig analog zu den entsprechenden Eigenschaften einer stochastischen Matrix definiert. Ist p irreduzibel, so existiert ein bis auf einen Faktor eindeutig bestimmtes invariantes Maß π_0 von p. Allerdings würde ein Beweis dieser Aussage den Rahmen dieser Einführung sprengen. Ist $\mathbf{S}$ eine unendliche Menge, so ist es im Allgemeinen eine sehr schwierige Aufgabe, über die Konvergenz oder Divergenz der Reihe $\sum_{y \in \mathbf{S}} \pi_0(y)$ zu entscheiden, (meist ist π_0 nicht bekannt). Liegt Konvergenz vor, so hat p eine eindeutig bestimmte invariante Verteilung π. Ist p nicht nur irreduzibel, sondern auch aperiodisch, so gilt der *Ergodensatz* (8.68). Auch diese Aussage können wir hier nicht beweisen.

Als Beispiel diskutieren wir jetzt Geburts– und Todesprozesse mit unendlichem Zustandsraum $\mathbb{N}_0$. Dazu betrachten wir zwei (unendliche) Folgen $\lambda_0, \lambda_1, \ldots$ und $\mu_1, \mu_2, \ldots$ von Geburts– bzw. Todeswahrscheinlichkeiten. Die Übergangsfunktion $p(\cdot, \cdot)$ wird wie in (8.81) definiert, wobei die Einschränkung an i in der ersten Zeile der rechten Seite entfällt. Wiederum ist $\mu_0 := 0$ und $\lambda_i + \mu_i \leq 1$ für jedes $i \in \mathbb{N}$. Es ist klar, dass ein invariantes Maß π wieder die Gleichungen

$$\pi(j) = \pi(0) \cdot \frac{\lambda_0 \cdot \ldots \cdot \lambda_{j-1}}{\mu_1 \cdot \ldots \cdot \mu_j}, \qquad j \in \mathbb{N},$$

erfüllen muss. Diese Funktion lässt sich genau dann zu einer W-Verteilung normieren, wenn die Konvergenzbedingung

$$\sum_{j=1}^{\infty} \frac{\lambda_0 \cdot \ldots \cdot \lambda_{j-1}}{\mu_1 \cdot \ldots \cdot \mu_j} < \infty \tag{8.85}$$

erfüllt ist. Die Übergangsfunktion ist irreduzibel und im Fall $\lambda_0 < 1$ auch aperiodisch. Wie oben erwähnt (aber nicht bewiesen wurde!), gilt in diesem Fall der Ergodensatz (8.68).

Wir wollen noch darauf hinweisen, dass die in 5.5 betrachtete Markowsche Kette ein spezieller Geburts– und Todesprozess mit Zustandsraum $\mathbb{N}_0$ ist. In diesem Fall reduziert sich Bedingung (8.85) auf die uns bereits bekannte Stabilitätsbedingung, wonach die Ankunftswahrscheinlichkeit kleiner als die Abfertigungswahrscheinlichkeit sein muss.

8.9 Stochastische Bediennetze*

8.9.1 Modellierung

Im Abschnitt 5.5 und in 8.8.5 haben wir einfache stochastische Modelle für Bediensysteme kennen gelernt. Tatsächlich ist eine Bedienstation oft Teil eines unter Umständen sehr komplexen, aus vielen Stationen bestehenden *Netzes*. In einem solchen Netz gibt es externe Ankünfte von Kunden (Anrufen, Werkstücken, usw.), die nacheinander an bestimmten Stationen bedient werden, bevor sie dann irgendwann das Netz wieder verlassen.

Wir wollen hier ein stochastisches Modell für ein solches aus m (nummerierten) Stationen bestehendes Netz (System) vorstellen. Jede Station soll über einen unendlich großen Warteraum verfügen. Wie in 5.5.1 nehmen wir zunächst an, dass das System zu den Zeitpunkten $0, h, 2 \cdot h, \ldots, T \cdot h$ beobachtbar ist. Die Taktlänge $h > 0$ und der Zeithorizont $T \in \mathbb{N}$ sind gegeben. Für jedes $n \in \{1, \ldots, T\}$ und jedes $i \in \{1, \ldots, m\}$ bezeichne X_n^i die zufällige Anzahl der Kunden, die sich nach Ende des n-ten Taktes in der Station i befinden. Mit X_0^i bezeichnen wir die zufällige Anzahl der Kunden, die sich vor Beginn des ersten Taktes in Station i befinden. Alle Zufallsvariablen seien auf einem diskreten W-Raum $(\Omega, \mathbb{P})$ definiert. Der (zufällige) Zustand des Systems zum Zeitpunkt n wird durch

$$X_n := (X_n^1, \ldots, X_n^m), \qquad n \in \{0, \ldots, T\},$$

beschrieben. Mathematisch handelt es sich bei X_n um eine Abbildung von Ω in $\mathbf{S} := (\mathbb{N}_0)^m$. Eine solche Abbildung heißt auch *zufälliger Vektor*. Wir modellieren $X_0, \ldots, X_T$ als Markowsche Kette mit Zustandsraum $\mathbf{S}$.

Im nächsten Schritt wollen wir die Übergangsfunktion von $X_0, \ldots, X_T$ festlegen. Dazu setzen wir zunächst voraus, dass in jedem Takt maximal ein Kunde im

System eintreffen und auch nur maximal eine Bedienung beendet werden kann. Für jedes $i \in \{1, \dots, m\}$ sei $\lambda_i \geq 0$ die Wahrscheinlichkeit, mit der in einem Takt ein Kunde in Station i ankommt, und $\mu_i > 0$ die Wahrscheinlichkeit, mit der in Station i eine Bedienung beendet wird, falls die dortige Warteschlange nicht leer ist. Ist die Bedienung eines Kunden in Station i beendet worden, so wird er mit Wahrscheinlichkeit r_{ij} sofort zur Station $j \in \{1, \dots, m\}$ geroutet. Für die *Routingwahrscheinlichkeiten* r_{ij} setzen wir $r_{ii} = 0$ sowie die Ungleichungen

$$\sum_{j=1}^{m} r_{ij} \leq 1, \qquad i = 1, \dots, m,$$

voraus. Mit Wahrscheinlichkeit

$$r_{i0} := 1 - \sum_{j=1}^{m} r_{ij}$$

verlässt der Kunde das System, falls seine Bedienung in Station i beendet wurde. Bild 8.18 veranschaulicht die beschriebenen Modellparameter im Fall von drei Stationen.

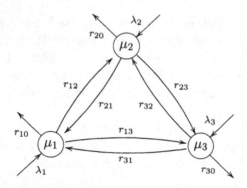

Bild 8.18:
Schematische Darstellung eines stochastischen Netzwerks

Wir setzen voraus, dass sowohl Ankünfte, Bedienungen und Routing als auch das Geschehen in verschiedenen Takten unabhängig voneinander sind. Erst damit lässt sich rechtfertigen, dass $X_0, \dots, X_T$ tatsächlich als Markowsche Kette modelliert werden kann. Für gegebenes $\vec{x} \in \mathbf{S}$ sind die Übergangswahrscheinlichkeiten $p(\vec{x}, \vec{y})$ ($\vec{y} \in \mathbf{S}$) nur dann nicht 0, wenn $\vec{y} = \vec{x}$ (keine Ankunft und keine Beendigung einer Bedienung) oder wenn $\vec{y}$ eine der folgenden drei Eigenschaften besitzt:

$\vec{y} = \vec{x} + \vec{e}_i \quad$ mit $i \in \{1, \dots, m\}$, $\qquad$ (Ankunft eines Kunden in Station i),

$\vec{y} = \vec{x} - \vec{e}_i + \vec{e}_j \quad$ mit $i, j \in \{1, \dots, m\}$, $\quad$ (Übergang eines Kunden von i nach j),

$\vec{y} = \vec{x} - \vec{e}_i \quad$ mit $i \in \{1, \dots, m\}$, $\qquad$ (Abgang eines Kunden von Station i).

Hierbei ist $\vec{e}_i$ der i-te kanonische Einheitsvektor in $\mathbf{S} \subset \mathbb{R}^m$.

Ebenfalls wie in 5.5.1 vernachlässigen wir jetzt die Produkte $\lambda_i \cdot \mu_i$ im Vergleich zu λ_i und μ_i und modellieren die Übergangswahrscheinlichkeiten $p(\vec{x}, \vec{y})$ wie folgt:

$$
p(\vec{x}, \vec{y}) := \begin{cases}
\lambda_i, & \text{falls } \vec{y} = \vec{x} + \vec{e}_i \text{ für } i \in \{1, \dots, m\}, \\
\mu_i r_{ij}, & \text{falls } \vec{y} = \vec{x} - \vec{e}_i + \vec{e}_j \text{ für } i, j \in \{1, \dots, m\}, \\
\mu_i r_{i0}, & \text{falls } \vec{y} = \vec{x} - \vec{e}_i \text{ für } i \in \{1, \dots, m\}, \\
1 - \bar{\lambda} - \sum_{i:x_i > 0} \mu_i, & \text{falls } \vec{y} = \vec{x}.
\end{cases}
$$

(8.86)

Dabei ist $\bar{\lambda} := \sum_{i=1}^m \lambda_i$. Ferner setzen wir $\bar{\lambda} + \mu_1 + \dots + \mu_m \leq 1$ voraus. Für alle $\vec{x}, \vec{y} \in \mathbf{S}$, die in (8.86) nicht erfasst werden, ist $p(\vec{x}, \vec{y}) := 0$ gesetzt.

8.9.2 Die invariante Verteilung

Wir werden gleich Bedingungen an die Systemparameter kennen lernen, unter denen die in (8.86) definierte Übergangsfunktion eine eindeutig bestimmte invariante Verteilung besitzt. Die Kenntnis dieser Verteilung ist von großer Bedeutung für die Analyse des stochastischen Netzes. Mit Verweis auf den Ergodensatz (8.68) werden nämlich in den meisten Anwendungen wichtige *Leistungsparameter* des Netzes wie etwa Erwartungwert und Varianz der Anzahl der Kunden in den einzelnen Stationen bezüglich der invarianten Verteilung ermittelt.

Auf den ersten Blick scheint es ein schwieriges Unterfangen, das „unendlichdimensionale" lineare Gleichungssystem (8.84) zu lösen. Glücklicherweise erlaubt es aber die spezielle Struktur der Übergangswahrscheinlichkeiten in (8.86), das Problem auf die Lösung der sogenannten linearen *Verkehrsgleichungen*

$$
w_j = \lambda_j + \sum_{i=1}^m w_i r_{ij}, \qquad j = 1, \dots, m,
$$

(8.87)

zu reduzieren.

Diese Gleichungen bilden ein lineares Gleichungssystem mit den m Unbekannten $w_1, \dots, w_m$. Um die Lösbarkeit zu garantieren, setzen wir voraus, dass die sogenannte *Routingmatrix* $R := (r_{ij})$ *transient* ist, d.h. dass es für jedes $i \in \{1, \dots, m\}$ ein $l \in \mathbb{N}$ mit der Eigenschaft

$$
\sum_{j=1}^m r_{ij}^{(l)} < 1
$$

(8.88)

gibt. Hierbei ist $(r_{ij}^{(l)}) := R^l$ gesetzt. Anschaulich besagt die Eigenschaft der Transienz, dass jeder Kunde, der irgendwo in das Netz eintritt, dieses in endlicher Zeit wieder verlässt. Gilt $\bar{\lambda} > 0$, d.h. ist die Wahrscheinlichkeit dafür, dass irgendwo Kunden eintreffen positiv, so wird man ohne die Voraussetzung der Transienz die Existenz einer invarianten Verteilung nicht erwarten können.

Wie wir in 8.9.3 zeigen werden, besitzt (8.87) eine eindeutig bestimmte Lösung mit $w_j \geq 0$ für jedes $j \in \{1, \ldots, m\}$. Man kann w_j als Wahrscheinlichkeit dafür interpretieren, dass im statistischen Gleichgewicht ein Kunde während eines Taktes in Station j ankommt. Der relative Anteil der an einer Station ankommenden Kunden sollte im langfristigen Mittel genauso groß sein wie der entsprechende relative Anteil der dort abgehenden Kunden. Deshalb ist w_j auch die Wahrscheinlichkeit dafür, dass in Station j nach einem Takt die Bedienung eines Kunden beendet wird. Nach der Formel von der totalen Wahrscheinlichkeit ergibt sich dann w_j als Summe aus der *externen* Ankunftswahrscheinlichkeit λ_j und den *internen* Ankunftswahrscheinlichkeiten $w_k r_{kj}$, $k = 1, \ldots, m$. Die Verkehrsgleichungen sind also die *Gleichgewichtsbedingungen* an die Ankunftswahrscheinlichkeit $w_1, \ldots, w_m$. Der folgende Satz unterstreicht die Bedeutung dieser Wahrscheinlichkeiten.

8.79 Satz. (Invariantes Maß)
Erfüllen die positiven Zahlen $w_1, \ldots, w_m$ die Gleichungen (8.87), so ist die durch

$$\pi_0(\vec{x}) := \prod_{i=1}^{m} \left(\frac{w_i}{\mu_i} \right)^{x_i}, \qquad \vec{x} = (x_1, \ldots, x_m) \in \mathbf{S}, \qquad (8.89)$$

definierte Funktion π_0 ein invariantes Maß der Übergangsfunktion p.

Dieses Resultat sowie das zugrunde gelegte Modell gehen auf Jackson (1957) zurück. Bevor wir den Satz beweisen, sollen die wichtigen Fragen nach Existenz und Eindeutigkeit einer invarianten Verteilung beantwortet werden. Für die Funktion π_0 gilt genau dann

$$\sum_{\vec{x} \in \mathbf{S}} \pi_0(\vec{x}) < \infty,$$

wenn die Ungleichungen

$$w_i < \mu_i, \qquad i = 1, \ldots, m, \qquad (8.90)$$

erfüllt sind. Diese sogenannten *Stabilitätsbedingungen* des Netzes besagen, dass jede Station den ankommenden Verkehr auch tatsächlich bewältigen kann. Damit gilt:

8.80 Satz. (Invariante Verteilung)
Sind die Stabilitätsbedingungen (8.90) erfüllt, so ist

$$\pi(\vec{x}) := \prod_{i=1}^{m} \left(1 - \frac{w_i}{\mu_i} \right) \left(\frac{w_i}{\mu_i} \right)^{x_i}, \qquad \vec{x} = (x_1, \ldots, x_m) \in \mathbf{S}, \qquad (8.91)$$

eine invariante Verteilung der Übergangsfunktion p.

Hat X_0 die stationäre Verteilung π in (8.91), so gilt für jedes $n \in \{0, \dots, T\}$ und jedes $\vec{x} = (x_1, \dots, x_m) \in \mathbf{S}$

$$\mathbb{P}(X_n^1 = x_1, \dots, X_n^m = x_m) = \prod_{i=1}^{m} \left(1 - \frac{w_i}{\mu_i}\right) \left(\frac{w_i}{\mu_i}\right)^{x_i}.$$

Nach diesen Gleichungen sind also die Komponenten von X_n unabhängig und geometrisch verteilt. Mit Blick auf Satz 5.48 sollte das Auftreten der geometrischen Verteilung keine allzu große Überraschung darstellen, wohl aber die Unabhängigkeit von $X_n^1, \dots, X_n^m$!

Die invariante Verteilung (8.91) ist eindeutig bestimmt, falls die Übergangsfunktion p irreduzibel ist. Wann hat p diese Eigenschaft? Setzen wir voraus, dass alle λ_i positiv sind, so ergibt sich für jedes $\vec{y} \in \mathbf{S}$ die Ungleichung $p^{(l)}(\vec{0}, \vec{y}) > 0$ für $l = y_1 + \dots + y_m$. Aus der Transienz von R folgt außerdem für jedes $\vec{x} \in \mathbf{S}$ die Ungleichung $p^{(n)}(\vec{x}, \vec{0}) > 0$ für genügend großes $n \in \mathbb{N}_0$. Damit gilt

$$p^{(n+l)}(\vec{x}, \vec{y}) \geq p^{(n)}(\vec{x}, \vec{0}) \cdot p^{(l)}(\vec{0}, \vec{y}) > 0.$$

Dieses Argument beweist auch, dass die Übergangsfunktion p aperiodisch ist. Also gilt insbesondere der Ergodensatz (8.68).

Wie das folgende interessante Beispiel zeigt, ist die Positivität aller externen Ankunftswahrscheinlichkeiten keinesfalls notwendig für die Irreduzibilität.

8.81 Beispiel. (Seriensystem)
Es gelte $r_{i,i+1} = 1$ für $i \in \{1, \dots, m\}$, $\lambda_1 > 0$, sowie $\lambda_i = 0$ für jedes $i \geq 2$. In diesem Fall betreten die Kunden das System in Station 1, durchlaufen dann nacheinander alle Stationen und verlassen das System, wenn ihre Bedienung in der letzten Station beendet wurde. Man erkennt sofort, dass $w_1 = \dots = w_m = \lambda_1$ die eindeutig bestimmte (und aus anschaulichen Gründen leicht zu erratende) Lösung von (8.87) ist.

Im Spezialfall des obigen Beispiels ist (8.86) irreduzibel. Um eine allgemeine Voraussetzung formulieren zu können, führen wir die folgende stochastische Matrix $Q = (q_{ij}) \in M(m+1, m+1)$ ein:

$$q_{ij} := \begin{cases} r_{ij} & \text{falls } 1 \leq i, j \leq m, \\ r_{i0} & \text{falls } 1 \leq i \leq m \text{ und } j = m+1, \\ \lambda_i/\bar{\lambda} & \text{falls } i = m+1 \text{ und } 1 \leq j \leq m, \\ 0 & \text{falls } i = j = m+1. \end{cases} \tag{8.92}$$

Hierbei setzen wir $\bar{\lambda} > 0$ voraus. Ist Q irreduzibel, so folgt wie oben, dass auch die Übergangsfunktion (8.86) diese Eigenschaft besitzt.

BEWEIS VON SATZ 8.79: Anstelle von (8.84) betrachten wir die *partiellen Gleichgewichts-bedingungen*

$$\pi_0(\vec{x}) \sum_{k=1}^{m} p(\vec{x}, \vec{x} + \vec{e}_k) = \sum_{k=1}^{m} \pi_0(\vec{x} + \vec{e}_k) p(\vec{x} + \vec{e}_k, \vec{x}) \qquad (8.93)$$

und

$$\pi_0(\vec{x}) \sum_{k=0, k \neq j}^{m} p(\vec{x}, \vec{x} - \vec{e}_j + \vec{e}_k) = \sum_{k=0, k \neq j}^{m} \pi_0(\vec{x} - \vec{e}_j + \vec{e}_k) p(\vec{x} - \vec{e}_j + \vec{e}_k, \vec{x}) \qquad (8.94)$$

für $\vec{x} \in \mathbf{S}$ und $j \in \{1, \dots, m\}$. Hierbei ist $\vec{e}_0 := \vec{0}$ der Nullvektor, und in (8.94) wird $x_j > 0$ vorausgesetzt. Summieren wir die obigen linken und rechten Seiten, so ergibt sich nach (8.86)

$$\pi_0(\vec{x})(1 - p(\vec{x}, \vec{x})) = \sum_{\vec{y}: \vec{y} \neq \vec{x}} \pi_0(\vec{y}) p(\vec{y}, \vec{x}).$$

Weil daraus (8.84) folgt, genügt es, die Gleichungen (8.93) und (8.94) zu beweisen.

Die linke Seite von (8.93) ist gleich $\pi_0(\vec{x})(\lambda_1 + \dots + \lambda_m)$. Wegen

$$\pi_0(\vec{x} + \vec{e}_k) = \frac{w_k}{\mu_k} \pi_0(\vec{x})$$

(vgl. (8.89)) ist die rechte Seite gleich

$$\sum_{k}^{m} \pi_0(\vec{x} + \vec{e}_k) \mu_k r_{k0} = \pi_0(\vec{x}) \sum_{k=1}^{m} w_k r_{k0}.$$

Aus den Verkehrsgleichungen (8.87) folgt

$$\sum_{k=1}^{m} w_k r_{k0} = \sum_{k=1}^{m} w_k \left(1 - \sum_{j=1}^{m} r_{kj} \right) = \sum_{k=1}^{m} w_k - \sum_{j=1}^{m} \sum_{k=1}^{m} w_k r_{kj}$$

$$= \sum_{k=1}^{m} w_k - \sum_{j=1}^{m} (w_j - \lambda_j) = \sum_{k=1}^{m} \lambda_k. \qquad (8.95)$$

Also gilt (8.93).

Zum Nachweis von (8.94) wählen wir ein j und ein $\vec{x} = (x_1, \dots, x_m) \in \mathbf{S}$ mit $x_j > 0$. Die linke Seite von (8.94) ist gleich

$$\pi_0(\vec{x}) \mu_j r_{j0} + \sum_{k=1}^{m} \pi_0(\vec{x}) p(\vec{x}, \vec{x} - \vec{e}_j + \vec{e}_k)$$

$$= \pi_0(\vec{x}) \mu_j r_{j0} + \sum_{k=1}^{m} \pi_0(\vec{x}) \mu_j r_{jk} = \pi_0(\vec{x}) \mu_j.$$

Zur Berechnung der rechten Seite beachten wir die Beziehungen

$$\pi_0(x - \vec{e}_j) = \frac{\mu_j}{w_j} \pi_0(\vec{x}), \qquad \pi_0(x - \vec{e}_j + \vec{e}_k) = \frac{\mu_j w_k}{w_j \mu_k} \pi_0(\vec{x}),$$

die sich beide direkt aus der Definition (8.89) ergeben. Es folgt

$$\pi_0(\vec{x} - \vec{e}_j)\lambda_j + \sum_{k=1}^{m} \pi_0(\vec{x} - \vec{e}_j + \vec{e}_k)\mu_k r_{kj}$$

$$= \frac{\mu_j}{w_j}\pi_0(\vec{x})\left(\lambda_j + \sum_{k=1}^{m} w_k r_{kj}\right) = \pi_0(\vec{x})\mu_j,$$

wobei wir zuletzt noch (8.87) benutzt haben. Damit ist auch (8.94) bewiesen. □

8.9.3 Transiente substochastische Matrizen

Es sei $R = (r_{ij}) \in M(m,m)$ eine substochastische Matrix. Wir untersuchen jetzt die Verkehrsgleichungen (8.87) genauer und formulieren zunächst allgemeine Eigenschaften transienter Matrizen. Dabei wird die Transienz von $R = (r_{ij})$ durch (8.88) definiert. Die Einschränkung $r_{ii} = 0$ ($1 \le i \le m$) kann entfallen. Unendliche Reihen von Matrizen werden natürlich als Grenzwerte von Partialsummen gebildet.

8.82 Satz. (Geometrische Reihe von Matrizen)
Die substochastische Matrix R sei transient. Dann ist $E_m - R$ invertierbar, und es gilt (mit der Festsetzung $R^0 := E_m$)

$$(E_m - R)^{-1} = \sum_{n=0}^{\infty} R^n. \tag{8.96}$$

BEWEIS: Wir zeigen zunächst die Grenzwertbeziehung

$$\lim_{n\to\infty} R^n = 0, \tag{8.97}$$

wobei rechts die Nullmatrix steht. Für jedes $n \in \mathbb{N}$ definieren wir

$$r_{i0}^{(n)} := 1 - \sum_{j=1}^{m} r_{ij}^{(n)}, \qquad i \in \{1,\dots,m\}.$$

Dann ist (8.97) gleichbedeutend mit

$$\lim_{n\to\infty} \left(1 - r_{i0}^{(n)}\right) = 0, \qquad i \in \{1,\dots,m\}. \tag{8.98}$$

Man beweist leicht, dass $(1 - r_{i0}^{(n)})$ für jedes i eine monoton fallende Folge ist. (Die Zahl $1 - r_{i0}^{(n)}$ kann als Wahrscheinlichkeit interpretiert werden, dass eine Markowsche Kette mit Zustandsraum $\{0,1,\dots,m\}$ und Übergangswahrscheinlichkeiten $p(i,j) = r_{ij}$ ($i,j \in \{1,\dots,m\}$) und $p(0,0) = 1$ nach n Schritten den „absorbierenden" Zustand 0 erreicht hat.) Es genügt also zu zeigen, dass eine Teilfolge von $(1 - r_{i0}^{(n)})$ eine Nullfolge ist. Weil R transient ist, gibt es ein $q > 0$ und ein $l \in \mathbb{N}$ mit

$$r_{k0}^{(l)} \ge q, \qquad k \in \{1,\dots,m\}.$$

Aus den Potenzgesetzen (8.60) folgt für jedes $n \in \mathbb{N}$

$$1 - r_{i0}^{(nl+l)} = \sum_{j=0}^{m} r_{ij}^{(nl+l)} = \sum_{j=0}^{m} \sum_{k=0}^{m} r_{ik}^{(nl)} r_{kj}^{(l)}$$

$$= \sum_{k=0}^{m} r_{ik}^{(nl)} \left(1 - r_{k0}^{(l)}\right)$$

$$\leq (1-q) \sum_{k=0}^{m} r_{ik}^{(nl)} = (1-q)\left(1 - r_{ik}^{(nl)}\right).$$

Daraus erhalten wir induktiv

$$1 - r_{i0}^{(nl)} \leq (1-q)^n \left(1 - r_{i0}^{(l)}\right), \qquad n \in \mathbb{N}_0,$$

und somit (8.98).

Jetzt können wir beweisen, dass $E_m - R$ eine invertierbare Matrix ist. Sei dazu $\vec{x} \in \mathbb{R}^m$ ein Spaltenvektor mit $(E_m - R)\vec{x} = \vec{0}$, d.h. $R\vec{x} = \vec{x}$. Daraus folgt induktiv $R^n\vec{x} = \vec{x}$ für jedes $n \in \mathbb{N}$. Wegen (8.97) konvergiert $R^n\vec{x}$ gegen $\vec{0}$. Also ist $\vec{x} = \vec{0}$, wie behauptet.

Zum Beweis von (8.96) betrachten wir die Gleichungen

$$(E_m - R)(E_m + R + \ldots + R^n) = E_m - R^{n+1}, \qquad n \in \mathbb{N}.$$

Multiplikation von links mit der Inversen von $E_m - R$ liefert

$$E_m + R + \ldots + R^n = (E_m - R)^{-1}(E_m - R^{n+1}).$$

Für $n \to \infty$ ergibt sich die behauptete Formel (8.96).   □

Gleichung (8.96) verallgemeinert die Summenformel für die geometrische Reihe $\sum_{n=0}^{\infty} q^n$ für den Fall $q \geq 0$. Dabei tritt die Eigenschaft (8.97) an die Stelle von $q < 1$. Auch die Beweise sind völlig analog.

Bezeichnen $\vec{w}$ und $\vec{\lambda}$ die Zeilenvektoren $(w_1, \ldots, w_m)$ bzw. $(\lambda_1, \ldots, \lambda_m)$, so nimmt (8.87) die Gestalt $\vec{w} = \vec{\lambda} + \vec{w}R$ bzw.

$$\vec{w}(E_m - R) = \vec{\lambda}$$

an. Ist R transient, so ist

$$\vec{w} = \vec{\lambda}(E_m - R)^{-1}$$

die eindeutig bestimmte Lösung. Diese Aussage ist für jedes $\vec{\lambda}$ richtig. Unter einer stärkeren Voraussetzung erhalten wir:

8.83 Satz. (Lösungen der Verkehrsgleichungen)
Es seien $\lambda_1, \ldots, \lambda_m$ nichtnegative Zahlen mit $\lambda_1 + \ldots + \lambda_m > 0$. Ist die durch (8.92) definierte stochastische Matrix $Q = (q_{ij})$ irreduzibel, so besitzen die Verkehrsgleichungen (8.87) eindeutig bestimmte Lösungen $w_1, \ldots, w_m$ mit $w_j > 0$ für jedes $j \in \{1, \ldots, m\}$.

BEWEIS: Es sei $w_{m+1} := \bar{\lambda}$. Nach Definition von Q und (8.95) sind die Gleichungen (8.87) zu

$$w_j = \lambda_j + \sum_{i=1}^{m} w_i q_{ij}, \qquad j = 1, \ldots, m+1, \tag{8.99}$$

äquivalent. Nach Voraussetzung und Satz 8.77 gibt es nur eine Lösung dieser Gleichung mit $w_{m+1} = \bar{\lambda}$. Dabei ist $w_j > 0$ für jedes $j \in \{1, \ldots, m\}$. $\qquad\qquad\square$

8.9.4 Das Austauschmodell von Leontiew

Wir betrachten ein von Leontiew[8] entwickeltes Modell, welches die wechselseitigen Verflechtungen der Sektoren einer Volkswirtschaft beschreiben soll. Gegeben seien m Firmen. Firma j ($j \in \{1, \ldots, m\}$) stelle das Produkt j her. Für die Erzeugung einer Werteinheit ihres Produktes benötige die Firma j $a_{ij} \geq 0$ Werteinheiten des Produktes i. Dabei sei der Fall $a_{ii} > 0$ nicht ausgeschlossen. Wir bezeichnen die $m \times m$-Matrix (a_{ij}) mit A und nehmen

$$\sum_{i=1}^{m} a_{ij} \leq 1, \qquad j = 1, \ldots, m,$$

an, setzen also voraus, dass die Transponierte A^T von A substochastisch ist. Diese Eigenschaft bedeutet, dass keine der Firmen unrentabel wirtschaftet.

Wir stellen uns jetzt die Frage, wie viel von den einzelnen Produkten hergestellt werden muss, um einen gegebenen externen Bedarf $z_1 \geq 0, \ldots, z_m \geq 0$ zu befriedigen. Hierbei ist z_i der Marktbedarf an Werteinheiten des i-ten Produktes. Produzieren die einzelnen Firmen $x_1, \ldots, x_m$ Werteinheiten ihrer Produkte, so ist

$$\sum_{j=1}^{m} a_{ij} x_j$$

der Verbrauch des i-ten Produktes. Die Nachfrage nach diesem Produkt wird also genau dann gedeckt, wenn gilt:

$$x_i - \sum_{j=1}^{m} a_{ij} x_j = z_i.$$

Bei gegebenem Bedarf müssen also $x_1, \ldots, x_m$ die Gleichungen

$$x_i = z_i + \sum_{j=1}^{m} a_{ij} x_j, \qquad i = 1, \ldots, m \tag{8.100}$$

---

[8]Wassily W. Leontiew (1906–1999), russ./amerik. Ökonom, Entwicklung der Input–Output-Analyse, 1973 Nobelpreis für Wirtschaftswissenschaften.

erfüllen.

Mit (8.100) sind wir wieder auf die Verkehrsgleichungen (8.87) gestoßen! Ist A^T transient, so lassen sich diese Gleichungen nach Satz 8.82 eindeutig lösen. Man beachte, dass wegen der wechselseitigen Verflechtung der Firmen die Ungleichung $x_i > 0$ auch dann gelten kann, wenn $z_i = 0$ ist. Satz 8.83 liefert präzise Bedingungen, unter denen alle x_i positiv sind. In diesem Fall müssen alle Firmen produzieren, um den Marktbedarf abzudecken.

Lernziel–Kontrolle

- Was ist ein lineares Gleichungssystem?

- Beherrschen Sie den Gaußschen Algorithmus?

- Welche Struktur besitzt die Lösungsmenge eines linearen Gleichungssystems?

- Welche Struktur besitzen Kern und Bild einer linearen Abbildung?

- Welche Eigenschaften charakterisieren die Basis eines Unterraumes?

- Wie beweist man die Cauchy–Schwarzsche Ungleichung?

- Wie berechnet man die orthogonale Projektion eines Vektors auf einen Unterraum?

- Wie bestimmt man das orthogonale Komplement eines Unterraumes?

- Was ist die Gleichung einer Hyperebene?

- Wie bestimmt man den Abstand zwischen einem Punkt und einem affinen Unterraum?

- Welcher Zusammenhang besteht zwischen der Komposition linearer Abbildungen und der Matrizenmultiplikation?

- Wie berechnet man die Inverse einer regulären Matrix?

- Was ist der Zusammenhang zwischen den Übergangswahrscheinlichkeiten Markowscher Ketten und der Matrizenmultiplikation?

- Welche Bedeutung haben invariante Verteilungen Markowscher Ketten?

- Können Sie die Verkehrsgleichungen eines stochastischen Netzes interpretieren?

- Worin besteht das Austauschmodell von Leontiew?

Literaturverzeichnis

Ansorge, R. und Oberle, H.J. (1997): *Mathematik für Ingenieure, Band 1*, 2. Auflage, Akademie Verlag, Berlin.

Black, F. und Scholes, M. (1973): The pricing of options and corporate liabilities, *J. Political Econom.* **81**, 637-654.

Cox, J., Ross, S. und Rubinstein, M. (1979): Option pricing: a simplified approach, *Journal of Financial Economics* **7**, 229-264.

Fischer, G. (2000): *Lineare Algebra*, 12. Auflage, Vieweg, Braunschweig.

Hanke–Bourgeois, M. (2002): *Grundlagen der Numerischen Mathematik und des Wissenschaftlichen Rechnens*, Teubner, Stuttgart.

Henze, N. (2004): *Stochastik für Einsteiger*, 5. Auflage, Vieweg, Braunschweig.

Henze, N. und Last, G. (2004): *Mathematik für Wirtschaftsingenieure, Band 2*, Vieweg, Wiesbaden.

Heuser, H. (2003): *Lehrbuch der Analysis, Teil 1*, 15. Auflage, Teubner, Stuttgart.

Irle, A. (2001): *Wahrscheinlichkeitstheorie und Statistik, Grundlagen – Resultate – Anwendungen*, Teubner, Stuttgart.

Jackson, J.R. (1957): Networks of waiting lines, *Operations Res.* **5**, 518-521.

Krengel, U. (2002): *Einführung in die Wahrscheinlichkeitstheorie und Statistik*, 6. Auflage, Vieweg, Braunschweig.

Schmersau, D. und Koepf, W. (2000): *Die reellen Zahlen als Fundament und Baustein der Analysis*, Oldenbourg, München.

Walter, W. (2001): *Analysis 1*, 6. Auflage, Springer, Berlin.

Wichtige Symbole

$\mathbb{N} = \{1, 2, 3, 4, \ldots\}$ Menge der natürlichen Zahlen, 10, 58

$\mathbb{N}_0 = \{0, 1, 2, \ldots\}$ Menge der nichtnegativen ganzen Zahlen, 22

$\mathbb{Z} = \{0, 1, -1, 2, -2, \ldots\}$ Menge der ganzen Zahlen, 11, 62

$\mathbb{Q} = \{p/q : p \in \mathbb{Z}, q \in \mathbb{N}\}$ Menge der rationalen Zahlen, 11

$\mathbb{R} = (-\infty, \infty)$ Menge der reellen Zahlen, 11, 77

$\bar{\mathbb{R}} = \mathbb{R} \cup \{-\infty, \infty\}$ erweiterte Zahlengerade, 183

$\emptyset$ leere Menge, 11

$\mathrm{Bild}(f), \ \mathrm{Graph}(f)$ Bild und Graph der Abbildung f, 26, 27

$f(A), \ f^{-1}(B)$ Bild und Urbild unter der Abbildung f, 32

$g \circ f$ Komposition der Abbildungen f und g, 35

f^{-1} Umkehrabbildung von f, 39

$\inf M, \ \sup M$ Infimum und Supremum der Menge M, 76

$\min M, \ \max M$ Minimum und Maximum der Menge M, 78

$\displaystyle\sum_{j=1}^{n} a_j, \ \prod_{j=1}^{n} a_j$ Summe und Produkt der Zahlen $a_1, \ldots, a_n$, 82

$\mathrm{card}\, A = |A|$ Kardinalzahl der Menge A, 84

$n! = 1 \cdot 2 \cdot \ldots \cdot n$ n Fakultät, 88

$\displaystyle\binom{m}{l} = \frac{m!}{l! \cdot (m-l)!}$ Binomialkoeffizient, 89, 206

$\displaystyle\lim_{n \to \infty} a_n = a, \ a_n \to a$ Konvergenz der Folge (a_n) gegen a, 161

$e = 2.71828\ldots$ Eulersche Zahl, 174

$\pi = 3.1416\ldots$ Kreiszahl, 241

$\displaystyle\limsup_{n \to \infty} a_n, \ \liminf_{n \to \infty} a_n$ Limes superior und Limes inferior, 177, 178

$\infty, \ -\infty$ unendlich und minus unendlich, 182

$\displaystyle\sum_{k=1}^{\infty} a_k$ unendliche Reihe mit den Summanden $a_1, a_2, \ldots$, 183

$\displaystyle\lim_{x \to a-} f(x), \ \lim_{x \to a+} f(x)$ links- bzw. rechtsseitiger Grenzwert der Funktion f, 225

$\displaystyle\lim_{x \to a} f(x)$ Grenzwert der Funktion f an der Stelle a, 225

$f'(x)$ Ableitung der Funktion f an der Stelle x, 249

$f^{(n)}(x)$ n-te Ableitung der Funktion f an der Stelle x, 259

$\displaystyle\int_a^b f(x)\, dx$ Riemann–Integral von f, 296

Index